教育中国·规划精品系列

石油和化工行业“十四五”规划教材

“十二五”普通高等教育本科国家级规划教材

FOOD CHEMISTRY

食品化学

第二版

迟玉杰　张华江　主编

化学工业出版社

·北京·

内容简介

本教材是“十二五”普通高等教育本科国家级规划教材的修订版，重点介绍食品化学的基础理论。全书共分为12章，包括绪论、水、糖类、脂类、蛋白质、维生素、矿物质、酶、色素、风味物质、食品添加剂、食品中的嫌忌成分。本书系统阐明了食品的化学组成、结构、性质及在食品加工和贮藏中发生的化学变化，以及这些变化对食品品质和安全性的影响及其控制措施。本书对食品化学中的热点问题做了介绍，力求反映最新的研究成果。为了便于读者更好地理解和把握本书的知识体系，每章都有内容摘要，包括基本知识、知识重点、知识难点，每章后都有思考题等。

本书可作为高等院校食品科学与工程、食品营养与健康、食品质量与安全、乳品工程、粮食工程等专业的本科生基础教材，也可供食品相关专业的管理、科研和技术人员参考。

图书在版编目（CIP）数据

食品化学 / 迟玉杰，张华江主编. -- 2版. -- 北京 : 化学工业出版社，2025. 4. -- （“十二五”普通高等教育本科国家级规划教材）（石油和化工行业“十四五”规划教材）. -- ISBN 978-7-122-47729-3

Ⅰ. TS201.2

中国国家版本馆CIP数据核字第2025N9G365号

责任编辑：赵玉清
文字编辑：周　倜　徐　旸
责任校对：李雨晴
装帧设计：张　辉

出版发行：化学工业出版社
（北京市东城区青年湖南街13号　邮政编码100011）
印　　装：北京云浩印刷有限责任公司
880mm×1230mm　1/16　印张26　字数781千字
2025年7月北京第2版第1次印刷

购书咨询：010-64518888
售后服务：010-64518899
网　　址：http://www.cip.com.cn
凡购买本书，如有缺损质量问题，本社销售中心负责调换。

定　　价：69.00元　

编写人员

主　　编： 迟玉杰（东北农业大学）

张华江（东北农业大学）

副 主 编： 赵国华（四川师范大学）

王文君（江西农业大学）

周爱梅（华南农业大学）

叶发银（西南大学）

赵立艳（南京农业大学）

修订人员：（按姓名笔画排序）

王文君 （江西农业大学）

叶发银 （西南大学）

付　莉 （锦州医科大学）

刘垚彤 （东北农业大学）

宋莲军 （河南农业大学）

迟玉杰 （东北农业大学）

张华江 （东北农业大学）

郑明珠 （吉林农业大学）

周爱梅 （华南农业大学）

赵立艳 （南京农业大学）

赵国华 （四川师范大学）

第二版前言

食品化学是一门多学科交叉、互相渗透的新兴学科，是食品类相关专业的重要专业基础课，在食品类学科中处于重要的基础地位。食品化学的内容主要包括食品化学成分组成、结构和性质，这些成分在食品加工和贮藏过程中发生的物理、化学变化，食品成分的结构、性质、变化对食品质量和加工性能的影响等。近年来，食品工业科技发展迅速，食品加工的范围和深度不断扩展，对先进的食品科学技术的需求和依赖与日俱增。食品化学是食品工业快速、健康发展的基础，因此，必须掌握食品化学的基本知识和研究方法，才能在食品加工和贮藏领域中较好地从事教学、研究、开发、生产和管理方面的工作。

本书以“立德树人”为理念，融合课程思政案例和多种数字教材元素，重点介绍食品化学的基础理论及相关知识，对近年来食品化学中的热点问题做了介绍，力求反映最新的研究成果，主要内容包括绪论、水、糖类、脂类、蛋白质、维生素、矿物质、酶、色素、风味物质、食品添加剂、食品中的嫌忌成分等。本书编写时为避免与食品专业其他课程（如食品工艺学、生物化学、保藏学等）内容重复，有些内容没有详细论述，读者可参阅相关书籍。

本书在总结分析第一版读者反馈基础上，根据我国高等院校食品化学课程教学和研究的实际需要，结合国内外食品化学研究现状和发展趋势，吸收本领域最新理论和研究成果，进行第二版编写和修订。本书由东北农业大学迟玉杰教授、张华江教授主编，组织国内九所高等院校多年从事食品化学教学与科研工作、具有丰富教学经验和学术水平的教师编写。全书共分十二章，第一章绪论由东北农业大学迟玉杰编写，第二章水由锦州医科大学付莉编写，第三章糖类由江西农业大学王文君编写，第四章脂类由四川师范大学赵国华与西南大学叶发银共同编写，第五章蛋白质和第十章风味物质由东北农业大学张华江编写，第六章维生素和第七章矿物质由华南农业大学周爱梅编写，第八章酶由河南农业大学宋莲军编写，第九章色素由吉林农业大学郑明珠编写，第十一章食品添加剂由南京农业大学赵立艳编写，第十二章食品中的嫌忌成分由东北农业大学刘垚彤编写，东北农业大学韩思瑶协助整理材料，全书由迟玉杰、张华江统稿。

本书可作为高等院校食品类专业的本科生基础教材，也可供食品相关专业的管理、科研和技术人员参考。在本教材的编写过程中得到了编写教师及其所在单位的大力支持和积极配合，也得到了化学工业出版社的大力支持。

本书编写力求做到新颖、系统、先进，但限于作者水平，书中内容可能会有疏漏和不妥之处，敬请各位老师和同学批评指正。

迟玉杰、张华江

2025 年 2 月

目录

第六章　维生素 177

第七章　矿物质 211

第十章　风味物质 293

第十一章　食品添加剂 341

第一章　绪论

视频 1-1
知识点讲解

兴趣引导

- 肉在解冻时会流出血水，发生了什么化学变化？
- 近代罐头发明运用了哪些早期食品化学成果？
- 当下流行的植物肉，在食品化学发展历程里有何开创意义？
- 研究食物腐败，采用何种化学方法才能找到变质成分？
- 传言菠菜和豆腐不能同食，背后真实的化学解释是什么？

为什么学习本章内容?

食品化学的基本概念是什么？食品化学在发展历程中经历了哪些重要变革？食品中的化学反应类型主要有哪些？在食品感官评价中，常用的评价方法有哪些？

学习目标

○ 掌握食品化学基础概念，熟知食品关键成分特性。
○ 了解食品化学的发展历程，包括重要的发现和里程碑事件。
○ 熟悉常用研究方法，能看懂典型实验思路。
○ 紧跟前沿趋势，洞察新技术、新需求蕴含的化学原理。
○ 梳理学科架构，了解分支领域关联。

第一节　食品化学的概念和发展历程

二维码 1-1

一、食品化学的概念

食品化学是从化学角度和分子水平上研究食品的化学组成、结构、理化性质、营养和安全性质以及它们在生产、加工、贮藏和运销过程中的变化及其对食品品质和食品安全性的影响的科学，是为改善食品品质、开发食品新资源、改进食品加工工艺和贮运技术、科学调整膳食结构、改进食品包装、加强食品质量控制及提高食品原料加工和综合利用水平基础的学科。

食品从原料到产品的每个过程中，会涉及一系列复杂的化学和生物化学变化。食品中的各种成分（图 1-1）的稳定性会因环境条件的变化而受到影响，或者食品成分之间发生相互作用而发生化学反应，这些变化都会影响食品产品的品质、营养性和安全性。

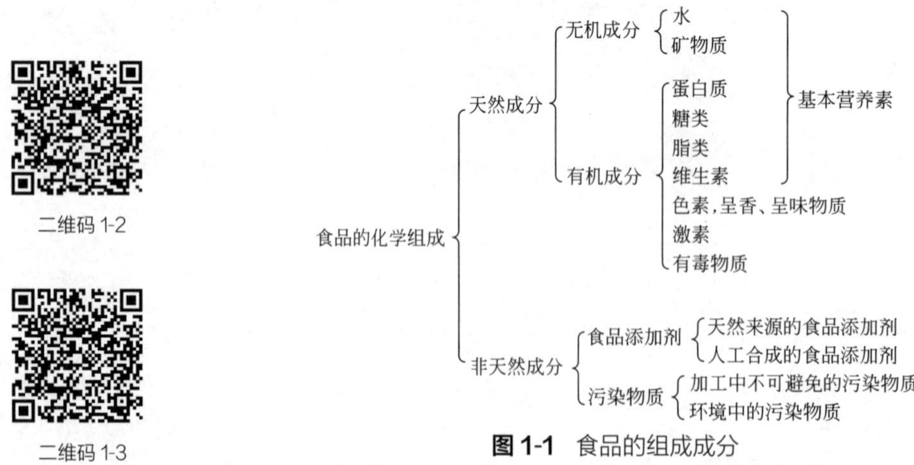

图 1-1　食品的组成成分

二、食品化学的发展历程

18 世纪末是食品化学发展的萌芽阶段，20 世纪初食品化学成为一门独立的学科开始发展起来。主要可分为四个发展阶段。

第一阶段，天然动植物化学成分的分离与分析阶段。这一时期食品化学知识的积累完全是依赖于基础化学学科的发展。瑞典药学家 Carl Wilhelm Scheele（1742—1786 年）分离和研究了乳酸的性质并把乳酸氧化制成了黏酸（1780 年），又从柠檬汁（1784 年）和醋栗（1785 年）中分离出柠檬酸，从苹果中分离出苹果酸（1784 年），还检测了 20 种水果中的柠檬酸和酒石酸（1785 年）等有机酸。他从植物和动物原料中分离各种化合物的工作被认为是在农业和食品化学方面研究的开端。法国化学家 Antoine Laurent Lavoisier（1743—1794 年）首次测定了乙醇的元素组成（1784 年），发表了第一篇关于水果中有机酸的论文（1786 年），同时阐明了燃烧有机分析的原理，并首先提出用化学方程式表达发酵过程。法国化学家 Nicolas Theodore de Saussure（1767—1845 年）为阐明和规范农业和食品化学的基本理论做了大量工作，他用干法灰化方法测定了植物中矿物质的含量，并首先完成了对乙醇元素组成的精确分析（1807 年）。法国化学家 Joseph Louis Gay-Lussac（1778—1850 年）和 Louis-Jacques Thenard（1777—1857 年）于 1811 年设计了定量测定干燥植物中碳、氢、氧、氮四种元素的方法。

第二阶段，英国化学家 Davy（1778—1829 年）在 1813 年出版了第一本《农业化学原理》，论述了一些关于食品化学的内容。法国化学家 Michel Eugene Chevreul（1786—1889 年）发现并命名了硬脂酸和油酸。德国的 W. Hanneberg 和 F. Stohman（1860 年）发明了测定食品中主要成分的常规方法。

第三阶段，生物化学的发展推动了食品化学的发展。Jean Baptiste Duman（1800—1884 年）提出了仅由蛋白质、糖类和脂肪组成的膳食不足以维持人类生命活动的论断。Justus Von Liebig（1803—1873 年）将食品成分分为含氮（植物蛋白、酪蛋白等）和不含氮（脂肪、糖类等）两类（1842 年），并于 1847 年出版了《食品化学的研究》。1906 年英国生物化学家 Frederick Gowland Hopkins 开展了一系列动物实验，证明牛奶中含有微量的能促进大鼠生长的物质，他当时称之为“辅因子”；他还从食品中分离出色氨酸并明确其结构。1911 年英国化学家 Casimir Funk 从米糠和酵母中提取了抗脚气病的物质，并鉴别为胺类物质，命名为“Vitamine”，开始了维生素的研究。到 20 世纪前半期，化学家们发现了各种对人体有益的维生素、矿物质、脂肪酸和一些氨基酸，并对它们的性质和作用做了深入的分析。美国学者 Owen R. Fennema 对食品化学的发展做出了重要贡献，他编写三版的《食品化学》一书内容系统、充实，已被各国学者接受，特别是 1985、1996 年版本，作为经典教材被世界各国的高校广泛使用。

第四阶段，20 世纪初食品工业已成为发达国家和一些发展中国家的重要工业，大部分食品的组成已被化学家、生物学家和营养医学家探明，同时在 20 世纪 30～50 年代相继创立了具有世界影响的 *Journal of Agricultural and Food Chemistry* 和 *Food Chemistry* 等杂志，标志着食品化学作为一门学科正式建立。近年来，食品化学的研究领域逐渐拓宽，食品化学在新产品、新工艺、新技术和基础理论研究等方面都取得了很大的成就。目前食品化学的研究正向反应机理研究、风味物质的结构和性质的研究、特殊营养成分的结构和功能性质研究、食品材料的改性研究、食品现代和快速的分析方法研究、高新分离技术的研究、未来食品包装技术的化学研究、现代化贮藏保鲜技术和生理生化研究等方向发展。

第二节　食品化学的研究内容

检查与拓展 1

二维码 1-4

○ 食品加工新技术的优缺点。

○ 怎样用食品化学知识评估食品添加剂的安全性？

食品化学的概念清晰地说明了本学科领域的研究方向。食品体系的组成及其成分之间的相互作用极为复杂，食品的加工、贮运、销售过程都可能影响食品的品质、安全、营养等，如食品的色香味等品质变化、有害成分的产生、组织状态、质构等方面的变化。因此，食品从原料生产到成品销售过程中可能发生的化学变化都会成为本学科的研究内容。根据研究范围分类，主要包括食品营养成分、食品色香味化学、食品工艺化学、食品物理化学、食品有害成分化学。根据研究的对象分类，主要包括糖化学、油脂化学、蛋白质化学、辐照食品化学、食品酶学、转基因食品化学、添加剂化学、维生素化学、葡萄酒化学、矿物质元素化学、调味品化学、风味化学、色素化学、有毒有害物化学、功能成分化学等。食品化学的基本研究内容主要有：①食品原料、产品的化学组成、营养价值、功能特性、感官品质、有毒有害物质和食品的质量与安全；②研究食品原料生产、加工、贮藏、运输和销售等过程中发生的化学变化以及这些变化给食品带来的质量和安全性方面的影响，阐明影响这些化学变化的环境因素、机理与控制措施；③分析和评价食品加工新技术、新方法、新工艺、新包装、新产品等的质量和安全性。

第三节　食品中主要的化学变化

食品从原料生产、加工到销售的每个过程都会发生一些化学变化，表 1-1 列出了食品的加工过程可能发生的化学反应。这些反应有些是食品加工所需要的，有些是在食品加工中必须避免的。无论何种化学反应都会对食品品质产生重要影响，如脂类水解和氧化产生的不良风味，热加工等激烈加工条件引起的油脂或糖类化合物的分解、聚合，光照引起的光化学变化、包装材料的某些成分迁移到食品中引起的变化等。这些变化中较重要的是脂类水解和氧化、蛋白质变性和交联、酶促和非酶促褐变、蛋白质水解、低聚糖和多糖水解、多糖合成、糖酵解和天然色素降解等。这些反应的发生将导致食品品质的改变（表 1-2）。

表 1-1　改变食品品质或安全性的一些化学反应和生物化学反应

反应种类	实例
非酶促褐变	焙烤食物的色、香、味的形成
酶促褐变	切开的水果迅速变色
氧化反应	脂肪产生异味、维生素降解、色素褪色、蛋白质营养价值降低
水解反应	脂类、蛋白质、维生素、碳水化合物、色素的水解
与金属反应	与花青素作用改变颜色、叶绿素脱镁变色、催化自动氧化
脂类的异构化反应	顺式不饱和脂肪酸→反式不饱和脂肪酸、非共轭脂肪酸→共轭脂肪酸
脂类的环化反应	产生单环脂肪酸
脂类的聚合反应	油炸中油泡沫的产生和黏稠度的增加
蛋白质的变性反应	卵清凝固、酶失活
蛋白质的交联反应	在碱性条件下加工蛋白质使其营养价值降低
糖的酵解反应	宰后动物组织和采后植物组织的无氧呼吸

表 1-2　食品贮藏或加工中发生变化的因果关系

初期变化	二次变化	对食品的影响
脂类发生水解	游离脂肪酸与蛋白质发生变化	质构、风味、营养价值
多糖发生水解	糖与蛋白质发生反应	质构、风味、色泽、营养价值
脂类发生氧化	氧化产物与食品中其他成分反应	质构、风味、色泽、营养价值、产生有毒物质
水果被破碎	细胞破碎，酶释放，氧气进入	质构、风味、色泽、营养价值

续表

初期变化	二次变化	对食品的影响
绿色蔬菜被加热	细胞壁和膜被完全破坏，酶释放，酶失活	质构、风味、色泽、营养价值
肌肉组织被加热	蛋白质变性和聚集，酶失活	质构、风味、色泽、营养价值
脂类中不饱和脂肪酸发生顺-反异构化	在深度油炸中提高聚合反应速度	在深度油炸中过分起泡作用，降低脂类的生物利用率

食品中发生的化学反应对食品质量与安全影响很大，表1-3列出了化学反应引起的食品质量变化。

表1-3 食品在加工贮藏中可能发生的变化

属性	变化
质构	溶解性丧失、持水力丧失、质地变坚硬、质地软化、分散性丧失
风味	产生酸败味、出现焦味、出现美味和芳香、出现其他异味
颜色	褐变、漂白、出现异常颜色、出现宜人色彩
营养价值	蛋白质、脂类、维生素、矿物质的降解或损失及生物利用性改变
安全性	产生毒物、钝化毒物、产生具有调节生理机能作用的物质

脂类、蛋白质和糖类之间的相互作用不仅影响食品的营养价值，而且它们在食品加工和贮藏过程中对食品质量有重要影响（图1-2），其他成分对图1-2中的化学反应也有很大影响。这些反应的发生对食品的影响有两个方面：一是导致营养价值的破坏、不良色泽和不良风味的产生；二是能产生人们所不期望的风味和色泽。因此，需要在实际加工过程中合理控制加工条件，避免增加食品的安全性隐患。

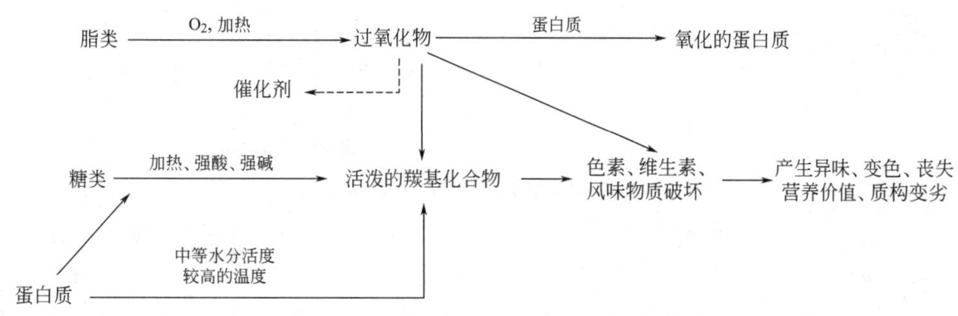

图1-2 食品主要成分的化学变化和相互关系

检查与拓展2

二维码1-5

○ 食品在加工、运输、销售过程中发生的化学变化。
○ 糖类、脂类、蛋白质等在食品中会发生哪些化学变化？
○ 常见的导致食品变质的化学变化有哪些？

第四节 食品化学的研究方法

食品化学的研究方法与一般化学研究方法的共同点是通过试验和理论从分子水平上分析、探讨和研究物质的变化。食品化学的研究方法与一般化学研究方法的不同之处是食品化学把食品的化学组成、理化性质及变化同食品的品质和安全性研究联系起来，其研究的主要目的是阐明食品加工过程品质和安全性变化及如何防止或促进这些变化的发生，为食品实际生产加工提供依据。

食品是一个非常复杂的体系，食品加工和贮藏过程中将发生许多复杂的变化，因此实际研究中通常采用一个简化的、模拟的食品体系，再将所得的试验结果应用于真实的食品体系并评价研究方法是否得当和修正。食品化学研究包括试验研究和理论研究。试验研究包括理化试验和感官试验。理化试验主要是对食品进行成分分析和结构分析，包括营养成分、有害成分、色素、风味物质等；感官试验是通过人的直观检评分析食品的质构、风味和颜色的变化等。根据研究结果和资料分析建立预测这些反应对食品品质和食品安全性影响的模型，再通过实际加工验证。在这些研究的基础上再进行反应动力学研究，可以更加深入地了解反应机理和探索影响反应的各种因素，以便为控制这种反应奠定理论依据和方法。

上述的食品化学研究成果将为食品产品的生产和贮运提供配方、生产工艺、加工参数、贮存参数等理论和技术依据（图 1-3），进而实现食品的科学合理生产，为人们提供安全、营养的食品产品。

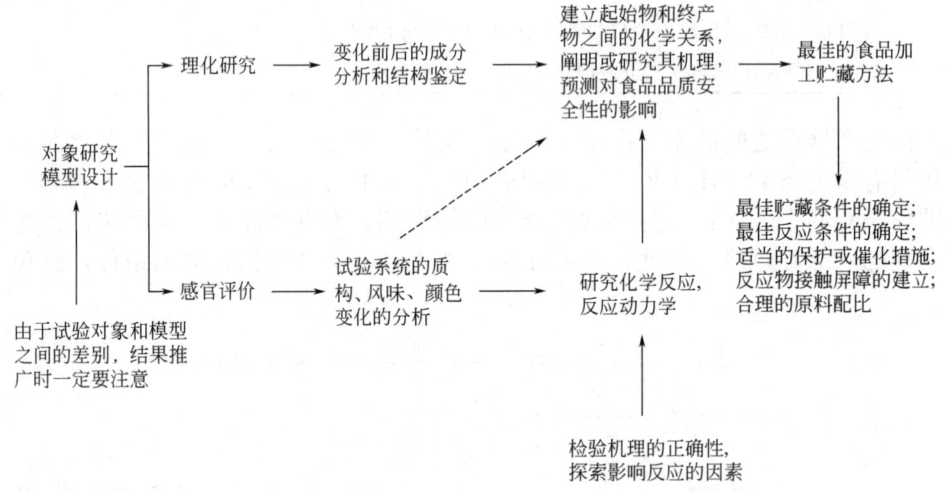

图 1-3 食品化学的研究方法

检查与拓展 3

二维码 1-6

○ 食品化学中试验研究和理论研究的侧重点。

○ 食品化学中测定营养成分、有害成分常用的方法。

参考文献

［1］ Fennema O R. Food Chemistry. 3rd ed. New York：Marcel Dekker Inc，1996.

［2］ Belitz H D，Grosch W，Schieberle P. Food Chemistry. 4th ed. Berlin・Heidelberg：Springer-Verlag，2009.

［3］ 阚建全. 食品化学. 2 版. 北京：中国农业大学出版社，2008.

［4］ 谢笔钧. 食品化学. 2 版. 北京：科学出版社，2004.

［5］ 赵新淮. 食品化学. 北京：化学工业出版社，2006.

［6］ 汪东风. 食品化学. 北京：化学工业出版社，2007.

思考与练习

二维码 1-7

1. 食品化学的基本概念是什么？
2. 食品化学的研究内容主要有哪些？
3. 食品中主要的化学变化以及对食品品质和安全性的影响有哪些？
4. 食品化学研究方法的特点是什么？
5. 食品中发生的化学反应主要类型有哪些？
6. 食品中的化学反应主要影响因素有哪些？

第二章　水

○○ —— ○○ ○ ○○ ——

兴趣引导

视频 2-1
知识点讲解

二维码 2-1

- 以气态、液态、固态存在的水，它们的存在形态一样吗？
- 为什么反复冻融的肉更容易腐败？
- 西红柿和草莓含水量几乎相等，为什么西红柿更耐储？
- 密封包装的热狗面包中水在面包和火腿之间是如何转移的？
- 冻干的草莓为什么会出现组织塌陷现象？

为什么学习本章内容?

水是食品的重要组成成分，它是如何影响食品质量的？水在食品中以什么形态存在？水对食品的性质有何影响？水是如何影响食品稳定性的？食品处于哪种状态时最稳定？

学习目标

- ○ 了解水在食品中的重要作用，水和冰的物理性质。
- ○ 掌握水的结构及水的存在形式。
- ○ 掌握水与非水组分之间的相互作用。
- ○ 掌握食品中水的存在状态及各状态水的特性。
- ○ 掌握水分活度与食品稳定性的关系。
- ○ 掌握食品玻璃态相转变及对食品质量的影响。
- ○ 掌握分子移动性及水分转移与食品稳定性的关系。
- ○ 熟知水分活度的定义、微观意义、影响因素及降低水分活度的方法。
- ○ 熟知水分活度与含水量之间的关系。

第一节 概述

一、水在食品中的作用

水在地球上是一种平常的物质，广泛分布于江、河、湖、泊、地下、大气和海洋等周围环境和生物体中。水是食品中的重要组分（表 2-1），在食品中起着不寻常的作用，水在食品中的含量、分布、状态决定了食品的色、香、味、形、营养性、安全性等特性。

表 2-1 一些食品中的水分含量

食品		水分含量/%	食品		水分含量/%
水果、蔬菜	番茄	95	乳制品	液体奶制品	87～91
	柑橘	87		冰淇淋等	65
	香蕉	75		鲜奶油	60～70
	苹果汁	87	畜、水产品	牛奶	87
	干水果	＜25		鸡肉	70
	青豆类	67		鲜蛋	74
	黄瓜	96		猪肉	65
	马铃薯	78	谷物及其制品	面粉	10～13
	芹菜	79		饼干	5～8
	小萝卜	78		面包	35～45
	果酱	＜35		燕麦等早餐食品	＜4
糖类	白糖及其制品	＜1		馅饼	43～59
	蜂蜜及其制品	20～40	高脂肪食品	人造奶油	15
乳制品	奶油	15		蛋黄酱	15
	奶酪	40		食品用油	0
	奶粉	4		沙拉酱	40

水是一种溶剂，能够溶解和分散各种不同分子量的物质，使食品呈现出溶液或凝胶状态，同时也决定了食品的溶解度、硬度、流动性等性质。

水作为食品的重要组成，也对食品的新鲜度、呈味、耐储性和加工适应性具有重要影响。在食品加工过程中，水起着膨润、浸透、均匀化等功能。从食品贮藏性来看，水分对食品微生物的活动产生很大影响，较高的水分含量有利于微生物的生长繁殖，易造成食品的腐败变质；水分还与食品中营养成分的变化、风味物质的变化以及外观形态的变化有密切关系。蛋白质的变性、脂肪的氧化酸败、淀粉的老化、维生素的损失、香气物质的挥发、色素的分解、褐变反应、黏度的改变等都与水分相关。因此水分是影响食品质量的重要因素，研究水的结构和性质、水分存在状态对食品的贮藏有很重要的意义。

二、水和冰的物理性质

1. 水的沸点、冰的熔点高

水分子具有形成三维氢键的能力，和其分子量及原子组成相近及近似的分子（HF，NH_3 等）相比，分子间形成的氢键数目更多，所以要改变水的状态，破坏水分子间的氢键，需要更多的热能，使水具有较高的熔沸点。例如，水在常温下为液态，而 HF 和 NH_3 为气态。

2. 水的黏度低

常温下，液态水以 $(H_2O)_n$ 缔合体的形式存在，其中 n 值是在不断变化之中的，主要是因为存在于缔合体中水分子间的静电力和氢键作用力不等，最后导致缔合体结构不稳定，缔合体中的水分子与邻近水分子之间发生氢键的转换，水分子氢键网络是动态的，但最后 n 值的改变会处于一个动态平衡状态。当水分子在纳秒甚至皮秒这样短暂的时间内改变它们与邻近分子之间的氢键键合关系时，会增大分子的流动性。因此水的流动性很大，导致它的黏度很小。

3. 密度

液态水的密度与水分子间的氢键键合程度及水分子之间的距离有关，而这两个因素又与温度密切相关。当温度为 0℃时，水分子的配位数是 4。随着温度的升高，水分子的配位数增多，水的密度增加，例如水在 0℃、1.5℃、8.3℃时配位数分别为 4、4.4、4.9。同时，由于温度升高，布朗运动加剧，此时水分子之间的距离增加，体积膨胀，水的密度减小，例如水在 0℃、1.5℃、8.3℃时邻近水分子之间的距离分别为 0.276nm、0.290nm、0.305nm。所以，综合两种影响因素的最终结果，0～4℃时配位数的影响占主导，水的密度增加；温度继续上升，布朗运动起主要作用，水的密度减小。因此水的密度在 3.98℃时最高。

4. 水的介电常数

水的介电常数大，溶解力强。主要是由于水的氢键缔合而生成庞大的水分子簇，产生了多分子偶极子，从而使水的介电常数显著增加。

5. 溶剂性

水的介电常数大，溶解离子型化合物的能力强。非离子型的极性化合物可与水形成氢键而溶解于水中，如糖、醇、醛、酸、酮类等。水可以分散两亲物质和非极性化合物，在适当条件下形成乳浊液或胶体溶液。例如牛奶中乳脂经均质后形成稳定的乳浊液，不易离析且容易被人体吸收；冰淇淋就是以脂分散于水中形成的乳化态为主体的食品。

6. 导热性

导热性通常用热导率和热扩散系数表示。冰的热导率是水的 4 倍，冰的热扩散系数是水的 10 倍，因此冰的导热性优于水。这也是食品冻结比食品解冻速度快的原因。水和冰的物理常数见表 2-2。

表 2-2　水和冰的物理常数

物理量名称	物理常数值			
分子量	18.0153			
相变性质				
熔点(101.3kPa)/℃	0			
沸点(101.3kPa)/℃	100.000			
临界温度/℃	373.99			
临界压力	22.064MPa(218.6atm)			
三相点	0.01℃和 611.73Pa(4.589mmHg)			
熔化热(0℃)	6.012kJ(1.436kcal)/mol			
蒸发热(100℃)	40.657kJ(9.711kcal)/mol			
升华热(0℃)	50.91kJ(12.06kcal)/mol			
其他性质	20℃(水)	0℃(水)	0℃(冰)	−20℃(冰)
密度/(g/cm³)	0.99821	0.99984	0.9168	0.9193
黏度/(mPa·s)	1.002	1.793	—	—
界面张力(相对于空气)/(mN/m)	72.75	75.64	—	—
蒸气压/kPa	2.3388	0.6113	0.6113	0.103
比热容/[J/(g·K)]	4.1818	4.2176	2.1009	1.9544
热导率/[W/(m·K)]	0.5984	0.5610	2.240	2.433
热扩散系数/(m²/s)	1.4×10^{-7}	1.3×10^{-7}	11.7×10^{-7}	11.8×10^{-7}
介电常数	80.20	87.90	约 90	约 98

注：1atm＝101.3kPa；1mmHg＝133.3Pa。

第二节　水的结构和性质

一、水的结构

水的分子式是 H_2O，其中氢原子的核外电子排布为 $1s^2$，氧原子的核外电子排布为 $1s^2 2s^2 2p_x^2 2p_y^1 2p_z^1$。氧原子与氢原子成键时，氧原子最外层 4 个轨道发生 sp^3 杂化，形成相同的 4 个 sp^3 杂化轨道。4 个杂化轨道中，两个轨道被氧原子最外层的两个孤对电子占据（Φ_1^2，Φ_2^2），另外两个轨道与 2 个氢原子的 1s 轨道重叠，形成两个 σ 共价键（$\Phi_3^1+H_{1s}^1$，$\Phi_4^1+H_{1s}^1$）（具有 40%的离子性质）。

气态水在自然界中以单分子水的形式存在。单分子水为四面体结构，氧原子位于四面体中心，四面体的 4 个顶点中有两个被氢原子占据，其余两个为氧原子的两对孤对电子占有（图 2-1）。水分子的两个

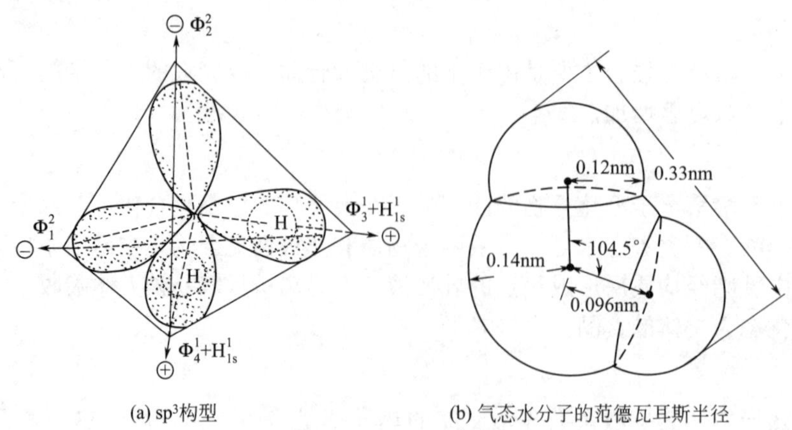

(a) sp³构型　　(b) 气态水分子的范德瓦耳斯半径

图 2-1　单分子水的结构

H—O—H 键的夹角为 104.5°，与典型四面体夹角 109°28′很接近，键角之所以小了约 5°是由于受到氧原子的两对孤对电子排斥的影响。此外，O—H 核间距为 0.096nm，氢和氧的范德瓦耳斯（van der Waals，又译范德华）半径分别为 0.12nm 和 0.14nm。由于自然界中 H、O 两种元素存在同位素，纯水中除常见的 H_2O 外实际上还存在其他一些同位素的微量成分，但它们在自然界的水中所占比例极小。

二、水分子的缔合作用

常温常压下水是以液态形式存在。在液态水中，若干个水分子缔合成为 $(H_2O)_n$ 的水分子簇。这是由于水分子是偶极分子（在气态时偶极矩为 1.84D）。水分子中氧原子电负性大，O—H 键的共用电子对强烈偏向氧原子一端，使得氢原子端带正电，氧原子端带负电，整个水分子发生偶极化，形成偶极分子。偶极分子之间异电荷端产生静电吸引力，使水分子相互靠近，产生氢键（键能约为 2～40kJ/mol）而形成缔合结构。一个水分子可以与邻近的 4 个水分子形成 4 个氢键，其中一个水分子中氧原子的两对孤对电子与邻近的两个水分子的氢原子生成两个氢键，同时这个水分子可以给出两个氢原子与另外两个水分子中的氧原子的两对孤对电子生成两个氢键，形成如图 2-2 所示的四面体结构。

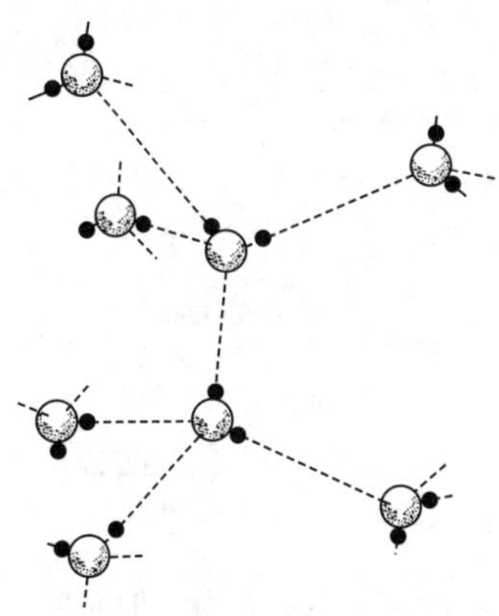

图 2-2 水分子的四面体构型下的氢键模式

大圈和小圈分别代表氧原子和氢原子，虚线代表氢键

从图 2-2 可以看出，每个水分子在三维空间的氢键给体数目和受体数目相等，因此水分子间的吸引力比同样靠氢键结合成分子簇的其他小分子（如 NH_3 和 HF）要大得多。例如，氨分子是由 3 个氢键给体和 1 个氢键受体构成的四面体，氟化氢的四面体只有 1 个氢键给体和 3 个氢键受体，它们只能在二维空间形成氢键网络结构，因此比水分子包含的氢键数目要少。水分子形成三维氢键的能力可以用于解释水分子的一些特殊的物理化学性质，例如它的高熔点、高沸点、高比热容和相变焓、高介电常数。

三、冰的结构

冰（ice）是由水分子间靠氢键有序排列形成的晶体，它具有非常“疏松”的大而长的刚性结构，相比之下液态水则是一种短而有序的结构，因此冰的比容较大。冰在融化时一部分氢键断裂，所以转变成液相后水分子紧密地靠拢在一起，密度增加。组成冰晶体的基本单位是晶胞，在晶胞中最邻近的水分子的 O—O 核间距为 0.276nm，相邻的不直接结合的各水分子的 O—O 核间距最大可达到 0.347nm，O—O—O 键角约为 109°，十分接近理想四面体键角 109°28′，如图 2-3 所示。在晶胞中每个水分子的配位数等于 4，均与最邻近的 4 个水分子缔合，可形成四面体结构。

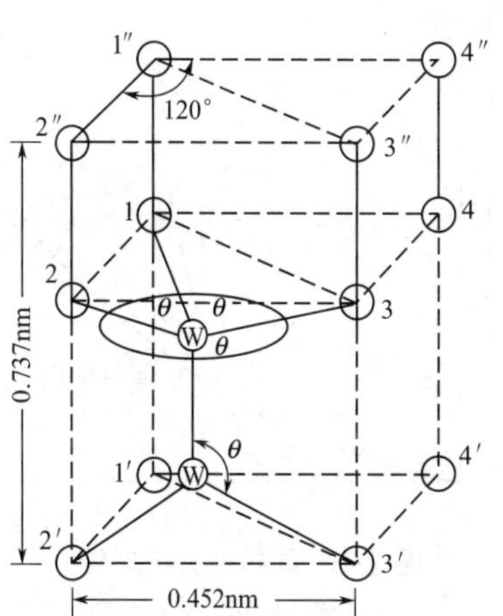

图 2-3 0℃时普通冰的晶胞

圆圈表示水分子中的氧原子，最邻近水分子的 O—O 核间距是 0.276nm，θ = 109°

当几个晶胞结合在一起形成晶胞群时，从顶部沿着 *C* 轴观察可以清楚地看出冰的正六方对称结构，如图 2-4(a) 所示。从图中可见，水分子 W 与水分子 1、2、3 和位于平面下的另外一个水分子（正好位于 W 的下面）形成四面体结构。如果从三维角度观察图 2-4(a)，则可以得到图 2-4(b) 的结果，即冰结构中存在两个平面（由空心和实心的圆分别表示），这两个平面平行且很紧密地结合在一起。当冰在压力下“滑动”或“流动”时，它们作为一个单元（整体）运动，类似于冰河中的冰在压力下产生的“流动”。这类成对平面构成冰的基础平面，几个基础平面堆积起来便得到冰的扩展结构。图 2-5 表示 3 个基础平面结合在一起形成的结构，沿着平行 *C* 轴的方

向观察，可以看到它的外形与图 2-4(a) 表示的完全相同，这表明基础平面有规则地排列成了一行。冰在 C 轴方向是单折射，而在其他方向是双折射，所以 C 轴是冰的光学轴。

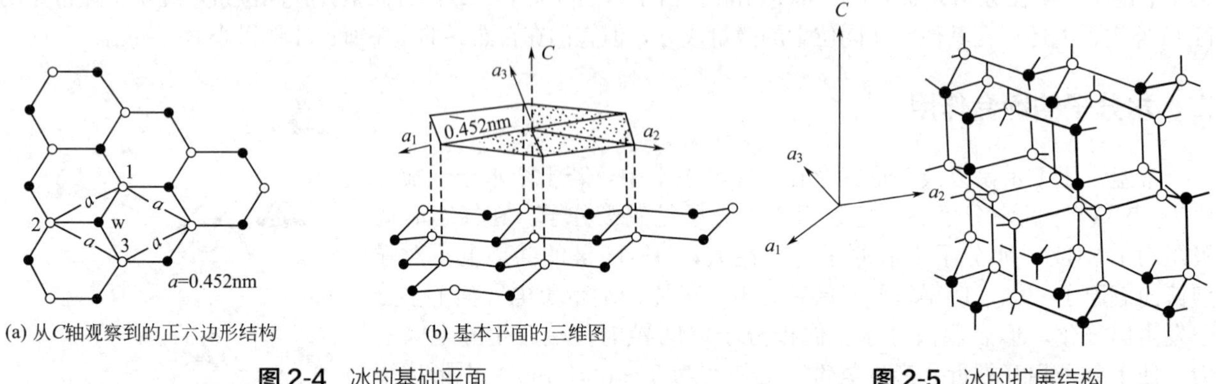

(a) 从C轴观察到的正六边形结构　　(b) 基本平面的三维图

图 2-4 冰的基础平面

每个圆代表一个水分子的氧原子，空心和实心代表基本平面上层和下层中的氧原子

图 2-5 冰的扩展结构

冰有 11 种结构，但是在常压和温度为 0℃时只有普通正六方晶系的冰晶体是稳定的。另外还有 9 种同质多晶（polymorphism）和 1 种非结晶或玻璃态的无定形结构。在冷冻食品中存在 4 种主要的冰晶体结构，即六方形、不规则树枝状、粗糙的球形和易消失的球晶以及各种中间状态的冰晶体。六方形结晶是大多数冷冻食品中重要的冰晶体形式。样品在最适的低温冷却剂中缓慢冷冻，并且溶质的性质及浓度均不严重干扰水分子的迁移时，才有可能形成六方形结晶。但在含有大量明胶的水溶液中，由于明胶对水分子运动的限制以及妨碍水分子形成高度有序的正六方结晶，冰晶体主要是立方体和玻璃状冰晶。

水的冰点是 0℃，而在冰点温度时水并不一定结冰，其原因包括溶质可以降低水的冰点，再就是产生过冷现象。所谓过冷（supercooling）是由于无晶核存在，液体水温度降到冰点以下仍不析出固体。但是，若向过冷水中投入一粒冰晶或摩擦器壁产生冰晶，过冷现象立即消失。开始出现稳定晶核时的温度叫过冷温度。当在过冷溶液中加入晶核，则会在这些晶核的周围逐渐形成长大的结晶，这种现象称为异相成核（heterogeneous nucleation）。异相成核不必达到过冷温度时就能结冰，由于在有限的晶核周围生成冰晶，冰晶体较粗大。

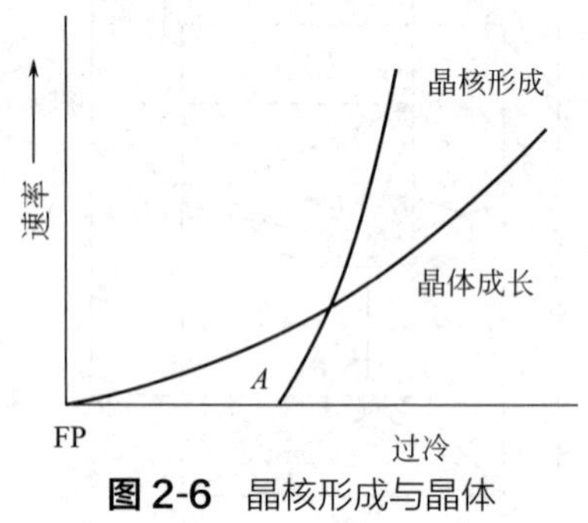

图 2-6 晶核形成与晶体成长速率的关系

冷冻食品产生冰晶的大小直接影响食品的质量。冰晶的大小和结晶速率受溶质、温度、降温速率等因素影响，溶质的种类和数量也影响冰晶体的数量、大小、结构、位置和取向。

冰晶的大小与晶核数目有关，形成的晶核愈多则晶体愈小。结晶温度和结晶热传递速率直接影响晶核数目的多少。如图 2-6 所示，食品冷冻过程中，若温度维持在冰点和过冷点（A 点）之间时，只能产生少量的晶核，并且每个晶核会很快长大为大的冰晶；如果缓慢除去冷冻过程中放出的相变热，温度会始终保持在过冷点以上，也会产生大的冰晶。如果快速除去相变热，使温度始终保持在过冷点（A 点）以下，即晶核的形成占优势，但每个晶核只能长大到一定的程度，结果产生许多小结晶；搅拌则可以促进晶核的生成并使晶体变小。低浓度蛋白质、酒精和糖等均可阻滞晶体的成长过程。另外，一旦冰结晶形成并在冰点温度下贮存，就会促使晶体长大。当贮存温度在很大范围内变化时，就很容易产生重结晶现象，结果是小结晶数量减少并形成大结晶。

因此，食品缓冻时、大量的水慢慢冷却时，由于有足够的时间在冰点温度产生异相成核，形成粗大的晶体结构。若冷却速率很快，就会发生很高的过冷现象，则很快形成晶核，但由于晶核增长速率相对较慢，就会形成微细的结晶结构。所以食品速冻对食品品质影响较小。

从营养学角度来看，食品速冻要好于食品缓冻。食品速冻后形成的冰晶的体积较小，不会大幅度地刺破食物的细胞壁，食品解冻时不会使内部营养物质损失掉；不会使细胞内的酶溶出，影响食品的色和味；不容易被微生物污染，影响食品的安全性。因此现代冻藏工艺提倡速冻，可以很好地保持食品的品质。

食品中含有一定水溶性成分，将使食品的结冰温度（冻结点）降低。大多数天然食品的初始冻结点在−2.6～−1.0℃，并且随冻结量增加冰冻结点持续下降到更低，直到食品达到低共熔点。食品的低共熔点在−65～−55℃，而我国冻藏食品的温度常为−18℃。因此，冻藏食品的水分实际上并未完全凝结固化。尽管如此，在这种温度下绝大部分水已冻结，并且是在−4～−1℃之间完成大部分冰的形成过程。

虽然对有关冰晶的分布与冷冻食品质量的关系还不十分了解，但是食品在冷冻时，由于水转变成冰时可产生“浓缩效应”，即食品体系中有一部分水转变为冰时溶质的浓度相应增加，同时 pH 值、离子强度、黏度、渗透压、蒸气压及其他性质也会发生变化，从而会影响食品的品质。“浓缩效应”可以导致蛋白质絮凝、鱼肉质地变硬、化学反应速率增加等不良变化，甚至一些酶在冷冻时被激活，从而对食品的品质产生影响，这些在具体食品加工中需注意。

检查与拓展 1

二维码 2-2

○ 三种状态水的存在形式。
○ 极性分子之间的氢键类型及特点。
○ 水在 4℃以下时为什么会出现热缩冷胀？
○ 食品缓冻和食品速冻，哪种冷冻方式对食品质量影响小？

第三节　水与溶质的相互作用

水与溶质的结合力见表 2-3。

表 2-3　水-溶质的相互作用分类

种类	实例	相互作用强度(与 H_2O-H_2O① 氢键比较)
偶极-离子	H_2O-自由离子 H_2O-有机分子中的带电基团	较强②
偶极-偶极	H_2O-蛋白质 NH H_2O-蛋白质 CO H_2O-蛋白质侧链 OH	接近或较强
疏水水合	H_2O+R③→R(水合)	远小于($\Delta G>0$)
疏水相互作用	R(水合)+R(水合)→R_2(水合)+H_2O	不可比较④($\Delta G<0$)

①12～25kJ/mol。②远低于单个共价键的强度。③R 是烃基。④疏水相互作用是熵驱动的，而偶极-离子和偶极-偶极相互作用是焓驱动的。

一、水与离子和离子基团的相互作用

1. 离子的水合作用

离子或离子基团（Na^+，Cl^-，$—COO^-$，$—NH_3^+$ 等）通过自身的电荷可以与水分子偶极子产生相互作用，通常称为离子的水合作用。与离子和离子基团相互作用的水是食品中结合最紧密的一部分水。

2. 离子的水合作用大小

水分子具有大的偶极矩，因此能与离子产生相互作用。如图 2-7 所示，水分子同 Na^+ 的水合作用能约 83.68kJ/mol，是水分子之间氢键结合（约 20.9kJ/mol）的 4 倍，然而却低于共价键的键能。pH 值变化显著影响溶质分子的离解。从而显著影响其相互作用。

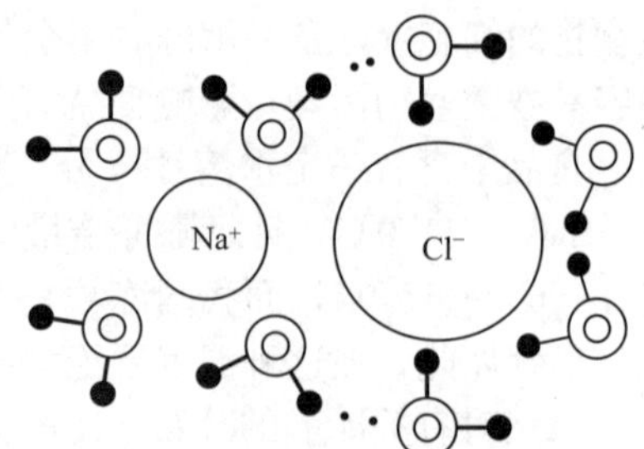

图 2-7 离子的水合作用和水分子的取向

3. 离子水合作用对水结构和性质的影响

在稀盐溶液中，离子对水的结构的影响是不同的。

某些离子（例如 K^+，Rb^+，Cs^+，NH_4^+，Cl^-，Br^-，I^-，NO_3^-，BrO_3^-，IO_3^- 和 ClO_4^- 等）由于离子半径大、电场强度弱，能破坏水的网状结构，所以溶液的流动性比纯水更大。而电场强度强、离子半径小的离子或多价离子有助于水形成网状结构，因此这类离子的水溶液的流动性比纯水小，例如 Li^+、Na^+、H_3O^+、Ca^{2+}、Ba^{2+}、Mg^{2+}、Al^{3+}、F^- 和 OH^- 等就属于这一类。实际上，从水的正常结构来看，所有的离子对水的结构都起破坏作用，因为它们均能阻止水在 0℃下结冰。

离子除影响水的结构外，还可通过与水相互作用能力的不同改变水的介电常数，决定胶体周围双电子层的厚度和显著影响水与其他非水溶质和悬浮物质的“相容程度”。因此，蛋白质的构象与胶体的稳定性（盐析和盐溶）将受到共存的离子种类与数量影响。

二、水与极性基团的相互作用

1. 与水形成氢键的极性基团及作用力大小

可以与水形成氢键的极性基团有羟基、氨基、巯基、亚氨基、羧基、酰胺基等。水和极性基团间的相互作用力比水与离子间的相互作用弱，但与水分子间的氢键相近。

各种有机分子的不同极性基团与水形成氢键的牢固程度有所不同。蛋白质多肽链中赖氨酸和精氨酸侧链上的氨基、天冬氨酸和谷氨酸侧链上的羧基、肽链两端的羧基和氨基以及果胶物质中未酯化的羧基，无论是在晶体还是在溶液时，都是呈离解或离子态的基团，这些基团与水形成氢键，键能大，结合得牢固。蛋白质结构中的酰胺基以及淀粉、果胶质、纤维素等分子中的羟基与水也能形成氢键，但键能较小，牢固程度差一些。

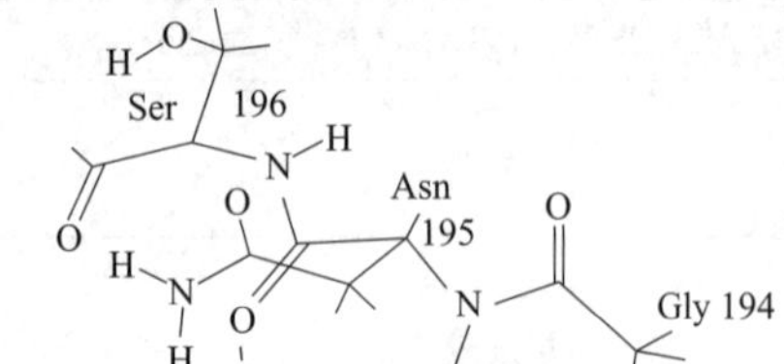

蛋白质中含有多个极性基团，可以和多个水分子相互作用形成“水桥”结构，如图 2-8 所示。

图 2-8 木瓜蛋白酶中的三分子水桥

2. 水与极性基团的相互作用对水结构的影响

一般情况下，凡能够产生氢键键合的溶质可以强化纯水的结构，至少不会破坏这种结构。然而在某些情况下，一些溶质在形成氢键时，键合的部位以及取向在几何构型上与正常水的氢键部位是不相容的，因此，这些溶质通常对水的正常结构也会产生破坏作用，像尿素这种小的氢键键合溶质就对水的正常结构有明显的破坏作用。大多数能够形成氢键键合的溶质都会阻碍水结冰，但当体系中添加具有氢键键合能力的溶质时，溶液中的氢键总数不会明显地改变，这可能是由于所断裂的水-水氢键被水-溶质氢键代替。通过氢键而被结合的水流动性极小。

三、水与非极性基团的相互作用

1. 疏水水合

把疏水物质如含有非极性基团（疏水基）的烃类、脂肪酸、氨基酸以及蛋白质加入水中，由于极性的差异造成体系的熵减少，在热力学上是不利的（$\Delta G>0$），此过程称为疏水水合（hydrophobic hydration），如图 2-9(a) 所示。疏水基团与水分子产生斥力，从而使疏水基团附近的水分子之间的氢键键合增强，使得疏水基团邻近的水形成特殊的结构，水分子在疏水基团外围定向排列，导致熵减少。水对于非极性物质产生的结构形成响应，其中有两个重要的结果：笼形水合物（clathrate hydrates）的形成和蛋白质中的疏水相互作用（hydrophobic interaction）。

2. 笼形水合物

笼形水合物代表水对疏水物质的最大结构形成响应。笼形水合物是冰状包合物，其中水为“主体”物质，通过氢键形成笼状结构，物理截留另一种被称为“客体”的分子。笼形水合物的“主体”由20～74 个水分子组成；“客体”是低分子量化合物，典型的客体包括低分子量的烃类及卤代烃、稀有气体、SO_2、CO_2、环氧乙烷、乙醇、短链的伯胺、仲胺及叔胺、烷基铵等。“主体”和“客体”大小相似，“主体”与“客体”之间相互作用往往涉及到弱的范德瓦耳斯力，但有些情况下为静电相互作用。此外，分子量大的“客体”如蛋白质、糖类、脂类和生物细胞内的其他物质也能与水形成笼形水合物，使水合物的凝固点降低。一些笼形水合物具有较高的稳定性。

笼形水合物的微结晶与冰的晶体很相似，但当形成大的晶体时，原来的四面体结构逐渐变成多面体结构，在外表上与冰的结构存在很大差异。笼形水合物晶体在 0℃以上和适当压力下仍能保持稳定的晶体结构。现已证明生物物质中天然存在类似晶体的笼形水合物结构，它们很可能对蛋白质等生物大分子的构象、反应性和稳定性有影响。笼形水合物晶体目前尚未商业化开发利用，在海水脱盐、溶液浓缩、防止氧化、可燃冰（甲烷的水合物）等方面有很好的应用前景。

3. 疏水相互作用

疏水相互作用是指疏水基团尽可能聚集在一起以减少它们与水的接触，如图 2-9(b) 所示。这是一个热力学上有利的过程（$\Delta G<0$），是疏水水合的部分逆转。

疏水相互作用对于维持蛋白质分子的结构发挥重要的作用。大多数蛋白质中，40％的氨基酸具有非极性侧链，如丙氨酸的甲基、苯丙氨酸的苯基、缬氨酸的异丙基、半胱氨酸的巯甲基、异亮氨酸的第二丁基和亮氨酸的异丁基等可与水产生疏水相互作用，而其他化合物如醇、脂肪酸、游离氨基酸的非极性基团都能参与疏水相互作用，但后者的疏水相互作用不如蛋白质的疏水相互作用重要。

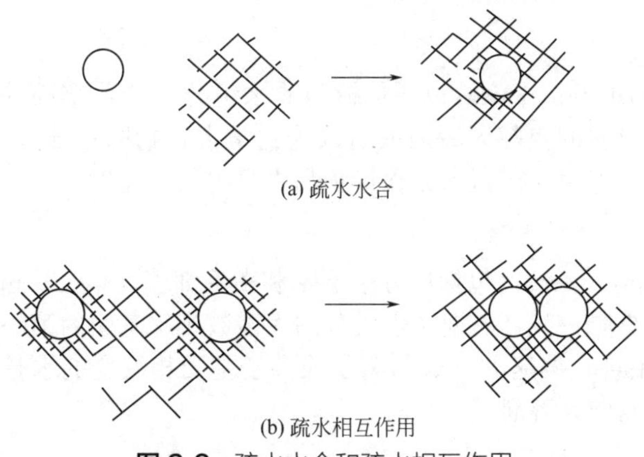

图 2-9 疏水水合和疏水相互作用

空心圆球代表疏水基，画影线的区域代表水

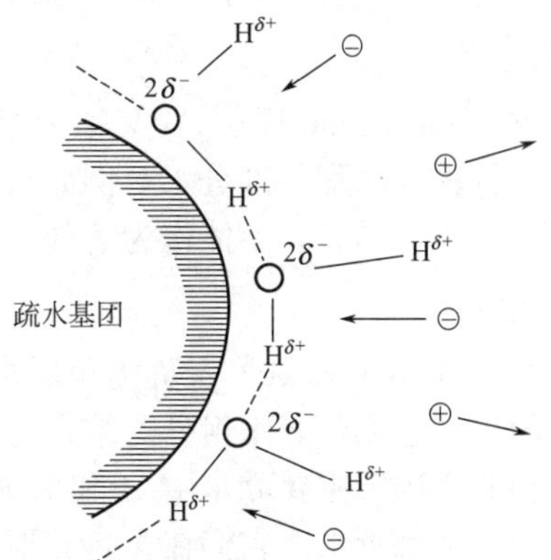

图 2-10 水在疏水基团表面的取向

蛋白质的水溶液环境中尽管产生疏水相互作用，但它的非极性基团大约有1/3仍然暴露在水中，暴露的疏水基团与邻近的水除了产生微弱的范德瓦耳斯力外，它们相互之间并无吸引力。从图2-10可看出，疏水基团周围的水分子对正离子产生排斥，吸引负离子，这与许多蛋白质在等电点以上pH值时能结合某些负离子的实验结果一致。

如图2-10所示，蛋白质的疏水基团受周围水分子的排斥而相互靠范德瓦耳斯力或疏水键结合得更加紧密，如果蛋白质暴露的非极性基团太多，就很容易聚集并产生沉淀。

检查与拓展2

二维码2-3

○ 笼形水合物在食品工业上有哪些应用?

第四节　食品中水的存在状态

一、水的存在状态

各种食品都是由水和非水组分构成的，它们的含水量各不相同，而且其中水分与非水组分间的相互作用使食品中的水分以不同的形式存在，性质也不尽相同，对食品的耐储性、加工特性也产生不同的影响，所以区分食品中不同形式的水分是很有必要的。

从水与食品中非水组分的作用情况来划分，水在食品中是以游离水（或称为体相水、自由水）和结合水（或称为固定水）两种状态存在的，这两种状态水的区别就在于它们同亲水性物质的缔合程度的大小，而缔合程度的大小又与非水组分的性质、盐的组成、pH值、温度等因素有关。

（一）结合水

结合水（bound water）又称为束缚水、固定水（immobilized water），是指存在于溶质及其他非水组分附近的与溶质分子之间通过化学键结合的那一部分水，具有与同一体系的游离水显著不同的性质。这些水在−40℃不会结冰，不能作为溶剂，在质子核磁共振（NMR）试验中使氢的谱线变宽。根据与非水组分结合牢固程度的不同，结合水又可分为化合水、邻近水和多层水。

1. 化合水

化合水（compound water）又称为组成水（constitutional water），是指与非水组分结合最牢固的构成非水组分整体的那一部分水，例如它们存在于蛋白质的空隙区域内或者成为化学水合物的一部分。它们在−40℃不会结冰，不能作为溶剂，不能被微生物利用，在高水分含量食品中只占很小比例。

2. 邻近水

邻近水（vicinal water）又称为单层水（monolayer water），包括单分子层水和微毛细管（<0.1μm直径）中的水。它们与非水组分的结合与化合水相比要弱一些，占据非水成分的大多数亲水基团的第一层位置，与非水组分主要靠水-离子和水-偶极作用力结合，按这种方式与离子或离子基团相缔合的水是结合最紧的一种邻近水。它们在−40℃不会结冰，不能作为溶剂。

3. 多层水

多层水（multilayer water）占据非水成分的大多数亲水基团的第一层剩下的位置以及形成邻近水

以外的几个水层，与周围水及溶质主要靠水-水和水-溶质氢键的作用结合。多层水的结合强度不如邻近水，但是仍与非水组分靠得足够近，以致它的性质也大大不同于纯水的性质。它们在−40℃仍不结冰，即使结冰冰点也大大降低；溶剂能力部分降低。

应该注意的是，结合水不是完全静止不动的，它们同邻近水分子之间的位置交换作用会随着水结合程度的增加而降低，但是它们之间的交换速率不会为零。

（二）游离水

游离水（free water）又称为体相水（bulk water），是指与非水组分靠物理作用结合的那部分水。它又可分为3类：不移动水或滞化水、毛细管水和自由流动水。滞化水（entrapped water）是指被组织中的显微和亚显微结构与膜阻留住的水，这些水不能自由流动，所以称为不可移动水或滞化水。例如一块重100g的动物肌肉组织中，总含水量为70～75g，含蛋白质20g，除去近10g结合水外还有60～65g水，这部分水中极大部分是滞化水。毛细管水（capillary water）是指在生物组织的细胞间隙、制成食品的结构组织中存在的一种由毛细管力截留的水，在生物组织中又称为细胞间水，其物理和化学性质与滞化水相同。而自由流动水（free flow water）是指动物的血浆、淋巴和尿液，植物的导管和细胞内液泡中的水，因为都可以自由流动，所以叫自由流动水。

游离水具有普通水的性质，容易结冰，可作为溶剂，利用加热的方法可从食品中分离，可以被微生物利用，与食品的腐败变质有重要的关系，因而直接影响食品的保藏性。食品是否易被微生物污染并不决定于食品中水分的总含量，而仅决定于食品中游离水的含量。

（三）结合水与游离水对比

食品中结合水和游离水之间的界限是很难定量地做截然的区分，只能根据物理、化学性做做定性的区别（表2-4）。

表2-4 食品中水的性质

性质(与纯水比较)	结合水	游离水
一般描述	存在于溶质或其他非水组分附近的水，包括化合水、邻近水及几乎全部多层水	位置上远离非水组分，以水-水氢键作用存在
冰点	冰点大为降低，甚至在−40℃不结冰	能结冰，冰点略微降低
溶剂能力	无	大
平均分子水平运动	大大降低甚至无	变化很小
蒸发焓(与纯水比)	增大	基本无变化
高水分食品中占总水分比例	<0.03%～3%	约96%
微生物利用性	不能	能

① 结合水的量与食品中有机大分子极性基团的数量有比较固定的比例关系。如每100g蛋白质可结合的水平均高达50g，每100g淀粉的持水能力在30～40g之间。结合水对食品的风味起重要作用，当结合水被强行与食品分离时食品的风味和质量就会发生改变。

② 结合水的蒸气压比游离水低得多，所以在常压及一定温度（100℃）下结合水不能从食品中分离出来。

③ 结合水不易结冰（冰点约−40℃）。由于这种性质，植物的种子和微生物的孢子（几乎没有体相水）得以在很低的温度下保持其生命力；而多汁的组织（新鲜水果、蔬菜、肉等）在冰冻后细胞结构往往被冰晶破坏，解冻后组织不同程度地崩溃。

④ 结合水不能作为溶剂，而游离水可以作为溶剂。

⑤ 游离水能被微生物利用，而绝大多数结合水不能。

二、水分活度

食品中水分含量与食品的腐败变质存在着一定的关系，而食品的腐败变质与微生物的生长及食品中的化学变化密切相关。仅以水分含量作为判断食品稳定性的指标是不全面的。因为种类不同但含水量相同的食品，其腐败变质的难易程度也存在显著的差异；另外水与食品中非水组分作用后处于不同的存在状态，与非水成分结合牢固的水被微生物或化学反应利用程度降低。因此，人们逐渐认识到食品的品质和贮藏性与水分活度有更密切的关系。

水分活度（water activity）是指食品中水的蒸气压与同温下纯水的饱和蒸气压的比值。可用下式表示：

$$a_w = p/p_0$$

式中，a_w 为水分活度；p 为食品在密闭容器中达到平衡时的水蒸气分压，即食品上空水蒸气的分压力，一般来说 p 随食品中易被蒸发的游离水含量的增多而加大；p_0 为在相同温度下纯水的饱和蒸气压，可从有关手册中查出。

若把纯水作为食品来看，其水蒸气分压 p 和 p_0 值相等，故 $a_w = p/p_0 = 1$。然而，一般食品不仅含有水，而且含有非水组分，食品的蒸气压比纯水小，即总是 $p < p_0$，故 $0 < a_w < 1$。

除了以上水分活度的定义式外，水分活度还有另外一些表达式。可用下式表示：

$$a_w = f/f_0 = ERH/100$$

式中，f 为食品中水的逸度（溶剂从溶液中逸出的程度）；f_0 为相同条件下纯水的逸度；ERH 为食品的平衡相对湿度。

通过上式可以看出，水分活度从微观上表示食品中水与非水组分之间作用力的强弱，当 f 很大时，说明水很容易从食品中逸出，表明水与非水组分之间作用力小。所以，a_w 越大，食品中水与非水组分作用力越小；相反，a_w 越小，食品中水与非水组分作用力越大，它们之间的结合越紧密。该式计算水分活度，只有当样品与环境湿度达到平衡，数值上相等时，才可应用。

根据拉乌尔（Raoult）定律，对于理想溶液而言，也可推导出水分活度的以下表达式：

$$a_w = N = n_1/(n_1 + n_2)$$

式中，N 为溶剂（水）的摩尔分数；n_1 为溶剂的物质的量，mol；n_2 为溶质的物质的量，mol。

n_2 可通过以下公式进行计算：

$$n_2 = G\Delta T_f/(1000 \times K_f)$$

式中 G——样品中溶剂的质量，g；

ΔT_f——冰点下降的温度，℃；

K_f——水的摩尔冰点下降常数。

三、水分活度与温度的关系

在水分活度的表达式中，p 和 p_0 等都是温度的函数，因而水分活度也是温度的函数。克劳修斯-克拉贝龙（Clausius-Clapeyron）方程表达了 a_w 与温度之间的关系：

$$\frac{d(\ln a_w)}{d(1/T)} = \frac{-\Delta H}{R}$$

式中，T 为热力学温度，R 是气体常数，ΔH 是在样品的水分含量下等量净吸附热（纯水的汽化潜热）。

整理此式，可推导出以下方程：

$$\ln a_w = -k\Delta H/R(1/T)$$

k 是样品中非水物质的本质和浓度的函数，也是温度的函数，但在样品一定和温度变化范围较窄的情况下 k 为常数，可由下式表示：

$$k=\frac{\text{样品的热力学温度}-\text{纯水的蒸气压为 } p \text{ 时的热力学温度}}{\text{纯水的蒸气压为 } p \text{ 时的热力学温度}}$$

从以上方程可以看出 $\ln a_w$-$\frac{1}{T}$为线性关系。由图 2-11 可见，$\ln a_w$ 和$\frac{1}{T}$两者间在一定温度范围内有良好的线性关系，而且 a_w 对温度的相依性是含水量的函数。当温度升高时，a_w 随之升高，这对密封在袋内或罐内食品的稳定性有很大影响。

还要指出的是，$\ln a_w$ 对 $1/T$ 作图得到的并非始终是一条直线，在冰点温度出现断点（图 2-12）。

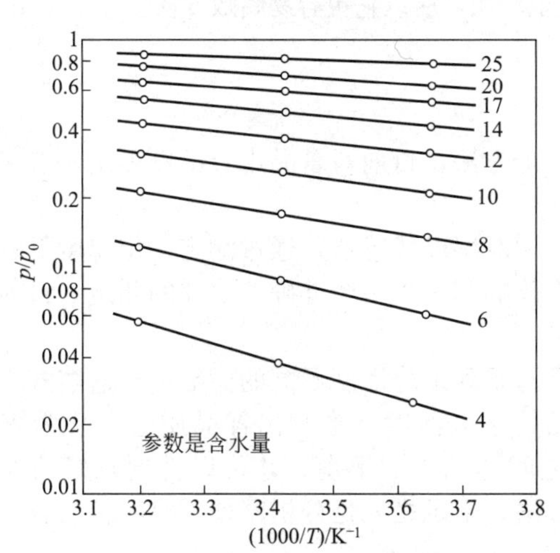

图 2-11 马铃薯淀粉的水分活度和温度的克劳修斯-克拉贝龙关系

用每克干淀粉含水的克数表示含水量

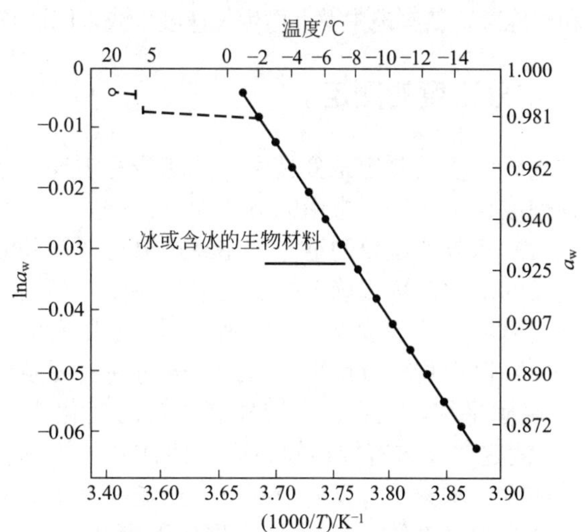

图 2-12 冰点以上及以下时样品的水分活度与温度的关系

由图 2-11 可以看出，温度不变时，随着食品含水量增加（溶质浓度降低），a_w 随之增加，水和溶质是食品的组成；食品含水量一定时，温度升高，a_w 随之增加。所以冰点以上温度时食品的 a_w 受食品组成和温度影响，并以食品的组成为主。

低于冰点温度时，食品发生冻结。纯水的蒸气压用纯的过冷水的蒸气压表示，食品中有冰，所以食品内水的蒸气分压用纯冰的蒸气压表示。所以冰点以下食品的 a_w 应按下式计算：

$$a_w=\frac{p_{ff}}{p_{0(scw)}}=\frac{p_{ice}}{p_{0(scw)}}$$

式中，p_{ff} 是部分冷冻食品中水的分压，$p_{0(scw)}$ 是纯的过冷水的蒸气压，p_{ice} 是纯冰的蒸气压。

表 2-5 列举了 0℃以下纯冰和过冷水的蒸气压以及由此求得的冻结食品在不同温度时的 a_w 值。所以在冰点温度以下食品体系的 a_w 改变主要受温度影响，受体系组成影响很小。

表 2-5 水、冰和食品在低于冰点的不同温度时的蒸气压和水活度

温度/℃	液态水的蒸气压①/kPa	冰和含冰食品的蒸气压/kPa	a_w
0	0.6104②	0.6104	1.004③
−5	0.4216②	0.4016	0.953
−10	0.2865②	0.2599	0.907
−15	0.1914③	0.1654	0.864
−20	0.1254④	0.1034	0.82
−25	0.0806④	0.0635	0.79

续表

温度/℃	液态水的蒸气压①/kPa	冰和含冰食品的蒸气压/kPa	a_w
−30	0.0509④	0.0381	0.75
−40	0.0189④	0.0129	0.68
−50	0.0064④	0.0039	0.62

①除 0℃外为所有温度下的过冷水。②观测数据。③ 仅适用于纯水。④ 计算的数据。

综上所述，水分活度在冰点以上和以下温度所受的影响因素不同。水分活度对于预测食品稳定性的意义也不同，食品的稳定性主要受腐败微生物的生长和溶质化学变化的影响。食品处于冻结状态下，微生物繁殖缓慢，化学反应速度很低，食品相对较稳定。而在冰点以上，食品稳定性相对较差。例如：$a_w=0.86$ 的新鲜肉和冷冻肉，新鲜肉中微生物生长速度较快，脂肪氧化速度也较快，所以它更容易腐败变质。

四、水分活度的测定

水分活度的测定是食品保藏性能研究中经常采用的一个方法，目前对食品水分活度测定一般采用各种物理或化学方法。常用的方法如下：

（1）水分活度仪测定　利用经过氯化钡饱和溶液校正相对湿度传感器，通过测定一定温度下的样品蒸气压的变化，可以确定样品的水分活度。利用水分活度仪的测定是一个准确、快速的测定，目前已有不同型号的水分活度仪，均可满足不同使用者的需求。

（2）恒定相对湿度平衡室法　通过在密闭条件下样品与系列水分活度不同的标准饱和盐溶液之间的扩散-吸附平衡，测定、比较样品质量的变化来计算样品的水分活度（推测出样品质量变化为零时的 a_w）。测定时要求有较长的时间，使样品与饱和盐溶液之间达到扩散平衡，才可以得到较好的准确数值。在没有水分活度仪的情况下，这是一个很好的替代方法，不足之处是分析繁琐，时间较长。至于不同盐类饱和溶液的 a_w，可以在理化手册上查找。

（3）化学法　利用化学法直接测定样品的水分活度时，利用与水不相溶的有机溶剂（一般采用高纯度的苯）萃取样品中的水分，此时在苯中水的萃取量与样品的水分活度成正比，通过卡尔-费休滴定法测定样品萃取液中的水含量，再通过与纯水萃取液滴定结果比较后，可以计算出样品中的水分活度。

（4）相对湿度传感器测定法　在恒定温度下，把已知水分含量的样品放在一个小的密闭室内，使其达到平衡，然后使用任何一种电子技术或湿度技术测量样品和环境大气平衡的 ERH，即得到 a_w。一些饱和盐溶液所产生的恒定湿度见表 2-6。

表 2-6　一些饱和盐溶液所产生的恒定湿度

盐类	温度/℃	湿度/%	盐类	温度/℃	湿度/%
硝酸铅	20	98	溴化钠	20	58
磷酸二氢铵	20～25	93	重铬酸钠	20	52
铬酸钾	20	88	硫氰酸钾	20	47
硫酸铵	20	81	氯化钙	24.5	31
醋酸钠	20	76	醋酸钾	20	20
亚硝酸钠	20	66	氯化锂	20	15

（5）冰点测定法　先测定样品的冰点降低和水分含量，再根据公式计算 a_w。在低温下测量冰点而计算高温时的 a_w 值所引起的误差是很小的（$<0.001a_w$）。

五、水分吸附等温线

1. 水分吸附等温线的含义

要想了解食品中水的存在状态和对食品品质等的影响行为，必须知道各种食品的含水量与其对应

a_w 的关系。在一定温度条件下用来联系食品的含水量（用每单位干物质中的水分含量表示）与其水分活度的图称为水分吸附等温线（moisture sorption isotherms，MSI）。

MSI 对于了解以下信息是十分有意义的：①在浓缩和干燥过程中样品脱水的难易程度与相对蒸汽压（RVP）的关系；②应当如何组合食品才能防止水分在组合食品的各配料之间转移；③测定包装材料的阻湿性；④可以预测多大的水分含量才能够抑制微生物生长；⑤预测食品的化学和物理稳定性与水分含量的关系；⑥可以看出不同食品中非水组分与水结合能力的强弱。因此了解食品中水分含量与水分活度之间的关系是十分有价值的。

图 2-13 是高含水量食品水分吸附等温线示意图，它包括从正常至干燥状态的整个水分含量范围的情况。这类示意图并不是很有用，因为对食品来讲有意义的数据是在低水分含量区域。把水分含量低的区域扩大并略去高水分区就得到一张更有价值的 MSI（图 2-14）。

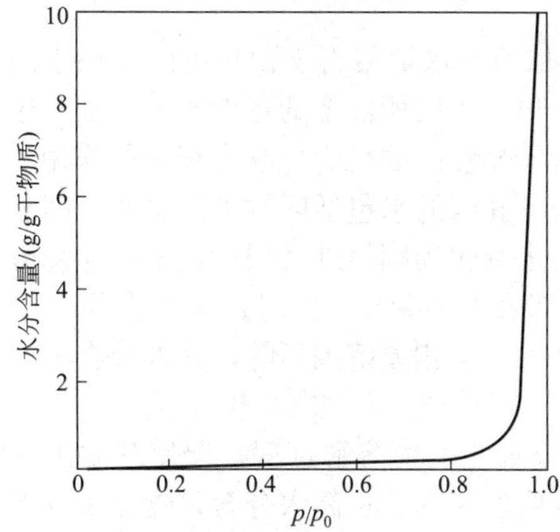

图 2-13 广泛水分含量范围的水分吸附等温线

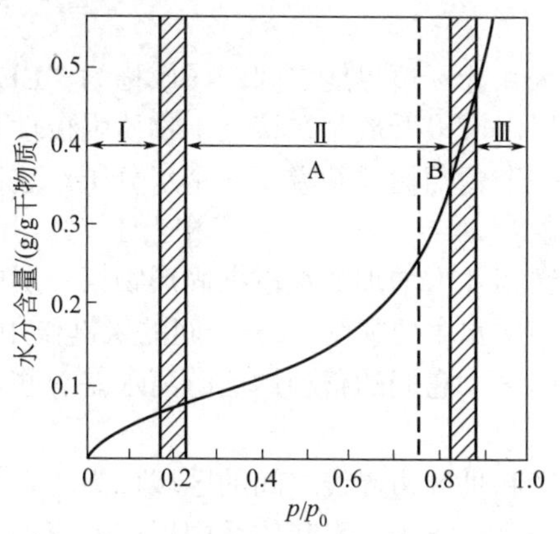

图 2-14 低水分含量范围食品的水分吸附等温线的一般形式（20℃）

一般来讲，不同的食品由于组成不同，其水分吸附等温线的形状是不同的，并且曲线的形状还与样品的物理结构、样品的预处理、温度、测定方法等因素有关。大多数食品的水分吸附等温线呈 S 形，而水果、糖制品、含有大量糖和其他可溶性小分子的咖啡提取物以及多聚物含量不高的食品的水分吸附等温线为 J 形（图 2-15）。

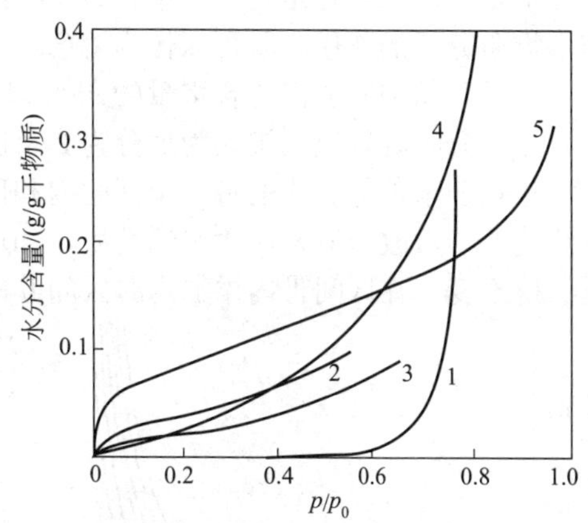

图 2-15 不同类型食品的回吸等温线

1—糖果（主要成分为蔗糖粉），40℃；2—喷雾干燥的菊苣提取物，20℃；3—焙烤后的咖啡，20℃；4—猪胰脏提取粉，20℃；5—天然大米淀粉，20℃

为了便于理解水分吸附等温线的含义和实际应用，水分吸附等温线可分为 3 个区域（图 2-14 和表 2-7）。当干燥的无水样品产生回吸作用而重新结合水时，其水分含量、水分活度就从区间Ⅰ（干燥）向区间Ⅲ（高水分）移动，水吸附过程中水的存在状态、性质大不相同，有一定的差别。以下分别叙述各区间水的主要特性。

表 2-7 水分吸附等温线上不同区域水分特性

特性	Ⅰ区	Ⅱ区	Ⅲ区
a_w	0～0.25	0.25～0.85	＞0.85
含水量/%	0～7	7～27.5	＞27.5
冻结能力	不能冻结	不能冻结	正常

续表

特性	Ⅰ区	Ⅱ区	Ⅲ区
溶剂能力	无	轻微-适度	正常
水分状态	单分子水层吸附；化学吸附结合水	多分子水层凝聚；物理吸附	毛细管水或自由流动水
微生物利用性	不可利用	开始利用	可利用

Ⅰ区：a_w=0～0.25，相当于0～7%的含水量。Ⅰ区的水与溶质结合最牢固，它们是食品中最不容易移动的水，它们依靠水-离子或水-偶极相互作用而强烈地吸附在极易接近的溶质的极性位置，其蒸发焓比纯水大得多。这类水在－40℃不结冰，也不具备作为溶剂溶解溶质的能力。食品中这类水不能对食品的固形物产生可塑作用，其行为如同固形物的组成部分。Ⅰ区的水只占高水分食品中总水量的很小一部分。

Ⅰ区和Ⅱ区边界线之间的区域称为"BET单层"，此区域所含水量相当于食品中的单层水的水分含量，单层水可以看成是在接近干物质强极性基团上形成一个单分子层所需要的近似水量，如对于淀粉此含量为一个葡萄糖残基吸着一个水分子。这部分水对于维持干燥食品的稳定性具有很大的作用。

Ⅱ区：a_w=0.25～0.85，相当于7%～27.5%的含水量。Ⅱ区的水包括区间Ⅰ的水和区间Ⅱ内增加的水，区间Ⅱ内增加的水占据固形物第一层的剩余位置和亲水基团周围另外几层的位置，这部分水是多层水。多层水主要靠水-水分子间的氢键作用和水-溶质间的缔合作用凝聚，同时还包括直径<1μm的毛细管中的水。它们的移动性比游离水差一些，蒸发焓比纯水大，但相差范围不等，大部分在－40℃不能结冰。

Ⅱ区和Ⅲ区边界线之间的区域称为"真实单层"，这部分水能引发溶解过程，促使基质出现初期溶胀，起着增塑作用，引起体系中反应物流动，加速大多数反应的速率。在高水分含量食品中这部分水的比例占总含水量的5%以下。

Ⅲ区：a_w>0.85，相当于大于27.5%的含水量。Ⅲ内的水包括Ⅱ区和Ⅰ区的水加上Ⅲ区增加的水，这部分水是游离水，它是食品中结合最不牢固且最容易移动的水。这类水性质与纯水基本相同，不会受到非水物质分子的作用，既可以作为溶剂，又有利于化学反应的进行和微生物生长。Ⅲ区内的游离水在高水分含量食品中一般占总含水量的95%以上。

虽然水分吸附等温线被人为地分为3个区域，但还不能准确地确定吸附等温线各个区间的分界线的位置，除化合水外等温线的每一个区间内和区间之间的水都能够相互进行交换。向干燥的食品内添加水时虽然能够稍微改变原来所含水的性质，如产生溶胀和溶解过程，但在区间Ⅱ内添加水时区间Ⅰ的水的性质保持不变，在区间Ⅲ内添加水时区间Ⅱ的水的性质也几乎保持不变。以上可以说明，对食品稳定性产生影响的水是体系中受束缚最小的那部分水，即游离水（体相水）。

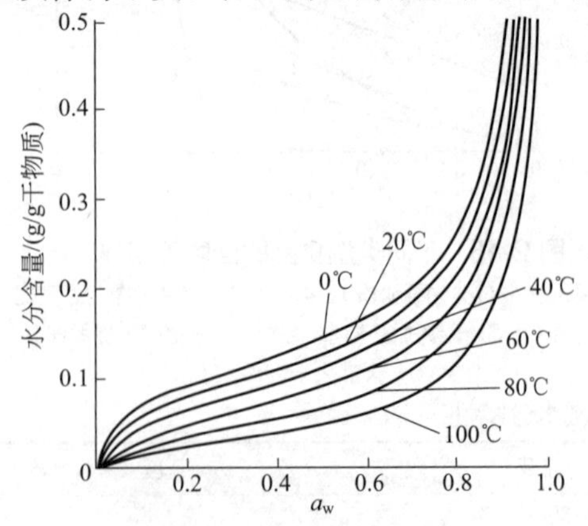

图2-16 不同温度下土豆的水分吸附等温线

从前面的介绍知道水分活度与温度有关，所以水分吸附等温线也与温度有关。图2-16给出了土豆片在不同温度下的水分吸附等温线，从图中可以看出，水分含量相同时温度升高导致水分活度增加，水分活度相同时温度升高导致含水量减少，这些都符合食品中发生的各种变化的规律。

2. 水分吸附等温线的绘制

食品水分吸附等温线的绘制，可采用回吸和解吸的方法进行。回吸等温线是把完全干燥的样品放置在相对湿度不断增加的环境里，通过测定不断增重的样品含水量和对应的水分活度值绘制而成；解吸等温线是把潮湿样品放置在同一相对湿度下，通过测定不断减重的样品含水量和对应的水分活度值绘制而成。这两条线在理论上应该是完全重合的，但实际上它们之间存在滞后现象（图 2-17）。滞后作用的大小、曲线的形状、滞后起点和终点，取决于食品的性质和食品除去或添加水分时所发生的物理变化，以及温度、解吸速率和解吸时的脱水程度等多种因素。从图 2-17 可以看出，a_w 值一定时，解吸过程中食品的含水量大于回吸过程中食品的含水量。食品含水量一定时，回吸过程中食品的 a_w 大于解吸过程中的 a_w。

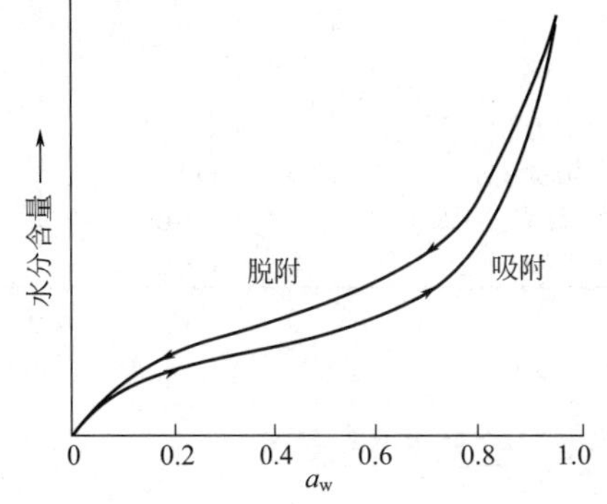

图 2-17 等温线的滞后现象

关于等温线的滞后现象产生原因的理论解释有很多。目前认可度比较高的解释为：①食品解吸过程中的一些吸水部位与非水组分作用而无法释放出水分；②食品形状不规则所产生的毛细管现象，欲填满或抽空水分需不同的蒸气压（要抽出需 $p_{内}>p_{外}$，要填满即吸着时则需 $p_{外}<p_{内}$）；③解吸时食品组织发生改变，当再吸水时无法紧密结合水分，因此可导致较高的水分活度。然而，对等温线滞后现象确切的解释目前还没有形成。

相比食品水分含量的测定而言，食品水分活度的测定以及食品水分吸附等温线的绘制是一个比较繁琐的过程，如果能够用数学方法定量描述某种食品中水分含量与水分活度之间的关系（数学模型）将是十分有用的，它可以用于已知水分含量食品的水分活度计算、预测。但是由于各种食品的化学组成不同以及各成分的水结合能力不同，虽然在过去研究者已经推出几十个数学模型，目前还没有一种模型能够完全准确地描述各种不同食品的水分吸附等温线。下面介绍一些常见的数学模型。

在已经确定出的数学模型中，改进的 Halsey 方程是一个较简单、直观的模型，它只涉及 3 个参数就将温度、水分含量与水分活度这 3 个重要的变量联系在一起。改进的 Halsey 模型的数学形式为：

$$\ln a_w = -m^{-A}\exp(C+BT)$$

式中，A、B、C 为常数，m、T 分别为食品水分含量和温度。

人们熟知的 BET 方程也是一个常用的经典方程，它具有以下的形式：

$$\frac{a_w}{(1-a_w)m}=\frac{1}{m_1C}+\frac{a_w(C-1)}{m_1C}$$

式中，m 为食品水分含量，m_1 为单分子层水分含量，C 为常数。

而 Iglesias 等提出一个三参数模型描述一些食品的水分吸附等温线：

$$a_w=\exp\left[-C\left(\frac{m}{m_1}\right)^r\right]$$

式中，m 为食品水分含量，m_1 为单分子层水分含量，C、r 为常数。

在 1983 年后 GAB（Guggenheim-Anderson-de Boer）方程被确认为是描述水分吸附等温线的最好模型，该方程具有以下的形式：

$$m=\frac{Ckm_1a_w}{(1-ka_w)(1-ka_w+Cka_w)}$$

式中，m 为食品水分含量，m_1 为单分子层水分含量，C、k 为常数。

但是由于食品的组成不同，各成分对水的作用情况不一样，不是所有的食品水分吸附等温线均可以用一个方程进行定量描述。一些食品的水分吸附等温线数据见表 2-8。

表 2-8 一些食品的水分吸附等温线数据

食品	方程	温度/℃	m_1/(g/100g 干物质)	r 或 k	C
玉米	Iglesias 方程	30	7.30	2.57	1.80
		50	6.89	2.12	1.59
		60	5.11	2.22	1.74
脱脂奶粉	GAB	25～27	4.25	0.93	56.7
酸奶粉	GAB	20	5.25	0.99	44.74
苹果(真空干燥)	GAB	30	7.75	1.13	9.31
玉米粉	GAB	25～27	7.4	0.79	118.3

检查与拓展 3

二维码 2-4

○ 食品含水量与水分活度的区别。
○ 水分活度影响因素。
○ 水的等温吸附曲线的分区及各区域水的特性。

第五节 水与食品稳定性的关系

食品的稳定性和贮藏性与水分活度之间有着密切的关系。而食品的稳定性主要受微生物的生长和食品中的各种化学变化影响。因此下面从微生物的生长和各种化学变化与水分活度之间的关系两方面进行探讨。

一、水分活度与食品保存性的关系

一切生物的生长都离不开水，食品中微生物的生长繁殖与水分活度密切相关，即水分活度决定微生物在食品中萌发的时间、生长速率及死亡率。不同的微生物在食品中繁殖时对水分活度要求也不同。一般来说，只有食物的水分活度大于某一临界值时，特定的微生物才能生长。影响食品稳定性的微生物主要有细菌、酵母和霉菌。

食品中水分活度与微生物生长之间的关系见表 2-9。水分活度大于 0.91 时，引起食品腐败变质的细菌生长占优势。水分活度低于 0.91 时，大多数细菌的生长受到抑制，如在食品中加入食盐、糖后其水分活度下降，除了一些嗜盐细菌外其他细菌都不生长。水分活度在 0.87～0.91 时，引起食品腐败变质的酵母菌和霉菌生长占优势。水分活度低于 0.8 时，糖浆、蜂蜜和浓缩果汁的腐败主要是由酵母菌引起的。水分活度低于 0.6 时，绝大多数微生物都不生长。

表 2-9 食品中水分活度与微生物生长之间的关系

a_w	在此范围内的最低 a_w 能抑制的微生物	食品
1.0～0.95	假单胞菌，大肠杆菌变形菌，志贺菌属，克雷伯菌属，芽孢杆菌，产气荚膜梭状芽孢杆菌，一些酵母	极易腐败的食品、蔬菜、肉、鱼、牛乳、罐头水果；香肠和面包；含有约 40%蔗糖或 7%食盐的食品
0.95～0.91	沙门杆菌属，肉毒梭状芽孢杆菌，溶副血红蛋白弧菌，沙雷杆菌，乳酸杆菌属，一些霉菌，红酵母，毕赤酵母	一些干酪、腌制肉、水果浓缩汁、含有 55%蔗糖或 12%食盐的食品
0.91～0.87	许多酵母(假丝酵母，球拟酵母，汉逊酵母)，小球菌	发酵香肠、干的干酪、人造奶油、含有 65%蔗糖或 15%食盐的食品

续表

a_w	在此范围内的最低 a_w 能抑制的微生物	食品
0.87～0.80	大多数霉菌（产毒素的青霉菌），金黄色葡萄球菌，大多数酵母菌属，德巴利酵母菌	大多数浓缩水果汁、甜炼乳、糖浆、面粉、米、含有15%～17%水分的豆类食品、家庭自制的火腿
0.80～0.75	大多数嗜盐细菌，产真菌毒素的曲霉。	果酱、糖渍水果、杏仁酥糖
0.75～0.65	嗜旱霉菌，二孢酵母	含10%水分的燕麦片、果干、坚果、粗蔗糖、棉花糖、牛轧糖块
0.65～0.60	耐渗透压酵母（鲁酵母），少数霉菌（刺孢曲霉，二孢红曲霉）	含有15%～20%水分的果干、太妃糖、焦糖、蜂蜜
0.50	微生物不繁殖	含12%水分的酱、含10%水分的调料
0.40	微生物不繁殖	含5%水分的全蛋粉
0.30	微生物不繁殖	饼干、曲奇饼、面包硬皮
0.20	微生物不繁殖	含2%～3%水分的全脂奶粉、含5%水分的脱水蔬菜或玉米片、家庭自制饼干

因此，如果要提高食品的贮藏性，就要降低食品的水分活度到一定值以下。而发酵食品加工中，就必须提高水分活度到一定值而有利于有益微生物生长、繁殖、分泌代谢产物。微生物对水分的需要还会受到食品pH、营养物质、氧气等共存因素的影响。因此，在选定食品的水分活度时应根据具体情况进行适当的调整。

二、水分活度与食品化学反应的关系

食品在加工或贮藏过程中，食品组分容易发生一些酶促和非酶变化而影响食品的品质。而水分活度对这些变化有很大的影响。

1. 脂类氧化

脂类氧化反应速率随 a_w 的变化曲线如图2-18(c) 所示。在极低的 a_w 范围内，脂类氧化速率随 a_w 增加而降低，因为最初添加到干燥样品中的水可以与来自自由基反应生成的氢过氧化物结合，并阻止其分解，从而使脂类自动氧化的初始速率减小，$a_w \approx 0.2 \sim 0.3$ 时脂类氧化速率最小。另外，在反应的初始阶段，这部分水还能与催化油脂氧化的金属离子发生水合作用，明显降低金属离子的催化活性。当向食品中添加的水超过Ⅰ区间和Ⅱ区间的边界时，随 a_w 的增加氧化速率增大，因为在等温线这个区间内增加水能增加氧的溶解度和大分子溶胀，使大分子暴露出更多的反应位点，从而使氧化速率加快。$a_w > 0.85$ 时所添加的水则减缓氧化速率，这种现象是由于水对催化剂的稀释作用或对底物的稀释作用而降低催化效率所造成的。

2. 非酶褐变

非酶褐变反应速率随 a_w 的变化曲线如图2-18(d) 所示。当 a_w 在0.2以下时，褐变反应停止；随着 a_w 增加，反应速率随之增加，a_w 增加到0.7～0.9之间时褐变速率最快；但 a_w 继续增加，大于褐变反应高峰的水分活度值后，则由于溶质浓度下降而导致褐变速率减慢。

3. 酶促褐变

a_w 和酶引起的反应之间有一定的关系。一般来说，$a_w < 0.8$，大多数酶活力受抑制；$a_w = 0.25 \sim 0.30$，淀粉酶、多酚氧化酶和过氧化物酶丧失活力；$a_w = 0.1$，脂肪酶有活力。所以，当 a_w 降低到0.25～0.30的范围，就能减慢或阻止酶促褐变的进行。

除了以上影响食品品质的化学变化与水分活度有一定关系外，还有一些反应，它们和水分活度之间的关系见图2-18。

图2-18中所示的化学反应的最小反应速率一般首先出现在水分吸附等温线的区间Ⅰ与区间Ⅱ之间

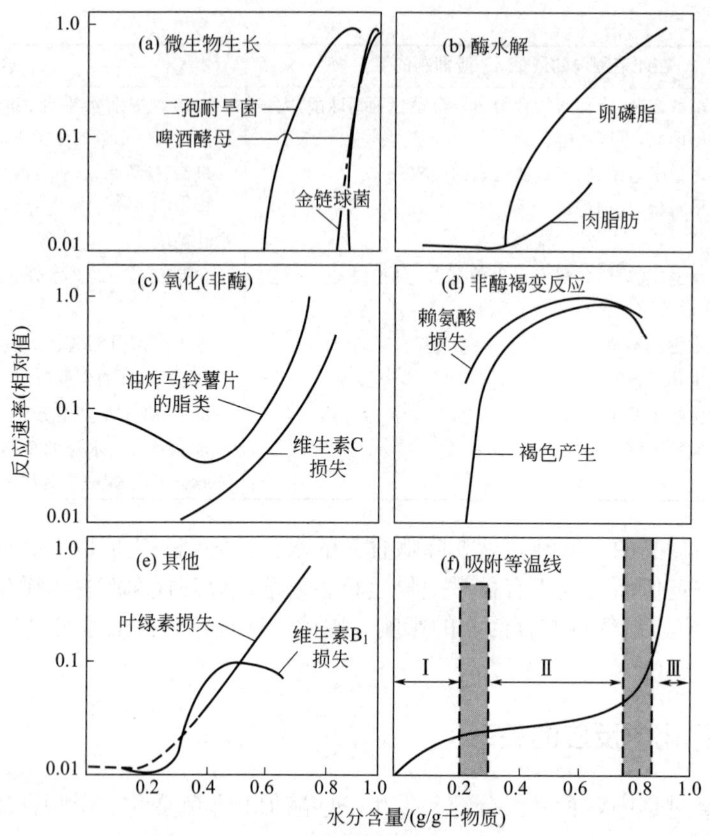

图 2-18 水分活度与食品稳定性间的关系

的边界（$a_w=0.2\sim0.3$）；当 a_w 进一步降低时，除了氧化反应外全部保持在最小值；在中等和较高 a_w 值（$a_w=0.7\sim0.9$）时，非酶褐变反应、脂类氧化、维生素 B_1 降解、叶绿素损失、微生物的生长和酶促反应等均显示出最大速率。因此，中等水分含量范围（$a_w=0.7\sim0.9$）的食品化学反应速率最大，不利于食品耐储性能的提高，这也是现代食品加工技术非常关注中等水分含量食品的原因。

由于食品体系在 a_w 为 0.2～0.3 之间的稳定性较高，而这部分水相当于形成单分子层水，所以了解食品中形成单分子层水时的水分含量值十分有意义。可以通过前面介绍的 BET 数学方程计算食品的 BET 单分子层值，从而准确预测食品保持最大稳定性时的含水量。

$$\frac{a_w}{(1-a_w)m}=\frac{1}{m_1C}+\frac{a_w(C-1)}{m_1C}$$

式中，a_w 是水分活度；m 是水分含量，g/g 干物质；m_1 是单分子层值，g/g 干物质；C 是常数。

根据此方程，以 $\frac{a_w}{(1-a_w)m}$ 对 a_w 做图得到一条直线，称为 BET 直线。图 2-19 表示马铃薯淀粉的 BET 图，在 $a_w>0.35$ 时线形关系开始出现偏差。

$$单分子层值(m_1)=\frac{1}{Y_{截距}+斜率}$$

根据图 2-19 查得 $Y_{截距}=0.6$，斜率$=10.7$，于是可求出 m_1：

$$m_1=\frac{1}{0.6+10.7}=0.088$$

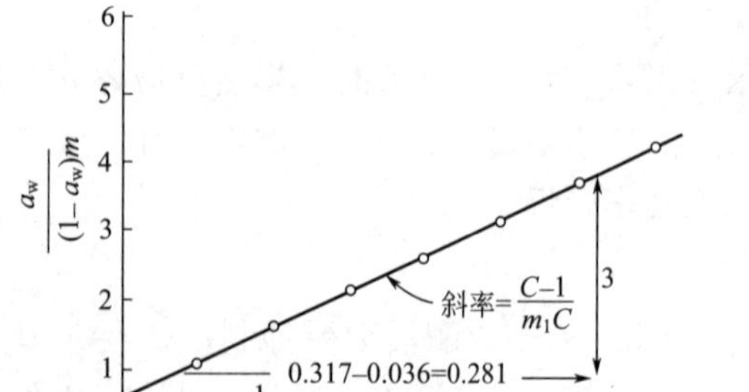

图 2-19 天然马铃薯淀粉的 BET 图
（回吸温度为 20℃）

在此特定的例子中，单分子层值相当于a_w=0.2。

水分活度除影响化学反应和微生物的生长以外，还可以影响干燥和半干燥食品的质地，所以欲保持饼干、油炸土豆片等食品的脆性，防止砂糖、奶粉、速溶咖啡等结块，以及防止糖果、蜜饯等黏结，均需要保持适当的水分活度。要保持干燥食品的理想品质，a_w值不能超过0.35～0.5，但随食品产品的不同而有所变化。对于软质构的食品（含水量高的食品），为了避免不希望的失水变硬，需要保持相当高的水分活度。

总之，低水分活度能够稳定食品质量是因为食品中发生的化学反应是引起食品品质变化的重要原因，降低水分活度可以抑制这些反应的进行，一般作用的机理表现如下。

① 大多数化学反应都必须在水溶液中才能进行。如果降低食品的水分活度，则食品中水的存在状态发生变化，游离水的比例减少，而结合水又不能作为反应物的溶剂，所以降低水分活度能使食品中许多可能发生的化学反应受到抑制，反应速率下降。

② 很多化学反应是属于离子反应，反应发生的条件是反应物首先必须进行离子水合作用，而发生离子水合作用的条件是必须有足够的游离水才能进行。

③ 很多化学反应和生物化学反应都必须有水分子参加才能进行（如水解反应）。若降低水分活度，就减少了参加反应的游离水的有效数量，化学反应的速率也就变慢。

④ 许多以酶为催化剂的酶促反应，水有时除了具有底物作用外，还能作为输送介质，并且通过水化促使酶和底物活化。当a_w<0.8时，大多数酶的活力就受到抑制；若a_w值降到0.25～0.30的范围，则食品中的淀粉酶、多酚氧化酶和过氧化物酶就会受到强烈的抑制或丧失其活力（但脂肪酶例外，水分活度在0.1～0.5时仍能保持其活性）。

⑤ 食品中微生物的生长繁殖都要求有最低限度的a_w，大多数细菌为0.94～0.99，大多数霉菌为0.80～0.94，大多数耐盐细菌为0.75，耐干燥霉菌和耐高渗透压酵母为0.60～0.65。当水分活度低于0.60时，绝大多数微生物无法生长。

三、冰对食品稳定性的影响

冷冻被认为是保藏食品的一个好方法，这种保藏技术的优点是在低温情况下微生物的繁殖被抑制，一些化学反应的速率常数降低，保藏性提高与此时水从液态转化为固态的冰无关。

食品的低温冷藏虽然可以提高一些食品的稳定性，但是对一些食品而言，冰的形成也可以带来两个不利的影响作用：① 水转化为冰后，其体积会相应增加9%，体积的膨胀会产生局部压力，使细胞状食品受到机械性损伤，造成食品解冻后汁液的流失，或者使细胞内的酶与细胞外的底物产生接触，导致不良反应的发生；②冰冻浓缩效应，这是由于在所采用的商业保藏温度下食品中仍然存在非冻结相，在非冻结相中非水成分的浓度提高，最终引起食品体系的理化性质如非冻结相的pH值、可滴定酸度、离子强度、黏度、冰点、表面和界面张力、氧化-还原电位等发生改变，此外还将形成低共熔混合物，溶液中有氧和二氧化碳逸出，水的结构和水与溶质间的相互作用也剧烈地改变，同时大分子更紧密地聚集在一起，使相互作用的可能性增大。

因此，在此条件下冷冻给食品体系化学反应带来的影响有相反的两方面：降低温度，减慢了反应速率；溶质浓度增加，加快了反应速率。表2-10将温度、浓度两种因素的影响程度进行比较，综合列出了它们对反应速率的最终影响。表2-11给出了发生冻结时反应或变化速率增加的一些具体的食品例子。

表2-10 冷冻过程中温度和溶质浓缩对化学反应速率的最终影响

化学速度变化		两种作用的相对影响程度	冻结对反应速率的最终影响
温度降低(T)	溶质浓缩的影响(S)		
降低	降低	协同	降低
降低	略有增加	T>S	略有降低
降低	中等程度增加	T=S	无影响
降低	极大增加	T<S	增加

表 2-11 食品冷冻过程中一些变化被加速的实例

化学反应	反应物
酸催化反应	蔗糖
氧化反应	抗坏血酸、乳脂肪、油炸马铃薯食品中的 VE、脂肪中 β-胡萝卜素与 VA 的氧化
蛋白质的不溶性形成 NO-肌红蛋白或 NO-血红蛋白（腌肉的颜色）	鱼、牛、兔的蛋白质，肌红蛋白或血红蛋白

对牛肌肉组织挤出的汁液中蛋白质的不溶性研究发现，由于冻结而产生蛋白质不溶性变化加速的温度，一般是在低于冰点几摄氏度时最为明显；同时在正常的冷冻温度下（−18℃），蛋白质不溶性变化的速率远低于 0℃时的速率，在这一点上与冷冻还是一种有效的保藏技术的结论是相吻合的。

在细胞食品体系中一些酶催化反应在冷冻时被加速，这与冷冻导致的浓缩效应无关，一般认为是由于酶被激活或由于冰体积增加而导致的酶-底物位移。典型的例子见表 2-12。

表 2-12 冷冻过程中酶催化反应被加速的例子

反应类型	食品样品	反应加速的温度/℃
糖原损失和乳酸蓄积	动物肌肉组织	−2.5～−3
磷脂的水解	鳕鱼	−4
过氧化物的分解	快速冷冻马铃薯与慢速冷冻豌豆中的过氧化物酶	−0.8～−5
VC 的氧化	草莓	−6

在食品冻藏过程中冰晶体大小、数量、形状的改变也会引起食品劣变，也许是冷冻食品品质劣变最重要的原因。由于冻藏过程中温度出现波动，温度升高时已冻结的小冰晶融化，温度再次降低时原先未冻结的水或先前小冰晶融化的水将会扩散并附着在较大的冰晶体表面，造成再结晶的冰晶体积增大，这样对组织结构的破坏性很大。因此，在食品冻藏时，要尽量控制温度的恒定。

食品冻藏有缓冻和速冻两种方法。如速冻的肉，由于冻结速率快，形成的冰晶数量多、颗粒小、在肉组织中分布比较均匀，又由于小冰晶的膨胀力小，对肌肉组织的破坏很小，解冻融化后的水可以渗透到肌肉组织内部，所以基本上能保持原有的风味和营养价值；而缓冻的肉，结果刚好相反。速冻的肉，解冻时一定要采取缓慢解冻的方法，使冻结肉中的冰晶逐渐融化成水，并基本上全部渗透到肌肉中去，尽量不使肉汁流失，以保持肉的营养和风味。所以商业上尽量采用速冻和缓慢解冻的方法。

检查与拓展 4

○ 水分活度与食品稳定性之间关系。

二维码 2-5

第六节 食品中水分的转移

食品储运过程中，一些食品的水分含量、分布不是固定不变的。食品中水分的转移可分为两种情况：一种情况是水分在同一食品的不同部位或在不同食品之间发生位转移，导致原来水分的分布状况改变；第二种情况是水分发生相转移，特别是气相和液相水的互相转移，导致食品含水量的降低或增加，这对食品的贮藏性及其他方面有着极大的影响。

一、水分的位转移

根据热力学有关定律，食品中水分的化学势（μ）可以表示为

$$\mu=\mu(T, P)+RT\ln a_w$$

从上式可以看出，如果食品的温度（T）或水分活度（a_w）不同，则食品中水的化学势就不同，水分就要沿化学势降低的方向发生变化和运动，即食品中的水分发生位转移。从理论上讲，水分的位转移必须进行至食品各部位水的化学势完全相等才能停止，即最后达到热力学平衡。

由于温差引起的水分位转移，水分将从高温区域的食品进入低温区域的食品，这个过程较为缓慢。而由于水分活度不同引起的水分位转移，水分从 a_w 高的区域向 a_w 低的区域转移。例如，蛋糕与饼干这两种水分活度不同的食品放在同一环境中，由于蛋糕的水分活度大于饼干的水分活度，蛋糕里的水分就逐渐转移到饼干里，使得两种食品的品质都受到不同程度的影响。

二、水分的相转移

食品的含水量是指在一定温度、湿度等环境条件下食品的平衡水分含量，如果环境条件发生变化，食品的含水量也就随之发生变化。例如，空气湿度的变化就有可能引起食品中水分的相转移（当然对密封性良好的包装食品不存在此问题），空气湿度变化的方式与食品中水分相转移的方向和强度密切相关。

食品中水分的相转移主要形式为水分蒸发（evaporation）和蒸汽凝结（condensing）。

1. 水分蒸发

食品中的水分由液相转变为气相而散失的现象称为食品的水分蒸发，它对食品质量有重要的影响作用。利用水分蒸发进行食品的干燥或浓缩，可得到低水分活度的干燥食品或中等水分活度食品。但对新鲜的水果、蔬菜、肉禽、鱼贝等食品来讲，水分蒸发则对食品的品质会发生不良的影响，例如会导致食品外观的萎蔫皱缩，食品的新鲜度和脆度受到很大的影响，严重时会丧失其商品价值；同时，水分蒸发还会导致食品中水解酶的活力增强，高分子物质发生降解，也会产生食品的品质降低、货架寿命缩短等问题。

水分蒸发主要与环境（空气）的湿度和饱和湿度差有关。饱和湿度差是指空气的饱和湿度与同温度下空气的绝对湿度之差。饱和湿度差是决定食品水分蒸发量的一个极为重要的因素。饱和湿度差越大，空气达到饱和状态所能容纳的水蒸气量就越多，反之就越少。因此，饱和湿度差大，食品水分的蒸发量就大；反之，食品水分的蒸发量就小。

影响饱和湿度差的因素主要有空气的温度、绝对湿度、流速等。空气的饱和湿度随着温度的变化而变化，温度升高则空气的饱和湿度也随之升高。在相对湿度一定时，温度升高就导致饱和湿度差变大，因此食品水分的蒸发量增大；在绝对湿度一定时，若温度升高，饱和湿度随之增大，所以饱和湿度差也加大，相对湿度降低，同样导致食品水分的蒸发量加大。如果温度不变，绝对湿度增大，则相对湿度也增大，饱和湿度差减小，食品的水分蒸发量减少。空气的流动可以从食品周围的空气中带走较多的水蒸气，即降低这部分空气的水蒸气压，加大饱和湿度差，因而能加快食品水分的蒸发，使食品的表面干燥，影响食品的物理品质。

从热力学角度来看，食品水分的蒸发过程是食品中水溶液形成的水蒸气和空气中的水蒸气发生转移-平衡过程。由于食品的温度与环境的温度、食品中的水蒸气压与环境的水蒸气压均不一定相同，两相间水分的化学势有差异。它们的化学势差为：

$$\Delta\mu=\mu_F-\mu_E=R[T_F\ln p_F-T_E\ln p_E]$$

式中，p 表示水蒸气压，角标 F、E 分别表示食品、环境。

据此可得出下列结论。

① 若 $\Delta\mu>0$，则食品中的水蒸气自发向环境转移。这时食品水溶液上方的水蒸气压力下降，原来

食品水溶液与其上方水蒸气达成的平衡状态遭到破坏（食品上方水蒸气的化学势低于水溶液中水的化学势）。为了达到新的平衡状态，食品水溶液中的部分水蒸发，直到空气中水蒸气的化学势与食品中水蒸气的化学势相等为止（$\Delta\mu=0$）。对于敞开的、没有包装的食品，在空气的相对湿度较低或饱和湿度差较大的情况下，空气中与食品中水蒸气的化学势很难达到相等，所以食品的水分不断进行蒸发，食品的外观及食用价值受到严重的影响。

② 如果 $\Delta\mu=0$，食品中水分的化学势与空气中水蒸气的化学势相等，食品中的水蒸气与空气中的水蒸气处于动态平衡状态。从净的结果来看，这时食品既不蒸发水分也不吸收水分，是食品货架期的理想环境。

③ 如果 $\Delta\mu<0$，即食品水分的化学势低于空气中水蒸气的化学势，此时食品中的水分不但不蒸发，而且还吸收空气中的水蒸气而变潮，食品的稳定性受到影响（a_w 增加）。

影响食品水分蒸发的主要因素是食品的温度 T_F 和环境水蒸气压 p_E。在环境温度 T_E 和环境水蒸气压 p_E 不变的情况下，T_F 越高，$\Delta\mu$ 越大，食品中水分蒸发的趋势就越强烈；在环境温度不变时，环境的绝对湿度越低，环境水蒸气压越小，若 μ_F 不变，$\Delta\mu$ 变大，食品水分蒸发的趋势也加强；如果增大环境的绝对湿度，则 μ_E 增大，若 μ_F 不变，$\Delta\mu$ 减小，食品水分蒸发的趋势也就相应减弱。总之，环境的相对温度越低、空气的饱和湿度差越大，食品水分蒸发将越强烈；食品中的水蒸气与空气中的水蒸气化学势的差值越大，食品水分蒸发的趋势就越强烈。

2. 蒸汽凝结

空气中的水蒸气在食品的表面凝结成液体水的现象称为蒸汽凝结。一般来讲，单位体积的空气所能容纳水蒸气的最大数量随温度的下降而减少，当空气温度下降一定数值时，就使得原来饱和的或不饱和的空气变为过饱和状态，致使空气中的一部分水蒸气在物体上凝结成液态水。空气中的水蒸气与食品表面、食品包装容器表面等接触时，如果表面温度低于水蒸气的饱和温度，则水蒸气也有可能在表面上凝结成液态水。在一般情况下，若食品为亲水性物质，水蒸气凝聚后铺展开来并与之融合，如糕点、糖果等就容易被凝结水润湿，并可将其吸附；若食品为憎水性物质，水蒸气凝聚后收缩为小水珠，如蛋的表面和水果表面的蜡质层均为憎水性物质，水蒸气在其上面凝结时就不能扩展而收缩为小水珠。

第七节　分子流动性与食品稳定性

一、基本概念

水的存在状态有液态、固态和气态 3 种，在热力学上都属于稳定态。其中水分在固态时是以稳定的结晶态存在的。但是复杂的食品与其他生物大分子一样，往往是以无定形状态存在的。所谓无定形（amorphous）是指物质所处的一种非平衡、非结晶状态，若饱和条件占优势且溶质保持非结晶，此时形成的固体就是无定形态。食品处于无定形态，其稳定性不会很高，但却具有优良的食品品质。因此，食品加工的任务就是在保证食品品质的同时使食品处于亚稳态或处于相对于其他非平衡态来说比较稳定的非平衡态。

玻璃态（glassy state）是物质的一种存在状态，此时的物质像固体一样具有一定的形状和体积，又像液体一样分子之间的排列只是近似有序，因此是非晶态或无定形态。处于此状态的大分子聚合物的链段运动被冻结，只允许小尺度空间的运动（即自由体积很小），所以其形变很小，类似坚硬的玻璃，因此称为玻璃态。

橡胶态（rubbery state）是指大分子聚合物转变为柔软而具有弹性的固体时（此时还未融化）的状态，分子具有相当的形变，它也是一种无定形态。根据状态的不同，橡胶态的转变可分为玻璃态转变区（glassy transition region）、橡胶态平台区（rubbery plateau region）和橡胶态流动区（rubbery flow region）3 个区域。

黏流态是指大分子聚合物能自由运动、出现类似一般液体的黏性流动的状态。

玻璃化转变温度（glass transition temperature，T_g，T'_g）：T_g是指非晶态食品从玻璃态到橡胶态

的转变（玻璃化转变）时的温度；T'_g是特殊的 T_g，是指食品体系在冰形成时具有最大冷冻浓缩效应的玻璃化转变温度。

随着温度由低到高，无定形聚合物可经历 3 个不同的状态，即玻璃态、橡胶态、黏流态，各反映了不同的分子运动模式。

① 当 $T<T_g$ 时，大分子聚合物的分子运动能量很低，此时大分子链段不能运动，大分子聚合物呈玻璃态。

② 当 $T=T_g$ 时，分子热运动能增加，链段运动开始被激发，玻璃态开始逐渐转变到橡胶态，此时大分子聚合物处于玻璃化转变区域。玻璃化转变发生在一个温度区间内，而不是在某个特定的单一温度处。发生玻璃化转变时，食品体系不放出潜热、不发生一级相变，宏观上表现为一系列物理和化学性质的急剧变化，如食品体系的比容、比热、膨胀系数、热导率、折射率、黏度、自由体积、介电常数、红外吸收谱线和核磁共振吸收谱线宽度等都发生突变或不连续变化。

③ 当 $T_g<T<T_m$（T_m 为熔化温度）时，分子的热运动能量足以使链段自由运动，但由于邻近分子链之间存在较强的局部性的相互作用，整个分子链的运动仍受到很大抑制，此时聚合物柔软而具有弹性，黏度约为 10^7 Pa·s，处于橡胶态平台区。橡胶态平台区的宽度取决于聚合物的分子量，分子量越大，该区域的温度范围越宽。

④ 当 $T=T_m$ 时，分子热运动能量可使大分子聚合物整链开始滑动，此时橡胶态开始向黏流态转变，除了具有弹性外，出现明显的无定形流动性。此时大分子聚合物处于橡胶态流动区。

⑤ 当 $T>T_m$ 时，大分子聚合物链能自由运动，出现类似一般液态的黏性流动，大分子聚合物处于黏流态。

分子移动性（molecular mobility，M_m）也称为分子流动性，它与食品的一些重要的扩散控制性质有关，因此对食品稳定性也是一个重要的参数。M_m 就是分子的旋转移动和平动移动性的总度量，物质处于完全而完整的结晶状态下 M_m 为零，物质处于完全的玻璃态（无定形态）时 M_m 值也几乎为零，但绝大多数食品的 M_m 值不等于零。

二、状态图

使用状态图（state diagram）可以说明 M_m 和食品稳定性的关系。通常以水和在食品中占支配地位的溶质作为二元物质体系绘制食品的状态图。在恒压下以溶质含量为横坐标、以温度为纵坐标做出的二元体系状态图如图 2-20 所示，图中的粗实线和粗曲线均代表亚稳态，如果食品状态处于玻璃化曲线（T_g 线）的左上方又不在其他亚稳态线上，食品就处于不平衡状态。

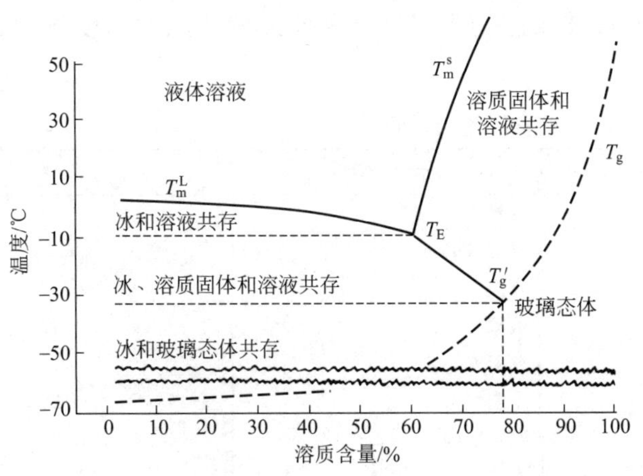

T_m^L是融化平衡曲线，T_m^s是溶解平衡曲线，T_E是低共熔点(即共熔点)，T_g是玻璃化曲线，T'_g是特定溶质的最大冷冻浓缩溶液的玻璃化转变温度

图 2-20 二元食品体系状态图

由图 2-20 中的融化平衡曲线 T_m^L 可知，食品在低温冷冻过程中，水不断以冰晶形式析出，未冻结相溶质的浓度不断提高，冰点逐渐降低，直到食品中的非水组分也开始结晶，这时的温度为 T_E（共结晶温度），这个温度也是食品体系从未冻结的橡胶态转变为玻璃态的温度。当食品温度低于冰点而高于 T_E 时，食品中部分水结冰而非水组分未结冰，此时食品可维持较长时间的黏稠液体过饱和状态，而黏度又未显著增加，这时的状态为橡胶态，处于这种状态的食品物理、化学及生物化学反应依然存在，并导致食品腐败。当温度低于 T_E 时，食品非水组分开始结冰，未冻结相的高浓度溶质的黏度开始显著增加，冰限制了溶质晶核的分子移动与水分的扩散。

玻璃态下的未冻结的水不是按前述的氢键方式结合的，其分子被束缚在具有极高黏度的玻璃态下，这种水分不具有反应活性，使整个食品体系以不具有反应活性的非结晶性固体形式存在。因此，在 T_g 下，食品具有高度的稳定性。故低温冷冻食品的稳定性可以用该食品的 T_g 与储藏温度 t 的差（$t-T_g$）决定，差值越大，食品的稳定性就越差。

食品中的水分含量和溶质种类显著地影响食品的 T_g。碳水化合物对无定形的干燥食品的 T_g 影响很大，常见的糖如果糖、葡萄糖的 T_g 很低，因此，在高糖食品中，它们显著地降低 T_g。一般来说，蛋白质和脂肪对 T_g 的影响并不显著。在没有其他外界因素影响下，水分含量是影响食品体系玻璃化转变温度的主要因素。一般而言，每增加 1%的水，T_g 降低 5～10℃。食品的 T_g 随溶质分子量的增加而成比例增加，但是当溶质相对分子质量大于 3000 时 T_g 就不再依赖其分子量。对于具有相同分子量的同一类聚合物来说，化学结构的微小变化也会导致 T_g 的显著变化。如对淀粉而言，结晶区虽不参与玻璃化转变，但限制淀粉主链的活动，因此随淀粉结晶度的增大 T_g 也增大。天然淀粉中含有 15%～30%的结晶区，而预糊化淀粉无结晶区，所以天然淀粉的 T_g 在相同的水分含量下明显高于后者，当水分含量在 0.221g/g 干物质左右时，天然淀粉的 T_g 为 40℃，而预糊化淀粉的 T_g 仅为 28℃。不同种类的淀粉，支链淀粉分子侧链越短且数量越多，T_g 相应越低。例如小麦支链淀粉与大米支链淀粉相比，小麦支链淀粉的侧链数量多且短，所以在水分含量相近时其 T_g 也比大米淀粉的 T_g 小。虽然 T_g 强烈依赖溶质类别和水含量，但 T'_g 只依赖溶质种类。

食品中 T_g 的测定方法主要有差式扫描量热法（DSC）、动力学分析法（DMA）和热力学分析法（DMTA）。除此之外，还包括热机械分析（TMA）、热高频分析（TDEA）、热刺激流法、高频光谱法、Mossbauer 光谱法、Brillouin 扫描光谱法、机械光谱测定法、动力学流变仪测定法、黏度仪测定法和 Instron 分析法。T_g 值与测定时的条件和所用的方法有很大关系，所以在研究食品玻璃化转变的 T_g 时一般可采用不同的方法进行研究。需要指出的是，复杂体系的 T_g 很难测定，只有简单体系的 T_g 可以较容易地测定。

表 2-13 给出了一些食品的 T'_g 值。蔬菜、肉、鱼肉和乳制品的 T'_g 一般高于果汁和水果的 T'_g，所以冷藏或冻藏时前 4 类食品的稳定性就相对高于果汁和水果。但是在动物食品中，大部分脂肪由于和肌纤维蛋白质同时存在，在低温下并不被玻璃态物质保护，因此即使在冻藏温度下动物食品的脂类仍具有高不稳定性。

表 2-13 一些食品的 T'_g 值

食品名称	T'_g/℃	食品名称	T'_g/℃
橘子汁	−37.5±1.0	花椰菜	−25
菠萝汁	−37	菜豆(冻)	−2.5
梨汁、苹果汁	−40	青豆	−27
桃	−36	菠菜	−17
香蕉	−35	冰淇淋	−37～−33
苹果	−42～−41	干酪	−24
甜玉米	−15～−8	鳕鱼肌肉	−11.7±0.6
鲜马铃薯	−12	牛肌肉	−12.0±0.3

三、分子流动性对食品稳定性的影响

除了 a_w 是预测、控制食品稳定性的重要指标外，用分子移动性也可以预测食品体系的化学反应速率，这些化学反应包括酶催化反应、蛋白质折叠反应、质子转移变化、自由基结合反应等。根据化学反应理论，一个化学反应的速率由 3 个方面控制：扩散系数（因子）D（一个反应要发生，首先反应物必须能相互接触）、碰撞频率因子 A（在单位时间内的碰撞次数）、反应的活化能 E_a（两个适当定向的反应物发生碰撞时有效能量必须超过活化能才能导致反应发生）。如果 D 对反应的限制性大于 A 和 E_a，那么反应就是扩散限制反应；另外，在一般条件下不是扩散限制的反应，在水分活度或体系温度降低时，也可能使其成为扩散限制反应，这是因为水分降低导致食品体系的黏度增加或者温度降低减少了分子的运动性。因此，用分子移动性预测扩散限制反应的速率很有用，而对不受扩散限制的反应和变化应用分子移动性是不恰当的，如微生物的生长。

大多数食品都是以亚稳态或非平衡状态存在的，其中大多数物理变化和一部分化学变化由 M_m 值控制。决定食品 M_m 值的主要成分是水和食品占优势的非水组分。水分子体积小，常温下为液态，黏度也很低，所以在食品体系温度处于 T_g 时水分子仍然可以转动和移动；而作为食品主要成分的蛋白质、碳水化合物等大分子聚合物不仅是食品品质的决定因素，还影响食品的黏度、扩散性质，所以它们也决定食品的分子移动性。故绝大多数食品的 M_m 值不等于零。

已经证明一些食品的性质和行为特征由 M_m 决定。表 2-14 给出了几类食品品质受分子移动性的影响。

表 2-14 分子移动性对食品品质的影响

干燥或半干燥食品	冷冻食品
流动性和黏性	水分迁移(冰结晶现象发生)
结晶和再结晶过程	乳糖的结晶(在冷甜食品中出现砂状结晶)
巧克力表面起糖霜	酶活力在冷冻时留存,有时还出现表观提高
食品干燥时的爆裂	在冷冻干燥的初级阶段发生无定形区的结构塌陷
干燥或中等水分的质地	食品体积收缩(冷冻甜食中泡沫样结构部分塌陷)
冷冻干燥中发生的食品结构塌陷	
微胶囊风味物质从芯材的逸散	
酶的活性	
非酶褐变	
淀粉的糊化	
淀粉老化导致的焙烤食品的陈化	
焙烤食品在冷却时的爆裂	
微生物孢子的热灭活	

在讨论分子移动性与食品性质的关系时，还必须注意以下例外：①转化速率不是显著受扩散影响的化学反应；②可通过特定的化学作用（如改变 pH 值或氧分压）达到需宜或不需宜的效应；③试样 M_m 是根据聚合物组分（聚合物的 T_g）估计的，而实际上渗透到聚合物中的小分子才是决定产品重要性质的决定因素；④微生物的营养细胞生长（因为此处 a_w 是比 M_m 更可靠的估计指标）。

四、水分活度、分子移动性和玻璃化转变温度预测食品稳定性的比较

M_m 方法与 a_w 方法是研究食品稳定性的两个相互补充的方法，a_w 方法主要研究食品中水分的可利用性，M_m 方法则主要研究食品的微观黏度和组分的扩散能力。从 M_m 方法与 a_w 方法的应用对象来看，在估计由扩散控制的性质，如冷冻食品的物理性质，冷冻干燥的最佳条件以及包括结晶作用、胶凝作用和淀粉老化等物

理变化时，M_m 方法明显地更为有效，因为此时 a_w 方法在预测冷冻食品物理或化学性质上是无用的；在估计产品保藏在接近室温时导致结块、黏结和脆性的条件时，二者具有大致相同的效果；在估计不含冰的产品中微生物生长和非扩散限制的化学反应速率（固有的慢速反应，例如高活化能反应，以及在较低黏度介质像高水分食品中的反应）时，M_m 方法的实用性明显地较低和不可靠，此时应用 a_w 方法更有效。

大多数食品具有 T_g。在生物体系中，溶质很少在冷却或干燥时结晶，所以常以无定形区和玻璃化状态存在。可以从 M_m 和 T_g 的关系估计这类物质的扩散限制性质的稳定性。在食品保藏温度低于 T_g 时，M_m 值和所有扩散限制的变化，包括许多变质反应，都会受到很好的限制。在 $T_m \sim T_g$ 温度范围内，随着温度下降，M_m 值减小而黏度提高。一般来说，食品在此范围内的稳定性也依赖温度，并与 $T \sim T_g$ 成反比。

就目前尚未出现快速、准确和经济地测定食品的 M_m 和 T_g 这项技术之前，在实用性上 M_m 方法不能达到或超过现有的 a_w 方法，所以 a_w 方法仍然是对食品中水分进行相关研究时最有效的手段，特别是大多数食品仍是在冰点以上保存。

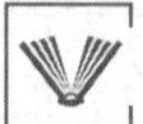

检查与拓展 5

二维码 2-6

○ 水分活度、分子移动性、玻璃化转变温度预测食品稳定性有什么区别?

○ 食品的玻璃态与其稳定性的关系?

本章总结

○ **水的结构**

① 气态水以单分子水形式存在，呈四面体结构。

② 液态水以多分子水缔合体形式存在，缔合体中水分子靠氢键缔合。

③ 固态冰是多个水分子通过氢键有序排列而形成的分子晶体。

○ **水和冰的物理性质**

① 由于水的氢键结构导致水有三个特殊的物理性质，熔沸点高、黏度低、介电常数增加。

② 食品冻结过程中会发生过冷现象，如果加入晶核会产生异相成核，不利于食品贮藏。

○ **水的存在状态**

食品中非水组分类型不同，与水之间存在着不同的作用力，因这些作用力不同导致水也存在不同状态，包括游离水和结合水，它们性质有差异，对食品性质的影响也不同。

○ **水分活度**

① 微观意义：水分活度反映水与非水组分之间的作用力，它与水分活度呈负相关关系。

② 影响因素：冰点以上温度时，水分活度受食品组成和温度的影响；冰点以下温度时，水分活度主要受温度影响。

③ 变化规律：水分活度随着温度升高而增加；随着溶质浓度增加而减少。

④ 预测食品稳定性：冰点以上温度，通过水分活度高低可预测食品稳定性。

○ **水分吸附等温线**

① 在一定温度下，表示食品含水量和水分活度的关系图。

② 该线的倾斜程度受制作温度和方法影响。

③ 该线的每个区域及各区域间的交界区的水对食品性质影响都不同。

④ 不同方法绘制的同一食品的水分吸附等温线理论上应该是重合的，但却出现了滞后现象。不同食品滞后现象有差别。

○ **水分活度与食品稳定性**

水分活度影响微生物的生长，食品中的化学变化，进而影响到食品的稳定性。

○ **冰对食品稳定性影响**

① 食品冻结，大量水以冰晶体形式析出，非冻结相中的溶质浓度增加，出现冷冻浓缩现象，溶质化学反应速度增加，使食品不稳定。

② 食品冻结，液态水转变为冰晶体，体积增加，破坏细胞结构，使细胞内物质流失，细胞内外物质接触，发生不良反应。

③ 食品速冻产生小冰晶体多，较缓冻对食品质量影响小。

④ 食品冻藏过程中应尽量控制温度的恒定。

○ **食品中水分转移**

① 食品之间或食品内部水分的转移及食品与大气间的水分转移，都会影响食品的质量。

② 水分从高温向低温处转移，从高水分活度向低水分活度处转移。

③ 温度升高，食品中水向大气中转移，食品失水。

④ 温度降低，大气中水分向食品中转移，食品吸收水分。

○ **分子流动性与食品稳定性**

① 无定形态：物质所处的一种非平衡、非结晶状态。包括玻璃态、橡胶态、黏流态。

② 玻璃态是最稳定的状态，外观类似玻璃，内部黏度极高，溶质以分子聚合物的状态存在，内部空隙很小，分子运动极低。

③ 当食品处于玻璃态转化温度以下的温度时，分子移动性几乎为零，食品最稳定。

④ 玻璃态转化温度与含水量和溶质分子量关系最密切。

参考文献

[1] 阚健全. 食品化学. 2版. 北京：中国农业大学出版社，2008.

[2] 赵新淮. 食品化学. 北京：化学工业出版社，2006.

[3] Fennema O R. Food Chemistry. 3rd ed. New York：Marcel Dekker Inc，1996..

[4] 刘邻渭. 食品化学. 北京：中国农业出版社，2000.

[5] 夏延斌. 食品化学. 北京：中国农业出版社，2004.

[6] 王璋，许时婴，汤坚. 食品化学. 北京：中国轻工业出版社，1999.

[7] 谢笔钧. 食品化学. 2版. 北京：科学出版社，2004.

[8] 韩雅珊. 食品化学. 2版. 北京：中国农业大学出版社，1998.

[9] 王欣，陈庆华. 浅述玻璃化转变温度与食品成分的关系 [J]. 粮油食品科技，2004，12 (4)：52-54.

[10] 于泓鹏，曾庆孝. 食品玻璃化转变及其在食品加工贮藏中的应用 [J]. 食品工业科技，2004，25 (11)：149-151.

思考与练习

1. 从水的结构上来分析，它有哪些独特的物理性质？
2. 食品中水分有哪些存在状态？它们对食品性质的影响有何区别？
3. 如何控制食品的水分活度，提高食品的保藏性？
4. 国家标准中可替代水分活度仪测定食品水分活度的方法是什么？
5. 食品处于水分吸附等温线的哪个区时，食品最稳定？为什么？
6. 冷冻干燥过程中食品为什么会出现皱缩、塌陷、结晶？

二维码 2-7

第三章　糖类

○○ ——— ○○ ○ ○○ ———

视频 3-1
知识点讲解

兴趣引导

○ 都说冰糖比白砂糖纯，从糖类化合物分类上看，二者差别在哪？
○ 糖尿病人能少量吃的代糖，算糖类化合物吗？
○ 蜂蜜里果糖超甜，它和葡萄糖有什么不同，造就这种甜度差异？
○ 水果保鲜时，单糖容易滋生微生物，源于它的哪种结构特性？
○ 刚出锅的热米饭软糯香甜，放一会就变硬，其中的淀粉发生了什么变化？
○ 浓稠的藕粉羹凉了却变成“果冻”，淀粉的糊化和老化为什么切换得这么快？
○ 饼干烘焙时，时间长了颜色深、风味变是为什么呢？

为什么学习本章内容?

蔗糖、乳糖、麦芽糖、在化学组成结构特点上有什么不同? 单糖和多糖在性质上有哪些异同点? 淀粉有哪些特点和性质? 美拉德反应和焦糖化反应的机制是什么? 影响美拉德反应和焦糖化反应的因素是什么?

学习目标

○ 掌握葡萄糖、果糖等单糖的化学结构。
○ 熟悉单糖的物理性质和化学性质。
○ 掌握双糖的组成方式，如蔗糖由葡萄糖和果糖组成。
○ 掌握淀粉中直链淀粉和支链淀粉的结构区别及性质。
○ 掌握糖类在食品加工中的作用，如甜味剂、增稠剂、保湿剂。
○ 掌握烹饪时糖类的美拉德反应和焦糖化反应的条件和效果。

第一节　概述

碳水化合物的分子组成一般以 $C_n(H_2O)_m$ 的通式表示，但后来发现有些糖如鼠李糖（$C_6H_{12}O_5$）和脱氧核糖（$C_5H_{10}O_4$）并不符合上述通式，并且有些糖还含有氮、硫、磷等成分。显然用碳水化合物名称已经不适，但由于沿用已久，至今还在使用这个名称。因此，以碳水化合物定义此类物质是不合适的，应将它们称为糖类化合物。

糖类化合物可以定义为多羟基的醛类、酮类化合物或其聚合物及其各类衍生物。按其结构中含有基本结构单元的多少，糖类化合物可以分作单糖、低聚糖及多糖 3 种类型。单糖类化合物是低聚糖及多糖基本的结构单元，常见的为含 4～7 个 C 的单糖分子，由于结构中具有多个手性 C 原子，这类化合物具有众多的同分异构体，既有构造异构体，也有复杂的构型异构体。低聚糖及多糖是单糖的聚合物，聚合是通过苷键的形成进行的。对于多糖类化合物的研究是目前糖类化合物研究中的热点。与蛋白质、核酸等生物大分子一样，多糖类化合物也有复杂的高级结构形式。

糖类物质属多官能团有机化合物。单糖中含有酮基、醛基和数个羟基，可以发生醛酮类、醇类所具有的化学反应，例如容易被氧化，可以被酰化、胺化，发生亲核加成反应等；半缩醛的形成使得单糖类化合物既可以开链结构存在，也可以环状结构存在；半缩醛的形成使得单糖类化合物可以和其他成分或单糖以苷键相互结合而形成在自然界广泛存在的低聚糖、多糖和苷类化合物。

单糖是指不能再水解的最简单的多羟基醛或多羟基酮及其衍生物。按所含碳原子数目的不同，称为丙糖、丁糖、戊糖、己糖、庚糖等，或称为三碳糖、四碳糖、五碳糖、六碳糖、七碳糖等，其中以己糖、戊糖最为重要。低聚糖是指聚合度小于或等于 10 的糖类。按水解后所生成单糖分子数目的不同，低聚糠分为二糖、三糖、四糖、五糖等，其中以二糖最为重要，如蔗糖、麦芽糖等；低聚糖又分为均低聚糖和杂低聚糖，前者是由同种单糖聚合而成的（如麦芽糖、聚合度小于 10 的糊精），后者是由不同种的单糖聚合而成的（如蔗糖、棉子糖等）；低聚糖按还原性质也可分为还原性低聚糖和非还原性低聚糖。多糖又称为多聚糖，是指聚合度大于 10 的糖类，分为均多糖（如纤维素、淀粉）、杂多糖［如阿(拉伯)木聚糖］；根据来源又可分为植物多糖、动物多糖和细菌多糖。单糖的衍生物氨基糖和糖醛酸也组成多糖，如虾、蟹等甲壳动物的甲壳组成物质称为甲壳质，为氨基葡萄糖组成的多糖，海藻中的藻阮酸为

D-甘露糖醛酸组成的多糖。

糖类化合物是生物体维持生命活动所需能量的主要来源，是合成其他化合物的基本原料，同时也是生物体的主要结构成分。糖类化合物的功能主要有：①是基本营养物质之一；②形成一定色泽和风味；③游离糖本身有甜度，对食品口感有重要作用；④食品的黏弹性也与糖类化合物有很大关系，如果胶、卡拉胶等；⑤食品中的纤维素、果胶等不易被人体吸收，除对食品的质构有重要作用外，还是膳食纤维的构成成分；⑥某些多糖或寡糖具有特定的生理功能，是保健食品的主要活性成分。

大多数植物只含有少量的蔗糖，大量膳食蔗糖来自经过加工的食品，在加工食品中添加的蔗糖量一般是比较多的（表 3-1）。蔗糖是从甜菜或甘蔗中分离得到的，果实和蔬菜中只含有少量蔗糖、D-葡萄糖和 D-果糖（表 3-2～表 3-4）。

表 3-1　普通食品中的糖含量

食品	糖的质量分数/%	食品	糖的质量分数/%
可口可乐	9	蛋糕(干)	36
脆点心	12	番茄酱	29
冰淇淋	18	果冻(干)	83

表 3-2　部分水果及蔬菜中游离糖含量

品种	游离糖质量分数(以鲜重计)/%			品种	游离糖质量分数(以鲜重计)/%		
	D-葡萄糖	D-果糖	蔗糖		D-葡萄糖	D-果糖	蔗糖
水果				蔬菜			
葡萄	6.86	7.84	2.25	甜菜	0.18	0.16	6.11
桃子	0.91	1.18	6.92	硬花甘蓝	0.73	0.67	0.42
生梨	0.95	6.77	1.61	胡萝卜	0.85	0.85	4.24
樱桃	6.49	7.38	0.22	黄瓜	0.86	0.86	0.06
草莓	2.09	2.40	1.03				

表 3-3　部分谷物食品原料中糖类化合物含量（按每 100g 可食部分计）

谷物名称	碳水化合物/g	纤维素/g	谷物名称	碳水化合物/g	纤维素/g
全粒小麦	69.3	2.1	全粒稻谷	71.8	1.0
强力粉	70.2	0.3	糙米	73.9	0.6
中力粉	73.4	0.3	精白米	75.5	0.3
薄力粉	74.3	0.3	全粒玉米	68.6	2.0
黑麦全粉	68.5	1.9	玉米糙	75.9	0.5
黑麦粉	75.0	0.7	玉米粗粉	71.1	1.4
全粒大麦	69.4	1.4	玉米细粉	75.3	0.7
大麦片	73.5	0.7	精小米	72.4	0.5
全粒燕麦	54.7	10.6	精黄米	71.7	0.8
燕麦片	66.5	1.1	高粱米	69.5	1.7

表 3-4　部分蔬菜中游离糖含量

品种	游离糖质量分数(以鲜重计)/%			品种	游离糖质量分数(以鲜重计)/%		
	D-葡萄糖	D-果糖	蔗糖		D-葡萄糖	D-果糖	蔗糖
甜菜	0.18	0.16	6.11	洋葱	2.07	1.09	0.89
硬花甘蓝	0.73	0.67	0.42	菠菜	0.09	0.04	0.06
胡萝卜	0.85	0.85	4.21	甜玉米	0.31	0.31	3.03
黄瓜	0.86	0.86	0.06	甘薯	0.33	0.30	3.37
苣菜	0.07	0.16	0.07				

随着对糖类化合物研究的不断深入，这类物质许多以前不为人知的组成、结构、生物功能方面的问题引起了人们的极大关注及研究的积极性，为药学、人类保健学、食品科学及生命科学的研究提供了大量生动的材料。

第二节　单糖

一、单糖的结构和构象

1. 单糖的结构

单糖是糖类化合物中最简单、不能再水解为更小单位的糖类。从分子结构看，单糖是含有一个自由醛基或酮基的多羟基的醛类或多羟基的酮类化合物，具有开链式和环式结构（五碳以上的糖）。根据单糖分子中碳原子数目的多少，可将单糖分为丙糖（trioses，三碳糖）、丁糖（tetroses，四碳糖）、戊糖（pentoses，五碳糖），己糖（hexoses，六碳糖）等；根据其分子中含羰基的特点，又可分为醛糖和酮糖。自然界中最简单的单糖是丙醛糖（glyceraldehyde，甘油醛）和丙酮糖（dihydroxyacetone），而最重要也是最常见的单糖则是葡萄糖和果糖。单糖若含有另一个羰基则称为二醛糖（两个醛基）或二酮糖（两个酮基）。糖的羟基被氢原子或氨基取代，可分别生成脱氧糖和氨基脱氧糖。除赤藓糖（丁糖）外，单糖分子均以环状结构存在。单糖溶解于水时，开链式与环状半缩醛逐渐达到平衡状态，溶液中有很少量的开链式单糖存在。

2. 单糖的构象

吡喃糖具有椅式或船式两种不同的构象（图 3-1）。

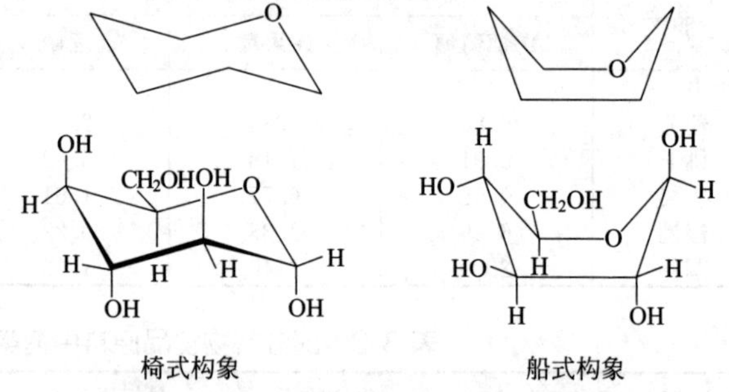

图 3-1　吡喃糖的椅式构象和船式构象

许多己糖主要以相当坚硬的椅式存在，如葡萄糖的 4 种椅式构象，其中以 β-D-葡萄糖（4C1）和 α-D-葡萄糖（1C4）最为稳定。以船式存在的己糖较少，因为船式结构较易变形且能量较高。还有其他形式，如半椅式和扭曲排列，但这些形式都具有较高的能量，不常遇到。

呋喃糖是一种比吡喃糖稳定性差的环状体系，它是以所谓的信封形式和扭转形式的快速平衡混合物存在的。图 3-2 和表 3-5 列出了几种常见单糖的结构示意图及理化性质。

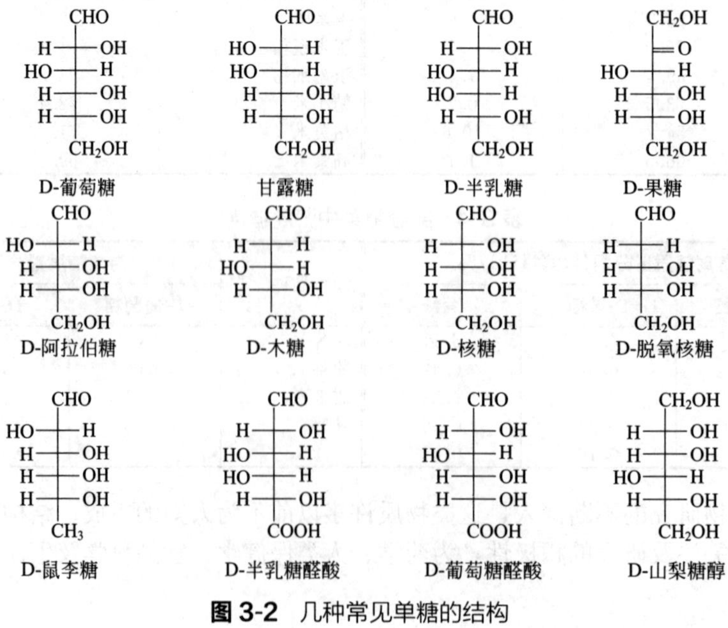

D-葡萄糖　甘露糖　D-半乳糖　D-果糖

D-阿拉伯糖　D-木糖　D-核糖　D-脱氧核糖

D-鼠李糖　D-半乳糖醛酸　D-葡萄糖醛酸　D-山梨糖醇

图 3-2　几种常见单糖的结构

表 3-5 食品中常见单糖的理化性质

单糖名称	相对分子质量	熔点(m. p.)/℃	$[\alpha]_D$/(°)	来源
戊糖				
L-阿拉伯糖(L-arabinose)	150.1	158(α) 160(β)	+190.6(α)→+104.5	植物树胶中戊聚糖的结构单糖
D-木糖(D-xylose)	150.1	145.8	+93.6(α)→+18.8	竹笋、木聚糖(秸秆、玉米)、植物黏性物质的结构单糖
D-2-脱氧核糖(D-2-deoxyribose)	134.1	87～91	−56(最终)	脱氧核糖核酸(DNA)
D-核糖(D-ribose)	150.1	86～87	−23.1→+23.7	核糖核酸(RNA)、腺苷三磷酸(ATP)
己糖				
D-半乳糖(D-galactose)	180.1	168(无水) 118～120(结晶水)	+150.7(α) +52.5(β)→+80.2	广泛存在于动植物中,多糖和乳糖的结构单糖
D-葡萄糖(D-glucose)	180.1	83(α,含结晶水) 146(无水) 148～150(β)	+113.4(α) +19.0(β)→+52.5	以单糖、低聚糖、多糖、糖苷形式广泛存在于自然界
D-甘露糖(D-mannose)	180.1	133(α)	+29.3(α) +17.0(β)→+14.2	棕榈、象牙果(ivorynut)、椰子、魔芋等多糖
D-果糖(D-fructose)	180.1	102～104(分解)	−132(β)→−92	蔗糖、菊糖(inulin)的结构单糖、果实、蜂蜜、植物体
L-山梨糖(L-sorbose)(L-木己酮糖)	180.1	165	−43.4	由弱氧化醋酸杆菌(*A. suboxydans*)作用于山梨糖醇得到,为果胶的结构单糖
L-岩藻糖(L-fucose)(6-脱氧-L-半乳糖)	164.2	145	−152.6→−75.9	海藻多糖、黄蓍糖、树胶、黏多糖、人乳中的低聚糖
L-鼠李糖(L-rhamnose)(6-脱氧甘露糖)	164.2	123～128(β) (无水)	+38.4(β)→+8.91	主要以糖苷形式存在于黄酮类化合物、植物黏性物多糖中
D-半乳糖醛酸(D-galacturonic acid)	194.1	160(β) 分解	+31(β)→+56.7	果胶、植物黏性多糖
D-葡萄糖醛酸(D-glucuronic acid)	194.1	165(分解)	+11.7(β)→+36.3	糖苷、植物树胶、半纤维素、黏多糖等
D-甘露糖醛酸(D-mannuronic acid)	194.1	165→167(β)	−47.9(β)→+23.9	海藻酸、微生物多糖
D-葡萄糖胺(D-glucosamine)	179.2	88(α),110(β)	+100(α) +28(β)→+47.5	大多作为甲壳素、肝素、透明质酸、乳汁低聚糖的单糖组成
糖醇类				
D-山梨(糖)醇(D-sorbitol)(葡糖醇)	182.1	110～112	−2.0	浆果、果实、海藻类
D-甘露(糖)醇(D-mannitol)	182.1	166～168	+23～+24	广泛存在于植物的渗出液甘露聚糖、海藻类
半乳糖醇(galactitol)	182.1	188～189	+23～+24	马达加斯加甘露聚糖

二、单糖的物理性质

1. 甜度

单糖类化合物均有甜味，甜味的强弱用甜度区分，不同的甜味物质甜度大小不同。甜度是食品鉴评学中的单位，这是因为甜度目前还难以通过化学或物理的方法进行测定，只能通过感官比较法得出相对的差别，所以甜度是一个相对值。一般以10%或15%的蔗糖水溶液在20℃时的甜度为1.0确定其他甜味物质的甜度，因此又把甜度称为比甜度。表3-6给出了一些单糖的比甜度。

表3-6 几种单糖的比甜度

单糖	甜度	单糖	甜度	单糖	甜度
蔗糖	1.00	α-D-甘露糖	0.59	β-D-呋喃果糖	1.50
α-D-葡萄糖	0.70	α-D-半乳糖	0.27	α-D-木糖	0.50

不同的单糖甜度不同，这种差别与分子量及构型有关。一般来讲，分子量越大，在水中的溶解度越小，甜度越小；环状结构的构型不同，甜度亦有差别，如葡萄糖的α构型甜度较大，而果糖的β构型甜度较大。

2. 旋光性及变旋光

旋光性是一种物质使直线偏振光的振动平面发生旋转的特性。旋光方向以符号表示：右旋为D-或（+），左旋为L-或（−）。即编号最大的手性碳原子上OH在右边的为D型，OH在左边的为L型。除丙糖外，其他所有的单糖均有旋光性。旋光性是鉴定糖的一个重要指标。常见单糖的比旋光度（20℃，钠光）见表3-7。

表3-7 常见单糖的比旋光度

糖类名称	比旋光度/(°)	糖类名称	比旋光度/(°)
D-葡萄糖	+52.2	D-甘露糖	+14.2
D-果糖	−92.4	D-阿拉伯糖	−105.0
D-半乳糖	+80.2	D-木糖	+18.8

糖的比旋光度是指1mL含有1g糖的溶液在其透光层为0.1m时使偏振光旋转的角度。通常用$[\alpha]_{\lambda}^{t}$表示，t为测定时的温度，λ为测定时光的波长。当单糖溶解在水中时，由于开链结构和环状结构直接互相转化，会出现变旋光现象（mutarotation）。在通过测定比旋光度确定单糖种类时，一定要注意静置一段时间（24h）。

3. 溶解度

单糖分子中的多个羟基增加了它的水溶性，尤其是热水中的溶解度，但不能溶于乙醚、丙酮等有机溶剂。单糖类化合物在水中都有比较大的溶解度。溶解过程是以水的偶极性为基础的，温度对溶解性和溶解速率具有决定性影响（表3-8）。

表3-8 两种单糖的溶解度

糖类	20℃		30℃		40℃		50℃	
	质量分数/%	溶解度/(g/100g水)	质量分数/%	溶解度/(g/100g水)	质量分数/%	溶解度/(g/100g水)	质量分数/%	溶解度/(g/100g水)
果糖	78.94	374.78	81.54	441.70	84.34	538.63	86.94	665.58
葡萄糖	46.71	87.67	54.64	120.46	61.89	162.38	70.91	243.76

不同的单糖在水中的溶解度不同，其中果糖最大，其次是葡萄糖。如20℃时，果糖在水中的溶解度为374.78g/100g水，而葡萄糖为87.67g/100g水。随着温度的变化，单糖在水中的溶解度亦有明显的变化，如温度由20℃提高到40℃，葡萄糖的溶解度变为162.38g/100g水。糖的溶解度大小还与其水溶液的渗透压密切相关。果糖的溶解度在糖类中最高，在20～50℃的温度范围内它的溶解度为蔗糖的1.88～3.1倍。利用糖类化合物较大的溶解度及对于渗透压的改变，可以抑制微生物的活性，从而达到延长食品保质期的目的。但要做到这一点，糖的浓度（质量分数，下同）必须达到70%以上。常温下

(20～25℃)，单糖中只有果糖可以达到如此高的浓度，其他单糖及蔗糖均不能。而含有果糖的果葡糖浆可以达到所需要的浓度。果葡糖浆的浓度因其果糖含量不同而有所差异，果糖含量为 42%、55%、90%，其浓度分别为 71%、77%、80%。因此，果糖含量较高的果葡糖浆保存性能较好。

4. 吸湿性、保湿性与结晶性

吸湿性和保湿性反映了单糖和水之间的关系，吸湿性是指糖在较高空气湿度条件下吸收水分的能力，保湿性是指糖在较低空气湿度条件下保持水分的能力。这两种性质对于保持食品的柔软性、弹性、贮存及加工都有重要的意义。不同的糖吸湿性不一样。在所有的糖中，果糖吸湿性最强，葡萄糖次之，所以用果糖或果葡糖浆生产面包、糕点、软糖等食品效果较好。但也正因其吸湿性，不能用于生硬糖、酥糖及酥性食品。常见单糖、双糖的吸湿性排序：果糖和转化糖＞葡萄糖和麦芽糖＞蔗糖。生产硬糖需要吸湿性低的原料糖，而生产软糖则相反。

不同的单糖结晶形成的难易程度不同，由易至难排序：蔗糖＞葡萄糖＞果糖和转化糖。如生产硬糖时要防止结晶，就不能完全使用蔗糖，要添加 30%～40%的淀粉糖浆（淀粉糖浆是葡萄糖、低聚糖和糊精的混合物，自身不结晶，并能防止蔗糖结晶）。

5. 其他

单糖与食品有关的其他物理性质包括黏度、冰点降低及抗氧化性等。单糖的黏度很低，比蔗糖低。通常糖的黏度是随着温度的升高而下降，但葡萄糖的黏度则随温度的升高而增大。在食品生产中，可借助调节糖的黏度改善食品的稠度和适口性。

单糖的水溶液与其他溶液一样，具有冰点降低、渗透压增大的特点。糖溶液冰点的降低与渗透压的增大与其浓度和分子量有关。糖溶液浓度增高、分子量变小，则其冰点降低，而渗透压增大。

三、单糖的化学性质

（一）碱的作用

单糖在碱性溶液中不稳定，易发生异构化和分解等反应。碱性溶液中糖的稳定性与温度的关系很大，在低温时比较稳定，随温度增高很快发生异构化和分解反应。这些反应发生的程度和产物的比例受诸多因素影响，如糖的种类和结构、碱的种类和浓度、作用时间和温度等。

1. 烯醇化作用和异构化作用

用稀碱处理单糖，能形成某些差向异构体的平衡体系。例如，用稀碱处理 D-葡萄糖，可通过烯醇式中间体的转化得到 D-葡萄糖、D-甘露糖和 D-果糖 3 种差向异构体的平衡混合物。同时，用稀碱处理 D-果糖或 D-甘露糖，也可以得到相同的平衡混合物（图 3-3）。未使用酶解以前，果葡糖浆的生产即利用这些反应处理葡萄糖溶液。

由于果糖的甜度是葡萄糖的 2 倍以上，故可利用异构化反应，以碱性物质处理葡萄糖溶液或淀粉糖浆，使一部分葡萄糖转变成果糖，提高其甜度，这种糖液称为果葡糖浆。但是用稀碱进行异构化转化率较低，只有 21%～27%，糖分约损失 10%～15%，同时还生成有色的副产物，影响颜色和风味，精制也较困难，所以工业上未采用。

1957 年发现异构酶能催化葡萄糖发生异构化反应转变成果糖，这为工业生产果葡糖浆开辟了新途径。

2. 糖精酸的生成

碱的浓度增高、加热或作用时间延长，糖便发生分子内氧化还原反应与重排作用生成羧酸，此羧酸的总组成与原来糖的组成没有差异，此酸称为糖精酸类化合物。糖精酸有多种异构体，因碱浓度不同，产生不同的糖精酸（图 3-4）。

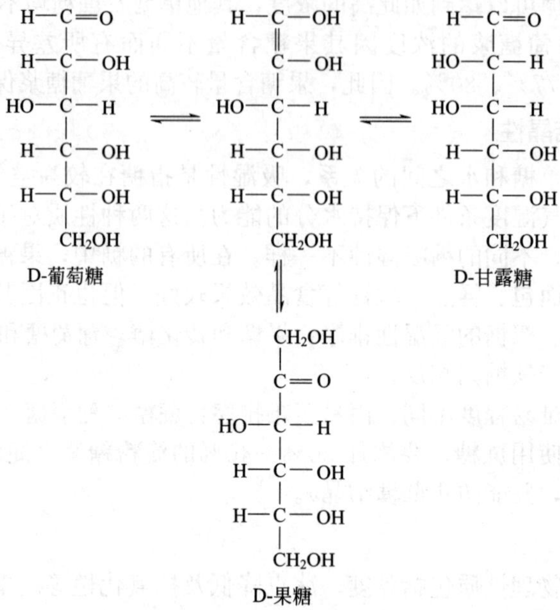

D-葡萄糖　D-甘露糖

D-果糖

图 3-3 单糖在碱的作用下发生烯醇化作用和异构化作用

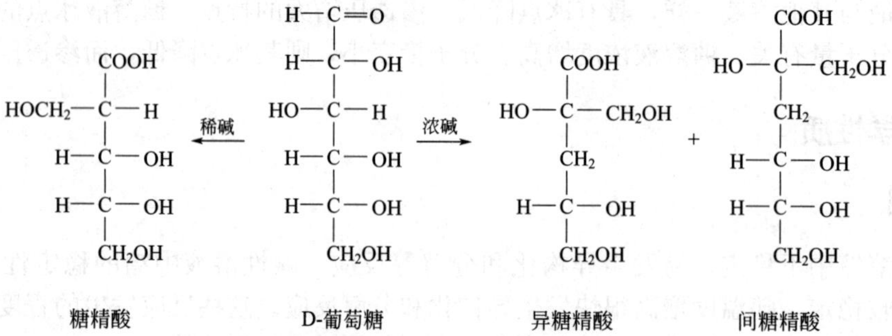

稀碱　浓碱

糖精酸　D-葡萄糖　异糖精酸　间糖精酸

图 3-4 单糖在碱作用下形成糖精酸及其他物质

3. 分解反应

在浓碱作用下，糖发生分解反应，产生较小分子的糖、酸、醇和醛等化合物。此分解反应因有无氧气或其他氧化剂存在而不相同。己糖受碱作用，发生连续烯醇化，生成 1,2-、2,3-和 3,4-烯二醇，这些烯二醇在氧化剂存在下于双键处裂开，生成含有 1、2、3、4、5 个碳原子的分解物。若没有氧化剂存在，则碳链断裂的位置为距离双键的第二单键上，具体的反应式如下：

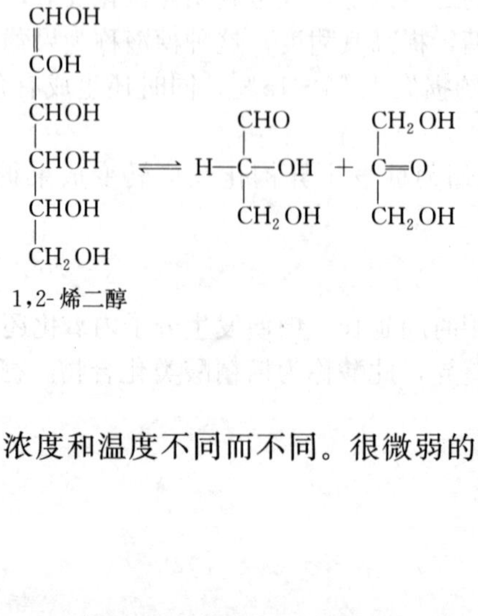

1,2-烯二醇

（二）酸的作用

酸对于糖的作用，因酸的种类、浓度和温度不同而不同。很微弱的酸度能促进 α 和 β 异构体的转化。稀酸在室温下对糖的稳定性无影响，在较高温度下发生复合反应生成低聚糖。

1. 强酸中的反应

单糖在稀无机酸作用下发生糖苷水解的逆反应生成糖苷，即分子间脱水反应，产物为二糖和其他低聚糖，如葡萄糖主要生成异麦芽糖和龙胆二糖（图 3-5）。这个反应是很复杂的，除要生成 α-和 β-1,6-二糖外，还有微量的其他二糖生成。

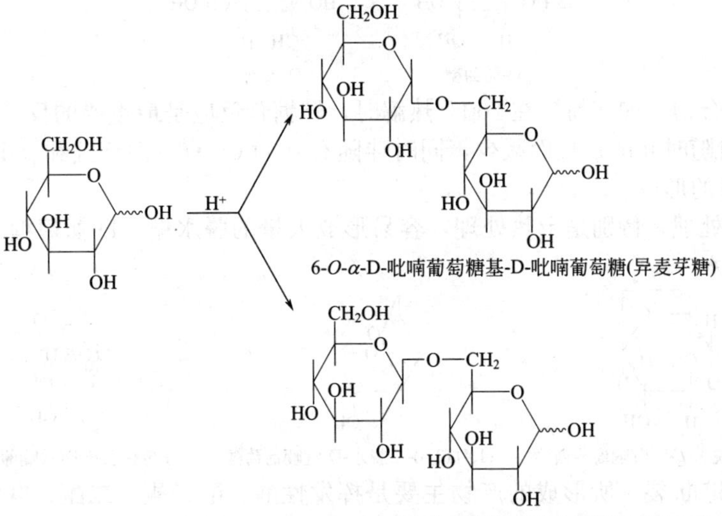

6-*O*-α-D-吡喃葡萄糖基-D-吡喃葡萄糖(异麦芽糖)

6-*O*-β-D-吡喃葡萄糖基-D-吡喃葡萄糖(龙胆二糖)

图 3-5 单糖在强酸作用下的反应

2. 弱酸（有机酸）中的反应

糖受弱酸和热的作用，易发生分子内脱水反应，生成环状结构体，如戊糖生成糠醛、已糖生成 5-羟甲基糠醛。已酮糖较已醛糖更易发生这种反应。戊糖经酸作用生成糠醛的反应如图 3-6 所示。

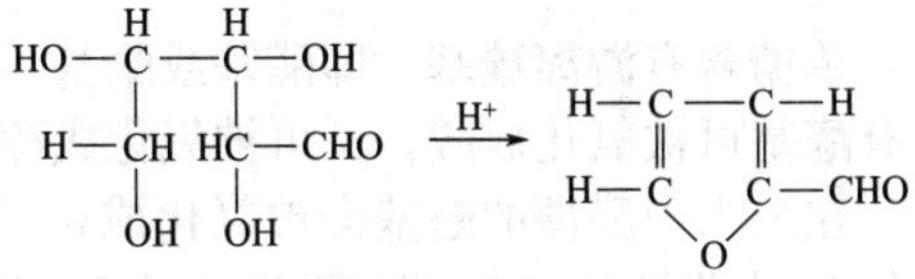

图 3-6 单糖在弱酸作用下的反应

戊糖经酸作用脱掉 3 分子水，生产糠醛的反应进行得比较完全，同时产物也相当稳定。

糠醛与 5-羟甲基糠醛能与某些酚类作用生成有色的缩合物，利用这个性质可以鉴定糖。如间苯二酚加盐酸遇酮糖呈红色，遇醛糖则呈很浅的颜色。这种颜色试验称为西利万诺夫试验（Sellwaneffs' test），可用于鉴别酮糖与醛糖。

糖的脱水反应与 pH 值有关。研究表明，在 pH 值 3.0 时，5-羟甲基糠醛的生成量和有色物质的生成量都低。同时有色物质的生成随反应时间和浓度增加而增多。

（三）脱水和裂解

糖的脱水和热降解是食品中的重要反应，酸和碱均能催化这类反应进行，其中许多属于 β-消去反应类型。戊糖脱水生成的主要产物是 2-呋喃醛，而已糖生成 5-羟甲基糠醛和其他产物，这些初级脱水产物的碳链裂解可产生其他物质，如乙酰丙酸、甲酸、丙酮醇、3-羟基丁酮、二乙酰、丙酮酸和乳酸。这些降解产物有的具有强烈的气味，可产生需宜或非需宜的风味。这类反应在高温下容易进行，生成产物的毒性有待进一步证明。

根据 β-消去反应原理，可以预测大多糖醛糖和酮糖的初级脱水产物。就酮糖而言，2-酮糖互变异构所生成的 2,3-烯二醇有两种 β-消去反应途径：一种途径是生成 2-羟乙酰呋喃，另一种是生成异麦芽酚。

糖在加热时可发生碳碳键断裂和不断裂两种类型的反应，后一类型使糖在熔融时发生正位异构化、醛糖-酮糖异构化以及分子间和分子内的脱水反应。

正位异构化：α-D-葡萄糖或β-D-葡萄糖→α/β平衡。

醛糖-酮糖的互变异构：

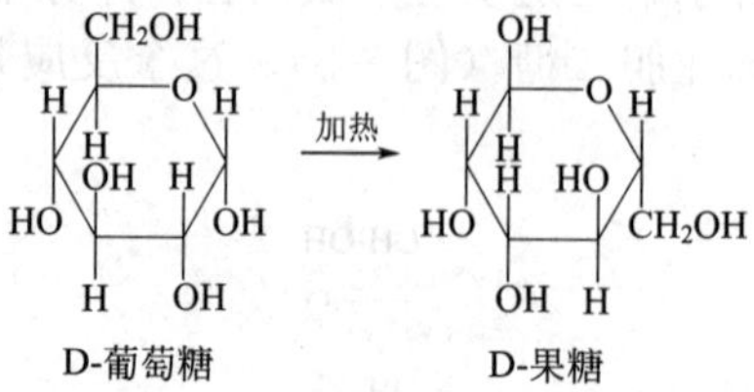

D-葡萄糖 —加热→ D-果糖

较复杂的糖类化合物（如淀粉）在200℃热解时，转糖苷反应是最重要的反应，在此温度下，α-D-(1→4)-糖苷键的数目随时间的延长而减少，同时伴随有α-D-(1→6)-糖苷键和β-D-(1→6)-糖苷键甚至β-D-(1→2)-糖苷键等的形成。

某些食品经过热处理，特别是干热处理，容易形成大量的脱水糖。D-葡萄糖或含有D-葡萄糖单位的聚合物特别容易脱水。

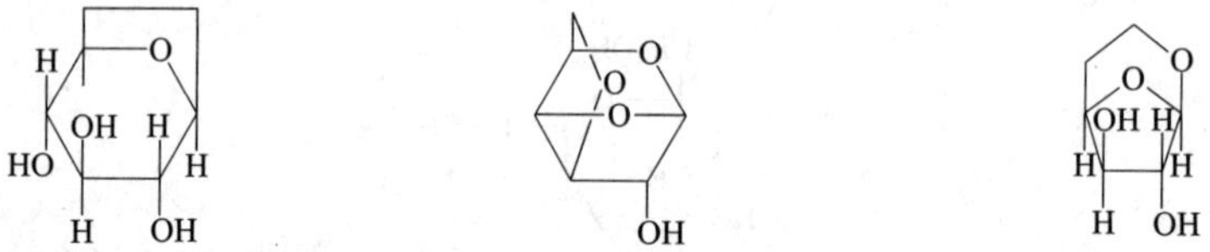

1,6-脱水-β-D-吡喃葡萄糖　(1,4),(3,6)-二脱水-D-吡喃葡萄糖　1,6-脱水-β-D-呋喃葡萄糖

热解反应使碳碳链断裂，所形成的产物主要是挥发性酸、醛、酮、二酮、呋喃、醇、芳香族化合物、一氧化碳和二氧化碳。这些反应产物可以用气相色谱（GC）或气质联用（GC-MS）仪进行鉴定。

（四）氧化反应

单糖含有游离羰基，即醛基或酮基，因此在不同氧化条件下糖类可被氧化成各种不同的产物。如因含有醛基可被氧化成酸，又可被氧化成醇；而在弱氧化剂如多伦试剂、费林试剂中可被氧化成糖酸。

在溴水中醛糖的醛基会被氧化成羧基而生成糖酸。糖酸加热很容易失水而得到γ-内酯或δ-内酯。例如D-葡萄糖酸和D-葡萄糖酸-δ-内酯（D-葡萄糖-1,5-内酯），后者是一种酸味剂，适用于肉制品与乳制品，特别是在焙烤食品中可以作为膨松剂的一个组分。葡萄糖酸与钙离子形成葡萄糖酸钙，葡萄糖酸钙可作为口服钙的饮食补充剂。酮糖与溴水不起作用，利用这个反应可以区别醛糖与酮糖。

用浓硝酸这种强氧化剂与醛糖作用时，它的醛基和伯醇基都被氧化，生成具有相同碳数的二元酸，如半乳糖氧化后生成半乳糖二酸。半乳糖二酸不溶于酸性溶液，而其他己醛糖氧化后生成的二元酸都能溶于酸性溶液，利用这个反应可以区别半乳糖与其他己醛糖。

酮糖在强氧化剂作用下，在酮基处裂解，生成草酸和酒石酸。

葡萄糖在氧化酶作用下，可以保持醛基不被氧化，仅是第六碳原子上的伯醇基被氧化生成羧基而形成葡萄糖醛酸。生物体内某些有毒物质可以和D-葡萄糖醛酸结合，随尿排出体外，从而起到解毒作用；人体内过多的激素和芳香物质也能与葡萄糖醛酸生成苷类，从体内排出。

分子中含有自由醛基或半缩醛基的糖都具有还原性，故被称为还原糖。单糖与部分低聚糖是还原糖。与醛、酮相似，单糖分子中的醛基或酮基也能被还原剂还原为醇，如葡萄糖可还原为山梨醇、果糖可还原为山梨醇和甘露醇的混合物、木糖被还原为木糖醇。山梨醇的甜度为蔗糖的50%，可用作糕点、糖果、香烟、调味品及化妆品的保湿剂，亦可用于制取抗坏血酸；木糖醇的甜度为蔗糖的70%，可以替代糖尿病患者的疗效食品或抗龋齿的胶姆胶的甜味剂，目前木糖醇已广泛用于制造糖果、果酱、饮料等。

四、食品中的单糖及其衍生物

自然界已发现的单糖主要是戊糖和己糖。常见的戊糖有D-(－)-核糖、D-(－)-2-脱氧核糖、D-

(＋)-木糖和 L-(＋)-阿拉伯糖。它们都是醛糖，以多糖或苷的形式存在于动植物中。常见的己糖有 D-(＋)-葡萄糖、D-(＋)-甘露糖、D-(＋)-半乳糖和 D-(－)-果糖，后者为酮糖。己糖以游离或结合的形式存在于动植物中。

1．D-(−)-核糖和 D-(−)-2-脱氧核糖

核糖以糖苷的形式存在于酵母和细胞中，是核酸以及某些酶和维生素的组成成分。核酸中除核糖外，还有 2-脱氧核糖（简称为脱氧核糖）。核糖和脱氧核糖的环为呋喃环，故称为呋喃糖。

β-D-(－)-呋喃核糖、β-D-(－)-脱氧呋喃核糖核酸中的核糖以脱氧核糖 C-1 上的 β-苷键结合成核糖核苷或脱氧核糖核苷，统称为核苷。

核苷中的核糖或脱氧核糖再以 C-5 或 C-3 上的羟基与磷酸以酯键结合，即成为核苷酸。含核糖的核苷酸统称为核糖核苷酸，是 RNA 的基本组成单位；含脱氧核糖的核苷酸统称为脱氧核糖核苷酸，是 DNA 的基本组成单位。其链式结构和环状结构如图 3-7 所示。

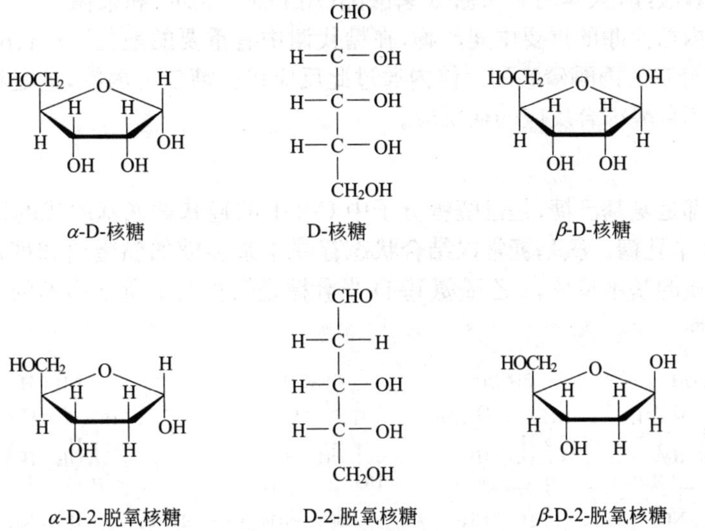

α-D-核糖　　D-核糖　　β-D-核糖

α-D-2-脱氧核糖　　D-2-脱氧核糖　　β-D-2-脱氧核糖

图 3-7　核糖和脱氧核糖的链式结构和环状结构

2．D-(+)-葡萄糖

D-(＋)-葡萄糖在自然界中分布极广，尤以葡萄中含量较多，因此叫葡萄糖。葡萄糖也存在于人的血液中（389～555μmol/L），叫作血糖。糖尿病患者的尿中含有葡萄糖，含糖量随病情的轻重而不同。葡萄糖是许多糖如蔗糖、麦芽糖、乳糖、淀粉、糖原、纤维素等的组成单元。

葡萄糖是无色晶体或白色结晶性粉末，熔点 146℃，有甜味，易溶于水，难溶于酒精，不溶于乙醚和烃类。D-葡萄糖是自然界分布最广的己糖。天然的葡萄糖具有右旋性，故又称右旋糖。

在肝脏内，葡萄糖在酶作用下氧化成葡萄糖醛酸，即葡萄糖末端上的羟甲基被氧化生成羧基。葡萄糖醛酸在肝中可与有毒物质如醇、酚等结合，变成无毒化合物，由尿排出体外，可达到解毒作用。葡萄糖在医学上可用作营养剂，并有强心、利尿、解毒等作用。在食品工业中用以制作糖果、糖浆等。在印染工业中用作染料。

3．D-(+)-半乳糖

半乳糖是乳糖和棉子糖的组成成分，也是组成脑髓中某些结构复杂的脑苷的重要物质之一。它以多糖的形式存在于许多植物的种子或树胶中。另外，它的衍生物也广泛存在于植物界，例如半乳糖醛酸是植物黏液的主要成分，石花菜胶（也叫琼脂）的主要组成是半乳糖衍生物的高聚体。半乳糖与葡萄糖结合成乳糖，存在于哺乳动物的乳汁中。脂中也含有半乳糖。

半乳糖是己醛糖，是葡萄糖的非对映体。两者不同之处仅在于 C-4 上的构型正好相反，故两者为 C-4 的差向异构体。半乳糖也有环状结构，C-1 上也有 α 和 β 两种构型，即 α-D-吡喃半乳糖 β-D-吡喃半乳糖。

半乳糖是无色晶体，熔点 165～166℃。半乳糖有还原性，也有变旋光现象，平衡时的比旋光度为 +83.3°。

人体内的半乳糖是摄入食物中乳糖的水解产物。在酶催化下半乳糖能转变为葡萄糖。

4．D-(−)-果糖

D-果糖以游离状态存在于水果和蜂蜜中，是蔗糖的一个组成单元，在动物的前列腺和精液中也含有相当量的果糖。

果糖为无色晶体，易溶于水，熔点为 105℃。D-果糖为左旋糖，也有变旋光现象，平衡时的比旋光度为 −92°。这种平衡体系是开链式和环式果糖的混合物，即 β-D-(−)-吡喃果糖和 β-D-(−)-呋喃果糖。果糖在游离状态时主要以吡喃环形式存在：在结合状态时则多以呋喃环形式存在。

果糖也可以形成磷酸酯，人体内有果糖-6-磷酸酯（用 F-6-P 表示）和果糖-1，6-二磷酸（F-1，6-2P）。

果糖磷酸酯是体内糖代谢的重要中间产物，在糖代谢中有重要的地位。F-1，6-2P 在酶催化下可生成甘油醛-3-磷酸酯和二羟基的丙酮磷酸酯。体内通过此反应将己糖变为丙糖，这是糖代谢过程中的一个中间步骤。此反应类似于羟醛缩合反应的逆反应。

5．氨基糖

自然界的氨基糖都是氨基己糖，是己醛糖分子中 C-2 上的羟基被氨基取代的衍生物（图 3-8），即 β-D-氨基葡萄糖、β-D-氨基半乳糖。氨基糖常以结合状态存在于杂多糖如黏蛋白和糖蛋白中，如 2-乙酰氨基-D-葡萄糖是昆虫贝壳质的基本单位，2-乙酰氨基-D-半乳糖是软骨素中所含多糖的基本单位。但游离的氨基半乳糖对肝脏有毒性。

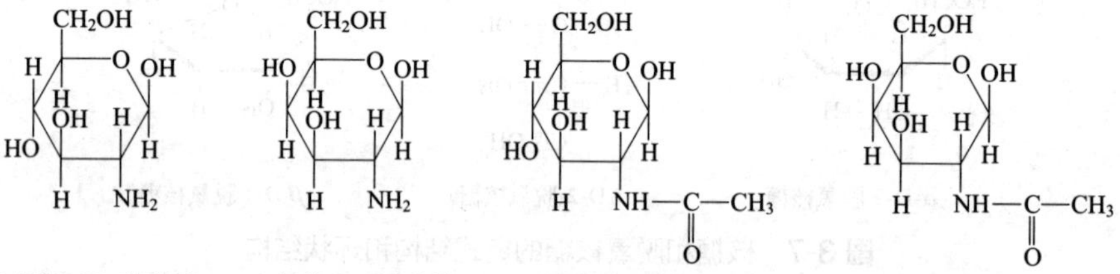

2-氨基-β-D-葡萄糖　2-氨基-β-D-半乳糖　2-乙酰氨基-β-D-葡萄糖　2-乙酰氨基-β-D-半乳糖

图 3-8　氨基糖及其衍生物

此外，还有单糖环结构中的苷羟基被氨或胺取代生成的含氮糖苷，称为糖基胺。例如：

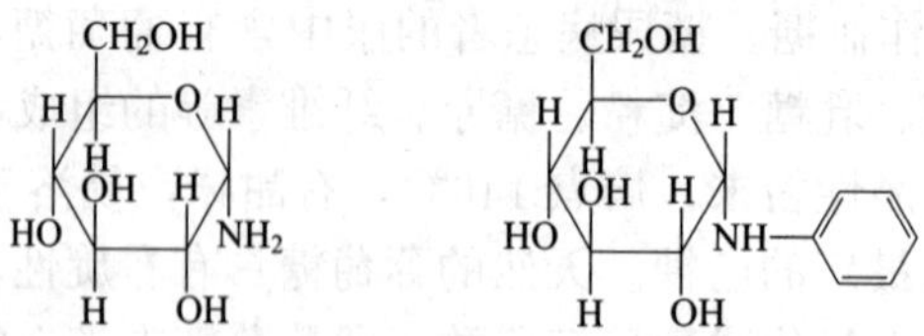

重要的糖胺还有胞壁酸、乙酰胞壁酸和唾液酸等。

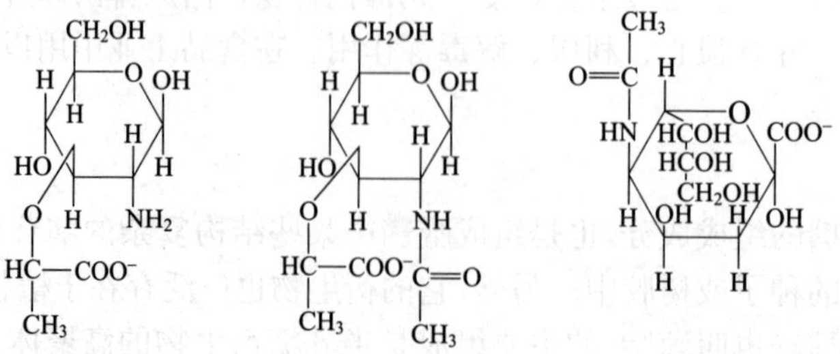

胞壁酸　*N*-乙酰胞壁酸　*N*-乙酰神经酰胺(唾液酸)

6. 维生素 C

在结构上，维生素 C 可以看作是一个不饱和的糖酸内酯，分子中烯醇式羟基上的氢较易离解，故呈酸性。

维生素 C 有抗坏血病的功能，所以在医药上抗血酸。维生素 C 容易氧化形成脱氢抗坏血酸，而脱氢抗坏血酸还原又重新生成抗坏血酸（图 3-9），所以在动植物体氧化过程中具有传递质子和电子的作用。它是一种较强的还原剂，故可用作食品的抗氧化剂。在工业上它是由葡萄糖合成的。

维生素 C 是白色结晶，易溶于水，为 L 型，比旋光度 $[\alpha]=+21°$。它广泛存在于植物体内，尤以新鲜的水果和蔬菜中含量最多。人体自身不能合成维生素 C，必须从食物中获取。如果人体缺乏维生素 C，则易患坏血病。

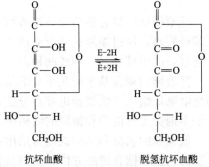

抗坏血酸 $\underset{E+2H}{\overset{E-2H}{\rightleftharpoons}}$ 脱氢抗坏血酸

图 3-9 抗坏血酸和脱氢抗坏血酸的互变

7. 糖醛酸

糖醛酸（alduroic acid）是醛糖中距醛基最远的羟基被氧化成羧基而成的糖酸。天然存在的糖醛酸有 D-葡萄糖、D-甘露糖、D-半乳糖衍生的 3 种己糖醛酸，它们分别是动物、植物、微生物多糖的重要组分，其中只有半乳糖醛酸可以游离状态存在于植物果实中。在动物体内，D-葡萄糖醛酸有解毒的功能。能和 D-葡萄糖醛酸结合的配糖基种类很多，一般是小分子化合物，包括酚类、芳香酸、脂肪酸、芳香烃等。通常配糖基与 D-葡萄糖醛酸保持 1∶1 的比例，很少有例外。结合部位主要在肝脏。

检查与拓展 1

二维码 3-1

○ 吡喃糖具有的椅式和船式结构哪个更稳定？

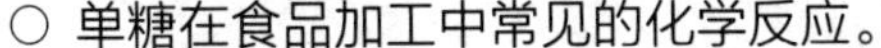

○ 单糖在食品加工中常见的化学反应。

第三节 低聚糖

低聚糖（oligosaccharide）又称寡糖，是由 2～10 个单糖残基以糖苷键连接而成的直链或支链的低度聚合糖类。

低聚糖按水解后生成单糖分子的数目分为二糖、三糖、四糖、五糖等，其中以二糖最为常见。自然界存在的低聚糖的聚合度均不超过 6 个单糖残基，其中食品中最重要的是双糖类中的蔗糖、麦芽糖和乳糖。双糖分为还原性双糖和非还原性双糖。两个单糖分子的半缩醛羟基之间形成糖苷键，结合成非还原性双糖；一个单糖分子的半缩醛羟基与另一个单糖分子的醇羟基构成糖苷键，则生成还原性双糖。前者称为糖基苷，后者称为糖基糖。

低聚糖根据组成它们的单体成分可以分为均匀低聚糖和非均匀低聚糖（杂低聚糖）。所谓均匀是指单糖体成分相同，如麦芽糖、环糊精；当单糖体成分不相同时则称为非均匀，如蔗糖、棉子糖。

低聚糖根据还原性质又可分为还原性低聚糖和非还原性低聚糖。

目前已经报道的低聚糖种类繁多。有资料表明，具有一定化学结构的低聚糖，包括各种结晶衍生物，已有近 600 种，其中二糖 314 种、三糖 157 种、四糖 52 种、五糖 23 种、六糖 23 种、七糖 12 种、八糖 7 种等。

一、低聚糖的结构和构象

低聚糖通过糖苷键结合，即醛糖 C-1 上（酮糖则在 C-2 上）半缩醛的羟基（—OH）和其他单糖的羟基经脱水，通过缩醛式结合而成。糖苷有 α 和 β 两种，结合的位置为 1→2、1→3、1→4、1→6 等。参与聚合的单糖均是一种或两种以上。

低聚糖的糖残基单位几乎全部是己糖构成的，除果糖为呋喃环结构外，葡萄糖、甘露糖和半乳糖等均是吡喃环结构。低聚糖也存在分支，一个单糖分子同两个糖残基结合可形成三糖分子结构，它主要存在于多糖类支链淀粉和糖原的结构中。低聚糖的构象主要靠氢键维持稳定。

低聚糖的名称和结构式通常采用系统命名及构型，即用规定的符合 D 或 L 和 α 或 β 分别表示单糖残基的构型和糖苷键的方位，用阿拉伯数字和箭头（→）表示糖苷键连接的碳原子和连接方向，用 *O* 表示取代位在羟基氧上。对于还原性低聚糖，其全称为某糖基某醛（酮）糖，如麦芽糖的系统名称为 4-*O*-α-D-吡喃葡萄糖基-(1→4)-D-吡喃葡萄糖苷、乳糖的系统名称为 *O*-β-D-吡喃半乳糖基-(1→4)-D-吡喃葡萄糖苷；对于非还原性低聚糖，其全称为某糖基某醛（酮）糖苷，如蔗糖系统名称为 *O*-β-D-呋喃果糖基-(2→1)-α-D-吡喃葡萄糖（蔗糖）。麦芽糖、蔗糖、乳糖的构象如图 3-10 所示。

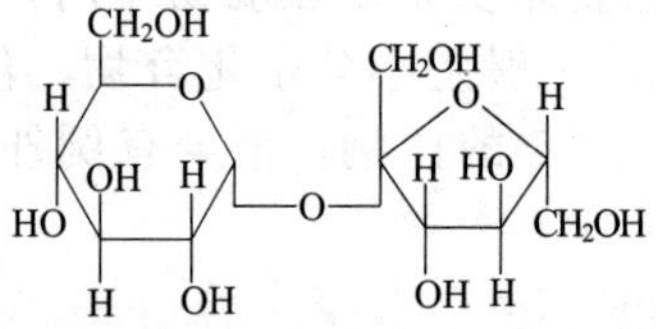

O-β-D-呋喃果糖基-(2→1)-α-D-吡喃葡萄糖(蔗糖) 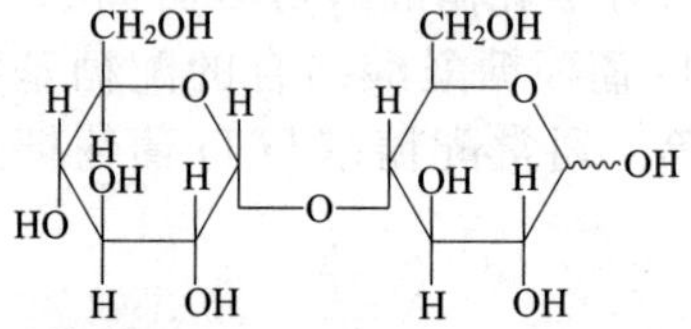　*O*-α-D-吡喃葡萄糖基-(1→4)-吡喃葡萄糖(麦芽糖)

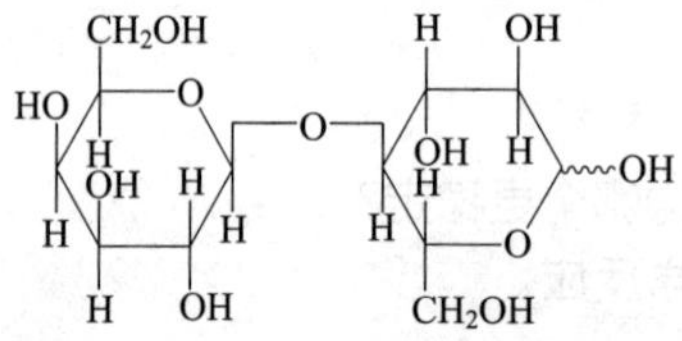

O-β-D-呋喃半乳糖基-(1→4)-D-吡喃葡萄糖(乳糖)

图 3-10 麦芽糖、蔗糖、乳糖的构象

除系统命名法外，因习惯名称使用简单方便，沿用已久，故目前仍然经常使用。如蔗糖、乳糖、海藻糖、棉子糖等。

二、低聚糖的性质

1. 水解

低聚糖如同其他糖苷一样易被酸水解，但对碱较稳定。蔗糖水解叫做转化，生成等摩尔的葡萄糖和果糖的混合物，称为转化糖（invert sugar）（图 3-11）。蔗糖的旋光度为正值，经过水解后变成负值，因为水解产物葡萄糖的比旋光度 $[\alpha]_D=+52.7°$，果糖的比旋光度 $[\alpha]_D=-92.4°$，蔗糖水解物的比旋光度 $[\alpha]_D=-19.8°$。从还原性双糖水解引起的变旋光性可以知道异头碳的构型，因为 α-异头物比 β-异头物的旋光率大，β-糖苷裂解使旋光率增大，而 α-糖苷裂解却降低旋光率。

2. 氧化还原性

还原性低聚糖，由于其含有半缩醛羟基，可以被氧化剂氧化生成糖酸，也可被还原剂还原成醇。而非还原性的低聚糖，如蔗糖、半乳糖，则不具有氧化还原性。

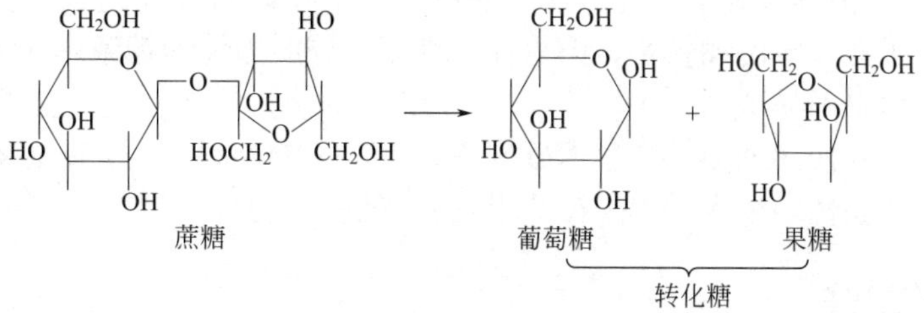

图 3-11 蔗糖分解为葡萄糖和果糖

3. 褐变反应

食品在加热处理中常发生色泽与风味的变化，如蛋白饮料、焙烤食品、油炸食品、酿造食品中的褐变现象，均与食品中的糖类尤其是单糖与氨基酸、蛋白质之间发生的美拉德反应及糖在高温下产生的焦糖化反应密切相关。低聚糖发生褐变的程度尤其是参与美拉德反应的程度相对单糖较小。

某些食品，如烘烤食品、酿造食品等，为了增加色泽和香味，适当的褐变是必要的。但某些食品，如牛奶和豆奶等蛋白饮料、果蔬脆片，则对褐变加以控制，以防止变色对质量产生不良影响。

4. 抗氧化性

糖液具有抗氧化性，因为氧气在糖溶液中的溶解度大大减少，如 20℃时 60%的蔗糖溶液中氧气溶解度约为纯水的 1/6。糖液可延缓糕饼中油脂的氧化酸败，也可以用于防止果蔬氧化，它可阻隔水果与大气中氧的接触，使氧化作用大为降低，同时防止水果挥发性酯类的损失。若在糖液中加入少许抗坏血酸和柠檬酸，则可以增加其抗氧化效果。

此外，糖和氨基酸产生的美拉德反应的中间产物也具有明显的抗氧化作用。如将葡萄酒与赖氨酸的混合物加入焙烤食品中，对成品的油脂有较好的稳定作用。

5. 黏度

糖浆的黏度特性对食品加工具有现实的生产意义。蔗糖的黏度比单糖高，低聚糖的黏度比蔗糖高，在一定黏度范围内可使由糖浆熬煮的糖膏具有可塑性，以适合糖果工艺中的拉条和成型的需要。在搅拌蛋糕蛋白时加入熬好的糖浆，就是利用其黏度包裹稳定蛋白中的气泡。

6. 渗透压

高浓度的糖浆具有较高的渗透压，食品加工中常利用此性质降低食品中的水分，抑制微生物的生长繁殖，从而提高食品的贮藏性并改善风味。

7. 发酵性

糖类发酵对食品的生产具有重要的意义，酵母菌能利用葡萄糖、果糖、麦芽糖、蔗糖、甘露糖等发酵生成酒精，现场产生 CO_2，这是酿酒生产及面包疏松的基础。但各种糖的发酵速度不一样，大多数酵母发酵糖的顺序为：葡萄糖＞果糖＞蔗糖＞麦芽糖。乳酸菌除可发酵上述糖类外，还可以发酵乳糖产生乳酸。但大多数低聚糖却不能被酵母菌和乳酸菌等直接发酵，低聚糖要在水解后产生单糖才能被发酵。

由于蔗糖具有发酵性，在某些食品的生产中可用其他甜味剂代替，以避免微生物生长繁殖而引起食品变质或汤汁混浊现象的发生。

8. 吸湿性、保湿性与结晶性

低聚糖多数具有较低的吸湿性，因此可作为糖衣材料，可用于硬糖、酥性饼干的甜味剂。

蔗糖易结晶，晶体粗大；淀粉糖浆是葡萄糖、低聚糖和糊精的混合物，不能结晶，并可防止蔗糖结晶。在糖果生产中，就利用糖结晶的性质上的差别。例如，生产硬糖不能单独使用蔗糖，否则当熬煮到水分小于 3%时冷却下来就会出现蔗糖结晶，而得不到透明坚韧的产品。如果在生产硬糖时添加适量的淀粉糖浆（DE 值 42。DE 值是以葡萄糖计的还原糖占糖浆干物质的百分比），则会得到相当好的效果。这是因为淀粉糖浆不含果糖，吸湿性较小，糖果保存性好，同时因淀粉糖浆中糊精不结晶，能增加糖果的黏性、韧性和强度，糖果不易破裂。

蜜饯需要高糖浓度，若使用蔗糖易产生返砂现象，不但影响外观，而且防腐效果降低。因此可利用果糖或果葡糖浆的不易结晶性，适当添加果糖或果葡糖浆替代蔗糖，可大大改善产品的品质。

三、食品中重要的低聚糖

低聚糖存在于多种天然食物中，尤其以植物性食物为多，如果蔬、谷物、豆科类等。此外还存在于牛奶、蜂蜜中。在食品加工中最常见也是最重要的低聚糖是双糖，如蔗糖、麦芽糖、乳糖，但它们的生理功能性质一般，属于普通低聚糖。此外的大多数低聚糖，因具有重要的生理功能，在机体胃肠内不被消化吸收而直接进入大肠内，优先为双歧杆菌利用，是双歧杆菌的增殖因子，属于功能性低聚糖，近些年来备受营养学家重视，并得到广泛的关注。

（一）蔗糖

双糖是低聚糖中最重要的一类，它们均溶于水，有甜味、旋光性，可结晶。根据有无还原性质，双糖可分为还原性双糖和非还原性双糖。

蔗糖（sucrose，cane sugar）是α-D-葡萄糖的 C-1 与β-D-果糖的 C-2 通过糖苷键结合的非还原性糖。在自然界中，蔗糖广泛存在于植物的果实、根、茎、叶、花及种子内，尤以甘蔗、甜菜中含量最多。蔗糖是人类需求最大，也是食品工业中最重要的能量型甜味剂，在人类营养上起着重要的作用。制糖工业常用甘蔗（sugar cane）、甜菜（sugar beet）为原料提取。

纯净蔗糖为无色透明的单斜晶体，相对密度 1.588，熔点 160℃，加热到熔点便形成玻璃样晶体，加热到 200℃以上时形成棕色的焦糖。蔗糖的味很甜，易溶于水，溶解度随温度上升而增加。此外，还受盐类如 NaCl、K_3PO_4、KCl 等的影响，其溶解度增大，但当加入 $CaCl_2$ 时溶解度反而减小。蔗糖在乙醇、氯仿、醚等有机溶剂中难以溶解。

蔗糖的比旋光度 $[\alpha]_D^{20}=+66.5°$。当其水解后，所生成的果糖的比旋光度 $[\alpha]_D^{20}=-92.4°$，葡萄糖的比旋光度 $[\alpha]_D^{20}=+52.2°$，最终平衡时蔗糖水解液的比旋光度 $[\alpha]_D^{20}=-19.9°$，这种变化称为转化（inversion），蔗糖水解液因此被称为转化糖浆。

蔗糖无变旋光性，不能产生成脎反应。但可与碱土金属的氢氧化物结合，生成蔗糖盐，工业上利用此特性可从废糖蜜中回收蔗糖。

蔗糖广泛用于含糖食品的加工中。高浓度蔗糖溶液对微生物有抑制作用，可大规模用于蜜饯、果酱和糖果生产。蔗糖衍生物三氯蔗糖是一种强力甜味剂，蔗糖脂肪酸酯可用作乳化剂。

（二）麦芽糖

麦芽糖（maltose，malt sugar）又称为饴糖，是由两分子葡萄糖通过α-1,4-糖苷键结合而成的双糖，是淀粉在β-淀粉酶作用下的最终水解产物。麦芽糖存在于麦芽、花粉、花蜜、树蜜及大豆植物的叶柄、茎和根部。面团发酵和甘薯蒸烤时也有麦芽糖生成，生产啤酒所用的麦芽汁中所含的主要成分就是麦芽糖。麦芽糖易消化，在糖类中营养最为丰富。

常温下，纯麦芽糖为透明针状晶体，易溶于水，微溶于酒精，不溶于醚。其熔点为 102～103℃，相对密度 1.540。甜度为蔗糖的 1/3，味爽，口感柔和，不像蔗糖会刺激胃黏膜。

麦芽糖具有还原性，能与过量的苯肼形成糖脎，工业上将淀粉用麦芽糖化后加酒精使糊精沉淀除去，再结晶即可制得纯净的麦芽糖。

（三）乳糖

乳糖（loctose，milk sugar）是哺乳动物乳汁中主要的糖成分，牛乳中含乳糖4.5%～6.0%，人乳中含5%～7%。乳糖在植物中十分罕见，但曾发现连翘属（*Forsythia*）的花药中含有之。乳糖分子是由β-半乳糖与葡萄糖以β-1,4-糖苷键结合而成。有α和β两种立体异构体，α型乳糖的熔点为223℃，β型乳糖的熔点为252℃。有旋光性，其比旋光度$[\alpha]_{D}^{20}=+55.4°$。常温下，乳糖为白色固体。其溶解度小，甜味仅为蔗糖的1/6。具有还原性，能形成脎。

乳糖有助于机体内钙的代谢和吸收。但对体内缺乳糖酶的人群，它可导致乳糖不耐受症。

（四）纤维二糖和海藻糖

纤维二糖（cellobiose）是纤维素的基本结构组分，在自然界无游离状态。纤维二糖由两分子葡萄糖以β-1,4-糖苷键结合（图3-12），是典型的β型葡萄糖苷。有α和β两种立体异构体，其化学性质类似于麦芽糖。

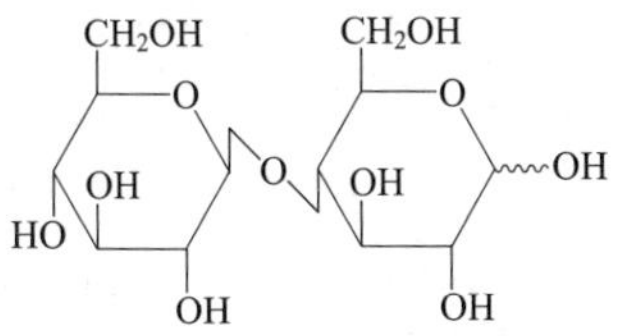

图3-12 纤维二糖结构

海藻糖（trehalose）旧称茧蜜糖，是D-葡萄糖基-D-葡萄糖苷3种异构体的共同名称。它们属于非还原性二糖。由两个葡萄糖残基以半缩醛羟基相结合，组成相应的3种海藻糖。分别称为海藻糖（α,α）、异海藻糖（β,β）和新海藻糖（α,β），其中葡萄糖残基均是吡喃糖环。

海藻糖具有如下特性。

① 甜度适中、甜质淡爽。海藻糖的甜度是蔗糖的45%，其甜度恰到好处，并具有独特的清爽味质，经与原材料调和后可使产品保持清爽的低甜度。

② 性质稳定，不褐变。在食品加工过程中，由于糖的存在而产生色度加深甚至褐变，从而影响产品的外观形象，一直是困扰食品加工业界的问题。海藻糖因为是非还原性的，在与氨基酸、蛋白质共存时即使加热也不会产生褐变（美拉德反应），因而非常适用于需加热处理或高温保存的食品、饮料等。

③ 具有极佳的耐热性及耐酸性。海藻糖对热和酸非常稳定，是天然双糖中最稳定的糖。因为不着色和稳定，故能广泛应用于各种食品加工工业。

④ 低溶解性及优异的结晶性。与蔗糖相比，海藻糖对水的溶解度较低，与麦芽糖相同。而且由于结晶性能优异，很容易制得吸湿性低的糖块、糖衣、软糖、法式糖等。

⑤ 吸湿性低。有些食品本身并不吸湿，但一加入糖类物质如蔗糖，吸湿性便大幅度增加，影响食品本身的风味和贮藏期。海藻糖却不同，即使相对湿度达到95%，海藻糖仍然不吸湿，是非常稳定的糖质。因此，在食品加工中作为甜味剂使用，完全不必担心产品会因为含有糖类而受潮。

（五）果葡糖浆

果葡糖浆（fructose corn syrup）又称高果糖浆或异构糖浆。它是以酶法糖化淀粉所得的糖化液经葡萄糖异构酶异构化，将其中一部分葡萄糖异构成果糖，即由果糖和葡萄糖为主要成分组成的混合糖糖浆。

果葡糖浆根据其所含果糖（FE）的多少，分为果糖含量为42%、55%、90%的3种产品，其甜度分别为蔗糖的1.0倍、1.4倍、1.7倍。

果葡糖浆作为一种新型的食糖，其最大的优点就是含有相当数量的果糖，而果糖具有多方面的独特性质，如甜度的协同增效、冷甜爽口性、高溶解度与高渗透压、高保湿性与抗结晶性、优越的发酵性与加工贮藏稳定性、显著的褐变反应等，而且这些性质随果糖含量的增加而更加突出。由于其独特的优越性，目前作为蔗糖的替代品在食品加工领域中的应用日趋广泛。在这方面，以日本、美国走在世界前列。果葡糖浆一般以玉米淀粉为原料制备，是重要的天然甜味剂，在我国有着广阔的发展空间。

（六）其他低聚糖

1. 棉子糖

棉子糖（raffinose）又称蜜三糖（图 3-13），与水苏糖一起组成大豆低聚糖的主要成分，是除蔗糖外的另一种广泛存在于植物界的低聚糖。它的来源包括棉子、甜菜、豆科植物种子、马铃薯、各种谷物粮食、蜂蜜及酵母等。

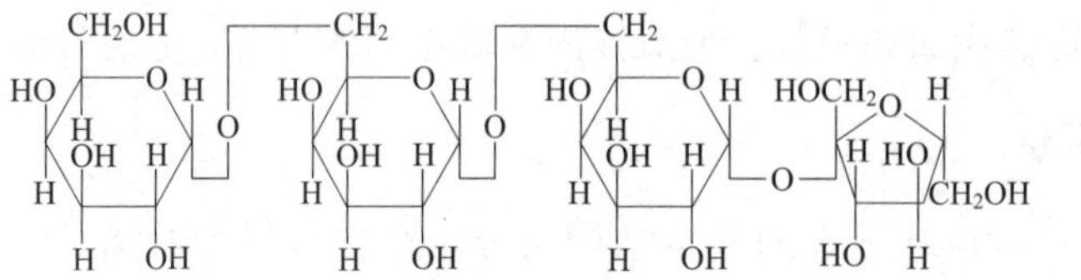

水苏糖

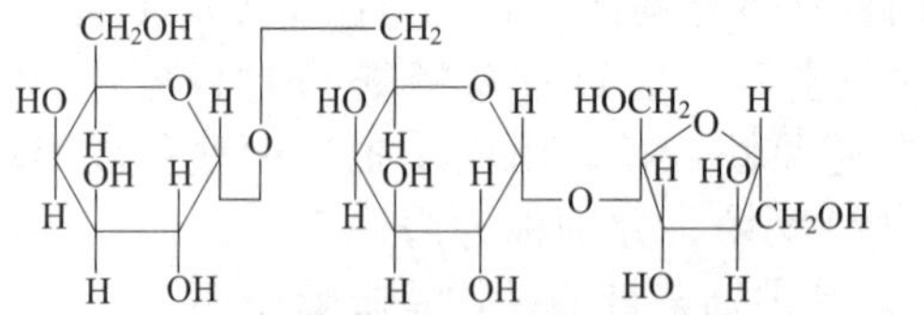

棉子糖

图 3-13 水苏糖和棉子糖结构

棉子糖是 α-D-吡喃半乳糖基-(1→6)-α-D-吡喃葡萄糖基（1→2)-β-D-呋喃果糖。纯净棉子糖为白色或淡黄色长针状结晶体，结晶体一般带有 5 分子结晶水，其水溶液的比旋光度 $[\alpha]_D^{20}=+105°$，无水棉子糖为 $[\alpha]_D^{20}=+123.1°$。带结晶水的棉子糖熔点为 80℃，不带结晶水的为 118～119℃。棉子糖易溶于水，甜度为蔗糖的 20%～40%。微溶于乙醇，不溶于石油醚。其吸湿性在所有的低聚糖中是最低的，即使在相对湿度为 90%的环境中也不吸水结块。棉子糖属于非还原糖，参与美拉德反应的程度小，热稳定性较好。

工业生产棉子糖的方法主要有两种：一种是从甜菜糖蜜中提取，另一种是从脱毒棉子中提取。

2. 环糊精

（1）环糊精的结构　环糊精（cyclodextrin，简称 CD）又名沙丁格糊精（Schardinger dextrin）或环状淀粉，是由 D-葡萄糖以 α-(1→4)-糖苷键连接而成的环状低聚糖。环糊精是直链淀粉在由芽孢杆菌产生的环糊精葡萄糖基转移酶作用下生成的一系列环状低聚糖的总称，通常含有 6～12 个 D-吡喃葡萄糖单元。其中研究得较多且具有重要实际意义的是含有 6、7、8 个葡萄糖单元的分子，分别称为 α-环糊精、β-环糊精、γ-环糊精（图 3-14）。β-环糊精是食品工业中应用较多的一种。根据 X 射线晶体衍射、红外光谱和核磁共振波谱分析的结果，确定构成环糊精分子的每个 D-(+)-吡喃葡萄糖都是椅式构象。各葡萄糖单元均以 1,4-糖苷键结合成环。由于连接葡萄糖单元的糖苷键不能自由旋转，环糊精不是圆筒状分子，而是略呈锥形的圆环。其中，环糊精的伯羟基围成锥形的小口，而其仲羟基围成锥形的大口。

（2）环糊精的作用　与胶体相比，在结构上环糊精对物质的吸附能力明显要高得多，并且还能作为复杂酶的基质被应用。由于环状糊精结构上的特性，广泛应用于食品加工和保藏：可用于保香、保色、减少维生素损失；对油脂起乳化作用，对易氧化和易光解的物质起保护作用，如萜烯类香料和天然素易挥发和光解，若添加环状糊精进行包接，则可起到保护作用；还可去苦味和异味，如对柑橘罐头中橙皮苷的抑制等。

环糊精的外缘（rim）亲水而内腔（cavity）疏水，因而它能够像酶一样提供一个疏水的结合部位，作为主体（host）包络各种适当的客体（guest），如有机分子、无机离子以及气体分子等。其内腔疏水

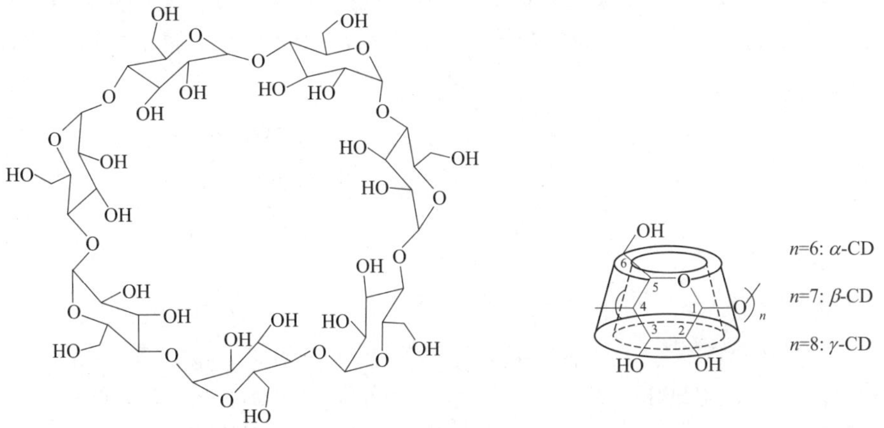

图 3-14 环糊精结构

而外部亲水的特性使其可依据范德瓦尔斯力、疏水相互作用、主客体分子间的匹配作用等与许多有机和无机分子形成包合物及分子组装体系，成为化学和化工研究者感兴趣的研究对象。这种选择性的包络作用即通常所说的分子识别，其结果是形成主客体包络物（host-guest complex）。环糊精是迄今所发现的最类似于酶的理想宿主分子，并且其本身就有酶模型的特性，因此在催化、分离、食品以及药物等领域中受到了极大的重视和广泛应用。由于环糊精在水中的溶解度和包络能力，改变环糊精的理化特性已成为化学修饰环糊精的重要目的之一。

环糊精是一种安特拉归农（anthraquinone，蒽醌）类化学物。环糊精的复合物存在于自然界，也可以人工合成。工业上不少染料都是以环糊精作基体。不少有医疗功效的药用植物如芦荟都含有环糊精复合物，例如芦荟凝胶中的环糊精复合物有消炎、消肿、止痛、止痒及抑制细菌生长的效用，可作天然的治伤药用。此外，利用环糊精的环糊精法是生产双氧水的最佳方法。

（3）环糊精的应用研究

① 环糊精在食品工业上的应用。利用环糊精的疏水空腔生成包络物的能力，可使食品工业上许多活性成分与环糊精生成复合物，以达到稳定被包络物物化性质、减少氧化、钝化光敏性及热敏性、降低挥发性的目的，因此环糊精可以用来保护芳香物质和保持色素稳定。环糊精还可以脱除异味、去除有害成分，如去除蛋黄、稀奶油等食品中的大部分胆固醇；可以改善食品工艺和品质，如在茶叶饮料的加工中使用β-环糊精转溶法，既能有效抑制茶汤低温浑浊物的形成，又不会破坏茶多酚、氨基酸等赋型物质，对茶汤的色度、滋味影响最小。此外，环糊精还可以用来乳化增泡、防潮保湿、使脱水蔬菜复原等。

② 改性环糊精的应用。环糊精衍生物具有比母体环糊精更优良的特性，从而增大了其应用范围和应用效果。水溶性环糊精衍生物具有更强的增溶能力，对于不溶性香料、亲脂性农药有非常好的增溶效果；不溶性环糊精衍生物可应用于环境监测和废水处理等环保方面，如将农药包络于不溶性环糊精聚合物中，在施用后就不会随雨水流失；环糊精交联聚合物能吸附水样中的微污染物。农业上用改性环糊精浸种，可能会改变作物生长特性和产量。

改性环糊精的开发及应用研究正在大力发展中，而它在食品工业中的应用虽刚刚起步，但已显示出较大的优越性及很高的理论研究和应用价值。特别值得提出的是其作为酶模型以及自组装与分子识别的主体有着不可估量的发展前景。

四、功能性低聚糖

（一）低聚果糖

低聚果糖（fructooligosaccharide），又称寡果糖或蔗果三糖族低聚糖，是指在蔗糖分子的果糖残基上通过β-(1→2)-糖苷键连接1～3个果糖基而成的蔗果三糖、蔗果四糖以及蔗果五糖组成的混合物（图3-15）。其结构式可表示为G-F-F_n（G为葡萄糖，F为果糖，n=1～3)，属于果糖与葡萄糖构成的直链杂低聚糖。

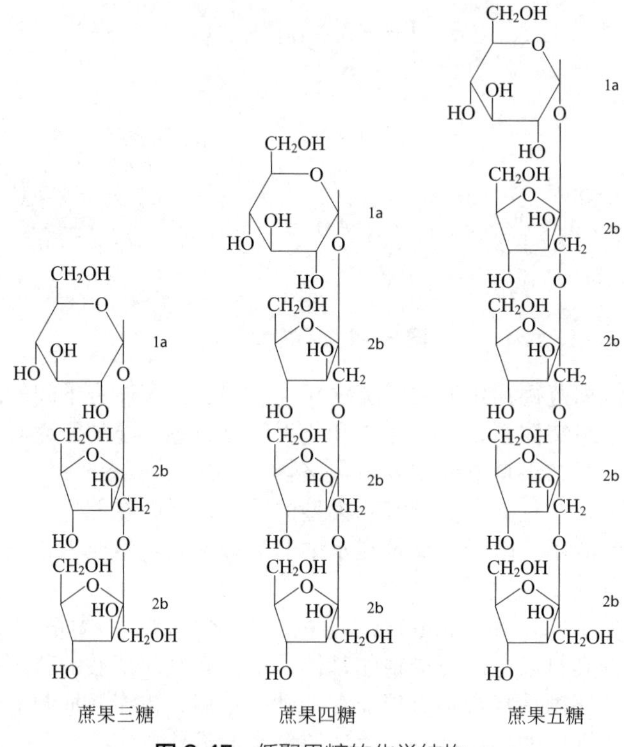

图3-15 低聚果糖的化学结构

低聚果糖多存在于天然植物中，如菊芋、芦笋、洋葱、香蕉、西红柿、大蒜、牛蒡、蜂蜜及某些草本植物中。低聚果糖由于具有卓越的生理功能，包括作为双歧杆菌的增殖因子、属于人体难消化的低热值甜味剂、水溶性的膳食纤维、可促进肠胃功能及有抗龋齿等诸多优点，近年来备受人们的重视与开发，尤其欧洲、日本对其开发应用走在世界前列。目前低聚果糖多采用适度酶解菊芋粉获得。此外，也有以蔗糖为原料，采用β-D-呋喃果糖苷酶（β-D-fructofuranosidase）的转化糖基作用，在蔗糖分子上以β-(1→2)-糖苷键与1～3个果糖分子相结合而成，该酶多由微生物米曲霉和黑曲霉生产得到。

在日本和欧洲，低聚果糖已广泛应用于乳制品、乳酸饮料、糖果、焙烤食品、膨化食品及冷饮食品中。

低聚果糖的黏度、保湿性、吸湿性、甜味特性及在中性条件下的热稳定性与蔗糖相似，甜度较蔗糖低。低聚果糖不具有还原性，参与美拉德反应程度小，但其有明显的抑制淀粉回生的作用，这一特性应用于淀粉食品时效果非常突出。

（二）低聚木糖

低聚木糖（xylooligosaccharide）是由2～7个木糖以β-(1→4)-糖苷键连接而成的低聚糖，其中以木二糖为主要有效成分，木二糖含量越多其产品质量越好。低聚木糖的甜度为蔗糖的50%，甜味特性类似于蔗糖，其最大的特点是稳定性好，具有独特的耐酸、耐热及不分解特性。低聚木糖（包括单糖、木二糖、木三糖）有显著的双歧杆菌增殖所需要的最小低聚糖量，此外它对肠道菌群有明显的改善作用，还可以促进机体内钙的吸收，并且有抗龋齿作用，它在体内的代谢不依赖于胰岛素。

含木二糖50%的木糖低聚糖产品甜度为蔗糖的30%，甜味纯正，无后味。它的耐热、耐酸性能很好，在pH值2.5～8.0的范围内相当稳定。在此pH值范围于100℃加热1h，木糖低聚糖几乎不分解。而其他低聚糖在此条件下的稳定性要差很多。木二糖的水分活度比木糖高，但几乎与葡萄糖一致，是二糖中最低的。木糖低聚糖由日本率先研制成功，于 1989 年正式推向市场。目前已从玉米芯等原料加酶水解获得产品，已用于乳酸饮料和黑醋调味料的生产，并已获准作为保健食品在市场上销售。木二糖的化学结构如图 3-16 所示。

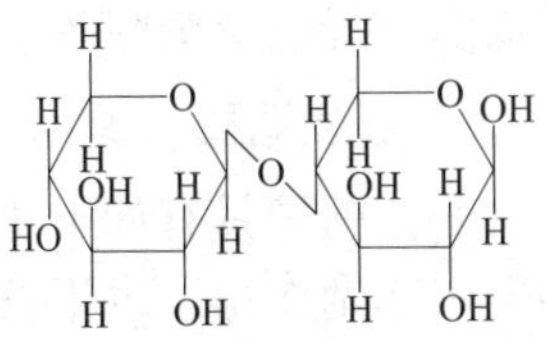

图 3-16 木二糖的化学结构

低聚木糖具有以下功能。

① 选择性促进双歧杆菌增殖、活性高。低聚木糖是聚合糖类中增殖双歧杆菌功能最强的一种，其功效性超出其他糖类的 20 倍。麦芽低聚糖只在体外具有活性，在肠道内的活性很低甚至完全消失；而乳酮糖虽能促进双歧杆菌的增长，但也同时促进大肠杆菌及梭状芽孢杆菌的增长，对肠道内菌群的增殖没有选择性。人体肠胃道内不能消化低聚木糖，因此低聚木糖能够直接进入大肠内，优先为双歧杆菌利用，具有极好的促进双歧杆菌增殖的功能。

② 不易为人体消化酶系统分解。用唾液、胃液、胰液和小肠黏膜液进行的消化试验表明，各种消化液几乎都不能分解低聚木糖，它的能量值几乎为零，既不影响血糖浓度，也不增加血糖中胰岛素水平，并且不会形成脂肪沉积，故可在低能量食品中发挥作用，最大限度地满足那些喜爱甜品而又担心糖尿病和肥胖病人的要求。

③ 摄入量少。低聚木糖与其他功能性低聚糖相比较，每日摄取的有效剂量：低聚木糖 0.7～1.4g；低聚果糖 5.0～20.0g；低聚半乳糖 8.0～10.0g；乳酮糖 3.0～5.0g；大豆低聚糖 3.0～10.0g；异麦芽低聚糖 15.0～20.0g；棉子糖 5.0～10.0g；低聚乳果糖 3.0～6.0g。

④ 对酸、热稳定性好。与其他聚合糖相比，低聚木糖的突出特点是稳定性非常好。在 pH 值 2.3～8.0 条件下加热至 100℃也基本不分解，试验说明低聚木糖在很宽的 pH 值范围内（几乎覆盖了绝大多数食品体系的 pH 值）稳定性很好。因此，使用时并不需要担心低聚木糖加工或贮藏过程中可能导致有效成分的分解现象，使用起来十分方便，而且可以广泛用于各种食品体系中。

（三）异麦芽酮糖

异麦芽酮糖（isomaltulose）又称为帕拉金糖（palatinose），其结构式为 6-*O*-*α*-D-吡喃葡萄糖基-D-果糖，是一种结晶状的还原性双糖。其化学结构如图 3-17 所示。

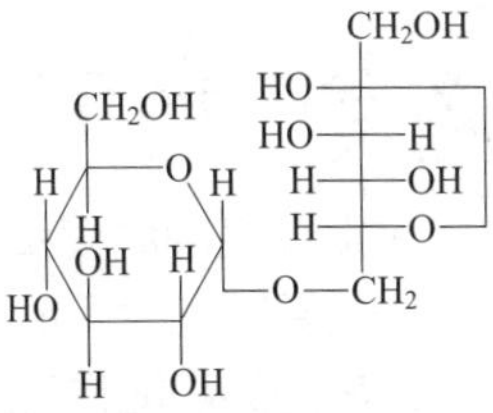

异麦芽酮糖为白色结晶，无臭、味甜，甜度约为蔗糖的 42%。甜味纯正，与蔗糖基本相同，无不良后味。熔点 122～124℃，比旋光度 $[\alpha]_D^{20}=97.2°$。耐酸，耐热，不易水解（20%溶液在 pH 值 2.0 时于 100℃加热 60min 仍不分解，蔗糖在同样条件下可全部水解）热稳定性比蔗糖低，有还原性。易溶于水，在水中的溶解度比蔗糖低，20℃时为 38.4%，40℃时为 78.2%，60℃时为 133.7%，其水溶液的黏度亦比同等浓度的蔗糖略低。

图 3-17 异麦芽酮糖的化学结构

异麦芽酮糖在肠道内可被酶解，由机体吸收利用。对血糖值影响不大，不致龋齿。低聚异麦芽糖浆与相同浓度的蔗糖溶液黏度很接近，食品加工时比饴糖容易操作，对于糖果、糕点等食品的组织与特性无不良影响。低聚异麦芽糖耐热、耐酸性极佳。质量分数为 50%的糖浆在 pH 值 3、120℃之下长时间加热不会分解。应用到饮料、罐头及高温处理或低 pH 值食品中可保持原有特性与功能。低聚异麦芽糖具有保湿性，使水分不易蒸发，对各种食品的保湿与其品质的维持有较好的效果，并能抑制蔗糖与葡萄糖形成结晶。面包类、甜点心等以淀粉为主体的食品往往稍加存放即行硬化，而添加低聚异麦芽糖就能防止淀粉老化，延长食品的保存时间。

（四）其他功能性低聚糖

糖醇类是糖类的醛基或酮基被还原后的物质，重要的有木糖醇、山梨糖醇、甘露糖醇、麦芽糖醇、乳糖醇、异麦芽糖醇等。

1. 麦芽糖醇（氢化麦芽糖醇）

麦芽糖醇具有如下功能：①调节血糖，进食后不升高血糖，不刺激胰岛素分泌，因此对糖尿病患者不会引起副作用，也不被胰液分解；②减脂作用，与脂肪同食时可抑制人体脂肪的过度贮存，当有胰岛素存在时脂蛋白脂肪酶（LPL）活度相应提高，而刺激胰岛素的分泌，这是造成动物体内脂肪过度积聚的主要因素；③防龋齿作用，经体外培养，麦芽糖醇不能被龋齿的变异链球菌利用，故不会产酸。

麦芽糖醇限量用于雪糕、冰棍、饮料、饼干、面包、糖果、酱菜、胶基糖果、豆制品、制糖及酿造工艺，鱼糜及其制品、糕点。

2. 木糖醇

木糖醇具有以下功能：糖尿病人由于对饮食（尤其是含淀粉和糖类的食品）需进行控制，能量供应常感不足，引起体质虚弱，易引起各种并发症。食用木糖醇能克服这些缺点。木糖醇有蔗糖一样的热值和甜度，但在人体内的代谢途径不同于一般糖类，不需要胰岛素的促进，而能透过细胞膜，成为组织的营养成分，并能使肝脏中的糖原增加。因此，对糖尿病人来说，食用木糖醇不会增加血糖值，并能消除饥饿感、补充能量和使体力上升。

以玉米芯、甘蔗渣、秸秆等为原料，采用纤维分解酶等酶技术和生物技术生产木糖醇，可解决化学生产法所存在的设备和操作费用高、产品纯化困难等问题；可安全用于食品；ADI（每日容许摄入量）不做特殊规定。

3. 山梨糖醇

山梨糖醇可以调节血糖。经试验，在早餐中加入山梨糖醇 35g，餐后血糖值：正常人为 9.3mg/dL，Ⅱ型糖尿病人为 32.2mg/dL。而食用蔗糖的对照值：正常人为 44.0mg/dL，Ⅱ型糖尿病人为 78.0mg/dL。因此，山梨糖醇缓和了餐后血糖值的波动。山梨糖醇还可以防龋齿，食用山梨糖醇后既不会导致龋齿变形菌增殖，也不会降低口腔的 pH 值（pH 值低于 5.5 时可形成菌斑）。

检查与拓展 2

二维码 3-2

○ 低聚糖的甜度和哪些因素有关？
○ 低聚糖在食品加工中的应用。
○ 常见的功能性低聚糖有哪些？

第四节 多糖

一、概述

多糖（polysaccharide）是糖单元连接在一起而形成的长链聚合物，多糖链结构可以是线状的或分支的。多糖的糖基单位数（也称为聚合度，DP）大多在 100 以上，甚至在 1000 左右。在动物体内，过量的葡萄糖是以糖原的形式进行贮藏的，而大多数植物葡萄糖的多糖贮藏形式为淀粉，细菌和酵母葡萄糖的多糖贮藏形式为葡聚糖。多数情况下，这些多糖是动植物的营养贮蓄库，当机体需要时可被降解，形成的单糖产物经代谢得到能量。纤维素是一种结构多糖，用于制造植物细胞壁。多糖功能繁多，除作为贮藏物质、结构支持物质外，还具有许多生物活性。如细菌的荚膜多糖有抗原性，分布在肝脏、肠黏膜等组织的肝素中，对血液有抗凝作用；存在于眼球的玻璃体与脐带中的透明质酸是黏性较大的，为细胞间质黏合物质，还因其润滑性而对组织起保护作用。

多糖可由一种糖基单位或由几种糖基单位构成，分别称为同聚糖（hemoglycans）和杂聚糖（heteroglycans）。单糖分子相互间可连接成线性结构（如纤维素和直链淀粉）或带支链结构（支链淀粉、糖原、瓜尔聚糖），支链多糖的分支位置和支链长度因种类不同存在很大差别。

二、多糖的构象

多糖的链构象是由单糖的结构单位构象、糖苷键的位置和类型确定的。多糖的构象有多种。伸展或拉伸螺条型构象是1,4-连接的β-D-吡喃葡萄糖残基的特征，例如纤维素，这是由于单糖残基的键呈锯齿形所引起的，而且链略微缩短或压缩，这样就会使邻近残基间形成氢键，以维持构象的稳定。而折叠螺条型构象，例如果胶和海藻酸盐，它们都以同样的折叠链段存在。果胶链段由1,4-连接的α-D-吡喃半乳糖醛酸单位构成，海藻酸盐链段由1,4-α-L-吡喃古洛糖醛酸单位构成，此结构因Ca^{2+}保持稳定构象。

三、多糖的性质

1．多糖的溶解性

多糖类物质由于其分子中含有大量的极性基团羟基，对于水分子具有较大的亲和力，易于水合和溶解。但是多糖的分子量一般相当大，其疏水性也随之增大。因此，分子量较小、分支程度低的多糖类在水中有一定的溶解度，加热情况下更容易溶解，而分子量大、分支程度高的多糖类在水中溶解度低。

多糖是分子量较大的大分子，它不会显著降低水的冰点，是一种冷冻稳定剂。例如淀粉溶液冷冻时形成两相体系，一相是结晶水（即冰），另一相是由70%淀粉分子与30%非冷冻水组成的玻璃体。非冷冻水是高度浓缩的多糖溶液的组成部分，由于黏度较高，水分子的运动受到限制，当大多数多糖在冷冻浓缩状态时，水分子运动受到极大的限制，水分子不能吸附到晶核或结晶长大的活性位置，因而抑制了冰晶的长大，能有效地保护食品的结构与质构不受破坏，从而提高产品的质量与贮藏稳定性。

除了高度有序具有结晶的多糖不溶于水外，大部分多糖不能结晶，因而易于水合和溶解（在食品工业和其他工业中使用的水溶性多糖与改性多糖被称为胶或亲水胶体）。

2．多糖溶液的黏度与稳定性

正是由于多糖在溶解性能上的特殊性，导致多糖类化合物的水溶液具有比较大的黏度，甚至形成凝胶。多糖溶液具有黏度的本质原因是：多糖分子在溶液中以无规线团的形式存在，其紧密程度与单糖的组成和连接形式有关，当这样的分子在溶液中旋转时需要占有大量的空间，这时分子间彼此碰撞的概率提高，分子间的摩擦力增大，因此具有很高的黏度。甚至浓度很低时也有很高的黏度。

当多糖分子的结构情况有差别时，其水溶液的黏度也有明显的不同。高度支链的多糖分子比具有相同分子量的直链多糖分子占有的体积空间小得多，因而相互碰撞的概率低得多，溶液的黏度也较低；带电荷的多糖分子由于同种电荷之间的静电斥力，导致链伸展，链长增加，溶液的黏度大大增加。

大多数亲水胶体溶液的黏度随温度的提高而降低，这是因为温度提高导致水的流动性增加；而黄原胶是一个例外，其在0～100℃内黏度保持基本不变。多糖形成的胶状溶液的稳定性与分子结构有较大的关系。不带电荷的直链多糖由于形成胶体溶液后分子间可以通过氢键相互结合，随时间的延长缔合程度越来越大，因此在重力的作用下就可以沉淀或形成分子结晶；支链多糖胶体溶液也会因分子凝聚而变得不稳定，但速度较慢。带电荷的多糖由于分子间相同电荷的斥力，其胶状溶液具有相当高的稳定性。食品中常用的海藻酸钠、黄原胶及卡拉胶等即属于这样的多糖类化合物。

3．多糖的作用

多糖广泛且大量分布于自然界，是构成动植物体结构骨架的物质，如植物体内的纤维素、半纤维素和果胶，动物体内的几丁质、黏多糖。

某些多糖还可作为生物的代谢贮备物质存在，如植物中的淀粉、糊精、菊糖，动物体内的糖原。

多糖是水的结合物质，如琼脂、果胶和海藻酸以及黏多糖都能结合大量的水，可作为增稠剂或凝胶凝结剂。

其凝胶机理如下：当多糖分子溶于水时，由于多糖分子之间氢键的作用（图 3-18），须经剧烈搅拌或加热处理破坏多糖分子间氢键，才能使多糖分子上的羟基与水分子作用，形成水层，从而达到溶解或分散的目的。当这种水合多糖分子在溶液中盘旋时，水层发生重新组合或被取代，结果多糖分子会形成环形、螺旋形甚至双螺旋形，若数个多糖分子链间部分形成氢键而成胶束（micelle），若许多多糖分子在不同地方生成胶束，则成了包有水分的多糖三维构造，称为凝胶（gel）。多糖分子与水之间的这种作用使其在食品加工中可作为增稠剂或凝胶凝结剂，如海藻酸盐、淀粉、果胶、瓜尔豆胶等便属于这一类多糖。

多糖还可用作乳浊液和悬浮液的稳定剂，用以制成膜或防止食品变质的涂布层。

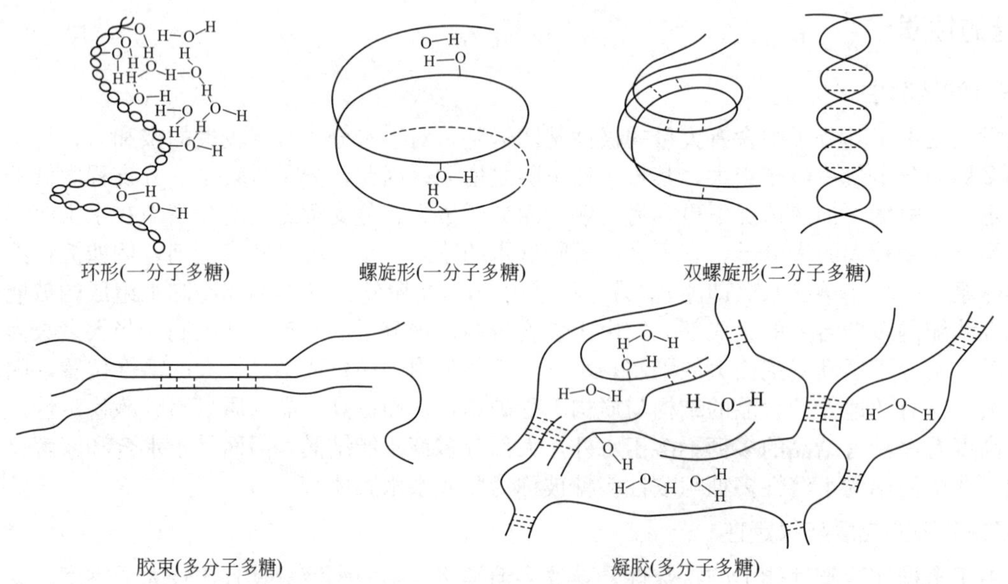

图 3-18 多糖分子之间的氢键结合

四、常见的食品多糖

（一）淀粉

淀粉（starch）作为储存的碳水化合物，广泛分布于各种植物器官，是许多食品的组成成分，也是人类营养最重要的碳水化合物来源。淀粉的生产原料来源于玉米、小麦、马铃薯、甘薯等农作物，此外粟、稻和藕也常用作淀粉加工的原料。

淀粉在植物组织中以独立的淀粉颗粒存在。淀粉在加工中，如磨粉、分离纯化及淀粉的化学修饰，皆能保持其完整；但淀粉糊化时被破坏。

淀粉粒由两种葡聚糖组成，即直链淀粉和支链淀粉。大多数淀粉含 20%～39%的直链淀粉，新玉米品种含直链淀粉可达 50%～80%，称为高直链淀粉玉米；普通淀粉粒含 70%～80%支链淀粉，而糯玉米或糯粟含支链淀粉近 100%。此外，糯米、糯稻米和糯高粱等谷物中支链淀粉的含量也很高。它们在水中加热可形成糊状，与根和块茎淀粉（如藕粉）的糊化相似。直链淀粉容易发生“老化”，糊化形成的糊化物不稳定，而由支链淀粉制成的糊是非常稳定的。

淀粉颗粒内有结晶区和无定形区之分。结晶区分子排列有序，无定形区分子呈无序排列。

1. 淀粉颗粒

在植物的种子、根部及块茎中，淀粉以颗粒形状较独立地存在。不同植物的淀粉颗粒的显微结构不同，借此可以对不同来源的淀粉进行鉴别。所有的淀粉颗粒均显示出一个裂口，称为淀粉颗粒的脐点；这种显微结构在偏振光作用下有双折射，说明淀粉颗粒是球状结晶；大部分淀粉分子从脐点伸向边缘，甚至支链淀粉的主链和许多支链也是径向排列的。表 3-9 给出了一些淀粉的颗粒特性。

表 3-9 淀粉颗粒特性

来源	淀粉颗粒		糊化温度/℃	来源	淀粉颗粒		糊化温度/℃
	直径/μm	结晶度/%			直径/μm	结晶度/%	
支链淀粉玉米	5～25	20～25	67～87	木薯	5～35	38	52～64
蜡质玉米	5～25	39	63～72	小麦	2～38	36	53～65
马铃薯	15～100	25	62～68	稻米	3～9	38	61～78
甘薯	15～55	25～50	82～83				

天然状态的淀粉颗粒没有膜，表面简单地由紧密堆积的淀粉链端组成，好似紧密压在一起的稻草扫帚表面一般。直链淀粉分子的实际存在形态并非一条直线，而是以左手螺旋、部分断开的螺旋或无规线团的形式存在的。淀粉分子的螺旋结构既可以是双螺旋，也可以是单螺旋；双螺旋中每一圈每股包含 3 个糖基，而单螺旋中每一圈包含 6 个糖基。支链淀粉包括 α-1,4-糖苷键和 α-1,6-糖苷键，其分子中存在有大量的分支，其中支链的长度一般为 20～30 个葡萄糖基。

2. 直链淀粉的结构

直链淀粉是由葡萄糖以 α-1,4-糖苷键缩合而成的。用不同方法测得的直链淀粉的分子量为 $3.2\times10^4\sim1.6\times10^5$，甚至更大；聚合度为 100～6000 之间，一般为几百。直链淀粉在水溶液中并不是线形分子，而是由分子内的氢键作用使之卷曲成螺旋状（图 3-19），每个环转含有 6 个葡萄糖残基。

3. 支链淀粉的结构

支链淀粉也是由葡萄糖组成的，但葡萄糖的连接方式与直链淀粉有所不同，是“树枝”状支叉结构。支链淀粉具有 A、B 和 C 3 种链（图 3-20），链的尾端具有一个非还原端基。A 链是外链，经由 α-1,6-糖苷键与 B 链连接，B 链又经由 α-1,6-糖苷键与 C 链连接，A 链和 B 链的数目大致相等。C 链是主链，每个支链淀粉只有一个 C 链。C 链的一端为非还原端基，另一端为还原端基，A 链和 B 链只有非还原端基。每个分支平均含 20～30 个葡萄糖残基，分支与分支之间相距一般有 11～12 个葡萄糖残基（图 3-21），各分支卷曲成螺旋状。支链淀粉分子是近似球形的大分子，相对分子质量约在 $10^6\sim5\times10^7$ 之间。直链淀粉和支链淀粉的区别见表 3-10。

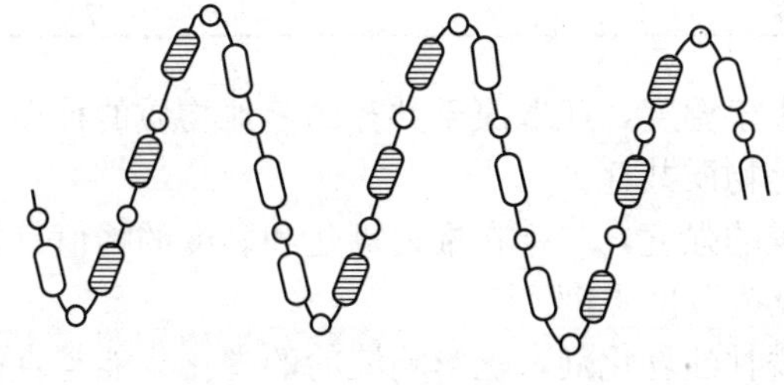

图 3-19 直链淀粉的螺旋结构

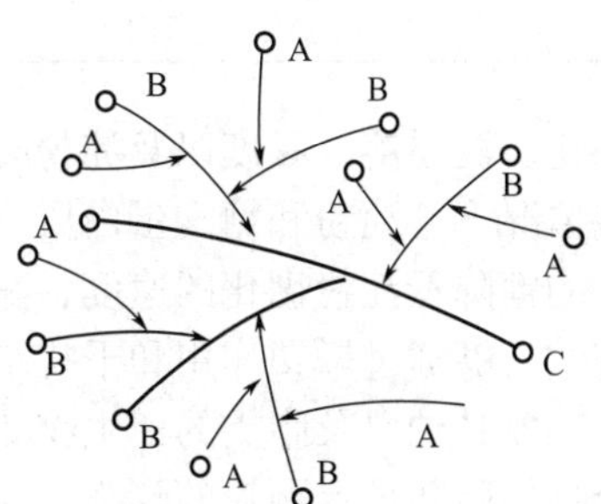

图 3-20 支链淀粉的结构

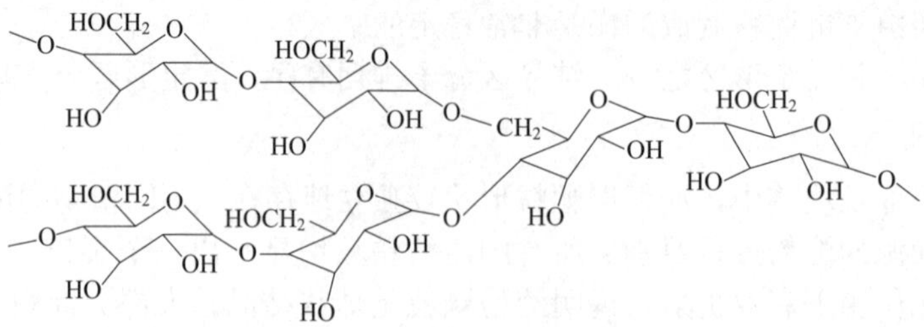

图 3-21 支链淀粉局部结构

表 3-10 直链淀粉和支链淀粉的不同性质

性质	直链淀粉	支链淀粉
分子量	32000～200000	1000000 到几千万
糖苷键	主要是 α-D-(1→4)	α-D-(1→4)，α-D-(1→6)
对老化的敏感性	高	低
β-淀粉酶作用的产物	麦芽糖	麦芽糖，β-极限糊精
葡萄糖淀粉酶作用的产物	D-葡萄糖	D-葡萄糖
分子形状	主要为线型	分支型

4．淀粉的糊化和老化

（1）淀粉的糊化（starch dextrinization） 生淀粉靠分子间氢键结合而排列得很紧密，形成束状的胶束，彼此之间的间隙很小，即使水分子也难以渗入进去。具有胶束结构的生淀粉称为 β-淀粉。β-淀粉在水中经加热后，一部分胶束被溶解而形成空隙，于是水分子侵入内部，与余下的部分淀粉分子结合，胶束逐渐扩大，淀粉粒因吸水体积膨胀数十倍，生淀粉的胶束即行消失，这种现象称为膨润现象。继续加热，胶束则全部崩溃，形成淀粉单分子，并为水包围，而成为溶液状态，这种现象称为糊化，处于这种状态的淀粉称为 α-淀粉。

糊化作用可分为 3 个阶段：①可逆吸水阶段，水分进入淀粉粒的非晶质部分，体积略有膨胀，此时冷却干燥可以复原，双折射现象不变；②不可逆阶段，随着温度升高水分子进入淀粉微晶间隙，不可逆地大量吸水，结晶“溶解”；③淀粉粒解体阶段，即淀粉分子全部进入溶液。

各种淀粉的糊化温度不一，即使同一种淀粉因颗粒大小不同其糊化温度也不一致，通常用糊化开始的温度和糊化完成的温度表示淀粉糊化温度。表 3-11 列出了一些淀粉的糊化温度。

表 3-11 几种淀粉的糊化温度

淀粉	开始糊化的温度/℃	完全糊化的温度/℃	淀粉	开始糊化的温度/℃	完全糊化的温度/℃
粳米	59	61	玉米	63	72
糯米	58	63	荞麦	69	71
大麦	58	63	马铃薯	59	67
小麦	65	68	甘薯	70	76

淀粉糊化、淀粉溶液黏度以及淀粉凝胶性质不仅取决于温度，还取决于共存的其他物质的种类和数量。在许多情况下，淀粉和糖、蛋白质、脂肪酸以及水等物质共存。

高浓度的糖降低淀粉糊化的速度、黏度的峰值和凝胶的强度，二糖在推迟糊化和黏度的峰值等方面比单糖更有效。糖通过增塑作用和干扰结合区的形成降低凝胶的强度。

脂类如三酰甘油以及脂类的衍生物如一酰甘油和二酰甘油乳化剂，也影响淀粉的糊化。能与直链淀粉形成复合物的脂肪推迟颗粒的膨胀，如曲奇饼含有较多的脂肪和较少的水分，因此它含有高比例的未糊化淀粉。在糊化淀粉体系中加脂肪，如果不存在乳化剂，则对黏度无影响，但会降低达到最大黏度的温度。例如，在玉米淀粉-水悬乳液糊化过程中，在 92℃ 达到最大黏度，如果存在 9%～12%的脂肪，将在 82℃时达到最大黏度。

加入具有 16～18 碳原子的脂肪酸组分的一酰甘油将使淀粉的糊化温度提高，达到最大黏度的温度也随之提高，而凝胶形成的温度与凝胶的强度则降低。一酰甘油的脂肪酸或脂肪酸组分能与螺旋形成直链淀粉包合物，也可以与支链淀粉较长的外围支链形成包合物，脂肪-淀粉包合物干扰结合区的形成，并能有效地阻止水分子进入淀粉颗粒，因而也干扰淀粉的糊化和凝胶的形成。

由于淀粉具有中性特征，低浓度的盐对糊化或凝胶的形成影响很小，而含有一些磷酸盐基团的马铃薯支链淀粉和人工离子化淀粉则受盐浓度影响。对于一些盐敏感性淀粉，依条件的不同，盐可增加或降低淀粉膨胀。

酸普遍存在于淀粉增稠的食品中，但大多数食品的 pH 值范围为 4～7，这样的酸浓度对淀粉的膨胀或糊化影响很小。在 pH 值为 10.0 时，淀粉膨胀的速度明显增加。在低 pH 值时，淀粉糊的黏度峰值显著降低，并且在烧煮时黏度快速下降，这是因为在低 pH 值时淀粉发生水解，生成非增稠的糊精。在淀粉增稠的酸性食品中，为避免淀粉遇酸变稀，一般使用交联淀粉。

在许多食品中，淀粉和蛋白质间的相互作用对食品的质构产生重要的影响。淀粉和蛋白质在混合时形成发面筋，在有水存在的情况下加热，淀粉糊化而蛋白质变性，使焙烤食品具有一定的结构。

(2) 淀粉的老化 (starch staling) 经过糊化的 α-淀粉在室温下放置后会变得不透明甚至凝结而沉淀，这种现象称为老化（图 3-22）。这是由于糊化后的淀粉分子在低温下又自动排列成序，相邻分子间的氢键又逐步恢复，形成致密、高度晶化的淀粉微束的缘故。

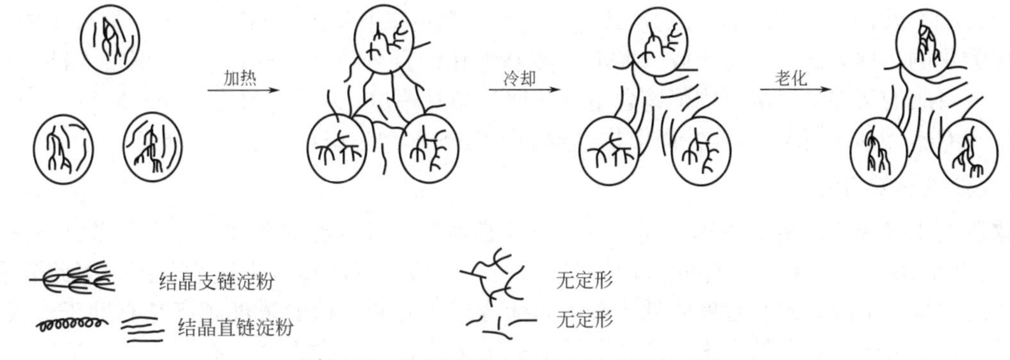

图 3-22 淀粉颗粒在加热与冷却时的变化

老化过程可看作是糊化的逆过程，但是老化不能使淀粉彻底复原到生淀粉（β-淀粉）的结构状态，它比生淀粉的晶化程度更低。不同来源的淀粉老化难易程度也不尽相同，这是由于淀粉的老化与所含直链淀粉及支链淀粉的比例有关，一般来说直链淀粉较支链淀粉易于老化，直链淀粉越多老化越快。支链淀粉几乎不发生老化，其原因是它的结构呈三维网状空间分布，妨碍了微晶束氢键的形成。

老化后的淀粉与水失去亲和力，并且难以被淀粉酶水解，因而也不易被人体消化吸收。淀粉老化作用的控制在食品工业中有重要的意义。

淀粉含水量为 30%～60%时较易老化，含水量小于 10%或在大量水中则不易老化；老化作用最适温度在 2～4℃之间，高于 60℃或低于－20℃都不发生老化，在偏酸（pH 值 4 以下）或偏碱的条件下也不易发生老化。

防止淀粉老化，可将糊化后的 α-淀粉在 80℃以下的高温迅速除去水分（水分含量最好达 10%）或冷却至 0℃以下迅速脱水。这样淀粉分子已不可能移动和相互靠近，成为固定的 α-淀粉。α-淀粉加水后，因无胶束结构，水易于侵入而将淀粉包蔽，不需要加热亦易于糊化。这就是制备方便食品如方便面、饼干、膨化食品等的原理。

（二）果胶

果胶（pectin）存在于陆生植物的细胞间隙或中胶层中，通常与纤维素结合在一起，形成植物细胞结构和骨架的主要部分。果胶质是果胶及其伴随物（阿拉伯聚糖、半乳聚糖、淀粉和蛋白质等）的混合物。商品果胶是用酸从苹果渣与柑橘皮中提取得到的天然果胶（原果胶），它是可溶性果胶。由柠檬皮制的果胶最易分离，质量最高。果胶的组成与性质随来源的不同有很大的差异。

1. 果胶的化学结构与分类

果胶分子的主链是由150～500个α-D-半乳糖醛酸基（分子量为30000～100000）通过1,4-糖苷键连接而成（图3-23），在主链中相隔一定的距离含有α-L-鼠李吡喃糖基侧链（即部分被甲基化或氨基化的羧基），因此果胶的分子结构由均匀区与毛发区组成（图3-23），均匀区是由α-D-半乳糖醛酸基组成，毛发区是由高度支链的α-L-鼠李吡喃糖基组成。

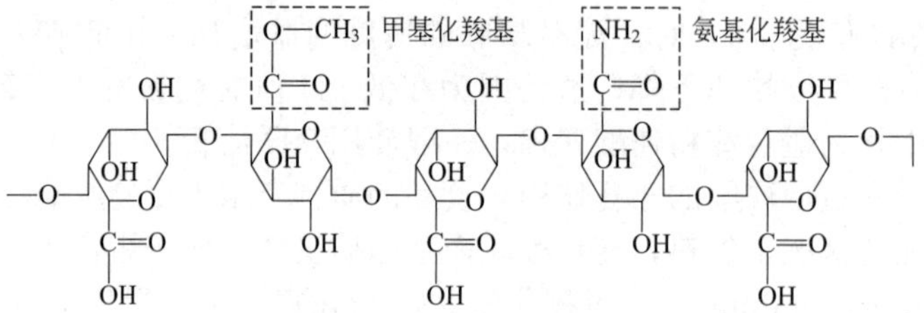

图3-23　果胶的结构

天然果胶一般有两类：一类分子中超过一半的羧基是甲酯化（—$COOCH_3$）的，余下的羧基以游离酸（—COOH）及盐（—COONa）的形式存在，称为高甲氧基果胶（HM）；另一类分子中低于一半的羧基是甲酯化的，称为低甲氧基果胶（LM）。羧基酯化的百分数称为酯化度（DE）。当果胶的DE＞50％时，形成凝胶的条件是可溶性固形物含量（一般是糖）超过55％，pH值2.0～3.5；当DE＜50％时，通过加入Ca^{2+}形成凝胶，可溶性固形物含量为10％～20％，pH值为2.5～6.5。

2. 果胶凝胶形成的机理

HM果胶与LM果胶的凝胶机理不同。HM果胶必须在具有足够的糖和酸存在的条件下才能胶凝，又称为糖-酸-果胶凝胶。当果胶溶液的pH值足够低时，羧酸盐基团转化为羧酸基团，因此分子不再带电荷，分子之间斥力下降，水合程度降低，分子间缔合形成凝胶。糖的浓度越高越有助于形成接合区，这是因为糖与果胶分子链竞争结合水，致使分子链的溶剂化程度大大下降，有利于分子链间相互作用，一般糖的浓度至少在质量分数为55％，最好在质量分数为65％。

凝胶是由果胶分子形成的三维网状结构，同时水和溶质固定在网孔中。形成的凝胶具有一定的凝胶强度。有许多因素影响凝胶的形成与凝胶强度，最主要的因素是果胶分子的链长与连接区的化学性质。在相同条件下，分子量越大，形成的凝胶越强；如果果胶分子链降解，则形成的凝胶强度就比较弱。凝胶破裂强度与分子量有很大的相关性，还与每个分子参与连接的点的数目有关。

HM果胶的酯化度与凝胶的胶凝温度有关，因此根据胶凝时间和胶凝温度可以进一步将HM果胶进行分类（表3-12）。此外，凝胶形成的pH值也与酯化度相关，快速胶凝的果胶（高酯化度）在pH值3.3也可以胶凝，而慢速胶凝的果胶（低酯化度）在pH值2.8可以胶凝。凝胶形成的条件同样还受到可溶性固形物（糖）的含量与pH值影响，固形物含量高及pH值低，则可在较高温度下胶凝，因此制造果酱与糖果时必须选择Brix（固形物含量）、pH值以及适合类型的果胶，以达到所希望的胶凝温度。

表3-12　果胶分类与胶凝条件

果胶类型	酯化度	胶凝条件	胶凝速率	果胶类型	酯化度	胶凝条件	胶凝速率
高甲氧基	74～77	Brix＞55，pH＜3.5	超快速	高甲氧基	58～65	Brix＞55，pH＜3.5	慢速
高甲氧基	71～74	Brix＞55，pH＜3.5	快速	低甲氧基	40	Ca^{2+}	慢速
高甲氧基	66～69	Brix＞55，pH＜3.5	中速	低甲氧基	30	Ca^{2+}	快速

LM 果胶（DE<50）必须在 2 价阳离子（如 Ca^{2+}）存在情况下形成凝胶，胶凝的机理是由不同分子链的均匀（均一的半乳糖醛酸）区形成分子间接合区，胶凝能力随 DE 的减少而增加。正如其他高聚物一样，分子量越小，形成的凝胶越弱。胶凝过程也与外部因素如温度、pH 值、离子强度以及 Ca^{2+} 的浓度有关。凝胶的形成对 pH 值非常敏感，pH 值 3.5 时 LM 果胶胶凝所需的 Ca^{2+} 量超过中性条件。在 1 价盐 NaCl 存在条件下，果胶胶凝所需 Ca^{2+} 量可以少一些。这是由于 pH 值与糖的双重因素可以促进分子链间相互作用，因此可以在 Ca^{2+} 浓度较低的情况下进行胶凝。

果胶与海藻胶之间的相互作用主要与海藻胶的甘露糖醛酸与古洛糖醛酸的比值有关，也与果胶的 DE 和 pH 值有关。由 HM 果胶与富含古洛糖醛酸的海藻胶制得的凝胶性能较好。pH 值也非常重要，pH>4 时完全妨碍胶凝。LM 果胶与海藻胶形成凝胶时必须在酸性条件下（pH<2.8），这意味着相互作用前尽量不带电，也就是说需要酯化，以减少静电斥力。

为了得到满意的质构，多糖与蛋白质的相互作用也是非常重要的。例如，pH 值在明胶的等电点以上以及 NaCl 浓度<0.2mol/L 时，果胶与明胶混合物可以得到稳定的单相体系；如果盐浓度提高，则产生不相容性，因而有利于明胶分子的自缔合；pH 值高于等电点，相容性增加。

果胶的主要用途是作为果酱与果冻的胶凝剂。果胶的类型很多，不同酯化程度的果胶可以满足不同的要求。慢胶凝的 HM 果胶与 LM 果胶用于制造凝胶软糖。果胶的另一用途是生产酸奶时用作水果基质，LM 果胶特别适合。果胶还可以作为增稠剂与稳定剂。HM 果胶可应用于乳制品，它在 pH 值 3.5～4.2 范围内能阻止加热时酪蛋白聚集，这适用于巴氏杀菌或高温杀菌的酸奶、酸豆奶以及牛奶与果汁的混合物。HM 果胶与 LM 果胶也能应用于蛋黄酱、番茄酱、混浊型果汁、饮料以及冰淇淋，一般添加量<1%；但是凝胶软糖除外，它的添加量为 2%～5%。

（三）纤维素和半纤维素

1. 纤维素

纤维素（cellulose）与直链淀粉一样，是 D-葡萄糖呈直链状连接的，不同的是纤维素通过 β-1,4-糖苷键结合（图 3-24）。纤维素是自然界最大存在的多糖，通常和各种半纤维素及木质素结合在一起。人体没有分解纤维素的消化酶，所以无法利用。

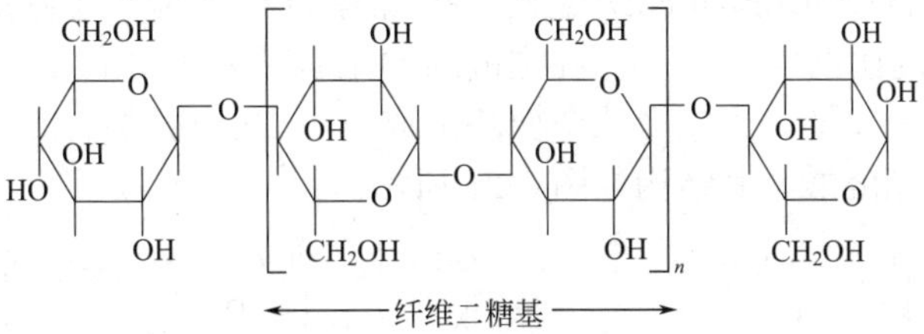

纤维二糖基

图 3-24 纤维素的化学结构

纤维素不溶于水，对稀酸和稀碱特别稳定，几乎不还原费林试剂。只有用高浓度的酸（60%～70% 硫酸或 41% 盐酸）或稀酸在高温下处理才能分解，分解的最后产物是葡萄糖。这个反应用于从木材直接生产葡萄糖（木材糖化），用针叶树糖化生产的是己糖，用落叶树糖化生产的是戊糖。

纤维素用于造纸、纺织品、化学合成物、炸药、胶卷、医药和食品包装、发酵（酒精）、饲料生产（酵母蛋白和脂肪）、吸附剂和澄清剂等。它的长链中常有许多游离的羟基，具有羟基的各种特征反应，如成酯和成醚等。

2. 半纤维素

半纤维素（hemicellulose）是含有 D-木糖的一类杂聚多糖，它一般以水解能产生大量戊糖、葡萄糖醛酸和一些脱氧糖而著称。它存在于所有陆地植物中，而且经常在植物木质化的部分。食品中最主要的半纤维素是由 β-(1→4)-D-吡喃木糖基单位组成的木聚糖为骨架。

粗制的半纤维素可分为一个中性组分（半纤维素 A）和一个酸性组分（半纤维素 B），半纤维素 B 在硬质木材中特别多。两种半纤维素都有 β-(1→4)-糖苷键结合成的木聚糖链。在半纤维素 A 中，主链上有许多由阿拉伯糖组成的短支链，还存在 D-葡萄糖、D-半乳糖和 D-半甘露糖，从小麦、大麦和燕麦粉得到的阿拉伯木聚糖是这类糖的典型例子。半纤维素 B 不含阿拉伯糖，它主要含有 4-甲氧基-D-葡糖醛酸，因此它具有酸性。水溶性小麦面粉戊聚糖结构如图 3-25 所示。

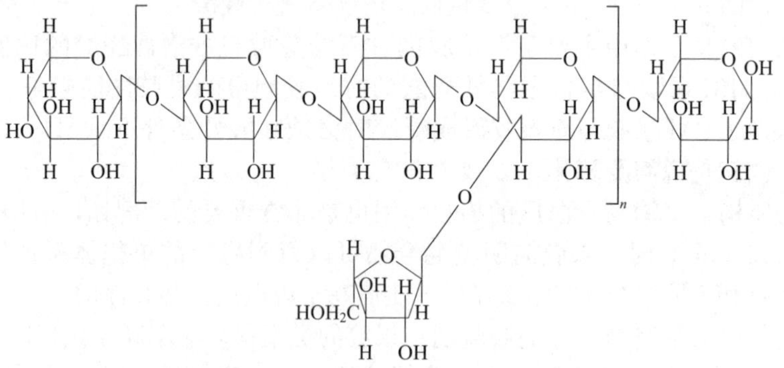

图 3-25 水溶性小麦面粉戊聚糖的化学结构

半纤维素在焙烤食品中作用很大，它能提高面粉结合水的能力。在面包面团中，改进混合物质量，降低混合物能量，有助于蛋白质的进入和增加面包的体积，并能延缓面包老化。

半纤维素是膳食纤维的一个重要来源，对肠蠕动、粪便量和粪便通过时间产生有益生理效应，对促使胆汁酸的消除和降低血液中的胆固醇方面也会产生有益的影响。研究表明，它可以减轻心血管疾病、结肠紊乱，特别是防止结肠癌。食用高纤维膳食的糖尿病病人可以减少对胰岛素的需求量，但是，多糖胶和纤维素在小肠内会减少某些维生素和必需微量元素的吸收。

（四）植物多糖

1. 魔芋胶

魔芋葡苷露聚糖（konjac glucomannan）是由 D-甘露糖与 D-葡萄糖通过 β-1,4-糖苷键连接而成的多糖，D-甘露糖与 D-葡萄糖的比例为 1∶1.6。在主链的 D-甘露糖的 C-3 位上存在由 β-1,3-糖苷键连接的支链，每 32 个糖基约有 3 个支链，支链由几个糖基组成；每 19 个糖基有 1 个酰基，酰基赋予水溶性；每 20 个糖基含有 1 个葡萄糖醛酸。其结构如图 3-26 所示。

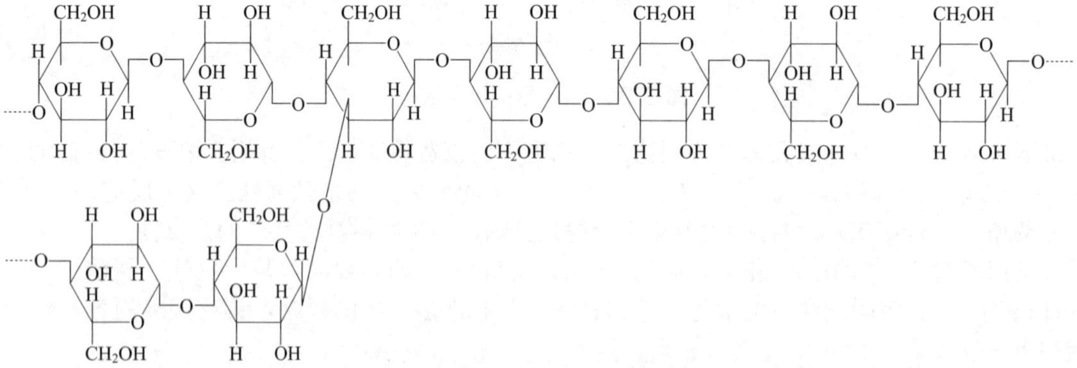

图 3-26 魔芋葡甘露聚糖最可能的结构

魔芋葡甘露聚糖能溶于水，形成高黏度的假塑性溶液，它经碱处理脱乙酰后形成弹性凝胶，是一种热不可逆凝胶。魔芋葡甘露聚糖与黄原胶混合时，能形成热可逆凝胶，黄原胶与魔芋葡甘露聚糖的比例为1∶1时得到的强度最大，凝胶的熔化温度为30～63℃。凝胶的熔化温度同两种胶的比例与聚合物总浓度无关，但凝胶强度随聚合物浓度的增加而增大，并随盐浓度的增加而减小。

利用魔芋葡甘露聚糖能形成热不可逆凝胶的特性可制作多种食品，如魔芋糕、魔芋豆腐、魔芋粉丝以及各种仿生食品（虾仁、腰花、肚片、蹄筋、鱿鱼、海参以及海蜇皮等）。

2. 瓜尔豆胶与刺槐豆胶

瓜尔豆胶（guar gum）与刺槐豆胶是半乳甘露聚糖，它们是重要的增稠多糖，广泛应用于食品工业和其他工业。瓜尔豆胶是所有商品胶中黏度最高的一种胶，它的主要组分是半乳糖与甘露糖，主链由β-D-吡喃甘露糖通过1,4-糖苷键连接而成，在0～6位连接α-D-吡喃半乳糖侧链（图3-27）。

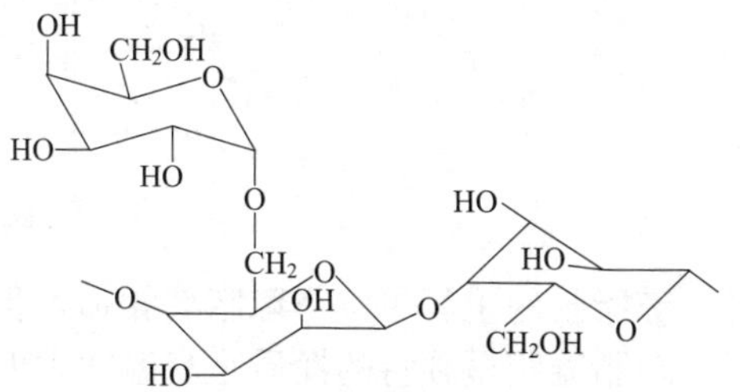

图3-27 半乳甘露聚糖的重复单位结构

刺槐豆胶（LBG）的半乳甘露聚糖的支链比瓜尔豆胶（GG）少，而且结构不太规则；瓜尔豆胶中半乳糖基均匀分布于主链中，在吡喃甘露糖主链中含有一半D-吡喃半乳链侧链。刺槐豆胶分子含有的半乳糖侧链很少，它由长的光滑区（无侧链）与具有半乳糖侧链的毛发区组成。瓜尔豆胶中甘露糖与半乳糖的比为1.6（即M∶G=1.6），而刺槐豆胶中M∶G=3.5，因此在刺槐豆胶中半乳糖含量很低。由于两者在结构上的差异，瓜尔豆胶与刺槐豆胶具有不同的物理性质。刺槐豆胶分子具有长的光滑区，能与其他多糖如黄原胶和卡拉胶的双螺旋相互作用，形成三维网状结构的黏弹性凝胶；瓜尔豆胶与黄原胶不能形成凝胶。半乳糖侧链越少，与其他多糖相互协同越强。因此半乳甘露聚糖功能与半乳糖含量和分布有关。

瓜尔豆胶主要用作增稠剂，它易于水合产生很高的黏度，但也常与其他食用胶如CMC、（羧甲基纤维素）卡拉胶以及黄原胶复合，应用于冰淇淋中。85%的刺槐豆胶产品应用于乳制品与冷冻甜食制品中，很少单独使用，一般和其他胶如CMC、卡拉胶、黄原胶及瓜尔豆胶等复合使用，用量一般为0.05%～0.25%。还可应用于肉制品工业，如鱼、肉及其他海产品的制造。

3. 阿拉伯胶

阿拉伯胶（arabic gum）的成分很复杂，它由两种成分组成：70%是不含N或含少量N的多糖，另一成分是具有高分子量的蛋白质结构。多糖是以共价键与蛋白质肽链中的羟脯氨酸与丝氨酸相结合的；总蛋白质含量约为2%，但是特殊部分含有高达25%的蛋白质。与蛋白质相连接的多糖是高度分支的酸性多糖，它具有如下组成：D-半乳糖44%，L-阿拉伯糖24%，D-葡萄糖醛酸14.5%，L-鼠李糖13%，4-*O*-甲基-D-葡萄糖醛酸1.5%。在主链中β-D-吡喃半乳糖是通过1,3-糖苷键相连接，而侧链是通过1,6-糖苷键相连接。

阿拉伯胶易溶于水，最独特的性质是溶解度高、溶液黏度低，溶解度甚至能达到50%，此时体系有些像凝胶。阿拉伯胶既是一种好的乳化剂，又是一种好的乳状液稳定剂，具有稳定的乳状液作用，这是因为阿拉伯胶具有表面活性，能在油滴周围形成一层厚的、具有空间稳定性的大分子层，防止油滴聚集。往往将香精油与阿拉伯胶制成乳状液，然后进行喷雾干燥得到固体香精，可以避免香精的挥发与氧化，而且在使用时能快速分散与释放风味，并且不会影响最终产品的黏度。阿拉伯胶的另一个特点是与高糖具有相容性，因此可广泛用于高糖含量和低水分含量糖果中，如太妃糖、果胶软糖以及软果糕等。它在糖果中的功能是阻止蔗糖结晶和乳化脂肪组分，防止脂肪从表面析出产生“白霜”。

（五）海洋多糖

1. 琼脂

食品中重要的海藻胶包括琼脂（agar）、鹿角藻胶（chondnis crispus）和褐藻胶（algin）。琼脂作为培养基已为人们所熟知，它来自红藻类（*Clase rhodophyceae*）的各种海藻，主要产于日本海岸。琼脂像普通淀粉一样可分离成为琼脂糖（agarose）和琼脂胶（agaropectin）两部分。琼脂糖的基本二糖重复单位是由 β-D-吡喃半乳糖通过（1→4)-糖苷键连接 3,6-脱水 α-L-吡喃半乳糖基单位构成的，如图 3-28 所示。

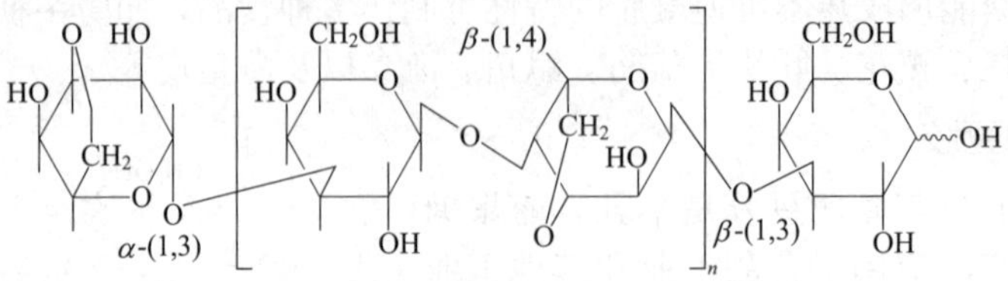

图 3-28 琼脂糖的分子结构

琼脂胶的重复单位与琼脂糖相似，但含 5%～10%的硫酸酯、一部分 D-葡萄糖醛酸残基一丙酮酸酯。琼脂凝胶最独特的性质是当温度大大超过胶凝起始温度时仍然保持稳定性。例如，1.5%琼脂的水分散液在温度 30℃形成凝胶，融点 35℃。琼脂凝胶具有热可逆性，是一种稳定的凝胶。

琼脂在食品中的应用包括抑制冷冻食品脱水收缩和提供需宜的质地，在加工的干酪和奶油中提供稳定性和需宜的质地，在焙烤食品和糖衣中可控制水分活度和推迟陈化，此外还用于肉制品罐头。琼脂通常可与其他高聚物如黄蓍胶、角豆胶或明胶合并使用。

2. 海藻胶

海藻胶是从海藻中提取得到的，商品海藻胶大多是以海藻酸的钠盐形式存在。海藻酸是由 β-1,4-D-甘露糖醛酸和 α-1,4-L-古洛糖醛酸组成的线型高聚物（图 3-29），商品海藻酸盐的聚合度为 100～1000。D-甘露糖醛酸（M）与 L-古洛糖醛酸（G）的比例因来源不同而异，一般为 1.5∶1，对海藻胶的性质影响较大，它们按下列次序排列：甘露糖醛酸块 M-M-M-M-M-；古洛糖醛酸块 G-G-G-G-G-；交替块 M-G-M-G-M-。

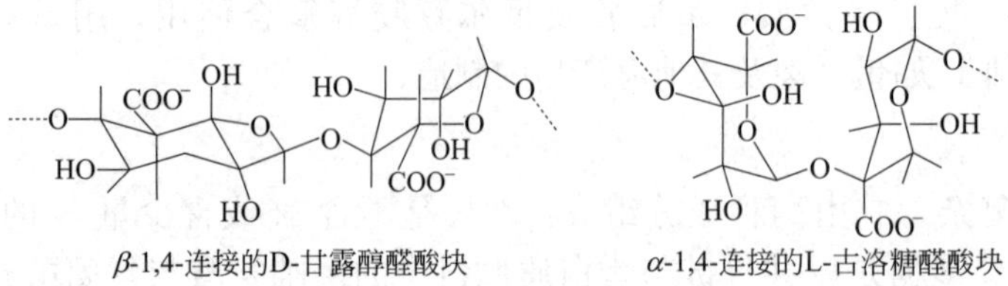

β-1,4-连接的D-甘露醇醛酸块　　α-1,4-连接的L-古洛糖醛酸块

图 3-29 褐藻酸的化学结构

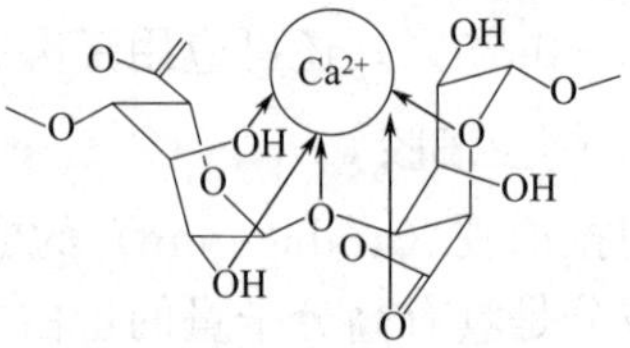

图 3-30 海藻盐与 Ca^{2+} 相互作用形成“蛋盒”模型

海藻酸盐分子链中的 G 块很容易与 Ca^{2+} 作用，两条分子链的 G 块间形成一个洞，结合 Ca^{2+} 形成“蛋盒”模型，如图 3-30 所示。海藻酸盐与 Ca^{2+} 形成的凝胶是热不可逆凝胶。凝胶强度同海藻酸盐分子中 G 块的含量以及 Ca^{2+} 浓度有关。海藻酸盐凝胶具有热稳定性，脱水收缩较少，因此可用于制造甜食凝胶。

海藻酸盐还可与食品中其他组分如蛋白质或脂肪等相互作用。例如，海藻酸盐易与变性蛋白质中的带正电氨基酸相互作用，用于重组肉制品的制造。高含量古洛糖醛酸的藻酸盐与高酯化果胶之间协同胶凝应用于果酱、果冻等，所得到的凝胶结构与糖含量无关，是热可逆凝胶，应用于低热产品。

海藻酸盐能与 Ca^{2+} 形成热不可逆凝胶，使它在食品中得到广泛应用，特别是重组食品如仿水果、洋葱圈以及凝胶糖果等；也可用作汤料的增稠剂、冰淇淋中抑制冰晶长大的稳定剂以及酸奶与牛奶的稳定剂。

3. 壳聚糖

壳聚糖（chitin）又称几丁质、甲壳素、甲壳质，是一类由 *N*-乙酰-D-氨基葡萄糖或 D-氨基葡萄糖以 β-1,4-糖苷键连接起来的低聚合度水溶性氨基多糖。主要存在于甲壳素（虾、蟹）等动物的外骨骼中，在虾壳等软壳中含壳多糖 15%～30%，蟹壳等外壳中含壳多糖 15%～20%。一些霉菌细胞壁成分也含有它。其基本结构单位是壳二糖（chitobiose），如图 3-31 所示。

壳多糖脱去分子中的乙酰基后转变为壳聚糖，其溶解性增加，称为可溶性壳多糖。因其分子中带有游离氨基，在酸性溶液中易成盐，呈阳离子性质。壳聚糖随其分子中含氨基酸数量的增多氨基特性越显著，这正是其独特性质的所在，由此奠定了壳聚糖的许多生物学特性及加工特性的基础。

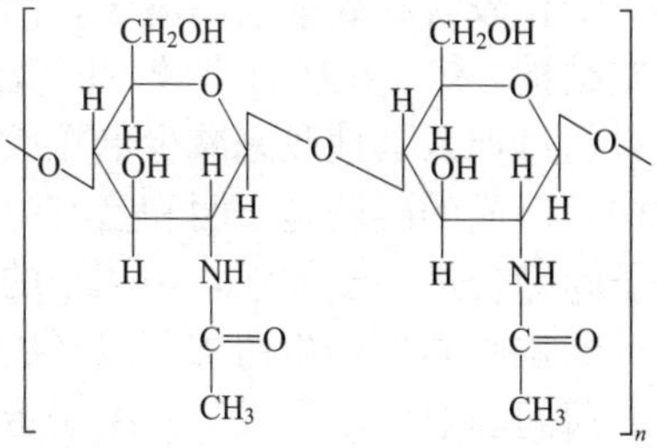

壳聚糖在食品工业上可作为黏结剂、保湿剂、澄清剂、填充剂、乳化剂、上光剂及增稠稳定剂；作为功能性低聚糖，它能降低胆固醇、提高机体免疫力、增强机体的抗病抗感染能力，尤其有较强的抗肿瘤作用。因其资源充足、应用价值高，已被大量开发使用。目前工业上多用酶法水解虾皮或蟹壳提取壳聚糖。

图 3-31 壳二糖的化学结构

目前在食品中应用相对较多的是改性壳聚糖，尤其是甲基化壳聚糖。其中 N,O-羧甲基壳聚糖在食品工业中作增稠剂和稳定剂。N,O-羧甲基壳聚糖由于可与大部分有机离子及重金属离子络合沉淀，被用为纯化水的试剂。N,O-羧甲基壳聚糖又可溶于中性（pH 值 7）水中形成胶体溶液，它有良好的成膜性能，被用于水果保鲜。

制备 N,O-羧甲基壳聚糖，使用的试剂为氯乙酸。应当提出，直接对壳聚糖改性的一些技术也已发展起来，其方法类似于改性多糖。

4. 卡拉胶

卡拉胶（garrageenan）是由红藻通过热碱分离提取制得的非均体多糖，它是一种由硫酸基化或非硫酸基化的半乳糖和 3,6-脱水半乳糖通过 α-1,3-糖苷键和 β-1,4-糖苷键交替连接而成。大多数糖单位有一或两个硫酸酯基，多糖链中总硫酸酯基含量为 15%～40%，而且硫酸酯基数目与位置同卡拉胶的凝胶性密切相关。卡拉胶有 3 种类型：κ、ι 和 λ。κ-卡拉胶和 ι-卡拉胶通过双螺旋交联形成热可逆凝胶（图 3-32）。多糖在溶液中呈无规则的线团结构，当多糖溶液冷却时，足够数量的交联区形成连续的三维网状凝胶结构。

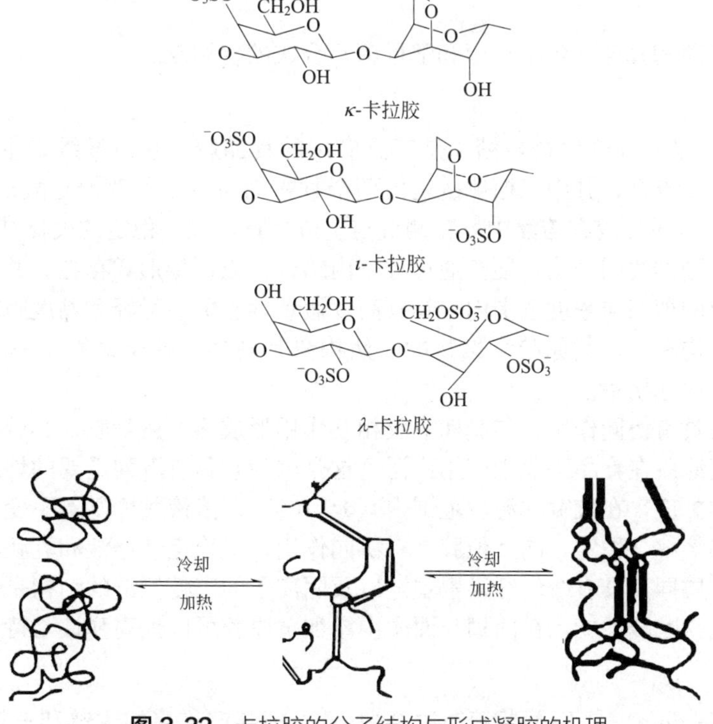

图 3-32 卡拉胶的分子结构与形成凝胶的机理

卡拉胶含有硫酸盐阴离子，因此易溶于水。硫酸盐含量越少，多糖链越易从无规则线团结构转变为螺旋结构。κ-卡拉胶含有较少的硫酸盐，形成的凝胶是不透明的，而且强度最强，但是容易脱水收缩，这时通过加入其他胶来减少卡拉胶的脱水收缩。ι-卡拉胶的硫酸盐含量较高，在溶液中呈无规则的线团结构，形成的凝胶是透明和富有弹性的，通过加入阳离子如 K^+ 或 Ca^{2+} 同硫酸盐阴离子间静电作用使分子间缔合进一步加强，阳离子的加入也提高了胶凝温度。λ-卡拉胶是可溶的，但无凝胶能力。

卡拉胶同牛奶蛋白质可以形成稳定的复合物，这是由卡拉胶的硫酸盐阴离子与酪蛋白胶粒表面上的正电荷间静电作用形成的。牛奶蛋白质与卡拉胶相互作用，使形成的凝胶强度增强。在冷冻甜食与乳制品中，卡拉胶添加量很低，只需要 0.03%。低浓度 κ-卡拉胶（0.01%～0.04%）与牛奶蛋白质中的 κ-酪蛋白相互作用，形成弱的触变凝胶。利用这个特殊性质可以悬浮巧克力牛奶中的可可粒子，同样也可以应用于冰淇淋和婴儿配方奶粉中。

卡拉胶具有熔点高的特点，但卡拉胶形成的凝胶比较硬，可以通过加入半乳甘露糖（刺槐豆胶）改变凝胶硬度，增加凝胶的弹性，代替明胶制成甜食凝胶，并能减少凝胶的脱水收缩，如应用于冰淇淋能提高产品的稳定性与持泡能力。为了软化凝胶结构，还可以加入一些瓜尔豆胶。卡拉胶还可与淀粉、半乳糖甘露聚糖或 CMC 复配应用于冰淇淋。如果加入 K^+ 或 Ca^{2+}，则促使卡拉胶凝胶的形成。在果汁饮料中添加 0.2%的 λ-卡拉胶或 κ-卡拉胶，可以改进质构与汉堡包的质量。在低脂肉糜制品中，可以提高口感和替代部分动物脂肪。所以卡拉胶是一种多功能的食品添加剂，起持水、持油、增稠、稳定并促进凝胶的形成作用。卡拉胶在食品工业中的应用见表 3-13。

表 3-13 卡拉胶在食品工业中的应用

食品种类	食品产品	卡拉胶的作用	食品种类	食品产品	卡拉胶的作用
饮料	巧克力牛奶	稳定剂与乳化剂	肉	低脂肉肠	胶凝剂
	咖啡中奶油的替代品	稳定剂与乳化剂	乳制品	冰淇淋、奶酪	稳定剂与乳化剂
	甜食凝胶	胶凝剂	甜制品	即食布丁	稳定剂与乳化剂
	低热果冻	胶凝剂			

（六）微生物多糖

微生物多糖是由细菌和真菌（包括霉菌和酵母菌）合成的食用胶。

1. 黄原胶

黄原胶（xanthan）是一种微生物多糖，是广泛应用的食品胶。它由纤维素主链和三糖侧链构成，分子结构中的重复单位是五糖，其中三糖侧链是由两个甘露糖与一个葡萄糖醛酸组成（图 3-33）。黄原胶的分子量约为 2×10^6。黄原胶在溶液中三糖侧链与主链平行，成一稳定的硬棒结构，当加热到 100℃以上时才能转变成无规则的线团结构，硬棒通过分子内缔合，以螺旋形式存在，并通过缠结形成网状结构。黄原胶溶液在广泛的剪切与浓度范围内，具有高度假塑性、剪切稀释和黏度瞬时恢复的特性。它的独特的流动性质同其结构有关，黄原胶高聚物的天然构象是硬棒，硬棒聚集在一起，当剪切时立即分散，待剪切停止后重新快速聚集。

黄原胶与瓜尔豆胶具有协同作用。与刺槐豆胶相互作用形成热可逆凝胶，其胶凝机理与卡拉胶和刺槐豆胶的凝胶相同。黄原胶在食品工业中应用广泛，这是因为它具有下列重要的性质：能溶于冷水和热水，低浓度时具有高的黏度，在较宽的温度范围内（0～100℃）溶液黏度基本不变，与盐有很好的相容性，在酸性食品中保持溶解与稳定，同其他胶具有协同作用，能稳定悬浮液和乳状液，具有良好的冷冻与解冻稳定性。这些性质同其具有线形纤维素主链以及阴离子的三糖侧链的结构是分不开的。黄原胶能改善面糊与面团的加工与贮藏性能，在面糊与面团中添加黄原胶可以提高弹性与持气能力。

2. 黄杆菌胶

黄杆菌胶（xanthan gum）是 D-葡萄糖通过 β-(1→4)-糖苷键连接的主链和三糖侧链组成的生物高

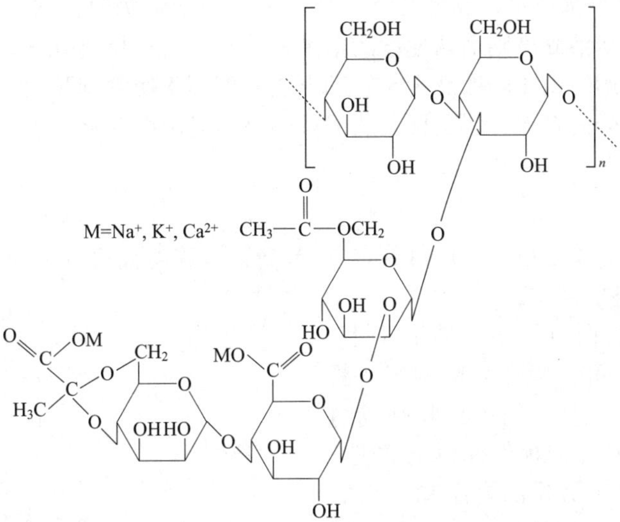

图 3-33　黄原胶的化学结构

分子聚合物，该聚合物是由甘蓝黑病黄杆菌发酵产生的一种杂多糖，也称黄单胞菌胶。

黄杆菌胶分子中三糖侧链是由 D-甘露糖基和 D-葡萄糖醛酸交替连接而成，分子比为 2∶1，侧链中 D-甘露糖通过 α-(1→3)-糖苷键与主链连接。同主链连接的甘露糖在 C-6 位置上含有一个乙酰基，在侧链的末端约有 1/2 的甘露糖基带有丙酮酸缩醛基，如图 3-34 所示。

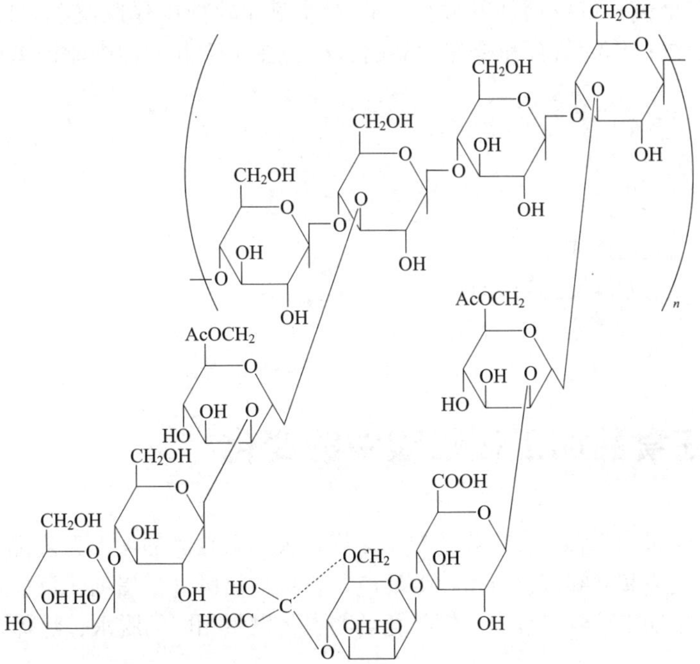

图 3-34　黄杆菌胶的化学结构

黄杆菌胶是一种非胶凝的多糖，易溶于水。它在食品工业中的重要作用有 4 个方面：①对乳浊液和悬浮体颗粒具有很大的稳定作用，可作为巧克力悬浮液的稳定剂；②具有良好的增黏性能，它在低浓度时也具有很高的黏度，其黏度为瓜尔豆胶和海藻胶黏度的 2～5 倍，是浓缩汁、饮料、调味品等食品的增稠剂和稳定剂，它与非胶凝多糖混合易形成凝胶，如它与角豆胶和瓜尔豆胶混合能形成类似橡胶的凝胶体，这种混合物在90℃时仍稳定，黏度几乎不变，可应用于软奶糖、冰淇淋和果酱生产；③它是一种典型的假塑性流体，其溶液黏度随剪切速度的增加而明显降低，随剪切速度的减弱其黏度又即恢复，如含黄杆菌胶的食品在食用时由于咀嚼及舌头转动形成的剪切率使食物黏度下降不粘口，口感细腻，同时使食物中的风味得到充分的释放；④黄杆菌胶溶液的黏度受湿度变化影响不大，含黄杆菌胶的食品经高温处理后不会改变其黏度。

3. 茁霉胶

茁霉胶是以麦芽三糖为重复单位，通过 α-(1→6)-糖苷键连接而成的多聚体。茁霉胶是由出芽短梗霉产生的一组孢外多糖（图 3-35）。

茁霉胶为无色无味的白色粉末，易溶于水，溶于水后形成黏性溶液，可作为食品增稠剂。茁霉胶酶能将它水解为麦芽三糖。用茁霉胶制成的薄膜为水溶性的，不透氧气，对人体没有毒性，其强度近似尼龙，适合用于氧化的食品和药物的包装。茁霉胶是人体利用率较低的多糖，在制备低能量食物及饮料时可用它替代淀粉。

图 3-35　茁霉胶的化学结构

4. α-葡聚糖

α-葡聚糖（α-dextran）为右旋糖酐，它是由 α-D-吡喃葡萄糖残基通过 α-(1→6)-糖苷键连接而成的多糖。该多糖是肠膜状明串珠菌（*Leunestoc mesenteriodes*）合成的高聚体。

α-葡聚糖易溶于水，溶于水后形成清晰的黏溶液。它可作为糖果的保湿剂，能保持糖果和面包中的水分；糖浆中添加 α-葡聚糖，可以增加其黏度；在口香糖和软糖中作胶凝剂，防止糖结晶出现；在冰淇淋中能抑制冰晶的形成；作为新鲜和冷冻食品的涂料；在布丁混合物中能提供适宜的黏性和口感。

检查与拓展 3

二维码 3-3

○ 单糖分子通过什么键连接成多糖？

○ 直链淀粉和直链淀粉遇碘发生的变化。

第五节　糖类在食品加工和贮藏中的变化

食品中糖类化合物含量高、种类多、物性复杂多样，大多数食品的加工工艺都与糖类化合物的特性有关。糖类化合物与蛋白质或胺之间可进行美拉德反应，直接加热可进行焦糖化反应，这二者都是非酶褐变的重要反应。在某些食品加工贮藏过程中，糖类化合物也会发生相应的脱水、热降解和水解等反应。

一、美拉德反应

美拉德反应（Maillard reaction）又称为羰氨反应，即指羰基与氨基经缩合、聚合生成类黑色素的反应。由于该反应最早是由法国化学家美拉德（L. C. Maillard）于 1912 年发现的，故称为美拉德反应。美拉德反应的产物是棕色缩合物，所以该反应也称为褐变反应。这种褐变反应不是由酶引起的，所以属于非酶褐变。几乎所有的食品均含有羰基（来源于糖或油脂氧化酸败产生的醛和酮）和氨基（来源于蛋白质），因此都可能发生羰氨反应，故在食品加工中由羰氨反应引起食品颜色加深的现象比较普遍。如焙烤面包产生的金黄色、烤肉产生的棕红色、熏干产生的棕褐色、松花皮蛋蛋清的茶褐色、啤酒的黄褐色、酱油和陈醋的黑褐色等均与其有关。

（一）美拉德反应的反应机理

美拉德反应过程可分为初期、中期、末期 3 个阶段，每一个阶段又包括若干个反应。

1. 初期阶段

初期阶段包括羰氨缩合和分子重排两种作用。

（1）羰氨缩合　羰氨反应的第一步是氨基化合物的游离氨基与羰基化合物的游离羰基之间的缩合反应，最初产物是一个不稳定的亚胺衍生物，称为席夫碱（Schiff's base），此产物随即环化为 *N*-葡萄糖基胺。

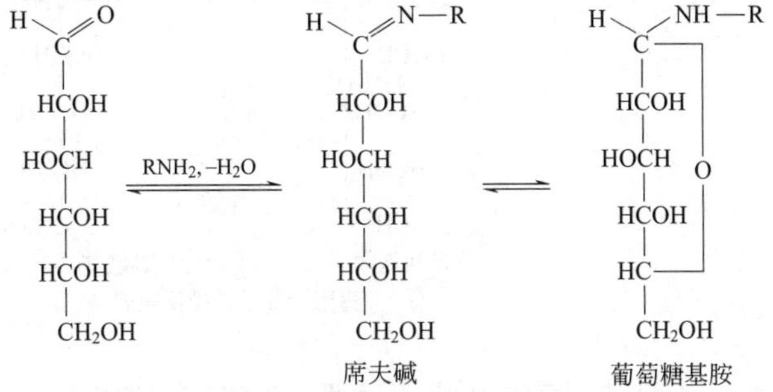

$RNH_2, -H_2O$

席夫碱　葡萄糖基胺

羧氨缩合反应式

羰氨缩合是可逆的，在稀酸条件下该反应产物极易水解。羰氨缩合反应过程中，由于游离氨基逐渐减少，反应体系中的 pH 值下降，所以在碱性条件下有利于羰氨反应的进行。

在反应体系中，如果有亚硫酸根存在，亚硫酸根可以与醛形成加成化合物，这个产物能和 RNH_2 缩合，但缩合产物不能进一步生成席夫碱和 *N*-葡萄糖基胺，因此，亚硫酸根可以抑制羰氨反应褐变。

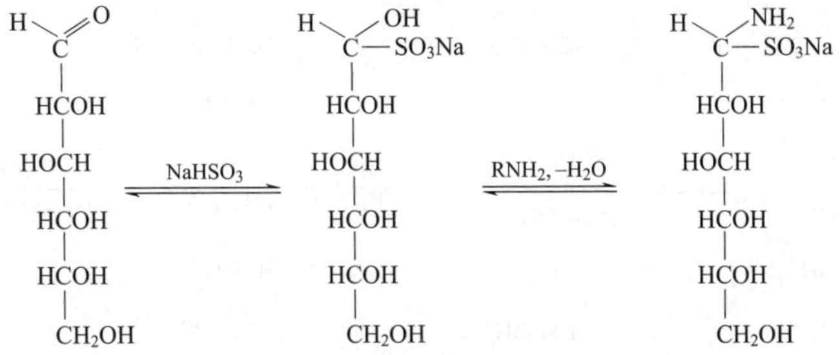

$NaHSO_3$　$RNH_2, -H_2O$

亚硫酸根与醛的加成反应式

（2）分子重排　*N*-葡萄糖基胺在酸的催化下经过阿姆德瑞（Amadori）分子重排，生成氨基脱氧酮即单果糖胺。此外，酮糖也可与氨基化合物生成酮糖基胺，而酮糖基胺可经过海因斯（Heyenes）分子重排作用异构成 2-氨基-2-脱氧葡萄糖。

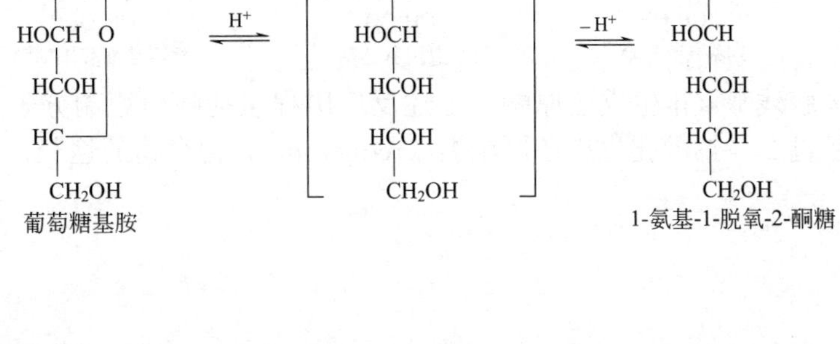

H^+　$-H^+$

葡萄糖基胺　1-氨基-1-脱氧-2-酮糖

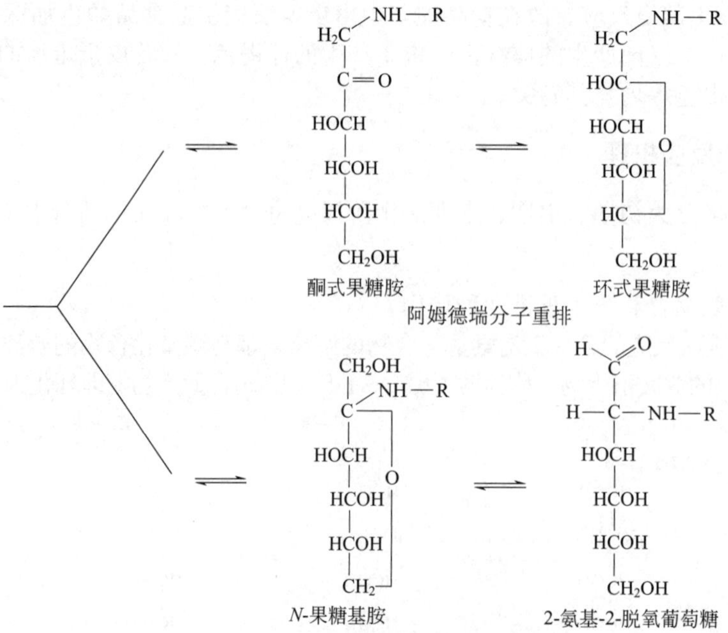

酮式果糖胺　　环式果糖胺

阿姆德瑞分子重排

N-果糖基胺　　2-氨基-2-脱氧葡萄糖

海因斯分子重排反应式

2. 中期阶段

重排产物1-氨基-1-脱氧-2-己酮糖（果糖基胺）的进一步降解可能有不止一条途径。

（1）果糖基胺脱水生成羟甲基糠醛（hydroxymethylfurfural，HMF）　这一过程的总结果是脱去一个胺残基（RNH_2）和糖衍生物逐步脱水。其中含氮基团并不一定被消去，它可以保留在分子上，这时的最终产物就不是HMF，而是HMF的席夫碱。HMF的积累与褐变速率有密切的相关性，HMF积累后不久就可发生褐变，因此用分光光度计测定HMF积累情况可作为预测褐变速率的指标。

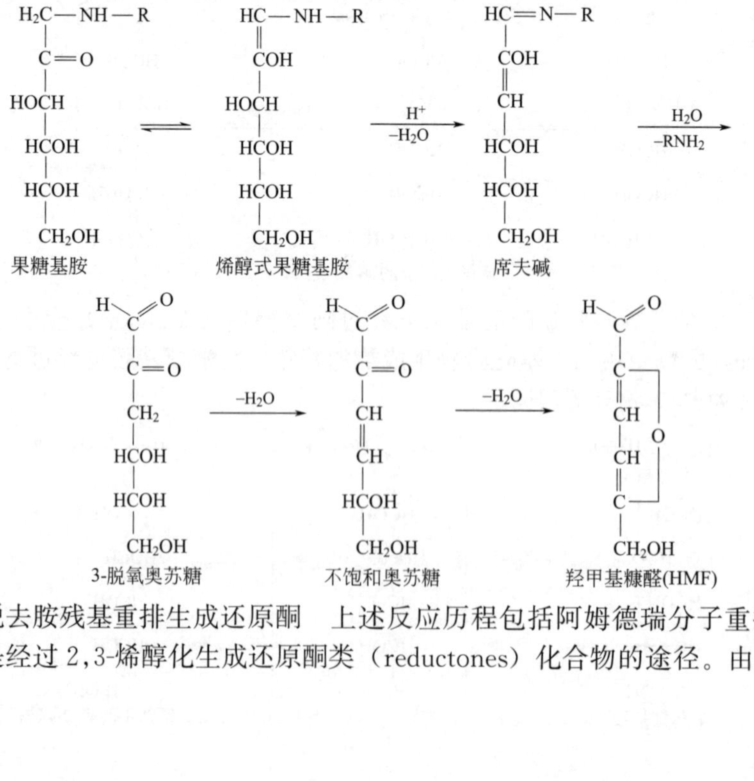

果糖基胺 ⇌ 烯醇式果糖基胺 $\xrightarrow[-H_2O]{H^+}$ 席夫碱 $\xrightarrow[-RNH_2]{H_2O}$

3-脱氧奥苏糖 $\xrightarrow{-H_2O}$ 不饱和奥苏糖 $\xrightarrow{-H_2O}$ 羟甲基糠醛(HMF)

（2）果糖基胺脱去胺残基重排生成还原酮　上述反应历程包括阿姆德瑞分子重排的1,2-烯醇化作用。此外还有一条是经过2,3-烯醇化生成还原酮类（reductones）化合物的途径。由果糖基胺生成还原酮的历程如下：

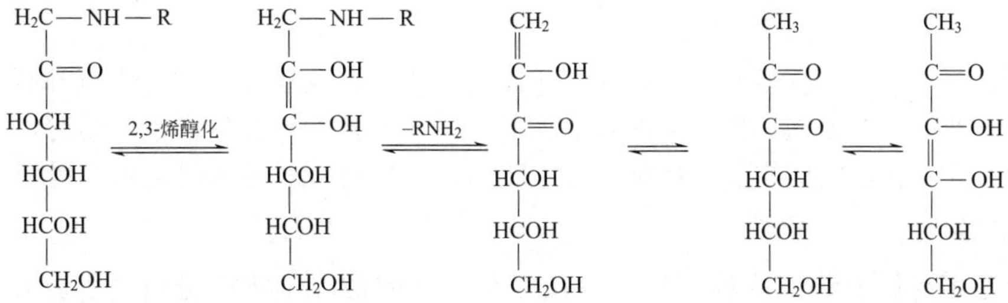

$$\mathrm{H_2C{-}NH{-}R,\ C{=}O,\ HOCH,\ HCOH,\ HCOH,\ CH_2OH} \xrightleftharpoons{2,3\text{-烯醇化}} \mathrm{H_2C{-}NH{-}R,\ C{-}OH{=}C{-}OH,\ HCOH,\ HCOH,\ CH_2OH} \xrightleftharpoons{-\mathrm{RNH_2}} \mathrm{CH_2{=}C{-}OH,\ C{=}O,\ HCOH,\ HCOH,\ CH_2OH} \rightleftharpoons \mathrm{CH_3,\ C{=}O,\ C{=}O,\ HCOH,\ HCOH,\ CH_2OH} \rightleftharpoons \mathrm{CH_3,\ C{=}O,\ C{-}OH{=}C{-}OH,\ HCOH,\ CH_2OH}$$

还原酮类是化学性质比较活泼的中间产物，它可能进一步脱水后再与胺类缩合，也可能裂解成较小的分子如二乙酰、乙酸、丙酮酸。

（3）氨基酸与二羰基化合物的作用　在二羰基化合物存在下，氨基酸可发生脱羧、脱氨作用，成为少一个碳的醛，氨基则转移给二羰基化合物，这一反应称为斯特勒克（Strecker）降解反应。二羰基化合物接受氨基，进一步形成褐色色素。美拉德发现在褐变反应中有二氧化碳放出，食品在贮存过程中会自发放出二氧化碳的现象也早有报道。同位素示踪法已证明，在羰氨反应中产生的二氧化碳 90%～100%来自氨基酸残基，而不是来自糖残基部分。所以斯特勒克反应在褐变反应体系中即使不是唯一的，也是主要的二氧化碳的来源。

3. 末期阶段

羰氨反应的末期阶段包括两类反应。

（1）醇醛缩合　醇醛缩合是两分子醛的自相缩合反应，并进一步脱水生成不饱和醛的过程。

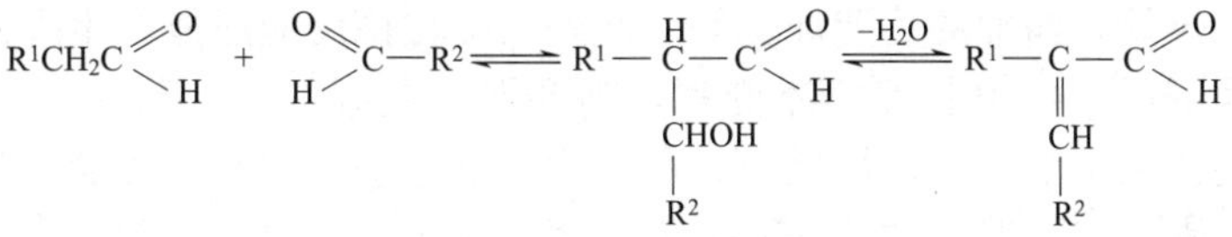

$$\mathrm{R^1CH_2CHO} + \mathrm{OHC{-}R^2} \rightleftharpoons \mathrm{R^1{-}CH(CHO){-}CHOH{-}R^2} \xrightleftharpoons{-\mathrm{H_2O}} \mathrm{R^1{-}C(CHO){=}CH{-}R^2}$$

（2）生成黑色素的聚合反应　该反应是经过中期反应后，产物中有糠醛及其衍生物、二羰基化合物、还原酮类、由斯特勒克降解和糖的裂解产生的醛等，这些产物进一步缩合、聚合，形成复杂的高分子化学色素。

（二）影响美拉德反应的因素

美拉德反应的机制十分复杂，不仅与参与的糖类等羰基化合物及氨基酸等氨基化合物的种类有关，同时还受到温度、氧气、水分及金属离子等环境因素影响。控制这些因素可以促进或抑制褐变，这对食品加工具有实际意义。

1. 羰基化合物

褐变速率最快的是像 2-己烯醛［$CH_3(CH_2)_2CH{=}CHCHO$］之类的 α,β-不饱和醛，其次是 α-双羰基化合物，酮的褐变速率最慢。像抗坏血酸那样的还原酮类有烯二醇结构，具有较强的还原能力，而且在空气中也易被氧化成为 α-双羰基化合物，故易褐变。

还原糖的美拉德反应速率，五碳糖中：核糖＞阿拉伯糖＞木糖；六碳糖中：半乳糖＞甘露糖＞葡萄糖。并且五碳糖的褐变速率大约是六碳糖的 10 倍。至于还原性双糖类如蔗糖，因其分子比较大，反应比较缓慢。

2. 氨基化合物

一般来说，氨基酸、肽类、蛋白质、胺类均与褐变有关。胺类比氨基酸褐变速率快；就氨基酸来说，碱性氨基酸褐变速率快，氨基酸在 ε 位或在末端者比在 α 位的易褐变；蛋白质的褐变速率则十分缓慢。

3. pH值

美拉德反应在酸、碱环境中均可发生，但在pH值3以上其反应速率随pH值升高而加快，所以降低pH值是控制褐变的较好方法。例如高酸食品像泡菜就不易褐变；在生产干蛋粉时，在蛋粉干燥前加酸降低pH值，而在蛋粉复溶时再加碳酸钠恢复pH值，这样可有效地抑制蛋粉的褐变。

4. 反应物浓度

美拉德反应速率与反应物浓度成正比，但在完全干燥的情况下难以进行。水分在10%～15%时，褐变易进行。此外，褐变与脂肪也有关，当水分含量超过5%时脂肪氧化加快，褐变也加快。

5. 温度

美拉德反应受温度影响很大，温度相差10℃，褐变速率相差3～5倍。一般在30℃以上褐变速率较快，而在20℃以下则进行较慢。例如酿造酱油时，提高发酵温度，酱油颜色也加深，温度每提高5℃，着色度提高35.6%，这是由于发酵中氨基酸与糖发生的羰氨反应随温度升高而加快。至于不需要褐变的食品，在加工处理时应尽量避量高温长时间处理，而且贮存时以低温为宜，如将食品放置于10℃以下冷藏就可以较好地防止褐变。

6. 金属离子

铁和铜催化剂还原酮类的氧化，所以促进褐变，Fe^{3+}比Fe^{2+}更为有效，故在食品加工处理过程中避免这些金属离子混入是必要的，而Na^{+}对褐变没有什么影响。

对于许多食品，为了增加色泽和香味，在加工处理时利用适当的褐变反应是十分必要的，如茶叶的制作，可可豆、咖啡的烘焙，酱油的后期加热等。此外，美拉德反应还能产生牛奶巧克力的风味。然而对于某些食品，由于褐变反应可引起其色泽变劣，则要严格控制，如乳制品、植物蛋白饮料的高温灭菌。如果不希望在食品体系中发生美拉德反应，可采用如下方法：将水分含量降到很低；如果是液体食品则可稀释、降低pH值、降低温度或除去一种作用物。一般除去糖可减少褐变，例如在加工干蛋白时，在干燥前加入D-葡萄糖氧化酶氧化D-葡萄糖，以减少褐变。亚硫酸盐或酸式亚硫酸盐可以抑制美拉德反应。现已证明，亚硫酸氢钠能抑制葡萄糖转变为5-羟甲基糠醛，从而抑制褐变的发生。钙可同氨基酸结合生成不溶性化合物而抑制褐变，这在土豆等食品的加工中已经得到成功的应用。

美拉德反应不利的一面是还原糖同蛋白质的部分链段相互作用会导致部分氨基酸的损失，特别是必需氨基酸L-赖氨酸所受的影响最大。赖氨酸含有ε-氨基，即使存在于蛋白质中也能参与美拉德反应；在精氨酸和组氨酸的侧链中也都含有参与美拉德反应的含氮基团。因此，从营养学的角度出发，美拉德褐变会造成氨基酸等营养成分的损失。

二、焦糖化反应

糖类尤其是单糖在没有氨基化合物存在的情况下，加热到熔点以上的高温（一般是140～170℃），因糖发生脱水与降解，也会发生褐变反应，这种反应称为焦糖化反应，又称为卡拉蜜尔作用（caramelization）。焦糖化反应在酸、碱条件下均可以发生，但速率不同，如在pH值8时要比在pH值5.9时快10倍。糖在强热的情况下生成两类物质：一类是糖的脱水产物，即焦糖或酱色（caramel）；另一类是裂解产物，即一些挥发性醛、酮类物质，它们进一步缩合、聚合，最终形成深色物质。因此，焦糖化反应包括两方面产生的深色物质。

1. 焦糖的形成

糖类在无水的情况下加热，或者在高浓度时用稀酸处理，可发生焦糖化反应，由葡萄糖可生成右旋光性的葡萄糖酐（1,2-脱水-α-D-葡萄糖）和左旋光性的葡萄糖酐（1,6-脱水-β-D-葡萄糖），前者的比旋光度为+69°，后者的为−67°。酵母菌只能发酵前者，两者很容易区别。在同样条件下果糖可形成糖酐

（2,3-脱水-β-D-呋喃糖）。

由蔗糖形成焦糖（酱色）的过程可分为 3 个阶段。

开始阶段，蔗糖熔融，继续加热，当温度达到约 200℃时，经过 35min 的起泡（foaming），蔗糖同时发生水解和脱水两种反应，并迅速进行脱水产物的二聚合作用（dimerization）。产物是失去 1 分子水的蔗糖，叫做异蔗糖酐（isosaccharosan），无甜味而具有温和的苦味。这是蔗糖焦糖化的初始反应。

生成异蔗糖酐后，起泡暂时停止。而后又发生二次起泡现象，这就是形成焦糖的第二阶段，持续时间比第一阶段长，约 55min，在此期间失水量超过 9%。形成的产物为焦糖酐（caramelan），平均分子式为 $C_{24}H_{36}O_{18}$。

$$2C_{12}H_{22}O_{11} - 4H_2O \longrightarrow C_{24}H_{36}O_{18}$$

焦糖酐的熔点为 138℃，可溶于水及乙醇，味苦。中间起泡 55min 后进入第三阶段，进一步脱水形成焦糖烯（caramelen）。

$$3C_{12}H_{22}O_{11} - 8H_2O \longrightarrow C_{36}H_{50}O_{25}$$

焦糖烯的熔点为 154℃，可溶于水。若继续加热，则生成高分子量的深色物质，称为焦糖素（caramelin），分子式为 $C_{125}H_{188}O_{80}$。这些复杂色素的结构目前还不清楚，但具有下列官能团：羰基、羧基、羟基和酚基。总反应式如图 3-36 所示。

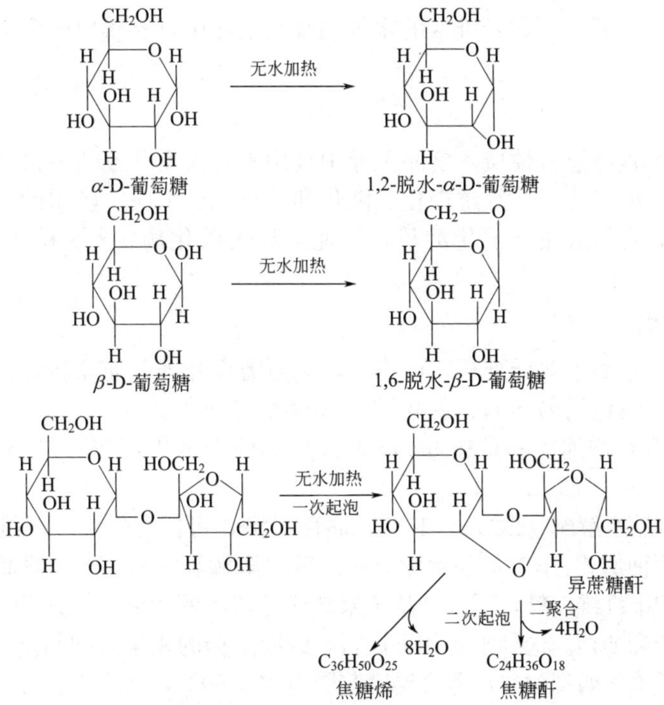

α-D-葡萄糖 —无水加热→ 1,2-脱水-α-D-葡萄糖

β-D-葡萄糖 —无水加热→ 1,6-脱水-β-D-葡萄糖

蔗糖 —无水加热 一次起泡→ 异蔗糖酐

异蔗糖酐 —二次起泡，二聚合，$-4H_2O$→ $C_{24}H_{36}O_{18}$ 焦糖酐

异蔗糖酐 —$-8H_2O$→ $C_{36}H_{50}O_{25}$ 焦糖烯

图 3-36 焦糖化反应

焦糖是一种胶态的物质，等电点在 pH 值 3.0～6.9 之间，甚至低于 pH 值 3，因制造方法不同而异。焦糖的等电点在食品制造中有重要的意义。例如，在一种 pH 值为 4～5 的饮料中使用等电点 pH 值为 4.6 的焦糖，就会发生凝絮、浑浊，乃至出现沉淀。

磷酸盐、无机酸、碱、柠檬酸、延胡索酸、酒石酸、苹果酸对焦糖的形成有催化作用。

2. 糖醛和其他醛的形成

糖在强热下的另一类变化是裂解脱水等，形成一些醛类物质，由于其性质活泼，故被称为活性醛。如单糖在酸性条件下加热，主要进行脱水，形成糠醛或糠醛衍生物，它们经聚合或与胺类反应可生成深色的色素。单糖在碱性条件下加热，首先发生互变异构作用，生成烯醇糖，然后断裂生成甲醛、五碳糖、乙醇醛、四碳糖、甘油醛、丙酮醛等，这些醛类经过复杂的缩合、聚合反应或发生羰氨反应生成黑褐色的物质。

各种单糖因熔点不同，其反应速率也不一样。葡萄糖的熔点为146℃，果糖的熔点为95℃，麦芽糖的熔点为103℃，由此可见果糖引起焦糖反应最快。与美拉德反应类似，对于某些食品如焙烤、油烤食品，焦糖化作用相当，可使产品得到悦人的色泽与风味。作为食品色素的焦糖色，也是利用此反应得来的。

蔗糖通常用于制造焦糖色素和风味物质，催化剂可以加速此反应并使反应产物具有不同类型的焦糖色素。有3种商品化的焦糖色素：第一种是由亚硫酸氢铵催化产生的耐酸焦糖色素，应用于可乐饮料、其他酸性饮料、烘焙食品、糖浆、糖果以及调味料中，这种色素的溶液是酸性的（pH值2～4.5），含有带负电荷的胶体粒子，酸性盐催化蔗糖糖苷键裂解，铵离子参与阿姆德瑞重排；第二种是将糖与铵盐加热，产生棕色并含有带正电荷的胶体粒子的焦糖色素，其水溶液的pH值为4.2～4.8，用于烘焙食品、糖浆以及布丁等；第三种是单由蔗糖直接热解产生红棕色并含有略带负电荷的胶体粒子的焦糖色素，其水溶液的pH值3～4，应用于啤酒和其他含醇饮料。焦糖色素是一种结构不明确的大聚合物分子，这些聚合物形成胶体分子，形成胶体粒子的速率随温度和pH值增加而增加。

三、多糖的水解

多糖如淀粉、果胶、半纤维素和纤维素的水解在食品工业中具有重要的意义。水解主要在酶、酸和碱的条件下进行。

1. 酶促淀粉的水解

为了生产糖浆和改善食品感官性质，食品工业中利用来自大麦芽或微生物的淀粉酶将淀粉水解。酶解在工业上称为酶糖化。酶糖化工厂经过糊化、液化和糖化三道工序。应用的酶主要为α-淀粉酶、β-淀粉酶和葡萄糖淀粉酶。α-淀粉酶用于液化淀粉，工业上称为液化酶；β-淀粉酶和葡萄糖淀粉酶用于糖化，又称为糖化酶。

2. 酶促纤维素的水解

食品工业中利用纤维素酶水解纤维素，可将它转化为膳食纤维和葡萄糖浆，也可在果汁生产中提高榨汁率和澄清度。纤维素酶包括内切酶、外切酶和β-葡萄糖苷酶。对于纤维素酶催化的水解，底物对酶的敏感度可通过两个因素增加：一是在0.5mol/L NaOH溶液中浸胀；二是首先在浓磷酸溶液中溶解，然后在稀溶液中析出。

内切酶即β-1,4-葡聚糖水解酶（EC 3.2.1.4），简称C酶，可任意作用于纤维素酶的糖苷键而将纤维素水解断裂。外切酶有两种形式：β-1,4-葡聚糖纤维二糖水解酶和β-1,4-葡聚糖葡萄糖水解酶。前者从纤维素非还原性末端逐一切下纤维二糖，后者也从该末端逐一切下葡萄糖。β-葡萄糖苷酶可进一步地把产生的纤维二糖水解为两分子葡萄糖。这种水解如不进行，纤维二糖的积累会抑制β-1,4-葡聚糖纤维二糖水解酶的活性。不同来源的纤维素酶都耐热，适宜温度范围为30～60℃，适宜pH值一般为4.5～6.5。

3. 酶促半纤维素的水解

半纤维素酶包括L-阿拉伯聚糖酶、D-半乳聚糖酶、D-半甘露聚糖酶和聚木糖酶。由于这些酶混在一起，半纤维素酶促水解产物为：半乳糖、木糖、阿拉伯糖、甘露糖、糖醛酸以及一些低聚糖。

4. 酶促果胶的水解

内源性果胶酶物质的水解以及商品果胶酶促果胶的水解都是食品中重要的变化，前者造成植物质地的软化，后者用于水果榨汁和澄清。

5. 多糖在酸和碱催化作用下的水解

糖苷键在酸性介质中易于裂解，在碱性介质中一般是相当稳定的。一般认为糖苷的酸水解是遵循图

3-37 所示的机制，其中失去 ROH 与产生共振稳定的正碳离子是反应速率的决定步骤，酸在这里只起到催化作用。

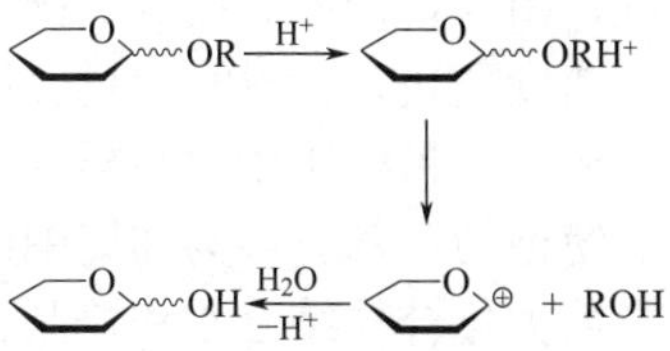

酸水解多糖技术在食品工业中最广泛应用于食品贮藏与加工中，人们也经常注意到酸水解引起植物质地的变化。随着湿度的提高，酸催化的糖苷键水解速率大大增加，这是因为其他因素对糖苷水解的影响有如下规律：①α-D-糖苷键比 β-糖苷键对水解更敏感；②不同位点糖苷键的水解难易顺序为（1→6）>（1→4）>（1→3）>（1→2）；③吡喃环式糖比呋喃环式糖更难水解；④多糖的结晶区比无定形区更难水解。

图 3-37 烷基吡喃糖苷的酸催化水解机制

上述关于碳水化合物中糖苷键水解的规律对于中性糖来说都可在实验中得到证实。但对于酸性糖和碱性糖，则可能出现例外。一个重要的例外是果胶在碱性条件下可发生水解。甚至在 pH 中性条件下加热也可发生类似的水解。这种碱催化的水解称为转消性水解，其机理和产物如图 3-38 所示。

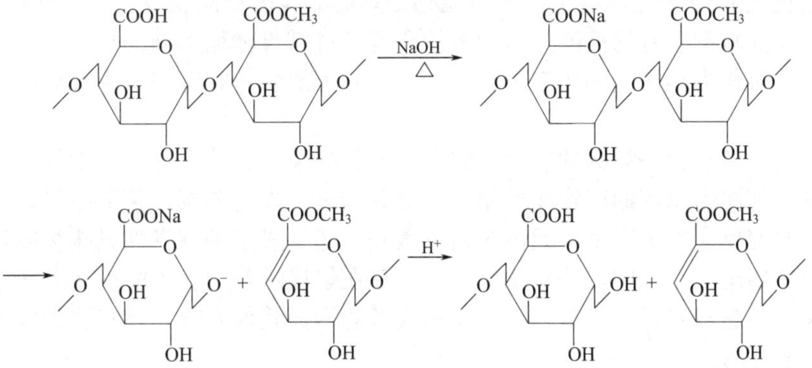

图 3-38 多糖的转消性水解

果品加工中碱液有利于去皮，商品果胶要求在 pH 值 3.5 左右贮存，以及在果酱、果脯和果冻加工中，就利用了果胶在酸热条件下并不严重水解、在弱酸下最稳定以及高浓度糖可保护它的性质。

四、食品中糖类化合物的功能与作用

（一）亲水功能

糖类化合物对水的亲和力是其基本的物理性质之一。这类化合物有许多亲水性羟基，羟基靠氢键键合与水分子相互作用，使糖及其聚合物发生溶剂化或者增溶。糖类化合物对水的结合速度和结合量有极大的影响（表 3-14）。

表 3-14 糖吸收潮湿空气中水分的量

糖	不同相对湿度(RH)和时间吸收水的量/%		
	60%,1h	60%,9d	100%,25d
D-葡萄糖	0.07	0.07	14.50
D-果糖	0.28	0.63	73.40
蔗糖	0.04	0.03	18.40
无水麦芽糖	0.80	7.00	18.40
无水乳糖	0.54	1.20	1.40

虽然 D-果糖和 D-葡萄糖的羟基数目相同，但 D-果糖的吸湿性比 D-葡萄糖要大得多。在 100%相对湿度环境中，蔗糖和麦芽糖的吸收水量相同，而乳糖所能结合的水则很少。实际上，结晶好的糖完全不

吸湿，因为它们的大多数氢键键合位点已经形成了糖-糖氢键。不纯的糖或糖浆一般比纯糖吸收水分更多、速度更快，“杂质”是糖的异头物时也可明显产生吸湿现象；有少量低聚糖存在时吸湿更为明显，如饴糖、淀粉糖浆中存在异麦芽低聚糖。“杂质”可干扰糖-糖间的作用力，主要是妨碍糖分子间形成氢键，使糖的羟基更容易和周围的水分子发生氢键键合。

糖类化合物结合水和控制食品中水的活性是最重要的功能之一，结合水的能力通常称为“保湿性”。根据这些性质可以确定不同种类食品需要限制从外界吸入水分或者是控制食品中水分的损失，如生产糖霜粉时需添加不易吸收水分的糖，生产蜜饯、焙烤食品时需要添加吸湿性较强的淀粉糖浆、转化糖、糖醇等。

（二）风味前体功能

低分子量的糖类化合物的甜味是最容易辨别和令人喜爱的性质之一。蜂蜜和大多数果实的甜味主要取决于蔗糖、D-果糖或D-葡萄糖的含量。人所能感受到的甜味因糖的组成、构型和物理形态而异。

糖醇可作为食品甜味剂。有的糖醇如木糖醇的甜度超过其母体糖木糖的甜度，并具有低热量或不致龋齿等优点。此外，可作为甜味剂的还有山梨糖醇、赤藓糖醇、甘露糖醇、麦芽糖醇、乳糖醇、异麦芽糖醇等。

自然界中还存在少量有较高甜味的糖苷，如甜菊苷、甜菊双糖苷、甘草甜素等。一些多糖水解后的产物可作为甜味剂，如淀粉水解的产物淀粉糖浆、麦芽糖浆、果葡糖浆、葡萄糖等。

一些糖的非酶褐变反应除了产生深颜色黑精色素外，还生成多种挥发性风味物质，这些挥发性物质有些是需宜的，有些则是非需宜的，例如花生、咖啡豆在焙烤过程中产生的褐变风味。这些褐变产物除了使食品产生风味外，它本身可能具有特殊的风味或者能增强其他风味，具有这种双重作用的焦糖化产物是麦芽酚和乙基麦芽酚。

糖的热分解产物有吡喃酮、呋喃、呋喃酮、内酯、羰基化合物、酸和酯类等。这些化合物总的风味和香气特征使某些食品产生特有的香味。美拉德反应也可以形成挥发性香味剂，这些化合物主要是吡啶、吡嗪和吡咯等。但当产生的挥发性和刺激性产物超过一定范围时，也会使人产生厌恶感。

（三）风味结合功能

很多食品，特别是喷雾或冷冻干燥脱水的食品，糖类化合物在这些脱水过程中对于保持食品的色泽和挥发性风味成分起重要的作用，它可以使糖-水相互作用转变成糖-风味剂相互作用。

食品中的双糖比单糖更有效地保留挥发性风味成分，这些风味成分包括多种羰基化合物（醛或酮）和羧酸衍生物（主要是酯类）。分子量较大的低聚糖是有效的风味结合剂，沙丁格糊精能形成包合结构，所以能有效地截留风味剂和其他小分子化合物。大分子量糖类化合物是一类很好的风味固定剂，应用最普遍和最广泛的是阿拉伯树胶。阿拉伯树胶在风味物颗粒的周围形成一层薄膜，从而可以防止水分的吸收、蒸发和化学氧化造成的损失。阿拉伯树胶和明胶还用作柠檬、甜橙和可乐等乳浊液的风味乳化剂。

（四）增稠、胶凝和稳定作用

1. 多糖溶液的增稠与稳定作用

多糖（亲水胶体或胶）主要具有增稠和胶凝的功能，此外还能控制液体食品与饮料的流动性质与质构以及改变食品的变形性等。在食品生产中，一般使用0.25%～0.5%的胶即能产生极大的黏度，甚至形成凝胶。

高聚物溶液的黏度同分子的大小、形状及其在溶液中的构象有关。在食品和饮料中，多糖的溶液是含有其他溶质的水溶液。一般多糖分子在溶液中呈无序的无规则线团状态，但是大多数多糖的状态与严格的无规则线团存在偏差，它们形成紧密的线团；线团的性质同单糖的组成与连接有关，有些是紧密的，有些是松散的。

溶液中线型高聚物分子旋转时占很大的空间，分子间彼此碰撞频率高，产生摩擦，因而具有很高的黏度。线型高聚物溶液黏度很高，甚至当浓度很低时其溶液的黏度仍很高。黏度同高聚物的分子量大小、溶液化高聚物链的开关及柔顺性有关。高度支链的多糖分子比具有相同分子量的直链的多糖分子占有的体积小得多，因而相互碰撞频率也低，溶液的黏度也比较低。

对于带一种电荷的直链多糖（一般是带负电荷，它由羧基或硫酸半酯基电离而得），由于同种电荷相互排斥，溶液的黏度大大提高。一般情况下，一带电荷的直链均匀多糖分子倾向于缔合和形成部分结晶，这是因为不带电的直链多糖分子通过加热溶于水形成不稳定的分子分散体系，它会非常快地出现沉淀或胶凝。此过程的主要机理是不带电的多糖分子链段相互碰撞形成分子间键，因而分子间产生缔合，在重力作用下产生沉淀或形成部分结晶。

亲水胶体溶液的流动性质同水合分子的大小、形状、柔顺性、所带电荷的多少有关。多糖溶液一般具有两类流动性质：一类是假塑性，一类是触变性。假塑性流体是剪切稀释，随剪切速率增高黏度快速下降；流动越快则黏度越小，流动速率随外力增加而增加；黏度变化与时间无关。线型高聚物分子溶液一般是假塑性的。一般来说，分子量越高的胶，假塑性越大。假塑性大的称为“短流”，其口感是不黏的；假塑性小的称为“长流”，其口感是黏稠的。触变性也是剪切变稀，随流动速率增加黏度降低不是瞬时发生的，但在恒定的剪切速度下黏度降低与时间有关，剪切停止后需要一定的时间才能恢复到原有的黏度。触变性溶液在静止时显示出弱凝胶结构。

2. 多糖的胶凝作用

在许多食品中，一些共聚物分子（多糖或蛋白质）能形成海绵状的三维网状凝胶结构。连续的三维网状结构是由高聚物分子通过氢键、疏水相互作用力、范德瓦尔斯力、离子键、缠结或共价键形成联结区，网孔中充满了液相，液相是由低分子量溶质和部分高聚物组成的水溶液。

凝胶具有二重性，既具有固体性质，也具有液体性质。海绵状三维网状凝胶结构是具有黏弹性的半固体，显示部分弹性和部分黏性。虽然多糖凝胶只含有1%高聚物、含有99%水分，但能形成很强的凝胶，如甜食凝胶、果冻等。

五、膳食纤维

1972年，H. C. Trowell首次引入“膳食纤维”（dietary fiber）这个词，并将其定义为“食物中那些不被人体消化吸收的植物成分”。1976年Trowell重新给膳食纤维下了定义，即“将那些不被人体消化吸收的多糖类碳水化合物与木质素统称为膳食纤维”。2001年美国化学家协会对膳食纤维的最新定义为：膳食纤维是指能抗人体小肠消化吸收而在人体大肠能部分或全部发酵的可食用的植物性成分、碳水化合物及其相类似物质的总和，包括多糖、寡糖、木质素以及相关的植物物质。膳食纤维的化学组成主要包括三大部分：①纤维状碳水化合物——纤维素；②基料碳水化合物——果胶、果类化合物和半纤维素；③填充类化合物——木质素。

从具体组成成分来看，膳食纤维包括阿拉伯半乳聚糖、阿拉伯聚糖、半乳聚糖、半乳聚糖醛酸、阿拉伯木聚糖、木糖葡聚糖、糖蛋白、纤维素和木质素等。各种不同来源的膳食纤维制品，其化学成分的组成与含量各不相同。

已知水溶性β-葡聚糖是膳食纤维中一种天然化合物，在燕麦和大麦中含量较高。燕麦中的β-葡聚糖70%以上以β-(1→4)-糖苷键连接，约30%为β-(1→3)-糖苷键连接。(1→3)-糖苷键可以单独存在，也可被2～3个（1→4)-糖苷键分开，通常称这种（1→4,1→3)-β-葡聚糖为混合连接葡聚糖。

一般来说，膳食纤维可按溶解性分为水溶性膳食纤维（SDF）和水不溶性膳食纤维（IDF）两大类；按来源又可分为大豆膳食纤维、玉米膳食纤维、麦麸膳食纤维等。可溶性膳食纤维能溶于水，并在水中形成凝胶，主要存在于水果、燕麦、豆类、海藻类和某些蔬菜中，包括果胶等亲水胶体物质和部分半纤维素；非可溶性膳食纤维主要存在于全谷物制品如麦糠、蔬菜和坚果中，包括纤维素、木质素和部分半纤维素。可溶性膳食纤维主要功能是可减少血液中的胆固醇水平，调节血糖水平，从而降低心脏病的危险，改善糖尿病，有助于心血管健康；非可溶性膳食纤维主要功能是膨胀，可以调节肠的功能，防止便秘，保持大肠健康。

膳食纤维的物化特征主要为：具有很高的持水力；对阳离子有结合和交换能力；对有机化合物有吸附螯合作用；具有类似填充剂的容积；可改善肠道系统中微生物菌群的组成。

膳食纤维的功能：预防结肠癌与便秘；降低血清胆固醇，预防由冠状动脉硬化引起的心脏病；改善末梢神经对胰岛素的感受性，调节糖尿病人的血糖水平；改变食物消化过程，增加饱腹感；预防肥胖症、胆结石和减少乳腺癌的发生。

第六节　食品多糖加工化学

一、改性淀粉

为了适应各种使用的需要，需将天然的淀粉经化学处理或酶处理，使淀粉原有的物理性质发生一定的变化，如水溶性、黏度、色泽、味道、流动性等。这种经过处理的淀粉总称为改性淀粉（modified starch）。改性淀粉的种类很多，如可溶性淀粉、漂白淀粉、交联淀粉、氧化淀粉、酯化淀粉等。

1. 可溶性淀粉

可溶性淀粉（soluble starch）：经过轻度酸或碱处理的淀粉，其淀粉溶液在较高温度时具有良好的流动性，冷凝时能形成坚柔的凝胶。α-淀粉则是由物理处理方法生成的可溶性淀粉。

生产可溶性淀粉的方法一般是在25～35℃温度下，用盐酸或硫酸作用于40%的玉米淀粉浆，处理的时间可由黏度降低决定，约为6～24h，用纯碱或者稀NaOH中和水解混合物，再经过过滤和干燥即得到可溶性淀粉。

可溶性淀粉可用于制作胶姆糖和糖果。

2. 酯化淀粉

酯化淀粉（esterized starch）：淀粉的糖基单体含有3个游离羟基，能与酸或酸酐形成酯，取代度（degree of substitution，DS）能从0变化到最大值3。常见的有醋酸淀粉、硝酸淀粉和磷酸淀粉。

工业上用醋酸酐或乙酰氯在碱性条件下作用于淀粉乳制备淀粉醋酸酯，基本上不发生降解作用。低取代度的淀粉醋酸酯（取代度<0.2，乙酰基<5%）凝沉性弱、稳定性高，用醋酸酐和吡啶在100℃进行酯化获得。三醋酸酯含乙酰基44.8%，能溶于醋酸、氯仿和其他氯烷烃溶剂，其氯仿溶液常用于测定黏度、渗透压力、旋光度等。

利用CS_2作用于淀粉得黄原酸酯，用于除去工业废水中的铜、铬、锌和其他许多重金属离子，效果很好。为使产品不溶于水，使用高度交联淀粉为原料制备。

硝酸淀粉为工业上生产很早的淀粉酯衍生物，用于炸药。用N_2O_5在含有NaF的氯仿液中氧化淀粉能得到完全取代的硝酸淀粉，可用于测定分子量。

磷酸为3价酸，与淀粉作用生成的酯衍生物有磷酸一酯、磷酸二酯和磷酸三酯。用正磷酸钠和三聚磷酸钠（$Na_5P_3O_{10}$）进行酯化，得磷酸淀粉一酯。磷酸淀粉一酯糊具有较高的黏度、透明度、胶黏性。用具有多官能团的磷化物如三氯氧磷（$POCl_3$）进行酯化可得一酯和交联的二酯、三酯混合物。二酯和三酯称为磷酸多酯。因为淀粉分子的不同部分被羟酯键交联起来，淀粉颗粒的膨胀受到抑制，糊化困难，黏度和黏度稳定性均提高。酯化程度低的磷酸淀粉可改善某些食品的冻结-解冻性能，降低冻结-解冻过程中水分的离析。

3. 醚化淀粉

醚化淀粉（etherized starch）：淀粉糖基单体上的游离羟基可被醚化而得醚化淀粉。甲基醚化为研究淀粉结构的常用方法，用二甲硫酸和 NaOH 或 AgI 和 Ag_2O 制备醚，游离羟基被甲基取代，水解后根据所得甲基糖的结构确定淀粉分子中葡萄糖单位间联结的糖苷键。工业生产一般用前法，特别是制备低取代度的甲基醚。制备高取代度的甲基醚则需要重复甲基化操作多次。

低取代度的甲基醚具有较低的糊化温度、较高的水溶解度和较低的凝沉性。取代度为 1.0 的甲基淀粉能溶于冷水，但不溶于氯仿。随着取代度再提高，水溶解度降低，氯仿溶解度升高。

颗粒状或糊化淀粉在碱性条件下易与环氧乙烷或环氧丙烷反应，生成部分取代的羟乙基或羟丙基醚衍生物。低取代度的羟乙基淀粉具有较低的糊化温度，受热膨胀较快，糊的透明度和胶黏性较高，凝沉性较弱，干燥后形成透明、柔软的薄膜。醚键对于酸、碱、温度和氧化剂的作用都很稳定。

4. 氧化淀粉

氧化淀粉（oxidized starch）：工业上应用次氯酸钠或次氯酸处理淀粉，通过氧化反应改变淀粉的胶凝性质。这种氧化淀粉的糊黏度较低，但稳定性高，较透明，颜色较白，生成薄膜的性质好。氧化淀粉在食品加工中可形成稳定溶液，适用于作分散剂或乳化剂。高碘酸或其钠盐能氧化相邻的羟基成醛基，在研究糖类的结构中有应用。

5. 交联淀粉

交联淀粉（branched starch）：淀粉能与丙烯酸、丙烯氰、丙烯酰胺、甲基丙烯酸甲酯、丁二烯、苯乙烯和其他人工合成的高分子单体起接枝反应，生成共聚物。所得共聚物有两类高分子（天然和人工合成）的性质，依接枝百分率、接枝频率和平均分子量而定。接枝百分率为接枝高分子占共聚物的质量百分率；接枝频率为接枝链之间平均葡萄糖单位数目，由接枝百分率和共聚物平均分子量计算而得。

淀粉链上连接合成高分子（$CH_2=CHX$）支链的结构不同。其性质也有所不同。若 X=—COOH、—$CO(CH_2)_nH$、—N^+R_3Cl，所得共聚物溶于水，能用作增稠剂、吸收剂、上浆料、胶黏剂和絮凝剂等；若 X=—CN、—COOR 和苯基等，则所得共聚物不溶于水，能用于树脂和塑料。表 3-15 列出了部分玉米淀粉的性质。

表 3-15　各种玉米淀粉的性质

种类	直链淀粉/支链淀粉	糊化温度范围/℃	性质
普通淀粉	1∶3	62～72	冷却解冻稳定性不好
糯质淀粉	0∶1	63～70	不易老化
高直链淀粉	(3∶2)～(4∶1)	66～92	颗粒双折射小于普通淀粉
酸变性淀粉	可变	69～79	与未变性淀粉相比,热糊的黏性降低
羟乙基淀粉	可变	58～68($DS_{0.04}$)	增加糊的透明性,降低老化作用
磷酸淀粉一酯	可变	56～66	降低糊化温度和老化作用
交联淀粉	可变	高于未改性的淀粉,取决于交联度	峰值黏度减小,糊的稳定性增大
乙酰化淀粉	可变	55～65	糊状物透明,稳定性好

二、改性纤维素

纤维素不溶于水，对稀酸、稀碱稳定，聚合度大，化学性质稳定，可通过控制反应条件生产出多种纤维素衍生物。商品化的纤维素主要有羧甲基纤维素（carboxymethylcellulose，CMC）、甲基纤维素（MC）、乙基纤维素（EC）、甲乙基纤维素（MEC）、羟乙基纤维素（HEC）、羟丙基纤维素（HPC）、羟乙基甲基纤维素（HEMC）、羟乙基乙基纤维素（HEEC）、羟丙基甲基纤维素（HPMC）、微晶纤维素（MCC）等。纤维素衍生物常用的有羧甲基纤维素、甲基纤维素和微晶纤维素。

1. 羧甲基纤维素钠

羧甲基纤维素钠（sodium carboxylmethylcellulose，CMC-Na）：利用氢氧化钠-氯乙酸处理纤维素，就可得到CMC-Na。经过改性，分子上带上负电荷的羧甲基，因此性质变得很像亲水性多糖胶。CMC是食品界中使用最为广泛的改性纤维素，取代度为0.7～1.0时易溶于水，形成无色无味的黏液，溶液为非牛顿流体，黏度随温度升高而降低。溶液在pH值5～10时稳定，在pH值7～9时有最高的稳定性。在有2价金属离子存在的情况下，溶解度降低，形成不透明的液体分散体系，3价阳离子存在下能产生凝胶沉淀。CMC-Na水溶液的黏度也受pH值影响。当pH值为7时，黏度最大；通常pH值为4～11较合适；而pH值在3以下，则易生成游离酸沉淀，其耐盐性较差。但因其与某些蛋白质发生胶溶作用，生成稳定的复合物，从而扩展蛋白质溶液的pH值范围。此外，现已有耐酸耐盐的产品。

CMC-Na在食品工业中应用广泛。我国规定本品可用于速煮面和罐头中，最大用量为5.0g/kg；用于果汁牛乳，最大用量为1.2g/kg；用于冰棒、雪糕、冰淇淋、糕点、饼干、果冻、膨化食品，可按正常生产需要使用。

在果酱、番茄酱或乳酪中添加CMC-Na，不仅增加黏度，而且可增加固形物的含量，还可使其组织柔软细腻。在面包和蛋糕中添加CMC-Na，可增加其保水作用，防止老化。在方便面中添加CMC-Na，较易控制水分，而且可减少面条的吸油量，还可增加面条的光泽，一般用量为0.36%。在酱油中添加CMC-Na，可以调节酱油的黏度，使酱油具有滑润口感。CMC-Na对于冰淇淋的作用类似于海藻酸钠，但CMC-Na价格低廉，溶解性好，保水作用也较强，所以CMC-Na常与其他乳化剂并用，以降低成本，而且CMC-Na与海藻酸钠并用有相乘作用，通常CMC-Na与海藻酯钠混用时的用量为0.3%～0.5%，单独使用时用量为0.5%～1.0%。

2. 甲基纤维素

甲基纤维素（methylcellulose，MC）：使用氢氧化钠和一氯甲烷处理纤维素，就可得到MC，这种改性属于醚化。食用MC的取代度约1.5左右，取代度为1.69～1.92的MC在水中有最高的溶解度，而黏度主要取决于分子的链长。

MC除有一般亲水性多糖的性质外，比较突出和特异之处有3点。一是它的溶液在被加热时起初黏度下降与一般多糖相同，然后黏度很快上升并形成凝胶，凝胶冷却时又转变为溶液。这个现象是由于加热破坏了个别分子外面的水层而造成聚合物间疏水键增加的缘故。电解质（如氯化钠）和非电解质（如蔗糖或山梨醇）可降低形成凝胶的温度，也许是因为它们争夺水。二是MC本身是一种优良的乳化剂，而大多数多糖胶仅是乳化剂或稳定剂。三是MC在一般的食用多糖中有最优的成膜性。

3. 羟乙基纤维素

羟乙基纤维素（hydroxyethylcellulose，HEC）是一种水溶性纤维素醚，是用相当数量的羟乙基醚支链代替原纤维素分子中的羟基生成的产品。HEC是白色粉末状固体。不同级别的HEC产品分子量不同，黏度也不一样，可按纯度或摩尔取代度（MS）分为若干等级。所有出售的不同级别的HEC产品均溶于热水和冷水，并形成完全溶解的透明、无色溶液。这种溶液可以冷冻后融化，或加热至沸腾后冷却，均不发生胶凝作用或沉淀现象。HEC溶于少数有机溶剂，具有成膜性。HEC水溶液可以与阿拉伯胶、瓜尔豆胶、黄原胶、甲基纤维素、海藻酸钠等联合使用。HEC常用作改性剂和添加剂。HEC在整个配方中一般占很小的比例，但却可以对产品性质产生明显的影响。HEC在低浓度时有增稠作用；对分散体系有稳定的作用；有良好的抗油脂性和优良的胶黏性、可渗透性等；有良好的保水力。HEC广泛应用于各种型号的乳胶漆中。

4. 微晶纤维素

利用稀酸长时间水解纤维素，纤维素中无定形区的糖苷键被打断，保留的结晶区即微晶纤维素（microcrystalline cellulose，MCC）。它不溶于酸，直径约为0.2μm。纤维素分子是由3000个β-D-吡喃葡萄糖基单位组成的直链分子，非常容易缔合，具有长的接合区。但是长而窄的分子链不能完全排成一行，结晶区的末端是纤维素链的交叉，不再是有序排列，而是随机排列。当纯木浆用酸水解时，酸穿透密度较低的无定形区，使这些区域中的分子链水解断裂。得到单个穗状的分子链具有较大的运动自由度，因而分子可以定向，使结晶长得越来越大。

已制得的两种 MCC 都是耐热和耐酸的。第一种 MCC 为粉末，是喷雾干燥产品，喷雾干燥使微晶聚集体附聚，形成多孔的类海绵状结构。微晶纤维素粉末主要用于风味载体，以及作为干酪的抗结块剂。第二种 MCC 为胶体，它能分散在水中，具有与水溶性胶相似的功能性质。为了制造 MCC 胶体，在水解后施加很大的机械能将结合较弱的微晶纤维拉开，使主要部分成为胶体颗粒大小的聚集体。为了阻止干燥期间聚集体重新结合，加入羧甲基纤维素给 MCC 提供稳定的带负电的颗粒，因此将 MCC 隔开，防止 MCC 重新缔合，有助于重新分散。

MCC 胶体主要的功能为：特别在高温加工过程中能稳定泡沫和乳状液；形成似油膏质构的凝胶；提高果胶和淀粉凝胶的耐热性；提高黏附力；替代脂肪和控制冰晶生长。MCC 所以能稳定乳状液与泡沫，是由于 MCC 吸附在界面上并加固了界面膜，因此 MCC 是低脂冰淇淋和其他冷冻甜食产品的常用配料。

检查与拓展 4

二维码 3-4

○ 单糖分子通过什么键连接成多糖?

○ 直链淀粉和支链淀粉遇碘发生的变化。

参考文献

[1] 王璋，许时婴，汤坚. 食品化学. 北京：中国轻工业出版社，1999.

[2] 阚建全. 食品化学. 2 版. 北京：中国农业大学出版社，2008.

[3] 汪东风. 高级食品化学. 北京：化学工业出版社，2009.

[4] 夏延斌. 食品化学. 北京：中国农业出版社，2004.

[5] 谢笔钧. 食品化学. 2 版. 北京：科学出版社，2004.

[6] Fennema OR. Food Chemistry. 3rd ed. New York：Marcel Dekker Inc，1996.

思考与练习

二维码 3-5

1. 阐述单糖的结构和理化性质。
2. 简述淀粉糊化老化的机理及其影响因素，以及如何预防淀粉老化。
3. 简述焦糖化反应的概念及其作用。
4. 简述膳食纤维及其生理活性。
5. 比较单糖和多糖在性质上的异同点。
6. 简述多糖的结构与功能的关系。

第四章　脂类

视频 4-1
知识点讲解

兴趣引导

脂类是食品的重要组成成分，它们在食品中扮演着重要角色。油脂是一类能量物质，同时是其他脂溶性食品成分的载体。它们可作为食品加工的传热介质，并赋予期望的食品质地、风味和口感。脂类的物理及化学稳定性对含脂食品的质量至关重要。巧克力起霜会造成产品的质量缺陷，油脂过度氧化则带来产品异味甚至食品安全问题。请同学们开始本章学习之前，思考以下 3 个小问题：

○ 火锅中的牛油用筷子捞起来后为什么容易凝固?

○ 初榨橄榄油在锅中加热容易冒烟，它为何无法像大豆油那样用来炒菜?

○ 人造奶油与奶油在口感上存在一定差距，二者在组成结构上有什么区别?

二维码 4-1

为什么学习本章内容?

- ○ 为什么要学习“脂类”？
- ○ 脂类的化学本质是什么？一般食品中都含有脂类成分，脂类在食品中有什么作用?
- ○ 如何评价油脂的氧化程度和油脂稳定性?

学习目标

- ○ 了解脂类的分类和基本结构。
- ○ 了解油脂的晶体结构及油脂的同质多晶现象。
- ○ 熟知油脂的精炼、氢化、酯交换等改性方法。
- ○ 熟知油脂的质量评价方法。
- ○ 掌握油脂在食品加工贮藏过程中发生的物理化学变化以及其控制方法。

第一节 概述

脂类是生物体内一大类微溶于水、易溶于有机溶剂的物质。脂类主要包括脂肪（三酰基甘油）、磷脂、糖脂、固醇等，其中三酰基甘油占动植物脂类的99%。习惯上将在室温下呈固态的脂肪称为脂（fat），呈液态的称为油（oil）。脂肪是食品中重要的组成成分和人类的营养物质，是热量密度最高的营养素，每克油脂能提供39.58kJ的热能；是必需脂肪酸和脂溶性维生素的载体；同时脂肪也是组成生物细胞不可缺少的物质。

一、脂类的分类

按化学结构及其组成，可将脂类分为简单脂类、复合脂类和衍生脂类。简单脂类是由脂肪酸和醇类形成的酯，包括酰基甘油酯（最丰富的为甘油三酯）、蜡类（含14～36个碳原子的饱和或不饱和脂肪酸与含16～30个碳原子的一元醇形成的酯）；复合脂类指单纯脂类的衍生物，包括甘油磷脂（甘油与脂肪酸、磷酸盐和其他含氮基团形成）、糖脂（甘油与脂肪酸、单糖或双糖形成）和硫脂（甘油与硫酸、脂肪酸及其他含硫基团形成）等；衍生脂类由单纯脂类或复合脂类衍生而来，包括萜类天然色素、香精油、类固醇、脂溶性维生素（维生素A、维生素D、维生素E、维生素K）等。

按饱和程度，可将脂类分为干性油、半干性油和不干性油。干性油指碘值＞130的脂类，如桐油、亚麻子油、红花油等；半干性油指碘值为100～130的脂类，如棉子油、大豆油等；不干性油指碘值＜100的脂类，如花生油、菜子油、蓖麻油等。按常温下的状态，可将脂类分为油（呈液态）和脂（呈固态）。按来源，可将脂类分为植物油、动物油、合成油脂、海产品油、微生物油、乳脂等。

根据脂类的生物学功能，可将其分为贮存脂（storage lipids），如花生、葵花籽、核桃等坚果以及动物的皮下脂肪；结构脂（structural lipids），如细胞膜上的脂质；活性脂（active lipids），如类固醇等激素。

二、脂类在食品中的功能

在不同的食品中，脂类组成及含量的变化非常大。脂类对食品的外观、风味、质构、营养、安全和热量密度等具有重要作用。很多脂类在食品中以热力学和动力学不稳定的液体、晶体或乳状液等形式存在，脂类能为食品提供光润的外观、润滑的口感。此外，脂肪还是一种优良传热介质，可用于煎炒油炸，并赋予食品风味。

1. 色泽和外观

油脂的存在对许多产品的色泽外观影响很大。天然油脂色泽是由其中所含的呈色物质带来的。如类胡萝卜素（carotenoids）的存在使油脂呈橙黄色或红色，大多数油脂中的类胡萝卜素含量很低，但棕榈油中含有约0.05%～0.2%的类胡萝卜素；叶绿素（chlorophylls）的存在使大豆油、菜籽油和橄榄油等呈现正常的绿色；蛋白质或多糖的降解物能使油脂发生褐变；棉酚（gossypol）能使棉籽油呈黄色。加工过程油脂的褐变主要是其中多糖、蛋白质或食物残渣等非脂成分发焦变黑的结果。固体脂肪由于脂肪晶体的光散射，因此是光学不透明的，脂肪的不透明度取决于体系中脂肪晶体的大小、形态和数量。食品乳状液通常呈现不透明状，而且受液滴中油脂的影响非常大。另一个脂肪影响食品外观的例子是巧克力“起霜”，这主要与脂肪同质多晶型的稳定性有关。

2. 风味

甘油三酯为具有低挥发性而沸点相对较高（180～200℃）的物质，因此纯净的油脂大多数是无味的。然而，不同天然来源的食用油脂呈现不同的风味特征，少数食用油脂因含有游离短链脂肪酸而略带异味或臭味。加工过程中原料及油脂在高温等作用下其中某些成分发生降解或转化而形成的脂溶性化合物，是商品油脂风味的主要来源。油脂的气味大多是由非脂成分引起，如芝麻油的香气是由乙酰吡嗪引起的，椰子油的香气是由壬基甲酮引起的，而菜籽油受热时产生的刺激性气味则是由其中的黑芥子苷分解所致。油脂经过氧化后的降解产物也能赋予油脂特殊的气味。油脂同时还影响食品的口感，包括食物中的油脂对口腔的润滑作用，脂肪晶体在口腔中熔化时的清凉感觉等。

3. 质构

脂类对食品质构的影响主要由油脂的状态和食品基质的特性所决定。对于液体油，其质构主要由油（如色拉油）在使用温度范围时的黏度决定；对于固体脂，其质构主要由脂肪晶体的形态、浓度及其相互作用决定，如在巧克力、烘焙食品、起酥油、人造奶油等产品中；对于水包油型食品乳状液（如牛乳、蛋黄酱等），体系黏度或流变学性能主要由油滴大小及浓度决定；对于油包水型食品乳状液（如人造奶油、黄油、涂抹油等），油相呈部分结晶状态并具有塑性，这些产品的流变学性质由固体脂肪浓度和脂肪晶体的形态决定。

三、脂类的结构和命名

（一）脂肪酸的结构和命名

1. 脂肪酸的结构

（1）饱和脂肪酸　天然食用油脂中的饱和脂肪酸（saturated fatty acid）主要是长链（碳数＞14）、直链、具有偶数碳原子的脂肪酸，但在乳脂中也含有一定数量的短链脂肪酸，而奇数碳原子及支链的饱和脂肪酸则很少见。

（2）不饱和脂肪酸　天然食用油脂中的不饱和脂肪酸（unsaturated fatty acid）常含有一个或多个烯丙基（$-CH{=}CH-CH_2-$）结构，两个双键之间夹有一个亚甲基（共轭双键）。双键多为顺式，在油脂加工和贮藏过程中部分双键会转变为反式，这种形式的不饱和脂肪酸对人体无营养。人体内不能合成亚油酸和α-亚油酸，但它们具有特殊的生理作用，属必需脂肪酸，其最好来源是植物油。

2. 脂肪酸的命名

（1）系统命名法

① 选择含羧基的最长的碳链为主链，按照与其相同碳原子数的烃命名为某酸（将烃中的甲基以

—COOH 代替)，若是含两个羧基的酸，选择含两个羧基最长的碳链为主链。

② 主链的碳原子数及编号从羧基碳原子开始，顺次编为 1、2、3、…也可以用甲、乙、丙、丁……表示。

③ 主链碳原子编号除上法外，也常用希腊字母把原子的位置定位为 α、β、γ、…以此表示碳原子的位置。

④ 若含双键（三键)，则选择含羧基和双键（三键）的最长碳链为主链，命名为某烯（炔）酸，并把双键（三键）的位置写在某烯（炔）酸前面。如下面所示：

$CH_3(CH_2)_7CH{=}CH(CH_2)_7COOH$　　9-十八碳一烯酸

(2) 数字命名法　n:m 命名法：以脂肪酸碳原子数（n）和双键数（m）对其进行命名。如 n:m 为 18:1 即指十八碳一烯酸。有时还需标出双键的顺反结构及位置，c 表示顺式，t 表示反式。位置可以从羧基端编号，如 5t,9c-18:2；也可从甲基端开始编号，记作 ω 数字或 n-数字，该数字为编号最小的双键的碳原子位次，如上面的 9-十八碳一烯酸就可以命名为 18:1ω9 或 18:1(n-9)，但此法仅用于顺式双键结构和五碳双烯结构，即具有非共轭双键结构，其他结构的脂肪酸不能用 ω 法或 n 法表示。因此，第一个双键定位后，其余双键的位置也随之而定，只需标出第一个双键碳的位置即可。

(3) 俗名或普通名称　许多脂肪酸最初是从某种天然产物中得到的，因此通常根据其来源命名，9-十八碳一烯酸的俗名就为油酸（18:1ω9)。其他如花生酸（20:0)、油酸（18:1)、棕榈酸（16:0)、月桂酸（12:0)、酪酸（4:0)。

(4) 英文缩写　9-十八碳一烯酸的英文全名为 oleic acid，英文缩写名为 O。

常见脂肪酸的各种命名总结见表 4-1。

表 4-1　常见脂肪酸的命名

分类	分子结构式	系统命名	数字命名	俗名或普通名	英文缩写
饱和脂肪酸	$CH_3(CH_2)_2COOH$	丁酸	4:0	酪酸	B
	$CH_3(CH_2)_4COOH$	己酸	6:0	己酸	H
	$CH_3(CH_2)_6COOH$	辛酸	8:0	辛酸	Oc
	$CH_3(CH_2)_8COOH$	癸酸	10:0	癸酸	D
	$CH_3(CH_2)_{10}COOH$	十二酸	12:0	月桂酸	La
	$CH_3(CH_2)_{12}COOH$	十四酸	14:0	肉豆蔻酸	M
	$CH_3(CH_2)_{14}COOH$	十六酸	16:0	棕榈酸	P
	$CH_3(CH_2)_{16}COOH$	十八酸	18:0	硬脂酸	St
	$CH_3(CH_2)_{18}COOH$	二十酸	20:0	花生酸	Ad
不饱和脂肪酸	$CH_3(CH_2)_5CH{=}CH(CH_2)_7COOH$	9-十六碳烯酸	16:1	棕榈油酸	Po
	$CH_3(CH_2)_7CH{=}CH(CH_2)_7COOH$	9-十八碳烯酸	18:1ω9	油酸	O
	$CH_3(CH_2)_4CH{=}CHCH_2CH{=}CH(CH_2)_7COOH$	9,12-十八碳二烯酸	18:2ω6	亚油酸	L
	$CH_3CH_2CH{=}CHCH_2CH{=}CHCH_2CH{=}CH(CH_2)_7COOH$	9,12,15-十八碳三烯酸	18:3ω3	α-亚麻酸	α-Ln
	$CH_3(CH_2)_4CH{=}CHCH_2CH{=}CHCH_2CH{=}$ $CH(CH_2)_4COOH$	6,9,12-十八碳三烯酸	18:3ω6	γ-亚麻酸	γ-Ln
	$CH_3(CH_2)_4(CH{=}CHCH_2)_4(CH_2)_2COOH$	5,8,11,14-二十碳四烯酸	20:4ω6	花生四烯酸	An
	$CH_3CH_2(CH{=}CHCH_2)_5(CH_2)_2COOH$	5,8,11,14,17-二十碳五烯酸	20:5ω3	二十碳五烯酸	EPA
	$CH_3(CH_2)_7CH{=}CH(CH_2)_{11}COOH$	13-二十二碳烯酸	22:1ω9	芥子酸	E
	$CH_3CH_2(CH{=}CHCH_2)_6CH_2COOH$	4,7,10,13,16,19-二十二碳六烯酸	22:6ω3	二十二碳六烯酸	DHA

3. 常见动植物油的脂肪酸组成

常见动物油的脂肪酸组成见表 4-2。常见植物油的脂肪酸组成见表 4-3。

表 4-2 常见动物油中脂肪酸的组成 单位：g/100g

动物油	*n*-3 多不饱和脂肪酸的含量	*n*-6 多不饱和脂肪酸的含量	单不饱和脂肪酸的含量	饱和脂肪酸的含量
青鱼油	15	5	55～60	20～25
鲑鱼油	20～25	5～10	40	30
沙丁鱼油	25～30	5～10	30～35	30～35
鸡油	≤3	15～20	45～50	30～35
蛋黄油	≤5	10	50～55	35～40
猪油	≤3	<10	50	40
牛油	≤2	5	45～55	40～50
羊油	5	5	30～40	50～60
奶油	≤2	≤5	23～25	60～70

表 4-3 常见植物油中脂肪酸的组成 单位：g/100g

植物油	*n*-3 多不饱和脂肪酸的含量	*n*-6 多不饱和脂肪酸的含量	单不饱和脂肪酸的含量	饱和脂肪酸的含量
菜子油	10	20	60	10
核桃油	10～15	60	15	10～15
葵花子油	0	65～70	20	10～15
玉米油	≤1	50～55	30	15～20
大豆油	10	45	25～30	15～20
橄榄油	≤1	≤4	80	15
花生油	0	40～45	35	20～25
可可油	≤1	≤4	25～35	60～70

（二）酰基甘油的结构和命名

1. 酰基甘油的结构

天然油脂是由甘油和脂肪酸结合而成的一酰基甘油（甘油一酯）、二酰基甘油（甘油二酯）以及三酰基甘油（甘油三酯）。食用油脂几乎完全由三酰基甘油组成。它是由 1 个甘油分子和 3 个脂肪酸分子反应生成的，反应式如下：

$$\underset{\text{甘油}}{\begin{array}{c}CH_2-OH\\ |\\ HO-C-H\\ |\\ CH_2-OH\end{array}} + \underset{\text{脂肪酸}}{R^1COOH + R^2COOH + R^3COOH} \longrightarrow \underset{\text{三酰基甘油}}{\begin{array}{c}CH_2OCOR^1\\ |\\ R^2COOCH\\ |\\ CH_2OCOR^3\end{array}} + 3H_2O$$

如果 $R^1=R^2=R^3$，称为单纯甘油酯；R^1、R^2、R^3 不完全相同时，则称为混合甘油酯。天然油脂多为混合甘油酯。当 R^1 和 R^3 不同时，C-2 原子具有手性，而且天然油脂多为 L 型。

2. 酰基甘油的命名

酰基甘油（acylglycerol）的命名有赫尔斯曼（Hirschman）提出的立体有择位次编排命名法（stereospecific numbering，简写 Sn）和堪恩（Cahn）提出的 R/S 系统命名法。由于后者应用有限（不适用于甘油 C-1、C-3 上脂肪酸不同的情况），故此处仅介绍立体有择位次编排命名法。

立体有择位次编排命名法可应用于合成脂肪和天然脂肪。此法规定了甘油的写法：碳原子编号自上而下为1～3，C-2上的羟基写在左边，则三酰基甘油的命名以下式为例：

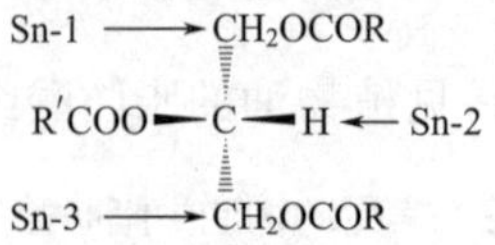

$$
\begin{array}{ccc}
\text{Sn-1} \longrightarrow & \text{CH}_2\text{OCOR} & \\
& | & \\
\text{R}'\text{COO} \blacktriangleleft & \text{C} & \blacktriangleleft \text{H} \leftarrow \text{Sn-2} \\
& | & \\
\text{Sn-3} \longrightarrow & \text{CH}_2\text{OCOR} &
\end{array}
$$

例如，如果棕榈酸在Sn-1位置酯化，油酸在Sn-2位置酯化，硬脂酸在Sn-3位置酯化，可能生成的酰基甘油是

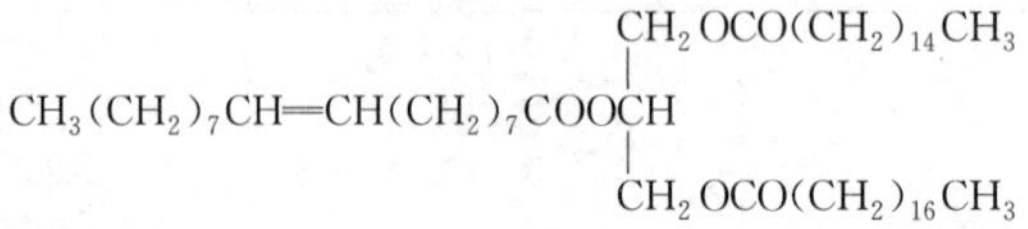

$$
\begin{array}{l}
\qquad\qquad\qquad\qquad\qquad\qquad\qquad\quad \text{CH}_2\text{OCO(CH}_2)_{14}\text{CH}_3 \\
\qquad\qquad\qquad\qquad\qquad\qquad\qquad\quad | \\
\text{CH}_3(\text{CH}_2)_7\text{CH}=\text{CH}(\text{CH}_2)_7\text{COOCH} \\
\qquad\qquad\qquad\qquad\qquad\qquad\qquad\quad | \\
\qquad\qquad\qquad\qquad\qquad\qquad\qquad\quad \text{CH}_2\text{OCO(CH}_2)_{16}\text{CH}_3
\end{array}
$$

上述甘油酯可以按如下方法命名：

① 数字命名：Sn-16:0-18:1-18:0；

② 英文缩写命名：Sn-POSt；

③ 中文命名：Sn-甘油-1-棕榈酸酯-2-油酸酯-3-硬脂酸酯，或1-棕榈酰-2-油酰-3-硬脂酰-Sn-甘油。

第二节 脂类的理化性质

一、油脂的熔点和沸点

1. 熔点

天然脂肪是各种甘油酯的混合物，所以无确定的熔点和沸点。油脂的熔点（melting point）是油脂从开始融化到完全融化时的温度范围。油脂的熔点一般最高在40～55℃之间。油脂的凝固点一般比其熔点低1～5℃。

饱和脂肪酸的熔点主要取决于碳链的长度，但在偶数碳饱和脂肪酸和奇数碳饱和脂肪酸之间存在交互现象，即奇数碳饱和脂肪酸的熔点低于相邻偶数碳饱和脂肪酸的熔点，这种熔点差随碳链增长而减小。

油脂的熔点变化主要有以下规律：

① 含有反式脂肪酸的脂肪的熔点高于含有相应顺式脂肪酸的脂肪的熔点；

② 含有共轭双键的脂肪比含相应非共轭双键的脂肪熔点高；

③ 脂肪酸的组成不同造成油脂的熔点不同；

④ 甘油酯的分子结构不同造成油脂的熔点不同；

⑤ 不饱和脂肪酸的熔点与双键数量、位置有关，双键数目越多熔点越低，双键越靠近碳链的两端熔点越高；

⑥ 三酰基甘油酯脱脂肪酸形成二酰基甘油酯、单酰基甘油酯，熔点相应升高；

⑦ 羟基脂肪酸可形成氢键，致使熔点升高。

2. 沸点

油脂的沸点（boiling point）一般在180～200℃之间。沸点随脂肪酸碳链增长而升高，但碳链长度相同、饱和度不同的脂肪酸沸点变化不大。油脂在贮藏和使用过程中，随着游离脂肪酸增多，油脂在加热时易冒烟，烟点低于沸点。

二、油脂的烟点、闪点、着火点

油脂的烟点、闪点、着火点是反映油脂热稳定性的主要指标。

烟点（smoking point）指在不通风的情况下观察到油脂发烟时的温度。油脂中游离脂肪酸含量越高，油脂的烟点越低。精炼油脂的烟点明显高于未精炼的油脂。精炼的油脂烟点一般在 240℃左右。

闪点（flash point）指油脂的挥发物质能被点燃但不能维持燃烧的温度。油脂的闪点一般在 340℃左右。

着火点（fire point）指油脂挥发的物质能被点燃并能维持燃烧不少于 5s 的温度。油脂的着火点一般在 370℃左右。

三、油脂的晶体性质

目前，关于脂类晶体结构和特性的知识大部分来自 X 射线衍射研究，应用其他技术如核磁共振、红外光谱、量热法、显微观察法、膨胀测定法和差热分析法等也获得了重要发现。研究表明，固态脂的微观结构是高度有序的晶体结构，它是由一系列面平行的晶胞在三维空间中并列堆积而成，如图 4-1 所示。

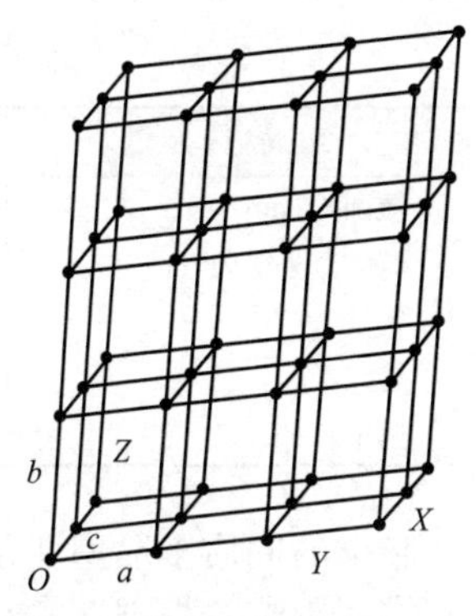

图 4-1　脂肪的晶体结构

同质多晶（polymorphism）是化学组成相同而晶体结构不同的一类化合物，但熔化时可生成相同的液相。由于脂类是长碳链化合物，在其温度处于凝固点以下时通常会以一种以上的晶型存在，故脂类具有同质多晶现象。不同形态的晶体称为同质多晶体，物质未熔化时各同质多晶体可相互转变。亚稳态会自发地单向地向稳定性较高的同质多晶体转变。当同质多晶体均较稳定时，依其温度（转变点）进行多向转变，已发现某些脂肪酸衍生物中存在双向变晶现象，但天然脂肪通常是单向转变的。

长碳链化合物的同质多晶现象与烃链的不同堆积排列或排列的不同倾斜角度有关，它的这种堆积方式可以用晶胞内沿着链轴的最小空间重复单元亚晶胞来描述。已经知道烃类亚晶胞有 7 种堆积类型，其中最常见的晶型如图 4-2 所示。

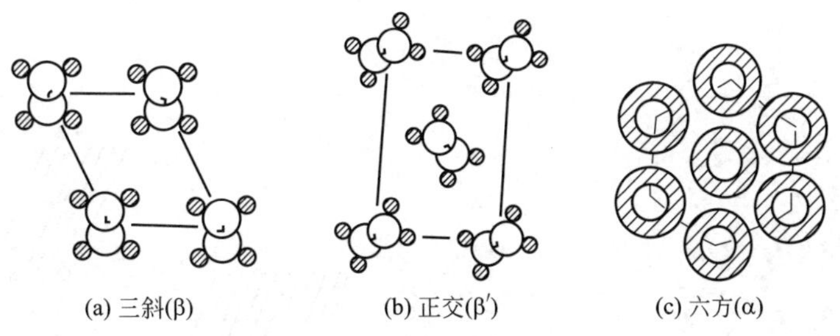

图 4-2　烃类亚晶胞堆积的常见类型

三斜堆积称为 β 型，其中两个亚甲基单位连在一起组成亚乙基重复单位，每个亚晶胞中有一个亚乙基，所有的曲折平面都是相平行的。在直链烃、脂肪酸和三酰基甘油中均存在这种亚晶胞堆积，由于亚晶胞取向一致，在同质多晶型物中 β 型最稳定。

常见的正交堆积也被称为 β′型，每个亚晶胞中有两个亚乙基单位，交替平面与它们相邻平面互相垂直。正石蜡、脂肪酸以及脂肪酸酯都呈现正交堆积。β′型具有中等程度稳定性。

六方堆积（H）一般称为 α 型，当烃类快速冷却到刚刚低于熔点以下时往往会形成六方堆积。分子链随时定向，并绕它们的长垂直轴旋转。在烃类、醇类和乙酯类中观察到六方堆积。六方堆积是同质多晶型物中最不稳定的。α 晶型油脂中脂肪酸侧链为无序排列，β′和 β 晶型均为有序排列。各晶型的剖面有序性如图 4-3 所示。

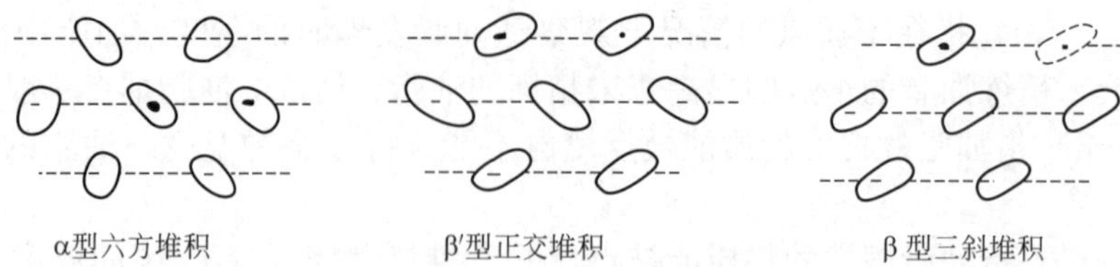

图 4-3 各晶型的剖面有序性

由于脂类属于长碳链化合物，脂肪酸烃链的最小重复单元为亚乙基（—CH_2CH_2—），故均表现出烃类的许多特性，它们有 3 种同质多晶型，即 α、β′和 β 晶型。表 4-4 比较了 3 种晶型的特性。

表 4-4 单酸三酰基甘油同质多晶型物的特性

特征	α 晶型	β′晶型	β 晶型
短间隔/nm	0.42	0.42，0.38	0.46，0.39，0.37
特征红外吸收/cm^{-1}	720	727，719	717
密度	最小	中间	最大
熔点	最低	中间	最高
链堆积	六方	正交	三斜

脂类的同质多晶型变化表明，一种脂肪的同质多晶型的特征主要受三酰基甘油分子中的脂肪酸组成及其排列影响。根据 X 射线衍射测定结果，三酰基甘油分子呈椅式结构，其分子结构及空间排列如图 4-4 所示。晶体中的晶胞的长间隔大于脂肪酸碳链的长度，因此认为脂肪酸是交叉排列的，其排列方式主要有两种，即“二倍碳链长”排列形式（DCL）和“三倍碳链长”排列形式（TCL），分别记做 β-2 和 β-3，如图 4-5 所示。在此基础上，根据长间距不同还可细分为多种类型，用Ⅰ、Ⅱ、Ⅲ、Ⅳ、Ⅴ等罗马数字表示，如可可脂可形成 α-2、β′-2、β-3Ⅴ、β-3Ⅵ等晶型。脂肪分别经液态油相尼罗红染色，液态油脂去除后的结晶聚合物激光共聚焦照片及低温扫描电镜照片分示于图 4-6。

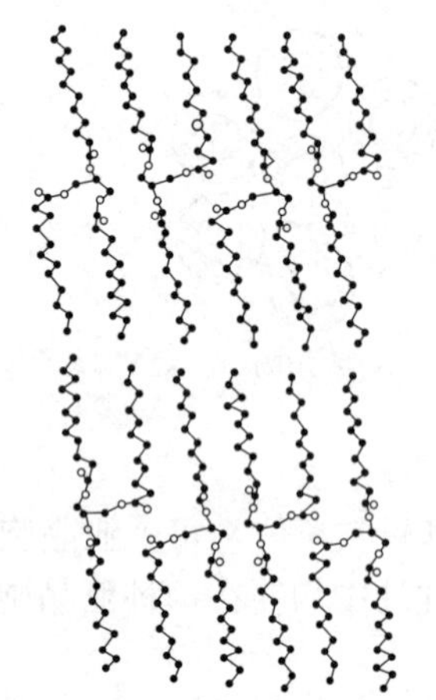

图 4-4 三酰基甘油分子的椅式结构

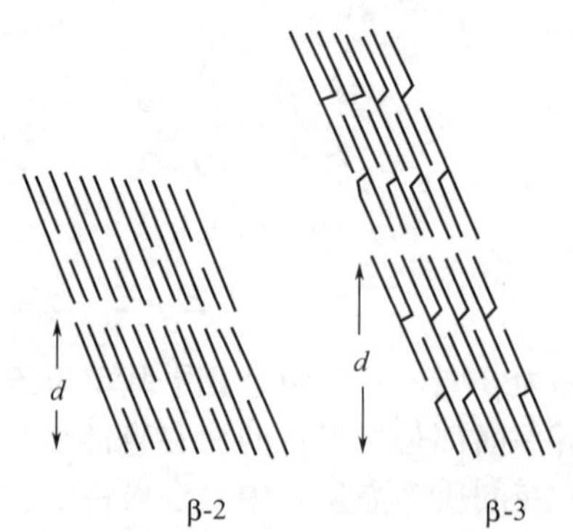

图 4-5 三酰基甘油 β 晶型的两种排列形式

一般来说，单纯酰甘油酯易形成稳定的 β 结晶，而且是 β-2 排列；混合酰甘油酯由于碳链长度不同，易停留在 β′型，而且是 β′-3排列。天然油脂中倾向于结晶成 β 型的脂类有豆油、花生油、玉米油、橄榄油、椰子油、红花油、可可脂和猪油，而棉子油、棕榈油、菜子油、牛乳脂肪、牛脂及改性猪油倾向于形成 β′晶型。除此之外，脂类的晶型还取决于冷却时的温度和速度，油脂熔化时首先形成 α 型，随着温度的升高，冷却后逐渐转变为 β′晶型，而 β′晶型被加热到其熔点则发生熔融并转变成稳定的 β 晶型。

(a) 激光共聚焦照片

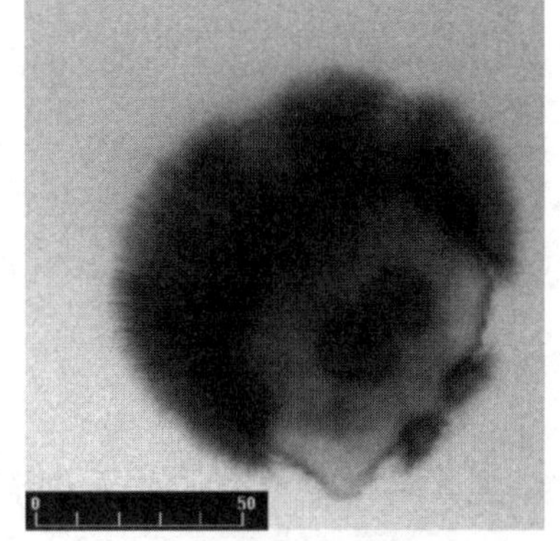

(b) 低温扫描电镜照片

图 4-6 脂肪结晶聚合物激光共聚焦照片和低温扫描电镜照片

油脂晶体性质在食品加工中有很高的应用价值。如在巧克力生产过程中，已知可可脂含有 3 种主要甘油酯 POSt(40%)、StOSt(30%) 和 POP(15%) 以及 6 种同质多晶型（Ⅰ～Ⅵ)。Ⅰ型最不稳定，熔点最低；Ⅴ型最稳定，能从熔化的脂肪中结晶出来，它可使巧克力外表具有光泽，是所期望的结构；Ⅵ型比Ⅴ型熔点高，但不能从熔化的脂肪中结晶出来，仅以很缓慢的速度由Ⅴ型转变而成。Ⅴ→Ⅵ型的转变会引起“巧克力起霜”的外表缺陷，严重影响口感，所以在生产中应通过调温（加热到 55℃后缓慢冷却至 29℃，再加热至 33℃，重复操作）避免此类转变，使可可脂完全转变为稳定的 β 型结晶，而且晶体颗粒不至于过分粗大。在制备起酥油、人造奶油以及焙烤产品时，常常优化工艺，以期望得到 β′型晶体，因为它能使固化的油脂软硬适宜，有助于大量的空气以小的空气泡形式被搅入，从而形成具有良好塑性和奶油化性质的产品。在利用棉子油加工色拉油时要进行冬化，以除去高熔点的固体脂，这个工艺要求缓慢冷却，以充分形成晶粒粗大的 β 晶型，便于过滤。

四、油脂的熔融

天然的油脂没有确定的熔点，仅有一定的熔点范围。这是因为：第一，天然油脂是混合三酰基甘油，各种三酰基甘油的熔点不同；第二，三酰基甘油是同质多晶型物质，从 α 晶型开始熔化到 β 晶型溶化终了需要一个温度阶段。

图 4-7 显示了简单三酰基甘油酯的同质多晶稳定体（β 型）和不稳定体（α 型）在熔化过程中热量吸收、热焓变化的情况。固态油脂吸收适当的热量后转变为液态油脂，在此过程中油脂的热焓增大或比容增加，称做熔化膨胀（相变膨胀)。然而固体熔化时需吸收热量，系统温度将保持不变（熔化热)，直到固体全部转变成液体为止。曲线 *ABC* 代表 β 型的热焓随温度升高而增加，但达到熔点时它吸收大量的热量（熔化热)，温度却不增加，只有当全部固体转变成液体时（*B* 点）温度才继续升高。另一方面，不稳定的同质多晶型体 α 型（理论曲线 *DEFBC*）在熔化过程中会发生晶型的转变（*E* 点）现象，此时由不稳定的同质多晶型体 α 型转变到稳定的同质多晶型体 β 型伴随有热的放出，其熔化过程转变为 *DEBC*。

脂肪在熔化时除热焓变化外，其体积也会相应变化。固体脂在由不太稳定的同质多晶体转化为更稳定的同质多晶体时体积收缩（后者密度更大)，因此研究脂类的同质多晶体时可以用膨胀计测量液体油与固体脂的比容（比体积）随温度的变化。所得到的测量结果可以用图 4-8 表示。熔化膨胀度相当于比热容，而且测量膨胀的仪器很简单，它比量热法更为实用，已广泛用于测定脂肪的熔化性质。

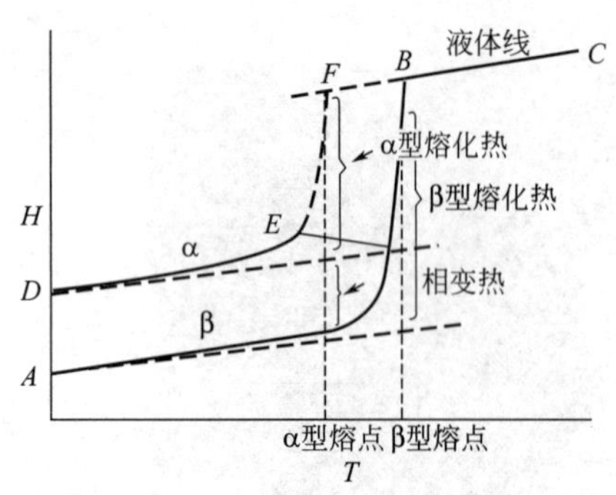

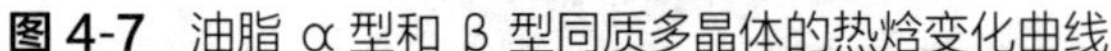
图 4-7　油脂 α 型和 β 型同质多晶体的热焓变化曲线

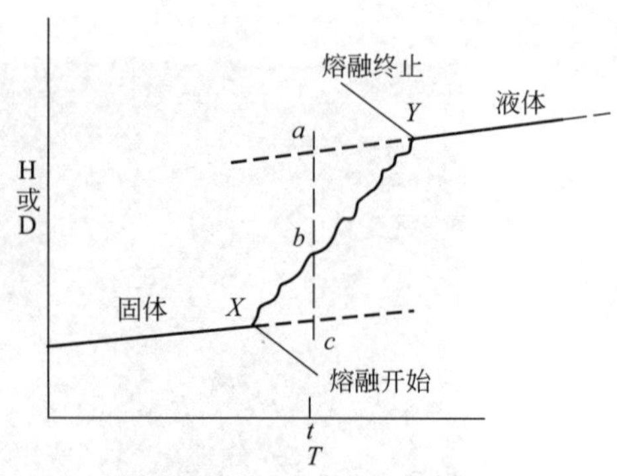

图 4-8　混合甘油酯的热焓或膨胀熔化曲线

图 4-8 中，随着温度的升高，固体脂的比容缓慢增加，至 X 点为单纯固体脂的热膨胀，即在 X 点以下体系完全是固体。X 点代表熔化开始，在 X 点以上发生部分固体脂的相变膨胀。Y 点代表熔化终点，在 Y 点以上固体脂全部熔化为液体油。ac 长为脂肪的熔化膨胀值。曲线 XY 代表体系中固体组分逐步熔化过程。如果脂肪熔化温度范围很窄，熔化曲线的斜率是陡的。相反，如果熔化开始与终了的温度相差很大，则该脂肪具有“大的塑性范围”。于是，脂肪的塑性范围可以通过在脂肪中加入高熔点或低熔点组分进行调节。

由图 4-8 还可看出，在一定温度范围内（XY 区段）液体油和固体脂同时存在，这种固液共存的油脂经一定加工可制得塑性脂肪（plastic fat）。油脂的塑性是指在一定压力下脂肪具有抗变形的能力，这种能力的获得是许多细小的脂肪固体被脂肪的液体包围，固体微粒的间隙很小，液体油无法从固体脂肪中分离出来，固液两相均匀交织在一起而形成塑性脂肪。塑性脂肪具有良好的涂抹性（涂抹黄油等）和可塑性（用于蛋糕的裱花）。用在焙烤食品中，则具有起酥作用。在面团揉制过程加入塑性脂肪，可形成较大面积的薄膜和细条，使面团的延展性增强，油膜的隔离作用使面筋粒彼此不能黏合成大块面筋，降低面团的吸水率，使制品起酥；塑性脂肪的另一作用是在面团揉制时能包含和保持一定数量的气泡，使面团体积增加。在饼干、糕点、面包生产中专用的塑性脂肪称为起酥油（shortening），具有在 40℃不变软、在低温下不太硬、不易氧化的特性。其他如人造奶油、人造黄油均是典型的塑性脂肪，其涂抹性、软度等特性取决于油脂的塑性大小。而油脂的塑性取决于一定温度下固液两相比、脂肪的晶型（β′塑性最好）、熔化温度范围和油脂的组成等因素。如图 4-8 所示，当温度为 t 时，ab/ac 代表固体部分，bc/ac 代表液体部分，固液比称为固体脂肪指数（solid fat index，SFI）。当油脂中固液比适当时塑性好；固体脂过多时则过硬，液体油过多时则过软、易变形，塑性均不好。

用膨胀法测定 SFI 比较精确，但比较费时，而且只适用于测定低于 50%的 SFI。现已大量采用宽线核磁共振（NMR）法代替膨胀法测定固体脂肪，该法能测定样品中固体的氢核（固体中 H 的衰减信号比液体中的 H 快）与总氢核数量比，即为 NMR 固体百分含量。现在，普遍使用自动的脉冲核磁共振比较合适，认为它比宽线 NMR 技术更为精确。近来提出使用超声技术代替脉冲 NMR 或辅助脉冲 NMR，它的依据是固体脂肪的超声速率大于液体油。

五、油脂的介晶相（液晶）

油脂有多种相态，处在固态（晶体）时在空间形成高度有序排列，处在液态时则为完全无序排列。此外在某些特定条件如加热或存在乳化剂情况下，油脂的极性基团（如酯基、羧基）由于有较强的氢键而保持有序排列，而非极性区（烃链）由于分子间作用力小变为无序状态，这种同时具有固态和液态两方面物理特性的相称为介晶相（mesomorphic phase）或液晶（liquid crystal）。介晶结构取决于两亲化合物的浓度、化学结构、含水量、温度以及混合物中存在的其他成分。在脂类-水体系中，液晶结构主要有 3 种，分别是层状结构、六方结构及立方结构（图 4-9）。

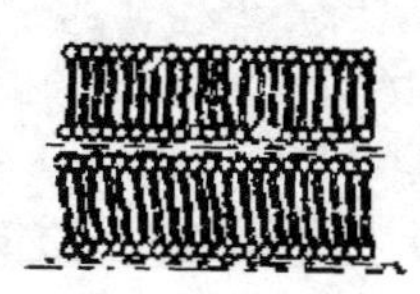

(a) 层状结构

(b) 六方Ⅰ型结构

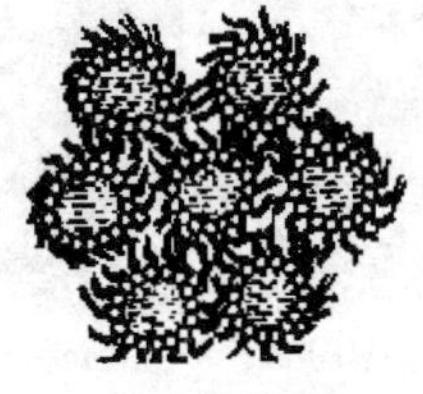

(c) 六方Ⅱ型结构

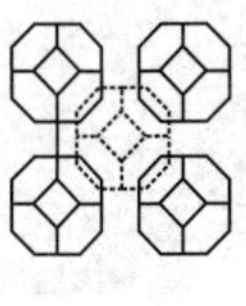

(d) 立方结构

图 4-9 脂肪的液晶结构

3 类介晶相结构的特点如下。

① 层状结构类似生物双层膜。排列有序的两层脂中夹一层水，这种结构的黏度、透明性较其他结构差。当层状液晶加热时，可转变成立方或六方Ⅱ型液晶。但如果温度降低至 Krafft 温度（非极性区熔化温度以上）以下，就会形成亚稳态的“凝胶”，水仍保留在双层脂膜中，而非极性区重新结晶，进一步冷却则水被排出，凝胶相转化为微结晶并分散在水中。

② 在六方Ⅰ型结构中脂肪以桶形排列成六方柱，非极性基团朝着六方柱内，极性基团朝外，水处在六方柱之间的空间中，用水稀释会形成球状胶束；而在六方Ⅱ型结构中，水被包裹在六方柱内部，油的极性端包围着水，非极性的烃区朝外，用水很难将其稀释。

③ 立方结构在长链化合物中常见，但不如前两种构型有清楚的特征。Larsson 提出其结构模式为空间填充体心立方格子多面体，该种液晶完全透明且非常黏稠。

在生物体系中，液晶态对于许多生理过程都是非常重要的。例如，液晶会影响细胞膜的可渗透性，对乳状液的稳定性也起着重要的作用。

六、油脂的乳化特性

1. 乳状液

油与水不相溶，但油与水能形成乳状液，即其中一相以直径 0.1～50μm 的小液滴分散于另一相中，前者称为分散相，后者称为连续相。乳状液传统地分为水包油型（oil in water，O/W）和油包水型（water in oil，W/O），前者如牛乳，后者如奶油。

乳状液是热力学不稳定体系，在一定条件下会出现分层、絮凝甚至聚结。

乳状液失稳的主要因素如下。

① 重力导致沉降或分层：因为相的密度不同，所受重力不同，因而分层或沉降，沉降速度遵循 Stokes 定律。

② 分散相表面静电荷不足而导致絮凝：如脂肪球表面静电荷不足，因而斥力不足，脂肪球互相接近而絮凝。

③ 两相间界面膜破裂而导致聚结：脂肪球经过絮凝等过程发生界面膜破裂，界面面积减小，脂肪球互相结合变为大液滴，严重时发生油相与水相的完全分相。这是乳状液失稳的最重要的途径。

2. 乳化剂的作用

乳状液体系在食品中随处可见，牛奶、奶油、冰激凌均属于 O/W 型乳状液，黄油和人造奶油为 W/O 型乳状液。图 4-10 为人造奶油乳状液低温扫描电镜照片。

如何阻止乳状液聚结是食品加工过程中非常重要的问题。添加乳化剂可防止乳状液聚结。乳化剂是

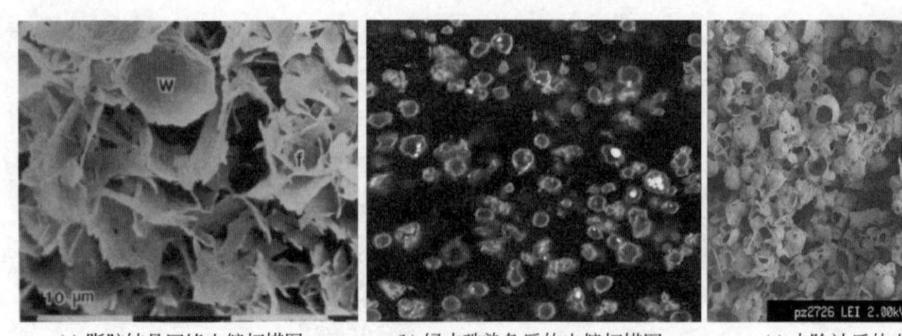

(a) 脂肪结晶网络电镜扫描图 (b) 经水珠染色后的电镜扫描图 (c) 去除油后的电镜扫描图

图 4-10 人造奶油乳状液低温扫描电镜照片

乳状液的稳定剂，是一类表面活性剂。

乳化剂的乳化作用机理如下。

① 当它分散在分散质的表面时，使表面张力降低，使乳状液稳定。

② 形成双电层，增加静电荷，可使分散相带静电，斥力增大，能阻止分散相的小液滴互相凝结。

③ 形成薄膜或增加连续相黏度。如明胶和树胶能使乳状液黏度增加，稳定性提高；蛋白质能在分散相周围成膜，可抑制絮凝和聚结。

④ 形成液晶相，此作用使分散相间的范德瓦耳斯力减弱，可抑制絮凝和聚结。

3. 乳化剂的选择

选择乳化剂的方法很多，其中较重要的有以下几种。

① 根据分子的亲水-亲脂平衡（hydrophilie-lipophilie balance，HLB）性质选择乳化剂。HLB 值可以表示乳化剂的亲水-亲脂能力，由亲水基质量/(亲水基质量＋亲油基质量）计算可得，其数值范围为 0～20。通常 HLB 值在 3～6 之间的乳化剂可形成 W/O 型乳状液，数值在 8～18 之间的则易于形成 O/W 型乳状液。

② 根据乳状液的相变温度（phase inversion temperature，PIT）选择乳化剂。乳化剂在较低温度下优先溶解于水；在较高温度下优先溶解于油，并表现出极强的疏水相互作用。乳状液的相变温度和乳状液的稳定性存在良好的正相关，所以测定相变时的温度可为乳化剂的选择提供依据。

4. 食品中常用的乳化剂

食品乳化剂需求量最大的为单脂肪酸甘油酯，其次是蔗糖酯、山梨醇酯、大豆磷脂、月桂酸单甘油酯、丙二醇脂肪酸酯等。

(1) 单脂肪酸甘油酯　即甘油一酯，其 HLB 值为 2～3。通常将其制成衍生物，以增加其亲水性。在奶糖、巧克力生产中可用单硬脂酸甘油酯（简称单甘酯），以降低黏度，避免粘牙。

(2) 蔗糖酯　蔗糖酯由于酯化度可调，HLB 值宽广（为 1～16），既可成为 W/O 型乳化剂，又可成为 O/W 型乳化剂。可作速溶可可、巧克力的分散剂，也可用于饼干等焙烤食品的油脂乳化。

(3) 大豆磷脂　大豆磷脂是天然产物，它不仅具有极强的乳化作用，而且兼有一定的营养价值和医药功能，是值得重视和发展的乳化剂，但在磷脂的提纯以及化学改性方面尚需加强研究。我国所用即为改性大豆磷脂。

(4) 山梨醇酯类　山梨醇酯类开发较早，用于食品工业也较早，历年耗量约占食品乳化剂总量的 10%。

(5) 月桂酸单甘油酯（GML）　GML 天然存在于母乳中，在婴儿自身的免疫系统发育完全之前对婴儿的健康起着保护作用。研究发现，GML 不仅可用作食品乳化剂广泛添加于焙烤食品中，起改善米面制品品质的作用，而且 GML 也是一种安全、高效、广谱抗菌剂，其抗菌效果不受 pH 值影响，优于山梨酸、苯甲酸、对羟基苯甲酸酯及脱氢醋酸等常用防腐剂。

检查与拓展 1

二维码 4-2

○ 油脂的调温。

检查与拓展 2

二维码 4-3

○ 核磁共振法测定脂肪食品的固体脂肪指数。

第三节　油脂在加工和贮藏过程中的变化

一、水解反应

脂类化合物通过酶的作用或通过加热和水分的作用发生水解（脂解），产生游离脂肪酸。

成熟的油料种子在贮藏期间由于酶促水解产生少量游离脂肪酸，导致粗制的“毛油”酸价很高，容易促使油脂发泡，因而在植物油精炼过程中“脱酸”是必要的工序，一般采用碱中和的方法。活体动物组织中实际不存在游离脂肪酸，但在宰杀后由于酯酶的作用可生成游离脂肪酸。因此，动物脂肪要尽快熬炼，使酯酶在高温下失活，以减少游离脂肪酸的生成。

油炸食品时，油脂温度可达到176℃以上，同时食品湿度都较大，因此油脂发生水解并释放出大量游离脂肪酸，导致油的发烟点和表面张力降低，煎炸的食物表面会出现裂痕，颜色易呈褐色，吸油量增加，食品品质变劣。新鲜的乳脂水解生成C_4～C_{12}游离脂肪酸，这些低脂肪酸会导致乳具有酸败味（见表4-5）。但在有些食品的加工中轻度水解是有利的，如短链脂肪酸可以赋予干酪典型的风味。同样，乳脂的轻度水解对巧克力的生产也是有利的。

表4-5　不同食品中游离脂肪酸的风味（气味和味觉）阈值

脂肪酸	味觉特征	风味阈值/(mg/kg)			
		奶油		椰子果汁	
		气味	味觉	气味	味觉
4:0	酸败	50	60	35	160
6:0	酸败，山羊味	85	105	25	50
8:0	霉味，酸败，肥皂味	200	120	>1000	25
10:0	肥皂味	>400	90	>1000	15
12:0	肥皂味	>400	130	>1000	35
14:0	肥皂味	>400	>400	>1000	75

酶催化脂类水解是广泛用于脂类研究的一种分析工具，如胰脂肪酶和蛇毒磷酸二酯酶被用来确定脂肪酸在酰基甘油分子中的位置和分布。这些酯的专一性对于某些脂类化学合成制备中间产物是特别有用的。

二、氧化反应

脂类氧化是食品变质的主要原因之一，它能导致油脂及油基食品产生各种不良风味和气味，一般称为酸败。酸败会降低食品的营养价值，有些氧化产物还具有毒性。在某些情况下，对于一些特殊的食品如油炸食品，脂类的轻度氧化是期望的。因此，脂类的氧化对于食品行业是至关重要的。脂类氧化以自动氧化最具代表性。除此之外，不同的氧化条件下还有其他的氧化途径，如脂类的光敏氧化、酶促氧化等。

（一）自动氧化

1. 自动氧化的基本机理

自动氧化（autoxidation）是脂类与分子氧接触的反应，是脂类氧化变质的主要原因。多不饱和脂肪酸以游离脂肪酸、甘油三酸酯、磷脂等形式通过自动氧化过程发生氧化变质。含一个或多个非共轭戊二烯单位（—CH═CH—CH_2—CH═CH—）的脂肪酸对氧分子特别敏感。

自动氧化过程复杂，涉及许多中间反应物。大量的研究证明，脂肪的自动氧化遵循自由基链式反应历程，它具有如下特征：①干扰自由基反应的化学物质也能显著地抑制氧化速率；②光和产生自由基的物质对反应有催化作用；③产生大量的氢过氧化物 ROOH；④由光引发的氧化反应量子产额超过1；⑤用纯底物时，存在一个较长的诱导期。

脂类的自动氧化历程包括引发、传递和终止 3 个阶段，如图 4-11 所示。

$$\mathrm{RH} \xrightarrow{\text{引发剂}} \mathrm{R\cdot + H\cdot} \qquad \text{引发阶段}$$

$$\left.\begin{array}{l} \mathrm{R\cdot + O_2 \longrightarrow ROO\cdot} \\ \mathrm{ROO\cdot + RH \longrightarrow ROOH + R\cdot} \end{array}\right\} \text{传递阶段}$$

$$\left.\begin{array}{l} \mathrm{R\cdot + R\cdot \longrightarrow R{-}R} \\ \mathrm{R\cdot + ROO\cdot \longrightarrow ROOR} \\ \mathrm{ROO\cdot + ROO\cdot \longrightarrow ROOR + O_2} \end{array}\right\} \text{产生非自由基产物} \quad \text{终止阶段}$$

图 4-11 脂类自动氧化的 3 个阶段

通常整个反应过程的焓比引发反应阶段的焓低，而且 RH＋O_2 ⟶ 自由基的反应是热力学上难以反应的一步（活化能约 146kJ/mol），所以通常靠催化方法产生最初几个引发传递反应所必需的自由基，如氢过氧化物的分解、金属催化或光等的活化作用可导致第一步的引发反应。当有足够的自由基形成时，反应物 RH 的双键 α-碳原子上的氢被除去，生成烷基自由基 R·，开始链反应传递，氧在这些位置（R·）发生加成，生成过氧自由基 ROO·，ROO·又从另一些 RH 分子的 α-亚甲基上去氢，形成氢过氧化物（ROOH）和新的自由基（R·），然后新的 R·与氧反应，重复上述步骤。由于 R·的共振稳定性，反应的结果一般伴随双键位置的移动，生成含有共轭双二烯基的异构化氢过氧化物（对于未氧化的天然酰基甘油是不正常的）。

脂类自动氧化的主要初始产品氢过氧化物不稳定，无挥发性，而且没有气味，它们经历无数的裂解和相互作用等复杂反应，产生很多具有不同分子量、风味阈值以及生物价值的化合物。

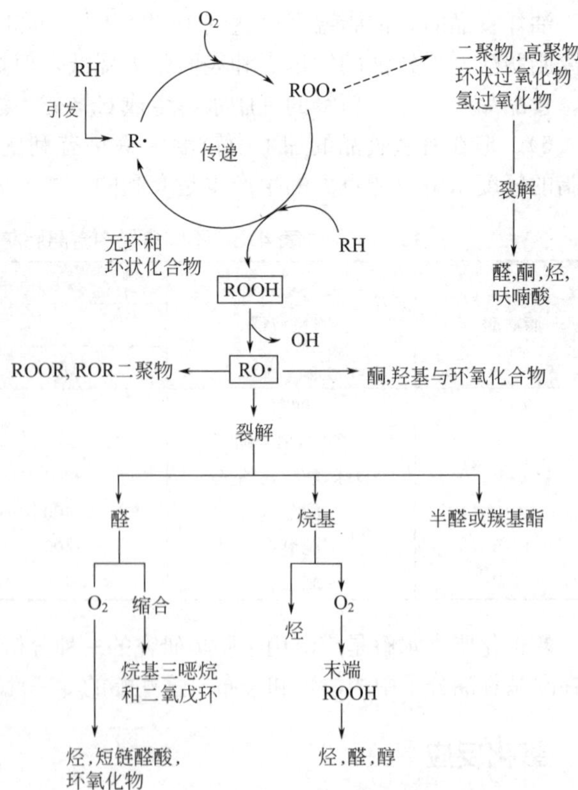

图 4-12 脂类自动氧化的一般过程

2. 氢过氧化物的形成

氢过氧化物是脂类自动氧化的主要初级产物，其结构与底物（不饱和脂肪酸等）的结构有关。现代分析技术已对油酸、亚油酸及亚麻酸自动氧化过程中产生的异构氢过氧化物做了定性和定量分析，如图 4-12 所示。

（1）油酸　油酸分子的 C8 和 C11 脱氢产生两种烯丙基自由基中间物。氧在每个自由基的末端碳上进攻生成 8-、9-、10-、11-烯丙基氢过氧化物的异构混合物，如图 4-13 所示。

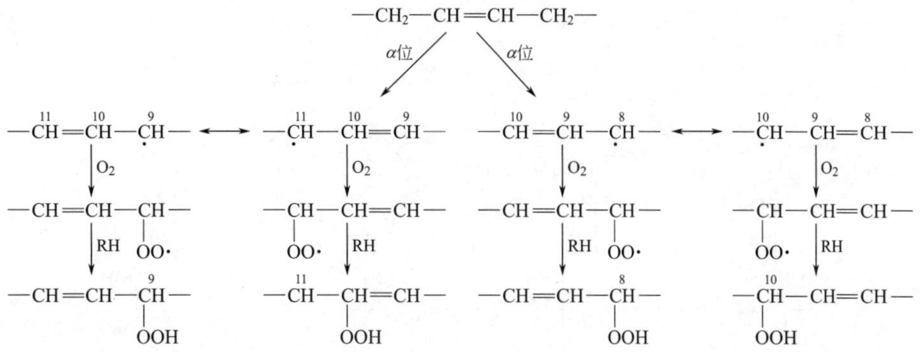

$—CH_2—CH═CH—CH_2—$

α位　α位

—CH═CH—ĊH— ⟷ —ĊH—CH═CH—　　—CH═CH—ĊH— ⟷ —ĊH—CH═CH—
(11, 10, 9)　(11, 10, 9)　(10, 9, 8)　(10, 9, 8)

O_2

—CH═CH—CH(OO·)—　—CH(OO·)—CH═CH—　—CH═CH—CH(OO·)—　—CH(OO·)—CH═CH—

RH

—CH═CH—CH(OOH)— (9)　—CH(OOH)—CH═CH— (11)　—CH═CH—CH(OOH)— (8)　—CH(OOH)—CH═CH— (10)

图 4-13 油酸分解产生氢过氧化物

反应中形成的 8-、11-氢过氧化物略多于 9-、10-异构物。在 25℃时，顺式和反式的 8-、11-氢过氧化物的数量是相近的，但 9-、10-异构体主要是反式。

（2）亚油酸　亚油酸分子中 1,4-戊二烯结构使其对氧化的敏感性远远超过亚麻酸中的丙烯体系（约为 20 倍），而且 11 位的氢原子特别活泼，受到相邻两个双键的双重活化。11 位自由基只产生两种氢过氧化物，而且产生的 9-、13-氢过氧化物的量是相等的。同时，由于异构化现象的发生，这个反应过程中存在（顺,反)-和(反,反)-异构体，如图 4-14 所示。

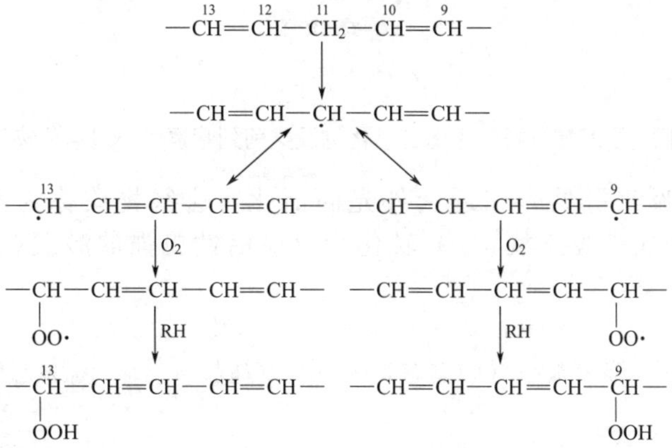

$—CH═CH—CH_2—CH═CH—$ (13, 12, 11, 10, 9)

—CH═CH—ĊH—CH═CH—

—ĊH—CH═CH—CH═CH— (13)　—CH═CH—CH═CH—ĊH— (9)

O_2

—CH(OO·)—CH═CH—CH═CH—　—CH═CH—CH═CH—CH(OO·)—

RH

—CH(OOH)—CH═CH—CH═CH— (13)　—CH═CH—CH═CH—CH(OOH)— (9)

图 4-14 亚油酸分解产生氢过氧化物

（3）亚麻酸　亚麻酸分子中存在两个 1,4-戊二烯结构。C11 和 C14 的两个活化的亚甲基脱氢后生成两个戊二烯自由基。氧攻击每个自由基的端基碳，生成 9-、12-、13-、16-氢过氧化物的混合物，这 4 种氢过氧化物都存在几何异构体，每种都具有（顺,反)-或(反,反)-构型的共轭二烯体系，而隔离键总是顺式的。反应中形成的 9-、16-氢过氧化物明显多于 12-、13-异构体，这是因为：①氧优先与 C9 和 C16 反应；②12-、13-氢过氧化物分解较快；③12-、13-氢过氧化物通过 1,4-环化生成六环过氧化物的氢过氧化物，或通过 1,3-环化生成类前列腺素桥环过氧化物。如图 4-15 所示。

（二）光敏氧化

单线态氧与脂肪酸中的双键反应引起的油脂氧化称为光敏氧化（photosensitized oxidation）。

通常情况下脂肪与基态氧直接作用生成氢过氧化物所需的活化能很大，所以脂肪酸与氧作用直接生成自由基是比较困难的。但是，在光的照射下，油脂中存在的一些物质，如色素（天然的叶绿素、血红蛋白，人工合成的赤藓红等）、稠环芳香化合物（蒽、红荧烯等）和染料（曙红、亚

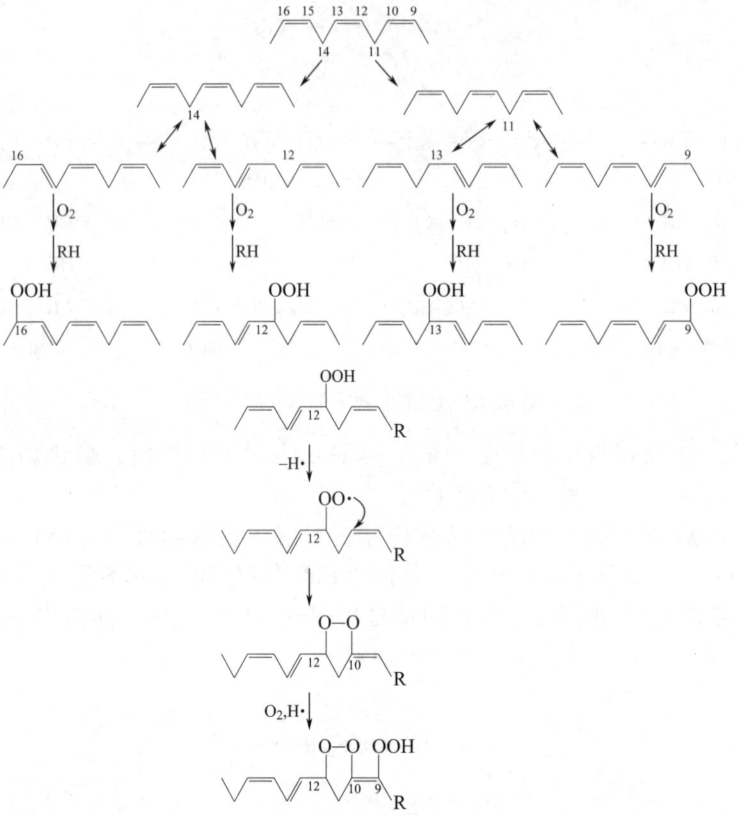

图 4-15 亚麻酸分解产生氢过氧化物及类前列腺素桥环过氧化物的生成

甲基蓝、红铁丹等)，能吸收可见光和近紫外光而活化，这些物质称为光敏剂（sensitizer，简写 Sen)。光敏剂能将基态氧（三线态氧$^3O_2$）转化为反应活性更强的激发态氧（单线态氧$^1O_2$），如图 4-16 所示。

$$\text{Sen(基态)} + h\nu \longrightarrow \text{Sen}^*\text{(激发态)}$$

$$\text{Sen}^*\text{(激发态)} + {}^3O_2\text{(基态氧)} \longrightarrow \text{Sen(基态)} + {}^1O_2{}^*\text{(激发态氧)}$$

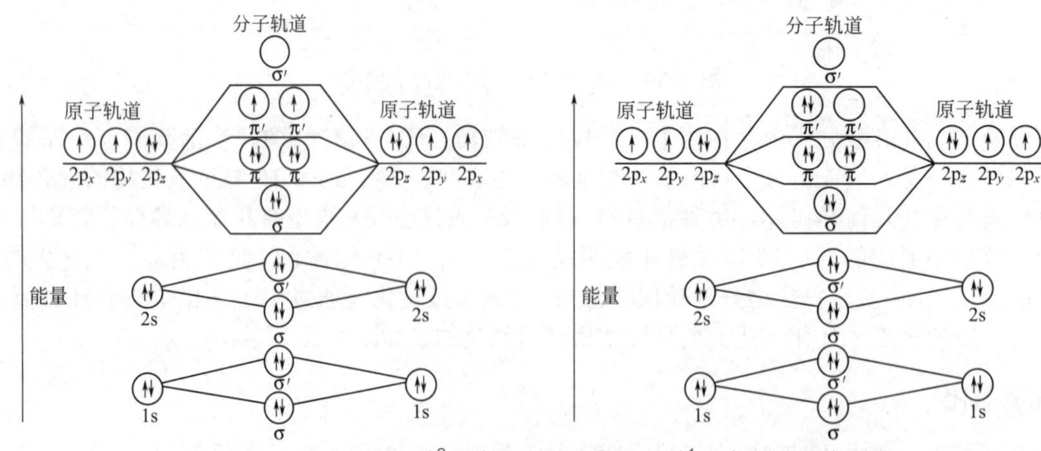

图 4-16 三线态氧分子（$^3O_2$）与单线态氧分子（$^1O_2$）的分子轨道式

单线态氧能迅速和高电子密度部分即油脂中的不饱和双键反应，速度比基态氧大约快 1500 倍。

光敏氧化的机理与自动氧化不同，它是通过“烯”反应进行氧化的，图 4-17 以亚油酸酯的光敏氧化为例。高亲电性的单线态氧可以直接进攻双键部位上的任一碳原子，进攻的点数是 $2n$（n 为双键数），形成六元环过渡态，然后双键位移，形成反式构型的氢过氧化物，生成的氢过氧化物种类为 $2n$。

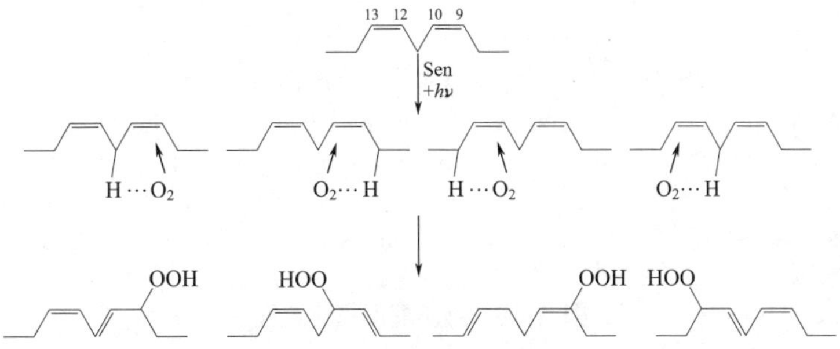

图 4-17 亚油酸酯光敏氧化机理

在脂类光敏氧化过程中单线态氧是自由基活性引发剂，根据单线态氧产生的氢过氧化物的分解特点可用来解释脂类氧化生产的某些产物。一旦形成初始氢过氧化物，自由基反应将成为主要反应历程。

（三）酶促氧化

脂肪在酶参与下发生的氧化反应称为酶促氧化（enzymatic oxidation）。

油脂的酶促氧化与食品中的脂肪氧合酶（lipoxygenase，Lox）有关。脂肪氧合酶的相对分子质量约 10^5，等电点为 5.4，是一种含有 Fe^{2+} 的结合蛋白，被氢过氧化物作用而激活，Fe^{2+} 转化为 Fe^{3+}，并在 0～20℃范围内有很高的反应活性。Lox 专一地作用于顺，顺-1，4-戊二烯酸结构（—CH═CH—CH_2—CH═CH—）的脂肪酸并生成相应的氢过氧化物，因此，亚油酸和亚麻酸是植物脂肪氧合酶的优先底物，花生四烯酸是动物脂肪氧合酶的优先底物，油酸不被酶促氧化。与自动氧化、光敏氧化不同的是，酶促氧化生成的氢过氧化物是光学活性体，而不是外消旋体，表现出生物反应的特征。脂肪氧合酶的专一性不仅要求底物脂肪酸具有的 1，4-戊二烯是顺、顺结构，而且要求其中心的亚甲基（—CH_2—）处于 ω-8 位置上。反应时，首先是 ω-8 亚甲基脱去一个 H· 并生成相应的自由基，然后自由基通过异构化使双键移位并转变成反式构型，随后生成相应的氢过氧化物（ω-6 或 ω-10）。脂肪氧合酶酶促氧化机理及产物结构如图 4-18 所示。

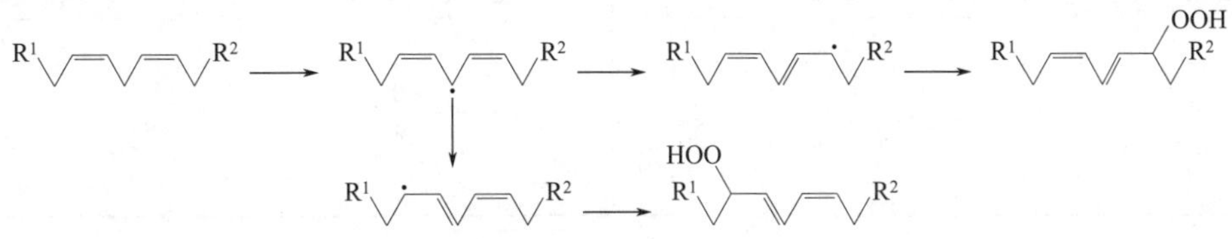

图 4-18 脂肪氧合酶酶促氧化机理及产物结构

此外，通常所称的酮型酸败也属酶促氧化，是由某些微生物如灰绿青霉、曲霉等繁殖时产生的酶（如脱氢酶、脱羧酶、水合酶）的作用引起的。该氧化反应多发生在饱和脂肪酸的 β-碳位上，因而又称为 β-氧化作用，而且氧化产生的最终产物酮酸和甲基酮具有令人不愉快的气味，故称为酮型酸败。其反应过程如图 4-19 所示。

不同来源的脂肪氧合酶对固定底物作用时，由于专一性，所形成的氢过氧化物的结构不同。大豆在加工中产生的豆腥味与脂肪氧合酶的作用有密切关系，植物中的己醛、己醇、己烯醛是脂肪氧合酶作用下生成的典型青嫩叶臭味物质。亚油酸的酶促氧化如图 4-20 所示。

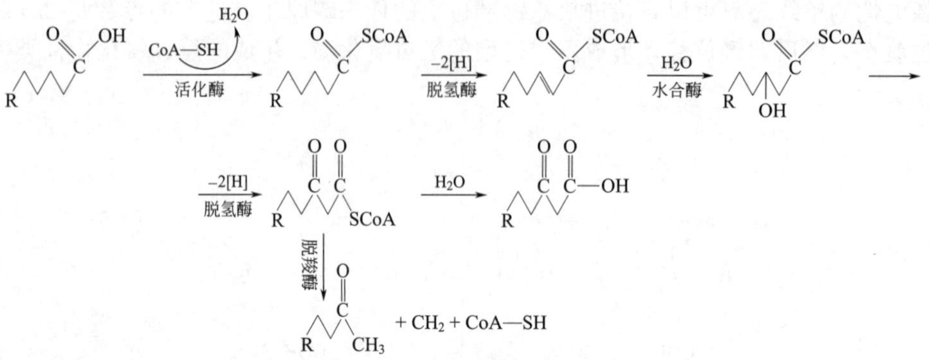

图 4-19 脂肪酶促氧化过程

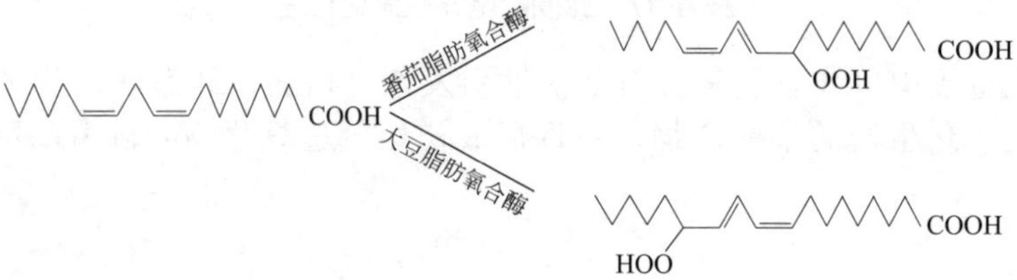

图 4-20 亚油酸酶促氧化过程

（四）影响油脂氧化速率的因素

1. 油脂的脂肪酸组成

脂肪酸的不饱和度、双键的位置和数量以及顺反构型等都会影响氧化速率（表 4-6）。花生四烯酸、亚麻酸、亚油酸以及油酸氧化的相对速率约为 40∶20∶10∶1。顺式结构比反式异构物更易被氧化；共轭双键比非共轭双键活泼得多；饱和脂肪酸的自动氧化极慢，在室温下当不饱和脂肪酸产生明显的氧化酸败时饱和脂肪酸仍然保持不变，但在高温下饱和脂肪酸产生显著的氧化，其氧化速率随温度而定。游离脂肪酸比甘油酯氧化速率略高，当油脂中游离脂肪酸含量大于 0.5%时自动氧化速率明显加快；而甘油酯中脂肪酸的无规则分布有利于降低氧化速率。

表 4-6 脂肪酸在 25℃时的诱导期和相对氧化速率

脂肪酸	双键数	诱导期/h	相对氧化速率
18:0	0		1
18:1(9)	1	82	100
18:2(9,12)	2	19	1200
18:3(9,12,15)	3	1.34	2500

2. 游离脂肪酸与相应的酰基甘油

游离脂肪酸的氧化速率略大于甘油酯化的脂肪酸。天然脂肪中的脂肪酸的随机分布使氧化速率降低。油脂中存在少量游离脂肪酸对于氧化稳定性没有显著的影响。但在一些商品油中存在较高含量的游离脂肪酸，会促使来自设备或贮藏桶的具有催化活性的痕量金属催化剂混入油中，因而使脂肪氧化速率增加。

3. 氧的浓度

在大量氧存在的情况下，氧化速率与氧浓度无关；但当氧浓度较低时，氧化速率与氧浓度近似成正比。氧浓度对氧化速率的影响还受其他因素如温度与表面积影响，因此可采取排除氧气、采用真空或充氮包装和使用透性低的包装材料，以防止含油脂食品的氧化变质。

4. 温度

一般来说，随着温度上升，氧化速率加快。这是因为高温既能促进自由基的产生，又能促进氢过氧化物的分解和聚合。但温度上升，氧的溶解度会有所下降。因此，在高温和高氧化条件下，氧化速率和温度间的关系会有一个最高点。

饱和脂肪酸在室温下稳定，但在高温下也会发生氧化。例如猪油中饱和脂肪酸含量通常比植物油高，但猪油的货架期却比植物油短，这是因为猪油一般经过熬炼而得，经历了高温阶段，引发了自由基所致；而植物油常在不太高的温度下用有机溶剂萃取而得，故稳定性比猪油好。

5. 表面积

氧化速率直接与脂暴露于空气的表面积成正比。在O/W乳状液中氧化速率与氧扩散到油相中的速率有关。故采用真空或充氮包装及使用低透气性材料包装，可防止含油食品的氧化变质。

6. 水分

在脂类体系和含各种脂肪的食品中，氧化速率主要取决于水分活度（a_w）。在a_w＝0.33时氧化速率最低；当a_w从0至0.33，随着a_w增加，氧化速率降低，这是因为十分干燥的样品中添加少量水，既能与催化氧化的金属离子水合使催化效率明显降低，又能与氢过氧化物结合并阻止其分解；a_w从0.33至0.73，随着a_w增大，催化剂的流动性提高，水中的溶解氧增多，分子溶胀，暴露出更多催化点位，故氧化速率提高；当a_w＞0.73，水量增加，催化剂和反应物的浓度变小，导致氧化速率降低。

7. 分子定向

物质的分子定向对脂类的氧化具有重要的影响。例如，通过研究多不饱和脂肪酸（PUFA）在37℃、pH值7.4以及Fe^{2+}-维生素C催化剂存在条件下的氧化稳定性，得出氧化稳定性随不饱和度的增加而增加的结论，与预料的结果恰恰相反，这与水溶性介质中存在的PUFA的构象有关。

脂类分子定向对氧化速率的影响可以亚油酸乙酯氧化为例说明。亚油酸分子以两种状态存在：一种存在于体相中，另一种以定向态（以单分子层吸附在硅胶表面）存在。在60℃时，单分子层中的亚油酸乙酯的氧化速率比在体相中快得多，这是因为单分子层中亚油酸乙酯更易接近氧。但在180℃时结果恰好相反，这是因为体相中亚油酸乙酯的分子与结合的自由基的运动速度比在单分子层中快，因此补偿了因与氧接近程度的差异产生的影响。无论是体相还是单分子层样品，主要的分解产品虽然不完全相同，但它们都是过氧化物的经典的分解产物。

8. 物理状态

对胆固醇氧化的最新研究表明，物理状态对脂类氧化速率的影响也是非常重要的。将固体与液态微晶胆固醇膜的碎片悬浮在水溶性介质中，研究其在不同的温度、时间、pH值及缓冲液的组成等条件下的氧化稳定性。氧化物的类型与比例的差异主要取决于反应条件，其中胆固醇的物理状态的影响最为显著。实际上影响氧化速率的许多因素主要是通过影响胆固醇及分散介质的物理状态起作用的。

9. 乳化

在O/W乳状液中，或是油滴分散在水溶性介质中的食品体系，氧必须扩散至水相，并通过油-水界面膜才能接近脂。氧化速率与许多因素的相互作用有关，这些因素包括乳化剂类型与浓度、油滴的大小、界面积大小、水相黏度、水溶性介质的组成与多孔性以及pH值等。

10. 分子迁移率与玻璃化转变

如果脂类氧化速率是扩散控制的，那么处于玻璃化转变温度以下的氧化速率是低的。高于玻璃化转变温度，氧化速率与温度有极大的关系。

11. 促氧化剂

一些具有合适的氧化还原电位的2价或多价过渡金属，如钴、铜、铁、锰以及镍等，是有效的促氧化剂，即使含量低至 0.1mg/kg 也能缩短诱导期和提高氧化速率。食用油中通常存在着微量重金属，这些重金属来源于种植油料植物的土壤、动物和在加工或贮藏过程中所用的金属设备；微量金属同样存在于食品组织和所有生物起源的流体食品（如鸡蛋、牛乳以及果汁等）中的天然组分，并以游离态和结合态两种形式存在。不同金属催化能力强弱排序如下：铅＞铜＞黄酮＞锡＞锌＞铁＞铝＞不锈钢＞银。

已推测了几种金属催化氧化的机理，如下所示。

① 促进氢过氧化物分解

$$M^{n+} + ROOH \longrightarrow M^{(n+1)+} + OH^- + RO\cdot$$

$$M^{n+} + ROOH \longrightarrow M^{(n-1)+} + H^+ + ROO\cdot$$

② 直接与未氧化物质作用

$$M^{n+} + RH \longrightarrow M^{(n-1)+} + H^+ + R\cdot$$

③ 使氧分子活化，产生单线态氧和过氧化自由基

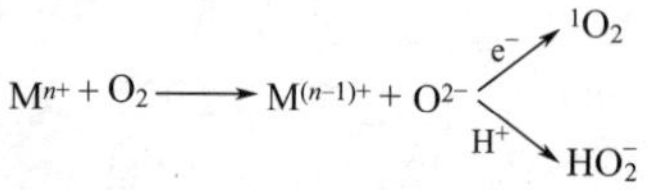

$$M^{n+} + O_2 \longrightarrow M^{(n-1)+} + O^{2-} \begin{cases} \xrightarrow{e^-} {}^1O_2 \\ \xrightarrow{H^+} HO_2^- \end{cases}$$

另外，许多食品组织中存在羟高铁血红素，也是一种重要的促氧化剂。例如，熬炼猪油时若血红素未去除完全，则猪油酸败速度快。

12. 辐射能

可见光、紫外线以及 γ 射线都能有效地促进氧化，尤其是紫外线和 γ 射线，所以油脂的贮藏宜用遮光容器。

（五）抗氧化剂及其机理

食品脂类氧化是一个严重且难以解决的问题。脂类氧化会导致食品风味、营养功能成分及货架寿命的损失，甚至造成食品安全隐患。在含油脂的食品中，通常通过使用抗氧化剂来推迟油脂氧化反应的发生，或降低氧化反应的速度。按照抗氧化剂的作用机理，可以将抗氧化剂分为自由基清除剂、单线态氧猝灭剂、氢过氧化物分解剂、金属螯合剂、酶抗氧化剂、氧清除剂、紫外线吸收剂等。从抗氧化剂混合使用的角度，还包括抗氧化剂再生剂和抗氧化剂增效剂。

1. 抗氧化剂作用机理

（1）自由基控制与清除

许多抗氧化剂通过清除活性自由基，已阻止链诱导、链传递反应，从而延缓脂质氧化。这类抗氧化剂通常称作自由基清除剂（free radical scavenger）。常见如酚类化合物。酚类化合物拥有活性自由基清除剂所具备的多种性质：它是优良的氢供体。在遇到自由基时，酚类物质能贡献氢将自由基清除，同时自身形成性质稳定、反应不活泼的自由基中间产物（图 4-21）。新形成的酚基自由基中氧原子上的单电子可与苯环上的 π 电子云共轭而稳定化。尤其是当酚羟基的邻位上具有叔丁基时，由于空间位阻作用阻碍了分子氧的进攻。从而降低了酚基自由基进一步引发自由基链式反应的能力，体现出抗氧化活性。

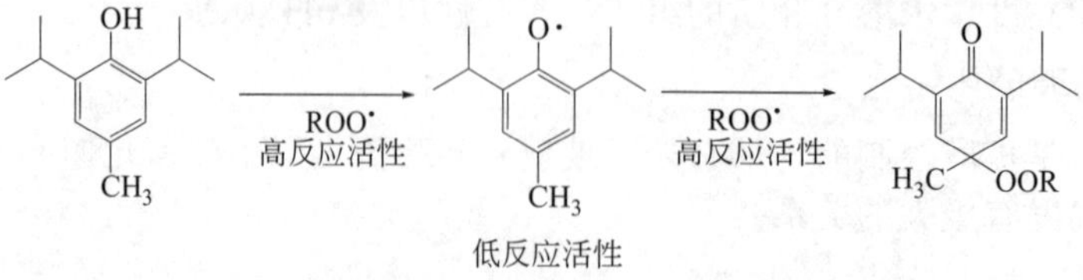

OH　ROO· 高反应活性　O·　ROO· 高反应活性　O
CH_3　CH_3　H_3C　OOR
低反应活性

图 4-21 酚类自由基清除剂的抗氧化机理

由图 4-21 可见，作为自由基清除剂的酚类抗氧化剂，一方面能将高反应活性自由基转变为低反应活性自由基，以消除自由基链传递。另一方面经过两步反应通过形成氧化物将自由基彻底清除。食品中常见的酚类抗氧化剂见图 4-22 所示。

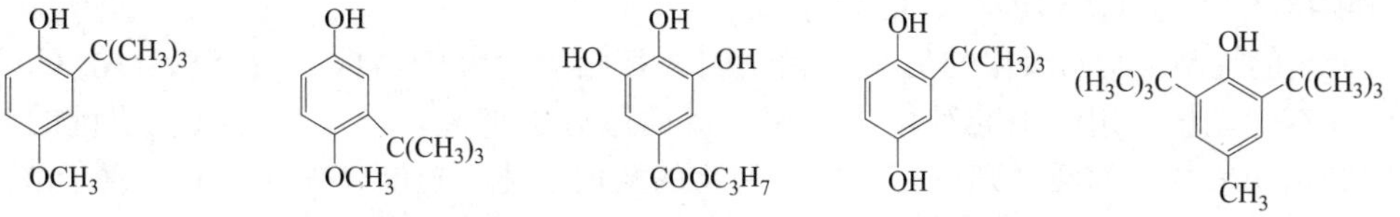

2-叔丁基羟基茴香醚 (2-BHA)　3-叔丁基羟基茴香醚 (3-BHA)　没食子酸丙酯 (2-PG)　2-叔丁基苯二酚 (TBHQ)　2,6-二叔丁基-4-甲基苯酚 (BHT)

图 4-22 食品中常见的酚类抗氧化剂

（2）氧气及氧化中间体的控制

在油脂氧化过程中，氧是关键的反应物，因此清除氧分子是实现抗氧化的重要方式。食品中常用的氧清除剂（oxygen scavenger）主要有：抗坏血酸、抗坏血酸棕榈酸酯、异抗坏血酸、异抗坏血酸钠等。此外，抗坏血酸还具有螯合金属离子的作用。在商业上，葡萄糖氧化酶常用于果汁、蛋黄酱等食品中清除氧。食品包装袋内常使用铁系脱氧剂和亚硫酸盐脱氧剂通过消耗食品中的氧气而起到抗氧化作用。

油脂氧化中间体主要包括脂质氢过氧化物（hydroperoxide）和超氧阴离子（superoxide anion）。氢过氧化物是油脂氧化的主要初级产物，有些化合物如硫代二丙酸的月桂酸酯和硬脂酸酯可将氢过氧化物转变为非活性物质，从而起到抑制油脂进一步氧化的作用，将这类抗氧化物质称作氢过氧化物分解剂（hydroperoxide decomposer）。超氧阴离子（$O_2^- \cdot$）是活性氧的一种。超氧化物歧化酶（superoxide dismutase，SOD）可将超氧化物自由基转变成三线态氧和过氧化氢，形成的过氧化氢在过氧化氢酶的作用下转变成水合三线态氧从而起到抗氧化作用。在许多动植物组织中发现存在谷胱甘肽过氧化物酶（glutathione peroxidase，GSH），它是一种含硒的酶，可以通过将还原态谷胱甘肽作为辅助底物，分解氢过氧化物和过氧化氢。

（3）促氧化剂的控制与清除

食品中的脂质氧化速度还取决于促氧化剂（pro-oxidant）的浓度和活性。这些促氧化剂主要包括单线态氧、过渡金属离子和酶（主要是脂肪氧合酶）。

单线态氧的控制：使用单线态氧淬灭剂（$^1O_2$ quencher）。

由于类胡萝卜素（carotenoids）具有较低的单线态能量，因此它们容易从单线态氧气分子接受能量而使$^1O_2$ 转化为$^3O_2$，从而实现$^1O_2$ 的淬灭（quenching）。一分子的 β-胡萝卜素（β-carotene）可以按 $1.3\times10^{10}\,L\cdot mol^{-1}s^{-1}$ 的速率淬灭 250～1000 个$^1O_2$ 分子。能量转移是类胡萝卜素淬灭$^1O_2$ 的作用机制。$^1O_2$ 将电子激发能量转移给类胡萝卜素（CAR），进而产生三线态类胡萝卜素（^{3}CAR）和$^3O_2$，如图 4-23 所示。同样处于激发态的三线态光敏素（^{3}Sen*）也可以将能量转移给单线态类胡萝卜素（^{1}CAR），这称为三线态光敏素淬灭。而处于三线态的类胡萝卜素（^{3}CAR）很容易通过热量散失而回到单线态（^{1}CAR）。类胡萝卜素淬灭$^1O_2$ 的效率与其共轭双键的数目、水溶性和浓度密切相关。一般随着分子中共轭双键数目增多、浓度上升和水溶性增加，类胡萝卜素淬灭$^1O_2$ 的效率越高。

$$^1O_2 + {}^1CAR \longrightarrow {}^3O_2 + {}^3CAR$$

$$^1CAR + {}^3Sen^* \longrightarrow {}^3CAR + {}^1Sen$$

$$^3CAR \longrightarrow {}^1CAR + \text{热量}$$

图 4-23 类胡萝卜素淬灭$^1O_2$ 和^{3}Sen* 的机制

过渡金属离子的控制：过渡金属离子一方面能催化脂肪酸形成自由基，另一方面又能加速氢过氧化物分解，因此具有很强的促氧化作用。许多化合物能与过渡金属离子形成复合物，并降低它们的活性，这些化合物称作金属螯合剂（metal chelator）。金属螯合剂通过以下途径发挥作用：形成不溶性金属离子复合物，通过与金属离子结合产生空间位阻抑制脂质（或氧化中间体，如氢过氧化物）与金属离子的结合；占据金属离子的配位点；阻断金属离子氧化还原循环，通过降低高价金属阳离子的氧化还原电势而稳定其氧化状态。常见金属螯合剂主要为多羧酸化合物，如柠檬酸、苹果酸、酒石酸、乙二胺四乙酸（EDTA）和磷酸衍生物（多磷酸盐、植酸等）。

脂肪氧合酶的控制：脂肪氧化的另一个影响因素是脂氧合酶的活性。脂肪氧合酶（EC 1.13.11.12）是一种广泛存在于动植物组织中的氧化还原酶类，通过分子加氧，形成具有共轭双键的脂质氢过氧化物。如能抑制脂肪氧合酶的活性则可有效抑制油脂的酶促氧化。黄酮、酚酸及其没食子酸酯等物质能有效抑制脂肪氧合酶，茶黄素单没食子酸酯与茶黄素二没食子酸酯是大豆脂肪氧合酶的有效抑制剂。脂肪氧合酶的活性可以通过加热的方式钝化或灭活，但需注意加热也能加速油脂的自动氧化。此外，可以采用遗传育种手段降低可食用组织中该酶的水平。

2. 抗氧化剂之间的增效作用

在食品生产中，常将几种抗氧化剂混合使用，在获得相同抗氧化效果的情况下，混合使用抗氧化剂所需要的总量更低。通常，将不同抗氧化剂之间互相增强其抗氧化力的现象称为抗氧化剂的增效作用（synergism）。增效作用可以发生在同一类型抗氧化剂之间，也可以发生在不同类型抗氧化剂之间。自由基清除剂、氢过氧化物分解剂、金属螯合剂、单线态氧淬灭剂之间常能产生增效作用。如，磷脂与生育酚、BHA 与 BHT、生育酚与柠檬酸之间都具有增效作用。不同抗氧化剂之间增效作用的机制尚不完全清楚。根据增效作用的类型，分为两类。一类是混合自由基接受体。例如，在 BHA 与 BHT 的增效体系中，前者为主抗氧化剂，被氧化形成自由基（BHA·），而形成的自由基能与 BHT 作用使被其还原为 BHA。另一类是自由基接受体（主抗氧化剂）与预防型抗氧剂（如单线态氧淬灭剂、金属离子螯合剂、氧清除剂等）的联合抗氧化。例如，生育酚与柠檬酸混合使用时有很强的增效作用，这就是生育酚的自由基清除能力和柠檬酸的金属螯合作用共同作用的结果。

3. 抗氧化剂物理定位

除自身化学结构外，抗氧化剂表现出广泛的抗氧化能力还取决于抗氧化剂的物理定位。例如，在体相油中，使用亲水亲油平衡值较大的或极性抗氧化剂（如 TBHQ）比较有效，因为此时抗氧化剂集中在脂质-空气的界面处或处于油相内部的胶束处，这些位点由于有高浓度的氧和促氧化剂，正是脂质氧化反应最剧烈的位点。相比之下，对于水包油型乳化体系，宜选用亲脂性较强或非极性的抗氧化剂（如 BHA、BHT）更为有效，因为它们存在于油-水界面处或油滴中，而油滴表面的氢过氧化物和水相中的促氧化剂在这些位点发生反应。

三、热分解

油脂在高温下的反应十分复杂，在不同条件下会发生聚合、缩合、氧化、分解、热氧化聚合等反应。长时间高温烹调的油脂自身品质也会降低，如黏度增高、碘值下降、酸价升高、发烟点降低、泡沫量增多、遮光率改变，还会产生刺激性气味。表 4-7 列出了部分氢化大豆油在高温加热前后的一些指标变化。

表 4-7　部分氢化大豆油高温加热前后的特征指标

特征指标	新鲜油	加热油
碘值/(gI_2/100g)	108.9	101.3
皂化值/(mgKOH/g)	191.4	195.9
酸价/(mgKOH/g)	0.03	0.59

在高温下，脂类发生复杂的化学变化，包含热降解和氧化两种类型反应。在氧存在下加热，饱和脂肪酸与不饱和脂肪酸均发生化学降解，其反应历程如图 4-24 所示。

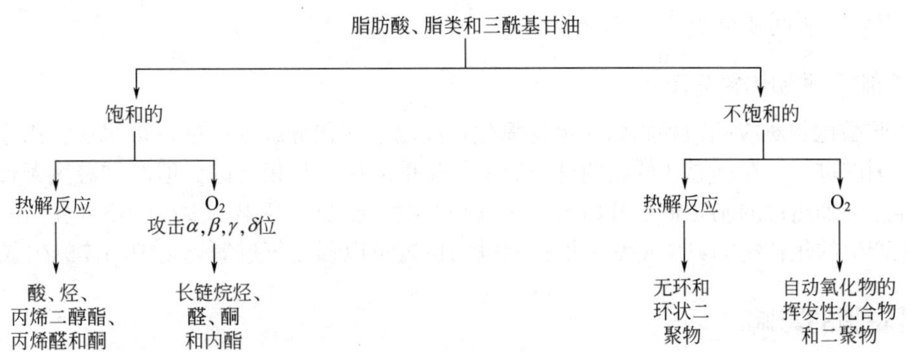

图 4-24 脂类热分解图解

1．饱和脂肪类非氧化热分解反应

饱和脂肪酸在很高温度下加热才会进行大量的非氧化分解，金属离子（Fe^{3+} 等）的存在可催化热分解反应的发生。对三酰基甘油高温真空加热发现，分解产物包括醛、酸、酮，主要反应如图 4-25 所示。

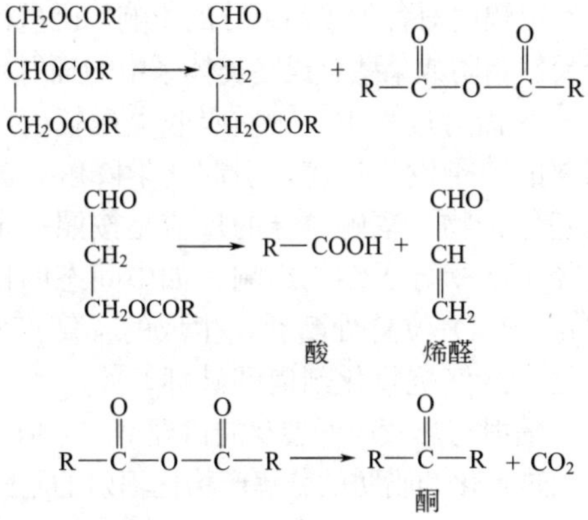

其中，1-氧代丙酯分解生成丙烯酸和 C_n 脂肪酸，酸酐中间体脱羧即形成对称酮，是与三酰基甘油辐射分解相似的自由基历程。这在热解产物的生成过程中同样起着重要的作用，特别是在较高温度下加热油脂。

$CH_2OCOR-CHOCOR-CH_2OCOR \longrightarrow CHO-CH_2-CH_2OCOR + R-C(=O)-O-C(=O)-R$

$CHO-CH_2-CH_2OCOR \longrightarrow R-COOH\ (酸) + CHO-CH=CH_2\ (烯醛)$

$R-C(=O)-O-C(=O)-R \longrightarrow R-C(=O)-R\ (酮) + CO_2$

图 4-25 饱和脂肪的非氧化热分解反应

2．饱和脂肪类的热氧化反应

饱和脂肪酸及其脂类在常温下较稳定，但加热至高温（>150℃）也会发生氧化，并生成多种产物，如同系列的羧酸、2-链烷酮、直链烷醛内酯、正烷烃和 1-链烯。

饱和脂肪酸加热氧化首先形成氢过氧化物，脂肪酸的全部亚甲基都可能受到氧的攻击，一般在 α、β、γ 位优先被氧化。氢过氧化物再进一步分解，生成烃、醛、酮等化合物。图 4-26 所示为氧进攻 β 位置时生成一系列化合物。

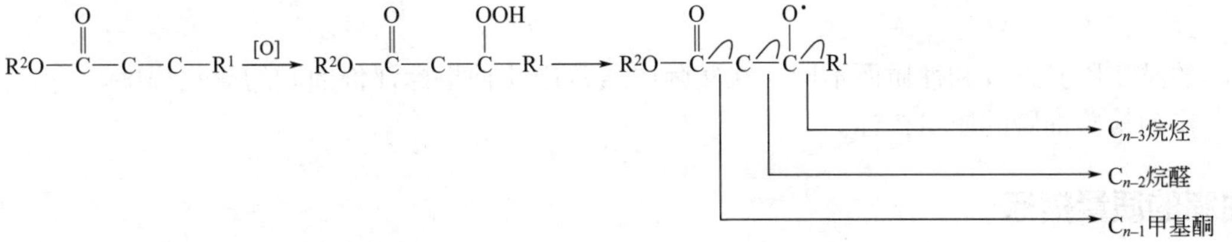

$R^2O-C(=O)-C-C-R^1 \xrightarrow{[O]} R^2O-C(=O)-C-C(OOH)-R^1 \longrightarrow R^2O-C(=O)-C-C(O^\cdot)-R^1$

$\longrightarrow C_{n-3}$烷烃

$\longrightarrow C_{n-2}$烷醛

$\longrightarrow C_{n-1}$甲基酮

图 4-26 饱和脂肪的氧化热分解反应

脂肪酸 β-碳氧化可生成 β-酮酸，脱羧后形成 C_{n-1} 甲基酮，烷氧基中间体在 α-碳和 β-碳间裂解生成 C_{n-2} 链烷烃，在 β-碳和 γ-碳间断裂则生成 C_{n-3} 烃。

3．不饱和脂肪酸酯非氧化反应

在隔氧条件下，较剧烈的热处理使不饱和脂肪酸发生分解反应，主要产物为二聚化合物，并生成一些低分子量的物质。二聚化合物包括无环单烯和二烯二聚物以及具有环戊烷结构的饱和二聚物，它们都是通过双键的 α-亚甲基脱氢后形成的烯丙基产生的，这类自由基通过歧化反应可形成单烯烃或二烯酸，

或是 $\gt C=C\lt$ 发生分子间或分子内加成反应。

4．不饱和脂肪酸酯热氧化反应

不饱和脂肪酸比相对应的饱和脂肪酸更易氧化，高温下氧化分解反应进行得很快。由于这些反应能在较宽的温度范围内进行，在高温和低温两种情况下氧化反应途径是相同的，但两种温度条件下的氧化产物存在某些差异。从加热过的脂肪中已分离出很多分解产物，脂肪在高温下生成的主要化合物具有脂肪在室温下自动氧化产生的化合物的典型特征。根据双键的位置可以预测氢过氧化物中间体的生成与分解。

四、辐照对油脂的影响

辐照作为一种食物的灭菌手段，可延长食品的货架期。但它与热处理一样也可诱导化学变化，辐射剂量越大影响越严重。因此必须控制处理条件，使这类化学变化的性质和程度不损害食品品质和带来卫生问题。为确定辐射对各种食品组分的影响，已进行了广泛而深入的研究，有关脂类在辐射过程的早期研究大多是关于天然脂肪或某些合成脂类体系中的辐射-诱导氧化，只是在最近才精确地研究了脂肪中的辐解变化。

在辐射过程中，物质吸收电磁辐射后形成离子和激化分子，然后激化分子和离子分解，或者它们与相邻的分子发生反应，引起化学降解，激化分子可进一步降解成自由基。自由基之间可结合，生成非自由基化合物。辐解诱导的反应是按照一定的途径进行的，而不是化学键无规律断裂的统计分布。反应的途径主要受分子结构影响，如中间态的稳定性、反应活化能。以饱和脂肪酸为例，辐射首先在羰基附近的 α、β、γ 位置处断裂，生成的辐解产物有烃、醛、酸等。当有氧存在时，辐照还可加速油脂的自动氧化，并使抗氧化剂遭到破坏。

辐射与热效应所涉及的机理不同，但是脂肪辐解产生许多化合物，与加热时形成的产物有些相似，但加热或热氧化的脂肪的分解产物比辐射的脂肪多很多。例如，最近的研究表明，脂肪酸酯和三酰基甘油在剂量高达 250kGy 的辐射下得到的挥发性和非挥发性产物的种类和数量都比 180℃加热油炸 1h 得到的少很多。

第四节　油脂的质量指标及稳定性评价

脂类在加工和贮藏过程中极易氧化。氧化是食品败坏的主要原因之一，它使食用油脂及脂肪食品产生各种不愉快味道，并且降低食品的营养价值，导致食品品质下降。此外，水解、辐照等也会导致食品品质降低。

油脂的品质因其组成和性质而不同。在实际中通常用几种指标评价油脂的氧化程度，并综合其他评价方法，作为检验油脂的质量指标。

一、油脂的质量指标

油脂的质量包括诸多理化指标。食用油脂质量指标主要是那些与油脂组成和性质相关参数。表 4-8 所示为常用于评价食用动植物油脂及油脂制品品质的一系列参数。当然，并不是每一种油脂产品都需要评价所有这些参数。

表 4-8　食用动植物油脂及油脂制品的品质参数

参数	说明	有关检测标准
脂肪酸组成及分布	百分比，根据油脂的来源而定	GB 5009.168—2016
相对密度	相对于 20℃的水	SN/T 0801.8—2010
折光指数	20℃、40℃或其他规定温度下测定	GB/T 5527—2024
色泽	罗维朋比色槽(133.4nm)	GB/T 22460—2008；SN/T 0801.14—2011

续表

参数	说明	有关检测标准
类胡萝卜素、叶绿素	mg/kg,高效液相色谱法	—
滋味、气味	感官评定	GB 2716—2018
浊度或透明度	肉眼观察、仪器测定	—
凝固点、固体脂肪含量、冷却曲线	仪器测定	GB/T 31743—2015;GB/T 37517—2019
碘值(IV)	g I_2/100g 样品	GB/T 5532—2022
酸价(AV)	mgKOH/g,游离脂肪酸值	GB 5009.229—2016;AOCS Ca 5a-40
皂化值	mgKOH/g	GB/T 5534—2024
不皂化物	g/kg	GB/T 5535.1—2008;GB/T 5535.2—2008
极性组分	煎炸过程中的食用植物油≤27%	GB 5009.202—2016
烟点、闪点	℃,仪器测定	GB/T 20795—2006;SN/T 0801.12—2010
过氧化值(POV)	g/100g,氧化稳定性指标	GB 5009.227—2003
茴香胺值(*p*-AnV)	mg/kg,氧化稳定性指标	GB/T 24304—2024
AOM 值	氧化稳定性指标	—
胆固醇	百分比,主要针对动物油脂	GB 5009.128—2016
反式脂肪酸	百分比	GB 5009.257—2016
溶剂残留量	压榨油溶剂残留量不得检出	GB 5009.262—2016

1. 过氧化值

过氧化值（peroxidation value，POV）是指 100g 油脂中所含氢过氧化物的质量（g）。氢过氧化物是油脂自动氧化的主要初级产物，POV 值主要用来衡量油脂氧化初期的氧化程度。当油脂深度氧化时，氢过氧化物的分解速度超过了生成速度，POV 值反而降低。POV 值常用碘量法测定。

该法基于油脂在氧化酸败后产生的过氧化物与碘化氢作用分离出碘，再用硫代硫酸钠标准溶液滴定游离出来的碘，根据硫代硫酸钠的消耗数量即可计算油脂的过氧化值。需注意 POV 值会随操作条件变化，并且对温度的变化非常敏感，因此分析结果并不十分可靠。碘量法测定反应式如下：

$$ROOH + 2KI \longrightarrow ROH + I_2 + K_2O$$

$$I_2 + 2Na_2S_2O_3 \longrightarrow 2NaI + Na_2S_4O_6$$

食品安全国家标准规定，食用动物油脂（GB 10146—2015）的过氧化值不得超过 0.20g/100g，食用植物油（GB 2716—2018）的过氧化值不得超过 0.25g/100g。

2. 酸价

酸价（acid value，AV）是指中和 1g 油脂中游离脂肪酸所需的氢氧化钾质量（mg）。酸价表示油脂中游离脂肪酸的数量，游离脂肪酸含量增加，说明油脂的新鲜度和质量有所下降。因而酸价的大小可直接说明油脂的新鲜度和质量好坏，是检验油脂质量好坏的重要指标。食品安全国家标准规定，食用动物油脂（GB 10146—2015）的酸价不得超过 2.5mg/g，食用植物油（GB 2716—2018）的酸价不得超过 3mg/g。

3. 丙二醛值

动植物油脂受到光、热、空气中氧的作用，发生酸败，分解出醛、酸等降解产物，其中，油脂中不饱和脂肪酸氧化分解会产生丙二醛。现行国家标准 GB 5009.181—2016 采用分光光度法测定丙二醛值。动植物油脂中的丙二醛经三氯乙酸溶液提取后，与硫代巴比妥酸（thiobarbituric acid，TBA）作用生成粉红色化合物，测定其在 532nm 波长处的吸光度值，与标准系列比较定量。丙二醛值（malondialdehyde，MDA）被表述为 1kg 油脂中所含的丙二醛的毫克数。它是油脂氧化酸败的重要指标。食品安全国家标准 GB 10146—2015 规定食用动物油脂的丙二醛值不得超过 0.25mg/100g。

4. 硫代巴比妥酸值

油脂的二次氧化产物与硫代巴比妥酸试剂反应生成红色和黄色物质。其中氧化产物丙二醛与硫代巴比妥酸反应产生的物质为红色，在 530nm 处有最大吸收；饱和醛、单烯醛和甘油醛等与硫代巴比妥酸反应产物为黄色，在450nm处有最大吸收。因此，可同时在这两个最高吸收波长处测定油脂的二次氧化产物的含量。硫代巴比妥酸法是广泛用于评价油脂氧化程度的方法之一。未经分离二次氧化产物的油脂可直接测定硫代巴比妥酸值。该法的不足之处在于并非所有脂类氧化体系都有丙二醛存在。此外发现单糖、蛋白质、木材熏烟的成分都干扰该反应，如木材熏烟中的某些化合物与硫代巴比妥酸反应显红色。

5. 碘值

碘值（iodine value，IV）指100g油脂完全碘化所需要的单质碘（I_2）的质量（g）。通过油脂的碘值可以判断油脂中脂肪酸的不饱和程度。油脂碘值大，说明油脂组成中不饱和脂肪酸含量高或不饱和程度高。碘值降低说明油脂已发生氧化，所以有时用这种方法监测油脂自动氧化过程中二烯酸含量下降的趋势。

6. 皂化值

皂化值（saponify value，SV）是指1g油脂完全皂化时所需的氢氧化钾（KOH）质量（mg）。皂化值的大小与油脂的平均相对分子质量成反比，一般油脂的皂化值在200左右。组成油脂的脂肪酸分子质量越小，油脂的皂化值越大。

7. 酯值

酯值（ester value）是指皂化1g油脂中甘油酯所需要的氢氧化钾的质量（mg）。中性油脂即油脂中不含游离脂肪酸时，油脂的皂化值等于酯值。油脂中含游离脂肪酸时，酯值等于皂化值减去酸值。酯值反映油脂中的甘油酯含量，也可说明游离脂肪酸存在的情况。

8. 乙酰值

乙酰值（acetylation value）是指将1g油脂完全乙酰化后水解，将水解出的乙酸用氢氧化钾中和时所需氢氧化钾的质量（mg）。它是对脂肪中羟基数目的定量指标。

9. 二烯值

二烯值（diene value，DV）是指100g油脂完全发生Diels-Alder反应所需要的顺丁烯二酸酐的量换算成碘的质量（g）。二烯值可反映不饱和脂肪酸中共轭双键的多少。

二、油脂氧化稳定性评价

1. 活性氧法（AOM法）

活性氧法（active oxygen method，AOM）是在97.8℃的恒温条件下迅速连续通入2.33mL/s的空气，测定POV值达到100（植物油）或20（动物油）时所需的时间（h）。AOM值越大，说明油脂的抗氧化稳定性越好。

2. 史卡尔温箱实验法

史卡尔（Schaal）温箱实验法是把油脂置于（63±0.5）℃温箱中，定期测定POV值达到20的时间，或用感官评定确定油脂出现酸败的时间，一般以d为单位。

3. 仪器分析法

使用色谱法、荧光法以及光谱分析法等测定含油食品中的氧化产物，来评价油脂的氧化程度。油脂煎炸后，其极性组分和聚合物含量增加，可采取制备型快速柱色谱法或体积排阻色谱法分析此类物质。

第五节　油脂加工化学

一、油脂的精炼

油脂精炼是指对毛油（又称原油）进行精制。毛油（crude oil）是指经压榨、浸出或水剂法工序从油料中提取的未经精炼的油脂。毛油不能直接用于食用，只能作为成品油的原料。毛油的主要成分是混合甘油三酯（或称中性油）。

毛油中常含有可产生不良风味、不良色泽或不利于保藏的物质，如游离脂肪酸、磷脂、糖类化合物、蛋白质及其他有色或有异味的杂质。精炼（refining）就是进一步采取理化措施除去油脂中的杂质，而最小程度破坏中性油和生育酚，并使油的损失（炼耗）降至最低。

精炼可提高油脂的氧化稳定性，延长产品货架期，并且明显改善油脂的色泽和风味，还能有效去除油脂中的一些有毒成分（如花生油中的黄曲霉毒素和棉子油中的棉酚等）。但精炼过程中也会造成油脂中的脂溶性维生素、胡萝卜素和天然抗氧化物质（如生育酚）的损失。根据毛油中杂质的特点，油脂的精炼主要包括除杂、脱胶、脱酸、脱色、脱臭等工序。

1. 除杂

通常用静置法、过滤法、离心分离法等机械方法处理，除去悬浮于油中的杂质。

2. 脱胶

将毛油中的水溶性杂质脱除的工艺过程称为脱胶。此过程主要脱除的是磷脂。作为食用油脂，如磷脂含量较高，加热时易起泡、冒烟、产生臭味，同时温度较高时磷脂因氧化而使油脂呈焦褐色，影响煎炸食品的风味。根据磷脂及部分蛋白质在无水状态下可溶于油但形成水合物时不溶于油的性质，脱胶时常向油脂中加入2%～3%的热水，在50℃左右搅拌，或通入水蒸气，由于磷脂有亲水性，吸水后密度增大，可通过沉降或离心分离除去水相，即可除去磷脂和部分蛋白质。

3. 脱酸

脱羧的主要目的是除去毛油中的游离脂肪酸。毛油中含有0.5%以上的游离脂肪酸，在米糠油毛油中甚至高达10%。游离脂肪酸对食用油的风味和稳定性有很大的影响，一般多采用加碱中和的方法分离去除。用于中和游离脂肪酸的碱有氢氧化钠（烧碱）、碳酸钠（纯碱）和氢氧化钙等，食品工业中普遍采用烧碱。

将通过酸价确定的碱与经加热处理后的脂肪（30～60℃）混合，能中和毛油中绝大部分游离脂肪酸，生成的脂肪酸盐（钠皂）在油中不易溶解，形成絮凝胶状物而沉降。生成的钠皂可利用表面活性物质进行中和，此物质吸附吸收能力强，可将相当数量的其他杂质（如蛋白质、黏液物、色素、磷脂及带有羟基或酚基的物质）带入沉降物内，甚至悬浮杂质也可被絮状皂团挟带下来。因此，碱中和的方法本身具有脱酸、脱胶、脱杂质和脱色等多重作用。但是，碱脱酸法易造成油脂损耗。此缺点可利用新型脱酸技术如生物脱酸、溶剂萃取、超临界流体萃取和膜分离技术等，或与碱脱酸技术相结合用于油脂脱酸来克服。然而这些新型技术的工业化应用、经济性评价及代替传统精炼技术的可行性等还需要进一步深入研究。

4. 脱色

毛油中含有类胡萝卜素、叶绿素等色素，影响油脂的外观甚至稳定性（叶绿素是光敏化剂）。脱色是指向油脂中加入吸附材料以脱除油脂中的色素，使油脂颜色变浅的过程。常用的吸附材料包括白土、凹凸棒土、二氧化硅、活性炭等。天然白土在使用之前常用酸法活化，以增强其对色素的吸附能力。目前，理想的杂质/色素去除方式是采用二氧化硅TRISYL对油脂进行脱色，其对油脂中的磷脂、皂脚和微量金属具有很强的吸附效果，结合滤饼（废白土）和白土完成脱色工艺。该工艺中由于油中杂质受TRISYL保护不会阻塞滤饼，油可顺利流经滤饼，显著提高了滤饼对油中色素（叶绿素等）和其他衍生物的吸附率。该工艺可节约活性白土50%～70%，并可延长过滤时间，减少滤饼废弃物处理量，降低油分损失。

5. 脱蜡

一些毛油的精炼需要包含脱蜡工序。油料的种皮和胚芽中含有的蜡质，通过油脂加工引入到毛油中。不同油料及不同加工方法得到的植物油，其蜡质含量各有不同。玉米油、米糠油、红花油、芝麻油和葵花籽油等含有较高的蜡质（0.2%～3.0%），蜡质的存在可能会导致瓶装油脂发生浑浊甚至沉淀。利用蜡质高熔点和易结晶的特性，可通过降低温度进行脱蜡处理。通常将油脂缓慢（4h 以上）降温至 6～8℃，保持 6h 使蜡质结晶并成熟，蜡质结晶体相互凝聚形成较大的晶粒悬浮在油脂体系中。将油脂小心加热到 18℃以降低体系黏度，然后通过过滤将蜡质结晶体从液态油脂中分离去除。

6. 脱臭

大部分油脂含有挥发性异味物质，主要源于油脂的氧化产物。工业中常用减压蒸汽蒸馏法进行油脂的脱臭。利用异味物质与甘油三酸酯挥发度的显著差异，在减压（266.64～2666.44Pa）下将油加热至 220～250℃，通入水蒸气进行蒸馏，以去除挥发性异味物质。此过程还可使非挥发性的异味物热分解为挥发物，进而蒸馏除去。在脱臭中还可添加柠檬酸，以螯合微量重金属离子，抑制氧化作用。

目前，国外广泛采用的脱臭法为干式冷凝法。该方法是将水蒸气冷却冻结，在通过真空发生装置——真空泵前就被去除，吸气量变少，使产生同样程度真空所需的真空蒸汽喷射泵驱动蒸汽变少，有效地节省了能量消耗。

7. 冬化

通常，脱臭是油脂精炼的最后一道工序，很多商品油脂在脱臭之后便进入了流通领域。但是，用途不同的油脂对精炼的要求有所不同。例如色拉油（salad oil），要求在 0℃冰水混合物中冷藏 5.5h 后仍然澄清、透明。这要求油脂中不能含有高熔点的硬脂（固体脂）。油脂中固体脂与液体油在熔点上的差异较大，有时可达几十摄氏度。冬化（winterization）是一种通过降温去除油脂中固体脂的工艺过程。由于操作方式上的相似性，也将脱蜡和冬化看作一种特殊的油脂分提工艺。最早使用冬化处理的油脂是棉籽油。冬季室外低温贮藏的棉籽油会发生浑浊，随着晶体的不断生长进而形成沉淀。沉淀的油脂比液态的油脂含有更多的饱和脂肪酸（如棕榈酸）。通常将沉淀的部分称为硬脂（stearin），约占棉籽油的 20%～25%。目前，工业上冬化一般将脱色油脂经过连续热交换器使其温度降至 4～7℃，置于油罐中长时间（一般持续几天）缓慢搅拌而完成。搅拌速度比较重要，既要保证足够的速率以释放结晶产生的潜热，也不能太快以免生成的晶体破碎而使后续无法通过真空过滤去除硬脂。此外，分离出的硬脂可与其他高熔点脂肪混合而生产起酥油（shortening）或人造黄油（margarine）。

二、油脂的氢化

油脂氢化是指三酰基甘油上不饱和脂肪酸的双键在催化剂（Pt，Ni 等）的作用下，在高温条件下与氢气发生加成反应，使碳原子达到饱和或比较饱和，从而把在室温下呈液态的油变成固态脂的过程。油脂的这种加工方法在油脂工业中是很重要的。因为对于食用油脂的加工，氢化可以变液态油为半固态酯、塑性酯，以适应人造奶油、起酥油、煎炸油及代可可脂等生产需要。氢化还可以提高油脂的抗氧化稳定性及达到改善油脂色泽等目的。反应后的油脂碘值下降、熔点上升、固体脂数量增加，称为氢化油或硬化油。

由于氢化条件不同，油脂可全部氢化，也可部分氢化。全氢化是采用骨架镍作催化剂，在 0.81MPa、250℃下进行氢化，称为硬化型氢化油脂，主要用于制皂工业；部分氢化可用镍粉，在 0.15～0.25MPa、125～190℃下进行氢化，产品为乳化型可塑性脂肪，主要应用于食品工业中制造人造奶油和起酥油等。氢化反应过程通常按油脂折射率的变化进行监控，当反应达到所要求的终点时将氢化油脂冷却，并过滤除去催化剂。

1. 油脂氢化的机理

油脂氢化是在油中加入适量催化剂，并向其中通入氢气，在 140～225℃条件下反应 3～4h，当油脂的碘值下降到一定值后反应终止（一般碘值控制在 18）。油脂氢化的机理如图 4-27 所示。首先金属催化剂在烯键的任一端形成碳-金属复合物（a），接着这个中间复合物再与催化剂所吸附的氢原子相互作用，形成不稳定的半氢化状态（b 或 c）。在半氢化状态时，烯键被打开，烯键两端的碳原子其中之一与催化剂相连，原来不可自由旋转的 C═C 键变为可自由旋转的 C—C 键。半氢化复合物（a）能加上一个氢原子生成饱和产品（d）；也可失去一个氢原子恢复双键，但再生的双键可以处在原来的位置如产品 g，也可以是原有双键的几何异构体（e 和 f），而且均有反式异构体生成。

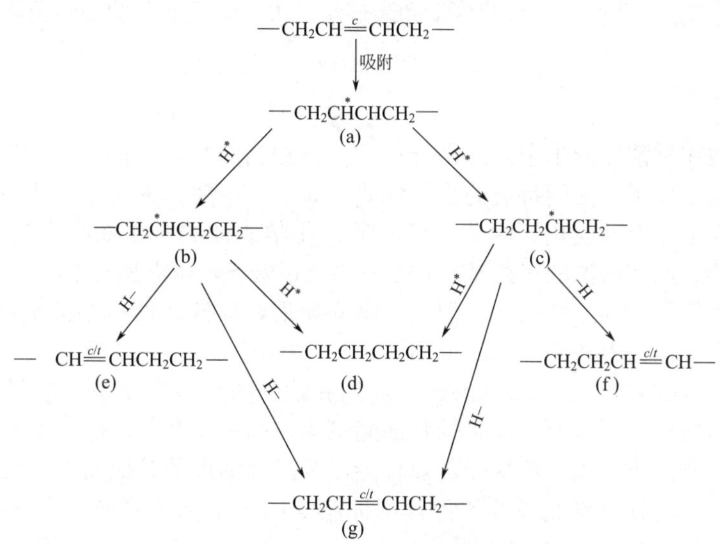

图 4-27　油脂氢化机理（* 代表金属键）

2. 氢化的选择性

油脂的氢化过程不仅可使双键加成变成饱和，而且也可使双键重新定位和（或）从通常的顺式转变成反式构型，形成的异构物称为异酸（isoacid）。因此，部分氢化可能生成较为复杂的产物混合物，这取决于被氢化的双键类型和异构化程度以及这些反应的速率。油脂氢化的程度不同，其产物也不同。如亚麻酸（18∶3）氢化时可能发生如下反应：

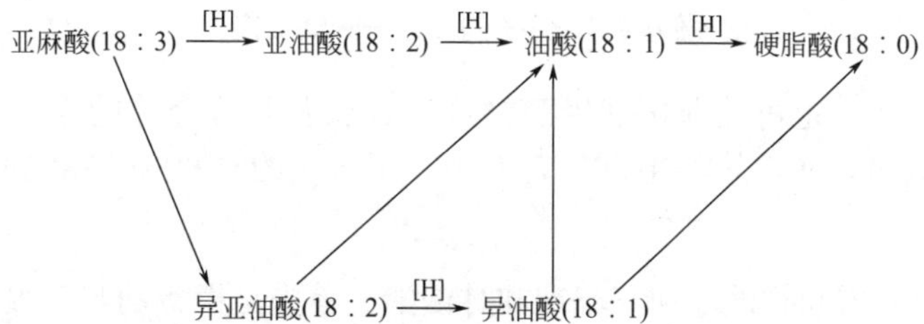

“选择性”是指不饱和程度较高的脂肪酸与不饱和程度较低的脂肪酸的氢化速率之比（选择比，*SR*）。根据氢化过程的起始和终止的脂肪酸组成以及氢化时间可计算出反应速率常数。例如亚麻酸的氢化反应：

$$\text{亚麻酸}\xrightarrow{K_3}\text{亚油酸}\xrightarrow{K_2}\text{油酸}\xrightarrow{K_1}\text{硬脂酸}$$

$$SR=K_2/K_1=0.159/0.013=12.2$$

这意味着亚油酸氢化比油酸氢化快 12.2 倍。各反应 K 值的大小实际上与催化剂及反应条件有关，通过选择合适的催化剂及反应条件可提高反应的选择性。

各种催化剂有不同的选择性，操作参数对选择性有很大影响。例如 Cu 作催化剂时对孤立双键不起作用，故可避免全饱和产物的产生。操作参数诸如氢压力、搅拌强度、温度以及催化剂浓度均影响氢对催化剂位点的比例，最终影响氢化选择性。例如，高温可增加转化速率，并使氢更快地从催化剂表面除去，结果使选择性提高。

第四章

油脂氢化后，多不饱和脂肪酸含量下降，脂溶性维生素如维生素 A 及类胡萝卜素因氢化而破坏，而且氢化还伴随着双键的位移，生成位置异构体和几何异构体。在一些人造奶油和起酥油中，反式脂肪酸占总酸的 20%～40%。反式脂肪酸在生物学上与它们的顺式异构物是不相等的，反式酸无必需脂肪酸的活性，但是也没有明显的毒性产生，有关它们的生理性质、代谢以及对健康的长期影响还缺乏深入的了解。一般来讲，若必需脂肪酸能满足需要的话，从营养学和毒理学上讲，氢化前后的油脂无显著差别。

三、油脂的酯交换

天然脂肪中脂肪酸在甘油酯分子中是规则分布的，每种脂肪酸都趋向于分布在一定的 Sn 位置。这种分布模式在一定程度上赋予了油脂特定的物理性质，如结晶特性、熔点等。某些天然脂肪中脂肪酸的分布方式限制了它们在工业上的应用。因此，可以通过化学改性的方法如酯交换改变脂肪酸的分布模式，以适应特定的需要。例如猪油的三酰基甘油酯多为 Sn-SUS，该类酯结晶颗粒大、口感粗糙，不利于产品的稠度，也不利于用在糕点制品上，但经过酯交换后，改性猪油可结晶成细小颗粒，稠度改善，熔点和黏度降低，适合于作为人造奶油和糖果用油。

酯交换是指酯和酸（酸解）、酯和醇（醇解）或酯和酯（酯基转移作用）之间进行的酯基交换或分子重排的过程。通过酯交换，可以改变油脂的甘油酯组成、结构和性质，生产出人们希望得到的某种天然油脂，以适应特定需要。也可生产单甘酯、双甘酯以及三甘酯外的其他酯类。目前酯交换已广泛应用于表面活性剂、乳化剂、植物燃料油以及各种食用油脂等的各个生产领域。酯交换既可以在分子内进行，也可以在不同分子间进行，如图 4-28 所示。

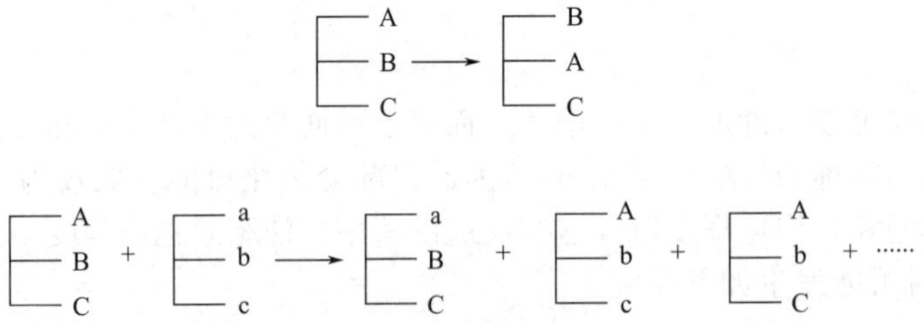

图 4-28 分子内和分子间酯交换

酯交换可在高温下发生，也可在催化剂甲醇钠或碱金属及其合金等的作用下在较温和的条件下进行。采用甲醇钠作催化剂时，通常只需在 50～70℃下，不太长的时间内就能完成。

1. 酯交换反应机理

以 S_3、U_3 分别表示三饱和甘油酯和三不饱和甘油酯。首先是甲醇钠与三酰基甘油反应，生成二酯酰甘油钠。

$$U_3 + NaOCH_3 \longrightarrow U_2ONa + UCH_3$$

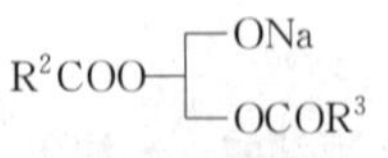

$$R^2COO-\begin{cases} ONa \\ OCOR^3 \end{cases}$$

二酯酰甘油钠

这个中间产物 U_2ONa 再与另一分子三酰基甘油分子发生酯交换，除去一个脂肪酸分子，形成一个新的三酰基甘油分子。反应如此不断地继续下去，直到所有脂肪酰基改变其位置，并随机化趋于完全为止。

2. 随机酯交换

当酯化反应在高于油脂熔点进行时，脂肪酸的重排是随机的，产物很多，这种酯交换称为随机酯交换。随机酯交换可随机地改组三酰基甘油，最后达到各种排列组合的平衡状态。如 50%的三棕榈酸酯和 50%的三油酸酯发生随机酯交换反应：

$$\mathrm{PPP(50\%) + OOO(50\%)} \xrightarrow{NaOCH_3} \mathrm{PPP(12.5\%)\ \ POP(12.5\%)\ \ OPP(25\%)\ \ POO(25\%)\ \ OPO(12.5\%)\ \ OOO(12.5\%)}$$

油脂的随机酯交换可用来改变油脂的结晶性和稠度。如猪油的随机酯交换增强了油脂的塑性，在焙烤食品中可作起酥油用。

3. 定向酯交换

定向酯交换是将反应体系的温度控制在油脂熔点以下，反应呈定向而非无规则，结果使反应中形成的高饱和度、高熔点的三酰基甘油选择性地结晶析出，并从反应体系中不断移走，使反应产生更多的三饱和脂肪酸酯。从理论上讲，该反应可使所有的饱和脂肪酸都生成三饱和酰基甘油，从而实现定向酯交换。混合甘油酯经定向酯交换后生成高熔点的 S_3 产物和低熔点的 U_3 产物，如：

$$\mathrm{OPO} \xrightarrow{NaOCH_3} \mathrm{PPP(33.3\%) + OOO(66.7\%)}$$

近年来以酶作为催化剂进行酯交换的研究已取得可喜的进步。以无选择性的脂水解酶进行的酯交换是随机反应。但以选择性的脂水解酶作催化剂，则反应有方向性，如以 Sn-1,3 位的脂水解酶进行脂合成也只能与 Sn-1,3 位交换，而 Sn-2 位不变。此类酯交换可以得到天然油脂中缺少的甘油三酰酯组分。如棕榈油中存在大量的 POP 组分，但加入硬脂酸或三硬脂酰甘油，以 1,3-脂水解酶作交换，可得到：

$$\mathrm{O}\!-\!\!\left[\begin{smallmatrix}P\\P\end{smallmatrix}\right. + \mathrm{St} \xrightarrow{1,3\text{-脂水解酶}} \mathrm{O}\!-\!\!\left[\begin{smallmatrix}P\\P\end{smallmatrix}\right. + \mathrm{O}\!-\!\!\left[\begin{smallmatrix}P\\St\end{smallmatrix}\right. + \mathrm{O}\!-\!\!\left[\begin{smallmatrix}St\\St\end{smallmatrix}\right. + \cdots\cdots$$

其中 Sn-POSt 和 Sn-StOSt 为可可脂的主要组分，这是人工合成可可脂的方法。这种可控重排适用于脂肪本身是含有一定量饱和脂肪酸的液体油脂，用这种酯交换方法能够使油转变成具有起酥油稠度的产品，因此无需氢化或向油中掺入硬化脂肪。

目前酯交换的最大用途是生产起酥油。由于天然猪油中含有高比例的二饱和三酰基甘油（其中 Sn-2 位大部分是棕榈酸），导致制成的起酥油产生粗大的结晶，因此烘焙性能较差。而经酯交换后的猪油由于在高温下具有较高的固体含量，从而增加了其塑性范围，成为一种较好的起酥油。除此之外，酯交换还广泛应用于代可可脂和稳定性高的人造奶油以及具有理想熔化质量的硬奶油生产，浊点较低的色拉油也是棕榈油经定向酯交换后分级制得的产品。

检查与拓展 3

二维码 4-4

○ 油脂的氢化：缘起、早期产品、存在问题及研究进展

第六节 脂肪替代物

脂肪作为必需脂肪酸来源、脂溶性维生素载体以及具有提供能量等作用，是人体必不可少的营养素，但摄入脂肪量过多会导致机体储备过多的脂肪，造成肥胖，引起心血管病等危害健康的疾病。大量科研及流行病学研究发现，高脂肪摄入量与癌症、冠心病风险之间存在着关系。在 1980 年大部分西方发达国家

营养推荐建议消费者由高达 45%的脂肪的摄入量减少到 30%左右。《中国居民膳食指南（2022）》建议膳食结构中摄取的脂肪的热量不要超过 30%，并且推荐每天的烹调油摄入量为 25～30g。

食用脂肪带来的满足感是脂肪制品的重要特点，因此减少脂肪摄入量要在保障脂肪制品的口感时，一方面可以通过降低加工食品中的脂肪含量达到低脂要求，另一方面就是开发低热量甚至无热量的脂肪替代物，部分替代脂肪并保持食品的正常品质。当前有 200 多种成分能够用来作为脂肪替代物中的部分成分，而发展低脂肪食物仍然要考虑生产技术、安全指标和消费者偏好等多种影响因素。

脂肪替代物通常分为脂肪替代品和模拟脂肪两类。

一、脂肪替代品

脂肪替代品（fat substitute）是一类物理化学性质与天然脂肪类似的物质，由人工化学合成，或者利用酶法对天然脂肪进行改性得到。脂肪替代品可部分或者完全替代食品中的脂肪，以脂质、合成脂肪酸酯为基质，在冷却和高温下能保持稳定。

脂肪替代品能够代替脂肪，起到脂肪的功能，通常在体内不能被酶消化，从而达到合适的无能量或低能量的效果。脂肪替代品有以下 3 种类型：用合适的多元醇或糖替换甘油三酯中的部分甘油；改变脂肪酸和甘油的酯键；把部分甘油的酯键转为醚键。脂肪替代品 Olestra 已用于替代咸味休闲食品中的脂肪。Olestra 无毒性，可用于替代食品中的脂肪，使总的脂肪摄入减少。脂肪的热量为 39.58kJ/g，而利用脂肪酸将蔗糖分子中的羟基进行酯化得到的蔗糖脂肪酸聚酯能不被人体内的水解酶作用而不被消化，热量为 0。将山梨醇分子上连接 3 个以上的脂肪酸，得到的山梨醇聚酯在人体内产生的热量仅为 4.2kJ/g。此外，还可以利用脂肪的重构技术制造脂肪替代品，如在甘油分子的 β-位上连接长链脂肪酸、α-位上连接短链或中链脂肪酸，热量较低。重构脂肪能量较低的原因在于单位质量短链脂肪酸的能量比长链脂肪酸低，另外脂肪酸的位置可影响在人体中的吸收率。此外，中等链长度的脂肪酸代谢迅速，不会在人体中以脂肪的形式储备。

二、脂肪模拟品

脂肪模拟品（fat mimetic）是利用非脂类物质，通常以蛋白质、糖类为基质，通过特殊的加工与处理，使得最终产物在感官和物理特性上可以模拟三酰基甘油。脂肪模拟品需要模拟脂肪的不同功能特性，因而需要考虑黏度匹配、固型物适应、实际颗粒大小和口感影响等，同时也要平衡食品的整体气味。因高温下易引起变性和焦糖化而只能应用于较低的温度下，一般脂肪模拟品不能完全代替油脂。由于蛋白质、碳水化合物的能量低于脂肪，并且含水量较高，所以能达到降低摄入热量的目的。

1. 以蛋白质为基质的脂肪模拟品

以天然蛋白质为原料，如用鸡蛋、牛乳、大豆、小麦、乳清、明胶等，通过微粒化、高剪切力处理后，可以制备出具脂肪口感、组织特性的蛋白类模拟脂肪，能改善持水性、乳化性，可替代一些 O/W 型的乳化食品体系中的传统油脂，并且普遍认为安全。例如开发的 Simplesse 是由乳清蛋白浓缩物经过微粒化等一系列处理制成，干基 Simplesse 的热量为 16.8kJ/g，转化为水合态或胶体态后单位质量产品的热量更低。Simplesse 已用于酸乳、色拉调味品、沙司、蛋黄酱、干酪中，可以提供脂肪似的乳脂感，同时保持蛋白质的生物效价。国内目前已有以牛乳蛋白与鸡蛋白为原料研制的类似国外 Simplesse 的制品，主要是将蛋白混合物料进行湿热处理，然后进行微粒化处理，制成具有脂肪类似口感的脂肪模拟品。Dairylo 也是一种经特殊加工的乳清蛋白浓缩物，热量也为 16.8kJ/g，可以用来改善食品组织，并显著降低脂肪含量。类似的产品还有 Traiblazer、Lita、Finesse 等。

2. 以糖类化合物为基质的脂肪模拟品

以糖类化合物为基质的脂肪模拟品主要通过凝胶状的基质稳定相当数量的水，产品有同脂肪类似的润滑性、流动性，同时黏度和体积增加，提供类似脂肪的口感、组织特性。应用较多的有植物胶、纤维素、改性淀粉、麦芽糊精、葡萄糖聚合物等糖类化合物。常用于替代脂肪的植物胶有黄原胶、卡拉胶、果胶、瓜尔豆胶、阿拉伯树胶等，可提高黏度或作为稳定剂和胶凝剂，多种植物胶配合使用代替脂肪。纤维素产品通过机械研磨、化学分解、湿法机械崩解和化学衍生等方法形成，用于脂肪模拟物时基本不产生热量。改性淀粉具有更优异的感官和功能特性，而且可以以凝胶的形式存在，同时产生的热量较低。麦芽糊精是各种碳链长度的淀粉聚合而成的一种甜度低、热值低的物质，作为脂肪模拟品还能促进风味和色泽。Z-trim 是由美国农业部开发的一种非消化溶胀型脂肪替代物，主要成分是燕麦、大豆、大米、谷物或小麦壳加工的无定形纤维，可提供纤维素、水分，有浓厚和光滑的口感。脂肪模拟品可用于甜食、冰激凌、乳制品、肉制品、色拉调味料、甜食及烘烤食品中，可以保证口感，并且能量较低。

本章总结

○ **脂类的分类：**

按照脂类物质的结构和组成，可将其分为简单脂类、复合脂类、衍生脂类。按饱和程度，可将脂类分为干性油、半干性油和不干性油。按常温下的状态，可将脂类分为油（呈液态）（oil）和脂（呈固态）（fat）。按其来源，可分为植物油、动物油、合成油脂、微生物油等。

○ **油脂的烟点、闪点、着火点：**

烟点、闪点和着火点是油脂与空气接触时、加热时的热稳定性指标。烟点是指在不通风条件下加热油脂观察到冒烟时的温度；闪点是指油脂加热产生的挥发物能被点燃，但不能持续燃烧的温度；着火点是指油脂挥发物能被点燃，并能维持燃烧不少于 5s 的温度。

○ **油脂的同质多晶：**

习惯上将物质能通过不同的分子组装方式形成具有不同结构特征晶胞的现象称为同质多晶性（polymorphism）。油脂的同质多晶指化学组成相同的油脂在凝固后具有不同的晶体结构的现象。按照油脂分子在晶胞的结构特征，将其划分为 β、β′ 和 α 三种晶型。其中 β 型具有三斜型亚晶胞结构，具有平行的脂肪酸碳氢链平面；β′ 型具有正交型亚晶胞结构，脂肪酸链呈正交排列；α 型具有六方堆积型亚晶胞结构，脂肪酸链没有特定的排列构型。

○ **塑性脂肪：**

具有良好的涂抹性、起酥性和可塑性。在涂抹性黄油中的塑性脂肪赋予产品良好的涂抹性；在焙烤食品中使用的塑性脂肪则具有良好的起酥性，如在饼干、糕点、面包生产中使用的起酥油等。在面团调制过程中加入塑性脂肪，则形成较大面积的薄膜和细条，使面团的延展性增强，油膜的隔离作用使面筋粒彼此不能黏合成大块面筋，降低了面团的弹性和韧性，同时降低面团的吸水率，使面团起酥；塑性脂肪的晶体形成可使其包含一定数量的气泡，使面团体积增大。

○ **乳状液：**

很多天然或加工的食物都是部分或全部以乳状液（emulsion）的形态存在。乳状液是指互不相容的两种液体，其中一种以直径 0.1~50μm 的小液滴分散在另一种中所形成的分散体系。前者称为分散相或内相，后者称为连续相或外相。乳状液分为水包油型（O/W，水为连续相）、油包水型（W/O，油为连续相）。乳状液属于热力学不稳定体系，其不稳定的机制或形式主要包括分层、絮凝、聚结等。

○ **油脂的氧化：**

（1）自动氧化：自动氧化（autoxidation）是脂类与分子氧接触的反应，是脂类氧化变质的主要原因。自动氧化的过程复杂，涉及许多中间反应物。脂肪的自动氧化遵循自由基链式反应历程，包括引发、传递和终止三个阶段。脂类自动氧化的主要初始产品氢过氧化物不稳定，无挥发性且没有气味，它们经历无数次的裂解和相互作用等复杂反应，产生很多具有不同相对分子质量、风味阈值以及生物活性的化合物。

（2）光敏氧化：将单线态氧引起的油脂氧化反应又称为光敏氧化（photosensitized oxidation）。光敏氧化的机理与自动氧化不同，它是通过“烯”反应进行氧化的。在氧化过程中，油脂中存在的一些天然色素，如叶绿素、血红蛋白等能吸收可见光和近紫外光而活化，这些物质称为光敏剂。通过光敏剂的介导，能将基态氧（三线态氧$^3O_2$）转化为反应活性更强的激发态氧（单线态氧$^1O_2$），使油脂发生氧化。

（3）酶促氧化：脂肪在酶参与下所发生的氧化反应，称为酶促氧化（enzymatic oxidation）。食品中催化油脂氧化的酶主要为脂肪氧合酶（lipoxygenase，Lox）。

○ **油脂的质量指标：**

（1）过氧化值：过氧化值（peroxidation value，POV）是指1kg油脂中所含氢过氧化物的毫克当量数。氢过氧化物是油脂自动氧化的主要初级产物，POV值主要用来衡量油脂氧化初期的氧化程度。当油脂深度氧化时，氢过氧化物的分解速度超过了生成速度，POV值反而降低。

（2）碘值：碘值（iodine value，IV）指100g油脂完全碘化所需要的单质碘（I_2）的克数。通过油脂的碘值可以判断油脂中脂肪酸的不饱和程度。

（3）酸价：酸价（acid value，AV）是指中和1g油脂中游离脂肪酸所需的氢氧化钾毫克数。酸价表示油脂中游离脂肪酸的数量，游离脂肪酸含量增加，说明油脂的新鲜度和质量的下降。

○ **油脂的化学改性：**

（1）油脂的氢化：氢化是指在催化剂存在的情况下，使不饱和油脂分子与氢气反应形成加成物质，从而提升油脂饱和程度的过程。氢化主要有两个目的：一是提高油脂的氧化稳定性，另外就是将液态油脂或软质转变成塑性油脂或硬脂。氢化过程同时存在固相（催化剂）、液相（油脂）和气相（氢气）的多相反应体系。油脂、氢气、催化剂的有效接触及催化剂的用量与活性是影响氢化的重要因素。

（2）油脂的酯交换：酯交换是酯和酸（酸解）、酯和醇（醇解）或酯和酯（酯基转移作用）之间进行的甘油酯中酰基交换或分子重排的过程。通过酯交换，可以改变油脂的甘油酯组成、结构和性质，生产出人们期望得到的某种天然油脂，以满足特定需要。目前酯交换已被广泛应用于表面活性剂、乳化剂以及各种食用油脂等的生产领域。

○ **脂肪替代物：**

（1）脂肪替代品：脂肪替代品（fat substitute）是一类物理化学性质与天然脂肪类似的物质，由人工化学合成或者利用酶法对天然脂肪进行改性得到，它们可起到脂肪的工艺学性能，但在体内不能被酶消化，从而达到无能量或低能量的效果。脂肪替代品有以下三种类型：1）用合适的多元醇或糖替换甘油三酯中部分甘油；2）改变脂肪酸和甘油的酯键；3）把部分甘油的酯键转为醚键。脂肪替代品Olestra已用于替代咸味休闲食品中的脂肪。

（2）脂肪模拟品：脂肪模拟品（fat mimetic）是利用非脂类物质，通常以蛋白质、糖类为基质，通过特殊的加工与处理，使得最终产物在感官和物理特性上可以模拟三酰甘油。例如Simplesse是一种由乳清蛋白浓缩物经过微粒化制成脂肪模拟物，已被用于酸乳、色拉调味品、沙司、蛋黄酱、干酪中，可以提供脂肪似的乳脂感，同时保持蛋白质的生物效价。类似的产品还有Dairylo、Traiblazer、Lita、Finesse等。

参考文献

[1] 迟玉杰．食品化学．北京：化学工业出版社，2012.

[2] Damodaran S，Parkin K L. Fennema' s Food Chemistry. Boca Raton：CRC Press，2017.

[3] 赵国华．食品化学．北京：科学出版社，2014.

[4] McClements D J. Future Foods：How Modern Science Is Transforming the Way We Eat. Gewerbestrasse：Springer，2019.

[5] 江波，杨瑞金．食品化学．2版．北京：中国轻工业出版社，2018.

[6] 刘元法．食品专用油脂．北京：中国轻工业出版社，2017.

[7] 王兴国．油料科学原理．2版．北京：中国轻工业出版社，2017.

[8] SHAHIDI F. 贝雷油脂化学与工艺学（第一卷）（食用油脂产品：化学、性质和健康功能）．6版．王兴国，金青哲，

主译 . 北京：中国轻工业出版社，2016
[9] SHAHIDI F. 贝雷油脂化学与工艺学（第二卷）（食用油脂产品：食用油）. 6 版 . 王兴国，金青哲，主译 . 北京：中国轻工业出版社，2016.
[10] SHAHIDI F. 贝雷油脂化学与工艺学（第三卷）（食用油脂产品：特种油脂与油脂产品）. 6 版 . 王兴国，金青哲，主译 . 北京：中国轻工业出版社，2016.
[11] SHAHIDI F. 贝雷油脂化学与工艺学（第四卷）（食用油脂产品：产品与应用）. 6 版 . 王兴国，金青哲，主译 . 北京：中国轻工业出版社，2016.
[12] SHAHIDI F. 贝雷油脂化学与工艺学（第五卷）（食用油脂产品：加工技术）. 6 版 . 王兴国，金青哲，主译 . 北京：中国轻工业出版社，2016.
[13] 王瑞元，王兴国，何东平 . 食用油精准适度加工理论的发端、实践进程与发展趋势 . 中国油脂，2019，44（07）：1-6.
[14] 谷婷婷，宋焕玲，丑凌军 . 油脂加氢催化剂研究进展 . 分子催化，2020，34（03）：242-251.
[15] 中华人民共和国国家卫生和计划生育委员会 . GB 15196—2015 食品安全国家标准　食用油脂制品 . 北京：中国标准出版社，2015.
[16] 国家卫生健康委员会 国家市场监督管理总局 . GB 5009. 227—2023 食品安全国家标准　食品中过氧化值的测定 . 北京：中国标准出版社，2023.
[17] 中华人民共和国国家卫生和计划生育委员会 . GB 5009. 181—2016 食品安全国家标准　食食品中丙二醛的测定 . 北京：中国标准出版社，2016.
[18] 中华人民共和国国家卫生和计划生育委员会 . GB 10146—2015 食品安全国家标准　食用动物油脂 . 北京：中国标准出版社，2015.
[19] 国家卫生健康委员会 国家市场监督管理总局 . GB 2716—2018 食品安全国家标准　植物油 . 北京：中国标准出版社，2018.
[20] Wang D，Xiao H，Lyu X，et al. Lipid oxidation in food science and nutritional health：A comprehensive review. Oil Crop Science，2023，8：35-44.
[21] Cheung I，Gomes F，Ramsden R，et al. Evaluation of fat replacers Avicel™，N Lite S™ and Simplesse™ in mayonnaise. International Journal of Consumer Studies，2010，26（1）：27-33.
[22] Sandrou D K，Arvanitoyannis I S. Low-fat/calorie foods：Current state and perspectives，critical reviews in food science and nutrition. 2000，40（5）：427-447.
[23] Gao Y，Zhao Y，Yao Y，et al. Recent trends in design of healthier fat replacers：Type，replacement mechanism，sensory evaluation method and consumer acceptance. Food Chemistry，2024，447：138982.
[24] Ognean C F，Darie N，Ognean M. Fat replacers—Review. Journal of Agroalimentary Processes and Technologies. 2006，12（2）：433-442.

思考与练习

1. 脂肪如何分类？脂肪酸和脂类如何命名？
2. 脂类氧化反应的类型有哪些？脂类自动氧化的机理和过程是什么？
3. 影响油脂贮藏时氧化的因素有哪些？
4. 脂类氧化的测定方法有哪些？如何科学评价油脂氧化？
5. 过氧化值如何测定？为什么说过氧化值只能反映油脂氧化初期的氧化程度？
6. 有哪些极性脂类可作为食品乳化剂？
7. 食品工业上有哪些常用的油脂抗氧化剂？
8. 油脂精炼的步骤和原理是什么？油脂精炼对油脂品质的影响有哪些？
9. 什么是油脂的氢化？机理如何？油脂的酯交换有哪些积极意义？
10. 可可脂、代可可脂、类可可脂，它们在组成结构及理化性能上有何异同？

二维码 4-5

第五章　蛋白质

○○ ——— ○○ ○ ○○ ————

视频 5-1
知识点讲解

兴趣引导

在日常生活中，我们经常听说蛋白质是一种重要的营养素，但很多人对它的真正作用和摄入方式还存在疑问。

二维码 5-1

○ 蛋白质到底是什么？

○ 我们如何确保每天摄入足够的蛋白质？

○ 蛋白质的摄入量是否真的那么重要？

为什么学习本章内容?

为什么要学习“蛋白质”？常见食品蛋白质的特点及应用？蛋白质有哪些功能性质？蛋白质在食品加工和贮藏中有哪些变化？

学习目标

○ 了解蛋白质的来源及功能特性。
○ 熟悉蛋白质的变性机理及其影响因素。
○ 熟悉蛋白质改性方法及机理。
○ 掌握蛋白质的基本结构以及结构与功能性的关系。
○ 掌握蛋白质在食品加工和贮藏中的物理和化学变化及其机理。

蛋白质是食品最重要的成分之一，是衡量食品营养价值的重要指标。蛋白质是一类复杂的有机大分子，分子量约为 $5\times10^3\sim10^6$，由 50%～55%的碳、6%～7%的氢、20%～23%的氧、12%～19%的氮、0.2%～3%的硫以及 0～3%的磷等元素构成，部分蛋白质还含有铁、锌、镁、锰、钴、铜等元素。蛋白质的基本结构单元是氨基酸。大多数蛋白质由 20 种氨基酸构成，这些氨基酸以不同的数量、顺序和酰胺键连接，形成含有数百个氨基酸的肽链，进而构建出功能各异的蛋白质分子。

第一节 概述

蛋白质是生物细胞维持生命活动的物质基础，占细胞干重的 50%左右，是生物体必需的营养物质。部分蛋白质还具有生物催化作用，如各种酶和激素，控制着生物体的生长、代谢、分泌、能量传递和转移等一系列生化过程。还有的蛋白质具有免疫、防御等功能。蛋白质复杂的化学组成和结构是其具有诸多功能性的原因。

蛋白质不仅是最重要的营养素，而且在食品的组织状态、质构、感官品质等方面发挥着重要作用，一些具有生物活性的蛋白质还是功能性食品的配料成分。随着人口数量的不断增长，食物蛋白的消费量在不断增加，为了满足人们对蛋白质需求量的日益增长，需要充分利用现有蛋白质资源和深入开发新的蛋白质资源。因此，需要了解和掌握蛋白质组成、结构、理化性质、生物学性质，以及在加工、储运过程中可能发生的物理、化学、功能性变化等知识。

一、氨基酸的结构和分类

氨基酸是蛋白质的基本组成单位，是一类带有氨基的有机酸。天然氨基酸中，除脯氨酸外，分子结构都至少含有 1 个氨基、1 个羧基和 1 个侧链 R 基团。天然 α-氨基酸的一般结构式为：

$$R-\underset{\underset{NH_2}{|}}{CH}-\overset{\overset{O}{\|}}{C}-OH$$

R 代表不同的侧链基团（脯氨酸和羟基脯氨酸的 R 基团属于吡咯烷类，不符合一般结构），决定了氨基酸的物理和化学性质。最简单的氨基酸的 R 基是 H，其他氨基酸的 R 基结构主要有脂肪族残基、芳香族残基、杂环残基等。除部分微生物中存在 D 构型氨基酸外，绝大部分氨基酸都以人体能够利用的 L 构型存在。

自然界中存在的已知的氨基酸有 200 多种，但组成蛋白质的氨基酸只有 20 多种。根据侧链基团 R 的特性，可将氨基酸分为 4 类：非极性（疏水性）氨基酸、不带电荷极性氨基酸、带正电荷氨基酸（环境条件接近 pH 值 7）、带负电荷氨基酸（环境条件接近 pH 值 7）。常见氨基酸的分类及结构见表 5-1。

表 5-1　常见氨基酸的分类和结构

分类	名称	分子量	缩写符号		R 基结构
			3 个字符	1 个字符	
非极性氨基酸	丙氨酸	89.1	Ala	A	$-CH_3$
	缬氨酸	117.1	Val	V	$-CH(CH_3)_2$
	亮氨酸	131.2	Leu	L	$-CH_2-CH(CH_3)_2$
	异亮氨酸	132.2	Ile	I	$-CH(CH_3)-CH_2-CH_3$
	甲硫氨酸	149.2	Met	M	$-CH_2-CH_2-S-CH_3$
	脯氨酸	115.1	Pro	P	（吡咯环结构，$\overset{+}{N}H_2$，$-COO^-$）
	苯丙氨酸	165.2	Phe	F	$-CH_2-$（苯环）
	色氨酸	204.2	Trp	W	（吲哚环结构，N—H）
不带电荷极性氨基酸	甘氨酸	75.1	Gly	G	$-H$
	丝氨酸	105.1	Ser	S	$-CH_2-OH$
	苏氨酸	119.1	Thr	T	$-CH(OH)-CH_3$
	半胱氨酸	121.1	Cys	C	$-CH_2-SH$
	酪氨酸	181.2	Tyr	Y	$-CH_2-$（苯环）$-OH$
	天冬酰胺	132.2	Asn	N	$-CH_2-CO-NH_2$
	谷氨酰胺	146.1	Gln	Q	$-CH_2-CH_2-CO-NH_2$
带正电荷氨基酸	赖氨酸	146.2	Lys	K	$-CH_2-CH_2-CH_2-CH_2-NH_3^+$
	精氨酸	174.2	Arg	R	$-CH_2-CH_2-CH_2-NH-C(=\overset{+}{N}H_2)-NH_2$
	组氨酸	155.2	His	H	$-CH_2-$（咪唑环，HN，$\overset{+}{N}H$）
带负电荷氨基酸	天冬氨酸	133.1	Asp	D	$-CH_2-COO^-$
	谷氨酸	147.1	Glu	E	$-CH_2-CH_2-COO^-$

注：脯氨酸不符合结构通式，给出全结构式。

常见的20种氨基酸中还有许多衍生结构，如胶原蛋白中的羟基脯氨酸和5-羟基赖氨酸，动物肌肉蛋白中的甲基组氨酸、ε-*N*-甲基赖氨酸和ε-*N*-三甲基赖氨酸，弹性蛋白中的锁链素（desmosine）和异锁链素（isodesmosine）。

二、氨基酸的性质

（一）氨基酸的一般性质

1. 氨基酸的酸碱性质

氨基酸同时含有酸性基团和碱性基团，因而具有两性解离的性质，在中性水溶液中主要以偶极离子或两性离子的离子化状态存在。

$$R-\underset{\underset{^{+}NH_3}{|}}{CH}-COO^-$$

氨基酸的这种特殊结构使其水溶液具有两性性质，当溶液介质的pH值发生改变时，氨基酸会以不同的解离状态存在。当氨基酸在一定pH值的溶液介质中，正负电荷数量相等时，其静电荷数为零，整体呈电中性，此时溶液的pH值即为该氨基酸的等电点（pI）。当溶液介质pH值小于pI值时，氨基酸残基发生质子化，带正电荷；当溶液介质pH值大于pI值时，氨基酸残基处于去质子化状态，带负电荷。

以最简单的氨基酸甘氨酸为例，受溶液介质pH值的影响，可能有3种不同的解离状态：

$$\underset{\text{酸性}}{^{+}NH_3-CH_2-COOH} \underset{H^+}{\overset{K_1}{\rightleftharpoons}} \underset{\text{中性}}{^{+}NH_3-CH_2-COO^-} \underset{H^+}{\overset{K_2}{\rightleftharpoons}} \underset{\text{碱性}}{NH_2-CH_2-COO^-}$$

利用不同氨基酸等电点差异的不同特性，可以从氨基酸混合物中选择性地分离某种氨基酸。

2. 氨基酸的疏水性

蛋白质的结构和功能特性受氨基酸的性质影响，其中氨基酸残基侧链的疏水性对蛋白质的结构、溶解性、结合风味物质和脂肪能力等理化性质有重要影响。

氨基酸的疏水性是指将1mol氨基酸从水溶液中转移到乙醇溶液中时的自由能变化，可用下式计算（忽略活度系数变化）：

$$\Delta G_t^{\ominus} = -RT\ln(S_{\text{乙醇}}/S_{\text{水}})$$

式中，$S_{\text{乙醇}}$、$S_{\text{水}}$ 分别表示氨基酸在乙醇、水中的溶解度（mol/L）。

如果氨基酸有多个基团，则 ΔG_t 是氨基酸中各个基团的加合函数，用下式计算：

$$\Delta G_t^{\ominus} = \sum \Delta G_{ti}^{\ominus}$$

如苯丙氨酸可看做是甘氨酸在α-碳原子上连接一个苄基侧链的衍生物。

$$\underset{\text{苄基}}{C_6H_5-CH_2}\ \vdots\ \underset{\text{甘氨酰基}}{\underset{\underset{^{+}NH_3}{|}}{CH}-COO^-}$$

则苯丙氨酸侧链的疏水性可表示为：

$$\Delta G_t^{\ominus}(\text{侧链}) = \Delta G_t^{\ominus}(\text{氨基酸}) - \Delta G_t^{\ominus}(\text{甘氨酸})$$

利用上述方法测定出部分氨基酸侧链的疏水性，结果见表5-2。具有较大值的氨基酸侧链疏水性较强，在蛋白质结构中该残基倾向分布于分子的内部；若具有较小的数值，则该氨基酸的侧链亲水性较强，在蛋白质结构中倾向分布于分子的表面。因此，可以利用标注数据预测氨基酸或由其构成的蛋白质在疏水性载体上的吸附情况。但天然赖氨酸含有 4 个疏水性亚甲基，故虽然它是亲水性氨基酸，但具有正的疏水性数值。

表 5-2　氨基酸侧链的疏水性（25℃，乙醇-水，Tanford 法）

氨基酸	$\Delta G_t^{\ominus}$（侧链）/(kJ/mol)	氨基酸	$\Delta G_t^{\ominus}$（侧链）/(kJ/mol)
丙氨酸	2.09	亮氨酸	9.61
精氨酸	3.10	赖氨酸	6.25
天冬酰胺	0	甲硫氨酸	5.43
天冬氨酸	2.09	苯丙氨酸	10.45
半胱氨酸	4.18	脯氨酸	10.87
谷氨酰胺	−0.42	丝氨酸	−1.25
谷氨酸	2.09	苏氨酸	1.67
甘氨酸	0	色氨酸	14.21
组氨酸	2.09	酪氨酸	9.61
异亮氨酸	12.54	缬氨酸	6.27

3. 氨基酸的光学性质

（1）旋光性　常见氨基酸中，除甘氨酸外的其他氨基酸都有不对称的 α-碳原子（手性碳原子），因而具有旋光性，其旋光方向和大小不仅取决于侧链 R 基的性质，还与溶液介质的 pH 值、温度等条件有关。因此可以利用氨基酸的旋光性质进行定性和定量分析。

根据 α-碳原子上 4 种不同取代基的正四面体位置，可有两种立体异构体（或对映体）。根据费歇尔表示法，可将氨基酸分成两种构型：L 型和 D 型。

D-氨基酸：$H—C_{\alpha}(COO^-)(R)—NH_2$　　L-氨基酸：$H_2N—C_{\alpha}(COO^-)(R)—H$

D-氨基酸　　L-氨基酸

天然存在的蛋白质中，只存在 L-氨基酸。

（2）紫外吸收和荧光　氨基酸对可见光无吸收，但酪氨酸、色氨酸和苯丙氨酸等芳香族氨基酸对紫外线有显著的吸收作用（最大吸收波长分别是 275nm，278nm，260nm），胱氨酸在 230nm 有微弱吸收，所有氨基酸在 210nm 附近都有吸收。芳香族氨基酸还能受激发产生荧光（表 5-3），色氨酸在蛋白质分子中仍然会产生荧光（激发波长 280nm，发射波长 348nm）。介质条件能影响氨基酸的紫外吸收和荧光性质。可以利用氨基酸的光学性质考察蛋白质的构象变化。

表 5-3　芳香族氨基酸的紫外吸收和荧光

氨基酸	最大吸收波长 λ_{max}/nm	摩尔消光系数/(cm · mol)	荧光最大发射波长 λ_{max}/nm
苯丙氨酸	260	190	282①
色氨酸	278	5500	348②
酪氨酸	275	1340	304②

①激发波长 260nm。②激发波长 280nm。

4. 溶解性

氨基酸的溶解性差别较大（表 5-4）。胱氨酸、酪氨酸、天冬氨酸、谷氨酸等的溶解性较差，而精氨酸、赖氨酸的溶解性很好。在不同的酸碱溶液中，氨基酸的溶解度也不同。

表 5-4 氨基酸在水中的溶解度（25℃）

氨基酸	溶解度/(g/L)	氨基酸	溶解度/(g/L)	氨基酸	溶解度/(g/L)
丙氨酸	167.2	甘氨酸	249.9	脯氨酸	1620.0
精氨酸	855.6	组氨酸	—	丝氨酸	422.0
天冬酰胺	28.5	异亮氨酸	34.5	苏氨酸	13.2
天冬氨酸	5.0	亮氨酸	21.7	色氨酸	13.6
半胱氨酸	—	赖氨酸	739.0	酪氨酸	0.4
谷胺酰胺	7.2(37℃)	甲硫氨酸	56.2	缬氨酸	58.1
谷氨酸	8.5	苯丙氨酸	27.6		

（二）氨基酸的化学性质

氨基酸和蛋白质分子中具有化学反应活性的基团主要是氨基、羧基、巯基、酚羟基、咪唑基、胍基等，其中羧基具有一元羧酸羧基的基本性质（如成盐、成酯、成酰胺、脱羧、酰氯化等），氨基则具有一级胺（R—NH_2）氨基的性质（如脱氨、与 HNO_2 作用等）。可以通过某些反应改变蛋白质的理化性质，或定量测定蛋白质分子中特定氨基酸残基的含量。

1. 与茚三酮反应

弱酸条件下，*α*-氨基酸与茚三酮溶液共热，生成紫红、蓝色或紫色物质，在 570nm 波长下有最大吸收峰。脯氨酸和羟脯氨酸与茚三酮反应形成黄色化合物，在 440nm 波长下有最大吸收峰。可利用比色法测定氨基酸含量。

OH OH + RCH(NH_2)COOH ⟶ =N—

2. 与荧光胺反应

α-氨基酸和荧光胺反应生成强荧光衍生物，可快速测定氨基酸、蛋白质含量，灵敏度较高（激发波长 390nm，发射波长 475nm）。

+ R—CH(NH_2)—COOH ⟶ R—CH(COOH)—N + H_2O

荧光胺

3. 与异硫氰酸苯酯反应

弱碱性条件下，*α*-氨基酸可与异硫氰酸苯酯（phenyl isothiocyanate，PITC）反应生成苯氨基硫甲酰氨基酸（PTC-AA），PTC-AA 在酸性条件下环化生成苯乙内酰硫脲氨基酸（phenylthiohydantoin，PTH）。

S=C=N—Ph + R—CH(NH_2)—COOH $\xrightarrow{OH^-}$ R—CH(COOH)—NH—C(=S)—NH—Ph

$\xrightarrow{HCl,\ CH_3NO_2}$ PTH（HN, S, N—Ph, R, O）+ H_2O

4. 与丹磺酰氯反应

α-氨基酸能与 1-二甲氨基萘-5-磺酰氯（DNS-Cl）反应，生成 DNS-AA。该产物在 6mol/L 浓盐酸

中加热 100℃条件下也较稳定，用于氨基酸 N 末端分析。

$$\text{(CH}_3)_2\text{N-C}_{10}\text{H}_6\text{-SO}_2\text{Cl} + \text{R—CH(NH}_2\text{)—COOH} \longrightarrow \text{(CH}_3)_2\text{N-C}_{10}\text{H}_6\text{-SO}_2\text{—NH—CH(R)—COOH} + \text{HCl}$$

第二节　蛋白质的结构和分类

蛋白质是以氨基酸为基本结构单位通过酰胺键连接而成的生物大分子，其由碳、氢、氧、氮、硫等元素组成，某些蛋白质分子还含有铁、碘、磷、锌等。氨基酸之间的化学键在空间的旋转状态不同会导致蛋白质大分子的构象差异，使蛋白质分子具有极为复杂的空间立体结构。

一、蛋白质的结构

蛋白质的结构层次总体上可分为一级结构、二级结构、三级结构、四级结构，其中二级结构、三级结构、四级结构又统称为高级结构。

（一）一级结构

蛋白质的一级结构（primary structure）是指由共价键连接的氨基酸残基的排列序列及二硫键的位置。蛋白质肽链中带有游离氨基的一端称作 N 端，带有游离羧基的一端称作 C 端。蛋白质的一级结构是最基本结构，决定蛋白质的高级结构，其三维立体结构的全部信息也贮存于氨基酸的序列中。一级结构决定蛋白质的基本性质，同时还会使蛋白质的二级结构、三级结构不同，蛋白质的种类和生物活性都与肽链的氨基酸种类和排列顺序有关。许多蛋白质的一级结构已经明确，已知的最短蛋白质肽链（肠促胰液肽和胰高血糖素）由 20～100 个氨基酸残基组成，大多数蛋白质含有 100～500 个氨基酸，一些不常见的蛋白质肽链多达几千个氨基酸残基。

（二）二级结构

蛋白质的二级结构（secondary structure）是指多肽链中相邻氨基酸残基间通过氢键作用排列成沿一个方向、具有周期性结构的构象，主要有 α-螺旋、β-折叠、β-转角、π-螺旋和无规则卷曲等。

1. α-螺旋

α-螺旋（α-helix）是蛋白质分子中最常见、含量最丰富的稳定且规则的结构。蛋白质肽链由 N 端到 C 端可形成右手螺旋或左手螺旋两种结构，因为右手螺旋结构的空间位阻小，易于形成且构象稳定，所以 α-螺旋几乎都是右手结构（图 5-1）。在蛋白质的 α-螺旋结构中，每 3.6 个氨基酸残基构成一个螺旋，每圈螺距为 0.54nm，每个氨基酸残基的高度为 0.15nm，氨基酸的 R 基伸向螺旋的外侧，相邻螺圈间可由酰胺键的亚氨基氢与羰基氧形成链内氢键，氢键的取向几乎与中心轴平行。维持蛋白质肽链空间结构的稳定。脯氨酸没有亚氨基，所以不能形成链内氢

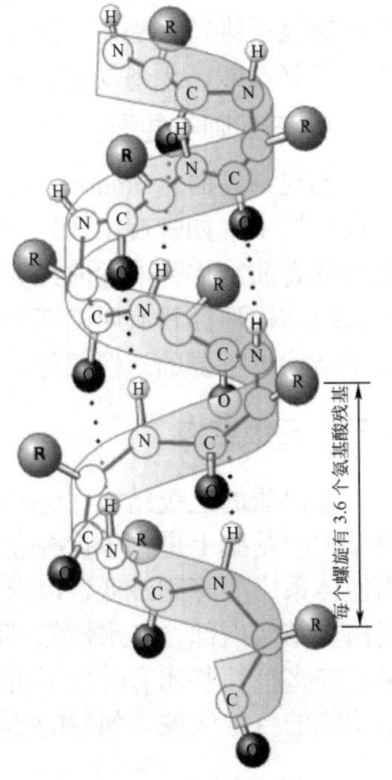

图 5-1　蛋白质肽链的 α-螺旋结构

键，因此只要蛋白质肽链中有脯氨酸（或羟基脯氨酸），α-螺旋即中断。

2．β-折叠

β-折叠（β-pleated sheet）结构又称为β-片层结构，是蛋白质中普遍存在的规则的呈锯齿状的伸展结构，由两条或两条以上的肽链组成，依靠两条肽链或一条肽链两段间的 C═O 与 N—H 形成氢键来保持稳定（图 5-2）。β-折叠分平行式和反平行式两种结构，平行式 β-折叠的两条肽链从 N 端到 C 端的方向相同，反平行式则相反。纤维状蛋白质中 β-折叠主要以反平行式存在，球状蛋白质中则同时含有反平行式和平行式两种结构。

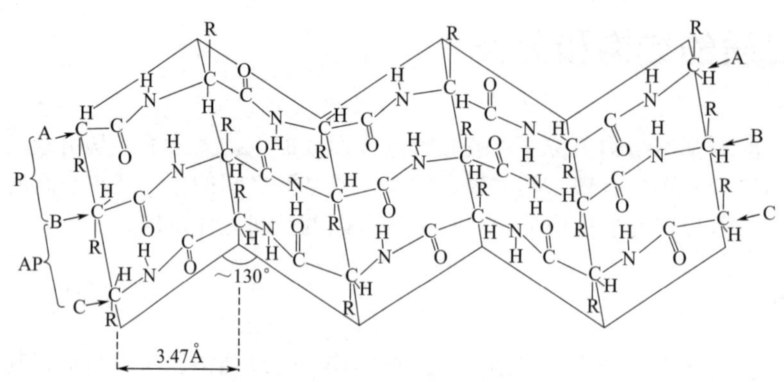

图 5-2　蛋白质肽链的 β-折叠结构

3．β-转角

β-转角（β-turn）是蛋白质中常见的结构，是肽链形成 β-折叠时反转 180°形成的，在球状蛋白质中含量丰富，多数情况下处于球状蛋白质分子的表面，是蛋白质生物活性的重要空间结构部位。β-转角由 4 个氨基酸残基构成，通过第一个氨基酸残基 C═O 上的氧与第四个氨基酸残基 N—H 上的氢形成的氢键维持其稳定（图 5-3）。β-转角中常见的氨基酸有天冬氨酸、半胱氨酸、天冬酰胺、甘氨酸、脯氨酸和酪氨酸。

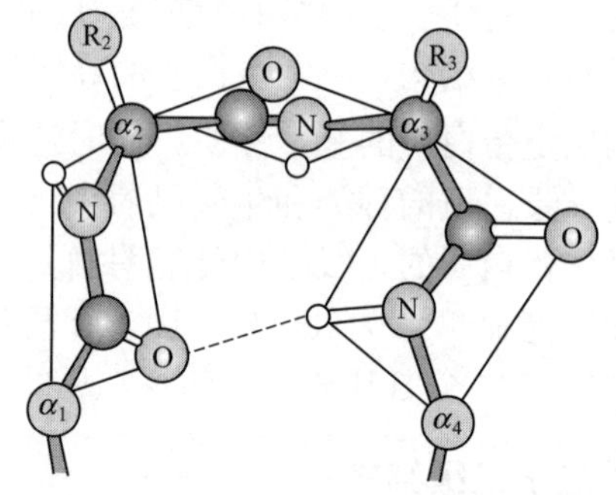

图 5-3　蛋白质肽链的 β-转角结构

4．无规则卷曲

无规则卷曲（random coil）或称卷曲结构，指不能归入明确的二级结构中（如螺旋结构），肽链空间结构呈有序而非重复性特点。无规则卷曲结构并非卷曲或完全无规则状态，只是这类结构不像其他二级结构那样具有明确而稳定的结构。无规则卷曲结构是蛋白质分子结构中重要的活性部位，普遍存在于各种天然蛋白质分子中。

（三）三级结构

蛋白质的三级结构（tertiary structure）是指多肽链在氢键、离子键、二硫键等力的作用下，在二级结构的基础上进一步折叠卷曲形成的复杂紧密的三维空间分子结构。三级结构中不同基团间的相互作用使体系内能降到最低，以保持其稳定性。三级结构形成过程中，疏水性氨基酸残基一般会排列分布在蛋白质结构内部，亲水性氨基酸残基会配置在蛋白质表面，使体系自由能降至最低。但这种分布并不绝对，许多极性基团有时也不可避免地埋在蛋白质分子结构内部。依靠三级结构还可以形成某些发挥生物学功能的特定区域，如酶的活性中心。

（四）四级结构

蛋白质的四级结构（quaternary structure）是指两条或两条以上的肽链以特殊方式结合在一起，构成具有生物活性的高级结构。四级结构中的每条具有自己的一级、二级、三级结构的肽链称为亚基。游离状态的亚基没有生物活性，亚基间通过相互作用聚合在一起后体现出其独特的生物活性，这些相互作用包括氢键、疏水相互作用、静电相互作用等。

图 5-4 所示为蛋白质从一级结构到形成四级结构的过程示意图。

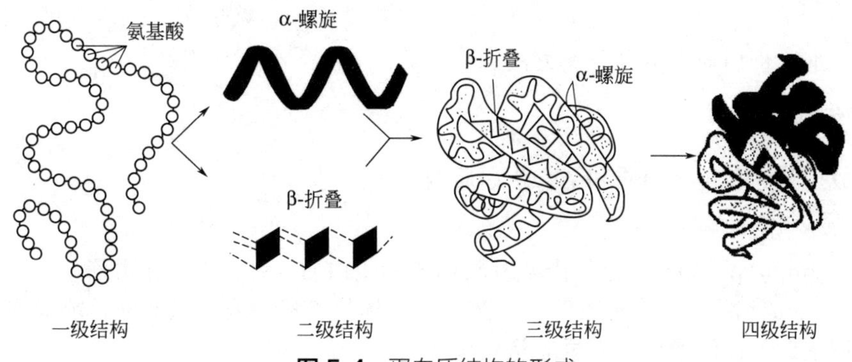

图 5-4　蛋白质结构的形成

（五）稳定蛋白质高级结构的作用力

蛋白质的活性与功能是由其结构决定的，特定的蛋白质结构反映了其内部不同基团之间的作用力和蛋白质与其他成分（尤其是水）之间相互作用的平衡，天然蛋白质的结构总是尽量使整个蛋白质分子的自由能降到最低。蛋白质的二级结构主要由不同基团间形成的氢键维持，三级结构和四级结构主要由氢键、静电作用、疏水相互作用和范德瓦耳斯力等维持，这些作用力的作用形式及特征见表 5-5 和图 5-5。

表 5-5　维持蛋白质构象的作用力特征

类型	键能 /(kJ/mol)	作用距离 /nm	官能团	破坏性试剂	增强条件
共价键	330～380	0.1～0.2	胱氨酸二硫键	还原剂：半胱氨酸、巯基乙醇、亚硫酸盐	
氢键	8～40	0.2～0.3	酰胺、羟基、酚基	脲、胍、盐酸、洗涤剂、加热	冷却
疏水相互作用	4～12	0.3～0.5	带有长的脂肪族侧链或芳香族侧链的氨基酸	洗涤剂、有机溶剂	加热
静电作用	42～84	0.2～0.3	羧基、氨基等	盐溶液、极低或极高的 pH 值	
范德瓦耳斯力	1～9		持久的、诱导的或瞬时偶极矩		

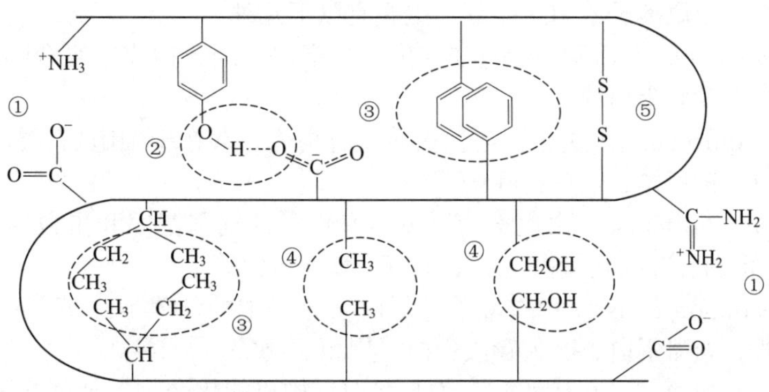

图 5-5　决定蛋白质二级、三级结构的键和相互作用

①—离子键；②—氢键；③—疏水键；④—范德瓦耳斯力；⑤—二硫键

维持蛋白质高级结构稳定的作用力中，唯一的共价键是二硫键（半胱氨酸残基间共价交联形成），它的存在限制了蛋白质可能形成的结构的数目，但对结构稳定性非常有利。如蛋白质分子中每100个氨基酸有5～7个二硫键，则蛋白质分子的结构就特别稳定。

二、蛋白质的分类

依据不同的标准，蛋白质有多种分类方法。

（一）依据化学组成

依据化学组成可分为单纯蛋白质和结合蛋白质两大类。

1. 单纯蛋白质

单纯蛋白质（simple proteins）是仅由氨基酸构成的蛋白质，主要有以下几种。

（1）清蛋白（albumins） 分子量较低，能溶于水、稀盐、稀酸或稀碱溶液，能被饱和硫酸铵沉淀。如乳清蛋白、蛋清蛋白、血清蛋白、大豆球蛋白等。

（2）球蛋白（globulins） 不溶于水，能溶于稀盐、稀酸或稀碱溶液，能被半饱和硫酸铵沉淀。如血清球蛋白、肌球蛋白、免疫球蛋白和植物种子球蛋白等。

（3）谷蛋白（glutelins） 不溶于水、乙醇和稀盐溶液，能溶于稀酸、稀碱溶液。如麦谷蛋白、米谷蛋白等。

（4）醇溶蛋白（prolamines） 不溶于水、无水乙醇和盐溶液，能溶于70%～80%乙醇、稀酸和稀碱溶液。蛋白质分子中有大量脯氨酸和谷氨酸，非极性残基侧链含量高于极性残基侧链。如玉米醇溶蛋白、小麦醇溶蛋白和大麦醇溶蛋白等。

（5）硬蛋白（scleroproteins） 不溶于水、稀酸、稀碱和盐溶液，能抵抗酶的作用，属于具有结构和结合功能的纤维状蛋白，在动物体内作为结缔组织和保护功能的蛋白质。如角蛋白、胶原蛋白、网硬蛋白、弹性蛋白、丝蛋白等。

（6）精蛋白（protamines） 易溶于水、稀酸溶液，不溶于氨水，分子量较小，结构简单。精蛋白是碱性很强的蛋白质，含有丰富的精氨酸，但缺少色氨酸和酪氨酸，存在于成熟的精细胞中，与DNA结合在一起。如鱼精蛋白。

（7）组蛋白（histones） 溶于水、稀酸溶液，能被稀氨水沉淀，是染色体的结构蛋白，含有大量赖氨酸和精氨酸，是一类碱性蛋白质。如胸腺组蛋白等。

2. 结合蛋白质

结合蛋白质（conjugated proteins）由单纯蛋白质与非蛋白质成分结合而成，非蛋白质部分包括碳水化合物、油脂、核酸、金属离子或磷酸盐等，主要有以下几种。

（1）脂蛋白（lipoproteins） 由脂类通过非共价键与蛋白质结合构成的复合物，具有极性和乳化能力。如卵黄球蛋白、高密度脂蛋白等。

（2）核蛋白（nucleoproteins） 由核酸与蛋白质结合构成，存在于细胞核、核糖体和病毒中。如病毒核蛋白、染色体蛋白、核糖体、烟草花叶病毒等。

（3）色蛋白（chromoproteins） 由色素物质或具有色泽的辅基基团和蛋白质结合而成。如血红蛋白、细胞色素c、肌红蛋白、叶绿素蛋白、血蓝蛋白、黄素蛋白等。

（4）磷蛋白（phosphoproteins） 由磷酸基与蛋白质分子中的丝氨酸或苏氨酸通过酯键连接而成，是食物中重要的蛋白质。如酪蛋白、卵黄磷酸蛋白、胃蛋白酶等。

（5）糖蛋白（glycoproteins） 由碳水化合物与蛋白质构成的化合物，辅基成分主要有氨基葡萄糖、半乳糖、氨基半乳糖、甘露糖、海藻糖、唾液酸、己糖醛酸、硫酸或磷酸等。如卵清蛋白、血浆蛋白、γ-球蛋白、卵黏蛋白、免疫球蛋白等。

(6) 金属蛋白(metalloprotein) 由金属与蛋白质结合而成。如含铁的铁蛋白、含锌的乙醇脱氢酶、含钼和铁的黄嘌呤氧化酶等。

(二)依据溶解度

1. 可溶性蛋白质

可溶性蛋白质(soluble proteins)能溶于水、稀盐、稀酸、稀碱溶液。如清蛋白、精蛋白等。

2. 不溶性蛋白质

不溶性蛋白质(insoluble proteins)不溶于水、盐、稀酸、稀碱和有机溶剂溶液。如纤维蛋白、角蛋白、胶原、弹性蛋白等。

3. 醇溶性蛋白质

醇溶性蛋白质(alcohol-soluble proteins)不溶于水、无水乙醇和稀盐溶液,溶于70%~80%的乙醇溶液。如玉米醇溶蛋白、麦醇溶蛋白等。

依据溶解度将蛋白质的分类列于表5-6。

表5-6 蛋白质按溶解度分类

分类	溶解度	举例
白蛋白	溶于水和中性盐溶液,不溶于饱和硫酸铵溶液	血清白蛋白
球蛋白	溶于稀盐溶液,不溶于水和半饱和硫酸铵溶液	免疫球蛋白、纤维蛋白原
谷蛋白	溶于稀酸、稀碱溶液,不溶于水、中性盐及溶液乙醇	麦谷蛋白
醇溶蛋白	溶于70%~80%乙醇,不溶于水、中性盐溶液	麦醇溶蛋白、玉米醇溶蛋白
硬蛋白	不溶于水,稀盐、稀酸、稀碱溶液和一般有机溶剂	角蛋白、胶原蛋白、弹性蛋白
组蛋白	溶于水和稀酸、稀碱溶液,不溶于稀氨水	胸腺组蛋白
精蛋白	溶于水,稀酸、稀碱溶液,稀氨水	鱼精蛋白

(三)依据分子形状

根据分子形状可将蛋白质分为三大类:

1. 纤维状蛋白质

纤维状蛋白质(fibrous proteins)有比较简单的规则的线型结构,分子形状呈细棒状或纤维状,在生物体中主要起结构作用。如不溶于水的胶原蛋白、弹性蛋白、丝蛋白、角蛋白等,可溶于水的肌球蛋白、血纤蛋白原等。

2. 球状蛋白质

球状蛋白质(globular proteins)的分子形状接近球形或椭球形,结构特点是疏水性氨基酸侧链位于分子内部、亲水性氨基酸侧链位于分子外部,因此具有较好的溶解性。如血红蛋白、肌红蛋白、酶、抗体等。

3. 膜蛋白

膜蛋白(membrane proteins)是生物体中与各种膜系统结合在一起的复合物,结构特点是蛋白质分子中亲水性氨基酸残基含量较少、疏水性氨基酸侧链伸向外部,所以膜蛋白不溶于水,但可溶于去污剂。

(四)其他

此外,还有人按生物学功能将蛋白质分为酶、调节蛋白、转运蛋白、结构蛋白、营养蛋白、贮存蛋白、防御蛋白、收缩蛋白或运动蛋白等。

第三节　蛋白质的物理和化学性质

一、蛋白质的酸碱性

蛋白质分子结构中除了有可离解的C端的α-羧基和N端的α-氨基外，还有侧链上的可离解氨基酸残基等官能团。因此，蛋白质与氨基酸相似，是一类两性电解质，与酸、碱都能发生反应，可以看作是多价离子，其所带电荷的性质和数量与可离解基团的含量和分布有关，同时也与溶液的pH值有关。蛋白质溶液在特定pH值时，其所带正电荷数量与负电荷数量相等（静电荷为零），此时溶液的pH值称为蛋白质的等电点（pI）。溶液的pH＞pI时，蛋白质带负电，作为阴离子，在电场中向阳极移动；溶液的pH＜pI时，蛋白质带正电，作为阳离子，在电场中向阴极移动；溶液的pH＝pI时，蛋白质静电荷为零，在电场中不移动，此时蛋白质的溶解度最低。

二、蛋白质的水解

蛋白质的酰胺键能在酸、碱、酶催化下发生水解作用。依据水解度的不同，分为完全水解和部分水解，完全水解的产物是氨基酸的混合物，部分水解的产物是肽段和氨基酸的混合物。蛋白质的水解过程及生成产物为：蛋白质→蛋白胨→蛋白短肽→二肽→氨基酸。

1. 酸水解

利用浓H_2SO_4或浓HCl溶液在加热条件下水解，可将蛋白质完全水解为氨基酸。酸水解的优点是水解彻底，无消旋现象，得到L-氨基酸。缺点是色氨酸被完全破坏，丝氨酸、苏氨酸、天冬酰胺、谷酰胺也有一定程度被破坏。此外，蛋白质的酸水解过程中还产生氯代丙醇，它是一类化合物的统称，主要有3-氯丙二醇和1,3-二氯丙醇等，是人们普遍关注的食品安全性问题之一。

2. 碱水解

利用5mol/L NaOH溶液在煮沸条件下可将蛋白质完全水解。碱法水解蛋白质能将胱氨酸、半胱氨酸、精氨酸等破坏，但不会破坏色氨酸。此外，碱水解还能引起氨基酸的外消旋化，产生D-氨基酸和L-氨基酸的混合物。

3. 酶水解

与酸法水解和碱法水解相比，酶法水解蛋白质的条件比较温和，对氨基酸的破坏较少，不产生消旋作用。但是，要将蛋白质彻底水解成氨基酸，需要一系列酶的共同作用才能完成，而且酶法水解的反应时间比较长。

三、蛋白质的颜色反应

蛋白质分子中一些特定基团能与不同显色剂产生颜色反应，常用来对蛋白质进行定性或定量测定。

1. 双缩脲反应

双缩脲由2分子尿素释放出1分子氨缩合而成。碱性条件下，双缩脲与硫酸铜反应能产生紫红色络合物，称为双缩脲反应。蛋白质结构中的肽键与双缩脲结构类似，所以碱性条件下含有2个以上肽键的肽类都能发生此反应，但二肽和游离氨基酸不能。利用双缩脲反应可以对蛋白质进行定性和定量测定，但此反应不是蛋白质的专一反应。

2. 茚三酮反应

中性条件下，蛋白质、多肽、氨基酸、胺盐能与茚三酮试剂发生颜色反应，生成蓝色或紫红色化合物。这一反应可用于蛋白质的定性和定量分析。

四、蛋白质的疏水性

蛋白质的疏水性与其空间结构、表面性质、脂肪结合能力等多种性质密切相关，是维持蛋白质构象稳定的重要作用力。理论上，可通过蛋白质已知的氨基酸组成计算蛋白质的平均疏水性，即各氨基酸疏水性的总和除以氨基酸残基数。

$$\overline{\Delta G^{\ominus}}=\frac{\sum \Delta G_i^{\ominus}}{n}$$

蛋白质的表面疏水性是研究蛋白质功能性质的重要参数，能反映蛋白质与水和其他物质发生作用的实际情况。

第四节　蛋白质的功能性质

蛋白质的功能性质是指蛋白质在食品加工、贮藏和销售过程中对食品质构、品质等特性起到的有利作用和体现出的物理化学性质。这些性质包括在特定食品加工中蛋白质所展现出来的胶凝性、溶解性、起泡性、乳化性、黏稠性等功能特性。蛋白质的功能性质对食品的感官质量、质构特性等有重要影响。

根据蛋白质在食品加工中体现的功能特点，可将蛋白质的功能性质分为三大类。

第一类：水化性质，主要由蛋白质与水之间的相互作用决定，包括水的吸附与保留、湿润性、膨胀性、黏合性、分散性、溶解性等。

第二类：结构性质，是由蛋白质分子之间的相互作用体现出的性质，包括蛋白质的胶凝作用、质构化、面团的形成、沉淀等。

第三类：表面性质，是由蛋白质在极性不同的两相间产生相互作用的一类性质，主要包括蛋白质的表面张力、起泡性、乳化作用等。

此外，根据蛋白质对食品感官质量的作用和影响，还可将蛋白质的功能性质划分出第四类性质——感官性质，包括蛋白质在食品体系中具有的浑浊度、色泽、风味结合、咀嚼性、爽滑感等。常见食品中蛋白质的需宜功能性质见表 5-7。

表 5-7　常见食品中蛋白质的需宜功能性质

食品	功能性质
饮料	不同 pH 值的溶解性、热稳定性、黏度
汤、沙司	黏度、乳化作用、持水性
面团焙烤品(面包、蛋糕等)	成型、形成黏弹性膜、内聚力、热变性、胶凝作用、吸水作用、发泡、褐变
乳制品(冰激凌、甜点心、干酪等)	乳化作用、对脂肪的保留、黏度、起泡、胶凝作用、凝结作用
鸡蛋	起泡、胶凝作用
肉制品(香肠等)	乳化作用、胶凝作用、内聚力、对水和脂肪的吸收和保持
肉代用品(组织化植物蛋白)	对水和脂肪的吸收和保持、不溶性、硬度、咀嚼性、内聚力、热变形
食品涂膜	内聚、黏合
糖果制品(巧克力、牛奶等)	分散性、乳化作用

蛋白质的这些功能性质间不是相互独立、完全不同的，它们之间互相影响、彼此联系。如蛋白质的胶凝作用既涉及蛋白质分子之间的相互作用（形成三维的空间网络结构），又涉及蛋白质同水之间的作用（水的保留）；再如蛋白质的黏度、溶解度等都涉及到蛋白质之间和蛋白质与水之间的相互作用。影响蛋白质功能性质的因素有很多，如本身的化学组成、结构及环境条件的影响等，总体可分为 3 个方面：内在因素、环境条件、加工条件（表 5-8）。

表 5-8 蛋白质功能性质的影响因素

内在因素	环境条件	加工条件
化学组成 构象 其他成分	pH 值 氧化还原电位 盐 水 碳水化合物 脂类 表面活性剂 风味物质	加热 干燥 pH 值调整 离子强度 还原剂 贮存条件 物理改性 化学改性

蛋白质的功能性质在食品中应用和起的作用极其重要，如在制作蛋糕时蛋清蛋白发挥其良好的乳化性、起泡性、热凝聚作用等。蛋白质同时具有多种物理和化学性质，如分子大小、形状、氨基酸组成和序列、电荷分布、疏水性、分子柔性、与其他组分作用的能力等，这些理化性质决定蛋白质的整体功能性质。随着对食品蛋白质研究的不断深入，人们对蛋白质结构特征和功能关系的了解也日益加深。掌握这种结构与功能的关系，为研究新型食品和加工工艺提供了重要的指导。

一、水合性质

（一）蛋白质水合性质概述

蛋白质的水合性质即蛋白质的水合作用（hydration），是蛋白质通过其肽键和氨基酸残基侧链与水分子发生相互作用的特性。一般情况下，食品是一个复杂的水合体系，各成分的理化性质和流变学性质都受体系中水含量和水分活度影响，例如大多数蛋白质的构象在很大程度上与蛋白质和水的相互作用有关。食品蛋白质吸附水、保留水的能力，对食品体系的感官品质、质地结构以及产品产量等有直接影响，所以研究蛋白质的水合性和复水性质在食品加工中非常重要。

蛋白质的水合过程是通过蛋白质分子表面的各种极性基团与水分子的相互作用完成的，如图 5-6 所示。

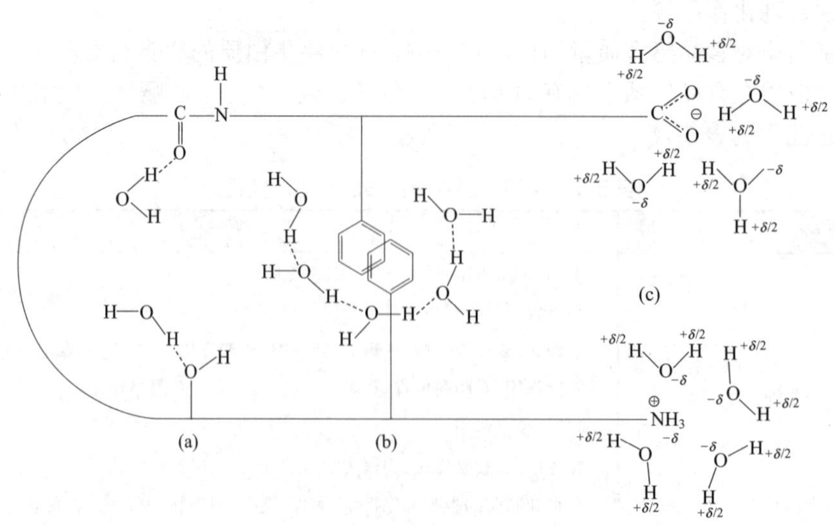

图 5-6 水同蛋白质的相互作用

（a）氢键；（b）疏水相互作用；（c）离子相互作用

干燥蛋白质的水合是一个逐步的过程，如图 5-7 所示。首先形成化合水和邻近水，再形成多分子层水。蛋白质进一步水化时，表现为：①蛋白质吸水充分膨胀而不溶解，称为蛋白质的膨润性；②蛋白质继续水合而分散到水溶液中，逐渐变为胶体溶液，这种蛋白质称为可溶性蛋白质。

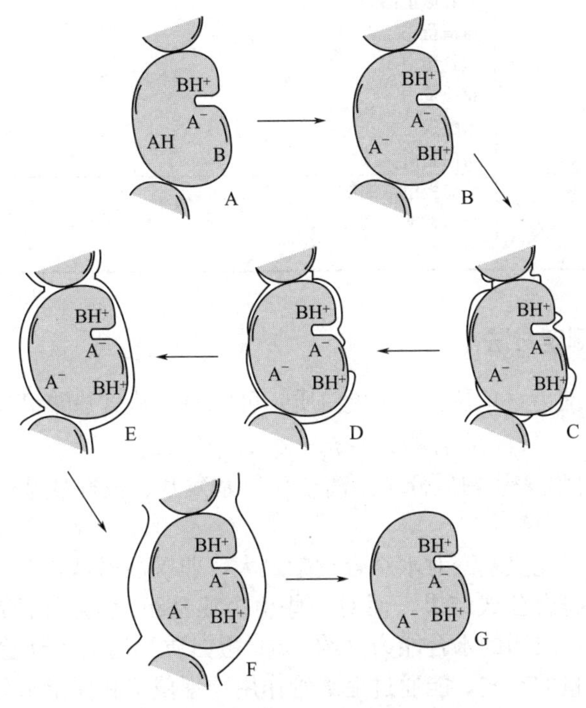

图 5-7　干燥蛋白质的水合过程

A—未水合蛋白；B—带电基团的初始水合；C—在接近极性和带电部位形成水簇；D—极性表面完成水合作用；E—非极性小区的水合形成单分子层覆盖；F—蛋白质-缔合水与体相水桥；G—完成流体动力学作用

通常情况下，每克蛋白质大约与 0.3g 水以牢固的方式结合，同时还与另外 0.3g 水以较松散的方式结合。由于蛋白质的氨基酸组成差异，不同蛋白质的水合能力也不同。当干燥蛋白质与相对湿度为 90%～95%的水蒸气达到平衡时，每克蛋白质所结合水的克数即为蛋白质的水合能力，常见氨基酸残基与蛋白质的水合能力见表 5-9、表 5-10。

表 5-9　氨基酸残基的水合能力

氨基酸残基	水合能力/(mol/mol 残基)	氨基酸残基	水合能力/(mol/mol 残基)
极性残基		离子化残基	
Asn	2	Asp	6
Gln	2	Glu	7
Pro	3	Try	7
Ser，The	2	Arg	3
Trp	2	His	4
Asp(非离解)	2	Lys	4
Glu(非离解)	2	疏水性残基	
Try	3	Ala	1
Arg(非离解)	4	Gly	1
Lys(非离解)	4	Phe	0
		Val，Ile，Leu，Met	1

表 5-10　不同蛋白质的水合能力

蛋白质		水合能力/(g/g 蛋白质)
纯蛋白(相对湿度=90%)	肌红蛋白	0.44
	β-乳球蛋白	0.54
	血清蛋白	0.33
	血红蛋白	0.62
	胶原蛋白	0.45
	干酪素	0.40
	卵白蛋白	0.30
蛋白产品(相对湿度=95%)	乳清蛋白浓缩物	0.45～0.52
	干酪素钠	0.38～0.92
	大豆蛋白	0.33

（二）蛋白质水合性质的测定方法

对于单体蛋白质，水合能力（单位：g/g 蛋白质）可以根据其氨基酸组成用经验公式计算：

$$水合能力=f_c+0.4f_p+0.2f_n$$

式中，f_c、f_p、f_n 分别代表蛋白质分子中离子化氨基残基、极性氨基残基、非极性（疏水性）氨基酸残基所占百分数。

从各系数可以看出，离子化氨基酸对水结合贡献最大，非极性氨基酸对水结合能力的影响最小。单体球状蛋白质水合能力非常符合公式结果，而对一些由多亚基组成的蛋白质，一般计算值较实验值偏大。但是，实验测定的酪蛋白胶团的水合能力（约 4g/g 蛋白质）远大于经验式计算结果，主要是因为在酪蛋白胶团结构中存在大量的空穴，能通过毛细管作用物理截留和保留水分。

常用的测定蛋白质水合性质的方法主要有以下 4 种。

① 相对湿度法（平衡水分含量法）。测定一定水分活度 a_w 时蛋白质吸收或丢失的水量。该方法可用于评价蛋白粉的吸湿性和结块现象。

② 溶胀法。将蛋白质粉末置于下端连有刻度毛细管的沙芯玻璃过滤器上，让其吸收过滤器下面毛细管中的水，即可测定水合作用的速度和程度。这种装置称为 Baumann 仪。

③ 过量水法。将待测蛋白质样品与超过其所能结合的过量水接触，然后通过过滤或低速离心或挤压等操作分离过剩的水分。此法适用于溶解度低的蛋白质，对于含有可溶性蛋白质的样品必须进行校正。

④ 水饱和法。测定蛋白质饱和溶液所需要的水量，如用离心法测定对水的最大保留性。

上述 4 种方法中，方法②、③、④可用来测定结合水、不可冻结的水以及蛋白质分子间借助物理作用保持的毛细管水。

（三）蛋白质水合性质的影响因素

影响蛋白质水合性质的环境因素有很多，如蛋白质浓度、pH 值、温度、离子强度、水合时间、其他组分等。

1. pH 值的影响

pH 值对溶液中蛋白质分子的解离和带电性影响很大，能改变蛋白质分子同水结合的能力。在 pH=pI 时，蛋白质静电荷数为零，蛋白质间的相互作用最强，水合能力和肿胀程度达到最低水平。例如宰后僵直期的生牛肉，pH 值从 6.5 下降至 5.0（等电点）时，其持水力显著下降，导致生牛肉的多汁性和嫩度下降。高于或低于等电点 pH 值时，由于净电荷和排斥力的增加，蛋白质肿胀，并结合较多的水。

2. 温度的影响

多数情况下，温度在0～40℃或0～50℃之间时，蛋白质的水合能力随温度提高而增强。随着温度的进一步升高，由于氢键作用和离子基团的水合作用减弱，蛋白质结合水的能力一般随之下降。继续升高温度，蛋白质的高级结构破坏，导致变性聚集。但变性蛋白质的水合能力一般比天然蛋白质高约10%，这是由于蛋白质变性后分子内部被掩盖的肽键和极性基团会暴露在表面，从而提高了极性基团结合水的能力。对于某些蛋白质，加热时能形成不可逆的凝胶结构，其空间网络结构能产生毛细管作用力，从而提高蛋白质的吸水能力。但是过度变性则会导致蛋白质聚集，使蛋白质结合水的能力下降。

3. 离子的影响

蛋白质的吸水性、持水性、溶胀、溶解度等性质受离子的种类和浓度影响很大。盐类和氨基酸的侧链基团与水之间会发生竞争性结合。低盐浓度条件下，离子与蛋白质带电基团相互作用，降低了蛋白质相邻分子的相反电荷间的静电吸引，有助于蛋白质的水合，提高其溶解度，此现象称为盐溶效应。当盐浓度升高时，由于离子的水化作用导致蛋白质分子“脱水”，使其溶解度降低，此现象称为盐析效应。

食品常用的提高蛋白质水合能力的中性盐主要是NaCl，也常用$(NH_4)_2SO_4$和NaCl来沉淀蛋白质。磷酸盐能提高食品蛋白质的水合性质，它与蛋白质中结合或络合的Ca^{2+}、Mg^{2+}等离子结合，从而使蛋白质的侧链羧基转为Na^+、K^+和NH_4^+盐基或游离负离子的形式，从而提高蛋白质的水合能力。

此外，在食品的加工和贮藏过程中，蛋白质的吸水性、持水性等能力对食品的质地和性质影响很大，尤其是蛋白质的持水性对食品的品质保持更为重要。蛋白质的持水能力是指蛋白质吸水并将水保留在蛋白质组织（如蛋白质凝胶、牛肉和鱼肌肉）中的能力，如绞碎肉制品的多汁和嫩度、焙烤食品和凝胶类食品的质构、乳化等。

二、溶解性

蛋白质的溶解度（solubility）是蛋白质分子之间和蛋白质与溶剂之间相互作用达到平衡的热力学表现。蛋白质在水溶液中以分散态（胶体态）存在，所以实质上蛋白质在水中形成的是胶体分散系，而不是溶液。

将蛋白质在水中的分散量或分散水平相应地表示为蛋白质的溶解度，可用蛋白质分散指数（protein dispersibility index，PDI）、氮溶解指数（nitrogen solubility index，NSI）、水可溶性氮（water-souble nitrogen，WSN）等表示，其中PDI和NSI是美国油脂化学家协会采纳的法定评价方法。

$$\mathrm{PDI}=\frac{\text{水分散蛋白质量}}{\text{总蛋白质量}}\times 100\%$$

$$\mathrm{NSI}=\frac{\text{水溶解氮质量}}{\text{总氮质量}}\times 100\%$$

$$\mathrm{WSN}=\frac{\text{可溶性氮质量}}{\text{样品质量}}\times 100\%$$

蛋白质的溶解度在实际应用中非常重要，可以根据溶解度特性确定某种天然蛋白质的提取、分离和纯化等工艺，还可用来评价蛋白质的变性程度等。蛋白质的溶解度与组成它的氨基酸残基的平均疏水性和电荷频率有关，疏水性越小、电荷频率越大，蛋白质的溶解度越大。影响蛋白质溶解度大小的因素主要有pH值、离子强度、温度、溶剂类型等。蛋白质在溶液pH值等于其pI值时溶解度通常较低，在高于或低于pI时溶解度均增大（图5-8）。当然，并非全部蛋白质在其pI时溶解度都低，如酪蛋白、大豆蛋白在pI时几乎不溶，而牛血清清蛋白、乳清蛋白等在pI时仍具有较高的溶解性。当蛋白质的

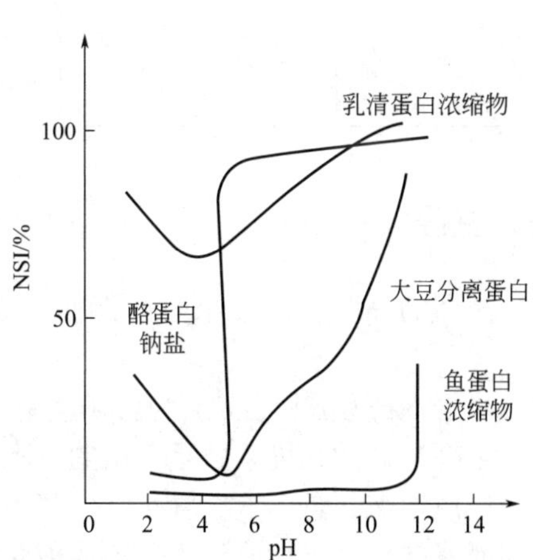

图5-8　几种蛋白质在不同pH值下的NSI

溶解性受到 pH 值的显著影响时，可通过调整酸碱度对目标蛋白进行相应的提取、分离和纯化；对于溶解性随 pH 值变化不大的蛋白，则可通过其他方法制备。多数蛋白质在碱性范围（pH 值 8～9）内溶解很高，因此一般在此 pH 值范围从植物资源中提取蛋白质，然后在 pH 值 4.5～4.8 处采用等电点沉淀法从提取液中回收蛋白质。

盐类对蛋白质的溶解性有不同的影响。当中性盐的浓度范围在 0.1～1mol/L 时，可增大蛋白质在水中的溶解度（盐溶效应）；当中性盐的浓度大于 1mol/L 时，蛋白质在水中的溶解度会降低，甚至产生沉淀（盐析效应）。

蛋白质在盐溶液中的溶解度数学关系式：

$$\lg(S/S_0)=\beta K_s C_s$$

式中，S 和 S_0 分别代表蛋白质在盐溶液和水中的溶解度，K_s 代表盐析常数（盐析类盐 K_s 是正值，盐溶类盐 K_s 是负值），C_s 代表盐的物质的量浓度，β 是常数。

在相同的离子强度时，各种离子对蛋白质溶解度的影响遵循 Hofmeister 系列规律，阴离子提高蛋白质溶解度的能力由小到大依次为 $SO_4^{2-} < F^- < Cl^- < Br^- < I^- < ClO_4^- < SCN^-$，阳离子降低蛋白质溶解度的能力由小到大依次为 $NH_4^+ < K^+ < Na^+ < Li^+ < Mg^{2+} < Ca^{2+}$。

有机溶剂（如乙醇、丙酮等）能降低蛋白质溶液中溶剂的介电常数，使蛋白质分子之间的静电斥力减弱，蛋白质分子之间的相互作用增加，导致蛋白质发生聚集，甚至产生沉淀，蛋白质的溶解度降低。

温度对蛋白质的溶解性影响显著。加热时，蛋白质的溶解度明显地不可逆降低，即使在温度比较低的加热下蛋白质也会产生一定程度的不溶。例如，在商品脱脂大豆粉、大豆浓缩蛋白、大豆分离蛋白等产品的加工过程中的热处理不同，使得这些蛋白产品的氮溶解指数分布在 10%～90%之间。通常情况下，蛋白质的溶解度在 0～40℃范围内随温度升高而增加，但当温度进一步升高时，蛋白质发生变性，溶解度随之下降（表 5-11）。蛋白质的溶解度是其潜在的应用价值和食用功能性的判定指标。

表 5-11 加热对蛋白质溶解度的影响

蛋白质	处理	溶解度	蛋白质	处理	溶解度
血清蛋白	天然	100	白蛋白	天然	100
	加热	27		80℃,15s	91
β-乳球蛋白	天然	100		80℃,30s	76
	加热	6		80℃,60s	71
大豆分离蛋白	天然	100		80℃,120s	49
	100℃,15s	100	油菜子分离蛋白	天然	100
	100℃,30s	92		100℃,15s	57
	100℃,60s	54		100℃,30s	39
	100℃,120s	15		100℃,60s	14
				100℃,120s	11

三、黏度

液体的黏度（viscosity）反映它对流动的阻力，可用黏度系数 μ 表示：

$$\mu=\tau/\gamma$$

式中，τ 为剪切力，γ 为剪切速率（或流动速度）。

牛顿流体的黏度系数是一定的，不依赖于剪切力或剪切速度。但一些大分子物质构成的分散系（包括蛋白质溶液、悬浮液、乳化液、浆、凝胶等）不具有牛顿流体的性质，即它们的黏度系数随流动速度增加而降低，这种性质称为假塑或剪切稀释（shearthining），可表示为：

$$\tau=m\gamma^n$$

式中，m 为稠度系数，n 为流动指数（$n<1$）。

影响蛋白质黏度的因素很多，如加工条件的高温杀菌、蛋白质水解、pH 值、离子等，但影响最大的是分散的蛋白质分子或颗粒的表观直径，而表观直径取决于如下参数：①蛋白质分子的固有特性（蛋白质分子大小、结构、体积、浓度、易变形程度、电荷数等）；②蛋白质和溶剂间的相互作用，影响蛋白质的溶胀、溶解度和水合作用；③蛋白质分子间的相互作用，决定蛋白质分子聚集体的大小，对于高浓度蛋白质体系是主要影响因素。

蛋白质溶液的黏度系数会随其流速增加而降低，这种现象称为剪切稀释或切变稀释。其主要原因是：①蛋白质分子朝着运动方向逐渐取向并趋于一致，使分子排列整齐，降低了流体流动时产生的摩擦阻力；②蛋白质水合环境朝着运动方向变形，有利于其流动；③氢键和其他弱键发生断裂，使蛋白质的网状结构、聚集体产生解离，蛋白质体积减小。

这些情况下，蛋白质分子或粒子在流动方向的表观直径减小，因而其黏度系数也减小。当剪切处理停止时，断裂的氢键和其他次级键若重新生成而产生同前的聚集体，体系黏度又重新恢复，这样的体系称为触变（thixotropic）体系。例如大豆分离蛋白和乳清蛋白的分散体系。

蛋白质的黏度与溶解性之间并非呈现简单的关联。热变性导致的不溶性蛋白，其分散系不产生高的黏度，而溶解性能好、吸水性能力和溶胀能力较差的乳清蛋白也不能形成高黏度的分散系。只有具有很大初始吸水能力的蛋白质（如大豆蛋白、酪蛋白）在水中分散后才有很高的黏度，这也是它们作为食品蛋白质配料的重要原因。蛋白质体系的黏度、稠度是流体食品的主要功能性质，影响着食品的品质、质地，对于蛋白质食品的混合、加热、冷却、输送等加工过程也有实际意义。

四、胶凝作用

蛋白质的胶凝作用（gelation）是指变性蛋白质分子发生聚集并形成有序的蛋白质网络结构的过程。与蛋白质的胶凝作用不同的是，蛋白质的聚集、缔合、沉淀、凝结和絮凝等现象属于蛋白质分子在不同水平上的聚集变化，它们之间也有一定的区别：蛋白质的聚集（aggregation）或聚合（polymerization）指较大的聚合物的生成；缔合（association）是指蛋白质在亚基或分子水平上发生的变化；沉淀作用（precipitation）指蛋白质的溶解性部分或全部丧失引起的聚集反应；凝结（coagulation）是变性蛋白质产生的无序聚集反应，蛋白质之间的相互作用大于蛋白质与溶剂的相互作用，形成粗糙的凝块。絮凝（flocculation）是指未变性蛋白质发生的无序聚集反应，常由肽链间静电排斥力的降低引起。

蛋白质形成凝胶后具有立体的三维网络空间结构，高度水合，每克蛋白质可结合水 10g 以上，网络内部可以容纳其他物质，对食品的风味、品质、质构等方面具有重要影响。例如，蛋白质凝胶对肉类食品，不仅可以使之具有半固态的黏弹性特征，还有稳定脂肪、黏结、保水等作用，对酸奶、豆腐等的生产更为重要，是这类食品形成的基础。关于蛋白质凝胶的形成机制和相互作用还未完全揭示清楚，但一般认为蛋白质凝胶网状结构的形成是蛋白质分子之间、蛋白质与水之间、相邻肽链分子间的相互作用（吸引和排斥）达到平衡的结果。静电吸引力、蛋白质分子之间的作用（包括氢键、疏水相互作用等）、二硫键等有利于蛋白质肽链的靠近，而静电斥力、蛋白质与水之间的作用则使蛋白质肽链发生分离。蛋白质浓度较高时，肽链分子间接触的概率增大，更容易产生胶凝作用，即使环境条件对凝集作用并不十分有利（如不加热、pH 值与 pI 相差很大），也可以发生胶凝作用。

一般情况下，加热处理是蛋白质形成凝胶的必需条件（促使蛋白质变性，肽链伸展），冷却使肽链间形成氢键；少量的酸或特别是 Ca^{2+} 盐可以提高蛋白质凝胶速度和强度（如大豆蛋白、乳清蛋白、血清蛋白等）。但有些蛋白质不需要加热也可以形成凝胶，如有些蛋白质只需要加入 Ca^{2+} 盐（如酪蛋白胶束），或通过适当的酶解（如酪蛋白胶束、卵白、血纤维蛋白等），或溶液碱化后调 pH 值至等电点，就可以发生胶凝作用（如大豆蛋白）。蛋白质凝胶可以由蛋白质溶液形成（如鸡卵清蛋白和其他卵清蛋白等），也可以由不溶或微溶的蛋白质形成（如胶原蛋白、肌原纤维蛋白等），因此蛋白质的溶解性不一定是胶凝作用所必需的条件。

蛋白质形成凝胶的过程主要分为两步：①蛋白质分子构象改变或结构部分伸展，发生变性；②变性的蛋白质分子逐步聚集，有序地形成可以容纳水等物质的网状结构（图 5-9）。

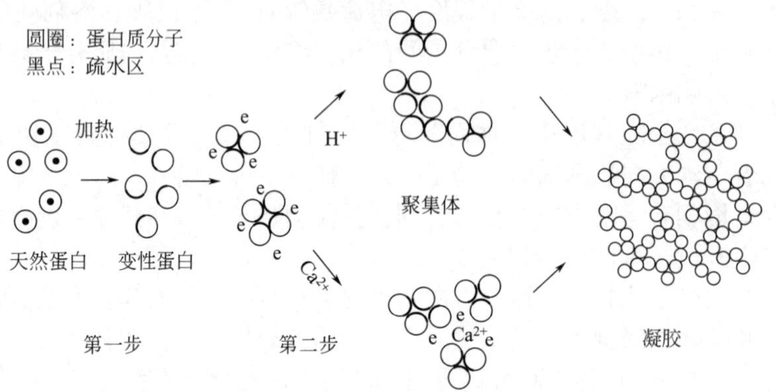

图 5-9 大豆蛋白的胶凝过程

根据蛋白质形成凝胶的途径，一般将蛋白质凝胶分为两大类：①热致凝胶（如卵白蛋白加热形成凝胶）；②非热致凝胶（如通过调节 pH 值，加入 2 价金属离子、凝乳酶制作干酪、酸奶，碱对蛋清蛋白的部分水解形成皮蛋凝胶等）。

根据蛋白质形成凝胶的热稳定性，蛋白质凝胶分为两大类：①热可逆凝胶（如明胶，加热时形成溶液，冷却后又恢复凝胶状态）；②非热可逆凝胶（如大豆蛋白、卵蛋白等，凝胶状态一旦形成，热处理就不会再发生变化）。热可逆凝胶主要是通过蛋白质分子间的氢键保持稳定；非热可逆凝胶则多是涉及分子间的二硫键的形成，因为二硫键一旦形成就不容易再发生断裂，加热不会破坏二硫键。

还有人将食品蛋白凝胶总体分为四大类：①热可逆凝胶，如明胶凝胶；②不可逆凝胶，如蛋清蛋白在加热中形成的不透明的凝胶；③由钙盐等 2 价金属盐形成的凝胶，如豆腐；④不加热而经部分水解或 pH 值调整到等电点形成的凝胶，如干酪、酸奶、皮蛋等。

蛋白质通过两类不同的结构方式形成凝胶（图 5-10）：①肽链通过有序串形聚集排列，形成的凝胶是透明或半透明的，如卵白蛋白、溶菌酶、血清蛋白、大豆球蛋白等的凝胶；②肽链自由聚集排列，形成不透明的凝胶，如肌浆球蛋白在高离子强度下形成的凝胶，乳清蛋白、β-乳球蛋白形成的凝胶。常见蛋白质的凝胶结构可同时存在这两种不同的方式，而且受 pH 值、蛋白质浓度、加热温度、加热时间、离子种类、离子强度等条件影响。

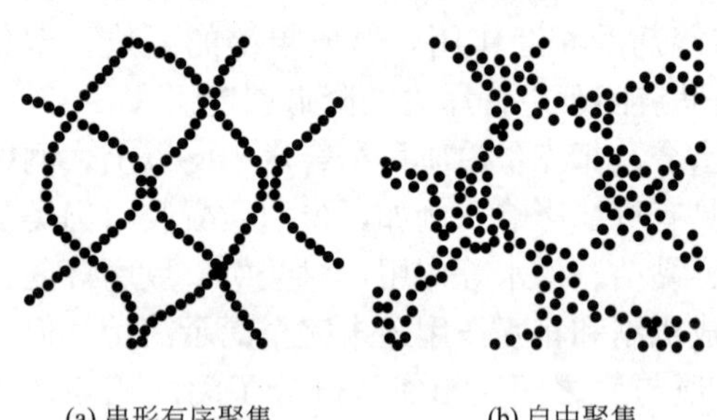

(a) 串形有序聚集　(b) 自由聚集

图 5-10 蛋白质凝胶的网状结构

此外，某些不同种类的蛋白质共热可产生共胶凝作用。蛋白质还能与多糖相互作用形成共凝胶，如带正电荷的明胶与带负电荷的海藻酸盐或果胶酸盐之间通过非特异性离子间的相互作用能生成高熔点（80℃）凝胶。凝胶的生成是否均匀，与凝胶生成的速度有关。如果条件控制不当，使蛋白质在局部相互结合过快，凝胶则较粗糙。凝胶的透明度同蛋白质颗粒大小有关，蛋白质颗粒或分子的表观分子量大，形成的凝胶透明性较差，较大的蛋白质颗粒更容易形成不透明的网络结构。

五、质构化

蛋白质的质构化（texturization）或组织化是指使植物蛋白或其他蛋白质具有类似畜肉感觉和良好咀嚼性、持水性的片状或纤维状产品，并且在以后的加工中蛋白质能保持良好的性能。经过质构化处理的蛋白质可以作为肉的代用品或替代物，在食品加工中广泛使用。另外组织化加工还可以用于对一些动物蛋白进行重组织化（retexturization），如对牛肉或禽肉的“重整”再加工处理。

常见蛋白质的质构化方法主要有 3 种。

1. 热凝结和薄膜的形成

大豆蛋白质浓缩溶液在平滑的金属表面加热蒸发水分，蛋白产生热凝结作用，生成水合的蛋白薄膜，或将大豆蛋白溶液在 95℃保持几小时，溶液水分蒸发，蛋白质热凝结，也能形成薄的蛋白膜。这些蛋白膜就是组织化蛋白，具有稳定的结构，加热处理不会发生改变，具有正常的咀嚼性能，如传统腐竹制品的制作。如果将蛋白质溶液（如玉米醇溶蛋白的乙醇溶液）均匀涂布在光滑物体的表面，挥发溶剂，蛋白质分子相互作用，也能形成均匀的薄膜。由于形成的蛋白膜具有一定的机械强度，对水、氧气等气体有屏障作用，可以作为可食性的食品包装材料（即可食膜）。

2. 热塑性挤压

植物蛋白通过热塑性挤压可得到干燥的多孔状颗粒或小块，复水后具有良好咀嚼性和质地，是目前用于植物蛋白质质构化的主要方法。原料可用价格低廉的浓缩蛋白或脱脂蛋白粉（45%～70%蛋白质），酪蛋白或明胶既能作为蛋白质添加物又可直接质构化，添加少量淀粉或直链淀粉能改进产品的质地，但脂类含量不应超过 5%～10%，氯化钠或钙盐添加量应低于 3%，否则产品质地变硬。

热塑性挤压具体方法如下：含水（10%～30%）蛋白质-多糖混合物通过一个圆筒，在高压（10～20MPa）下剪切和高温作用下（在 20～150s 时间内，混合料的温度升高到 150～200℃）转变成黏稠状态，然后快速地挤压通过一个模板进入正常的大气压环境，膨胀形成的水蒸气使内部的水闪蒸，冷却后蛋白质-多糖混合物便具有高度膨胀、干燥的结构，即组织化蛋白（俗称膨化蛋白）。所得到的产品在吸收水后变为具有良好咀嚼性、纤维状的弹性结构，在杀菌条件下也比较稳定，可以用作肉丸、汉堡包等肉的替代物、填充物。

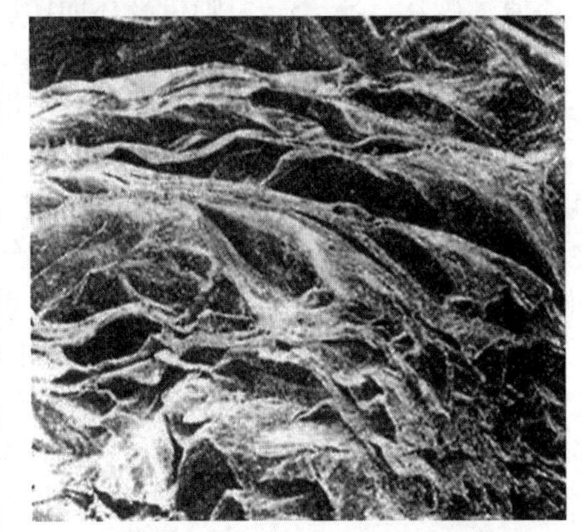

图 5-11　大豆组织蛋白的结构

热塑性挤压可产生良好的质构化，但要求蛋白质具有适宜的起始溶解度、大的分子量以及蛋白质-多糖混合料在管芯内能产生适宜的可塑性和黏稠性。这种技术还可用于血液、机械去骨的鱼、肉及其他动物副产品的质构化。热塑性挤压得到的质构化蛋白虽然不具有肌肉纤维的结构，但有与肌肉组织相似的口感。从产品的微结构上看，大豆粉的热塑性挤压产物显示出均一质地和纤维状的叠层片结构（图 5-11）。

3. 纤维的形成

蛋白质的另一种质构化方法，借鉴了合成纤维的生产原理。将植物蛋白或乳蛋白浓溶液喷丝、缔合、成形、调味后，可制成各种风味的人造肉，与人造纺织纤维类似，这种蛋白质的功能特性称为蛋白质的纤维形成作用。

其工艺过程为：在 pH>10 条件下制备 10%～40%的蛋白质浓溶液，由于静电斥力大大增加，蛋白质分子离解并充分伸展，经脱气、澄清（防止喷丝时发生纤维断裂）后，在压力下通过一块含有 1000 目/cm^2 以上小孔（直径为 50～150μm）的模板，此时伸展的蛋白质分子沿流出方向定向排列，以平行方式延长并有序排列。产生的细丝进入酸性 NaCl 溶液中，在等电点 pH 值和盐析效应的共同作用下蛋白质凝结，并且蛋白质分子通过氢键、离子键和二硫键等相互作用形成水合蛋白纤维。通过滚筒转动使蛋白质纤维拉伸，增加纤维的机械阻力和咀嚼性，降低蛋白纤维的持水容量。再将纤维置于滚筒之间压延和加热，使之除去一部分水，以提高黏着力和增加韧性。加热前可添加黏结剂如明胶、卵清、谷蛋白（面筋）或胶凝多糖，或其他食品添加剂如增香剂或脂类。凝结和调味后的蛋白质细丝经过切割、成型、压缩等处理，便加工形成与火腿、禽肉或鱼肌肉相似的人造肉制品。

3 种常见蛋白质组织化方式中，热塑性挤压较为经济，工艺也较简单，原料要求较宽松，不仅可用于蛋白质含量较低的原料如脱脂大豆粉的组织化，也可以用于蛋白质含量高的蛋白原料。纤维形成方式只能用于分离蛋白的组织化加工。

六、面团的形成

小麦面粉的面筋蛋白质在室温下与水混合、揉搓，能够形成黏稠、有弹性、可塑和强内聚力的面团，这种现象就称为面团的形成。大麦、黑麦、燕麦等也具有这种特性，但是比小麦面粉差。小麦面粉中除含有面筋蛋白外，还有淀粉、糖、极性脂类、非极性脂类、可溶性蛋白等其他成分，这些成分对面筋蛋白形成三维网状结构和面团质地起着重要作用，并被容纳在这个结构中。小麦蛋白质由 80%的水不溶性蛋白质和 20%的可溶性蛋白构成，其中水不溶性蛋白由麦醇溶蛋白（溶于 70%乙醇）和麦谷蛋白组成，二者含量相近，称为面筋蛋白。面筋蛋白质富含谷氨酰胺（超过 33%）、脯氨酸（15%～20%）、丝氨酸及苏氨酸，它们易于形成氢键，使面筋蛋白具有较好的吸水能力（面筋吸水量为干蛋白质的 180%～200%）和黏着性质，其中黏聚性质还与疏水相互作用有关；面筋蛋白中含有—SH 基，能形成二硫键，使面团质地较为坚韧。当面粉被揉捏时，蛋白质分子伸展，二硫键形成，疏水相互作用增强，面筋蛋白转化形成立体的具有黏弹性的蛋白质网状结构，并截留淀粉粒和其他的成分。如果此时加入还原剂破坏—S—S—，则可破坏面团的内聚结构。但如果加入氧化剂 $KBrO_3$ 使二硫键形成，则有利于面团的弹性和韧性。此外，面筋蛋白中还有较多的非极性氨基酸，对水合面筋蛋白质的聚集、黏弹性、与脂肪的结合能力等性质有积极作用。

面团的特性与麦谷蛋白和麦醇溶蛋白的性质直接相关。麦谷蛋白分子量可达数百万，既含有链内二硫键，又含有大量链间二硫键；麦醇溶蛋白仅含有链内二硫键，分子量在 35000～75000 之间。麦谷蛋白决定面团的弹性、黏合性和抗张强度；麦醇溶蛋白能促进面团的流动性、伸展性和膨胀性。如制作面包面团时，两类蛋白质的适当平衡对面包品质影响很大。麦谷蛋白过多时，面团过度黏结，会抑制发酵期间截留的 CO_2 气泡的膨胀，抑制面团发起和成品面包中的空气泡，此时加入还原剂半胱氨酸、偏亚硫酸氢盐可打断部分二硫键，降低面团的黏弹性；麦醇溶蛋白过多时，面团过度延展，产生的气泡膜易破裂、可渗透，不能很好地保留 CO_2，使面团和面包塌陷，此时加入溴酸盐、脱氢抗坏血酸氧化剂可使二硫键形成，提高面团的硬度和黏弹性。当面团揉搓不足时，因面筋网络没有足够时间形成，使面筋强度不足；但揉搓过度时，可能导致二硫键断裂，使面筋强度降低。面粉中存在的氢醌类、超氧离子和易被氧化的脂类也被认为是促进二硫键形成的天然因素。

面筋蛋白质在焙烤加工时再变性程度较弱，因为麦醇溶蛋白和麦谷蛋白在面粉中已经部分伸展，在捏揉面团时更加伸展。正常温度下焙烤面包时，面筋蛋白质不会进一步伸展。但当焙烤温度高于 70～80℃时，面筋蛋白质释放出的水分能被部分糊化的淀粉粒吸收，因此，即使在焙烤时，面筋蛋白质也仍然能使面包柔软和保持水分（含 40%～50%水）。但焙烤能使面粉中的可溶性蛋白质（清蛋白和球蛋白）变性和凝集，这种部分的胶凝作用有利于面包心的形成。

七、乳化特性

蛋白质的乳化特性和起泡特性都属于蛋白质的界面性质（surface property），这些特性涉及蛋白质在不同极性的两相间产生的作用。常见食品，如牛乳、蛋黄酱、冰激凌、肉馅、奶油、蛋糕、面糊、人造黄油等，都是乳化的多相体系。天然乳状液靠脂肪球“膜”稳定，这种“膜”由三酰基甘油、磷脂、不溶性脂蛋白和可溶性蛋白质的连续吸附层构成。食品乳化体系是分散的互不相溶的两个液相，常见的液相是水相和脂肪相。这两相的极性差异很大，所以界面上的张力很大，在热力学上是不稳定的分散系。蛋白质分子同时具有亲水、亲油基团或区域，能自发地迁移至两相界面上，其疏水基团定向到油相和气相，而亲水基团定向到水相并广泛展开和散布，降低表面张力，起到乳化剂作用，使乳状液保持稳定。

影响蛋白质乳化性质的因素有很多，包括 pH 值、离子强度、温度、表面活性剂、糖类、油相体积、蛋白质类型、油的特性等内在因素，还包括制备乳状液的设备、条件、能量强度、剪切速度等外在因素。

一般情况下，蛋白质的疏水性越强、在界面吸附的浓度越高，降低界面张力的程度越大，乳状液越稳定。多肽链在界面上的分布主要有 3 种不同的构型：列车状、圈状和尾状（图 5-12）。其中多肽链列车状构象降低表面张力的能力最大，其存在于界面的比例越大，蛋白质越能强烈地与界面相结合，乳状液就越稳定。

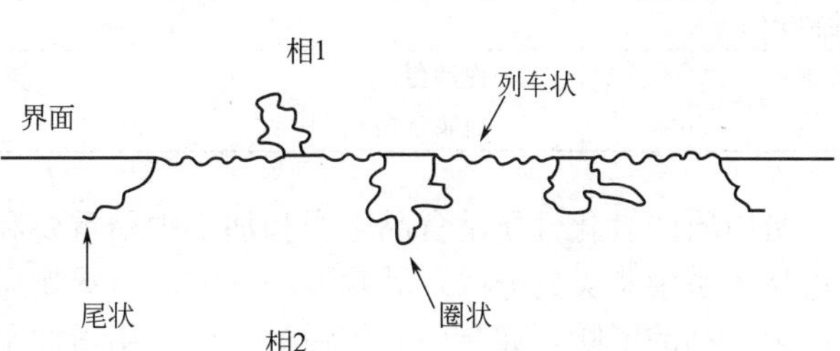

图 5-12　肽链在界面上采取的主要结构类型

蛋白质的溶解性与其乳化性质呈正相关，提高蛋白质的溶解性能显著改善蛋白质的乳化性。如肉糜在有 0.5～1mol/L NaCl 存在时，由于盐溶作用，蛋白质的乳化容量显著提高。不溶性蛋白质对乳化作用的贡献很小，但不溶性蛋白质颗粒常常能够在已经形成的乳状液中起到加强稳定作用。

溶液的 pH 值能影响乳状液的形成和稳定，如血清蛋白、明胶和蛋清蛋白等在等电点具有最佳乳化性质。但其他多数食品蛋白质（如酪蛋白、商品乳清蛋白、肉蛋白、大豆蛋白等）在等电点时乳化性质最差，偏离等电点时乳化性提高，因为此时氨基酸侧链离解，提高了蛋白质溶解度，使乳化体系产生静电斥力，避免液滴的聚集，从而提高蛋白膜的稳定性。

改善蛋白质乳化性的重要方法如下，低分子量的表面活性剂能与蛋白质在界面上产生竞争性吸附，降低蛋白质膜的黏度、硬度及蛋白质保留在界面上的作用力，从而降低依赖蛋白质稳定的乳状液的稳定性。

加热处理能降低吸附在界面上的蛋白质膜的黏度和硬度，降低乳状液的稳定性，但是如果加热使蛋白质发生变性，产生胶凝作用，则能提高其乳化稳定性。如肌原纤维蛋白质的胶凝作用有利于灌肠等食品的乳化体系的稳定性，提高产品的保水性和吸收脂肪的能力，使各成分间保持较大的黏结性。

评价蛋白质乳化性质的指标主要有 3 种：乳化活性指数（emulsifying activity index，EAI）、乳化容量（emulsion capacity，EC）、乳化稳定指数（emulsion stability index，ESI）。蛋白质的乳化活性指数和乳化稳定指数并不存在相关性。部分蛋白质的乳化活性指数见表 5-12，乳化容量和乳化稳定指数见表 5-13。

表 5-12　部分蛋白质的 EAI（溶液离子强度 0.1mol/L）

蛋白质	乳化活性指数		蛋白质	乳化活性指数	
	pH=6.5	pH=8.0		pH=6.5	pH=8.0
卵蛋白	—	49	乳清蛋白	119	142
溶菌酶	—	50	β-乳球蛋白	—	153
酵母蛋白	8	59	干酪素蛋白	149	166
血红蛋白	—	75	牛血清蛋白	—	197
大豆蛋白	41	92	酵母蛋白(88%酰化)	322	341

表 5-13　部分蛋白质的 EC 和 ESI

蛋白源	种类	EC/(g/g)	ESI(24h)/%	ESI(14d)/%
大豆	分离蛋白	277	94	88.6
	大豆粉	184	100	100

续表

蛋白源	种类	EC/(g/g)	ESI(24h)/%	ESI(14d)/%
蛋	蛋白粉	226	11.8	3.3
	液态蛋白	215	0	1.1
乳	酪蛋白	336	5.2	41.0
	乳清蛋白	190	100	100
鱼	水解蛋白	160	97.2	99.0
	胶原蛋白	167	92.2	83.1
动物组织	肌肉	216	4.2	6.0
猪血	血清蛋白	287	1.1	1.3
	血浆蛋白	263	2.0	3.8

蛋白质的乳化性质是食品生产和加工中最重要和最常用的功能性质之一。蛋白质与脂类的相互作用对食品体系中脂类的分散及乳状液的稳定、风味物质的保留、特殊质构的形成等有重要影响。但有时也能产生不利的影响，如蛋白质较强的乳化作用增加了从富含脂肪的原料中提取蛋白质或油脂时的难度。

八、起泡特性

食品泡沫通常是指气泡在含有表面活性剂的连续液相或半固相中分散形成的分散体系。食品泡沫中的表面活性剂叫泡沫剂，一般是蛋白质、配糖体、纤维素衍生物和添加剂中的食用表面活性剂。气泡的直径从 $1\mu m$ 到数厘米不等，液膜和气泡间的界面上吸附着表面活性剂，起降低表面张力和稳定气泡的作用。典型的泡沫型食品有啤酒、蛋白甜饼、冰激凌、蛋奶酥、搅打的奶油等。

典型的食品泡沫应具有的特点：①含有大量气体（低密度）；②在气相和连续相间有较大的表面积；③溶质的浓度在界面较高；④有能膨胀、具有刚性或半刚性和弹性的膜；⑤能反射光，但看起来不透明。

蛋白质能作为发泡剂主要是由于蛋白质的表面活性和成膜性，如蛋清中的水溶性蛋白质在蛋液搅打时可被吸附到气泡表面降低表面张力，又因为搅打过程中的变性，逐渐凝固在气液界面间，形成有一定刚性和弹性的薄膜，从而使泡沫稳定。

产生泡沫的方法主要有 3 种：①让气体经过多孔分散器通入到低浓度蛋白质溶液中，产生气泡；②在大量气体存在下机械搅拌或振荡蛋白质溶液，产生气泡；③在高压下将气体溶于蛋白质溶液，突然减压，气体因膨胀而形成泡沫。在泡沫形成过程中，蛋白质首先向气-液界面迅速扩散并吸附，进入界面层后再进行分子结构重排。这 3 个过程中，蛋白质的扩散过程是一个决定因素。

泡沫具有很大的界面面积（气液界面可达 $1m^2/mL$ 液体）是其不稳定的根源，其具体失稳机制主要是：①在重力、气泡内外压力差（表面张力引起）和蒸发的作用下液膜排水，如果泡沫密度大、界面张力小和气泡平均直径大，则气泡内外的压力差较小，此外如果连续相黏度大，吸附层蛋白质的表观黏度大，液膜中的水就较稳定；②气体从小泡向大泡扩散，这是使泡沫总表面能降低的自发变化，如果连续相黏度大、气体在其中溶解和扩散速度小，泡沫就较稳定；③在液膜不断排水变薄时，受机械剪切力、气泡碰撞力和超声波振荡的作用，气泡液膜也会破裂。

如果液膜本身具有较大的刚性或蛋白质吸附层有一定的强度和弹性，液膜就不易破裂；如在液膜上粘有无孔隙的微细固体粉末且未被完全润湿，有防止液膜破裂的作用；如果有多孔杂质或消泡性表面活性剂存在，破裂将加剧。

评价蛋白质起泡性质的指标主要有：泡沫密度、泡沫强度、气泡平均直径、直径分布、蛋白质起泡力和泡沫稳定性。实际中最常用的是蛋白质起泡力和泡沫稳定性两个指标。

1. 蛋白质起泡力的测定方法

将一定浓度和体积的蛋白质溶液加入带有刻度的容器内起泡，测定泡沫的最大体积，分别计算泡沫膨胀率（overrun）和起泡力（foaming power，Fp）。

$$泡沫膨胀率=\frac{总分散系体积-原来液体体积}{原来液体体积}\times 100\%$$

$$起泡力=\frac{泡沫中气体体积}{泡沫中液体体积}\times 100$$

由于起泡力一般随原体系中蛋白质浓度增加而增加，在比较不同蛋白质的起泡力时需要比较最高起泡力和相应于1/2最高起泡力的蛋白质浓度等多项指标（表5-14）。

表5-14　几种蛋白质的起泡力

蛋白质	蛋白质质量浓度为20～30g/L时的最大Fp	1/2最大Fp时蛋白质的质量浓度/(g/L)	蛋白质质量浓度为10g/L时的Fp
明胶	228	0.4	221
酪蛋白钠	213	1.0	198
分离大豆蛋白	203	2.9	154

2．泡沫稳定性的测定方法

方法一：起泡完成后，迅速测定泡沫体积，然后在一定条件下放置一段时间（30min）后测定泡沫体积，计算泡沫稳定性（foam stability）。

$$泡沫稳定性=\frac{泡沫放置30\text{min}后的体积}{泡沫的初体积}\times 100\%$$

方法二：测定液膜完全排水或排水1/2所需的时间。如果是鼓泡形成泡沫，就可在刻度玻璃仪器中直接起泡，然后观察排水过程和测量排水1/2所需时间；如果是搅打起泡，测定应在特制的不锈钢仪器中进行。泡沫稳定性受蛋白质浓度影响，因此也应规定蛋白质浓度。不同蛋白质的泡沫稳定性见表5-15。

表5-15　油籽蛋白的泡沫稳定性

蛋白质	搅打后泡沫体积/mL			
	1min	30min	60min	120min
大豆粉	150	108	50	10
大豆浓缩蛋白	360	15	10	5
大豆分离蛋白	640	580	580	530
向日葵籽粉	605	500	490	420
向日葵籽浓缩物	590	445	360	120

3．影响蛋白质起泡性的因素

（1）蛋白质的分子性质　具有良好起泡性的蛋白质须具备能够快速地扩散到气-液界面的能力，并且易于在界面吸附、展开和重排，通过分子间的作用形成黏弹性吸附膜。如具有疏松自由卷曲结构的β-酪蛋白。而溶菌酶是结构紧密缠绕的球蛋白，同时具有多个分子内的二硫键，所以起泡性很差。蛋白质的理化性质与泡沫性质的关系见表5-16。

表5-16　与蛋白质起泡性有关的蛋白质分子性质

溶解度	快速扩散至气液界面
疏水性	极性区域与疏水区的相对独立分布，产生降低界面张力的作用
肽链的柔韧性	有利于蛋白质分子在界面上的伸展、变形
肽链间的相互作用	有利于蛋白质分子间的相互作用，形成黏弹性好、稳定的吸附膜
基团的离解	有利于气泡间的排斥，但高电荷密度不利于蛋白质在膜上的吸附
极性基团	与水的结合、蛋白质分子间的相互作用有利于吸附膜的稳定性

界面张力的降低取决于蛋白质分子在界面上快速展开、重排和暴露疏水基团的能力，因此蛋白质分子的疏水性、柔性、溶解性等对蛋白质起泡力有重要影响。泡沫稳定性要求蛋白质能在气泡周围形成有一定厚度、刚性、黏性、弹性和连续的膜，因此需要分子量较大、分子间较易发生相互结合或黏合的蛋白质；为了适应界面变形和使水分子稳定地保持在气-水界面上，蛋白质分子的亲水和疏水区还要有较理想的分布，即泡沫稳定性取决于蛋白质膜的流变性质。因此，具有良好起泡力的蛋白质泡沫稳定性较差，泡沫稳定性较好的蛋白质起泡力较差。具有良好起泡性质的蛋白质主要有蛋清蛋白、血红蛋白、牛血清蛋白、明胶、乳清蛋白、酪蛋白胶束、β-酪蛋白、小麦蛋白质（谷蛋白）、大豆蛋白质和一些水解蛋白质（低水解度）。

（2）pH 值　pH 值影响蛋白质的电荷状态，而改变其溶解度、持水力和相互作用力，从而改变蛋白质起泡力和泡沫稳定性。在 pI 附近时，蛋白质间的排斥力很小，有利于界面上蛋白质分子间的相互作用和形成黏稠的膜，被吸附至界面的蛋白质的数量也增加，提高了蛋白质的起泡能力和泡沫稳定性。在 pI 之外，蛋白质起泡力较好，但稳定性较差。

（3）蛋白质的浓度　蛋白质的浓度影响其起泡性质，当含量在 2%～8%范围内时起泡性较好，随浓度增加起泡性增强，这是因为液相具有较好的黏度，膜具有适宜的厚度和稳定性；但当蛋白质含量超过 10%时，溶液的黏度过大，影响蛋白质的起泡能力，气泡变小，泡沫变硬，这可能是由于蛋白质在高浓度时溶解度下降的缘故。

（4）盐类　盐类对蛋白质功能性质影响较大，包括黏度、溶解度、解聚、伸展等。对起泡性的影响取决于盐的种类、浓度和蛋白质的性质。如 NaCl 增加泡沫的膨胀率，但降低泡沫稳定性；Ca^{2+} 能与蛋白质的羧基形成盐桥，从而提高泡沫稳定性。盐析效应和盐溶效应都会影响蛋白质的起泡性质和泡沫稳定性，盐析效应时蛋白质具有较好的起泡性质，盐溶效应时则起泡性较差。

（5）脂类　蛋白质溶液中如果有低浓度脂类，会严重降低蛋白质的起泡性，尤其是极性脂类，如磷脂有比蛋白质更大的表面活性，它以竞争方式在界面上取代蛋白质，在空气-水界面吸附，干扰和削弱蛋白质在界面的吸附，并影响蛋白质分子之间的相互作用，使蛋白质的泡沫稳定性下降。

（6）温度　加热一般不利于泡沫的形成，但起泡前对一些结构紧密的蛋白质进行适当的热处理对其起泡是有利的，如能提高大豆蛋白（70～80℃）、乳清蛋白（40～60℃）、卵清蛋白（卵清蛋白和溶菌酶）等蛋白质的起泡性能。过度的热处理则会损害起泡能力，使气体膨胀、黏度降低，导致气泡破裂。将已形成的泡沫进行加热，特殊情况下，能使蛋白质吸附膜因胶凝作用产生足够的刚性，从而大大提高泡沫稳定性。

（7）糖类　常见糖类如蔗糖、乳糖等能提高溶液体系整体黏度而降低蛋白质的起泡能力，但能改善泡沫稳定性。所以，在加工蛋白甜饼、蛋奶酥和蛋糕等含糖泡沫型甜食产品时，如在搅打后加入糖，能使蛋白质吸附、展开和形成稳定的膜，从而提高泡沫稳定性。

（8）机械处理　为了形成足够的泡沫，适当的搅拌、搅打时间、强度能使蛋白质充分展开和吸附，但过度激烈搅打也会产生蛋白质絮凝，降低膨胀度和泡沫稳定性，剪切力也使吸附膜及泡沫破坏和破裂。如搅打鸡蛋清超过 6～8min，会引起气-水界面上的蛋白质部分凝结，使泡沫稳定性下降。

九、与风味物质的结合

食品中自然存在或在加工过程中会产生多种风味物质，如酸、酚、酮、醛和脂肪氧化的分解产物等，这些物质能够被部分吸附或结合在蛋白制剂或食品蛋白质中。对于豆腥味、酸败味和苦涩味物质等不良风味物质的结合常降低蛋白产品的食用品质，而对肉的风味物质和其他适宜风味物质的可逆结合可使食品在保藏和加工过程中保持其良好风味。

蛋白质与风味物质的结合主要包括物理吸附和化学吸附。物理吸附主要通过范德瓦尔斯力和毛细管作用吸附，是一个可逆的结合，作用能量为 20kJ/mol；化学吸附主要通过静电吸附、氢键结合和共价结合，主要是不可逆的结合，作用能量是 40kJ/mol 以上。当风味物质与蛋白质相结合时，蛋白质构象发生变化。如风味物质扩散至蛋白质分子的内部时，打断蛋白质链段之间的疏水相互作用，使蛋白质的结构失去稳定性。蛋白质中的极性部位与极性风味物质结合，如乙醇可与极性氨基酸残基形成氢键；弱极性或非极性区域与弱极性风味物质结合，如中等链长的醇、醛和杂环风味物质可能在蛋白质的疏水区发生结合。还有的部位能与醛、酮、胺等挥发物发生较强的结合，如赖氨酸的ε-氨基可与风味物质的醛和酮基形成席夫碱，谷氨酸和天冬氨酸的游离羧基可与风味物质的氨基结合成酰胺。

假设蛋白质的结构中具有一些相同的、相对独立的结合位点（binding site），通过与风味化合物（F）发生作用进而结合风味化合物，用下式表示：

$$\text{Protein}+n\text{F} \longleftrightarrow \text{Protein-F}_n$$

根据此模型推导出描述蛋白质与风味物质结合的 Scatchard 关系式：

$$V/[\text{L}]=K(n-V)$$

式中　V——蛋白质与风味物质结合达到平衡时被结合的风味物质的量，mol/mol；

[L]——游离的风味物质的量，mol/L；

K——结合的平衡常数，L/mol；

n——1mol 蛋白质对风味物质所具有的总结合位点数。

此关系式是假设在高浓度风味物质条件下不存在蛋白质分子之间的相互作用，因此只适用于单链蛋白质和多肽。对于由多条肽链组成的蛋白质，当蛋白质的浓度增加时，其对风味物质的结合量却呈现出下降趋势，这是因为蛋白质分子间的相互作用降低了蛋白质对风味物质结合的有效性，部分位点被掩盖而不能结合风味物质。

水增大极性物质的扩散速度，故能提高极性挥发物与蛋白质的结合，但对非极性化合物没有影响。脱水处理包括冷冻干燥也能使最初被蛋白质结合的挥发物质降低 50%以上。高浓度的盐能使蛋白质的疏水相互作用减弱，导致蛋白质伸展，从而提高它与羰基化合物的结合。pH 值对蛋白质构象影响很大，蛋白质在碱性条件下比在酸性条件下发生更广泛的变性，因此通常碱性 pH 值条件下比酸性 pH 条件下更能促进与风味物质的结合，如酪蛋白在中性或碱性条件下比在酸性条件下结合更多的羰基化合物，与此时的氨基非离子化有关。水解处理能显著降低蛋白质与风味物质结合的能力（尤其是高度水解），因为水解破坏了蛋白质的一级结构和与风味物质有效的结合位点。适度热处理可使蛋白质结合风味物质的能力增加，如 10%的大豆分离蛋白溶液在有正己醛存在时于 90℃加热 1h 或 24h，然后冷冻干燥，发现其对正己醛的结合量比未加热的对照组分别大 3 倍和 6 倍。脂类物质的存在能促进蛋白质对各种羰基挥发物质的结合与保留。化学改性能显著影响蛋白质与风味物质的结合能力，如利用亚硫酸盐破坏蛋白质分子中的二硫键导致蛋白质结构展开，可提高蛋白质与风味物质结合的能力。

十、与其他物质的结合

蛋白质还能通过弱的相互作用或共价键结合很多其他物质，如金属离子、色素、染料、致敏物质等。这种结合可产生解毒或增强毒性的作用，对蛋白质的营养价值也有影响。蛋白质与金属离子的结合有利于一些矿物质（如铁、钙）的吸收，与色素的结合可以用于对蛋白质的定量分析，而结合于大豆蛋白上的异黄酮则使大豆蛋白具有有益健康的作用。

第五节　蛋白质的变性

蛋白质变性（protein denaturation）是指在某些物理和化学因素作用下（如酸、碱、热、有机溶剂、辐射处理、剪切、搅拌等），蛋白质的二级、三级、四级结构构象发生不同程度的改变，但肽键不发生断裂，一级结构维持不变。变性蛋白质的理化性质和生物活性会有显著变化，能直接影响蛋白质的加工工艺。

一、蛋白质变性概述

蛋白质的天然结构是蛋白质在溶液中涉及的各种作用力相互吸引和排斥达到平衡的净结果，这些作用力包括分子内的相互作用和蛋白质分子与周围水分子的相互作用。蛋白质的变性是非常复杂的过程，很难从结构上给蛋白质变性做具体定义。环境条件的任何变化都可能导致蛋白质变性。在温和条件作用下，蛋白质的空间构象可能只发生细微变化，当外界因素解除后蛋白质可恢复到天然构象，这种变性称为可逆变性（构象的适应性）。如果不能恢复原来的各种性质，称为不可逆变性。多数情况下，变性涉及到蛋白质有序结构的丧失，同时蛋白质的变性程度与外界条件有关，各种变性状态之间的自由能差别很小，蛋白质完全变性成为完全伸展的多肽结构（无规则卷曲）。

蛋白质的变性对蛋白质的结构、功能、理化性质都有很大影响。

变性蛋白质和天然蛋白质相比，发生的变化主要有以下几个方面。

① 分子内部疏水性基团暴露，蛋白质在水中的溶解性能降低。如球状蛋白质变性后，空间结构被破坏，多肽链伸展，形成随机卷曲的无规结构，分子内部的疏水基团暴露，肽链相互缠绕聚集，产生沉淀。但在离 pI 很远的 pH 值环境中或有尿素、胍等变性剂共存时，由于电荷的排斥，则不发生沉淀。

② 某些生物蛋白质的生物活性丧失，如失去蛋白质所具有的酶、激素、毒素、抗原与抗体、血红蛋白的载氧能力等生物学功能。生物活性丧失是蛋白质变性的主要特征。有时蛋白质的空间结构只有轻微变化即可引起生物活性的丧失。

③ 蛋白质的肽键更多地暴露出来，易被蛋白酶催化水解。蛋白质变性后，分子结构松散，暴露出水解位点，易被蛋白酶水解。

④ 蛋白质结合水的能力发生改变。

⑤ 蛋白质分散体系的黏度发生改变。蛋白质变性后，原来的有序空间结构转变为无秩序松散的伸展状态，分子的不对称程度加大，因而溶液的黏度亦增大。

⑥ 蛋白质的结晶能力丧失。

⑦ 旋光度、紫外和红外吸收光谱改变。

蛋白质分子的旋光性由各个组成氨基酸的旋光度总和决定。蛋白质变性后，三级结构被破坏，螺旋结构松开，原有氨基酸如色氨酸、苯丙氨酸等发色氨基酸基团就会暴露出来，改变了原有天然蛋白的光谱性质。

二、物理变性

1. 加热

加热是食品加工中最常用的处理过程，也是引起蛋白质变性最常见的因素。大多数蛋白质在 45～50℃已开始变性（如蛋清蛋白等），55℃左右变性速度加快。蛋白质变性过程中，在一个狭窄的温度范围内会产生状态的剧烈变化（理化性质的急剧变化），这个狭窄的温度范围就是蛋白质的变性温度。通常认为，蛋白质变性过程不存在中间状态，从天然状态“突变”到变性状态。

蛋白质经过热变性后表现出相当程度的伸展变形，如天然血清蛋白是椭圆形的，长宽比为 3∶1，热变性后的血清蛋白的长宽比变为 5.5∶1，蛋白质分子形状发生明显伸展。在较低的温度下，蛋白质热变性仅涉及非共价键的变化（即蛋白质二级、三级、四级结构的变化），蛋白质分子伸展，常发生可逆变性。多数情况下，蛋白质的热变性是不可逆的。变性的速度取决于温度，温度每提高 10℃，蛋白质的变性速度提高约 600 倍（多数普通化学反应的温度系数为 3～4，即反应温度每升高 10℃，反应速度增加 3～4 倍），这说明维持蛋白质结构稳定的相互作用力的能量较低。这个性质在食品加工过程中体现出来，如高温瞬时杀菌（HTST）、超高温杀菌（UHT）技术。一般情况下，温度越低，蛋白质的稳定性越高。但是肌红蛋白和突变型噬菌体 T4 溶菌酶却例外，两者分别在 30℃和 12.5℃时显示最高稳定性，低于或高于此温度时稳定性都降低，低于 0℃时这两种蛋白质均遭受冷诱导变性（图 5-13）。

影响蛋白质热变性的因素很多，如蛋白质的组成、浓度、水分活度、pH 值和离子强度等。含有高比例疏水性氨基酸的蛋白质比含有较多亲水性氨基酸的蛋白质更稳定。蛋白质的热稳定性与 Asp、Cys、Glu、Lys、Arg、Trp 和 Tyr 残基所占的百分数呈正相关，与 Ala、Asp、Gly、Gln、Ser、Thr、Val 残基所占的百分数呈负相关，其他氨基酸残基对蛋白质的变性温度影响很小，其原因还不清楚（表 5-17）。蛋白质在干燥状态下较稳定，对温度变化的承受能力较强，而在湿热状态下容易发生变性。蛋白液的浓度也有一定影响，浓蛋白液在受热后，其复性变得更加困难。这是由于高浓度下分子间作用增强，导致变性后分子结构更加紧密。

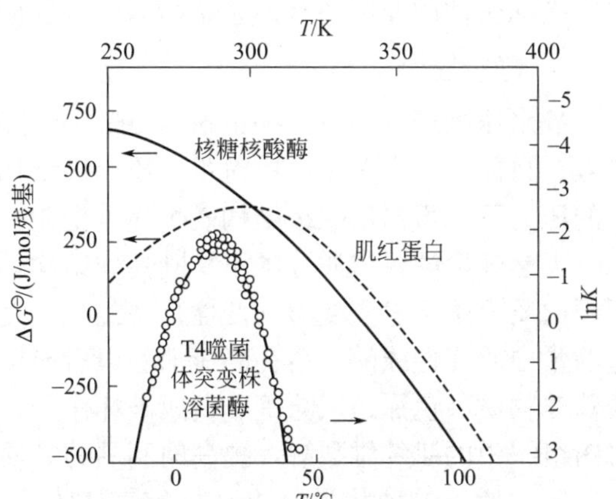

图 5-13　蛋白质稳定性与温度的关系

表 5-17　蛋白质的热变性温度和平均疏水性关系

蛋白质	热变性温度 T_d/℃	平均疏水性 /(kJ/mol 残基)	蛋白质	热变性温度 T_d/℃	平均疏水性 /(kJ/mol 残基)
胰蛋白酶原	55	3.68	卵清蛋白	76	4.01
胰凝乳蛋白酶原	57	3.78	胰蛋白酶抑制剂	77	
弹性蛋白酶	57		肌红蛋白	79	4.33
胃蛋白酶原	60	4.02	α-乳清蛋白	83	4.26
核糖核酸酶	62	3.24	细胞色素 C	83	4.37
羧肽酶	63		β-乳球蛋白	83	4.50
乙醇脱氢酶	64		抗生物素蛋白	85	3.81
牛血清白蛋白	65	4.22	大豆球蛋白	92	
血红蛋白	67	3.98	蚕豆蒌蒿 11S 蛋白	94	
溶菌酶	72	3.72	向日葵 11S 蛋白	95	
胰岛素	76	4.16	燕麦球蛋白	108	

蛋白质热稳定性还受到其立体结构影响。多数情况下，单体球状蛋白热变性是可逆的，许多单体酶加热到变性温度以上甚至短时间保留在 100℃后立即冷却至室温，也能完全恢复原有活性。盐和糖可提高蛋白质水溶液的热稳定性，如蔗糖、乳糖、葡萄糖和甘油等能稳定蛋白质，0.5mol/L 的 NaCl 能显著提高 β-乳球蛋白、大豆蛋白、血清白蛋白和燕麦球蛋白的变性温度。

2. 冷冻

低温冷冻是食品加工常用的保藏和加工手段，如海产品、肉制品等。但低温处理过程也能导致蛋白质变性，如 L-苏氨酸脱氨酶在室温下稳定，但在 0℃不稳定；11S 大豆球蛋白、乳蛋白、卵蛋白、麦醇溶蛋白等在冷却或冷冻时可以发生凝集和沉淀。也有例外，如一些氧化酶在较低温度下被激活。蛋白质冷冻变性在水产品的低温贮藏过程中普遍存在。如鱼肉在冷冻时，其蛋白质会发生水解及其他一些物理化学变化；鱼糜低温冻藏时，鱼肉肌原纤维蛋白中的 F-肌动蛋白和肌球蛋白因发生冷冻变性，使二者不能结合形成肌动球蛋白，造成鱼糜弹性变差。

导致蛋白质低温变性的原因，主要是由于蛋白质与水的相互作用、蛋白质质点分散密度发生变化，破坏了维持蛋白质结构的作用力平衡，部分基团的水化层被破坏，基团之间的相互作用引起蛋白质聚集或亚基重排，冷冻过程中由于温度下降，冰晶逐渐形成，使蛋白质分子中的水化膜减弱甚至消失，蛋白质侧链暴露出来，加上冰晶的挤压，使蛋白质质点互相靠近而结合，致使蛋白质质点凝集沉淀。这种作用主要与冻结速度有关，冻结速度越快，冰晶越小，挤压作用也越小，变性程度就越小。此外，导致蛋白质冷冻变性的原因还有体系结冰后的盐效应、冷冻的浓缩效应等。

3. 静水压

静水压处理（hydrostatic pressure）也能导致蛋白质变性。静水压是影响蛋白质构象的一个热力学参数。目前还没有关于高压对蛋白质一级结构影响的报道；高压有利于二级结构的稳定；在200MPa以上的压力下，蛋白质三级结构发生显著变化；四级结构对压力非常敏感。

天然球形的蛋白质分子不是刚性球结构，分子内部还存在空穴，有一定的柔性和可压缩性，在高压下蛋白质分子会发生变形（变性）。常温下，大多数蛋白质在100～1200MPa会发生变性。有时高压引起的蛋白质变性或酶失活在高压消除以后能重新恢复。静水压处理能导致酶或微生物的灭活，对食品中的营养物质、色泽、风味等不造成破坏作用，也无有害的化合物产生，如对肉制品进行高压处理可以使肌肉组织中的肌纤维裂解，提高肉制品的品质，所以逐渐成为“绿色”加工技术之一。

压力诱导的球状蛋白质变性会使其体积减少30～100mL/mol，主要是因为：①蛋白质展开而消除了空穴；②展开的蛋白质结构中非极性氨基酸残基暴露而产生水合作用。后一个变化导致体积减少。

体积变化与自由能变化的关系如下：

$$\Delta V = \mathrm{d}(\Delta G)/\mathrm{d}p$$

式中，p 代表静水压。

若球状蛋白质完全展开，体积的变化约为2%。但是静水压造成的蛋白质体积减少值30～100mL/mol仅相当于约0.5%的体积减少。这说明，即使在高达1000MPa的压力作用下，蛋白质也仅仅是部分地展开。

4. 剪切

食品加工中的挤压、打擦、捏合、高速搅拌和均质等操作产生的剪切作用能导致蛋白质变性。高剪切力通常都伴随着高温，两者结合会导致蛋白质不可逆的变性，剪切速度越大，蛋白质变性程度越大，如在pH值3.5～4.5和温度80～120℃条件下用7500～10000r/min的剪切速度处理10%～20%乳清蛋白质，就能形成直径约1μm的不溶解球状胶体粒子。加工面包等食品面团时产生的剪切力使蛋白质变性，主要是因为α-螺旋的破坏导致蛋白质的网络结构改变。

5. 辐照

电磁辐射会对蛋白质结构产生影响，如断裂肽链间二硫键、氢键、盐键和醚键等，从而使蛋白质的三级结构和二级结构遭到破坏，导致蛋白质变性。电磁波对蛋白质结构的影响与电磁波的波长和能量有关。一般可见光由于波长较长、能量较低，对蛋白质的构象影响不大；而紫外线、X射线、γ射线等高能量的电磁波对蛋白质的构象会产生明显的影响。高能射线被芳香族氨基酸吸收后，导致蛋白质构象改变，同时还会使氨基酸残基发生各种变化，如破坏共价键、分子离子化、分子游离基化、氧化—SH基等。

蛋白质经射线照射会发生辐射交联，其主要原因是巯基氧化生成分子内或分子间的二硫键，也可以由酪氨酸和苯丙氨酸的苯环偶合导致。辐射交联导致蛋白质发生凝聚作用，甚至出现一些不溶解的聚集体。如用X射线照射血纤蛋白，会引起部分裂解，产生较小的碎片；卵清蛋白在等电点辐射也发现黏度减小，证明发生了降解。蛋白质辐照时降解与交联同时发生，而往往是交联大于降解，所以降解常被掩盖而不易觉察。因此，辐射不仅可以使蛋白质发生变性，而且还可能因结构的改变导致蛋白质的营养价值变化。但在对食品进行一般的辐射保鲜时，辐射对食品蛋白质的影响极小，一是由于食品处理时所使用的辐射剂量较低，二是食品中存在水的裂解而减少了其他物质的裂解。

6. 界面

蛋白质吸附在界面后发生不可逆的变性，是由于在气-液界面上的水分子的能量较本体水分子的能量高，界面上的水分子与蛋白质分子发生相互作用，导致蛋白质分子的能量增加，蛋白质分子中一些化学键被破坏，结构发生变化，水分子进入蛋白质分子的内部，进一步导致蛋白质分子的伸展，并使蛋白质的疏水性残基、亲水性残基分别向极性不同的两相排列，最终导致蛋白质分子的变性。

蛋白质吸附速率与其向界面扩散的速率有关，当界面被变性蛋白质饱和（约 $2mg/m^2$）即停止吸附。如果蛋白质分子具有较疏松的结构，在界面上的吸附就比较容易；如果蛋白质的结构较紧密，蛋白质就不易被界面吸附，因而界面变性也就比较困难。蛋白质界面变性如图 5-14 所示。

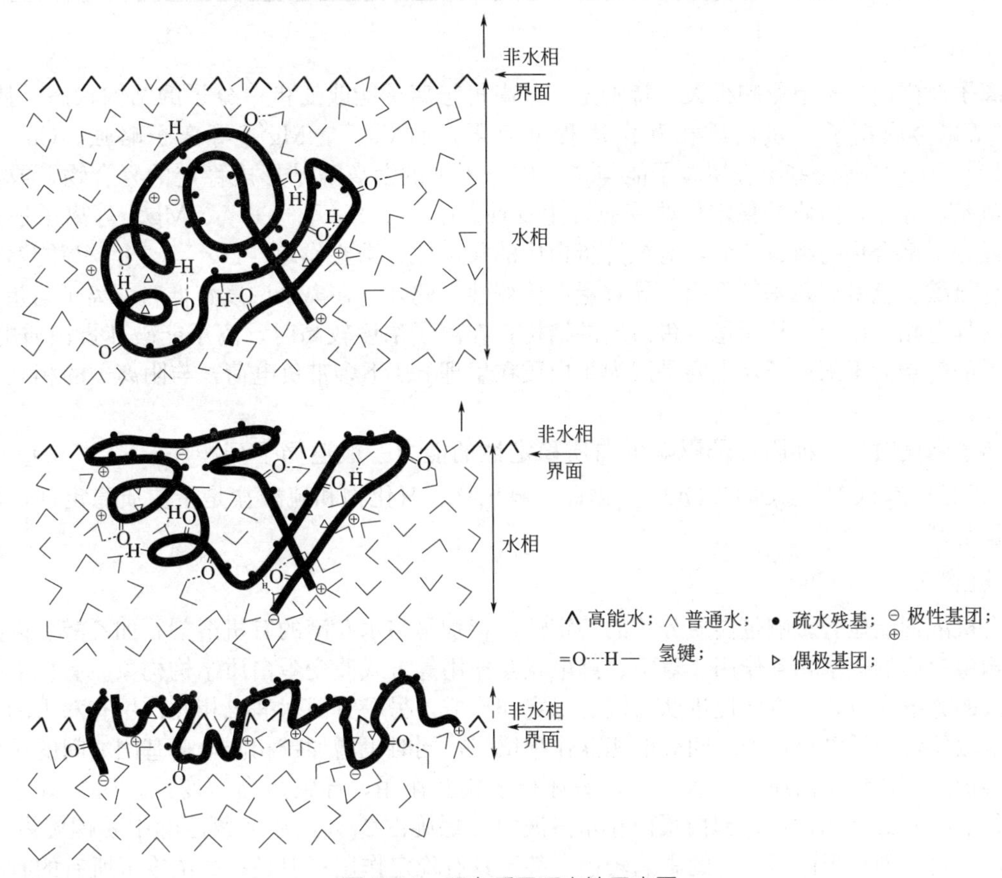

图 5-14　蛋白质界面变性示意图

三、化学变性

1. pH 值

pH 值变化对蛋白质稳定性影响较大。通常情况下，大多数蛋白质在 pH 值 4～10 比较稳定，超过这个范围就会发生变性。在极端 pH 值条件下，蛋白质分子内的离子基团如氨基、羧基等离解，产生强静电排斥作用，促进蛋白质分子的伸展导致其变性。极端碱性的 pH 值条件对蛋白质的变性作用强于极端酸性的 pH 值条件，在极端碱性的 pH 值时，部分埋藏在蛋白质内部的羧基、酚羟基和巯基离子化，这些离子化基团趋向水环境运动，造成多肽链散开。

pH 值引起的变性大多数是可逆的，某些蛋白质经过酸碱处理后，如果 pH 值调回原来的范围，蛋白质则能恢复原来的结构，如酶。由酸碱诱导的蛋白质变性如果加上热的作用，其变性速率将会更大。蛋白质在等电点时比在其他 pH 值下稳定。表 5-18 给出了几种蛋白质的等电点。中性条件下，蛋白质所带的净电荷不多，除少数几种蛋白质带有正电荷外，大多数蛋白质带有负电荷。分子内产生的静电排斥力小于稳定蛋白质结构的其他作用力，所以大多数蛋白质在中性条件下比较稳定。

表 5-18 几种蛋白质的等电点（pI）

蛋白质	等电点	蛋白质	等电点	蛋白质	等电点
胃蛋白酶	1.0	β-乳球蛋白	5.2	核糖核酸酶	9.5
κ-酪蛋白 B	4.1～4.5	β-酪蛋白 A	5.3	细胞色素 C	10.7
卵清蛋白	4.6	血红蛋白	6.7	溶菌酶	11.0
大豆球蛋白	4.6	α-糜蛋白酶	8.3		
血清蛋白	4.7	α-糜蛋白酶原	9.1		

2. 金属离子

金属离子对蛋白质构象影响很大，特别是一些高价态离子能改变蛋白分子的结构状态，使其变性。Na^+、K^+等碱金属离子与蛋白质相互作用程度有限，而 Ca^{2+}、Mg^{2+} 等离子略强。Cu^{2+}、Fe^{2+}、Hg^{2+}、Pb^{2+}、Ag^{3+}等一些重金属离子能与蛋白质分子中的游离巯基形成稳定的复合物，或者将二硫键转化为巯基，导致蛋白质的稳定性改变或发生变性。Ca^{2+}、Fe^{2+}、Cu^{2+}、Mg^{2+}等离子还是一些蛋白质分子或分子缔合物的组成部分，对维持蛋白质的稳定性有重要作用。Hg^{2+}、Pb^{2+}等能够与蛋白质肽链中的组氨酸、色氨酸残基等反应，导致蛋白质变性。此外，在离子浓度较低时，离子与蛋白质发生非特异性的静电相互作用，从而稳定蛋白质的结构；在离子浓度较高时，离子能破坏蛋白质的稳定性，而且阴离子的影响大于阳离子，主要是因为蛋白质在生理 pH 下多带负电荷，与阴离子的相互作用更为显著。

在等离子强度时，各种阴离子影响蛋白质稳定性的能力一般遵循下列顺序：$F^- < SO_4^{2-} < Cl^- < Br^- < I^- < ClO_4^- < SCN^- < Cl_3CCOO^-$。据此，氟化物、氯化物和硫酸盐是蛋白质稳定剂，其他阴离子则是去稳定剂。

3. 有机溶剂

多数有机溶剂能显著影响蛋白质分子的稳定性，特别是与水互溶的有机溶剂，如乙醇、丙酮等，它们通过影响蛋白质的疏水相互作用、氢键、静电相互作用等方式改变蛋白质结构构象。有机溶剂能降低蛋白质溶液的介电常数，一方面促进肽氢键的稳定和形成，另一方面对静电相互作用有双重的作用——降低介电常数使带相反电荷基团之间静电相互作用增强，同时也增加带相同电荷基团之间的排斥力。非极性有机溶剂能穿透到蛋白质的疏水区域，破坏疏水相互作用，导致蛋白质变性。如 2-氯乙醇，能提高蛋白质分子中 α-螺旋的比例；卵白蛋白在水溶液中 α-螺旋占 31%，在 2-氯乙醇中 α-螺旋占 85%。在低浓度下，有机溶剂对蛋白质结构的影响较小，甚至具有稳定作用；但是在高浓度下所有的有机溶剂均能对蛋白质产生变性作用。

4. 有机化合物

有机化合物，如 4～6mol/L 尿素和 3～4mol/L 盐酸胍，在室温条件下能使溶液中某些蛋白质分子间的氢键破坏，蛋白质发生不同程度的变性。增加变性剂浓度可提高变性程度，当尿素浓度为 8mol/L 和盐酸胍浓度为 6mol/L 时，蛋白质完全变性。盐酸胍具有离子的性质，因此比尿素具有更强的变性能力，如许多球状蛋白质即使在 8mol/L 尿素中仍不会完全变性，而在 8mol/L 盐酸胍中则完全变性，常以随机螺旋状态存在。

尿素或盐酸胍诱导的蛋白质变性在除去变性剂后通常是可逆的，但由尿素诱导的蛋白质变性要实现完全的可逆有时很困难，这是因为一部分尿素转变成了氰酸盐和氨，而氰酸盐与氨基作用改变了蛋白质的电荷，从而增加了复性过程的复杂性。

尿素和盐酸胍造成的蛋白质变性有两个机制。第一种机制：变性蛋白质与尿素和盐酸胍优先结合，生成变性蛋白质-变性剂复合物，除去复合物则天然状态向变性状态移动，变性剂浓度进一步增加，天然状态的蛋白质不断转变为复合物，最终导致蛋白质完全变性，但只有高浓度的变性剂才能引起蛋白质完全变性。第二种机制：尿素与盐酸胍具有形成氢键的能力，通过破坏水的结构、水与蛋白质间的作用来提高疏水氨基酸残基的溶解性。

5. 还原剂

还原剂如半胱氨酸、抗坏血酸、β-巯基乙醇、二硫苏糖醇等，具有游离巯基，能还原蛋白质分子中的二硫键，改变蛋白质的构象，使蛋白质发生变性。

$$HSCH_2CH_2OH + —S—S—Pr \longrightarrow —S—S—CH_2CH_2OH + HS—Pr$$

6. 表面活性剂

表面活性剂如十二烷基磺酸钠（sodium dodecyl sulfate，SDS）是一种很强的变性剂，能破坏蛋白质分子的疏水相互作用，促使天然蛋白质分子伸展，还能与变性蛋白质分子强烈结合，在接近中性 pH 值时使蛋白质带有大量的净负电荷，从而增加蛋白质内部的斥力，使蛋白质分子结构伸展趋势增大，这是 SDS 能在较低浓度下使蛋白质完全变性的原因。同时 SDS 诱导的蛋白质变性是不可逆的，球状蛋白质经 SDS 变性后不是以随机螺旋状态存在，而是在 SDS 溶液中采取 α-螺旋棒状，严格地讲，此棒状蛋白质是变性的。

第六节 蛋白质在食品加工和贮藏中的变化

食品的加工和贮藏过程中常涉及到加热、冷却、干燥、氧化、辐照和机械处理等工艺过程，这些处理方法对食品中的蛋白质影响很大，必然会引起其物理、化学和营养性质的变化。多数情况下，加工过程对蛋白质的营养价值影响不大，合理的加工能有效延长食品的保质期，提高食品的营养价值、感官品质和质构特性等。但不恰当的加工则会影响食品品质，对蛋白质来说通常会导致其结构改变，发生变性。因此，在食品加工和贮藏中必须选择适宜的处理条件，避免蛋白质发生不利的变化，提高蛋白质利用效果。

一、热处理对蛋白质的影响

热处理是最常用的食品加工方法，也是对蛋白质影响最大的处理方法，影响程度取决于热处理的时间、温度、湿度、氧化或还原剂、有无其他物质等因素。所以加热条件需要合理控制。如牛乳在 72℃ 巴氏杀菌时，可灭活大部分酶，但对乳清蛋白和香味影响不大，基本不破坏牛乳的营养成分。

加热对蛋白质有利的方面是：加热处理能提高绝大多数蛋白质的营养价值，因为在适当的加热条件下蛋白质发生变性，原有较为紧密的球状结构变得松散，容易受到消化酶作用，从而提高消化率和生物利用率。适度热处理可以使酶失活，如蛋白酶、脂酶、脂肪氧合酶、淀粉酶、多酚氧化酶等，可避免酶促氧化产生不良的色泽和气味，使食品在保藏期间不发生酸败、质构和色泽变化。豆类和油料种子蛋白质存在的多数抗营养因子或蛋白质毒素（如胰蛋白酶和胰凝乳蛋白酶抑制剂）将降低蛋白质的消化率，同时还含有外源凝集素，能导致血红细胞凝集，经热处理后能使这些抗营养因子或毒素失活，从而提高蛋白质的消化率。热处理还会产生一定的风味物质和色泽，有利于食品感官质量的提高。

过度的热处理将对蛋白质产生不利的影响，因为高温热处理使蛋白质发生氨基酸分解、脱氨、脱硫、脱二氧化碳、蛋白质分解、蛋白质交联等反应，氨基酸和蛋白质被破坏，从而降低蛋白质的营养价值。如食品蛋白质中的赖氨酸残基与还原糖发生美拉德反应，生成席夫碱（不能被消化利用）等。

单纯热处理条件下，食品中的蛋白质可能发生氨基酸残基的脱硫、脱氨、异构化等化学变化。热处理温度高于 100℃能使部分氨基酸残基脱氨，释放的氨主要来自于谷氨酰胺和天冬酰胺残基。这类反应虽然对蛋白质营养价值影响不大，但能使蛋白质侧链间形成新的共价键，导致蛋白质等电点和功能特性的改变。

$$\text{Pr—CH}_2\text{—CH}_2\text{—C}\overset{\displaystyle O}{\underset{\displaystyle NH_2}{\lessgtr}} \xrightarrow{H_2O} \text{Pr—CH}_2\text{—CH}_2\text{—C}\overset{\displaystyle O}{\underset{\displaystyle OH}{\lessgtr}} + NH_3$$

天冬酰胺残基　　　　　　天冬氨酸残基

蛋白质在115℃加热27h，将有50%～60%的半胱氨酸和胱氨酸被破坏，并产生硫化氢、二甲基硫化物、磺基丙氨酸等物质，如烧烤时肉类风味就是由氨基酸分解的硫化氢及其他挥发性成分组成的。这种分解反应一方面有利于食品特征风味的形成，另一方面使含硫氨基酸严重损失。色氨酸残基在有氧的条件下加热，也会破坏部分结构。

$$2\text{Pr—CH}_2\text{SH} \longrightarrow \text{Pr—CH}_2\text{—S—CH}_2\text{—Pr} + H_2S$$

半胱氨酸残基　　羊毛硫氨酸残基

$$\text{Pr—CH}_2\text{SH} + H_2O \longrightarrow \text{Pr—CH}_2\text{OH} + H_2S$$

半胱氨酸残基　　丝氨酸残基

在150℃强烈加热过程中，蛋白质赖氨酸、精氨酸的游离氨基与天冬氨酸或谷氨酸的游离羧基反应，形成新的酰胺键（异肽键），导致蛋白质分子之间产生异肽键（图5-15）交联，如畜肉、鱼肉等的高温加热。蛋白质交联后其在体内的消化吸收率显著降低，使食品中的必需氨基酸损失，蛋白质的营养价值降低。

$$\text{Pr—(CH}_2)_2\text{—C}\overset{\displaystyle O}{\underset{\displaystyle OH}{\lessgtr}} + H_2N\text{—(CH}_2)_4\text{—Pr} \longrightarrow \text{Pr—(CH}_2)_2\text{—}\overset{\displaystyle O}{\overset{\|}{C}}\text{—NH—(CH}_2)_4\text{—Pr}$$

谷氨酸残基　　赖氨酸残基　　赖谷氨酸残基

图5-15 蛋白质分子形成的异肽键

200℃以上的高温处理可导致氨基酸残基的异构化，部分L-氨基酸转化为D-氨基酸，最终产物是内消旋氨基酸残基（D-构型和L-构型氨基酸各占1/2）混合物，由于D-氨基酸基本无营养价值且其肽键难水解，导致蛋白质的消化性和蛋白质的营养价值显著降低。此外，某些D-氨基酸还具有毒性，毒性的大小与肠壁吸收的D-氨基酸量成正比。色氨酸性质不稳定，在高于200℃处理时会产生咔啉（carboline），该物质具有强致突变作用。已经从热解的色氨酸中分离出α-咔啉（$R^1=NH_2$；$R^2=H$或CH_3）、β-咔啉（$R^3=H$或CH_3）、γ-咔啉（$R^4=H$或CH_3；$R^5=NH_2$；$R^6=CH_3$）3种主要产物（图5-16）。

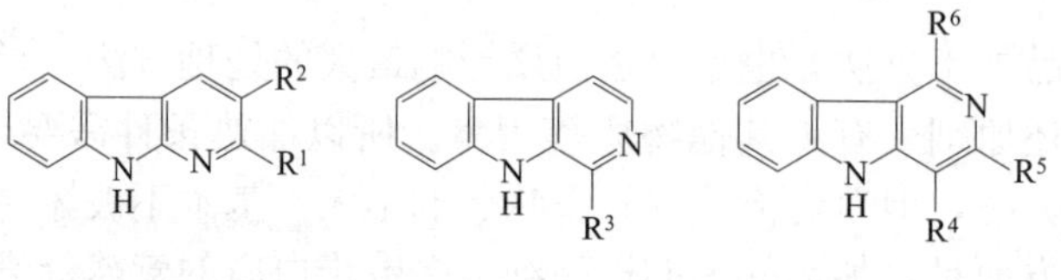

α-咔啉　　β-咔啉　　γ-咔啉

图5-16 色氨酸的热解产物

二、低温处理对蛋白质的影响

低温处理是最常用的食品贮藏方法之一，因为低温贮藏可有效延缓或阻止微生物的生长、抑制酶的活性和降低化学反应速率。低温处理的主要方法有：①冷却（冷藏），将温度控制在稍高于冻结温度之上，蛋白质较稳定，微生物生长也受到抑制；②冷冻（冻藏），将温度控制在低于冻结温度之下（一般为－18℃），虽然对食品风味有影响，但若条件控制得当，对蛋白质的营养价值影响很小。

冷冻对蛋白质含量高的食品品质有重要影响。如肉类食品经冷冻、解冻处理后，细胞及细胞膜被破坏，释放出酶，随温度升高酶活性增强，使蛋白质发生酶解。此外，蛋白质分子之间的不可逆结合代替了水和蛋白质间的结合，使蛋白质的质地变硬，保水性降低；例如鱼的蛋白质很不稳定，冷冻和冻藏处理后肌球蛋白变性，与肌动蛋白反应，导致肉质变硬，持水性降低，这就是解冻后鱼肉变得干而强韧的原因之一。蛋白质在冷冻条件下的变性温度与冷冻速度有关，一般来说，冷冻速度越快，形成的冰晶越小，挤压作用越小，变性程度也就越小。因此，在食品加工中一般采用快速冷冻的方法，以尽量保持食品的原有质地和风味。

三、碱处理对蛋白质的影响

碱处理对食品蛋白质的性质影响很大。一般情况下，使植物蛋白增溶、制备酪蛋白盐、油料种子去除黄曲霉毒素、煮玉米等都是在碱性条件下进行的。此外，碱处理还能使蛋白质具有或增强某种功能性质，如起泡、乳化或使溶液中的蛋白质连成纤维状等。

在碱性条件下加热，蛋白质的分子内及分子间会产生共价交联。这种交联的产生首先是由于半胱氨酸和磷酸丝氨酸残基通过β-消去反应形成脱氢丙氨酸残基（图 5-17）。

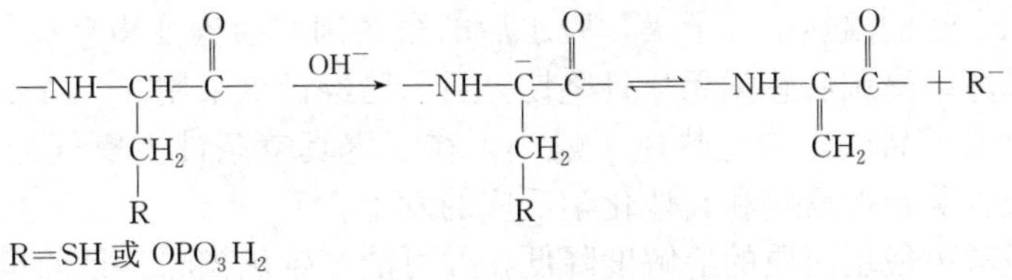

$$—NH—CH(CH_2R)—CO— \xrightarrow{OH^-} —NH—C^-(CH_2R)—CO— \rightleftharpoons —NH—C(=CH_2)—CO— + R^-$$

$R=SH$ 或 OPO_3H_2

图 5-17　脱氢丙氨酸的产生

脱氢丙氨酸的反应活性很高，易与赖氨酸、丝氨酸、鸟氨酸、半胱氨酸、精氨酸、色氨酸、酪氨酸等形成共价键，导致蛋白质交联。如产生的赖丙氨酸残基、鸟丙氨酸残基、羊毛硫氨酸残基（图 5-18）。

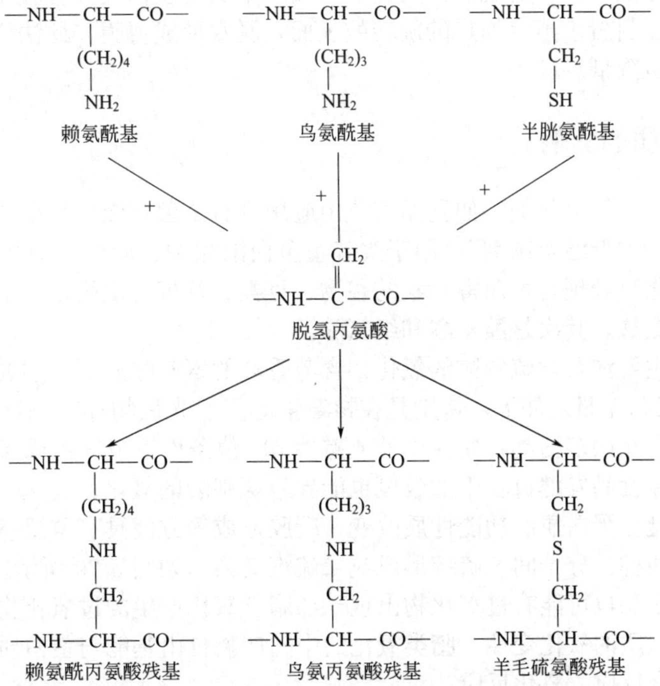

赖氨酰基：$—NH—CH[(CH_2)_4NH_2]—CO—$

鸟氨酰基：$—NH—CH[(CH_2)_3NH_2]—CO—$

半胱氨酰基：$—NH—CH(CH_2SH)—CO—$

＋ 脱氢丙氨酸：$—NH—C(=CH_2)—CO—$

赖氨酰丙氨酸残基：$—NH—CH—CO—$ ／ $(CH_2)_4$ ／ NH ／ CH_2 ／ $—NH—CH—CO—$

鸟氨丙氨酸残基：$—NH—CH—CO—$ ／ $(CH_2)_3$ ／ NH ／ CH_2 ／ $—NH—CH—CO—$

羊毛硫氨酸残基：$—NH—CH—CO—$ ／ CH_2 ／ S ／ CH_2 ／ $—NH—CH—CO—$

图 5-18　脱氢丙氨酸与几种氨基酸残基的反应

这些交联反应显著破坏食品的营养价值，降低蛋白质的消化吸收率，降低含硫氨基酸与赖氨酸含量，还产生一些有毒有害物质。如制备大豆分离蛋白时，若以 pH 值 12.2、40℃处理 4h，就会产生赖丙氨酸残基，温度越高、时间越长，生成的赖丙氨酸残基就越多。

四、脱水处理对蛋白质的影响

食品脱水的主要目的是提高食品在保藏期内的稳定性、减轻食品重量、方便运输、保持风味等。脱水处理对蛋白质的品质会产生一些不利的影响。在蛋白质溶液中的水分被脱除的过程中，蛋白质分子之间的相互作用增强，引起蛋白质大量聚集，如果在高温加热下除去水分则可导致蛋白质变性，使其溶解度和表面活性急剧降低。所以，在蛋白质溶液的干燥处理时，应该注意干燥工艺条件的配置及其对蛋白质功能性质的影响，因为干燥条件能影响粉末颗粒的大小、内部和表面孔率，从而影响蛋白质的水合性、分散性和溶解度。

食品工业中常用的脱水方法有很多，例如以下几种。

（1）热风干燥　以自然的温热空气干燥，脱水后的畜禽肉、鱼肉变得坚硬，复水性差，原有风味、滋味、质构受到严重破坏，烹调后感觉无味且坚韧。目前已经极少采用。

（2）真空干燥　对肉类品质影响比热风干燥小，在一定真空条件下氧气分压低，氧化速度慢。另外，较低温度下还能减少美拉德反应和其他化学反应的发生。

（3）转鼓干燥　通常可使蛋白质的溶解度降低，并可能产生焦糊味。目前也很少采用。

（4）冷冻干燥　可使食品较好地保持原有形状及多孔性，有较好的复水性，是肉类脱水最好的干燥方法。但也能使部分蛋白质变性，持水性下降。对蛋白质的营养价值及消化吸收率无影响。特别适合用于生物活性蛋白的加工，如酶、益生菌等，是最好的保持食品营养成分的方法。

（5）喷雾干燥　食品液体以雾状进入干燥塔，与快速移动的热空气进行水分和热量交换，食品成分被浓缩成为小颗粒，颗粒物的温度很快降低，所以对蛋白质性质的影响较小。它是蛋白质固体食品或蛋白质配料最常用的脱水方法。蛋乳的脱水常用此法，喷雾干燥对蛋白质损害较小。

（6）鼓膜干燥　将原料置于蒸汽加热的旋转鼓表面，脱水形成薄膜。此法不易控制，易使产品产生焦味，蛋白质的溶解度也降低。

五、氧化处理对蛋白质的影响

食品加工过程中经常应用氧化剂。如乳品工业中应用具有杀菌和漂白性质的过氧化氢处理牛奶；作为贮存罐、利乐包装用的“低温杀菌剂”；用于改善鱼蛋白浓缩物、面粉、油料种籽蛋白质分离物等加工产品的色泽；用过氧化氢处理含黄曲霉毒素的谷物、豆类、种籽壳皮脱毒。氨基酸中对氧化反应最敏感的是含硫氨基酸和色氨酸，其次是酪氨酸和组氨酸。

含硫氨基酸的氧化主要涉及含硫侧链的氧化，含芳香环的氨基酸的氧化主要涉及芳香环所在侧基的氧化（图 5-19）。在有氧和光照条件下，特别是在核黄素等天然光敏物存在条件下，含硫氨基酸的光氧化很容易发生；植物中存在的多酚类物质在中性或碱性 pH 值条件下被氧化成醌类化合物，能氧化蛋白质残基；热空气干燥和在食品发酵过程中的鼓风也能导致氨基酸的氧化。

巯基氧化生成二硫键在蛋白质的功能性质改变、凝胶形成等方面具有重要意义，它导致蛋白质分子的聚合。聚合的方式有两种：分子间二硫键形成或二硫键交换，如图 5-20 所示。

不用氧化剂处理的食品也可能有过氧化物出现，如脂类氧化产生的过氧化物及其降解产物存在于很多食品中，常能引起蛋白质的氧化变性。脂类氧化的中间产物自由基能与蛋白质发生共价结合反应，导致发生蛋白质的交联聚合反应、氧化反应：

$$\underset{\text{脂自由基}}{\mathrm{LOO}\cdot} + \mathrm{P_N} \longrightarrow \underset{\text{蛋白质自由基}}{\mathrm{LOOP}\cdot}$$

$$\mathrm{LOOP}\cdot + \mathrm{O_2} \longrightarrow \mathrm{LOOPOO}\cdot \longrightarrow \cdots\cdots$$

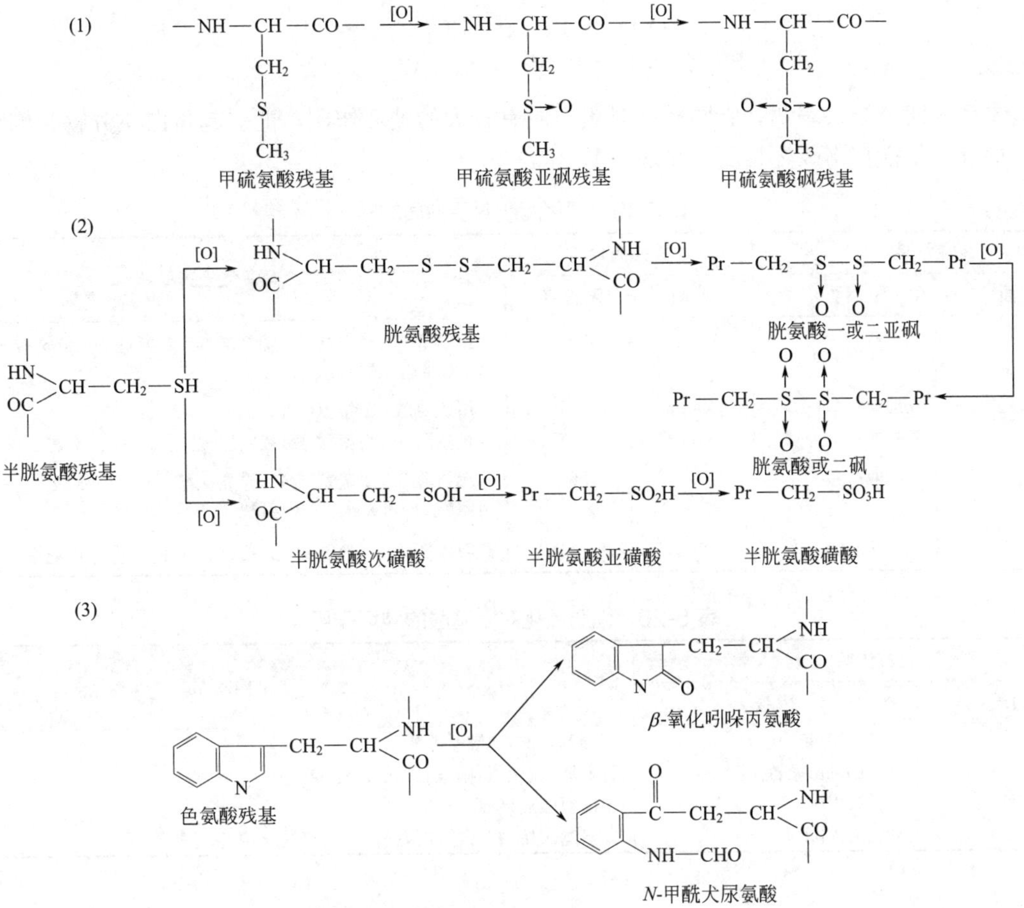

(1)

甲硫氨酸残基　甲硫氨酸亚砜残基　甲硫氨酸砜残基

(2)

半胱氨酸残基

胱氨酸残基　胱氨酸一或二亚砜　胱氨酸或二砜

半胱氨酸次磺酸　半胱氨酸亚磺酸　半胱氨酸磺酸

(3)

色氨酸残基　β-氧化吲哚丙氨酸　N-甲酰犬尿氨酸

图 5-19　几种氨基酸残基的氧化反应

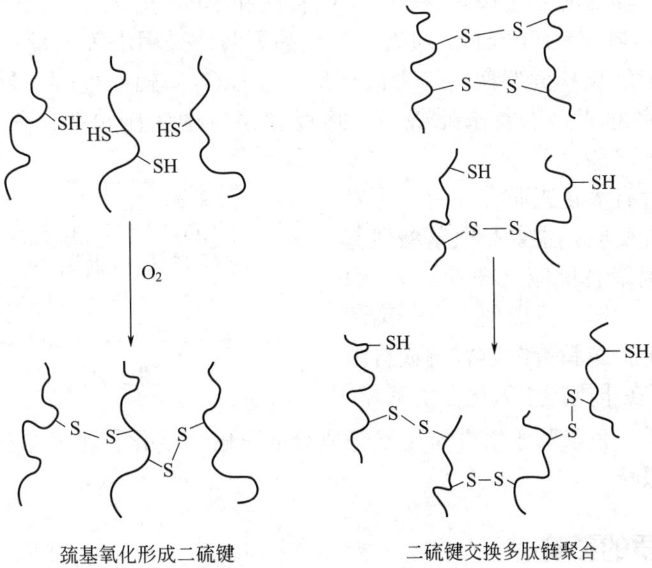

巯基氧化形成二硫键　二硫键交换多肽链聚合

图 5-20　巯基氧化诱导蛋白质聚合

或者脂类自由基可与蛋白质作用生成蛋白质自由基，然后导致蛋白质发生聚合反应：

$$LOO\cdot + P_N \longrightarrow LOOH + P\cdot$$
$$P\cdot + P_N \longrightarrow P—P\cdot \longrightarrow P—P—P \longrightarrow \cdots\cdots$$

模拟体系的研究结果表明，脂肪氧化对蛋白质有较大的破坏作用，能引起蛋白质分解和侧链的降解反应，低水分含量能加剧破坏程度。见表 5-19 和表 5-20。

表 5-19 氧化脂肪对蛋白质的影响

反应体系		反应条件		氨基酸损失率/%
蛋白质	脂肪	时间	温度/℃	
细胞色素 c	亚麻酸	5h	37	组氨酸 59，丝氨酸 55，脯氨酸 53，缬氨酸 49，精氨酸 42，甲硫氨酸 38，半胱氨酸 35
胰蛋白酶	亚油酸	40min	37	甲硫氨酸 83，组氨酸 12
溶菌酶	亚油酸	8d	37	色氨酸 56，组氨酸 42，赖氨酸 17，甲硫氨酸 14，精氨酸 19
酪蛋白	亚油酸乙酯	4d	60	赖氨酸 50，甲硫氨酸 47，异亮氨酸 30，苯丙氨酸 30，精氨酸 19，组氨酸 28，苏氨酸 27，丙氨酸 27
卵白蛋白	亚油酸乙酯	24h	55	甲硫氨酸 17，丝氨酸 10，赖氨酸 9，亮氨酸 8，丙氨酸 8

表 5-20 脂肪氧化对氨基酸的破坏作用

反应体系		反应形成的化合物
蛋白质	脂肪	
组氨酸	亚油酸甲酯	咪唑基乳酸，咪唑基乙酸
半胱氨酸	花生四烯酸乙酯	胱氨酸，硫化氢，磺酸，二砜，丙氨酸
甲硫氨酸	亚油酸甲酯	甲硫氨酸亚砜
赖氨酸	亚油酸甲酯	二氨基戊烷，甘氨酸，丙氨酸，天冬氨酸，ε-氨基己酸等

六、辐照处理对蛋白质的影响

许多国家已经批准用辐照的方法保藏食品。不同食品和不同的辐照目的要求不同的辐照剂量。如采用高剂量（10～50kGy，1kGy=100krad）对肉或肉制品灭菌；采用中等剂量（1～10kGy）辐照冷藏的鲜鱼、鸡、水果和蔬菜来延长其货架期；采用低剂量（<1kGy）辐照处理马铃薯、洋葱等食品以防止其发芽，还用于延迟水果的成熟以及杀死谷类、豌豆和菜豆中的昆虫等。任何食品在辐照剂量小于10kGy 时不需要进行毒理试验。

辐照处理蛋白质或者有氧化脂肪存在时，可发生分子间或分子内的共价交联，主要是氨基酸残基 α-碳上形成的自由基发生聚合反应（图 5-21），引起蛋白质功能性质的改变。辐射可以使水分子离解成自由基、水合电子，使脂肪和蛋白质裂解成自由基或正负碳离子，有氧存在下则产生氧化自由基等，促使食品中脂肪、蛋白质、色素和水溶性维生素等成分的分解、变化，生成多种辐照产物。有些辐照产物有某种气味，称为辐照味。

$$\underset{\text{天然蛋白质}}{Pr} + \underset{\text{脂类自由基}}{ROO\cdot} \longrightarrow Pr\cdot + \underset{\text{脂类过氧化物}}{ROOH}$$
$$Pr\cdot + Pr\cdot \longrightarrow Pr—Pr$$
$$Pr—Pr \xrightarrow{ROO\cdot} Pr—Pr\cdot \xrightarrow{Pr\cdot} Pr—Pr—Pr$$

图 5-21 蛋白质的氧化交联

七、机械处理对蛋白质的影响

机械处理对食品中的蛋白质影响较大。如对蛋白质粉或浓缩物充分干磨能使之形成小的颗粒和大的表面积，显著提高蛋白质的吸水性、溶解度、脂肪的吸收能力和起泡性。

在强剪切力作用下，如牛乳的均质，能使蛋白质悬浊液或溶液体系中的蛋白质聚集体（胶束）碎裂成亚单位，提高蛋白质的乳化性。如果在空气-水界面施加适当的剪切力，则会引起蛋白质变性和聚集，有利于蛋白泡沫的稳定。但是过度搅打则会破坏蛋白质的起泡性，如过度搅打蛋清蛋白时会引起蛋白质聚集，降低起泡力和泡沫稳定性。机械处理对蛋白质质构性影响很大，如机械剪切有利于面团的形成，能促使蛋白质改变分子的定向排列、二硫键交换和蛋白质网络的形成。

第七节　蛋白质的改性

为了满足食品加工的需要，通常要对蛋白质进行适度改性，以改善或提高蛋白质配料的功能性质。蛋白质的改性方法主要包括物理方法、化学方法和生物方法三大类。物理改性主要包括热处理、超声处理、高压处理、辐照、脉冲电场等。化学改性主要包括酰化、脱酰胺、磷酸化、糖基化、共价交联、水解、氧化等。生物改性主要是利用酶对蛋白质进行适度水解与交联来改变蛋白质的功能性质，如利用蛋白酶、转氨酶、氧化酶等。

一、化学改性

蛋白质分子的侧链上有化学反应的活性基团，通过化学反应在蛋白质分子上引入一些功能基团，能改变蛋白质的理化性质和结构，从而改变其功能性质。

化学改性的方法很多，常见的改性方法有以下几种。

1. 酰化

在蛋白质的侧链上引入羧酸基团，包括醋酸酐、琥珀酸酐、长链脂肪酸。蛋白质肽链的活性反应基团主要是羟基、氨基等。蛋白质肽链上引入乙酰基或琥珀酸根后，由于蛋白质的净负电荷增加、分子伸展，离解为亚单位的趋势增加，所以溶解度、乳化力等功能特性明显提高。如燕麦蛋白质经酰基化后功能特性显著提高，见表 5-21。

表 5-21　酰基化的燕麦蛋白质功能特性比较

样品	乳化活性指数/(m^2/g)	乳液稳定性/%	持水能力/(g/g)	脂肪结合力/%	堆积密度/(g/mL)
燕麦蛋白	32.3	24.6	1.8～2.0	127.2	0.45
乙酰化燕麦蛋白	40.2	31.0	2.0～2.2	166.4	0.50
琥珀酰化燕麦蛋白	44.2	33.9	3.2～3.4	141.9	0.52
乳清蛋白	52.2	17.8	0.8～1.0	113.3	—

2. 磷酸化

在蛋白质侧链上引入磷酸基团，包括三氯氧磷、多聚磷酸盐等。蛋白质肽链主要的反应基团有羟基、氨基、羧基等，引入羧酸基、磷酸基后增加了蛋白质的水合能力，不仅能显著提高蛋白质的乳化性等功能特性，还增加了蛋白质对钙离子的敏感性，如β-乳球蛋白经磷酸化后对Ca^{2+}的亲和力提高1倍。$POCl_3$ 能作为交联剂，使蛋白质不同肽链或同一肽链的不同区段间发生交联，改变蛋白质的电荷特性，从而提高蛋白质的胶凝性，增加黏弹性等。

3. 水解反应

水解反应实际上是蛋白质侧链的基团转换，如侧链上的酰胺基转化为羧酸基。如用 0.05mol/L 稀盐酸处理面筋蛋白质，其侧链上天冬氨酰胺残基和谷氨酰胺残基发生去酰胺化反应，蛋白质表面的负电荷增加，使蛋白质的结构展开，疏水性残基暴露，增加了蛋白质表面的疏水性，提高了其乳化性质。延长处理时间、提高处理温度还能产生分子量较高的去酰胺多肽链，这些多肽链在放置过程中通过疏水相互作用或形成二硫键发生缔合或聚合，这些聚合物具有较佳的溶解度、乳化性质和起泡性质。

4. 其他反应

蛋白质侧链上的活性基团，如羟基、氨基和巯基等，能与乙酰氯反应，发生羧甲基化，提高水溶性和抗菌性；在适当条件下，蛋白质分子中的游离巯基、二硫键能被氧化成磺酸基，从而提高蛋白质的溶解性、抗凝集性，增加黏稠性、乳化性等。

对蛋白质化学改性作用中所涉及的典型官能团、所能够发生的反应总结于表 5-22。

表 5-22 蛋白质化学改性中涉及的反应及基团

侧链基团	化学改性反应	侧链基团	化学改性反应
氨基	酰化、烷基化	羧基	酯化、酰胺化
二硫键	氧化、还原	巯基	氧化、烷基化
硫醚基	氧化、烷基化	酚基	酰化、亲电取代
咪唑基	氧化、烷基化	吲哚基	氧化、烷基化

对蛋白质分子进行化学基团修饰后，蛋白质的功能性质受到明显影响，而且同所引入基团的性质密切相关。如引入羧甲基、二羧酸基、磷酸基等离子基团后，增加了蛋白质分子内的静电斥力，导致蛋白质分子伸展，改变了蛋白质改性产物的溶解度的 pH 值模式；在蛋白质侧链引入非极性基团，则蛋白质改性产物的疏水性将增强，导致其表面性质发生改变。所以，对蛋白质用长链脂肪酸酯化以后，其乳化性质明显提高。

化学改性能有效改善蛋白质的某些功能性质，优点是反应速度快、功能性改善明显、成本低，但存在安全性隐患，反应过程比较剧烈，可能产生有毒化合物和化学试剂残留。此外，蛋白质的化学改性位点并不具有专一性，一种化学试剂能同时与几个氨基酸残基反应，因此反应的实际情况比较复杂，除了与某些残基反应外，副反应也会同时产生。

二、酶法改性

蛋白质的酶法改性具有反应条件温和、副反应少、可控性高等优点。酶法改性主要有 3 类：酶水解作用、转蛋白反应和交联反应。

（一）限制性酶解

蛋白质的酶解过程就是蛋白质在蛋白酶的水解作用下肽键发生断裂，蛋白质分子逐渐降解为肽类分子的过程。常用的蛋白水解酶有胃蛋白酶、胰蛋白酶、胰凝乳蛋白酶、木瓜蛋白酶、微生物酶等。蛋白质的水解过程要经过一系列中间产物，最终的彻底水解产物是氨基酸，中间产物主要是不同分子量的肽段混合物。若用非专一性蛋白酶如木瓜蛋白酶充分水解蛋白质，能提高蛋白质的溶解度，降低胶凝性、起泡性、乳化性；若采用专一性蛋白酶如胰蛋白酶、胰凝乳蛋白酶水解蛋白质，则能提高蛋白质的表面性质。但是，蛋白质的过度水解除提高溶解性外，其他性质将被严重破坏。因此，为了更好地满足食品加工对蛋白质功能性质的需要，可控酶水解（限制性水解）改性方法成为改善蛋白质功能性质的首选方法。

蛋白质水解过程中能产生一些具有生理活性的低聚肽，如高 F 值低聚肽具有防治肝性脑病、改善蛋白质营养状况和抗疲劳等作用，酪蛋白磷酸肽可促进小肠中钙的吸收。但同时也能产生一些苦味肽，影响产品风味。

（二）转蛋白反应

转蛋白反应指蛋白质部分水解后再经蛋白酶的作用生成高分子量的多肽。转蛋白反应不是单一的反应，而是一系列反应，包括蛋白质的最初水解、肽键的重新合成，最常见的水解酶是木瓜蛋白酶、胰凝乳蛋白酶。第一步反应在普通条件下进行，蛋白质分子水解成肽分子，第二步反应需在底物浓度较高条件下进行，蛋白酶催化先前产生的小肽链重新结合形成新的多肽链，提高蛋白质的功能和营养特性。如L-甲硫氨酸加入反应混合物后，能共价引入到新形成的多肽中，提高了甲硫氨酸、赖氨酸缺乏的蛋白质的营养价值（表 5-23）。

转蛋白反应结果的特异现象就是会形成凝胶或蛋白质聚集物。

表 5-23　转谷氨酰胺酶的转蛋白反应对蛋白质中甲硫氨酸含量（单位：g/100g 蛋白质）的影响

项目	αs1-酪蛋白	β-酪蛋白	大豆 7S 蛋白	大豆 11S 蛋白
对照	2.7	2.9	1.1	1.0
酶处理	5.4	4.4	2.6	3.5

（三）交联反应

1. 转谷氨酰胺酶催化交联

转谷氨酰胺酶是应用最广泛的催化转酰胺基反应的酶，它通过催化转酰基反应在蛋白质赖氨酸残基和谷氨酰胺残基间形成新的共价键（异肽键），从而改变蛋白质分子的大小和流变学性质。

转谷氨酰胺酶对蛋白质的催化作用主要有 3 种方式，如图 5-22 所示。反应（1）可将必需氨基酸（如赖氨酸）引入蛋白质分子中；反应（2）使蛋白质分子发生交联反应（包括分子内、分子间）；反应（3）是谷氨酰胺残基的脱氢基反应，能改变蛋白质的等电点及溶解性等功能性质。

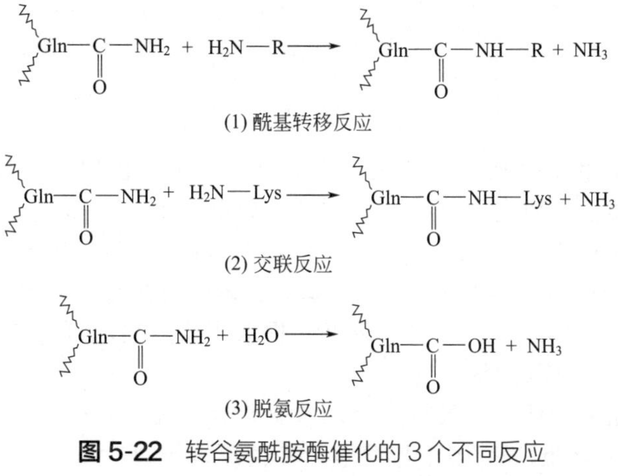

$$\text{Gln—C(=O)—NH}_2 + \text{H}_2\text{N—R} \longrightarrow \text{Gln—C(=O)—NH—R} + \text{NH}_3$$

(1) 酰基转移反应

$$\text{Gln—C(=O)—NH}_2 + \text{H}_2\text{N—Lys} \longrightarrow \text{Gln—C(=O)—NH—Lys} + \text{NH}_3$$

(2) 交联反应

$$\text{Gln—C(=O)—NH}_2 + \text{H}_2\text{O} \longrightarrow \text{Gln—C(=O)—OH} + \text{NH}_3$$

(3) 脱氨反应

图 5-22　转谷氨酰胺酶催化的 3 个不同反应

2. 多酚氧化酶催化交联

存在于植物、动物和一些微生物中的多酚氧化酶能催化有酚类存在和无酚类存在两类不同类型的氧化反应，是食品发生酶促褐变的原因。多酚氧化酶能使蛋白质肽链发生交联反应。无低分子量酚类存在时，多酚氧化酶催化分子量低的酚类化合物发生氧化反应生成醌类，之后蛋白质氨基酸残基中的其他活泼基团同醌类的酮基发生加成反应，这些活泼的氨基酸残基包括氨基、巯基、羟基等，以氨基为主。

3. 过氧化物酶催化交联

植物性食品中广泛存在过氧化物酶，能使蛋白质分子间发生交联反应。其反应机制是在过氧化氢存在下过氧化物酶（POD）催化蛋白质分子中的酪氨酸残基发生交联反应，形成二酪氨酸，导致分子间交联。不同的蛋白质交联反应能够改变蛋白质的功能性质和营养价值，并对加工食品的组织结构和状态产生影响。因此，应该大力开发蛋白质的交联改性技术，更好地优化交联反应条件，尽量减少交联作用的不利影响，使食品蛋白质成为最重要的、多用途的食品配料。

第八节 食品蛋白质资源

食品中常见的蛋白质主要是来源于传统食物，包括两大类：动物蛋白和植物蛋白。动物蛋白主要有乳、肉、蛋、鱼类等，植物蛋白主要有大豆蛋白、谷物蛋白等。常见食品蛋白质来源及其应用见表5-24。

表 5-24 常见食品蛋白质来源及其应用

来源	蛋白质	应用
乳类	全脂乳、脱脂乳、乳清蛋白粉、干酪素	用途广泛，包括乳化剂、黏合、增稠
鱼类	肌肉、胶原（明胶）	凝胶、肉糜产品
动物	肌肉、胶原（明胶）、牛/猪血	乳化、保水、凝胶
油籽	大豆、芝麻、花生等分离蛋白、浓缩蛋白、蛋白粉	豆乳、焙烤食品、人造肉及替代物
谷物	面筋蛋白、玉米蛋白	早餐食品、焙烤食品、搅打起泡剂
鸡蛋	全蛋、卵白、卵黄脂蛋白	用途广泛，包括乳化、黏合、增稠、起泡

随着世界人口的持续增长和健康营养观念的不断提高，人们对高品质食品的需求日益旺盛，对传统食物蛋白质的消耗量也越来越大。因此，未来人类社会不仅需要加强传统食品蛋白质的生产和加工，还需要开发出新型、安全、丰富的蛋白质资源作为支撑。这些新型蛋白质资源主要包括单细胞蛋白、叶蛋白、昆虫蛋白和油料蛋白等。

一、肉类蛋白

肉类蛋白是人类最重要和最优质的食物蛋白来源之一。肉类蛋白主要存在于肌肉组织中，以猪、牛、羊、鸡、鸭肉等最为重要，肌肉蛋白质占肌肉组织湿重的18%～20%。动物肌肉组织中的蛋白质主要分为肌原纤维蛋白（myofibrillar protein）、肌浆蛋白（sarcoplasmic protein）、肌质蛋白（stroma protein）3种，含量分别约为55%、30%、15%。这3类蛋白质在溶解性方面差异显著，肌浆蛋白能被水或低离子强度的缓冲液（0.15mol/L或更低浓度）提取出来，肌原纤维蛋白需要更高浓度的盐溶液提取，而肌质蛋白则不溶于水和盐溶液。

肌浆蛋白主要有肌溶蛋白和球蛋白X两大类，占肌肉蛋白质总量的20%～30%。肌溶蛋白溶于水，变性凝固温度为55～65℃；球蛋白X溶于盐溶液，变性凝固温度为50℃。肌浆蛋白还有少量的肌红蛋白。

肌原纤维蛋白是肌肉组织中的结构蛋白，主要有肌球蛋白（肌凝蛋白）、肌动蛋白（肌纤蛋白）、肌动球蛋白（肌纤凝蛋白）和肌原球蛋白等，这些蛋白质占肌肉蛋白质总量的51%～53%。肌球蛋白是盐溶液，占肌原纤维蛋白的55%，是肌肉中含量最多的一种蛋白质，其pI约为5.4，30℃开始变性，50～55℃时发生凝固，具有ATP酶活性；肌动蛋白能溶于盐溶液，其pI约为4.7，变性凝固温度为45～50℃。肌动蛋白与肌球蛋白结合形成肌动球蛋白，能溶于盐溶液。肌原纤维蛋白中的肌球蛋白、肌动蛋白间的相互作用决定了肌肉的收缩。肌原纤维蛋白由于能溶于盐溶液，也称盐溶性肌肉蛋白质。

肌质蛋白主要有胶原蛋白和弹性蛋白两种，都属于硬蛋白类，不溶于水和盐溶液。胶原蛋白在肌肉中约占 2%，还存在于动物的筋、腱、皮、血管和软骨中，它们在肉蛋白的功能性质中起着重要作用。胶原蛋白中含有丰富的甘氨酸（约 33%）、羟脯氨酸（10%）和脯氨酸，还有羟赖氨酸，但几乎不含色氨酸。这种特殊的氨基酸组成使胶原蛋白形成特殊结构，因而具有特殊的功能特性。胶原蛋白分子通过链间、链内的共价交联使肉具有坚韧性。胶原蛋白在 80℃热水中能发生部分水解，产生明胶。

二、乳蛋白

鲜牛乳中蛋白质含量在 2.9%～5.0%范围内，主要有酪蛋白（casein）、乳清蛋白（whey）两大类，还有一些生物活性蛋白、肽类等，如乳铁蛋白、免疫蛋白、溶菌酶等。

酪蛋白以固体微胶粒形式分散于乳清中，是乳中含量最多的蛋白质，占牛乳蛋白质的 80%，等电点 pH 值 4.6，是一种含磷蛋白，包括 αs1-酪蛋白、αs2-酪蛋白、β-酪蛋白、κ-酪蛋白 4 种。与其他蛋白质相比，酪蛋白带有相对较高的电荷，含有较多的脯氨酸，很难形成 α-螺旋和三级结构，具有松散的卷曲结构，几乎不含胱氨酸，疏水性极高。αs1-和 αs2-酪蛋白的相对分子质量相似，约 23500，等电点也都是 pH 值 5.1，αs2-酪蛋白比 αs1-酪蛋白亲水性略强一些，两者共占总酪蛋白的 48%。κ-酪蛋白占酪蛋白的 15%，分子量为 19000，等电点在 pH 值 3.7～4.2 之间，含有半胱氨酸，并可通过二硫键形成多聚体，由于含有一个磷酸化残基和碳水化合物成分，使其亲水性提高。

酪蛋白与钙结合形成酪蛋白酸钙，再与磷酸钙构成酪蛋白酸钙-磷酸钙复合体，复合体与水形成悬浊状胶体（酪蛋白胶团）存在于鲜乳（pH 值 6.7）中。酪蛋白胶团在牛乳中比较稳定，但经冻结或加热等处理也会发生胶凝现象。在 130℃加热数分钟，酪蛋白变性而凝固沉淀。添加酸或凝乳酶，酪蛋白胶粒的稳定性被破坏而凝固，干酪就是利用凝乳酶对酪蛋白的凝固作用制成的。

乳清蛋白是在 20℃、pH 值 4.6 条件下牛乳中的酪蛋白经沉淀分离出的乳清中的蛋白质总称，约占牛乳蛋白质的 20%，包括 β-乳球蛋白、α-乳清蛋白、免疫球蛋白、血清清蛋白等。与酪蛋白不同的是，乳清蛋白具有细密的折叠结构，大多数含有 α-螺旋二级结构，电荷分布均匀，热稳定性差，水合能力强，分散度高，甚至在 pI 时仍能保持分散状态。β-乳球蛋白约占乳清蛋白的 50%，pH 值 3.5～7.5 时以二聚体形式存在，低于 pH 值 3.5 和高于 pH 值 7.5 则以单体形式存在于乳清中，是一种简单蛋白质，含有游离的—SH，牛奶加热产生气味可能与它有关。加热、增加钙离子浓度或 pH 值超过 8.6 等条件能使其变性。α-乳清蛋白约占乳清蛋白的 25%，比较稳定，分子中含有 4 个二硫键，不含游离的—SH。

乳蛋白中的酪蛋白已成为食品加工中的重要配料，主要有 4 种不同的酪蛋白产品（表 5-25）。其中酪蛋白的钠盐（干酪素钠，caseinate）能起到保水剂、乳化剂、胶凝剂、起泡剂和增稠剂等作用，应用广泛。乳清浓缩蛋白（whey protein concentrate，WPC）或乳清分离蛋白（whey protein isolate，WPI）也是重要的功能性食品配料，特别是在婴幼儿食品中应用广泛。

表 5-25　商品化乳蛋白产品的化学组成

乳蛋白产品	生产方法	化学组成/%(占干重)			
		蛋白质	灰分	乳糖	脂肪
干酪素	酸沉淀	95	2.2	0.2	1.5
	凝乳酶	89	7.5	—	1.5
	共沉淀	89～94	4.5	1.5	1.5
	超滤	59.5	4.2	28.2	5.1
乳清蛋白浓缩物	超滤+反渗透	80.1	2.6	5.9	7.1
乳清蛋白分离物	Spherosil S 工艺	96.4	1.8	0.1	0.9
(超滤/反渗透/离子交换)	Vistec 工艺	92.1	3.6	0.4	1.3

β-乳球蛋白和α-乳清蛋白也是性能良好的食品加工原料，还有一些其他的蛋白质或肽也有重要的应用价值（表 5-26）。

表 5-26 牛乳蛋白质中主要成分的性质、功能与应用

蛋白质	重要功能
酪蛋白(α,β,κ)	金属离子(Cu,Fe,Ca)的载体,一些生物活性肽的前体
α-乳清蛋白	Ca 载体,免疫调控,抗癌作用
β-乳球蛋白	视黄醇载体,脂肪酸结合,可能的抗氧化剂
糖肽	抗病毒、抗细菌
乳铁蛋白	毒素结合,抗菌、抗病毒,免疫调控,抗氧化,抗癌,铁结合
免疫蛋白(A,G,M)	免疫保护
溶菌酶	抗菌,与乳铁蛋白和免疫球蛋白因子协同作用
乳过氧化物酶	抗菌

三、禽蛋蛋白

禽蛋蛋白以鸡蛋蛋白为代表，是一种有悠久的食用历史的蛋白质食品。鸡蛋蛋白可分为蛋清蛋白和蛋黄蛋白。组成蛋清蛋白的各种蛋白质基本上是球蛋白，糖类化合物的含量很低，主要以结合态（与蛋白质结合成糖蛋白）或游离态存在，而且绝大部分游离糖类化合物为葡萄糖，脂肪的含量则可忽略不计；蛋黄蛋白的主要成分是蛋白质和脂肪，糖类化合物的含量仍很低，大多数脂类与蛋白质结合，以脂蛋白的形式存在，对蛋黄蛋白的功能性质有着决定性的作用。

蛋清蛋白中含有活性物质，如溶菌酶、抗生物素蛋白、免疫球蛋白和蛋白酶抑制剂等，能抑制微生物生长，延长鸡蛋的货架期。蛋清蛋白中的卵黏蛋白、卵清蛋白、伴清蛋白和卵类黏蛋白都是易热变性蛋白质，使蛋清受热后产生半固体的胶状。蛋清蛋白常用作食品加工的起泡剂，起泡性能优于酪蛋白。蛋清蛋白中各蛋白质的起泡能力由大到小依次是：卵黏蛋白＞卵球蛋白＞卵转铁蛋白＞卵清蛋白＞卵类黏蛋白＞溶菌酶。焙烤过程中发现，卵黏蛋白形成的泡沫在焙烤过程中易破裂，加入少量溶菌酶后对形成的泡沫有保护作用。蛋清蛋白还是重要的胶凝剂，形成热不可逆凝胶。在 pI 附近或较高的离子强度条件下，变性的蛋清蛋白分子通过疏水相互作用随机聚集；远离 pI 和低离子强度条件下，蛋清蛋白分子间的静电斥力妨碍随机聚集的发生，导致有序的线型聚集体的形成（图 5-23）。

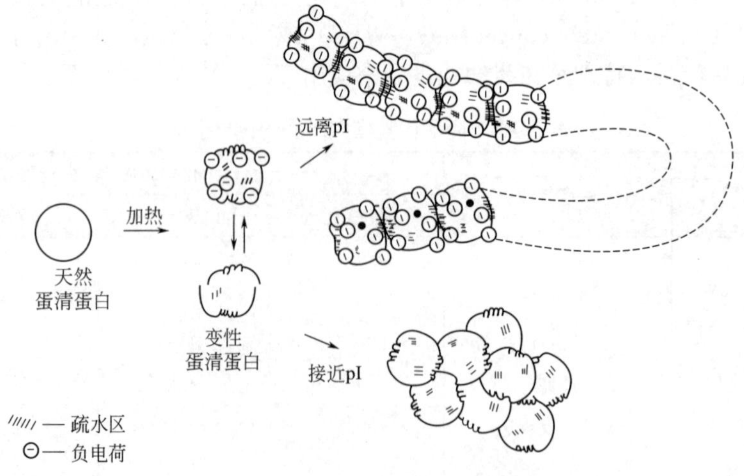

图 5-23 蛋清蛋白的热变形和聚集体形成

pH 值、离子强度对蛋清蛋白凝胶影响较大，凝胶的强度在中等条件下最大，在高离子强度和接近等电点 pH 值时的透明性最差（图 5-24）。

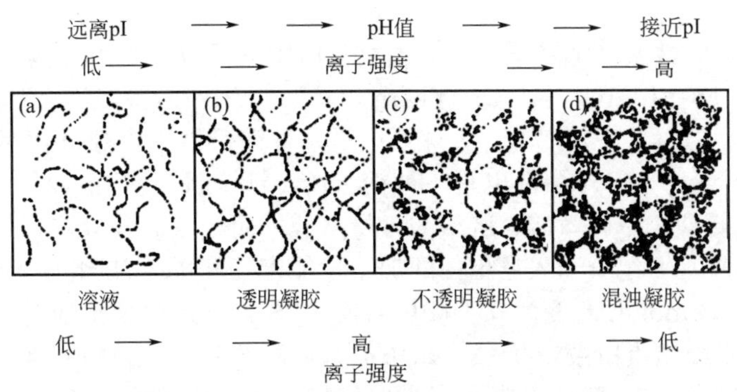

图 5-24 蛋清蛋白的胶凝性质

蛋黄是食品加工广泛使用的乳化剂，其起乳化作用的主要成分是脂蛋白，如蛋黄蛋白、蛋黄磷蛋白等，其中蛋黄磷蛋白乳化性最好。蛋黄低密度脂蛋白的乳化性明显好于牛血清蛋白，在蛋黄低密度脂蛋白中加入磷脂后并不影响其乳化能力。蛋黄不耐高温，在高于 60℃时蛋黄中的蛋白质和脂蛋白就产生显著变化。喷雾干燥工艺制作的全蛋粉，由于蛋清和蛋黄中的部分蛋白质受热变性，使蛋白质的分散度、溶解度、起泡力等功能性质下降，产品颜色和风味也变劣。在喷雾干燥前向全蛋糊中加入少量蔗糖或玉米糖浆，可在一定程度上减缓蛋白质受热变性。

蛋黄制品在−6℃以下冻藏并解冻后，产品黏度增大，因为过度冷冻引起蛋黄蛋白的胶凝作用，使蛋白质的功能性质下降，如果用这种蛋黄制作蛋糕，产品网状结构就会失常，蛋糕体积变小。为防止这种变化，可通过向预冷蛋黄中加入蔗糖、葡萄糖或半乳糖或用胶体磨处理使胶凝作用减轻。

四、鱼肉蛋白

鱼的骨骼肌纤维较短，排列在结缔组织（基质蛋白）的片层中。鱼肉中的结缔组织含量比畜禽肉类少，而且纤维也短，所以鱼肉更为嫩软。鱼肉蛋白的含量因鱼的种类及年龄不同而有差别，含量分布在10%～21%之间。鱼肉蛋白与畜禽肉类蛋白一样分为 3 类：肌浆蛋白、肌原纤维蛋白和基质蛋白。鱼肉的肌原纤维与畜禽肉类中相似，为细条纹状。所含蛋白质也类似，如肌球蛋白、肌动蛋白、肌动球蛋白等。但鱼肉中的肌动球蛋白性质十分不稳定，在加工和贮存过程中很容易发生变化，即使是冷冻保存，肌动球蛋白也逐渐变得不溶，使鱼肉硬度增加。将肌动球蛋白贮存在稀的中性溶液中，很快发生变性，并可逐步凝聚，形成不同浓度的二聚体、三聚体或更高的聚合体，其中大部分是部分凝聚，只有少部分是全部凝聚，引起鱼肉贮藏的不稳定。此外，鱼肉蛋白的分散性、吸湿性等其他功能性质也较差，一般不直接用于食品加工，须经过一些特殊的加工处理后才能在食品中发挥作用，如组织化、水解处理等。

鱼肉蛋白可作饲料蛋白，也可作人类的食用蛋白。通常的加工方法是先将生鱼磨粉，再用有机溶剂浸提除掉脂类和水分，使不饱和脂肪酸氧化时产生的一些不良风味降低，再经适当的研磨制成颗粒，即为无臭味的浓缩鱼肉蛋白，蛋白质含量在 75%以上。如果进行脱骨、去内脏处理，生产的则是去内脏浓缩鱼肉蛋白，蛋白质含量高于 93%。

五、大豆蛋白

大豆蛋白是最具有发展潜力的植物蛋白资源。大豆蛋白是大豆中的主要成分，可分为两类：大豆清蛋白和大豆球蛋白。大豆清蛋白含量较少，一般约占大豆蛋白的 5%（以粗蛋白计）；大豆球蛋白是大豆蛋白质的主要组成部分，约占 90%。非 pI 条件下，大豆球蛋白可溶于水、碱和盐溶液，如果调 pH

值至等电点 4.5 或加硫酸铵至饱和，则沉淀析出，故又称为酸沉蛋白。而大豆清蛋白无此特性，则称为非酸沉蛋白。从必需氨基酸组成来看，大豆蛋白的营养价值与肉类蛋白相近，含有足够的赖氨酸，但缺乏含硫氨基酸。

根据大豆蛋白的超离心性质（沉降系数）对大豆蛋白质进行分类，可分为 4 个组分：2S，7S，11S 和 15S（S 为沉降系数，$1S=1\times10^{-13}s=1Svedberg$ 单位）。其中 7S 和 11S 最为重要，7S 占总蛋白质的 37%，11S 占总蛋白质的 31%（表 5-27）。7S 球蛋白是一种糖蛋白，含糖量约为 5.0%，含有血球凝集素、β-淀粉酶和脂肪氧合酶；11S 球蛋白也是一种糖蛋白，糖含量只占 0.8%，含有较多的谷氨酸、天冬酰胺。7S 球蛋白中色氨酸、甲硫氨酸、胱氨酸含量略低，而赖氨酸含量较高，因此 7S 球蛋白更能代表大豆蛋白的氨基酸组成。7S 组分与大豆蛋白的加工性能密切相关，7S 组分含量高的大豆制得的豆腐较细嫩。在离子强度从 0.5mol/L 改变为 0.1moL/L 时，7S 大豆蛋白聚集成为 9S 蛋白。11S 组分有冷沉特性，如脱脂大豆的水浸出蛋白液在 0～2℃水中放置后，约有 86%的 11S 组分沉淀出来，利用这一特性可以分离浓缩 11S 组分。2S 部分主要含有蛋白酶抑制物、细胞色素 C、尿囊素酶和两种球蛋白，整体约占总蛋白质的 20%。15S 蛋白部分是大豆球蛋白的聚合物，含量约为水提取蛋白的 10%。

表 5-27 大豆蛋白组分

沉降系数	占总蛋白质的百分数/%	已知的组分	分子量
2S	22	胰蛋白酶抑制剂	8000～21500
		细胞色素 c	12000
7S	37	血球凝集素	110000
		脂肪氧合酶	102000
		β-淀粉酶	61700
		7S 球蛋白	180000～210000
11S	31	11S 球蛋白	350000
15S	11	—	600000

7S 和 11S 组分在食品加工中的性质不同，由 11S 组分形成的钙胶冻比由 7S 组分形成的更坚实；7S 较 11S 的乳化稳定性稍好。

大豆经脱脂后得到的豆粕，主要成分为大豆蛋白和糖类化合物。在压榨法生产油脂的工艺中，蛋白质经受高温影响，变性程度较大，功能性差，称为高温豆粕，一般用于加工动物饲料；有机溶剂浸提法生产得到的豆粕没有经过高温脱溶，不存在这些不足，称为低温豆粕。低温豆粕进一步加工，一般可以得到 3 种不同的商品大豆蛋白——脱脂豆粉、大豆浓缩蛋白、大豆分离蛋白，可以用于食品中，作为蛋白质原料（图 5-25）。

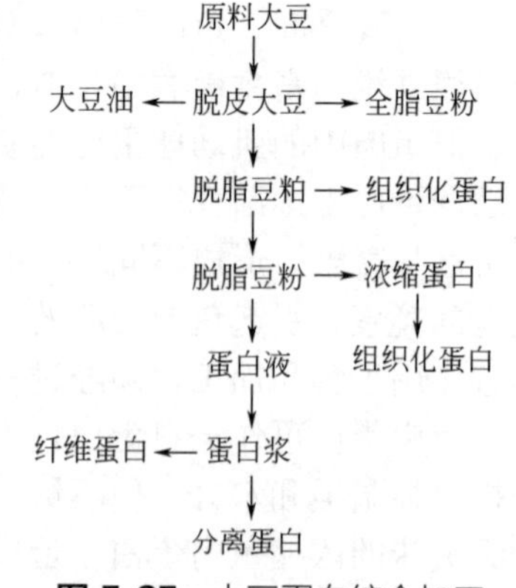

图 5-25 大豆蛋白综合加工

脱脂豆粉是大豆经过调质、脱皮、压片处理后，利用有机溶剂如 6# 溶剂（主要成分为正己烷）浸出油脂后余下的豆粕，主要由大豆蛋白和糖类化合物（可溶于水或不溶于水的）组成。大豆中的抗营养因子被灭活，蛋白质的功能性质得到很好的保留，蛋白质含量约为 50%。

大豆浓缩蛋白是脱脂豆粉用 pH 值 4.5 的水浸提，或用一定浓度的乙醇水溶液浸提，或进行湿热处理后用水浸提处理，除去其中所含的可溶性低聚糖，最后产品蛋白质含量提高至 70%左右，蛋白酶抑制物含量也降低。脱脂豆粉中的一些蛋白质也由于浸提而损失在乳清液中，最后总收率约为原料的 2/3。

大豆分离蛋白是用稀碱溶液浸提脱脂豆粉，除去残渣后，蛋白质提取液加酸至等电点，大豆蛋白沉淀出来，沉淀经过碱中和、喷雾干燥后得到。蛋白质含量超过 90%，基本不含纤维素、抗营养因子等物质，可以将其看成为真正的大豆蛋白制品。它的溶解度高，具有很好的乳化、胶凝、分散和增稠作用，在食品中的应用范围很广（表5-28）。其氨基酸组成见表5-29。

表5-28 大豆产品在食品中的功能性

功能性质	作用方式	应用食品体系	大豆蛋白产品
溶解性	蛋白质的溶剂化作用，pH值确定	饮料	F,C,I,H
乳化	蛋白质的乳化形成及稳定作用	蛋糕、汤、香肠、腊肠	F,C,I
黏度	水结合，增稠	汤、肉汤	F,C,I
水吸附及结合能力	水的容纳，水的氢键键合	面包、蛋糕、肉制品	F,C
泡沫	形成薄膜容纳气体	甜点、裱花	I,W,H
凝胶	形成蛋白质的三维网状结构	干酪、肉制品	C,I
弹性	二硫键在可变形的凝胶中	焙烤食品、肉类	I
黏合-结合	蛋白质作为黏合物质	面制品、肉制品、焙烤食品	F,C,I
风味结合	风味物质的吸附、容纳及释放	焙烤食品、人造食品	C,I,H
色泽控制	漂白（脂肪氧合酶的作用）	面包	F
脂肪吸附	对游离脂肪的吸附	肉制品	F,C,I

注：C—大豆浓缩蛋白；F—脱脂豆粉；H—水解大豆蛋白；I—大豆分离蛋白；W—大豆乳清蛋白。

表5-29 大豆蛋白的必需氨基酸组成　　单位：g/100g 蛋白产品

蛋白质	Ile	Leu	Lys	Met+Cys	Phe+Tyr	Thr	Trp	Val
脱脂豆粉	4.6	7.8	6.4	2.6	8.8	3.9	1.4	4.6
大豆浓缩蛋白	4.8	7.9	6.4	2.8	8.9	4.5	1.6	5.0
大豆分离蛋白	4.9	8.2	6.4	2.6	9.2	3.8	1.4	5.0

在大豆蛋白分子的肽链骨架上分布着许多极性基团，易发生水合作用。适当地向肉制品、面包、糕点等食品中添加大豆蛋白，能改善其吸水性和保水性的平衡，增加面包产量，改进面包的加工特性，减少糕点的收缩，延长面包和糕点的货架期。大豆蛋白分散于水中形成胶体，在一定条件（蛋白质浓度、温度、时间、pH值、盐类、巯基化合物等）下可转变为凝胶，其中大豆蛋白浓度及其组成是凝胶能否形成的决定性因素，大豆蛋白浓度越高，凝胶强度越大。

一些大豆蛋白制品在食品加工中起调色作用，主要表现在两个方面：一是漂白，二是增色。如在面包加工过程中添加活性大豆粉后，一方面大豆粉中的脂肪氧合酶能氧化多种不饱和脂肪酸，产生氧化脂质，氧化脂质对小麦粉中的类胡萝卜素有漂白作用，使之由黄变白，形成内瓤很白的面包；另一方面大豆蛋白又与面粉中的糖类发生美拉德反应，可以增加其表面的颜色。

六、谷物蛋白

谷物的品种主要包括稻谷、小麦、大麦、玉米、燕麦等作物，也是人类食用历史悠久的主要粮食。谷物蛋白约占植物蛋白质的70%，主要指从谷物的胚乳及胚中分离提取出来的蛋白质。根据其溶解性主要分为四大类：清蛋白（albumin，水溶）、谷蛋白（glutelin，酸或碱溶）、球蛋白（globulin，盐溶）和醇溶蛋白（又称醇溶谷蛋白、谷醇溶蛋白，prolamin，70%乙醇溶解）。这几种蛋白质在谷物中的含量随品种、地域、生长条件不同而有变化（表5-30）。

表5-30 几种谷物食品中蛋白质的分级组成　　单位：%

谷物	清蛋白	球蛋白	醇溶蛋白	谷蛋白	谷物	清蛋白	球蛋白	醇溶蛋白	谷蛋白
小麦	5	10	69	16	玉米	4	2	55	39
大米	5	10	5	80	高粱	8	8	52	32

谷物蛋白中赖氨酸的含量很低，是谷物蛋白的限制性氨基酸。谷蛋白和醇溶蛋白的热溶解性差，在食品加工中通常称为面筋蛋白，即面粉经水洗后得到的不溶于水的残余物。醇溶蛋白由单一肽链组成，肽链的分子量约为30000～60000，存在分子内的二硫键，可以将其区分为α-、β-、γ-、ω-4种类型；谷蛋白一般由3～5个高分子亚基、约15个低分子亚基组成，亚基的分子量约为31000～48000和97000～136000，存在肽链间（或者是分子间）的二硫键。对面筋蛋白，从化学结构的角度来看，二硫键的作用非常重要，它决定醇溶蛋白和谷蛋白的溶解行为，因而决定面团的性质。一般不同蛋白质含量的面粉用途如图5-26所示。

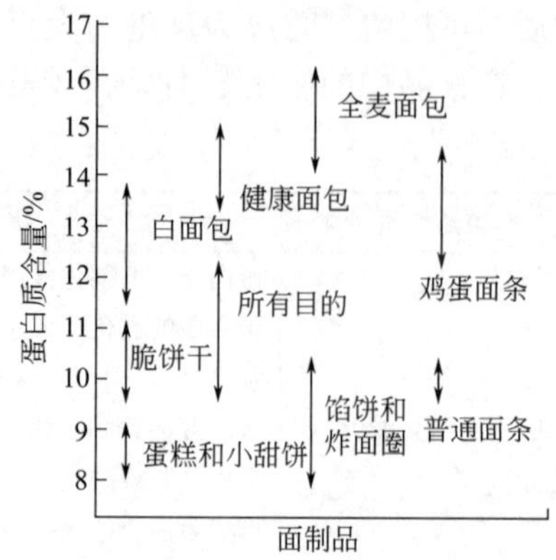

图5-26　小麦粉的蛋白质含量与其食品加工应用

七、单细胞蛋白

单细胞蛋白（single cell protein，SCP）通常是指微生物（microorganism）、微藻（microalgae）中的蛋白质。与传统的动物蛋白相比，单细胞微生物蛋白的生产一般不受气候、地域条件限制，可进行大规模的工业化生产，生物生长繁殖快、产量高、易于控制，可以利用“三废”作为培养基质，包括工业废水、工业废渣、城市有机垃圾、农业废弃物、食品加工业废弃物等。单细胞蛋白中最重要的是酵母蛋白、细菌蛋白和藻类蛋白，它们的化学组成中一般以蛋白质、脂肪为主。一些单细胞生物的化学组成见表5-31。

表5-31　一些单细胞生物的化学组成　　单位：%

成分	藻类	酵母	细菌	霉菌
氮	7.5～10	7.5～8.5	11.5～12.5	5～8
脂类	7～20	2～6	1.5～30	2～8
灰分	8～10	5.0～9.5	3～7	9～14
核酸	3～8	6～12	8～16	变化较大

真菌中的酵母在食品加工中应用较早，酵母中的产朊假丝酵母（*Candida utilis*）及酵母菌属的卡尔酵母（*Saccharomyces carlesbergensis*）早被人们作为食品，前者以木材水解液或亚硫酸废液即可培养，后者是啤酒发酵的副产物，回收干燥后即可成为营养添加物。产朊假丝酵母中蛋白质含量约为53%(干质)，但缺乏含硫氨基酸，若能添加0.3%半胱氨酸，生物价会超过90。但食用过量会造成生理上的异常，如摄入过量酵母中含量较高的核酸会造成血液的尿酸水平升高，引起机体的代谢紊乱。

细菌可利用纤维状底物（农业或其他副产品）作为碳源，土壤丝菌属（*Nocardia*），杆菌属（*Bacilus*）、细球菌属（*Micrococcus*）和假单胞菌属（*Pseudomonas*）等生产蛋白质，其蛋白质含量约占其干质的3/4以上，同样缺乏含硫氨基酸，另外它们所含的脂肪酸也多为饱和脂肪酸。细菌分离蛋白的化学组成与大豆分离蛋白相近，而且在补充含硫氨基酸后其营养价值与大豆分离蛋白液相近。

藻类蛋白多年来一直被认为是可利用的蛋白质资源，尤以小球藻（*Chlorella*）、斜生栅藻（*Scenedesmus*）和螺旋藻（*Spirulina*）在食用方面的研究很多，蛋白质含量分别为50%及60%(干质)。藻类蛋白含必需氨基酸丰富，尤以酪氨酸及丝氨酸较多，但含硫氨基酸较少。以藻类作为人类蛋白质食品来源有两个缺点：①日食量超过100g时有恶心、呕吐、腹痛等现象；②细胞壁不易破坏，影响消化率（仅约60%～70%）。若能除去其中的色素成分，并以干燥或酶解法破坏其细胞壁，则可提高其消化率。

蘑菇是人类食用最广的一种真菌，蛋白质占鲜重的4%，干重低于27%。最需培养的洋菇（*Agaricus bisporus*）所含蛋白质是不完全蛋白。常用的霉菌如 *Penicillium roqueforti*、*P. camemberti* 等主要用于发酵食品，使产品具有特殊的质地及风味，其他如 *Aspergillus oryzae*、*A. soyae*、*Rhizopus oligosporus* 等则为大豆、米、麦、花生、鱼等的发酵菌种，能产生蛋白质丰富的营养食品。

八、油料蛋白

与大豆蛋白相比，其他几种常见的油料作物的组成及特点见表 5-32。

表 5-32　常见油料作物的营养组成　　单位：g/100g

成　分	大豆	棉籽	花生	向日葵	Phe+Tyr
水分	7	6	9	6	3
脂类	25	30	50	40	33
糖类化合物	15	10	20	26	35
蛋白质	45	53	25	30	26
蛋白质 PER	2.3	2.3	1.7	2.1	2.6
限制氨基酸	Met	Lys,Met	Met	Lys	平衡
潜在的毒性成分	胰蛋白酶抑制物、植酸	棉酚	黄曲霉毒素	多酚	硫代糖苷

由表 5-32 可知，油料蛋白的必需氨基酸组成较差，营养价值比动物蛋白低，如棉籽蛋白缺乏赖氨酸和含硫氨基酸、花生蛋白缺乏含硫氨基酸等。油料蛋白还含有抗营养因子或含有一些微生物毒素等。所以需要通过适当的存储条件减少微生物污染，或采用适当的加工条件破坏油料作物中的抗营养因子，提高其营养价值及食用安全性。

九、叶蛋白

植物的叶片能进行光合作用及合成蛋白质，许多禾谷类、豆类作物（谷物、大豆、苜蓿及甘蔗）的叶片中含 2%～4%的蛋白质。取新鲜叶片切碎压榨取汁，所得汁液中含有 10%固形物（40%～60%为粗蛋白）且不含纤维素，其纤维素部分可由于压榨而部分脱水，可作为反刍动物优良的饲料。去掉其中所含低分子生长抑制因子，加热汁液至 90℃时可形成蛋白凝块，经洗涤、干燥后，凝块中约含 60%蛋白质、10%脂类、10%矿物质和其他物质（包括维生素、色素等），可直接用作商品饲料。但由于叶蛋白适口性不佳，一般人较难接受。若经过有机溶剂脱色处理等，能改善叶蛋白的适口性，添加到谷类食物中可提高其中赖氨酸的含量。

十、昆虫蛋白

世界上有 500 余种可食用的昆虫，因其种类多、分布广、繁殖快、高蛋白、低胆固醇、低脂肪、易于吸收等优点，为世界各国所关注。

昆虫蛋白是一类高品质的动物蛋白质，因含有下列活性物质而具有显著的保健作用。

① 抗菌肽。能快速跟踪并清除侵入人体内的细菌、病毒，破坏细菌、病毒的胞膜结构，引起细胞内水溶性物质外流而杀死细菌。

② 几丁质。纯度要比虾蟹类几丁质纯好多倍。几丁质是一切生物生命力的重要支柱之一，被誉为继蛋白质、脂肪、糖、维生素、矿物质之后的“第六生命营养要素”，在人体免疫系统内起着三调（双向免疫调节、调节 pH 值、调节激素）、三排（排细胞和体液有害物质、排重金属离子、排氧毒素）的作用，维护人体的内部环境。

③ 富含人体必需的 8 种氨基酸、17 种其他氨基酸、维生素、不饱和脂肪酸、肽类物质、矿物质等多种营养成分，强化营养，活化细胞，非常适合人体吸收，是天然的高级营养强化剂。

④ 防御素。一种小分子蛋白质，能帮助艾滋病人重建免疫系统，说明防御素对人体免疫系统有独

特的修复作用。

⑤ 外源性凝集素。可促进细胞相互粘接并抑制其增殖，不仅能使正常细胞更富活性，还能杀灭变异细胞、抵御病毒蔓延、激活免疫力，有效防治胃肠道炎症及各种感染性疾病。

检查与拓展

二维码 5-2

○ 蛋白质的基本结构单位是什么？

○ 请介绍蛋白质有哪些二级结构。

○ 蛋白质溶液的 pH>pI 时，蛋白质带什么电荷？蛋白质溶液的 pH=pI 时，蛋白质的溶解度（最大/最小/不溶）。

○ 在食品加工中，蛋白质有哪些功能特性？

○ 简述什么因素可以使蛋白质变性。

○ 为什么要对蛋白质进行改性？

本章总结

○ **氨基酸**

氨基酸是蛋白质的基本组成单位，根据侧链不同的 R 基团可以对氨基酸进行分类， R 基也决定了氨基酸的各种性质。

○ **食品中蛋白质的来源和分类**

① 主要有动物蛋白和植物蛋白，还有少量的微生物蛋白、昆虫蛋白等。

② 可按分子形状、分子组成、溶解度等标准分类。

○ **蛋白质的结构和性质**

① 蛋白质的一级结构（氨基酸序列）决定蛋白质的高级结构及其性质。

② 由于氨基酸所带 R 基不同，蛋白质可在不同的理化条件下发生多种反应。

③ 蛋白质的功能性质对食品的感官质量、质构特性等有重要影响。

④ 可利用蛋白质的某些性质来加工食品。

○ **蛋白质变性**

① 蛋白质在某些理化条件下可发生变性，其理化性质和生物活性会有显著变化，能直接影响蛋白质的加工工艺。

② 蛋白质变性一级结构维持不变。

○ **蛋白质在食品加工和贮藏中的变化**

① 合理的加工能有效延长食品的保质期，提高食品的营养价值、感官品质和质构特性等。

② 不恰当的加工则会影响食品品质，使蛋白质发生变性。

○ **蛋白质改性**

① 可利用化学试剂处理和酶处理来对蛋白质进行改性。

② 对蛋白质进行适度改性，以改善或提高蛋白质配料的功能性质。

参考文献

[1] 阚建全．食品化学．2 版．北京：中国农业大学出版社，2008.

[2] 赵新淮，徐红华，姜毓居. 食品蛋白质——结构、性质与功能. 北京：科学出版社，2009.
[3] 刘树兴，吴少雄. 食品化学. 北京：中国计量出版社，2008.
[4] 夏延斌. 食品化学. 北京：中国农业出版社，2004.
[5] 江波，杨瑞金 . 食品化学 . 北京：中国轻工业出版社，2018.
[6] Varelis P，Melton L，Shahidi F. Encyclopedia of Food Chemistry. Amsterdam：Elsevier Science，2018.
[7] Boland M，Singh H. Milk Proteins：From Expression to Food. Pittsburgh：Academic Press，2019.
[8] Belitz H D，Grosch W，Schieberle P. Food Chemistry. 4nd ed. Berlin. Heidelberg：Springer-Verlag，2009.
[9] Sikorki Z E. Chemical and Functional Properties of Food Components. Florida：CRC Press. 2002.
[10] Nakai S，Modler H W. Food Protein：Properties and Characterization. New York：Wiley-VCH Publishers Inc，2000.
[11] Owusu-Apenten R K. Food Protein Analysis. New York：Maecel Dekker Inc，2002.
[12] Fennema O R. Food Chemistry. 3rd ed. New York：Marcel Dekker Inc，1996.

思考与练习

二维码 5-3

1. 回想一下你今天吃过的食品中，哪些含有蛋白质？哪种食品蛋白质含量较高？
2. 高蛋白质零食由于其富含蛋白质、膳食纤维、优质脂肪等营养物质，它不仅有助于塑造健美的体形，还能持久地提供能量，帮助健身爱好者在运动中保持最佳状态，成为越来越多人追求健康饮食的选择。试分析在研制高蛋白零食时如何选择蛋白质来源？还需测试不同蛋白质来源的哪几种功能性？除此之外在研制中还需要考虑哪些因素？
3. 简述稳定蛋白质结构的作用力。
4. 蛋白质如何分类？简述蛋白质结构与功能的关系。
5. 食品中的蛋白质与氧化剂反应，对食品有哪些不利影响？
6. 食物蛋白质在碱性条件下热处理，会产生哪些理化反应？
7. 蛋白质在加工和贮藏中会发生哪些物理、化学和营养变化？说明在食品加工和贮藏中如何利用和防止这些变化。
8. 为何高温煮熟的鸡蛋无法恢复液态，而某些蛋白质（如酶）在温和变性条件下可复性？
9. 常见肉类蛋白、乳蛋白和鱼肉蛋白的特点是什么？

第六章　维生素

兴趣引导

视频 6-1
知识点讲解

你是否曾经思考过，为什么有些人免疫力低下、容易生病，而有些人却相对健康？这背后的秘密，或许就隐藏在维生素的奥秘之中。维生素，这个词可能对于许多人来说并不陌生，但我们真正了解它们吗？它们是如何在我们的身体内发挥作用，帮助我们保持健康的呢？ 在这章关于维生素的食品化学之旅中，让我们一起揭开它们神秘的面纱。

二维码 6-1

○ 为什么说维生素是维持人体健康的必需营养素？

○ 维生素在未来健康产业和医学领域中将扮演什么样的角色？

为什么学习本章内容?

维生素就像是我们身体内的“小助手”，在细胞代谢、免疫系统、视力保护等方面发挥着不可替代的作用。那么，这些维生素都藏在哪里呢？哪些维生素是对身体特别重要的？缺乏它们会有什么后果？它们又是如何被我们的身体吸收和利用的呢？在食品加工、贮藏过程中它们又会发挥什么作用，发生什么变化呢?

学习目标

○ 了解维生素的分类。
○ 掌握常见维生素的一般理化性质、生理功能、来源和稳定性。
○ 熟知维生素的生物利用率及其影响因素。
○ 掌握维生素在食品加工、贮藏过程中发生的作用及变化。

第一节　概述

维生素（vitamins）是生物体为维持正常生命活动所必需的一类不同于脂肪、糖类和蛋白质的微量有机化合物的总称。它们在体内不能提供能量，机体对其需要量通常在毫克（mg）或微克（μg）水平，但却对人体正常的生长发育、生理功能的维持和发挥起着重要作用，如果缺少或不足将引起特殊的缺失综合征。目前已发现有几十种维生素和维生素类似物，其中与人体营养和健康有直接关系的约为 20 种。

大部分维生素不能在人体内合成或者合成量不足，所以必须从食物中摄入，均衡的饮食可以满足机体对维生素的需求。到目前为止，已有多种维生素如维生素 A、维生素 E 等通过化学方法人工合成，尚有一部分人工合成比较困难。

由于维生素化学结构复杂，对它们的分类无法采用化学结构分类法，也无法根据其生理作用进行分类。一般根据维生素在非极性、极性溶剂中的溶解性特征将其分为两大类：①脂溶性维生素，常与脂肪混存，包括维生素 A、维生素 D、维生素 E 和维生素 K；②水溶性维生素，能溶于水和稀酒精，包括 B 族维生素和维生素 C。脂溶性维生素大多有芳香或脂肪性基团，每种脂溶性维生素全部或基本由五碳类异戊二烯单位（即 2-甲基-1,3-丁二烯）构成，这些异戊二烯单位都来源于动物或植物生物合成中的乙酰辅酶 A；水溶性维生素一般有一个或多个极性或易电离的基团，如羧基、酮基、羟基、氨基或磷酸盐等，但一般而言几乎没有相似的结构，因此没有同一的生物合成途径。脂溶性维生素在食品加工过程中具有较高的稳定性，而水溶性维生素稳定性较差。

维生素在体内具有多方面的生理功能，主要包括：①作为辅酶或它们的前体（如各种 B 族维生素）；②作为抗氧化保护体系的组分，如抗坏血酸、某些类胡萝卜素及维生素 E 等；③基因调控过程中的影响因素（维生素 A、维生素 D 以及潜在的其他几种）；④具有特定的生理功能，如维生素 A 对视觉、抗坏血酸对各类羟基化反应以及维生素 K 对特定羧基化反应的影响。虽然维生素具有多种营养功能，但是摄入过多对健康有害，易引起中毒反应，特别是维生素 A、维生素 D、维生素 E 和维生素 K 等脂溶性维生素。

表 6-1 列出了维生素的分类及主要生理功能，表 6-2 列出了常见食物中各种维生素的含量。

表 6-1 维生素的分类和生理功能

分类		名称	俗名	生理功能
脂溶性维生素		VA	视黄醇	预防表皮细胞角化，防治干眼病，促进生长
		VD	骨化醇	调节钙磷代谢，预防佝偻病和软骨病
		VE	生育酚	预防不育症
		VK	止血维生素	促进血液凝固
水溶性维生素	B族维生素	VB_1	硫胺素	维持神经传导，预防脚气病
		VB_2	核黄素	预防唇舌发炎及脂溢性皮炎，促进生长
		VB_5，VPP	烟酸，尼克酸	预防癞皮病，形成辅酶Ⅰ和辅酶Ⅱ的成分
		VB_6	吡咯醇	与氨基酸代谢有关
		VB_{11}	叶酸	预防恶性贫血及口腔炎
		VB_{12}	钴胺素	预防恶性贫血
		VH，VB_7	生物素	促进脂质代谢，预防皮肤病
		VB_3	泛酸	促进代谢
	C族维生素	VC	抗坏血酸	预防及治疗抗坏血病，促进细胞间质生长
		VP	芦丁，柠檬素	维持血管正常透过性

表 6-2 常见食物中维生素的含量（每 100g 可食部分）

食物	类胡萝卜素/mg	VA/mg	VD/μg	VE/mg	VK/mg	VB_1/mg	VB_2/mg	烟酰胺/mg	VB_3/mg	VB_6/mg	VH/μg	VB_{11}/μg	VB_{12}/μg	VC/mg
牛奶	0.018	0.028	0.088	0.07	0.0003	0.04	0.18	0.09	0.35	0.04	3.5	8.0	0.4	1.7
人奶	0.003	0.054	0.07	0.28	0.0005	0.02	0.04	0.17	0.21	0.01	0.6	8.0	0.05	6.5
黄油	0.38	0.59	1.2	2.2	0.007	0.005	0.02	0.03	0.05	0.005				0.2
鸡蛋黄	0.29	0.88	5.6	5.7		0.29	0.40	0.07	3.7	0.3	53	208	2.0	0.3
鸡蛋白						0.02	0.32	0.09	0.14	0.012	7	9.2	0.1	0.3
牛肉			0.02		0.48	0.013	0.08	0.26	7.5	0.31	0.24	3.0	3.0	5.0
猪肉		0.006		0.41	0.018	0.90	0.23	5.0	0.70	0.4			0.8	
牛肝		28.0	0.33	0.24	0.09	0.28	2.61	15.0	7.9	0.17	80	240	60	35
猪肝		36		0.60	0.06	0.31	3.2	15.7	6.8	0.6	30	220	40	23
鸡肝		33	1.3	0.5	0.08	0.32	2.49	11.6	7.2	0.5		380	20	28
猪肾		0.06		0.45		0.34	1.8	8.4	3.1	0.6			20	16
鲱鱼		0.04	27	1.5		0.04	0.22	3.8	0.9	0.5	4.5	5	8.5	0.5
鳗鱼		0.98	20	8		0.18	0.32	2.6	0.3			13	1	1.8
麦芽	0.06			27.6	0.13	2.01	0.72	4.5	1.0	0.5	17	520		
糙米				0.74		0.41	0.09	5.2	1.7	0.28	12	16		
精米				0.18		0.06	0.03	1.3	0.6	0.15	3.0	11		
西洋菜	4.9					0.09	0.17	0.7						96
蘑菇	0.01		1.94	0.12	0.02	0.10	0.44	5.2	2.1	0.07	16	25		4.9
马铃薯	0.005			0.05	0.002	0.11	0.05	1.2	0.4	0.31	0.4	15		17
胡萝卜	12			0.47	0.015	0.07	0.05	0.6	0.3	0.27	5	17		7.1
菠菜	4.8			2.5	0.4	0.09	0.20	0.6	0.3	0.22	6.9	145		52
番茄	0.59			0.81	0.006	0.06	0.04	0.5	0.3	0.1	4	33		19
苹果	0.05			0.49	0.004	0.035	0.032	0.3	0.1	0.1	0.0045	5		12
橙	0.1			0.32		0.08	0.04	0.3	0.2	0.1	2.3	22		50
草莓	0.02			0.12	0.02	0.03	0.05	0.5	0.3	0.06	4	43		64
蔷薇果	4.8			4.2		0.09	0.06	0.48		0.05				1250
柚子	0.01			0.30		0.05	0.02	0.24	0.25	0.03	0.4	10		44
沙棘	1.5			3.2		0.03	0.21	0.3	0.2	0.11	3.3	10		450

注：类胡萝卜素是指具有维生素A活性的类胡萝卜素的总量。

此外，还有一些化合物，如肉碱、肌醇、胆碱、吡咯喹啉醌、泛醌（辅酶 Q）、硫辛酸、乳清酸、生物黄酮类、对氨基苯甲酸（PABA）等，它们的活性类似维生素，称为类维生素，即维生素类似物。

第二节 脂溶性维生素

一、维生素 A

维生素 A 是一类具有营养活性的不饱和烷烃，包括视黄醇及相关化合物和一些类胡萝卜素。视黄醇及其含有 4 个类异戊二烯单位的化学衍生物统称为类视黄醇。维生素 A 不溶于水，溶于乙醇，易溶于包括脂肪和油在内的有机溶剂。维生素 A 大多数是可结晶的，但一般熔点较低。类视黄醇和类胡萝卜素都有很强的吸收光谱。常见类视黄醇结构如图 6-1 所示。

视黄醇结构中含有共轭双键，属于异戊二烯类，因此可以有多种顺、反立体异构体。其中，全反式异构体具有最高的维生素 A 活性，同时也是食品中天然存在的视黄醇的主要形式。各种视黄醇衍生物立体异构体的维生素 A 相对活性见表 6-3。

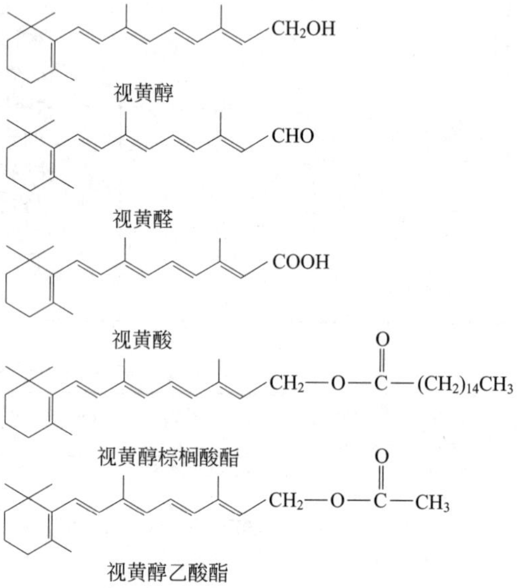

CH_2OH

视黄醇

CHO

视黄醛

COOH

视黄酸

$CH_2—O—C(=O)—(CH_2)_{14}CH_3$

视黄醇棕榈酸酯

$CH_2—O—C(=O)—CH_3$

视黄醇乙酸酯

图 6-1 常见类视黄醇的化学结构

表 6-3 各种视黄醇衍生物立体异构体的维生素 A 相对活性①

异构体	维生素 A 相对活性		异构体	维生素 A 相对活性	
	视黄醇乙酸酯	视黄醇		视黄醇乙酸酯	视黄醇
全反式	100	91	13-顺式	75	93
9-顺式	24	19	9,13-二顺式	24	17
11-顺式	23	47	11,13-二顺式	15	31

① 用大鼠生物测定法得到的相对于全反式视黄醇乙酸酯的摩尔维生素 A 活性。

在动物性组织中，视黄醇及其酯是维生素 A 活性的主要形式，而视黄酸的含量较少。在植物和真菌中并不存在预先形成的维生素 A，而是以具有维生素 A 活性的类胡萝卜素形式存在，经动物摄取吸收后，类胡萝卜素可经代谢转变为维生素 A。在 600 多种已知的类胡萝卜素中，约有 50 种在体内能部分转化为维生素 A，称为维生素 A 原。在类胡萝卜素中，β-胡萝卜素具有最高的维生素 A 原活性，它在小肠黏膜处被氧化酶打断中央的 $C^{15}—C^{15'}$ 键，从而释放出 2 分子活性视黄醇。常见类胡萝卜素的结构与维生素 A 原活性见表 6-4。

表 6-4 常见类胡萝卜素的结构与维生素 A 原活性

化合物	结构	相对活性
β-胡萝卜素	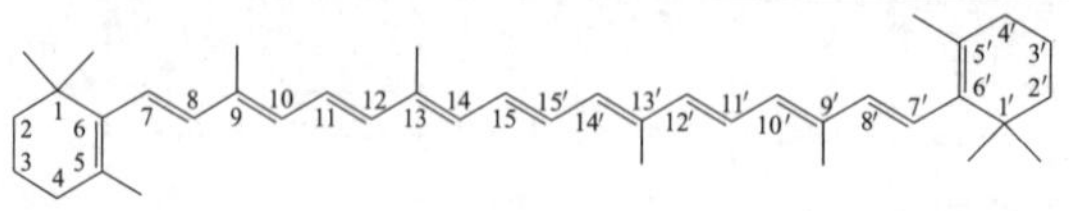 1 2 3 4 5 6 7 8 9 10 11 12 13 14 15 15′ 14′ 13′ 12′ 11′ 10′ 9′ 8′ 7′ 6′ 5′ 4′ 3′ 2′ 1′	50
α-胡萝卜素	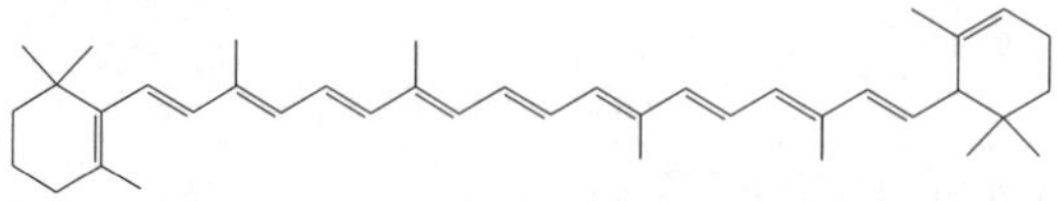	25

续表

化合物	结构	相对活性
β-阿朴-8′-胡萝卜醛	CHO	25～30
玉米黄素	HO	0
角黄素	O O	0
虾红素	O OH HO O	0
番茄红素		0

维生素 A 和维生素 A 原活性损失主要是由作用于不饱和异戊二烯侧链上的自动氧化和立体异构化引起的。其氧化降解存在两种途径：一种是直接过氧化作用，另一种是脂肪酸氧化产生的自由基导致的间接氧化。β-胡萝卜素和其他类胡萝卜素在低氧分压（<20kPa O_2）时能起抗氧化作用，而在高氧浓度时可起到助氧化剂的作用。β-胡萝卜素可清除单线态氧、羟基和超氧化物自由基以及与过氧化自由基（ROO・）作用生成 ROO-β-胡萝卜素加合物，从而起到抗氧化作用，β-胡萝卜素的这种抗氧化特性造成维生素 A 活性降低或完全丧失。果蔬的罐藏（表 6-5）、热处理、光、酸、含氯溶剂或稀碘溶液可将全反式的维生素 A 和维生素 A 原转变为各类顺式异构体，从而导致其活性损失。维生素 A 裂解的主要历程及其产物如图 6-2 所示。

表 6-5 果蔬罐藏过程中 β-胡萝卜素的异构化

食品名称	加工状态	总 β-胡萝卜素分布/%		
		全反式	13-顺式	9-顺式
胡萝卜	新鲜	100	0	0
	罐藏	72.8	19.1	8.1
番茄	新鲜	100	0	0
	罐藏	53.0	38.8	8.2
菠菜	新鲜	80.4	8.8	10.8
	罐藏	58.4	15.3	26.3

维生素 A 的主要生理功能包括：维持正常视觉；维持上皮细胞结构的完整性；促进生长发育；维持正常免疫功能；防癌作用等。维生素 A 长期不足或缺乏，首先出现暗适应能力降低及夜盲症，然后出现毛囊角化过度症。此外，上皮细胞的角化还可发生在呼吸道、消化道、泌尿生殖器官的黏膜以及眼

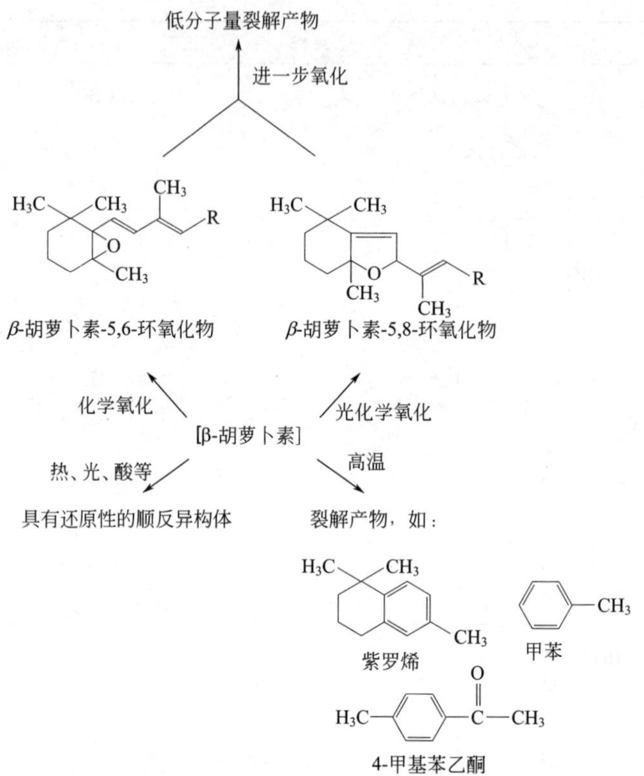

图 6-2　维生素 A 裂解的主要历程及产物

的角膜及结膜上，并出现相应症状，其中最显著的是眼部因角膜和结膜上皮的蜕变，泪液分泌减少而引起干眼病。因此，维生素 A 又称为抗干眼醇、抗干眼病维生素。

人类从食物中获得的维生素 A 主要有两类：一类是来自动物性食物的维生素 A，在肝脏中含量最高，是机体主要的储存库，此外，鱼肝油、鱼籽、全奶、鸡蛋等也含有丰富的维生素 A；另一类是维生素 A 原，即各种类胡萝卜素，主要存在于深绿色或红黄色蔬菜和水果等植物性食品中，含量较丰富的有菠菜、胡萝卜、青椒和南瓜等。

二、维生素 D

维生素 D 是具有胆钙化醇生物活性的类固醇的统称，已确认的有 6 种，包括维生素 D_2、D_3、D_4、D_5、D_6 和 D_7，其中以维生素 D_2 和 D_3 最为重要。各种维生素 D 在结构上极为相似，仅支链 R 不同。维生素 D_2 和 D_3 为白色或浅黄色粉末，不溶于水，溶于脂肪、油和乙醇，易溶于丙酮、乙醚和石油醚。各种维生素 D 在 264nm 有最大吸收。各种维生素 D 的化学结构如图 6-3 所示。

动物及大多数植物中都含有固醇，不同的固醇经紫外线照射后可转变成相应的维生素 D，因此这些固醇类物质又称

维生素D的通式

维生素D_2　R=—CH(CH₃)—CH=CH—CH(CH₃)—CH(CH₃)₂

维生素D_3　R=—CH(CH₃)—CH₂—CH₂—CH₂—CH(CH₃)₂

维生素D_4　R=—CH(CH₃)—CH₂—CH₂—CH(CH₃)—CH(CH₃)₂

维生素D_5　R=—CH(CH₃)—CH₂—CH₂—CH(CH₂CH₃)—CH(CH₃)₂

维生素D_6　R=—CH(CH₃)—CH=CH—CH(CH₂CH₃)—CH(CH₃)₂

维生素D_7　R=—CH(CH₃)—CH₂—CH(CH₃)—CH₂—CH(CH₃)₂

图 6-3　各种维生素 D 的化学结构

为维生素 D 原。如植物、酵母中含有的麦角固醇经紫外线照射后就转变成维生素 D_2，即麦角钙化醇。人和动物皮肤中的 7-脱氢胆固醇经紫外线照射后可转变成维生素 D_3，即胆钙化醇。因此日光浴是机体合成维生素 D_3 的一个重要途径。各种维生素 D 原与所转变成的维生素 D 的关系见表 6-6。

表 6-6 维生素 D 原与所对应的维生素 D

维生素 D 原	维生素 D	相对生物效价
麦角固醇(ergosterol)	维生素 D_2，麦角钙化醇(ergocalciferol)	1
7-脱氢胆固醇(7-dehydrocholesterol)	维生素 D_3，胆钙化醇(cholecalciferol)	1
22-双氢麦角固醇(22-dihydroergosterol)	维生素 D_4，双氢麦角钙化醇(dihydroergocalciferol)	1/3～1/2
7-脱氢谷固醇(7-dehydrosterol)	维生素 D_5，谷钙化醇(sitocalciferol)	1/40
7-脱氢豆固醇(7-dehydrostigmasterol)	维生素 D_6，豆钙化醇(stigmacalciferol)	1/300
7-脱氢菜籽固醇(7-dehydrocampesterol)	维生素 D_7，菜籽钙化醇(campecalciferol)	1

研究发现通过日照合成维生素 D 的量受地理位置、季节和皮肤色素沉着等因素影响而显示出较大差异。一些人群可能在接受了充足的日照后仍然显示出维生素 D 缺乏症，而且由于过量的日照可能会产生皮肤老化加速、皮肤癌的患病概率增加等危害，因此保持体内维生素 D 正常水平的合理有效的途径就是安全的日照量和食物补充相结合。

维生素 D 的性质相当稳定，在食品加工及贮藏过程中不易损失，食品加工过程中的消毒、煮沸和高压灭菌等都不影响维生素 D 活性，冷冻储存对牛乳和黄油等食品中的维生素 D 影响不大。维生素 D 对光和氧比较敏感，在有光、氧存在的条件下会被迅速破坏，因此维生素 D 应保存在不透光的密封容器中。结晶态的维生素 D 对热稳定，但在油脂中容易形成异构体，食品中油脂氧化酸败会使其中所含的维生素 D 遭到破坏。

维生素 D 的生理功能主要与钙和磷的代谢有关，它影响这些矿物质的吸收以及它们在骨组织内的沉积。当血钙水平较低时，维生素 D 在小肠内可促进钙结合蛋白合成，从而增加钙磷的吸收；当血钙过高时，维生素 D 可促使甲状旁腺产生降钙素，阻止钙从骨中动员，以及增加钙磷从尿中排出。维生素 D 还可促进骨与软骨及牙齿的矿物化，调节柠檬酸的代谢，维持血液中正常的氨基酸浓度。此外，维生素 D 具有免疫调节功能，可改变机体感染的反应。维生素 D 缺乏时会导致肠道对钙和磷的吸收减少、肾小管对钙和磷的重吸收降低，造成骨骼和牙齿的异常矿化，继而使骨骼畸形，其主要缺乏症为佝偻病、骨软化病和骨质疏松症，故维生素 D 又称为抗佝偻病维生素。

维生素 D 广泛存在于动物性食品中，含脂肪高的海鱼和鱼卵、动物肝脏、蛋黄、奶油等含量均较多，而瘦肉及奶中含量较少。其最重要的来源是鱼油，尤其是鱼肝油。

三、维生素 E

维生素 E 是一类具有类似于 α-生育酚维生素活性的母育酚和生育三烯酚的统称，包括生育酚和生育三烯酚，其中较重要的有 α-生育酚、β-生育酚、γ-生育酚及 δ-生育酚 4 种。生育酚为其母体母育酚的衍生物，它们在结构环（色满环）的 5、7 或 8 位置上有一个或多个甲基。生育三烯酚除了在侧链的 3′、7′和 11′处存在双键外，其他部分与生育酚的结构完全相同。维生素 E 类化合物在室温下为黄色油状物，不溶于水，易溶于非极性溶剂。维生素 E 及其乙酸酯类化合物的紫外吸收在 280～300nm 处有最大值，但普遍吸光系数不大。各种生育酚及生育三烯酚的化学结构如图 6-4 所示。

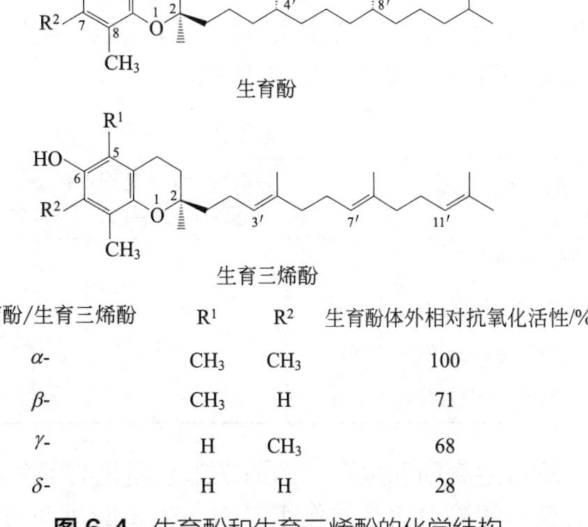

生育酚/生育三烯酚	R^1	R^2	生育酚体外相对抗氧化活性/%
α-	CH_3	CH_3	100
β-	CH_3	H	71
γ-	H	CH_3	68
δ-	H	H	28

图 6-4 生育酚和生育三烯酚的化学结构

所有的维生素 E 都具有抗氧化活性。其中，α-生育酚具有最高的化学和生物活性；其他自然存在的维生素 E（β-、γ-、δ-生育酚和生育三烯酚）在人体内不能转化为 α-生育酚，同时很难被肝脏中的 α-生育酚转移蛋白识别，因此它们对人体的维生素 E 需求并无贡献。各种生育酚及生育三烯酚相对活性见表 6-7。

表 6-7　生育酚和生育三烯酚的维生素 E 相对活性

化合物	生物测定法		化合物	生物测定法	
	鼠胎儿的再吸收	鼠红血球溶血		鼠胎儿的再吸收	鼠红血球溶血
α-生育酚	100	100	δ-生育酚	1	0.3～2
β-生育酚	25～40	15～27	α-生育三烯酚	27～29	17～25
γ-生育酚	1～11	3～20	β-生育三烯酚	5	1～5

生育酚在 2、4′、8′碳处存在 3 个手性中心，而且其天然异构体在这 3 个位置存在 *R*-构型。这些部位的立体构型可影响其相应维生素的活性，其中天然存在的 α-生育酚构型具有最高的维生素 E 活性。一些 α-生育酚异构体的生物活性详见表 6-8。

表 6-8　一些 α-生育酚异构体的生物活性

生育酚(T)①	维生素 E 活性		生育酚(T)①	维生素 E 活性	
	IU/mg②	转换因子③		IU/mg②	转换因子③
(2*R*,4′*R*,8′*R*)-α-T	1.49	1.00	(2*R*,4′*S*,8′*S*)-α-T	1.09	0.73
(2*S*,4′*R*,8′*R*)-α-T	0.46	0.31	(2*S*,4′*S*,8′*R*)-α-T	0.31	0.21
(2*R*,4′*R*,8′*S*)-α-T	1.34	0.90	(2*S*,4′*S*,8′*S*)-α-T	1.10	0.60
(2*S*,4′*R*,8′*S*)-α-T	0.55	0.37			

① *R* 和 *S* 分别指手性碳构型，其中 *R* 为天然存在的手性碳构型。

② 每毫克物质的国际单位（IU）。

③ 每毫克物质转化成等量毫克 α-生育酚的转换因子。

在不存在氧及氧化脂肪的条件下，维生素 E 类物质的稳定性相当高。维生素 E 对酸稳定，对碱较敏感。食品加工中的无氧处理如高压灭菌对维生素 E 活性影响很小，但在有分子氧存在条件下维生素 E 活性的降解速率增加，而且当有自由基存在时降解速率尤其快速。生育酚虽不溶于水，不会随水流失，但水分活度会影响维生素 E 的降解，一般在单分子水层值时降解速率最低，而在高于或低于此水分活度时降解速率增大。食品在加工和储藏过程中一般都会造成维生素 E 的大量损失。像肉类在烹饪处理如加热等过程中一般会损失 5%～56%的维生素 E，而豆类则会损失 7%～40%。储藏时食品中的维生素 E 都有不同程度的损失（表 6-9）。

表 6-9　马铃薯片及炸薯条在储藏过程中生育酚含量的变化

来源	提取油中总生育酚含量/(mg/100g)	损失/%	来源	提取油中总生育酚含量/(mg/100g)	损失/%
马铃薯片(新鲜)	75		马铃薯片(－12℃,保存 2 个月)	24	68
马铃薯片(室温,保存 1 个月)	22	71	炸薯条(新鲜)	78	
马铃薯片(室温,保存 2 个月)	17	77	炸薯条(－12℃,保存 1 个月)	25	68
马铃薯片(－12℃,保存 1 个月)	28	63	炸薯条(－12℃,保存 2 个月)	20	74

所有生育酚和生育三烯酚在未经酯化时都可起到抗氧化剂作用，它们可提供酚上的 H 和一个电子，从而起到清除自由基的作用。如 α-生育酚可与过氧化自由基或其他自由基反应，形成氢过氧化物和 α-

生育酚自由基。自由基终止反应可形成共价连接的生育酚二聚体与三聚体，而进一步的氧化与重排可生成生育酚过氧化物、生育氢醌及生育醌（图 6-5）。重排与进一步的氧化也可产生许多其他产物，从而被氧化降解。

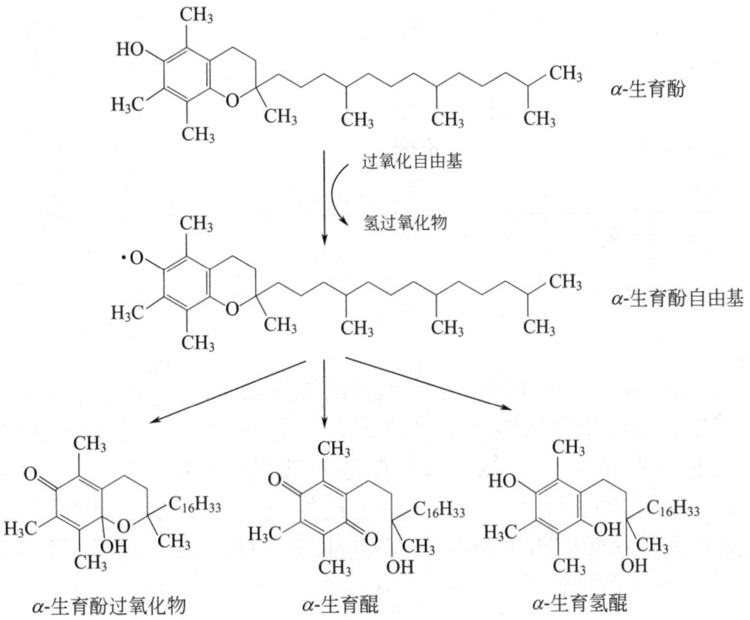

α-生育酚
过氧化自由基
氢过氧化物
α-生育酚自由基
α-生育酚过氧化物
α-生育醌
α-生育氢醌

图 6-5 维生素 E 的氧化降解

此外，单线态氧还能攻击生育酚分子的环氧体系，形成过渡态的氢过氧化双烯酮衍生物，再经过重排，最后生成生育醌和生育醌 2,3-环氧化物（图 6-6）。生成的生育醌和生育醌-2,3-环氧化物仅具有很小的维生素 E 活性，因而在此过程中生育酚的维生素 E 活性严重损失。各种维生素 E 对单线态氧的反应性顺序为 $\alpha>\beta>\gamma>\delta$。

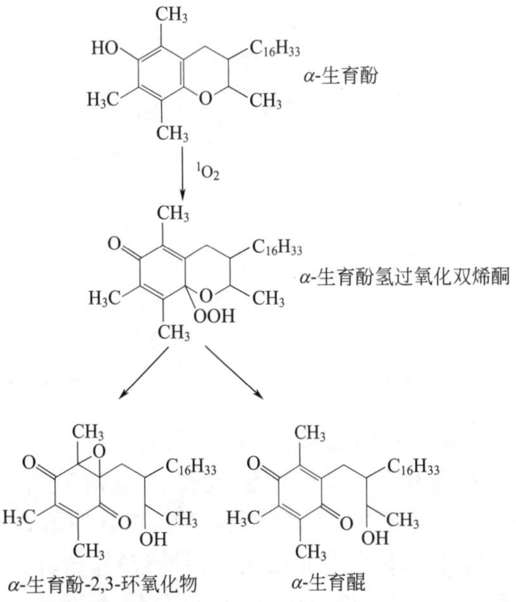

维生素 E 的主要生理功能有：作为一种很强的抗氧化剂，在体内可以保护细胞免受自由基损害；防止肌肉萎缩，提高运动能力，抗衰老；调节体内某些物质如 DNA、辅酶 Q 的合成等。维生素 E 缺乏症主要表现为血液与组织中的维生素 E 含量降低，红细胞脆性增加，尿中肌酸排出过多，当应用维生素 E 后上述症状可显著减退；新生儿特别是早产儿血浆维生素 E 含量较低，可由于细胞膜上多不饱和脂肪酸遭氧化与过氧化损伤而导致发生溶血性贫血。

α-生育酚
$^1O_2$
α-生育酚氢过氧化双烯酮
α-生育酚-2,3-环氧化物
α-生育醌

图 6-6 α-生育酚与单线态氧的反应历程

维生素 E 广泛存在于动植物食品中，其中植物油中的含量较多，一般为 10～60mg/100g，并且以谷物胚油含量最高，为 150～500mg/100g。在大多数动物性食品中 α-生育酚是维生素 E 的主要形式，而在植物性食品中却存在多种形式。由于生育酚和生育三烯酚具有很强的非极性，它们主要存在于食品的油相中。维生素 E 来源广泛，因而很少由于维生素 E 摄入量不足而产生缺乏症。某些植物油中各种生育酚的含量参见表 6-10。

表 6-10 植物油中各种生育酚的含量　　单位：mg/100g

食品	α-T	α-T3	β-T	β-T3	γ-T	γ-T3	δ-T3
向日葵籽油	56.4	0.013	2.45	0.207	0.43	0.023	0.087
花生油	0.013	0.007	0.039	0.396	13.1	0.03	0.922
豆油	17.9	0.021	2.80	0.437	60.4	0.078	37.1
棉籽油	40.3	0.002	0.196	0.87	38.3	0.089	0.457
玉米胚芽油	27.2	5.37	0.214	1.1	56.6	6.17	2.52
橄榄油	9.0	0.008	0.16	0.417	0.471	0.026	0.043
棕榈油	9.1	5.19	0.153	0.4	0.84	13.2	0.002

注：T 代表生育酚，T3 代表生育三烯酚。

四、维生素 K

维生素 K 是 2-甲基-1,4-萘醌的衍生物，不同形式的维生素 K 的区别在于 3 位上的取代基不同。2-甲基-1,4-萘醌又称甲萘醌，是维生素 K 的未取代形式，也是用于该维生素补充和食品强化的合成形式。较常见的天然维生素 K 有维生素 K_1（叶绿醌或叶绿基甲萘醌）和维生素 K_2（甲萘醌类或聚异戊烯基甲萘醌），其中叶绿醌来源于食物，而且仅存在于绿色植物中，而不同链长的甲萘醌类则是细菌合成的产物。2-甲基-1,4-萘醌在人体内转变为维生素 K_2，其生物活性是维生素 K_1 和维生素 K_2 的 2～3 倍。各种维生素 K 的结构式如图 6-7 所示。

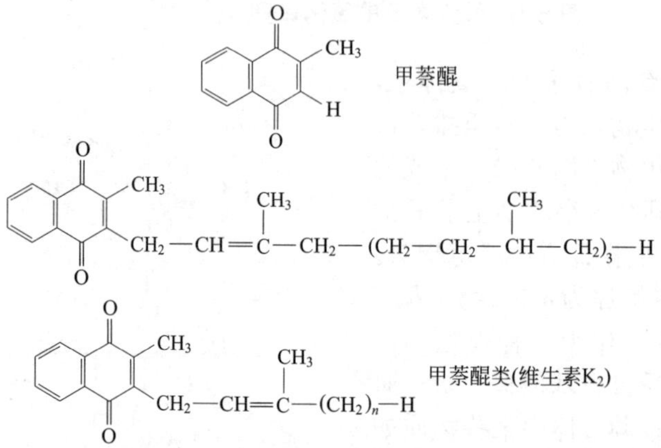

图 6-7 各种维生素 K 的化学结构

叶绿醌在室温下为黄色油状物，其他形式的维生素 K 为黄色晶体。维生素 K_1、维生素 K_2 和大多数甲萘醌不溶于水，微溶于乙醇，易溶于乙醚、氯仿、脂肪和油脂。维生素 K 类化合物的氧化形式在 240～270nm 处有 4 个强吸收带，其还原形式在 245nm 处有增强带。

维生素 K 对热很稳定，但易被碱、氧化剂和光（特别是紫外线）破坏。维生素 K 由于相对稳定且不溶于水，在正常的烹调过程中损失较小。

维生素 K 的主要生理功能是加速血液凝固，促进肝脏合成凝血酶原所必需的因子，即参与凝血过程，故又称为凝血因子。此外，维生素 K 还具有还原性，可以消除食品体系中的自由基，保护食品成分不被氧化。

维生素 K 在膳食中尤其是绿叶蔬菜中普遍存在，而且还能由细菌特别是肠道细菌合成，所以人体很少缺乏。维生素 K 缺乏症主要是由于吸收障碍和使用抗凝血药物导致。

第三节 水溶性维生素

一、维生素 C

维生素 C（ascorbic acid，AA）又名抗坏血酸，具有防治坏血病的生理功能。抗坏血酸为己糖衍生物，从化学结构上来看是一个多羟基羧酸的内酯，具有一个烯二醇基团。其酸性和还原性应归结于它所含的 2,3-烯醇式结构，其 C3 上的羟基（$pK_{a1}=4.04$，25℃）可电离，故其呈酸性。

抗坏血酸具有 2 个手性碳，因此可分为 4 种异构体：D-抗坏血酸、D-异抗坏血酸、L-抗坏血酸和 L-异抗坏血酸（图 6-8）。就生物活性而言，L-抗坏血酸最高，D-抗坏血酸约为 L-抗坏血酸的 1/10，而 D-异抗坏血酸却没有抗坏血酸的活性，虽然其还原性强于 L-抗坏血酸。此外，L-抗坏血酸可通过双电子氧化和脱氢的方式转化为 L-脱氢抗坏血酸（DHAA），DHAA 在体内几乎可完全被还原成 L-抗坏血酸，故其生物活性与 L-抗坏血酸几乎相同。L-抗坏血酸和 L-异抗坏血酸在食品中广泛作为抗氧化剂使用，抑制水果和蔬菜的酶促褐变。自然界中存在的抗坏血酸主要是 L-异构体，D-异构体含量很少。在食品中使用时，D-异构体不是作为维生素的用途，而是作为抗氧化剂添加到食品中。

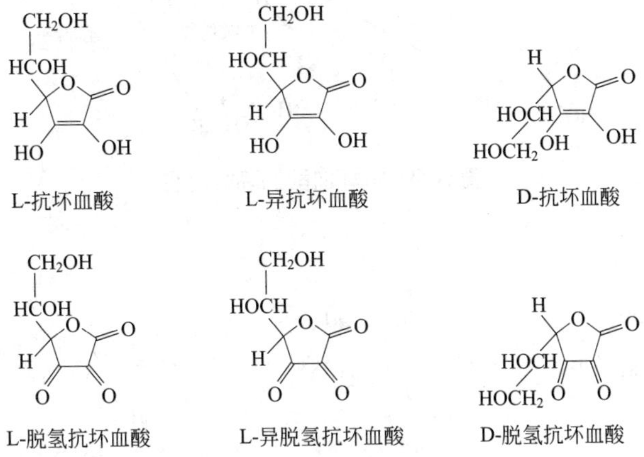

L-抗坏血酸　L-异抗坏血酸　D-抗坏血酸

L-脱氢抗坏血酸　L-异脱氢抗坏血酸　D-脱氢抗坏血酸

图 6-8 维生素 C 的化学结构

维生素 C 是最不稳定的维生素，极易受温度、pH 值、酶、氧、金属催化剂（特别是 Cu^{2+} 和 Fe^{3+}）、盐和糖的浓度、水分活度、抗坏血酸的初始浓度及抗坏血酸与脱氢抗坏血酸的比例等因素影响而发生降解。维生素 C 在酸性溶液（pH<4）中很稳定，在碱性溶液（pH>7.6）中非常不稳定；对光照或加热很敏感，极易被破坏；同时也会被植物组织中的抗坏血酸氧化酶破坏而导致活性丧失。

对大多数食品的维生素损失而言，在缺氧条件下，抗坏血酸的降解不显著；在有氧存在下，抗坏血酸首先降解，形成单价阴离子（HA^-），可与金属离子和氧形成三元络合物。依据金属催化剂的浓度和氧分压的大小不同，单价阴离子的氧化有多种途径。HA^- 一旦生成后，很快通过单电子氧化途径转变为脱氢抗坏血酸（A）。抗坏血酸的氧化降解速率与抗坏血酸单价阴离子（HA^-）、分子氧和金属离子的浓度呈一级反应。抗坏血酸的降解途径详见图 6-9。

研究表明，未经催化的氧化反应基本上可以忽略，食品中的微量金属是氧化降解的主要影响因素，图 6-10 为 Cu^{2+} 催化的维生素 C 的氧化途径。金属离子催化抗坏血酸氧化降解的能力取决于所涉及金属的种类、它的氧化态和螯合剂的存在与否。当存在少量重金属离子时，尤其是 Cu^{2+} 或 Fe^{3+}，降解速率常数比自动氧化大几个数量级，其中 Cu^{2+} 的催化活性比 Fe^{3+} 高约 80 倍，当存在乙二胺四乙酸（ED-

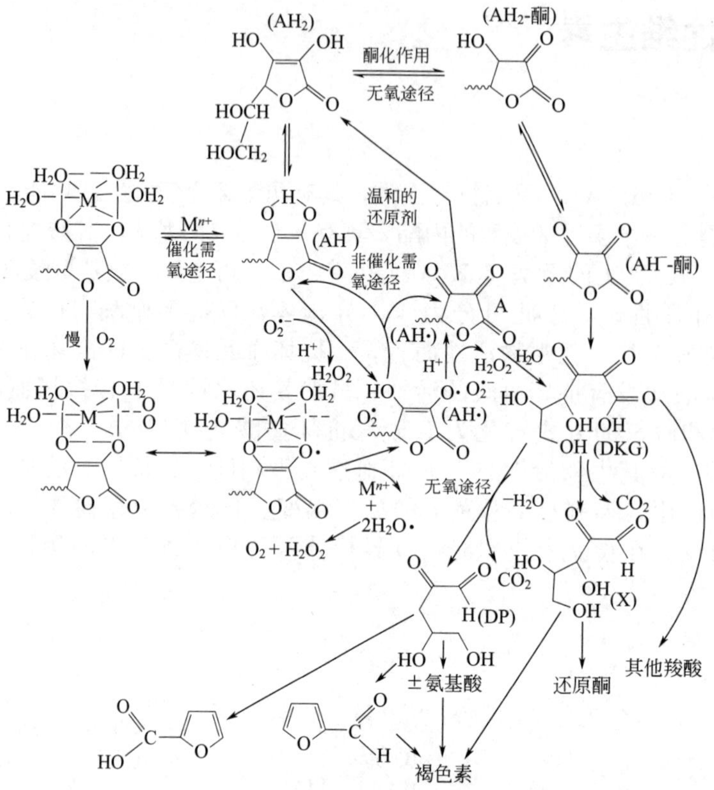

图 6-9 抗坏血酸的降解途径

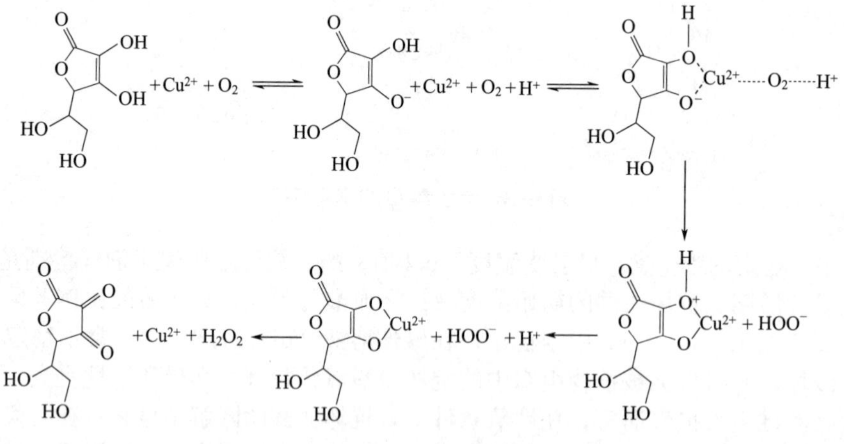

图 6-10 2 价铜离子催化维生素 C 的氧化

TA）时，催化抗坏血酸氧化的能力受到很大抑制；Fe^{3+} 与 EDTA 形成的络合物比游离的 Fe^{3+} 的催化活性高约 4 倍。氧分压对金属催化抗坏血酸氧化的反应速率也有一定影响。一般当氧分压处于 40.5～101.3kPa 范围内，金属催化抗坏血酸氧化的反应速率与溶解氧的分压成正比；而当氧分压低于 20.3kPa 时，反应速率与氧浓度无关。某些糖和糖醇能防止抗坏血酸的氧化降解，其可能原因是它们与金属离子结合，降低了后者的催化能力。

抗坏血酸氧化降解过程中维生素 C 活性的损失是由于 DHAA 内酯环被水解打开，生成 2,3-二酮古洛糖酸（DKG）。DKG 在动物体内不能变成内酯型结构，在人体内最后变成草酸或与硫酸结合成硫酸酯从尿中排出，因此不具有生理活性。碱性条件和温度升高有利于该水解反应的进行，随温度升高 DHAA 的水解速率急剧加大，而且与氧是否存在无关。DHAA 在 pH 值 2.5～5.5 范围内最稳定，在 pH＞5.5 时 DHAA 的稳定性很差。

维生素 C 是一种必需维生素，其主要生理功能有：促进胶原的生物合成，有利于组织创伤的愈合；促进骨骼和牙齿生长，增强毛细血管壁的强度，避免骨骼和牙齿周围出现渗血现象；维持心肌功能，预防心血管疾病；是体内良好的自由基清除剂；维持细胞的正常代谢，保护酶的活性；促进各种支持组织及细胞间黏合物的形成；对铅化物、砷化物、苯及细菌毒素等具有解毒作用；增强机体抗病能力；改善对铁、钙和叶酸的利用等。人体不能合成自身所需的维生素 C，故当人体缺乏维生素 C 时会引起多种症状，其中最典型的就是坏血病，故维生素 C 又称为抗坏血酸。

维生素 C 的天然存在形式几乎完全为还原态的 L-抗坏血酸，主要存在于植物性食物如水果和蔬菜中，尤其是酸味较重的水果和新鲜叶菜类含维生素 C 较多，一般果皮中含量较果肉中丰富。此外，动物组织和动物来源的产品如动物肝脏及牛奶等中也存在少量维生素 C。

二、维生素 B_1

维生素 B_1 又称硫胺素（thiamine），分子结构中含有一个带氨基嘧啶环和一个含硫的噻唑环，二者通过亚甲基桥连接（图 6-11）。游离的硫胺素由于结构中存在 4 价氮而不稳定，其在水中裂解成巯基形式，因此该类化合物的商品形式为其盐酸化物和一硝酸盐，已广泛应用于食品强化和营养补充中。硫胺素盐酸化物为无色晶体，易溶于水，溶于甘油，几乎不溶于丙酮、醚、氯仿和苯；硫胺素的硝酸盐不易溶于水。

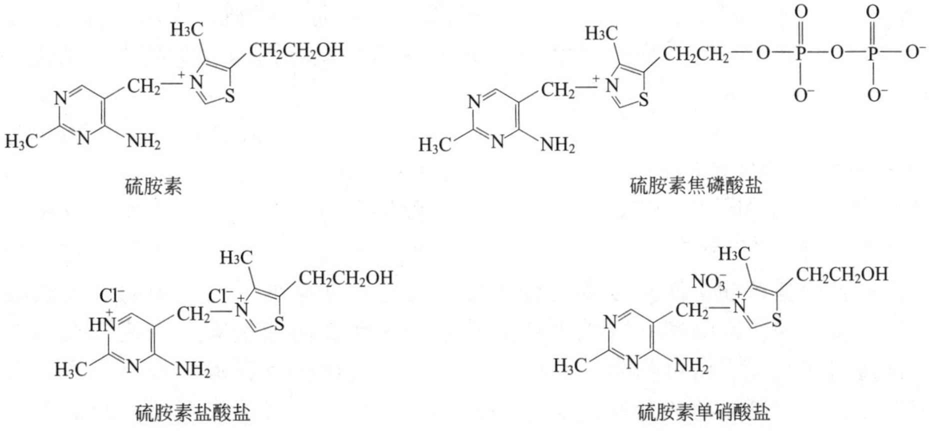

硫胺素　　硫胺素焦磷酸盐

硫胺素盐酸盐　　硫胺素单硝酸盐

图 6-11 各种形式的硫胺素的化学结构

大多数天然的硫胺素主要以硫胺素焦磷酸盐的形式存在，也有少量非磷酸化的硫胺素、硫胺素单磷酸盐和硫胺素三磷酸盐。其中硫胺素焦磷酸盐的作用是作为各种 α-酮酸脱氢酶、α-酮酸脱羧酶、磷酸酮酶和转酮醇酶的辅酶，参与 α-酮酸的氧化脱羧和磷酸戊糖途径的转酮反应，在糖代谢、产生核糖以供合成 RNA 的过程中发挥重要作用。硫胺素的主要功能形式是硫胺素焦磷酸盐，其他各种结构式亦都具有维生素 B_1 活性。

硫胺素对强酸和光较稳定，但在中性或碱性水溶液中它是最不稳定的一类维生素。影响硫胺素稳定性的因素主要有温度（表 6-11）、pH 值、离子强度、水分活度和金属离子等。表 6-12 给出了食品加工中硫胺素的损失情况。

表 6-11 罐装食品中硫胺素的损失

品种	储藏 12 个月后的损失率/%		品种	储藏 12 个月后的损失率/%	
	35℃	1.5℃		35℃	1.5℃
杏	65	28	番茄汁	40	0
绿豆	92	24	豌豆	32	0
利马豆	52	8	橙汁	22	0

表 6-12 食品加工中硫胺素的损失

食物	加工过程	损失率/%	食物	加工过程	损失率/%
肉类	对流烘烤	25～85	牛奶	喷雾干燥	～10
面包	焙烤	5～35	牛奶	罐装	～40
蔬菜	水煮	0～60	水果、蔬菜	常温贮藏	0～20
牛奶	巴氏杀菌	9～20			

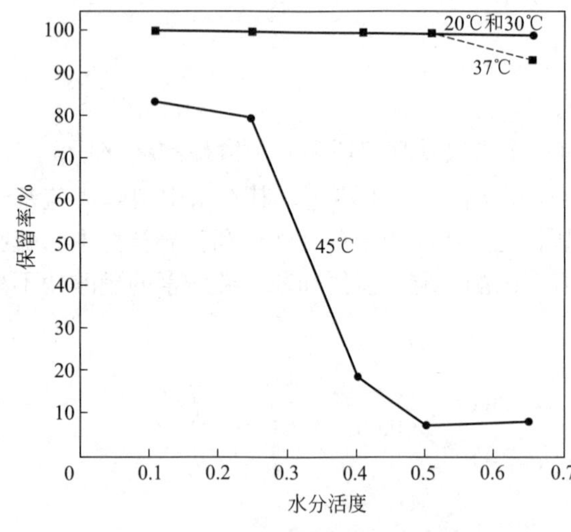

图 6-12 水分活度和温度对模拟早餐谷类产品的脱水食品模型体系中硫胺素保留率的影响（贮藏 8 个月）

在热降解方面，其降解速率和机制受反应介质 pH 值强烈影响。在酸性即 pH≤6 条件下，硫胺素的热降解速率较慢；在 pH 值 6～7 之间，伴随着噻唑环裂解程度的加大，硫胺素的降解速率加快；在 pH 值 8 时，产品中所有噻唑环均被破坏，硫胺素经分解或重排生成具有肉香味的含硫化合物。

在低水分活度及室温时，硫胺素稳定性相当高。水分活度在 0.1～0.65 之间的早餐谷物制品在低于 37℃的条件下，硫胺素基本没有损失；当温度提高至 45℃时，特别是当水分活度≥0.4 时，硫胺素的降解速率急剧加大；当水分活度在 0.5～0.65 之间时，其降解速率达到最大值；当水分活度在 0.65～0.85 的范围内增加时，其降解速率逐渐下降（图 6-12）。

食品中的其他组分也会加快或减少硫胺素的降解。如单宁可与硫胺素形成无生物活性的加合物而导致硫胺素失活；各种类黄酮会使硫胺素的分子发生变化；食品加工用水中的以次氯酸根离子形式存在的氯可引起硫胺素的快速降解；胆碱可使硫胺素分子断裂而加速降解；硫胺素酶能够降解硫胺素，同时，血红蛋白和肌红蛋白可作为降解的催化剂；二氧化硫及亚硫酸盐会导致硫胺素破坏，而酪蛋白和可溶性淀粉可抑制亚硫酸盐对硫胺素的破坏。此外，在遇热或有亚硫酸盐存在时，食品中的糖类化合物和蛋白质可减少硫胺素的降解，主要原因是蛋白质与硫胺素的硫醇形式形成混合二硫化物，从而阻止其进一步降解。硫胺素的降解过程详见图 6-13。

硫胺素除了作为辅酶发挥重要生理功能外，还在维持神经、肌肉特别是心肌的正常功能以及维持正常食欲、胃肠道的蠕动和消化液的分泌等方面发挥明显作用。硫胺素的缺乏症主要有脚气病和多发性神经炎，故维生素 B_1 又称为抗脚气病、抗神经炎因子，孕妇缺乏可导致婴儿先天性心脏病。维生素 B_1 摄入不足和酒精中毒是硫胺素缺乏的最常见的原因，饮茶太多或吃大量生鱼的人也有发生缺乏症的危险。

硫胺素广泛存在于整个动植物界，其良好来源有动物内脏（如肝、肾及心）、瘦肉、全谷、豆类和坚果，尤其是粮谷类的表皮部分，未精制的谷类食物中硫胺素含量可达 0.3～0.4mg/100g。此外，水果、蔬菜、蛋、奶等也含有维生素 B_1，但含量较低。

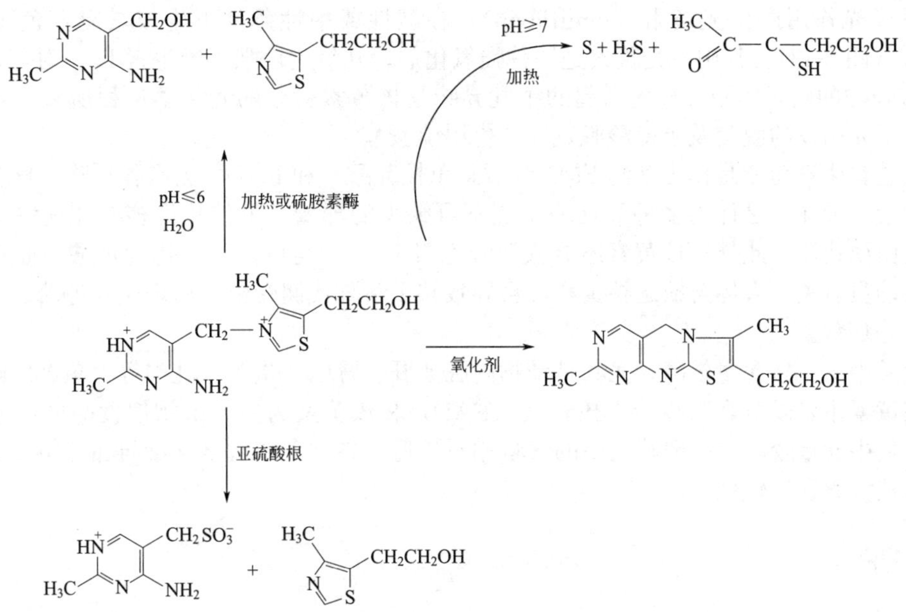

图 6-13　硫胺素的降解历程

三、维生素 B_2

维生素 B_2 又称核黄素（riboflavin），它是一类具有核黄素生物活性物质的总称。其母体结构为7,8-二甲基-10-(1′-核糖基）异咯嗪，核糖基侧链上的 5′-位经磷酸化可形成黄素单核苷酸（FMN），而黄素腺嘌呤二核苷酸（FAD）还含有一个 5′-腺嘌呤单磷酸部分。在磷酸酶的作用下，FMN 和 FAD 易转化为核黄素。在许多依赖黄素的酶中，FAD 及 FMN 都是作为辅酶的成分参与催化各种氧化还原反应。核黄素为黄色三环化合物，可中等程度地溶于水和乙醇，不溶于乙醚、氯仿和丙酮，在碱性条件下可溶但不稳定。核黄素、FMN 及 FAD 的化学结构如图 6-14 所示。

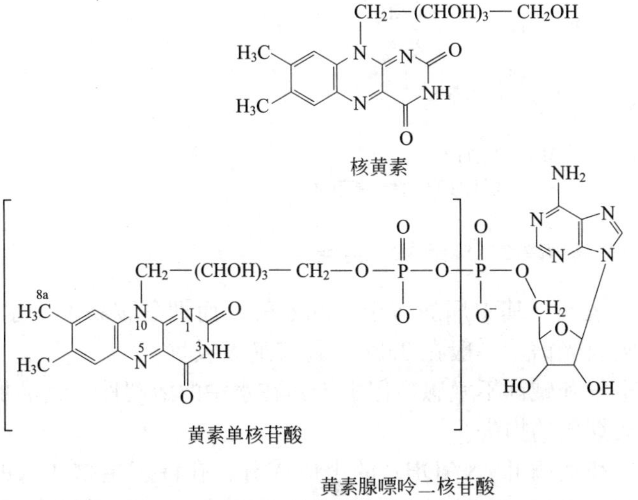

图 6-14　核黄素、FMN 及 FAD 的化学结构

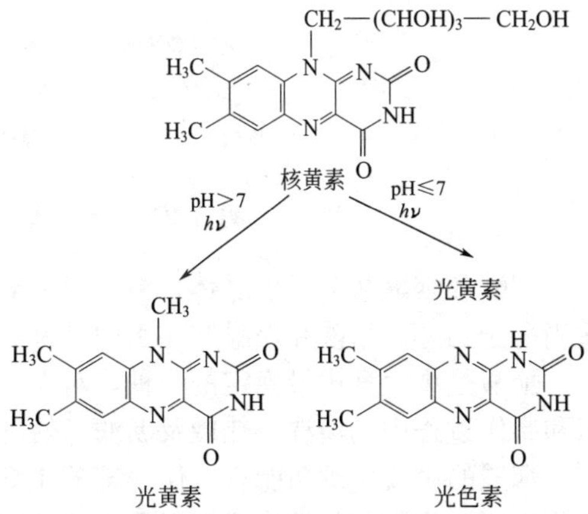

图 6-15　核黄素的光化学变化

核黄素在酸性介质中稳定性最高，在中性 pH 值时稳定性下降，而在碱性环境中快速降解。核黄素对热稳定，不受空气中的氧影响，在常规的热处理、加工和制备过程中核黄素损失不大。核黄素对光（尤其是紫外线）非常敏感，其典型降解机制就是光化学过程，在此过程中主要生成两个生物活性产物，

在碱性条件下经光作用产生光黄素（lumiflavin），在酸性或中性条件下生成具有蓝色荧光的光色素（lumichrome）（图 6-15）。其中，光黄素是一种强氧化剂，其氧化性强于维生素 B_2，对其他维生素特别是维生素 C 有强烈的破坏作用。日光引起的牛乳异味是核黄素引起的光化学过程所致，异味产生的部分原因就是由于光引发的脱羧及蛋氨酸脱氨而产生甲硫胺醛。

核黄素的主要生理功能是作为辅酶 FMN（黄素单核苷酸）和 FAD（黄素腺嘌呤二核苷酸）以及共价键结合的黄素的前体，是体内多种氧化酶系统不可缺少的辅酶，可催化许多氧化还原反应，促进糖类、脂肪及蛋白质代谢。此外，核黄素还能激活维生素 B_6，参与色氨酸转化为烟酸，而且与体内铁的吸收、储存与动员有关。人体若缺乏核黄素，会导致整个新陈代谢受阻，出现生长停滞、口腔炎、眼角膜炎和皮肤炎等症状。

动物性食品中核黄素含量较高，尤其是动物内脏如肝、肾以及蛋黄、乳类等，鱼类以鳝鱼中含量最高。乳类中核黄素主要以黄素腺嘌呤二核苷酸（FAD）和核黄素为主。植物性食品中，绿叶蔬菜如菠菜、油菜及豆类中含量较高，一般蔬菜中的含量相对较低，谷类中核黄素含量与加工精度有关，加工精度较好的产品核黄素含量较低。

四、维生素 PP

维生素 PP 又称烟酸或尼克酸（niacin）、维生素 B_5，是一类具有类似维生素活性的 3-羧酸吡啶及其衍生物的总称，也是烟酸（尼克酸）和烟酰胺（尼克酰胺）的总称，其化学结构如图 6-16 所示。烟酰胺的辅酶形式为烟酰胺腺嘌呤二核苷酸（NAD）和烟酰胺腺嘌呤二核苷酸磷酸（NADP），两者均能以氧化或还原态存在。

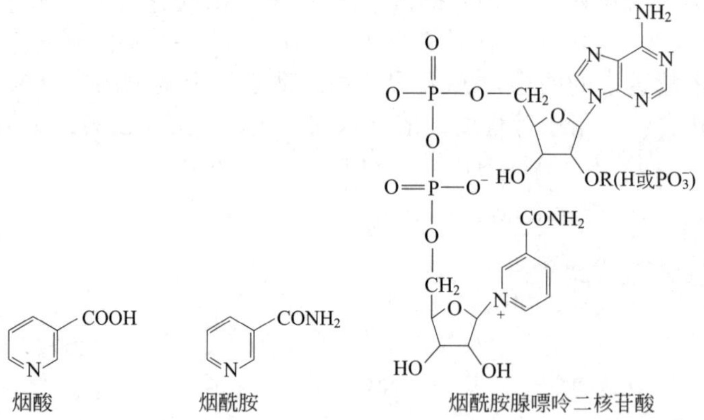

烟酸　烟酰胺　烟酰胺腺嘌呤二核苷酸

图 6-16 烟酸、烟酰胺及烟酰胺腺嘌呤二核苷酸的化学结构

烟酸和烟酰胺为无色晶体，微溶或不溶于有机溶剂，其中烟酸溶于水和乙醇，而烟酰胺易溶于水，适当溶于乙醇。烟酸和烟酰胺在水中具有类似的吸收光谱，一般在 262nm 处有最大吸收。

烟酸是维生素中最稳定的一种，对光、热、空气和碱都不敏感。但由于其在水中的溶解性，食品加工和制作过程中的清洗、热烫及沥滤等处理可造成烟酸的损失。

烟酸的主要生理功能有：作为辅酶Ⅰ（NAD）和辅酶Ⅱ（NADP）的组成成分，在许多生物体内的氧化还原反应中起氢供体或电子受体的作用，它们在糖酵解、脂肪合成和呼吸作用中起着重要的作用；在维生素 B_6、泛酸和生物素存在下还可参与脂肪、蛋白质与 DNA 的合成；降低体内胆固醇水平等。此外，烟酸还是癞皮病的防治因子，烟酰胺也被发现可以显著提高食品如稻米中铁的生物利用率，其增强效果甚至强于抗坏血酸。烟酸的缺乏症主要表现为癞皮病，其典型症状是皮炎（dermatitis）、腹泻（diarrhea）及痴呆（dementia），即所谓的“三 D”症状，故烟酸又称为抗癞皮病因子。

烟酸广泛存在于各种动植物食品中，蘑菇、酵母中含量最高，其次为动物内脏、瘦肉、谷类等，绿叶蔬菜中含量也较高，而蛋类和乳类中烟酸含量较低，但含有丰富的色氨酸，其在体内可以转化成烟酸。在许多以玉米为主食的地区，由于玉米蛋白中色氨酸含量较低，因此该地区癞皮病是一个较严重的问题，此外，由于玉米、高粱等所含烟酸大部分为结合型烟酸，其也不能被人体吸收所致。

五、维生素 B_6

维生素 B_6 是一类具有吡哆醇维生素活性的 2-甲基-3 羟基-5-羟甲基吡啶物质的总称，包括吡哆醛（pyridoxal，PL）、吡哆醇（pyridoxine，PN）和吡哆胺（pyridoxamine，PM）3 种形式，它们都具有生物活性，易溶于乙醇和水。吡哆醛、吡哆醇及吡哆胺均可在其 5′-羟甲基上磷酸化，分别生成吡哆醛 5′-磷酸（PLP）、吡哆醇 5′-磷酸（PNP）和吡哆胺 5′-磷酸（PMP）。在室温下为无色晶体，易溶于水，微溶于乙醇，极微溶或不溶于氯仿。维生素 B_6 类物质的结构如图 6-17 所示。

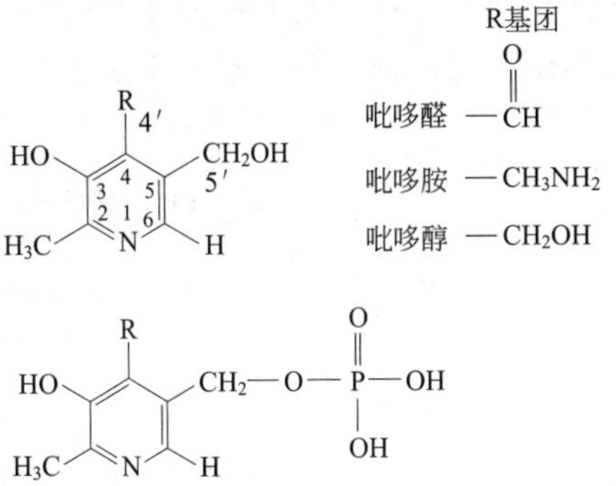

图 6-17　维生素 B_6 类物质的化学结构

维生素 B_6 属于水溶性维生素的一种，遇水会造成浸出而导致损失。维生素 B_6 的 3 种形式都具有热稳定性，其热降解与 pH 值有关，一般随 pH 值升高而加大。维生素 B_6 一般在酸性溶液中稳定，遇碱则分解，如在低 pH 值条件下所有形式的维生素 B_6 都是稳定的，但当 pH>7 时维生素 B_6 不稳定，其中吡哆胺损失最多。维生素 B_6 的 3 种形式对光均较为敏感，尤其是紫外线和在碱性环境中，遇光可生成无生物活性的衍生物 4-吡哆酸和 4-吡哆酸-5′-磷酸。维生素 B_6 的 3 种形式中，吡哆醇较吡哆醛和吡哆胺对热、氧和光更稳定，其盐酸盐形式常用于食品强化和多种维生素的补充。在食品的长期持续保存过程中，吡哆醛可以与蛋白质的氨基酸（如半胱氨酸）反应生成含硫的衍生物，或者与氨基酸作用生成席夫碱，从而降低其生物活性，如在牛奶的灭菌过程中维生素 B_6 能与半胱氨酸生成无生物活性的噻唑衍生物。此外，维生素 B_6 也可经自由基反应转化成无生物活性的化合物，如在抗坏血酸降解过程中产生的羟自由基可直接进攻吡啶环的 C-6 位，形成 6-羟基衍生物。一些食品中的维生素 B_6 在加工及贮藏过程中的稳定性见表 6-13。

表 6-13　一些食品中的维生素 B_6 在加工及贮藏过程中的稳定性

食品	处理方式	保留率/%
面包（添加维生素 B_6）	烘烤	100
强化玉米粉	50%相对湿度，38℃保存 12 个月	90～95
强化通心粉	50%相对湿度，38℃保存 12 个月	100
全脂牛乳	蒸发并高温消毒	30
	蒸发并高温消毒，室温保存 6 个月	18
去骨鸡	罐装	57
	辐射（2.7Mrad）	68
代乳粉	喷雾干燥	84（加入）

维生素 B_6 的生理功能中最重要的方面是以 PLP 及 PMP 的形式作为辅酶参与蛋白质、糖类化合物、神经传递质和脂质的代谢。此外，脑和其他组织中的能量转化、核酸代谢、内分泌系统、辅酶 A 的生物合成以及草酸盐转化为甘氨酸等过程也都需要维生素 B_6。维生素 B_6 缺乏可导致眼、鼻与口腔周围皮肤脂溢性皮炎，色氨酸代谢失调，尿中黄尿酸排除增高等症状。

维生素 B_6 广泛存在于各种食品中，但其分布差异较大。动物性食品中的维生素 B_6 大多以吡哆醛和吡哆胺的形式存在，在白色的肉类、肝脏及蛋中含量相对较高，而乳及乳制品中含量较少；植物性食品中的维生素 B_6 大多与蛋白质结合，不易被吸收。此外，肠道细菌也可合成一部分维生素 B_6。

六、维生素 B_9

维生素 B_9 又称为叶酸（folate），是指具有一类与叶酸（蝶酰基-L-谷氨酸）类似的化学结构和营养活性物质的总称。它们的分子结构中包含 3 个部分：蝶呤、对氨基苯甲酸和谷氨酸部分（图 6-18）。叶酸为橙黄色晶体，溶于水，不溶于乙醇或低极性有机溶剂。

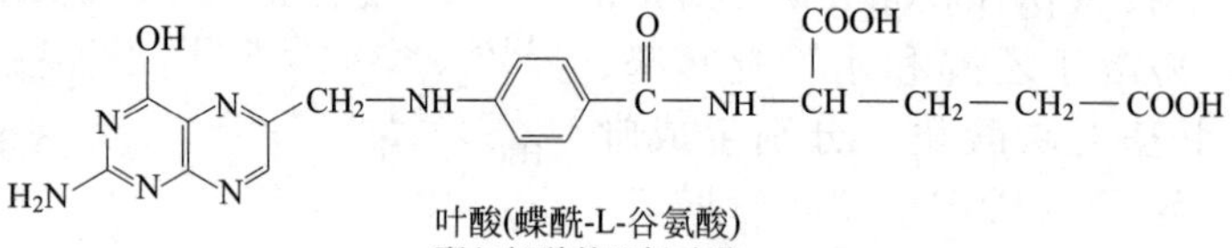

叶酸(蝶酰-L-谷氨酸)

聚谷氨酰基四氢叶酸

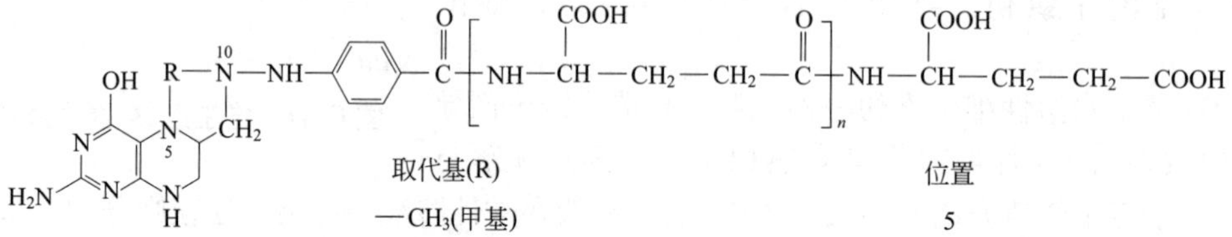

取代基(R)	位置
—CH_3(甲基)	5
—CHO(甲酰基)	5或10
—CH═NH(亚氨甲基)	5
—CH_2—(亚甲基)	5或10
—CH═(次甲基)	5或10

图 6-18 叶酸的化学结构

在生物体系中，叶酸以各种不同的形式存在。对于叶酸，只有谷氨酸部分为 L-构型才具有维生素活性，而对于四氢叶酸其 C6 还必须为（*S*）-构型。由化学还原法合成得到的四氢叶酸为 C6 的外消旋混合物，而用酶法还原得到的产物全为（6*S*）-构型。四氢叶酸是叶酸在体内的生物活性形式，是在叶酸还原酶、维生素 C、辅酶Ⅱ的协同作用下将地蝶啶环状体系中的两个双键还原得到的。

每种叶酸的稳定性受蝶啶环的化学性质支配，而不受聚谷氨酰基链长度影响。受单碳取代基对氧化降解敏感性的影响，各式四氢叶酸间的稳定性差别很大，在大多数情况下叶酸（蝶啶环完全氧化）比四氢叶酸或二氢叶酸的稳定性高得多。四氢叶酸的几种衍生物的稳定性顺序为：5-甲酰基四氢叶酸＞5-甲基四氢叶酸＞10-甲酰基四氢叶酸＞四氢叶酸。

所有叶酸都可氧化降解，因此它们在有氧环境中储存和加工时是不稳定的，其中 5-甲基四氢叶酸氧化降解后生成无营养活性的产物，包括对氨基苯甲酰谷氨酸和一种蝶啶（图 6-19）。还原剂如硫醇和抗坏血酸可起到氧清除剂、还原剂和自由基淬灭剂的作用，可以保护叶酸；而铜离子和铁离子对叶酸的氧化反应具有催化作用，而且铜离子的催化效果高于铁离子。

叶酸在无氧条件下对碱稳定，在有氧条件下遇碱会发生水解，水解后的侧链生成氨基苯甲酰谷氨酸和蝶啶-6-羧酸，而在酸性条件下水解则得到 6-甲基蝶啶。叶酸的水溶液易被光解破坏，生成嘧啶和氨基苯甲酰谷氨酸盐。叶酸在酸性溶液中对热不稳定，在中性和碱性条件下即使加热到 110℃维持 1h 也不被破坏。此外，溶解的 SO_2 能引起叶酸的还原裂解；遇亚硝酸根离子时，可造成 5-甲基四氢叶酸和四氢叶酸的氧化裂解。亚硝酸与叶酸反应可产生 10-亚硝基叶酸，这是一种较弱的致癌物质。表 6-14 给出了不同食品在各种加工条件下叶酸的损失情况。

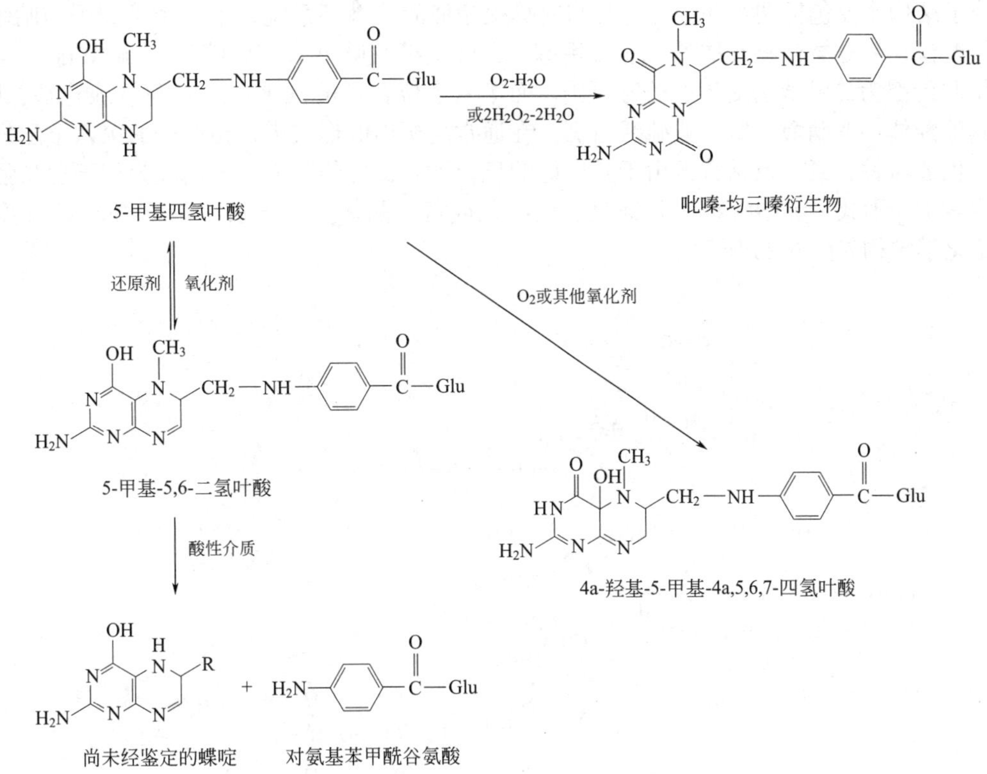

图 6-19 5-甲基四氢叶酸的氧化降解

表 6-14 不同食品在各种加工条件下叶酸的损失

食品	加工方法	叶酸活性的损失/%	食品	加工方法	叶酸活性的损失/%
蛋类	油炸、煮炒	18～24		暗处贮藏一年	7
肝	烹调	无		光照贮藏一年	30
花菜	煮	69	玉米	精制	66
胡萝卜	煮	79	面粉	碾磨	20～80
肉类	γ 辐射	无	肉类或菜类	罐制和贮藏(3 年)	可忽略
番茄汁	罐装	50		罐制和贮藏(3 年)	可忽略

四氢叶酸的主要作用是作为单碳转化反应的调节剂，即以一个碳为单位的转化、氨化和还原反应，此类反应解释了活细胞中有叶酸存在时产生的各类单碳取代基。单碳取代可作用于 N5 和 N10 位上（主要以甲基或甲酰基形式），或以亚甲基或次甲基形式在 N5 和 N10 间桥连（图 6-18）。叶酸以这种方式在嘌呤和嘧啶的合成、氨基酸的相互转化以及某些甲基化反应中起着重要作用。此外，叶酸还可以通过蛋氨酸代谢影响磷脂、肌酸、神经介质的合成。叶酸的缺乏症主要有巨幼红细胞性贫血、高半胱氨酸血症；孕妇缺乏叶酸会使先兆子痫、胎盘早剥的发生率增高，怀孕早期缺乏叶酸是引起胎儿神经管畸形的主要原因。导致叶酸缺乏的主要原因有膳食摄入不足、酗酒、口服避孕药或抗惊厥药等。

只有极少量的叶酸（蝶酰基-L-谷氨酸）以天然形式存在，在以植物、动物和微生物来源的原料中叶酸的主要天然存在形式为聚谷氨酰类 5,6,7,8-四氢叶酸。叶酸广泛存在于动植物食物中，其良好来源为肝、肾、绿叶蔬菜、马铃薯、豆类、麦胚和坚果等。

七、维生素 B_{12}

维生素 B_{12} 是一类具有类似氰钴胺素维生素活性的类咕啉物质的总称。这类物质具有四吡咯结构，其中一个钴离子与 4 个吡咯环上的氮原子螯合，是唯一含有金属元素钴的维生素，故又称为钴胺素。维

生素 B_{12} 分子结构主要包括两个部分：一是与卟啉很相似的咕啉环系统，由 1 个钴原子与咕啉环中的 4 个内氮原子配位；二是类似核苷酸的 5,6-二甲基（α-D-核糖呋喃酰）苯并咪唑-3′-磷酸酯。与钴结合的第五个配位共价键为二甲苯嘧啶环上的氮原子，而第六个位置可被氰化物、5′-脱氧腺苷基、甲基、水、氢氧根或其他配体如亚硝酸、氨或亚硫酸占据。在通常离析出的形式中，钴原子的第六个配位位置被氰化物取代，生成氰钴胺素。氰钴胺素由于其极好的稳定性和良好的获取途径而成为用于食品强化和营养补充的维生素 B_{12} 形式。类咕啉物质是红色、橙红色或黄色晶体，溶于水，在 300nm 处有强吸收。维生素 B_{12} 的化学结构如图 6-20 所示。

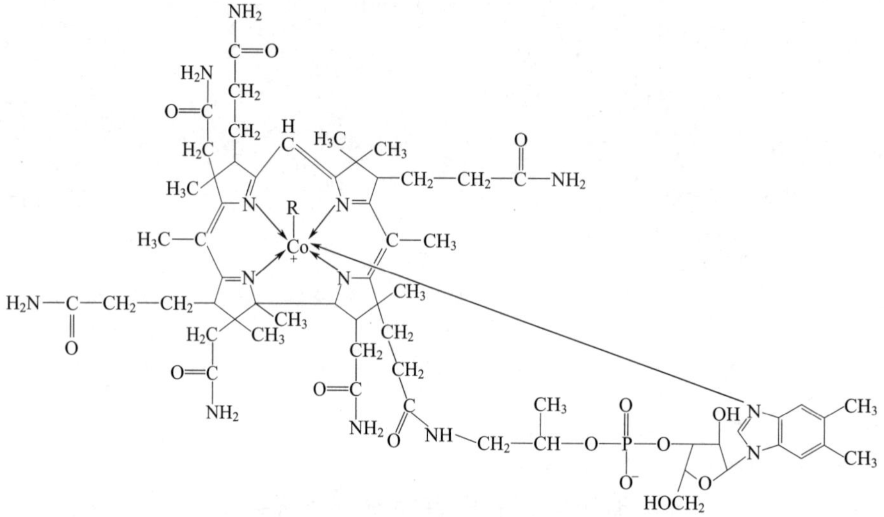

图 6-20 维生素 B_{12} 的化学结构

维生素 B_{12} 在碱性条件下不稳定，而且对紫外线敏感。在 pH 值 4～6 范围内，即使是在高温条件下，维生素 B_{12} 依然显示出相当高的稳定性。维生素 B_{12} 遇酸可引起核苷部分被水解消除，当酸强度增加时还可引起裂解。在碱性溶液中加热，将会引起酰胺的水解，生成无生物活性的维生素 B_{12} 羧酸衍生物。溶液中的硫胺素和烟酰胺能加速维生素 B_{12} 的降解。还原剂如低浓度的巯基化合物能防止维生素 B_{12} 破坏，但用量较多时又会起破坏作用。此外，铁离子与来自硫胺素中具有破坏作用的硫化氢结合，可以保护维生素 B_{12}；低价铁盐能导致维生素 B_{12} 迅速破坏，但 3 价铁盐对维生素 B_{12} 有稳定作用。

维生素 B_{12} 在机体内的许多代谢中有重要作用，它在体内以两种辅酶形式参与生化反应。维生素 B_{12} 的辅酶形式是甲基钴胺素和 5′-脱氧腺苷钴胺素，它们参与两类人体代谢中的酶反应。其中需要甲基钴胺素的反应是蛋氨酸合成酶催化下的高半胱氨酸再次甲基化生成蛋氨酸的反应，在这个反应中 5-甲基四氢叶酸以甲基供体的形式参与反应，而甲基钴胺素则以甲基团的中间受体形式参与反应。如果发生缺乏，人体将会发生蛋氨酸合成障碍和高半胱氨酸累积的现象。此外，由于蛋氨酸合成反应能提供四氢叶酸，而四氢叶酸是其他依赖叶酸参与的反应的叶酸基本形式，如果发生维生素 B_{12} 缺乏，人体将由于 5-甲基四氢叶酸的累积导致这一功能形式的叶酸的缺乏，这也解释了为什么维生素 B_{12} 缺乏症与叶酸缺乏症具有类似的症状。5′-脱氧腺苷钴胺素存在于线粒体中，以辅酶的形式在由甲基丙二酰 CoA 变构酶催化的酶促重排反应中起重要作用。此外，维生素 B_{12} 具有促进 DNA 和蛋白质的生物合成，使机体的造血系统处于正常状态，促进红细胞的发育和成熟，促进精原细胞、精母细胞内 RNA 和 DNA 的合成，刺激精细胞成熟等功能。缺乏维生素 B_{12} 的主要症状有巨幼红细胞性贫血即恶性贫血、同型半胱氨酸血症及神经损伤等，故维生素 B_{12} 又称为抗恶性贫血维生素。

维生素 B_{12} 只能由微生物合成，主要存在于动物组织中，较好的食物来源是动物内脏（尤其是肝脏和肾脏）、鱼、蘑菇、鸡蛋和牛奶制品。多数动物组织中的维生素 B_{12} 的主要组成除水钴胺素外还有辅酶、甲基钴胺素和 5′-脱氧腺苷钴胺素。植物来源的食物通常不含有维生素 B_{12}，但是由于微生物污染或发酵等原因，在植物来源的食物中也存在少量的维生素 B_{12}。

八、维生素 B_5

维生素 B_5 又称泛酸（pantothenic acid），结构上由β-丙氨酸与 2,4-二羟基-3,3-二甲基丁酸（泛解酸）以酰胺键连接而成。泛酸以辅酶 A 的形式并作为脂肪酸合成中与酰基载体蛋白的辅基在代谢过程中发挥作用，辅酶 A 与有机酸形成的硫酯衍生物可促进多种代谢过程的进行。泛酸为黄色油状物，其钙盐和其他盐是无色晶体。各种形式的泛酸都不溶于有机溶剂，而溶于水和乙醇。各种泛酸的化学结构如图 6-21 所示。

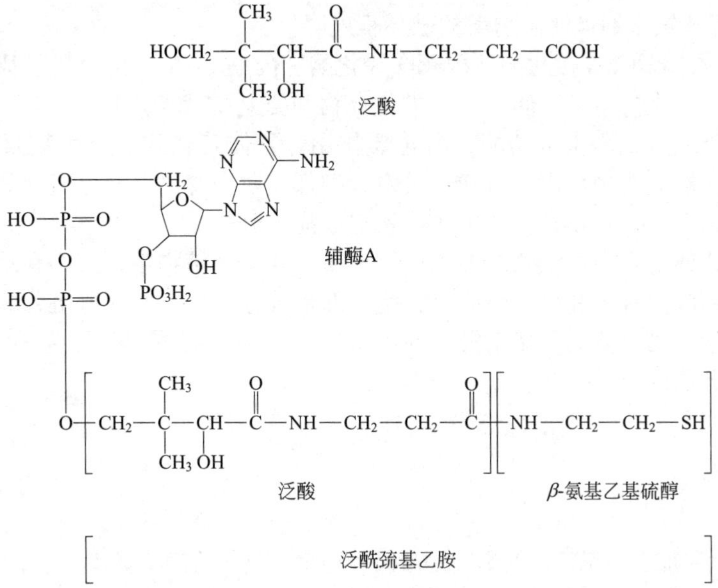

$HOCH_2$—C(CH_3)(CH_3)—CH(OH)—C(=O)—NH—CH_2—CH_2—COOH

泛酸

辅酶A

O—[CH_2—C(CH_3)(CH_3)—CH(OH)—C(=O)—NH—CH_2—CH_2—C(=O)][NH—CH_2—CH_2—SH]

泛酸　β-氨基乙基硫醇

泛酰巯基乙胺

图 6-21 各种泛酸的化学结构

泛酸在 pH 值 5～7 时最为稳定；在酸性水溶液中易水解成为泛解酸的γ-内酯；在碱性溶液中也容易分解，生成β-丙氨酸和泛解酸。在干燥条件下，泛酸盐对空气和光稳定，但吸湿性较强，尤其是泛酸钠。泛酸由于吸湿性强，同时又不稳定，在食品强化和维生素补充中多应用其钙盐即泛酸钙。泛酸在热处理和烹调过程中的损失随热处理强度和沥滤程度的增大而增大，通常在 30%～80%之间。

泛酸广泛存在于生物界。泛酸的最主要食物来源是肉类，尤其是肝脏和心脏，此外蘑菇、绿花椰菜、鳄梨和某些酵母中泛酸的含量也较高。整谷也是泛酸的良好来源，但由于泛酸存在于谷物的外壳中，碾磨会造成泛酸的大量损失。此外，人体肠道细菌也能合成泛酸。在许多食品和多数生物原料中，泛酸主要以辅酶 A 的形式存在，而且多数与有机酸结合形成硫酯衍生物，而小肠中的碱性磷酸酶和酰胺酶可使辅酶 A 转化为游离泛酸。因此，辅酶 A 作为泛酸来源可被完全利用。

九、维生素 H

维生素 H 又称生物素（biotin）、维生素 B_7，结构上由脲和带有戊酸侧链噻吩的两个五元环组成。两种天然存在的形式为游离 D-生物素和生物胞素，其中生物胞素是由生物素与蛋白质中的赖氨酸残基结合形成的，其化学结构如图 6-22 所示。生物素的环结构存在 8 种立体异构体，其中仅有 D-生物素具有生物活性。

生物素化学性质比较稳定，对热、光和氧不敏感，但在极端 pH 值条件下可能由于酰胺键的水解而被破坏。在过氧化氢、高锰酸盐等氧化剂存在的条件下，硫可被氧化，并形成生物素亚砜或砜，从而丧失生物活性。

生物素　　生物胞素

图 6-22 生物素和生物胞素的化学结构

在谷物的碾磨过程中会损失较多的生物素，因此完整的谷粒是生物素的良好来源，而精制的谷粒制品生物素损失较多。此外，罐头食品在生产过程中可导致生物素的大量破坏。使用维生素 E、维生素 C、丁基羟基茴香醚等抗氧化剂可使生物素的破坏程度降低。

生物素是哺乳动物乙酰 CoA 羧化酶、丙酮酸羧化酶、丙酰 CoA 羧化酶和甲基巴豆酰羧化酶等羧化酶的必需辅助因子，对细胞的生长，脂类、糖类化合物和氨基酸代谢，DNA 的生物合成和唾液酸糖蛋白受体的表达以及各种免疫细胞正常功能起着重要作用。人体若轻度缺乏生物素可导致皮肤干涩、脱屑、头发变脆等，重度缺乏时则可出现可逆性脱发、抑郁、肌肉疼痛及萎缩等症状，不过由于生物素来源广泛及可由肠道细菌合成，在正常人体中生物素缺乏症十分罕见。

维生素以游离形式或与蛋白质结合的形式广泛分布于各种动植物中，其中在蔬菜、水果和牛奶中以游离态存在，在动物内脏、种子和酵母中以生物胞素的形式存在。牛奶、肝脏、鸡蛋（蛋黄）和一些蔬菜是人类营养的生物素的最重要的天然来源。在人乳中，生物素的浓度范围为 30～70nmol/L，几乎完全以游离形式存在于乳脂部分。

检查与拓展

探讨维生素 C 在食品加工中稳定性的影响因素及其对食品营养价值的影响。

二维码 6-2

第四节　维生素类似物

除了前面所述的维生素以外，目前人们还发现了一些也是人体生理机能维持中必不可少的有机物质，称为维生素类似物（vitamin-like compound）。目前发现的维生素类似物包括胆碱、肌醇、肉碱、吡咯喹啉醌、泛醌（辅酶 Q）、黄酮类、乳清酸、对氨苯甲酸（PABA）、硫辛酸和一些非维生素 A 原类胡萝卜素等。下面简单介绍其中的几种。

一、胆碱

胆碱（choline）在结构上是一种比较简单的有机化合物，常以游离态或以一些细胞成分包括卵磷脂（胆碱最主要的膳食来源）、鞘磷脂和乙酰胆碱的组分存在于生物体的细胞组织中，其中卵磷脂是一种很好的乳化剂，常作为一种成分或添加剂用于许多加工食品和营养品中。

$$H_3C-\overset{CH_3}{\underset{CH_3}{N^+}}-CH_2-CH_2-OH$$

胆碱

胆碱在体内有几个重要功能：①防治脂肪肝的形成，胆碱作为一种亲脂剂可促进脂肪以卵磷脂的形式被输送，或者提高脂肪酸本身在肝脏中的利用，防治脂肪在肝脏中的反常积累，保证肝的正常生理功能；②神经传导，它可越过神经细胞的间隙，产生传导脉冲；③促进代谢；④调控细胞凋亡，抑制癌细胞增殖等。

虽然人体和哺乳动物可以合成胆碱，但大量证据表明人体也需要从膳食中补充胆碱。天然存在的胆碱和胆碱盐稳定性好，可用于人类饮食的补充剂，如在婴儿配方食品中胆碱已经以氯化物或酒石酸氢盐的形式作为一种营养强化剂添加。胆碱广泛存在于各种食物中（表 6-15），人类饮食最丰富的来源是蛋黄、动物脏器（如肝、肾、脑）、大豆制品、小麦胚和花生等。

表 6-15 常见食物中胆碱的含量

食物	胆碱含量/(mg/100g)	食物	胆碱含量/(mg/100g)
牛脑	410	牛肝	630
牛肾	333	火腿	120
大麦	139	燕麦	151
精米	126	小麦胚	423
芦笋	128	花生	145
卷心菜	46	花椰菜	78
牛奶	10	胡萝卜	10
大豆	237	蛋黄	1713

胆碱具有高稳定性，在食品加工、贮藏等过程中几乎没有损失。

二、肌醇

肌醇（inositol）是水溶性的、带有 6 个羟基的六碳环状化合物，共有 9 种同分异构体，其中只有肌型肌醇（myo-inositol）才具有生物活性。肌醇在谷物食品中常与磷酸结合形成六磷酸酯及植酸，而植酸能与钙、铁、锌结合成不溶性化合物，干扰人体对这些化合物的吸收；在动物产物中肌醇以含有肌醇的磷脂（主要是磷脂酰肌酸，PI）和游离形式存在，其中游离形式在大脑中占多数，而磷脂酰肌醇在骨骼肌、心脏、肝脏和胰腺中占多数。

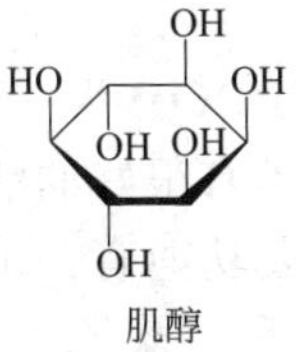

OH HO OH OH OH OH

肌醇

肌醇的主要生理功能在于其亲脂性，可促进脂肪代谢，降低血中胆固醇含量；促进机体产生卵磷脂，而卵磷脂有助于将肝脏脂肪转移给细胞，防止脂肪肝的发生；可与胆碱结合，预防动脉粥样硬化及保护心脏等。此外，肌醇在细胞膜的通透性、线粒体的收缩、精子的活动、离子的运载及神经介质的传递方面也发挥着作用。

肌醇最丰富的来源是植物的种子和动物脏器，如豆类、谷物、坚果等（表 6-16）。与牛奶（30～80mg/L）相比，人乳中含有的肌醇较丰富（初乳和成熟乳汁的肌醇含量分别为 200～500mg/L 和 100～200mg/L）。多数哺乳动物最终能从葡萄糖从头合成肌醇，如人体的肾脏被发现具有生物合成肌醇的能力，合成量大约为 4g/d。

表 6-16 部分食物中总肌醇含量

食物	肌醇含量/(mg/g)	食物	肌醇含量/(mg/g)
大米	0.15～0.30	大麦	1.42～11.5
牛肉	0.09～0.37	猪肉	0.14～0.42
鸡肉	0.30～0.39	牛肝	0.64
鸡肝	1.31	猪肝	0.17
杏仁	2.78	花生	1.33～3.04
苹果	0.10～0.24	哈密瓜	3.55
橙	3.07	胡萝卜	0.52
土豆	0.97	番茄	0.34～0.31
芹菜	0.05	蛋黄	0.34

肌醇具有很高的稳定性，耐酸碱及热处理，一般很少损失。

三、肉碱

肉碱（carnitine）的结构与胆碱类似，属于羧酸衍生物，分子结构为β-羟基-γ-三甲氨基丁酸，有左旋（L）和右旋（D）两种旋光异构体，其中只有 L-肉碱具有生物活性，D-肉碱无生物活性，而且自然界中仅存在 L-型异构体。

$$H_3C-\overset{\displaystyle CH_3}{\underset{\displaystyle CH_3}{\overset{|}{\underset{|}{N^+}}}}-CH_2-\overset{\displaystyle OH}{\overset{|}{CH}}-CH_2-COO^-$$

肉碱

肉碱在代谢上的作用主要是透过生物膜作为载体转运脂肪酸，促进脂肪酸的代谢、利用或清除；同时也可促进脂肪酸的转运，减少其对细胞的毒害作用；刺激肝内酮体生成；刺激糖原异生等。

肉碱可以由人体合成，但由于先天性或代谢性疾病、合成能力不高等原因仍有部分人群会产生肉碱缺乏，如婴幼儿所需肉碱大部分需由母乳及辅助食品供给。我国已批准 L-肉碱作为营养强化剂应用于乳粉、抗衰老食品、减肥健美食品及运动食品中。

肉碱几乎不存在于植物和植物产品中，一般以游离和酰化形式存在于动物源食品中。红色肉类和乳制品是肉碱含量特别丰富的食物来源。肉碱具有高度的稳定性，在食品加工、贮藏中很少分解损失。

四、吡咯喹啉醌

吡咯喹啉醌（pyrroloquinolone quinone，PQQ）为三环醌，含有 3 个羧酸基团，它的 C-5 羰基对亲核物质如氨基、巯基等有很好的活性，可导致加成化合物的形成。

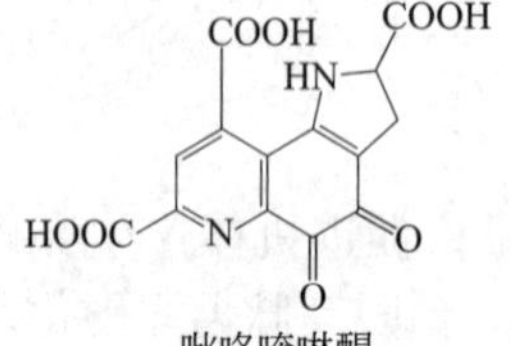

吡咯喹啉醌

吡咯喹啉醌的主要功能有：①生物体内某些氧化还原酶类如醇脱氢酶、醛脱氢酶、葡萄糖脱氢酶、聚乙二醇脱氢酶等的辅酶，参与呼吸链电子传递；②作为生长因子促进微生物和动植物的生长；③清除体内自由基，保护机体；④有效预防肝损伤等。

吡咯喹啉醌广泛存在于生物体内，如绿茶、猕猴桃、番木瓜果及纳豆等。最佳来源是纳豆，而且可由肠道细菌合成。因此，人或啮齿动物不太可能产生吡咯喹啉醌缺乏。

第五节 维生素的生物利用性

维生素的生物利用性是指维生素被肠道吸收、在代谢过程中所起的作用或在体内被利用的程度，包括吸收和利用两个方面。评价一种食物的营养是否充分，就维生素而言需考虑3个因素：①在摄入时食物中维生素的含量；②食物中所含维生素的化学结构之间的差异性；③所摄入食物中不同结构的维生素的生物利用性。

影响维生素的生物利用性的因素包括：①膳食的组成，可影响肠道停留时间、乳化特性、黏度及pH值；②不同构型的同种维生素在其吸收程度和速度、转化为代谢活性形式如辅酶的难易程度及代谢功效的大小等方面会不尽相同；③特定维生素与其他食物成分如蛋白质、淀粉、膳食纤维、脂肪等之间的相互作用将影响维生素在肠道内的吸收。

尽管人们对各种维生素的生物利用性的知识在迅速增加，然而所摄入的食物对维生素的生物利用性的复杂影响却了解得非常有限，此外加工与贮藏对维生素的生物利用性的影响也尚未完全清楚。即使对个别食品中维生素的生物利用率有了更深入的了解，从中获得的维生素的生物利用率数据也只仅限于这种食品而已，其应用价值有限。对于整个膳食体系（包括个别食品间的相互影响）中维生素的生物利用率以及人群个体间在这方面产生变动的来源是今后急需解决的问题。

下面简单介绍几种常见维生素的生物利用性。

一、维生素A

视黄醇乙酸酯和棕榈酸酯与非酯化视黄醇的吸收效率相同。一般来说，除非出现脂肪吸收障碍，类视黄醇可被有效吸收。此外，含有非吸水性的疏水物质（如某些脂肪替代物的食品）会造成维生素A的吸收障碍。

由于类胡萝卜素包埋在难消化的食品基质中或专一地结合为类胡萝卜素蛋白，许多食品中的类胡萝卜素在动物和人体中的吸收程度很低。如利用体外消化模型系统研究发现，胡萝卜中所含的β-胡萝卜素仅有1%～3%能被有效吸收，而罐藏和新鲜的番茄中能被有效吸收的番茄红素的量小于总量的1%。

影响类胡萝卜素的生物利用性的因素主要有：①采后因素，主要指食品加工和烹调；②膳食组成，主要影响类胡萝卜素的吸收及其转化（从类胡萝卜素转化成维生素A），少量膳食脂肪能提高类胡萝卜素的吸收，而植物甾醇、水溶性纤维会降低β-胡萝卜素、番茄红素和叶黄素的吸收，食品基质中不同种类的类胡萝卜素也可能影响类胡萝卜素的吸收，如β-胡萝卜素可能会阻碍角黄素和叶黄素的吸收，研究还发现膳食中存在的牛奶和添加铁元素的牛奶不会影响果汁中的类胡萝卜素的生物利用率；③消费者的生理状态，能导致肠道机能障碍的寄生虫病或其他疾病对类胡萝卜素的吸收和转化有很大影响，此外持续的腹泻、脂肪吸收障碍、维生素A缺乏、蛋白质和锌等同样会对类胡萝卜素的利用产生影响。

二、维生素C

食物中的维生素C和纯L-抗坏血酸一样，在营养剂量（15～200mg）范围内表现出生物活性，超过此剂量生物活性就开始下降。当剂量超过1000mg时生物效价下降约50%。果蔬中L-抗坏血酸的生物利用率相当高。此外，经蒸煮过的绿花菜、橘瓣和橘子汁中L-抗坏血酸的生物利用率与被人体服用的维生素-矿物质片剂中的生物利用率相同。

三、维生素E

维生素E在小肠上段通过依赖胶粒增溶作用的不饱和被动扩散作用吸收，也依赖这段小肠中的胆盐和胰液，主要的吸收部位是小肠中段。对于能正常消化和吸收脂肪的个体而言，维生素E类物质的生物利用率通常相当高。α-生育酚乙酸酯的生物利用率与α-生育酚基本一致，除非在高剂量时α-生育酚乙酸酯的酶酯解受到限制。

研究表明，乙酸酯和游离醇形式的吸收效率没有明显影响，不同种类的生育酚和生育三烯酚的吸收效率亦没有影响。天然和人工合成的 α-生育酚的生物利用率比例约为 1.36∶1。肠道对维生素 E 的吸收依赖足够的脂质吸收，这一过程需要肠腔中存在脂肪，还需要胰脂酶以降解饮食中的甘油三酯类生成脂肪酸，需要胆汁酸将胶粒与酯酶混合以水解生育酚酯。脂肪的摄入有助于维生素 E 的吸收，而亚油酸抑制其吸收；食物组分中的多聚不饱和脂肪酸尤其是鱼油能破坏维生素 E 的储存；绿茶也能干扰维生素 E 的吸收。此外，植物甾醇、水溶性脂肪也能降低生育酚的吸收。

四、叶酸

叶酸需要特定的肽酶即蝶啶聚谷氨酰水解酶水解聚谷氨酰链，然后再经载体调节的传输过程，最后在小肠中被吸收。人体摄入的单聚谷氨酰叶酸的生物利用率比多聚谷氨酰叶酸高很多，相对于单聚谷氨酰形式一般多聚谷氨酰形式的叶酸的生物利用率为 60%～80%，这可能是由于多聚谷氨酰叶酸需要水解的缘故。食物中的叶酸主要为还原的多聚谷氨酸，它们必须在 α-谷氨酰基水解酶或人体结合酶作用下被分解成单或二谷氨酸的形式才能被吸收。与合成的叶酸相比，食品中天然存在的叶酸的生物利用率平均为其 50%甚至更低。通常植物性食品中的叶酸的生物利用率不及动物性食品（表 6-17）。研究还发现，空腹摄入的叶酸的生物利用率分别为随饮食一同摄入的叶酸和作为食品成分的叶酸的生物利用率的 1.7 倍和 2 倍。

表 6-17 食物中叶酸（folates）的人体生物利用率

食物	生物利用率(报告值范围)/%	食物	生物利用率(报告值范围)/%
香蕉	0～148	菠菜	26～99
卷心菜	0～127	番茄	24～71
蛋类	35～137	小麦胚	0～64
利马豆	0～181	啤酒酵母	10～100
橙汁	29～40	大豆粉	0～83

注：结果表达为与叶酸（蝶酰基-L-谷氨酸，folic acid）的比值。

影响食物中叶酸生物利用率的因素有：①食品基质的影响，可能通过非共价键与叶酸结合；②水解多聚谷氨酰叶酸的酶类可能被许多食品如酵母、豆类等中的一些成分特异性抑制，同时也会被酸性 pH 值影响，导致聚谷氨酰叶酸至可吸收的单谷氨酰叶酸的转化进行不完全，从而降低其生物利用率；③在胃酸环境下不稳定的四氢叶酸可能发生降解。

此外，牛奶中的叶酸结合蛋白可以阻止膳食中的叶酸被肠道中的微生物吸收，从而增加叶酸在小肠中的吸收。

五、维生素 B_6

维生素 B_6 的各种形式主要通过被动扩散在空肠和回肠被吸收。在大多数日常消耗的食物中，维生素 B_6 的生物利用率为 70%～80%。席夫碱在胃酸环境下可被分解为 PL、PLP、PM 和 PMP，因而前者具有较高的生物利用率。

决定食物中维生素 B_6 的生物利用率的因素包括：①吡哆醇糖苷含量，吡哆醛-5-β-D-糖苷很少被消化，与游离吡哆醇不同，吡哆醇糖苷的生物利用率在大鼠中估计为 20%～30%，在人类中为大约 60%（个体间存在广泛的差异），在人类膳食中吡哆醇糖苷不完全的生物利用率的重要性在很大程度上取决于所摄入的总量和所选的食品种类，此外吡哆醇糖苷的存在能减少共同摄入的游离吡哆醇的利用；②肽加合物，维生素 B_6 能浓缩肽赖氨酰基和半胱氨酰基，这种产物比游离维生素的生物利用性更差，此外 PL 和 PL 5′-磷酸盐与蛋白质类或肽类产物加合物中赖氨酰残基的ε-氨基团的结合减少，不仅不能利用，还

会显示出维生素 B_6 拮抗活性。

六、维生素 B_{12}

通常维生素 B_{12} 的膳食来源有动物食品、肉类、牛奶、鸡蛋、鱼和贝壳类。存在于食物中的天然维生素 B_{12} 以辅酶的形式与蛋白质结合，通过加热、胃的酸化作用或蛋白水解特别是胃蛋白酶水解使维生素 B_{12} 从这种复合物中释放出来，因此胃壁细胞受损会减少维生素 B_{12} 的利用。

鱼肉、羊肉中维生素 B_{12} 的生物利用性分别大约为 42%、56%～89%。与其他动物性食品比较而言，蛋中维生素 B_{12} 的吸收率较低，一般小于 9%。正常人对鸡蛋中维生素 B_{12} 的吸收率与无食物存在时服用氰钴胺素相比，前者不足后者的一半。如果摄入维生素 B_{12} 的量太大（大于 2mg/d），超过使肠主动转运机制饱和的量，则其生物利用率迅速下降，因为增加维生素 B_{12} 的肠道吸收依赖扩散进行，该过程的效率低于 1%。部分研究显示果胶可降低大鼠的维生素 B_{12} 的生物利用率，但这一作用对人体的影响仍不清楚。某些海藻含有较高的维生素 B_{12}，但其生物利用率低下，故未被推荐为维生素 B_{12} 的来源。

七、生物素

在食物中生物素的主要存在形式是生物素-蛋白质通过共价键连接形成的复合物，这种形式的生物素称为生物胞素，其生物利用率与蛋白质的裂解消化和酰胺键的水解密切相关。胰液和肠黏膜中的生物素酶可将结合态的生物素转化，并释放出具有活性的游离生物素。玉米中的生物素全部可以利用，而在其他大多数谷物中只有 20%～30%可以利用，但小麦中完全没有可利用的生物素，纯化的生物素可被很好地吸收利用。

此外，长期摄入生鸡蛋或鸡蛋清蛋白会影响生物素的吸收而导致缺乏症，这是由于新鲜鸡蛋清蛋白含有能结合生物素的蛋白质——抗生物素蛋白，它可强烈结合生物素而几乎完全抑制生物素的吸收，故长期摄入生鸡蛋和鸡蛋清蛋白会减弱生物素的吸收并导致缺乏症。但抗生物素蛋白遇热易变性，失去与生物素结合的能力，因此鸡蛋烹调时抗生物素蛋白活性受到破坏。

第六节　维生素在食品加工和贮藏中的变化

在食品的加工和贮藏过程中，所有食物都不可避免地在某种程度上遭受维生素的损失。维生素的部分损失在营养学上的意义取决于所需维生素的个体的营养状况、以该维生素为来源的特定食品的重要性以及维生素的生物利用率。因此，在食品加工和贮藏过程中必须保持营养素的最小损失和食品安全，同时还需考虑加工前的各种条件对食品中营养素含量的影响，如成熟度、生长环境、土壤状况、肥料的使用、水的供给、气候变化、光照时间和强度以及采后或宰杀后的处理等多种因素。

一、食品原料的影响

1. 采前（宰杀前）食品中维生素含量的变化

果树中维生素的含量随成熟期、品种、生长地域、农田耕作方式以及气候等的变化显示出较大差异，其中农田耕作的方式包括肥料的类型、用量以及灌溉的方式等。在果蔬的成熟过程中，维生素的含量由其合成与降解速度决定，如番茄中抗坏血酸在成熟前期含量最高（表 6-18），而辣椒在成熟期时维生素 C 含量最高。有研究表明，类胡萝卜素的含量随品种差异急剧变化，而成熟度对其含量无显著影响。

表 6-18 成熟度对番茄中抗坏血酸含量的影响

花开后周数	个体平均质量/g	颜色	抗坏血酸含量/(mg/kg)	花开后周数	个体平均质量/g	颜色	抗坏血酸含量/(mg/kg)
2	33.4	绿	10.7	5	146	红-黄	20.7
3	57.2	绿	7.6	6	160	红	14.6
4	102	绿-黄	10.9	7	168	红	10.1

2. 采后（宰杀后）食品中维生素含量的变化

食品从采收或屠宰到加工这段时间里，食品中保留的一些酶能使维生素含量发生明显变化。细胞受损后，原来分隔开来的氧化酶和水解酶会从细胞中释放出来，引起维生素的分布形式及活性的变化。如维生素 B_6、硫胺素与黄素辅酶的脱磷，糖苷的脱糖以及聚谷氨酰叶酸的解聚，都会引起其中所含维生素在收获或屠宰前后期间的分布和天然存在的状态发生改变，其变化程度与收获或屠宰过程中食品受到的物理损伤、温度高低和时间长短等因素有关。一般而言，在此过程中维生素的总含量变化不大，主要是维生素的生物利用率的变化。在常温下由于长时间贮藏和运输引起的植物制品处理不当是造成不稳定维生素损失的主要原因，而采后植物组织的继续代谢是造成某些维生素总量及化学形式分布变化的原因。

二、食品加工前的预处理

植物组织经去皮和修整处理均可造成维生素的损失，其损失的范围是维生素浓集在废弃的茎、外皮和去皮部分。据研究，苹果皮中抗坏血酸的含量较果肉高，凤梨心比食用部分含有更多的维生素 C，其他食物也存在类似营养素含量的部位差异，因此在去皮或修整这些果树以及摘去菠菜、花椰菜、绿豆芽、芦笋等蔬菜的部分茎、梗和侧梗时会造成部分营养素的损失。此外，为增强去皮效果而采用的碱处理方法可造成一些处于表面的不稳定维生素（如叶酸、抗坏血酸及硫胺素）的额外损失。

动植物产品经切割或其他处理损伤的组织在遇到水或水溶液时会由于浸出造成水溶性维生素的损失，损失程度取决于影响维生素扩散和溶解度的因素，如 pH 值、温度、抽提液的离子强度、食品颗粒的比表面积等。影响浸出的维生素破坏的抽提液性质包括溶解氧浓度、离子强度、具有催化活性的微量金属元素的种类与浓度、破坏性或保护性成分的存在与否等。

此外，谷类加工中涉及除去糠麸和胚芽而进行的碾磨和分级过程，由于许多维生素集中在胚芽和糠麸中，也会造成维生素的损失，其损失程度依种子内的胚乳与胚芽同种子外皮分离的难易程度而异，难分离的研磨时间长，损失率高，反之则损失率低。

三、热加工处理的影响

热烫是果蔬加工的一项必不可少的工序，其主要目的是使可能带来不利影响的酶失活、降低微生物附着、减少组织中的气体等。热烫通常采用蒸汽、热水、热空气或微波处理，其方法的选择一般根据食品的种类和后续加工操作而定。在此过程中维生素的损失主要是由于氧化、浸出及高温。一般来说，在热水溶液中热烫能导致水溶性维生素由于浸出而大量损失。

采用微波加热食品，由于升温快，食品没有水分流失，所以食品中的维生素在此类加工中损失最小。而采用蒸汽热处理则会造成更大的损失，但比一般的烫漂处理损失低（表 6-19）。

表 6-19 不同热处理方式对花椰菜中维生素 C 含量的影响　　单位：mg/kg

热处理方式	还原型	脱氢型	总含量
原料	940	42	982
水烫漂	453	57	510
蒸汽烫漂	488	74	562

四、发酵与发芽的影响

一般认为食品通过发酵处理可以提高营养价值，改善其感官品质。但单对维生素而言，其营养价值可能随发酵处理流失。如牛乳经过乳酸发酵后，除烟酸外其他各种B族维生素含量较原料乳都有不同程度的降低（表6-20）。又如在采用大豆发酵处理生产豆豉时，豆豉中硫胺素含量较原料大豆有所损失，而烟酸和核黄素的含量却增加，因此认为在整体上其营养价值有所提高。

表6-20　牛乳和原味酸乳中维生素含量的变化

维生素	牛乳	原味酸乳	变化/%
维生素A/(IU/100g)	156	69	−56
维生素C/(mg/L)	21.1	6.2	−71
维生素B_1/(mg/L)	0.44	0.37	−16
维生素B_2/(mg/L)	1.75	1.40	−20
维生素B_{12}/(mg/L)	0.0043	0.0012	−72
烟酸/(mg/L)	0.94	1.3	+38
生物素/(mg/L)	0.031	0.012	−61

催芽是一种简单且经济的提高食物营养价值的方法。许多研究表明，与种子相比，其芽中含有更高的营养素含量、更低的抗营养因子水平。研究表明，在大豆的整个发芽期间，其所含的β-胡萝卜素在第八天达到最大含量，随后保持稳定；而维生素C的含量则在第五天达到最大，然后开始降低。总体来说，发芽可以提高大豆、绿豆等物质的营养价值（表6-21）。

表6-21　大豆和绿豆发芽后维生素含量的变化　　单位：mg/kg（以干质计）

食品	胡萝卜素	维生素B_1	维生素B_2	维生素C	烟酸
大豆	4.4	8.8	2.8	0	2.3
黄豆芽	1.3	7.4	4.8	174	34.8
绿豆	2.4	5.8	1.8	0	20
绿豆芽	2.4	10	3.3	272	36.4

五、辐照的影响

致电离辐射在食品加工和贮藏中的主要作用有杀灭食品中的致病菌、蔬菜和水果中的病虫防治，通过延缓成熟延长产品的保质期、抑制发芽、减少或杀灭寄生微生物等。辐照技术的最主要的优势就在于基本不改变食物的组成成分，研究发现食物中的蛋白质、糖类化合物和脂肪等大量营养素即使在辐射剂量上升到10kGy时仍然表现出相当高的稳定性。一般来说，水溶性维生素基本对所有的食品加工处理方法都很敏感，脂溶性维生素则特别容易被辐照处理破坏，其中生育酚对杀菌剂量（1～10kGy）的辐照很敏感。不同种类维生素对辐照加工的敏感程度见表6-22。

表6-22　食品维生素对辐照加工的不同敏感程度

低敏感	高敏感	中等敏感
叶酸	维生素A(视黄醇)	β-胡萝卜素
泛酸	维生素B_1(硫胺素)	维生素K(在肉中)
维生素B_2(核黄素)	维生素C(抗坏血酸和脱氢抗坏血酸)	
维生素B_6(吡哆醇)	维生素E(α-生育酚)	
生物素		
维生素B_{12}(钴胺素)		
维生素D		
维生素K(在蔬菜中)		

经过电离辐射处理的蔬菜所含的叶酸基本不损失，而传统的加工和烹调则可破坏将近 50%的总叶酸。维生素 C 是对辐射最敏感的维生素之一，研究发现当辐射剂量在 300Gy 时对园艺作物中的 L-抗坏血酸和 L-脱氢抗坏血酸的含量没有显著影响，辐射剂量为 75～100Gy 时能抑制马铃薯的发芽且与温度无关。为了控制马铃薯的发芽而采用辐照处理的研究结果表明，经辐射处理并储存在 15℃的马铃薯中维生素 C 的损失比未经辐照处理并储存在 2～4℃的马铃薯低。一般而言，采用 2～3kGy 剂量范围的辐照处理并与制冷结合，对延长草莓货架期效果较好。在贮藏中，辐射草莓的总 L-抗坏血酸（TAA）含量随保藏时间延长显著增加，而 L-脱氢抗坏血酸（DHA）含量则慢慢减小（表 6-23）。

表 6-23　辐射剂量和储存时间对草莓中 TAA 和 DHA 含量的影响　单位：mg/100g 湿基

保藏时间/d	辐射剂量 0		辐射剂量 1kGy		辐射剂量 2kGy		辐射剂量 3kGy	
	TAA	DHA	TAA	DHA	TAA	DHA	TAA	DHA
0	68.7	1.4	60.9	3.9	57.2	9.2	59.9	12.2
5	70.9	2.7	63.3	2.7	67.4	4.7	60.9	7.9
10	78.9	6.3	77.1	7.9	77.4	2.8	61.0	2.9

注：TAA 指总 L-抗坏血酸，DHA 指 L-脱氢抗坏血酸。

六、食品添加剂的影响

由于食品加工和贮藏的需要，常常向食品中添加一些化学物质，其中有的可能引起维生素损失。例如，为了防止葡萄酒中微生物的生长以及抑制干燥食品中的酶促反应，使用亚硫酸盐和其他亚硫酸制剂如二氧化硫、亚硫酸氢盐、偏亚硫酸氢盐等可以保护抗坏血酸不被破坏，但对其他某些维生素则可能产生不利影响。亚硫酸根可直接作用于硫胺素，使其失去活性；亚硫酸盐可以使维生素 B_6 醛如吡哆醛和吡哆醛磷酸盐转化为无生理活性的磺酸盐衍生物。

在腌肉制品中，亚硝酸盐可以作为护色剂和防腐剂。食品中天然存在的或人为添加的亚硝酸盐能与维生素 C 迅速反应，同时还能破坏类胡萝卜素、硫胺素和叶酸等。

本章总结

○ **维生素分类：**

维生素分为脂溶性维生素（A、D、E、K）和水溶性维生素（C和B族维生素），它们的溶解性质和生物利用率有所不同。

○ **维生素的生理功能：**

① 作为辅酶或辅酶前体。

② 抗氧化保护体系的组分。

③ 基因调控因素。

④ 具有特定的生理功能。

○ **维生素的来源：**

大部分维生素需要通过饮食摄入，均衡饮食可以满足人体对维生素的需求。维生素 A 和 E 等可以通过人工合成获得。

○ **维生素的稳定性：**

脂溶性维生素在食品加工过程中相对稳定，而水溶性维生素稳定性较差，容易受到热、光、氧等因素的影响而降解。

○ **维生素类似物：**

除了传统维生素，还有一些化合物如胆碱、肌醇、肉碱等，它们具有类似维生素的生理活性，对人体健康同样重要。

○ **维生素在食品加工和贮藏中的变化：**

食品加工和贮藏过程中，维生素可能会因物理化学变化而损失，如热加工处理、发酵与发芽、辐照以及食品添加剂的使用都可能影响维生素的保存。

○ **维生素的生物利用率：**

维生素的生物利用率受多种因素影响，包括食物的组成、加工方法、个体的生理状态等。了解这些因素有助于更好地利用食物中的维生素。

参考文献

[1] Damodaran S，Parkin L K. Fennema's Food Chemistry. 5th ed. Leiden：CRC Press，2017.

[2] Melton L，Shahidi F，Varelis P. Encyclopedia of Food Chemistry. Amsterdam：Elsevier，2019.

[3] 李红，张华．食品化学．北京：中国纺织出版社，2022.

[4] 江波，杨瑞金．食品化学．北京：中国轻工业出版社，2018.

[5] 李云捷，黄升谋．食品营养学．成都：西南交通大学出版社，2018.

[6] 黄泽元，迟玉杰．食品化学．北京：中国轻工业出版社，2017.

[7] 丁芳林．食品化学．武汉：华中科技大学出版社，2010.

[8] 段昊，松伟，王峰，等．类胡萝卜素类原料在缓解视觉疲劳保健食品中的应用研究进展．食品科学，2024，45（6）：317-325.

[9] Malheiro A P G，Gianfrancesco L，Nogueira R J N，et al. Association between serum vitamin D levels and asthma severity and control in children and adolescents. Lung，2023，201（2）：181-187.

[10] Bowman C A，Bichoupan K，Posner S，et al. A prospective open-label dose-response study to correct vitamin D deficiency in cirrhosis. Digestive Diseases and Sciences，2024，69（3）：1015-1024.

[11] Khallouki F，Hajji L，Saber S，et al. An Update on tamoxifen and the chemo-preventive potential of vitamin E in breast cancer management. Journal of Personalized Medicine，2023，13（5）：754.

[12] Zheng L，Cheng Z，Ai C，et al. Nicotianamine，a novel enhancer of rice iron bioavailability to humans. PLoS ONE，2017，5（4）：e10190.

[13] Ceribeli C，Otte J，Cardoso D R，et al. Kinetics of vitamin B_{12} thermal degradation in cow's milk. Journal of Food Engineering，2023，357：111633.

[14] Ali M A，Hafez H A，Kamel M A，et al. Dietary vitamin B complex：orchestration in human nutrition throughout life with sex differences. Nutrients，2022，14（19）：3940.

[15] Ikram A，Rasheed A，Ahmad Khan A，et al. Exploring the health benefits and utility of carrots and carrot pomace：a systematic review. International Journal of Food Properties，2024，27（1）：180-193.

[16] Granado-Lorencio F，Herrero-Barbudo C，Blanco-Navarro I，et al. Bioavailability of carotenoids and α-tocopherol from fruit juices in the presence of absorption modifiers：*in vitro* and *in vivo* assessment. British Journal of Nutrition，2008，101（4）：576-582.

[17] Reissig G N，Oliveira T F de C，Bragança G C M，et al. Fermented vegetables and fruits as vitamin B_{12} sources：an overview. International Food Research Journal，2023，30（5）：1093-1104.

[18] Iyer R，Tomar S K. Folate：a functional food constituent. Journal of Food Science，2009，74（9）：R114-R122.

[19] Gharibzahedi S M T，Moghadam M，Amft J，et al. Recent advances in dietary sources，health benefits，emerging encapsulation methods，food fortification，and new sensor-based monitoring of vitamin B_{12}：a critical review. Molecules，2023，28（22）：7469.

[20] Abouelenein D，Mustafa A M，Nzekoue F K，et al. The impact of plasma activated water treatment on the phenolic profile，vitamins content，antioxidant and enzymatic activities of rocket-salad leaves. Antioxidants，2022，12（1）：28.

［21］ Xie Z，Fan J，Charles M T，et al. Preharvest ultraviolet-C irradiation：Influence on physicochemical parameters associated with strawberry fruit quality. Plant Physiology and Biochemistry，2016，108：337-343.

思考与练习

二维码 6-3

1. 脂溶性维生素与水溶性维生素有何区别？
2. 从人对维生素需求的角度分析，人多晒太阳有哪些好处？
3. 简述维生素 E 的稳定性及在食品工业中的作用。
4. 影响维生素 C 降解的因素有哪些？维生素 C 在食品工业中的作用有哪些？
5. 为什么牛奶不宜存放在透明的容器中？
6. 食品工业中使用的 SO_2 对加工食品的营养价值有哪些影响？
7. 比较水溶性维生素的稳定性大小情况，并说明少量的亚硫酸盐为什么可以保护贮藏果汁中的维生素 C。
8. 为什么粗粮比细粮营养价值高？
9. 维生素吸收利用的影响因素有哪些？有哪些方法可以提高维生素的生物利用率？
10. 维生素在食品加工和贮藏中会发生哪些变化？

附表 6-1 脂溶性和水溶性维生素的 RNI 或 AI

年龄/岁	维生素 A RNI /μgRE	维生素 D RNI /μg	维生素 E AI /mg α-TE	维生素 B_1 RNI /mg	维生素 B_2 RNI /mg	维生素 B_6 AI /mg	维生素 B_{12} AI /μg	维生素 C RNI /mg	泛酸 AI /mg	叶酸 RNI /μg DFE	烟酸 RNI /mg NE	胆碱 AI /mg	生物素 AI /μg
0～	400(AI)	10	3	0.2(AI)	0.4(AI)	0.1	0.4	40	1.7	65(AI)	2(AI)	100	5
0.5～	400(AI)	10	3	0.3(AI)	0.5(AI)	0.3	0.5	50	1.8	80(AI)	3(AI)	150	6
1～	500	10	4	0.6	0.6	0.5	0.9	60	2.0	150	6	200	8
4～	600	10	5	0.7	0.7	0.6	1.2	70	3.0	200	7	250	12
7～	700	10	7	0.9	1.0	0.7	1.2	80	4.0	200	9	300	16
11～	700	5	10	1.2	1.2	0.9	1.8	90	5.0	300	12	350	20
	男 女			男 女	男 女						男 女		
14～	800 700	5	14	1.5 1.2	1.5 1.2	1.1	2.4	100	5.0	100	15 12	450	25
18～	800 700	5	14	1.4 1.3	1.4 1.2	1.2	2.4	100	5.0	400	14 13	500	30
50～	800 700	10	14	1.3	1.4	1.5	2.4	100	5.0	400	13	500	30
孕妇					1.7								
早期	800	5	14	1.5	1.7	1.9	2.6	100	6.0	600	15	500	30
中期	900	10	14	1.5	1.7	1.9	2.6	130	6.0	600	15	500	30
晚期	900	10	14	1.5	1.7	1.9	2.6	130	6.0	600	15	500	30
乳母	1200	10	14	1.8	1.7	1.9	2.8	130	7.0	500	18	500	35

注：1. RNI(recommended nutrient intake)：推荐摄入量。AI(adequate intake)：适当摄入量。α-TE：α-生育酚当量。DFE：膳食烟酸当量。NE：烟酸当量。

2. 凡表中数据缺如之处表示未制定该参考值。

数据来源于中国营养学会网站（www. cnsoc. org）。

附表 6-2　某些维生素的 UL

年龄/岁	维生素 A /μgRE	维生素 D /μg	维生素 B_1 /mg	维生素 C /mg	叶酸 /μgDFE	烟酸 /mgNE	胆碱 /mg
0～				400			600
0.5～				500			800
1～			50	600	300	10	1000
4～	2000	20	50	700	400	15	1500
7～	2000	20	50	800	400	20	2000
11～	2000	20	50	900	600	30	2500
14～	2000	20	50	1000	800	30	3000
18～	3000	20	20	1000	1000	35	3500
50～	3000	20	50	1000	1000	35	3500
孕妇	2400	20		1000	1000		3500
乳母		20		1000	1000		3500

注：1. UL(tolerable upper intake lever)：可耐受最高摄入量。DEP：膳食叶酸当量。NE：烟酸当量。

2. 凡表中数据缺如之处表示未制定该参考值。

数据来源于中国营养学会网站（www.cnsoc.org）。

第七章　矿物质

兴趣引导

视频 7-1
知识点讲解

矿物质在食品中扮演着一种神秘而又关键的角色，它们虽然在食物中所占比例微乎其微，却对人体健康产生着深远的影响。想象一下，微量的铁元素如何在我们的血液中运输氧气，或者钙如何在我们的骨骼中建立坚固的基础，这些看似微小的矿物质却默默地支撑着我们的生命活动。通过探索矿物质在食品中的存在形式、作用机制以及与健康之间的关系，有助于我们更好地选择食物，为食品工业的研发和创新提供有益的参考。

二维码 7-1

○ 人体为什么需要不同种类的矿物质？

○ 不同矿物质在食品中的存在形式有哪些差异？

为什么学习本章内容?

常见的常量元素和微量元素对人体健康的具体作用是什么？食品在加工、贮藏时会如何影响矿物质的保存和吸收？不同年龄段人群对矿物质的需求有何不同？如何通过饮食来获得足够的矿物质而避免缺乏或过量摄入的问题？

学习目标

- ○ 熟知矿物质的种类、来源、吸收利用的基本性质及它们在机体中的作用。
- ○ 掌握矿物质在食品加工、贮藏中的作用和变化以及对机体吸收利用产生的影响。
- ○ 了解矿物质的营养强化。

第一节　概述

组成食品的元素中，除C、H、O、N以外，其他大多数或者以无机态或有机盐类的形式存在，或者与有机物质结合而存在（如酶中的金属元素等），习惯上把它们统称为矿物质元素，简称矿物质(minerals)。自然界中有约90种化学元素，食物在其生产过程中通过对自然界化学元素的吸收、富集，含60多种矿物质元素。矿物质在人体内不能合成，只能从食物中获取。

一、矿物质的分类

1. 根据人体对矿物质的需求量分类

根据人体对矿物质的需求量可将矿物质分为以下3类。

① 常量元素（main elements）。又称宏量元素，人体每日需求量大于50mg，在人类机体中的含量水平大于0.01%。主要有钾（K）、钠（Na）、钙（Ca）、镁（Mg）、磷（P）、硫（S）和氯（Cl）7种。

② 微量元素（trace elements）。人体每日需求量小于50mg，在人类机体中的含量水平小于0.01%。主要有铁（Fe）、氟（F）、碘（I）、锌（Zn）、硒（Se）、铜（Cu）、锰（Mn）、铬（Cr）、钼(Mo)、钴（Co）和镍（Ni）11种。

③ 超微量元素（ultra-trace elements）。包括铝（Al）、砷（As）、钡（Ba）、铋（Bi）、硼（B）、溴(Br)、镉（Cd）、铯（Cs）、锗（Ge）、汞（Hg）、锂（Li）、铅（Pb）、铷（Rb）、锑（Sb）、硅（Si）、钐（Sm）、锡（Sn）、锶（Sr）、铊（Tl）、钛（Ti）、钨（W）等。

2. 从食物与营养的角度分类

从食物与营养的角度，一般又可将矿物质元素分为必需元素和非必需元素。所谓必需元素，就是指某种元素在所有的健康组织中都存在，并且含量比较恒定，缺乏时发生组织上和生理上的异常，在补给该元素后可以恢复正常，或者可以防止这种异常发生。食品中存在多种含量不等的矿物元素，其中约有25种矿物元素是构成人体组织、维持正常生理功能和生化代谢所必需的。目前认为维持正常人体生命活动必不可少的必需微量元素有8种，包括碘、铜、铁、锌、硒、钼、钴和铬；人体可能必需的元素有5种，包括锰、硅、硼、钒和镍。其他某些元素虽然在机体内存在，但由于至今仍未发现它们有任何生理功能，也未发现当体内缺乏时会导致某些疾病，因此认为它们不是机体所必需的元素，称为非必需微量元素。

二、 矿物质的功能

矿物质在体内的作用主要有以下几方面。

(1) 构成生物体的重要组成成分 在人体中，矿物质主要存在于骨骼中，99%的钙和大量的镁、磷就存在于骨骼中或牙齿中。此外，细胞中普遍含有钾和钠，磷和硫还是蛋白质的组成元素。

(2) 维持机体的渗透压 溶液的渗透压取决于所含溶质的浓度。电解质盐类易于电离，因此在相同浓度条件下使渗透压增高的程度较非电解质（如糖类）高。

机体体液的渗透压平衡由其中所含的无机盐（主要是氯化钠）和蛋白质共同维持，其中无机盐起主要作用。当向体内输入与血液等渗的盐溶液时，水分在血液及组织液中的分布取决于血浆中蛋白质的浓度。

(3) 维持机体的酸碱平衡 人和动物体内 pH 值的恒定是由两类缓冲体系共同维持：一类是无机缓冲体系，即钾和钠的酸性磷酸盐和磷酸盐；另一类是由蛋白质和氨基酸构成的有机缓冲体系。

(4) 保持肌肉及神经的兴奋性 K^+、Na^+、Ca^{2+}和 Mg^{2+} 等以一定的比例存在对维持肌肉和神经组织的兴奋性、细胞膜的通透性具有重要作用。

(5) 参与体内生物化学反应 许多离子直接或间接参与体内生物化学反应，如体内的磷酸化作用需要磷酸参与。此外，有些元素是酶的主要成分或活化因子，如酚氧化酶中含有铜、过氧化氢酶中含有铁等，唾液淀粉酶的活化则需要氯的参与等。

(6) 对食品感官品质的作用 矿物质对改善食品的感官品质也具有重要作用。如 Ca^{2+} 对一些凝胶的形成和食品质地的硬化等具有明显的作用；磷酸盐添加剂在食品中起着酸化、抗结块、膨松、乳化、持水等功能作用，也能显著影响食品的感官品质。

第二节 食品中矿物质的基本性质

矿物质元素以多种不同形式存在于食品中，为了充分合理地利用食品中的矿物质，必须了解食品中矿物质的一些基本性质、存在状态、在食品加工和贮藏中的变化及生物利用率等知识。下面简单介绍食品中矿物质的一些基本物理化学性质。

一、 矿物质的溶解性

机体中营养元素的代谢都是在介质水中进行的，因此矿物质的生物利用率和活性在很大程度上取决于它们在水中的溶解性。除分子氧和氮外，所有元素的元素形式在生命系统中都没有生理活性，这是由于它们不溶于水，不能与有机体或生物分子发生相互作用。

物质元素的溶解性主要与它们的存在形式有关。仅以+2 价氧化态存在的镁、钙及钡等，其卤化物都是可溶性的，但它们的氢氧化物及盐（包括磷酸盐、植酸盐、碳酸盐等）都极难溶解，从而影响其生物利用率。另外，生命体中的诸如有机酸、蛋白质、氨基酸、核酸、肽和糖等有机物能与矿物质形成不同类型的配合物或螯合物，有利于矿物质的溶解、吸收和利用。如草酸钙是难溶的，而氨基酸钙配合物的溶解性较草酸钙高很多，在生产中为了防止无机微量元素形成不溶性无机盐形式，常使微量元素与氨基酸形成螯合物，使其分子内电荷趋于中性，以提高其吸收利用率。

二、矿物质的酸碱性

酸和碱可以通过改变食品的 pH 值影响食品中其他组分的功能性质和稳定性。任何矿物质都有阳离子和阴离子，但从营养学的角度看，只有氟化物、碘化物和磷酸盐的阴离子才是重要的。水中的氟化物成分比食品中更常见，其摄入量极大地依赖于地理位置。碘以碘化物（I^-）或碘酸盐（IO_3^-）的形式存在。磷酸盐以多种不同的形式存在，如磷酸盐（PO_4^{3-}）、磷酸氢盐（HPO_4^{2-}）、磷酸二氢盐（$H_2PO_4^-$）或磷酸（H_3PO_4），它们的电离常数分别为：$k_1=7.5\times10^{-3}$，$k_2=6.2\times10^{-8}$，$k_3=1.0\times10^{-12}$。各种微量元素参与的复杂生物过程可以利用 Lewis 酸碱理论解释，不同价态的同一元素可以通过形成各种复杂物参与不同的生化过程，因而显示不同的营养价值。

三、矿物质的氧化还原性

微量元素常具有不同的价态，它们在一定条件下可以相互转化，并可形成各种各样营养性、稳定性及安全性各异的配合物。同种元素处于不同价态时，其营养性和安全性却出现较大的变动。如 2 价的铁离子很容易被人体吸收利用，而 3 价的铁离子却很难被利用；3 价的铬离子是人体必需的营养元素，在一定量的范围内尚无确凿证据证明其能引起中毒，而 6 价的铬离子却是有毒致癌元素，口服重铬酸钾致死量约为 6～8g，人体偶然吸入极限量的 6 价铬酸或 6 价铬盐后可引起肝、肾、血液及神经系统广泛的病变甚至死亡。

与食品中其他重要的无机负离子如磷酸盐、硫酸盐和碘酸盐相比，碘化物和碘酸盐是比较强的氧化剂。一些金属元素具有多种氧化态，如锰、锡和铝等，这些金属元素中许多都能形成两性离子，既可作为氧化剂，又可作为还原剂，微量元素的这种价态变化和相互转化的平衡反应都将影响器官和组织中的环境特性，如 pH 值、配位体组成、电效应等，继而影响其生理功能。

四、矿物质的浓度与活度

离子或化合物在生化反应中的反应活性取决于活度而非浓度。离子活度定义为：

$$a_i=f_ic_i$$

式中，a_i 为 i 离子活度；f_i 为 i 离子的活度系数；c_i 为 i 离子浓度。

由上式可知，离子活度随离子浓度的提高而增加。在离子强度很低时，f_i 接近于 1，活度等于浓度。实际情况下，由于食品体系较为复杂，无法准确测定 f_i，一般不恰当地将离子的活度系数假定为 1，在此情况下可通过考察食品中的离子浓度来评价其作用。

五、矿物质的螯合效应

食品中许多金属离子可以与不同的配位体结合，形成相应的配位化合物或螯合物，如对人体有重要作用的维生素 B_{12} 就是一种 Co 的配合物、叶绿素是镁的配合物等。

金属离子的螯合效应与螯合物的稳定性受其本身结构和环境因素影响，一般有如下几个因素。

① 环的大小。五元不饱和环和六元饱和环比更大或更小的环更稳定。

② 环的数目。螯合物中环的数目越多，螯合物越稳定。

③ Lewis 碱的强度。Lewis 碱的强度越大，形成的螯合物越稳定。

④ 配位体的电荷。带电的配位体比不带电的配位体形成的螯合物更稳定，如柠檬酸盐形成的螯合物比柠檬酸形成的螯合物更稳定。

⑤ 原子供体的化学环境。金属-配位体键相对强度的顺序如下。氧作为供体：$H_2O>ROH>R_2O$。氮作为供体：$H_3N>RNH_2>R_2NH>R_3N$。硫作为供体：$R_2S>RSH>H_2S$。

⑥ 在螯合物环中的共振。共振提高稳定性。

⑦ 立体位阻。大的配位体倾向于形成不稳定的螯合物。

食品体系中金属元素所处的配合物状态对其营养和功能有重要的作用，因为不仅可以提高矿物质的生物有效性，如葡萄糖耐受因子（GTF，是具有生物活性结构的铬，为3价铬的一种有机络合物形式）在葡萄糖耐量生物检测中比Cr^{3+}的效能高50倍，而且可以发挥一些其他重要作用，如向食品中加入某些有机成分作为螯合剂螯合铜、铁离子可防止它们的助氧化作用。大多数由金属离子和食品分子形成的络合物都是螯合物。

六、食品中矿物质的利用率

测定特定食品或膳食中某一种矿物元素的总量仅能提供有限的营养价值，而测定为人体所利用的食品中这些矿物元素的含量往往具有更重要的现实意义。

矿物质的生物利用率与很多因素有关，主要有以下几方面。

① 矿物质在水中的溶解度和存在状态。一般矿物质的水溶性越好，越有利于机体对其的吸收利用。矿物质的存在形式也能显著影响其吸收利用率，如L-乳酸钙的吸收率远高于磷酸钙，也高于碳酸钙和柠檬酸钙/苹果酸钙。

② 螯合效应。金属离子可与不同的配位体形成相应的配合物或螯合物，形成螯合物的能力与其本身的特性有关。食品体系中形成的螯合物不仅可以提高或降低矿物质的吸收利用率，还可以发挥一些其他作用，如防止铜、铁离子的助氧化作用。

③ 矿物质之间的相互作用。机体对矿物质的吸收有时会发生拮抗作用，如铁的吸收过多会影响锌、锰等矿物元素的吸收，这可能与它们竞争载体有关系。

④ 其他营养元素的影响。蛋白质、维生素、脂肪等的摄入会影响机体对矿物质的吸收利用，如维生素C的摄入水平与铁的吸收利用有关，蛋白质摄入量不足会造成钙的吸收水平下降，而脂肪摄入过度则会影响钙的吸收。

⑤ 食品的营养组成。食品的营养组成也可能影响人体对矿物质的吸收。如肉类食品中矿物质的吸收率较高，而谷物中则相对较低；食物中含有过多的植酸盐、草酸盐、磷酸盐等，会降低人体对矿物质的生物利用率。

⑥ 人体的生理状态。人体对矿物质的吸收具有调节能力，以维持机体环境的相对稳定。如在食品中缺乏某种矿物质时，其吸收率就会提高；而当食品中供应充足时，吸收率就会下降。此外，机体的状态，如年龄、个体差异、疾病等因素，均会造成机体对矿物质利用率的变化，如儿童随年龄的增长对铁的吸收减少、妇女对铁的吸收比男人高等。

七、成酸与成碱食物

成酸与成碱食物是以100g食物灼烧后所得的灰分中和时所需0.1mol/L氢氧化钠或0.1mol/L盐酸的毫升数表示。含有非金属元素如磷、硫、氯较多的食物，在体内氧化后生成带阴离子的酸根，如PO_4^{3-}、SO_4^{2-}、Cl^-等，需要碱性物质中和，在生理上称为成酸食物，如肉类、鱼类、禽、蛋以及粮谷类等；含有金属元素钾、钠、钙、镁较多的食物，在体内被氧化成带阳离子的碱性氧化物，在生理上称为成碱食物，如大多数水果、蔬菜等。各种成酸食物酸度的大小依次为：鸡＞猪肉＞牛肉＞鱼肉＞蛋＞糙米＞大麦＞蚕豆＞面粉；各种成碱食物碱度的大小依次为：海带＞黄豆＞甘薯＞土豆＞萝卜＞柑橘＞番茄＞苹果。

人体体液的pH值为7.3～7.4，正常状态下人体自身可通过各种调节作用维持体液的pH值在恒定的范围内，这一过程又称为人体内的酸碱平衡。成酸食物和成碱食物搭配不当可以影响机体的酸碱平衡及尿液酸度，如摄入过多酸性食物会导致血液的pH值下降，引起机体酸中毒及骨脱钙现象。因此，健康饮食中的成酸、成碱食物最好保持一定的比例，保持生理上的酸碱平衡，防止酸中毒，同时也有利于食品中各种营养成分的充分利用，以达到提高食品营养价值的功效。我国居民的膳食习惯是以各类主食为主，故应补充水果、蔬菜等碱性食物。

检查与拓展

什么是矿物质的螯合效应？它对矿物质的生物利用率有什么影响？

二维码 7-2

第三节 常见矿物质元素

一、常见的常量元素

1. 钾

钾（potassium，K），原子序数 19，为碱金属成员，熔点 63.25℃，沸点 760℃。正常人体中的含量约为 175g，其中 98%储存于细胞液中，是细胞内的主要阳离子。肌肉、肝、血液、骨骼中的钾含量分别为 16000mg/kg、16000mg/kg、1620mg/dm^3、2100mg/kg。

钾的主要生理功能有：维持细胞内正常的渗透压；激活水解酶及糖解酶，维持蛋白质、糖类化合物的正常代谢；维持细胞内外正常的酸碱平衡和电离平衡；维持心肌的正常功能及降血压等。

钾广泛存在于各种食物中，人体中钾的主要来源是水果和蔬菜等植物性食品，面包、油脂、酒、马铃薯和糖浆中也含有较丰富的钾。大量饮用咖啡的人群、经常酗酒及喜欢吃甜食的人群、血糖低及长时间节食的人群需要补充钾。常见食物中的钾含量见表 7-1。

表 7-1 常见食物中的钾含量 单位：mg/100g 可食部分

食物名称	含量	食物名称	含量	食物名称	含量
牛奶	157	猪肉(瘦)	397	扁豆(干)	837
人奶	53	牛肉(瘦)	342	胡萝卜	321
鸡蛋黄	138	小麦(粒)	381	苹果	122
鸡蛋白	154	蘑菇	390	橙	165
猪肝	363	马铃薯	418	葡萄干(黑)	310

2. 钠

钠（sodium，Na），原子序数 11 为碱金属成员，熔点 98℃，沸点 883℃。在体液中以盐的形式存在，人体中的含量为 1.4g/kg。肝、肌肉、血液、骨骼中的钠含量分别为 2000～4000mg/kg、2600～7800mg/kg、1970mg/dm^3、2100mg/kg。

钠的主要生理功能有：与钾共同维持人体体液的酸碱平衡；调节细胞兴奋性和维持正常的心肌运动；参与水的代谢，保证机体内水的平衡；钠和氯是胃液的组成部分，与消化机能有关，也是胰液、胆汁、汗和泪水的组成成分等。

除调味用盐外，钠以不同含量存在于各种食物中。一般而言，蛋白质食物中的钠含量较蔬菜和谷物中多，水果中含量很少。食物中钠的主要来源有鸡蛋、猪肾、鱼类、胡萝卜、大头菜、虾、番茄酱、酱油及香肠等。钠摄入过多、过少都会引起代谢的严重失调。人一般很少出现钠缺乏症，但在特殊情况，如食用不加盐的严格素食或长期出汗过多、腹泻及呕吐等情况下，人体将出现钠缺乏症；当钠摄入过多时会引起高血压。为了减少钠的摄入，可以使用无钠膳食或盐的替代品，后者如琥珀酸、谷氨酸、碳酸、乳酸、盐酸、酒石酸、柠檬酸等的钾、钠、镁盐。

3. 钙

钙（calcium，Ca），原子序数 20，为碱土金属成员，熔点 839℃，沸点 1484℃。是人体内含量最多也是最重要的矿物质元素，占人体总量的 1.5%～2.0%，成年人体内含钙量为 850～1200g。肝、肌肉、血液、骨骼中的钙含量分别为 100～360mg/kg、140～700mg/kg、60.5mg/dm^3、170000mg/kg。体内大于 99%的钙主要以羟磷灰石［$Ca_{10}(PO_4)_6(OH)_2$］的形式存在于骨骼和牙齿中，其余的钙主要以离子状态存在于软组织及体液中，也有部分与蛋白质结合或与柠檬酸螯合。

钙的主要生理功能有：构成骨骼和牙齿；活化广泛的生理反应，包括肌肉收缩、激素释放、神经递质释放、细胞分化、增殖和运动等，控制肌肉及神经活动；激活或稳定某些蛋白酶或脱氢酶；参与血凝过程等。缺乏时，青少年易得软骨病和发育不良，成人易发生抽搐，老年人易患骨质疏松。

正常情况下，膳食中钙的吸收率为 20%～30%。钙吸收率的高低常依赖身体对钙的需要量及某些膳食因素。一般生长期的儿童、少年、孕妇或乳母对钙的需求量大，吸收率也高。此外，一些膳食因素（表 7-2）也会影响钙的吸收和利用。如适当供给维生素 D 有利于小肠黏膜对钙的吸收；小肠中含有一定量的蛋白质水解物，包括某些多肽（如酪蛋白酶解产物中含有的酪蛋白磷酸肽）和氨基酸（如赖氨酸、精氨酸等），能与钙形成可溶性的络合物，从而有利于钙的吸收；膳食纤维会降低钙的吸收，可能的原因是其中的醛糖酸残基与钙结合所致。此外，一些植物性食物中植酸和草酸含量过高，而植酸和草酸能与钙形成难溶解的植酸钙和草酸钙，从而降低钙的吸收利用。饮酒过量及膳食脂肪过高都会减少钙的吸收。

钙的主要食物来源是乳及乳制品，不但含钙量高，而且吸收率也高，是理想的供钙食品。此外，水产品、豆制品和许多蔬菜含钙量也较高，但是肉类和谷类含钙量较低。常见食物中的钙含量见表 7-3。

表 7-2 膳食成分对钙吸收利用的影响

降低吸收利用率	提高吸收利用率	无影响	降低吸收利用率	提高吸收利用率	无影响
植酸盐	乳糖	磷	肌醇六磷酸	某些氨基酸	果胶
膳食纤维	酪蛋白磷酸肽	蛋白质	脂肪		
草酸盐	维生素 D	维生素 C	乙醇		
单宁酸	安茴酰牛扁碱	柠檬酸			

表 7-3 常见食物中的钙含量　　单位：mg/100g 可食部分

食物名称	含量	食物名称	含量	食物名称	含量
牛奶	120	猪肝	7.6	海带	1177
人奶	31	鸡肝	18	紫菜	343
奶酪	590	猪肾	7	银耳	380
鸡蛋黄	140	鳗鱼	17	木耳	357
鸡蛋白	11	西洋菜	180	豆腐	240～277
猪肉(瘦)	11	胡萝卜	37	橙	42
牛肉(瘦)	6	马铃薯	6.4	苹果	5.8
羊肉(瘦)	13	大白菜	61	草莓	21

4. 镁

镁（magnesium，Mg），原子序数 12，为碱土金属成员，熔点 649℃，沸点 1090℃。是体内含量位居第二位的阳离子，占人体体重的 0.05%。主要分布在骨骼（50%～60%）和软组织（40%～50%）中，少部分（约 2%）存在于血浆及血清中。肝、肌肉、血液、骨骼中的镁含量分别为 590mg/kg、

900mg/kg、37.8mg/dm^3、700～1800mg/kg。

镁的主要生理功能有：以磷酸盐、碳酸盐的形式构成骨骼、牙齿和细胞浆的主要成分；调控肌肉收缩及神经冲动；是多种酶的激活剂，可使酶系统如碱性磷酸酶、烯醇酶、亮氨酸氨肽酶等活化，参与体内核酸、糖类化合物、脂类和蛋白质等物质的代谢，并与能量代谢密切相关；氧化磷酸化必需的辅助因子；心血管的保护因子；镁盐还有利尿和导泻作用。

镁主要来源于新鲜绿叶蔬菜、海产品及豆类等，可可粉、谷类、谷类及其制品、香蕉等含量也较丰富，奶中则较少。由于镁来源广泛，而且肾脏有保镁功能，由食入不足而导致缺镁者很少见。因酒精中毒、恶性营养不良及急性腹泻等可导致镁缺乏。缺乏时情绪易激动，手足抽搐，长期缺乏会导致骨质变脆、牙齿生长不良。

5. 磷

磷（phosphorus，P），原子序数 15。是一种必需的营养元素，在人体中含量仅次于钙，正常成人人体含磷 1%。肝、肌肉、血液、骨骼中的磷含量分别为 3～8.5mg/kg、3000～8500mg/kg、35～45mg/100mL、67000～71000mg/kg。其中 85%～90%的磷与钙结合分布在骨骼和牙齿中，10%的磷与蛋白质、脂肪等有机化合物结合参与构成神经组织等软组织。

磷的主要生理功能有：与钙结合形成难溶性盐，使骨、牙结构坚固；磷酸盐与胶原纤维共价结合，在骨的沉积和骨的溶出中起决定性作用；调节能量释放，机体代谢中能量多以 ADP＋磷酸＋能量⟶ATP 及磷酸肌醇的形式储存；作为辅酶Ⅰ、辅酶Ⅱ等的辅酶或辅基的重要成分；与其他元素相互配合维持体液的渗透压和酸碱平衡；调节能量代谢等。

磷在食物中分布广泛，蛋类、瘦肉、鱼类、干酪及动物肝、肾的磷含量都很丰富，植物性食品中海带、芝麻酱、花生、坚果及粮谷类磷含量也较丰富。磷在食品中一般与蛋白质或脂肪结合成核蛋白、磷蛋白和磷脂等，也有少量其他有机磷和无机磷化合物。除了植酸形式的磷不能被机体充分吸收利用外，其他大都能为机体利用。

6. 氯

氯（chlorine，Cl），原子序数 17，为卤素成员，熔点－100.98℃，沸点－34.6℃。约占人体体重的 0.15%，以氯化物的形式存在于人体各组织中。肝、肌肉、血液、骨骼中的氯含量分别为 3000～7200mg/kg、2000～5200mg/kg、2890mg/dm^3、900mg/kg。

氯的主要生理功能有：消化液如胃液、肠液等的主要成分；维持体液酸碱平衡及渗透压等。其主要食物来源为食盐及含盐食物。

二、常见的微量元素及超微量元素

1. 铁

铁（iron，Fe），原子序数 26，熔点 1535℃，沸点 2750℃。是人体需求量最多的微量元素，健康成人人体中的含量为 3～5g。肝、肌肉、血液、骨骼中的铁含量分别为 250～1400mg/kg、180mg/kg、447mg/dm^3、3～380mg/kg。人体中所含的铁大部分存在于血红素蛋白质（包括血红蛋白、肌红蛋白和细胞色素）中，部分存在于各种酶如过氧化物酶、过氧化氢酶、羟化酶、黄素酶等中。

铁的主要生理功能有：构成血红蛋白与肌红蛋白，参与氧的运输与储存，如肌红蛋白的最基本的功能就是在肌肉中转运和储存氧，血红蛋白在把氧从肺转运到组织过程中起着关键作用；促进造血，维持机体的正常生长发育；多种酶系的组成成分，促进生物氧化还原反应；增加机体对疾病的抵抗力，如细胞色素 P450 能通过氧化降解作用使各种内源性或外源性化学物质及毒素分解等。

铁元素广泛存在于各种食物中，不同来源性食品中铁所形成的化合物不同。如肉类、鱼类、动物血等动物源食品所含铁为血色素铁，能直接被肠道吸收，吸收率为 23%；谷类、水果、蔬菜等植物源食品所含铁为非血色素铁，以络合物形式存在，需在胃酸作用下成为亚铁离子才能被肠道吸收。虽然多种植物源食品含铁量较高，但由于存在形式限制仍不易被吸收，吸收率较低，仅为3%～8%。膳食中影响铁吸收的因素很多，若存在维生素C、胱氨酸、赖氨酸、葡萄糖及柠檬酸等，能与铁螯合成可溶性络合物，对植物性铁的吸收有利；植物性食品中存在有草酸、磷酸、膳食纤维及饮茶、饮咖啡等均可对铁的吸收起抑制作用，如菠菜中含草酸较高，其铁的吸收率只有2%。最近的研究发现β-胡萝卜素可显著提高谷类食品中铁的生物利用率。此外，人体对铁的需求量随年龄和性别的不同而不同，如果膳食中可利用铁长期不足，可导致缺铁性贫血。不同食物中的含铁量见表7-4。

表7-4 不同食物中的铁含量 单位：mg/100g可食部分

食物名称	含量	食物名称	含量	食物名称	含量
稻米	3.2	牛肉(瘦)	2.6	鸡蛋黄	7.2
黑木耳(干)	97.4	猪肉(瘦)	1.0	鸡蛋白	0.2
苹果	0.25	猪肝	18	西洋菜	3.1
草莓	0.64	海带(干)	4.7	胡萝卜	0.39
人奶	0.06	虾米	11.0	马铃薯	0.43

2. 铜

铜（copper，Cu），原子序数29，熔点1084.6℃，沸点2567℃。人体总含量为50～100mg，在人体肝脏、肾脏、心脏、头发和大脑中含量最高。肝和脾是铜的储存器官，婴幼儿肝脾中铜含量相对成人要高。

铜的主要生理功能有：多种酶如超氧化物歧化酶、细胞色素氧化酶、多酚氧化酶、尿酸氧化酶和胺氧化酶等的组成成分，以酶的形式参与各种生理作用；在血浆中与血浆铜蓝蛋白结合后催化Fe^{2+}至Fe^{3+}，只有Fe^{3+}才能够被铁传递蛋白输送至肝脏的铁库；体内弹性和结缔组织中存在一种含铜的酶，可以催化胶原成熟，保持血管的弹性和骨骼的柔韧性，保持人体皮肤的弹性和润泽性、毛发正常的结构和色素；调节心搏，缺铜会诱发冠心病等。

铜的主要食物来源有茶叶、葵花籽、核桃、可可、肝等，此外大豆制品、蟹肉、马铃薯、紫菜等含铜量也较高。

3. 锌

锌（zinc，Zn），原子序数30，熔点4193.73℃，沸点907℃。在成人体内的总含量为1.4～2.3g，分布广泛，在皮肤和骨骼中含量较多。肝、肌肉、血液、骨骼中的锌含量分别为240mg/kg、240mg/kg、7mg/dm^3、75～170mg/kg。锌在体内主要与生物大分子如蛋白质、核酸、膜等配位体结合，生成稳定的含金属的生物大分子配合物，其中最主要的是以酶的方式存在的，如金属酶、碳酸酐酶、碱性磷酸酶。

锌的主要生理功能有：稳定生物膜结构和细胞成分，是生长发育、细胞分裂和分化、基因表达和DNA合成的必需元素；参与生长激素、碱性磷酸酶和胶原蛋白的合成；调节免疫系统；是一些参与糖类化合物、脂肪、蛋白质、核酸合成和降解的酶类如乙醇脱氢酶、乳酸脱氢酶、谷氨酸脱氢酶、羧肽酶A和B等的必需组成成分，烯醇酶、碱性磷酸酶等酶的激活剂，各种生物门的不同种属生物的6大类300多种酶的生物功能均需要锌的催化作用；维护皮肤和消化系统的健康；保持夜间视力正常等。缺乏时食欲不振、生长停滞，少年期缺乏性功能发育不良、味觉和嗅觉迟钝、创伤愈合率低。

含锌食物来源广泛，主要来源于动物性食物，海产品是锌的良好来源，乳品及蛋品次之，蔬菜和水果含量不高。需要注意的是，谷类中的植酸能与锌离子产生不溶性化合物，会影响锌的吸收，使其有效性较低。此外，最近的研究发现β-胡萝卜素可显著提高谷类食品中锌的生物利用率。

4. 碘

碘（iodine，I），原子序数 53，熔点 113.5℃，沸点 184.35℃。在人体中的含量约为 25mg，其中 70%～80%存在于甲状腺中，其余分布在皮肤、肌肉、骨骼及其他内分泌腺和中枢神经系统中。肝、肌肉、血液、骨骼中的碘含量分别为 0.7mg/kg、0.05～0.5mg/kg、0.057mg/dm^3、0.27mg/kg。

碘的主要生理功能有：在体内主要参与三碘甲状腺原氨酸（T_3）和四碘甲状腺原氨酸（T_4）的合成；促进生物氧化，协调氧化磷酸化过程，调节能量转化；促进蛋白质合成，调节蛋白质合成与分解；调节组织中水盐代谢；促进糖和脂肪代谢、维生素的吸收和利用；活化包括细胞色素酶系、琥珀酸氧化酶系等 100 多种酶系统，对生物氧化和代谢都有促进作用等。缺乏时会导致缺碘性甲状腺肿、精神疲惫、四肢无力；但过量摄入碘也会引起疾病，如甲亢等。

机体所需的碘可以从饮水、食物和食盐中获取，其含碘量主要取决于各地区的生物地质化学状况。在发现存在缺碘性甲状腺肿患者的地区饮用水中碘含量仅为 0.1～2.0μg/L，而在其他未发现地区饮用水中碘含量则为 2～15μg/L。碘在大多数食物中含量较少，其较好的食物来源为海产品、牛奶和鸡蛋，如海带中含碘量为 24000μg/100g（干基）、紫菜为 1800μg/100g（干基）等。目前，许多国家采取在食盐中添加碘化钾的形式来满足机体对碘的需求，防止碘缺乏症的发生，一般添加量为 100μg 碘添加到 1～10g 氯化钠中。

5. 钴

钴（cobalt，Co），原子序数 27，熔点 1495℃，沸点 2870℃。在人体中的总含量为 1.1～1.5mg，广泛分布于人体的各个部位，肝、肾和骨骼中含量较高。肝、肌肉、血液、骨骼中的钴含量分别为 0.06～1.1mg/kg、0.28～0.65mg/kg、0.0002～0.04mg/dm^3、0.01～0.04mg/kg。

自从发现维生素 B_{12} 的中心原子为钴以后，钴的营养重要性才开始受到重视，目前已将钴列为人体的必需营养元素。钴的生理功能主要有：以维生素 B_{12} 和维生素 B_{12} 辅酶的组成形式储存于肝脏中发挥其生物作用，对蛋白质、脂肪、糖类代谢以及血红蛋白的合成具有重要作用；扩张血管，降低血压；增加人体唾液中的淀粉酶、胰淀粉酶和脂肪酶的活性；刺激人体骨髓的造血系统，促使血红蛋白合成及红细胞数目增加；促进锌的肠道吸收；防止脂肪在肝细胞内沉着，预防脂肪肝等。

钴在动物内脏如肝、肾中含量较高，牡蛎及瘦肉中也含有一定量的钴。发酵的豆制品如臭豆腐、豆豉、酱油中都含有少量维生素 B_{12}，亦可作为钴的食物来源。

6. 铬

铬（chromium，Cr），原子序数 24，熔点 1857℃，沸点 2672℃。在人体中的含量为 6～7mg，随人群所处地区的不同含量不同。广泛存在于各个器官、组织和体液中，肝、肌肉、血液、骨骼中的铬含量分别为 0.02～3.3mg/kg、0.024～0.84mg/kg、0.006～0.11 mg/dm^3、0.1～0.33mg/kg。

铬的主要生理功能有：可以激活葡萄糖磷酸变位酶，并增强胰岛素的活性，同时作为葡萄糖耐量因子（GTF）的组成部分，对调节体内糖代谢、维持体内正常的葡萄糖耐量起重要作用；作为核酸类（包括 DNA 和 RNA）的稳定剂，可防止细胞内某些基因物质的突变，并预防癌症；影响机体的脂质代谢，降低血中胆固醇和甘油三酯的含量，预防心血管病等。

铬的主要食物来源为肉类、谷类和鱼贝类，啤酒酵母、干酪、豆类、肝、可可粉和黑胡椒等也是铬的良好来源。

7. 硒

硒（selenium，Se），原子序数 34，熔点 221℃，沸点 685℃。在人体中的含量为 14～21mg，指甲中含量最高，其次为肝和肾，据估计人体内 1/3 的硒存在于肌肉尤其是心肌中。肝、肌肉、血液、骨骼中的硒含量分别为 0.35～2.4mg/kg、0.42～1.9mg/kg、0.171mg/dm^3、1～9mg/kg。不同地区土壤及水质的含硒量不同，所以不同地区人体中硒的含量差别较大。大量的动物试验表明硒具有毒性，如硒具有强烈的致癌活性。

硒的主要生理功能有：是谷胱甘肽过氧化物酶的重要组成部分，其生理功能主要是通过谷胱甘肽过氧化物酶发挥抗氧化作用，可清除体内过氧化物，保护细胞和组织如膜免受氧化破坏；与维生素 E 在抗脂类氧化中起协同作用，细胞膜中的维生素 E 主要是阻止不饱和脂肪酸被氧化为氢过氧化物，而谷胱甘肽过氧化物酶则是将产生的氢过氧化物迅速分解成羟基脂酸；具有很好的清除体内自由基的功能，可提高机体免疫能力，抗衰老、抗化学致癌；维持心血管系统的正常结构和功能，预防心血管疾病等。此外，硒还是一种天然的抗重金属的解毒剂，在生物体内与汞、镉、铅等结合形成金属-硒-蛋白质复合物，从而使这些重金属得到解毒和排泄。

食物中硒的含量变化较大，主要与所处区域内的土壤和水质中的硒含量有关。通常海产品如鱿鱼、海参等硒含量较高，动物性食物如肝脏和肾、肉类和谷物等也是硒的良好来源。

8. 钼

钼（molybdenum，Mo），原子序数 42，熔点 2617℃，沸点 4612℃。是大脑必需的 7 种（Fe，Cu，Zn，Mn，Mo，I，Se）微量元素之一，在人体中的含量不足 9mg。肝、肌肉、血液、骨骼中的钼含量分别为 1.3～5.8mg/kg、0.018mg/kg、0.001mg/dm^3、<0.7mg/kg。

钼的主要生理功能有：是人体黄嘌呤氧化酶或脱氢酶、醛氧化酶和亚硫酸盐氧化酶等的组成成分，能参与细胞内电子的传递，影响肿瘤的发生，因而具有防癌抗癌的作用。

钼一般在肉类、粗粮、豆类、小麦等食物中含量较多，叶菜类含量也较丰富。

第四节 矿物质在食品加工和贮藏中的作用及变化

一、矿物质在食品加工和贮藏中的作用

矿物质即使以相当低的浓度存在于食品中，但由于会与食品的其他成分相互作用，因此会对食品的物理和化学性质起重要作用。例如，某些矿物质能显著改变食品的颜色、质构、风味和稳定性，因此可以在食品中加入或除去某些矿物质，以达到所需的某种特定的功能效果。

食品中的矿物质除了作为各种酶的辅助因子参与各种反应外，在食品加工和贮藏过程中表现出一些其他功能作用，见表 7-5。

表 7-5 矿物质和矿物质盐/络合物在食品加工和贮藏中的作用

矿物质	作用
钾	膨松剂：酒石酸氢钾
钠	风味改良剂：NaCl 诱发食品中典型苦味
	防腐剂：NaCl 可降低食品的水分活度
	膨松剂：多种发酵剂如碳酸氢钠、硫酸铝钠及焦磷酸氢钠等均是钠盐
钙	质构改良剂：能与带负电的大分子形成凝胶，如海藻酸钠、酪蛋白等
镁	颜色改变剂：从叶绿素中除去后颜色会从绿色变成橄榄棕色
磷	酸化剂：H_3PO_4 常用于饮料
	膨松剂：$Ca(HPO_4)_2$ 是一种快速膨松剂
	肉类持水剂：三聚磷酸盐能提高腌肉的持水能力
	乳化助剂：磷酸盐在干酪等加工中作为乳化助剂使用
硫	褐变抑制剂：二氧化硫和亚硫酸盐是干果中常用的褐变抑制剂
锌	护色剂：绿豆罐头生产中加入可起护色作用
	抗微生物：防止、控制微生物生长，广泛用于葡萄酒生产中
铁	催化剂：2 价和 3 价铁离子可催化食品中脂质过氧化

第七章

续表

矿物质	作用
铁	颜色改变剂：鲜肉颜色取决于血红蛋白和肌红蛋白中铁的价态，2价铁呈红色，3价铁呈褐色；与多酚类形成绿色、蓝色或黑色络合物；在罐头食品中与2价硫离子反应生成黑色的FeS
铜	催化剂：脂质过氧化、抗坏血酸氧化、非酶氧化褐变 颜色改变剂：可造成罐装肉和腌肉颜色变黑 质构稳定剂：稳定蛋白泡沫
铝	膨松剂：如 $NaAl(SO_4)_3$ 质构稳定剂
溴	面团改良剂：$KBrO_3$ 是最常用的面团改良剂，能改良小麦面粉焙烤质量
碘	面团改良剂：KIO_3 能改善面粉焙烤质量
镍	催化剂：高度分散的元素镍是氢化时常用的催化剂，催化植物油氢化

二、矿物质在食品加工和贮藏中的变化

食品中矿物质的含量主要受两方面影响：一方面是食品原料的影响；另一方面是加工及储存方式的影响。

食品原料可分为动物源食品原料和植物源食品原料。对于动物源食品原料，影响其矿物质含量的主要因素有品种、环境、饲料和健康状况等。如宁夏产的牛乳粉中锌、镁、锰、铜、钙、铁等元素与黑龙江产的牛乳粉中上述元素就有差异，宁夏牛乳粉中的锌、镁含量较高，铜及锰含量较低。对于植物源食品原料，影响其矿物质含量的主要因素有品种、地区分布、水源、土壤类型、化肥及空气状态等。如不同产地的黑糯米中铁、铜、锌、锰、钙等元素的含量就明显不同，说明环境因素包括土壤类型、水源等对其有重要影响。同一品种、同一产地的食品原料，季节不同，其矿物质含量亦有很大差异（表7-6）。

表7-6 不同季节绿茶样品中矿物质含量　　单位：μg/g

季节	Fe	Zn	Ca	Mg	Cu
春季	596.08	53.76	851.59	101.13	26.58
夏季	261.24	46.13	1153.01	101.16	14.86
秋季	329.11	41.61	2318.33	106.46	18.90

与维生素不同，许多矿物质不会被热、光、氧化剂、极端pH值或其他能影响有机营养素的因素破坏，因此食品矿物质的损失在大多数情况下不是由于化学反应引起，而是在食品加工中发生矿物质的流失或与其他物质形成各种不适宜于人体吸收利用的化学形态。

食品加工和烹调过程是食品中矿物质损失的主要途径，如罐藏、烫漂、汽蒸、水煮、碾磨等加工工序都可能对矿物质的含量造成影响。碾磨是引起谷物矿物质损失的最重要的因素，损失程度随碾磨精细程度的增加而增加。由于谷粒的矿物质元素集中在麸皮层和胚芽中，而胚乳组织中含量很低，所以碾磨过程能引起矿物质的大量损失。表7-7给出了全麦、小麦粉、小麦胚芽及麦麸的矿物质含量。

表7-7 小麦碾磨加工处理中矿物质的损失

矿物质	含量/(mg/kg产品)				从全麦到小麦粉的损失/%
	全麦	小麦粉	小麦胚芽	麦麸	
铁	43	10.5	67	47～78	76
锌	35	8	101	54～130	78
锰	46	6.5	137	64～119	86
铜	5	2	7	7～17	68
硒	0.6	0.5	1.1	0.5～0.8	16

果蔬的加工常常要经过烫漂处理，由于许多矿物质在水中有足够的溶解度，在沥滤时可能引起某些矿物质的损失。表 7-8 给出了菠菜热烫对矿物质的影响，由表中数据可见矿物质的损失程度与其在水中的溶解度有关。钙元素的含量在经过热烫处理后反而有所增加，这可能与加工所用水有关，如硬水中含有大量的钙和镁。某些食品加工过程中所用的金属容器和包装材料也可能造成部分微量矿物质元素含量增加，如牛乳中镍含量增加主要是由于加工所用的不锈钢容器导致的，罐装食品中铁含量的增加主要是由于使用了镀锡钢罐所致。

表 7-8 热烫对菠菜矿物质含量的影响

矿物质	矿物质损失量/(g/kg)		损失率/%	矿物质	矿物质损失量/(g/kg)		损失率/%
	未热烫	热烫			未热烫	热烫	
K	69	30	56	Mg	3	2	36
Na	5	3	43	P	6	4	36
Ca	22	23	0				

加工方式的不同可显著影响产品的矿物质含量。表 7-9 给出了不同加工方式对利马豆中矿物质含量的影响。随着浸泡、烘烤、汽蒸时间的延长，利马豆中矿物质损失更多。

表 7-9 不同加工方式对利马豆矿物质含量的影响（以干物质计）

加工方式	P/%	K/%	Na/%	Ca/%	Mg/%	Zn/%
加工前	0.98	0.69	0.43	0.35	0.26	0.007
A	0.96	0.63	0.40	0.33	0.25	0.006
B	0.93	0.60	0.40	0.32	0.21	0.005
C	0.91	0.65	0.30	0.31	0.18	0.005
D	0.96	0.51	0.43	0.37	0.24	0.006
E	0.88	0.58	0.42	0.34	0.24	0.004
F	0.84	0.51	0.42	0.30	0.23	0.003
G	0.81	0.69	0.39	0.37	0.24	0.005
H	0.83	0.63	0.37	0.35	0.22	0.005
I	0.87	0.63	0.35	0.32	0.22	0.006

注：A、B、C 分别代表浸泡 3h、6h、9h（利马豆∶水＝1∶2，*w/v*）；D、E、F 分别代表于 204℃烘烤 10min、15min、20min；G、H、I 分别代表于 121℃、0.0103MPa 汽蒸 10min、15min、20min。

食品中矿物质损失的另一个途径是矿物质与其他组分相互作用，导致生物利用率下降。一些多价阴离子如广泛存在于植物食品中的植酸、草酸等能与 2 价金属离子如铁、钙等形成盐，这些盐不易溶解，可经过消化道，但是不会被人体吸收，因此它们对矿物质的生物效价有很大的影响。

植酸和植酸盐稳定性高，在一般的加工处理条件下变化较小，一般的水浸泡、酸碱浸泡和热处理仅对部分植酸盐有影响。研究发现谷物、豆类的发芽及酵母等的发酵处理可以明显降低食品中的植酸及植酸盐含量，如小扁豆发芽后植酸盐含量明显降低，这是由于其中的植酸酶催化水解导致植酸分解的缘故（表 7-10）。

表 7-10 不同加工处理对小扁豆中植酸含量的影响

处理方式	无	水浸泡	柠檬酸浸泡	碳酸氢钠浸泡	发芽
植酸/(mg/g)	6.2	4.5	3.9	4.8	2.1
降低量/(mg/g)	—	1.7	2.3	1.4	4.1
变化率/%	—	27	37	23	66

第五节 矿物质的营养强化

人体在正常的生命过程中需要多种矿物质元素，其中一些矿物质元素人体的需求量较大，而其他一些矿物质元素如铁、锌、铜、碘和硒的需求量则比较微量，因为它们的浓度过高会对人体的健康产生危害。人体必需的矿物质元素详见表 7-11。

表 7-11 人体必需的矿物质元素

元素	RDA	RNI	UL	SUL	营养拮抗物	营养增强物
S	NS	NS	NS	NS		
K/mg	1600～3500	3500	NS	3700①		
Cl/mg	750～3400	2500	NS	NS		
Ca/mg	1000～1200	700	2500	1500①	草酸盐、肌醇六磷酸、单宁酸，膳食纤维	安茴酰牛扁碱、维生素 D、乳糖、酪蛋白磷酸肽
P/mg	700	550	4000	250①		
Na/mg	500～2400	1600	＜2400	NS		
Mg/mg	310～420	300	350	400①	肌醇六磷酸	酪蛋白磷酸肽
Fe/mg	8.0～18.0	11.4	45.0	17.0①	肌醇六磷酸、单宁酸、草酸盐、膳食纤维、血球凝集素	植物铁蛋白、核黄素、抗坏血酸盐、半胱氨酸、组氨酸、赖氨酸、延胡索酸盐、苹果酸盐、柠檬酸盐、酪蛋白磷酸肽、烟酰胺
Zn/mg	8.0～11.0	9.5	40.0	25.0①	肌醇六磷酸、单宁酸、膳食纤维、血球凝集素	棕榈酸、核黄素、抗坏血酸盐、半胱氨酸、组氨酸、赖氨酸、蛋氨酸、延胡索酸盐、苹果酸盐、柠檬酸盐、酪蛋白磷酸肽
Mn/mg	1.8～2.3	＞1.4	11.0	4.0①		
Cu/mg	0.9	1.2	10.0	10.0		
I/μg	150	140	1100	500①	甲状腺肿原	硒
Se/μg	55	75	400	450		
Mo/μg	45	50～400	2000	NS		
Cr/μg	25～35	＞25	NS	NS		
F/mg	3～4	NS	10	NS		
B/mg	NS	NS	20.0	9.6		
Ni/μg	NS	NS	1000	260		
V/mg	NS	NS	1.8	NS		
Si/mg	NS	NS	NS	1500		
As	NS	NS	NS	NS		

① 非食品。

注：RDA：每日膳食营养素供给量（US）。RNI：推荐摄入量（UK）。UL：可耐受最高摄入量（US）。SUL：安全最大量（UK）。NS：未指定。

人类生存以及繁衍生息所必需的营养素包括矿物质元素的主要来源，但是几乎没有一种食品能提供人类必需的全部矿物质元素，而且食品在加工、贮藏及烹调过程中往往有部分矿物质损失，加上不同经济条件、文化水平、饮食习惯等诸多条件的影响，常常导致人体缺乏矿物质，进而影响身体健康。据估计，全世界约 8.15 亿户家庭存在微量营养素的缺乏；在全世界的 60 亿人口中，存在铁、锌、碘、硒缺乏的人口占总人口的比例分别为 60%～80%、＞30%、30%、约 15%。因此，在提倡膳食食物种类多样化和进补的基础上，通过在食品中强化缺乏的矿物质，开发和生产居民需要的各种矿物质强化食品，可显著弥补天然食物的营养缺陷，补充食品在加工、贮藏过程中的损失，适应不同人群生理及职业的需要，减少矿物质缺乏症的发生。此外，近些年提出来的生物强化手段通过提高农作物中的矿物质含量或改善其生物利用率也可用于预防和减少全球性的矿物质缺乏问题。

一、食品强化

根据不同人群的营养需要，或为了弥补某类食物的先天不足，向食品中添加一种或多种营养素或某些天然食物成分的食品添加剂，用以提高食品营养价值的过程，称为食品营养强化，简称食品强化(food fortification)。其中，添加的某些营养素或富含这些营养素的原料称为营养强化剂。

食品强化是防治全球矿物质营养不良的最经济的手段之一。最成功的案例就是加碘盐的推广，通过这种强化方法提高了人类的碘摄入量，显著降低了由碘缺乏引起的甲状腺肿大和其他症状。目前，许多强化了多种矿物质的日常食物如面包和牛奶等已在工业化国家得到推广。

目前，我国明确规定可作为强化剂的矿物质类营养素有 10 种，包括铁、钙、锌、碘、硒、铜、镁、锰、钾、氟 10 种元素。由于矿物质的生物利用性和溶解性差，易与其他营养素发生不利的相互作用，而且易导致食品色泽发生变化，故在为特定产品选择合适形式的矿物质时除了考虑所用强化剂品种有较高的矿物质元素含量和较高的生物有效性外，还需考虑产品配方中的其他原料和营养素的特性。

1. 铁

我国许可使用的铁强化剂有硫酸亚铁、碳酸亚铁、焦磷酸铁、柠檬酸铁、富马酸亚铁、葡萄糖酸亚铁、琥珀酸亚铁、氯化高铁血红素、柠檬酸亚铁、柠檬酸铁铵、乳酸亚铁、乙二胺四乙酸铁钠、还原铁、电解铁、铁卟啉。其中，乙二胺四乙酸铁钠作为一种新型铁强化剂，由于其较高的吸收率和良好的改善效果，已在预防和控制缺铁性贫血中取得了较好的效果。

食品中添加的铁强化剂一般从两方面衡量其优劣：一是生物利用率，通常以硫酸亚铁作为标准，其他铁剂与其相比的值×100 得出相对生物利用率（RBV）作为指标，决定食品中铁相对生物利用率的因素主要包括铁的效价、溶解度、螯合程度以及是否形成复合物；另一方面在于其加入后是否改变食物的色泽和风味。一些用于食品强化的铁源及其生物利用率详见表 7-12。

表 7-12 一些用于食品强化的铁源及其生物利用率

铁强化剂名称	分子式	铁含量/(g/kg 强化剂)	相对生物效价	
			人类	老鼠
硫酸亚铁	$FeSO_4 \cdot 7H_2O$	200	100	100
元素铁	Fe	960～980	13～90	8～76
乳酸亚铁	$Fe(C_3H_5O_3)_2 \cdot 3H_2O$	190	106	—
焦磷酸铁	$Fe_4(P_2O_7)_3 \cdot 9H_2O$	250	—	45
柠檬酸铁铵	$(NH_4)_xFe_y(C_6H_4O_7)_2$	165～185	—	107

注：相对生物效价是指相对于硫酸亚铁的生物利用率，硫酸亚铁的生物效价被设定为 100。

在溶解性方面，硫酸亚铁、乳酸亚铁和葡萄糖酸亚铁是可溶性最好的铁强化剂，常用于强化软饮料，但由于其良好的溶解性也最容易产生风味和色泽问题；而富马酸亚铁、琥珀酸亚铁等水溶性不好的化合物反而更加适于强化，因为它们很少存在感官问题。

在铁的吸收方面，一般无机铁较有机铁容易吸收，二价铁比三价铁易于吸收，故多以亚铁盐作为营养强化剂；血红素铁较非血红素铁更容易吸收，故我国已批准许可使用氯化高铁血红素和铁卟啉作为铁营养强化剂。

（1）柠檬酸铁（$FeC_6H_5O_7 \cdot 2.5H_2O$） 柠檬酸铁根据组成成分不同为红褐色透明薄片或褐色粉末，极易溶于热水，不溶于乙醇，缓慢溶于冷水，可被热或光还原成柠檬酸亚铁。柠檬酸铁由于呈较深的颜色，一般不适用于不易着色的食品中。我国食品营养强化剂使用卫生标准规定：柠檬酸铁可用于谷物及其制品，添加量为 150～290mg/kg；饮料，添加量为 60～120mg/kg；食盐、夹心糖，添加量为 3600～7200mg/kg；乳制品及婴儿配方食品，添加量为 360～600mg/kg。

（2）葡萄糖酸亚铁（$FeC_{12}H_{22}O_{14} \cdot 2H_2O$） 葡萄糖酸亚铁为浅黄灰色或浅黄绿色晶体颗粒或粉末，稍有类似焦糖的气味，溶于水，几乎不溶于乙醇，其理论含铁量为 12%。葡萄糖酸亚铁可用于谷类及其制品，添加量为 200～400mg/kg；饮料，添加量为 80～160mg/kg；食盐、夹心糖，添加量为 4800～6000mg/kg；乳制品及婴幼儿食品，添加量为 480～800mg/kg；高铁谷类及其制品，添加量为 1400～1600mg/kg。

（3）乳酸亚铁［$Fe(C_3H_5O_3)_2 \cdot 3H_2O$］ 乳酸亚铁为浅绿色或微黄色结晶或晶体粉末，带有特异性臭和微甜铁味。溶于水，水溶液为带绿色的透明溶液；几乎不溶于乙醇；易溶于柠檬酸溶液，呈绿色溶液。乳酸亚铁易吸潮，暴露在空气中颜色会逐渐变深，而且光照会加速其氧化。乳酸亚铁作为一种铁强化剂，易吸收，对消化系统无副作用及刺激作用，而且不影响食品的风味和感官特性。乳酸亚铁可用于谷类及其制品，添加量（以元素铁计）为 24～48mg/kg；饮料，添加量为 10～20mg/kg；食盐、夹心糖，添加量为 600～1200mg/kg；乳制品及婴幼儿食品，添加量为 60～100mg/kg。

（4）硫酸亚铁（$FeSO_4 \cdot 7H_2O$） 硫酸亚铁为蓝绿色结晶或颗粒，无臭，有带咸味的收敛性味。在干燥空气中易风化，在潮湿空气中逐渐氧化形成黄褐色碱性硫酸铁；无水物为白色粉末，与水作用则变成蓝绿色；几乎不溶于乙醇。硫酸亚铁可用于谷类及其制品，添加量为 120～240mg/kg；饮料，添加量为 50～100mg/kg；食盐、夹心糖，添加量为 3000～6000mg/kg；乳制品及婴幼儿食品，添加量为 300～500mg/kg。

2. 钙

我国许可使用的钙强化剂主要有活性钙、生物碳酸钙或碳酸钙、氯化钙、磷酸氢钙、乙酸钙、乳酸钙、柠檬酸钙、葡萄糖酸钙、苏糖酸钙、甘氨酸钙、天冬氨酸钙等，其性质参见表 7-13。

表 7-13 钙强化剂及其物理特性

化合物	含钙量/%	颜色	味道	气味	溶解度(相对值)
碳酸钠	40	无色	肥皂味，柠檬味	无味	0.153
氯化物	36	无色	咸味，苦涩		67.12
硫酸盐	29				15.3
磷灰石	40				0.08
磷酸二氢钙	30	白色	甜味，无刺激性		1.84
磷酸氢钙	17	无色	甜味，无刺激性		71.4
磷酸钙	38	白色	甜味，无刺激性	无味	0.064
焦磷酸钙	31	无色			不溶
醋酸钙	25	无色			2364
乳酸盐	13	白色	中性	无味	0.13
柠檬酸盐	24	无色	酸味，清爽	无味	1.49
苹果酸盐	23	无色			80.0

续表

化合物	含钙量/%	颜色	味道	气味	溶解度(相对值)
葡萄糖酸盐	9	白色	无刺激性	无味	73.6
氢氧化物	54	无色	轻微苦涩	无味	25.0
氧化物	71	无色			23.3

比较钙营养强化剂营养价值优劣的两个基本指标是生物可利用率和溶解度。钙强化剂不一定要可溶，但应具有较细的颗粒。一般而言，有机酸盐如柠檬酸盐中钙的生物可利用率较无机酸盐中高，而无机酸盐中钙含量较高。此外，维生素 D 等可提高钙的吸收利用率，酪蛋白磷酸肽等可促进钙的吸收。因此，使用钙强化剂时通常可与维生素并用，以促进其吸收作用。

(1) 碳酸钙（$CaCO_3$） 乳酸钙为白色晶体粉末，无臭，无味。可溶于稀乙酸、稀盐酸、稀硝酸产生二氧化碳，难溶于稀硫酸，几乎不溶于水和乙醇；在空气中稳定，但易吸收臭味。碳酸钙可分为重质碳酸钙、轻质碳酸钙、胶体碳酸钙，其粒径分别为 30～50μm、5μm、0.03～0.05μm。重质碳酸钙和轻质碳酸钙加水调匀后很快会沉降下来，而后者则变成均匀的浑浊液。我国目前常用的多为轻质碳酸钙。碳酸钙可用于谷类及其制品，添加量为 4～8g/kg；饮料、乳制品，添加量为 1～2g/kg；婴幼儿食品，添加量为 7.5～15g/kg。

(2) 活性钙　活性钙又称为活性离子钙，主要成分为氢氧化钙。为白色粉末，无臭，有咸涩味；溶于酸性溶液，几乎不溶于水；具有强碱性，可吸收空气中的二氧化碳产生碳酸钙。活性钙溶于酸性溶液中，故其在体内的吸收利用率高，是较好的钙营养强化剂。当活性钙应用于面制品中时，既可以中和其酸性，又可以增钙降钠。活性钙可用于谷类及其制品，添加量（以元素钙计）为 1.6～3.2g/kg；婴幼儿食品，添加量为 3.0～6.0g/kg；饮料及乳饮料，添加量为 0.6～0.8g/kg。

(3) 乳酸钙［$Ca(C_3H_5O_3)_2 \cdot 5H_2O$］　乳酸钙为白色或乳酪色晶体颗粒或粉末，几乎无臭无味。溶于水，缓慢溶于冷水成为澄清或微浊溶液；易溶于热水；几乎不溶于乙醇、乙醚和氯仿。其水溶液的 pH 值为 6.0～7.0。加热到 120℃时失去结晶水，变成无水物。乳酸钙在水中的溶解性较好，人体吸收率高，因此比较适合作为钙强化剂。乳酸钙可用于谷类及其制品，添加量为 12～24g/kg；婴幼儿食品，添加量为 23～46g/kg；饮液及乳饮料，添加量为 3～6g/kg。此外，乳酸钙还可用于蛋粉加工，鸡全蛋粉、鸡蛋白粉、鸡蛋黄粉的添加量分别为 2.25～3.75g/kg、1.5～2.5g/kg、3～5g/kg。

(4) 葡萄糖酸钙（$CaC_{12}H_{22}O_{14}$）　葡萄糖酸钙为白色结晶状颗粒或粉末，无臭无味。不溶于乙醇和其他许多有机溶剂；一般 1g 葡萄糖酸钙约溶于 30mL 25℃的水或 5mL 沸水。葡萄糖酸钙可用于谷类及其制品、饮料，添加量为 18～36g/kg；应用于乳液及饮液，添加量为 4.5～9.0g/kg。葡萄糖酸钙还具有螯合金属离子的作用，可以防止油脂氧化变质和产品变质。

(5) 柠檬酸钙［$Ca_3(C_6H_5O_7)_2 \cdot 4H_2O$］　柠檬酸钙为白色粉末，无臭，吸湿性较弱。难溶于水，几乎不溶于乙醇。柠檬酸钙可用于谷类及其制品，添加量为 8～16g/kg；饮料及乳饮料，添加量为 1.8～3.6g/kg。

3. 锌

我国现已批准许可使用的锌强化剂的品种有硫酸锌、氯化锌、氧化锌、乙酸锌、乳酸锌、柠檬酸锌、葡萄糖酸锌和甘氨酸锌 8 种。它们都呈无色或白色，具有不同的水溶性，添加到食品中后会产生异样口感。其中锌氧化物水溶性差但价格较便宜，是最常用的锌强化剂。

(1) 氧化锌（ZnO）　氧化锌为白色无定形细粉，无臭；不溶于水和乙醇，易溶于稀酸和稀碱溶液，使用时可溶于有机酸、弱碱液和乙酸，为微量元素锌的供应物。氧化锌可用于谷类及其制品、饮料，添加量（以元素锌计）为 10～20mg/kg；乳制品，添加量为 30～60mg/kg；婴幼儿食品，添加量为 25～70mg/kg。

（2）葡萄糖酸锌（$ZnC_{12}H_{22}O_{14}$）　葡萄糖酸锌为无水物或含有3分子水的化合物，白色或几乎无色的颗粒或结晶性粉末，无臭无味，易溶于水，极难溶于乙醇。葡萄糖酸锌可用于谷类及其制品，添加量为160～320mg/kg；饮料及乳饮料，添加量为40～80mg/kg；食盐，添加量为500mg/kg；婴幼儿食品，添加量为195～545mg/kg；乳制品，添加量为230～470mg/kg。

葡萄糖酸锌是一种重要的元素锌食品营养强化剂形式，对缺锌病患者有显著的疗效，一般食用该形式锌强化剂强化的食品（以每日120mg锌计）缺锌症在6个月的时间内就可以完全消失。

（3）硫酸锌（$ZnSO_4 \cdot xH_2O$）　硫酸锌为无色透明的棱柱状或细针状结晶或结晶性粉末，其一水合物在温度238℃以上脱水，而七水合物在室温下的干燥空气中即可风化。溶于水，水溶液呈酸性；不溶于乙醇。硫酸锌可用于乳制品，添加量为130～250mg/kg；谷类及其制品，添加量为80～160mg/kg；食盐，添加量为500mg/kg；饮液及乳饮料，添加量为22.5～44mg/kg；婴幼儿食品，添加量为113～318mg/kg。

4．碘

我国许可使用的碘强化剂主要有碘化钾、碘酸钾和碘化钠等，主要应用于食盐及婴幼儿食品中。碘盐是世界公认的防治碘缺乏病的最经济有效的强化食品，加碘食盐已成功用于防治我国乃至全球的缺碘性地方性甲状腺肿。常见碘强化剂的化学组成和碘含量见表7-14。

表7-14　常用碘强化剂的化学组成和碘含量

化合物	化学式	碘含量/%	化合物	化学式	碘含量/%
碘化钙	CaI_2	86.5	碘酸钾	KIO_3	59.5
碘酸钙	$Ca(IO_3)_2 \cdot 6H_2O$	65.0	碘化钠	$NaI \cdot 2H_2O$	68.0
碘化钾	KI	76.5	碘酸钠	$NaIO_3$	64.0

（1）碘化钾（KI）　碘化钾为无色透明或白色立方晶体或颗粒性粉末，在25℃条件下1g碘化钾可溶于约0.7mL水、0.5mL沸水、2mL甘油和22mL乙醇，其水溶液遇光变黄并析出游离碘。碘化钾中碘含量为76.4%，主要在缺碘地区用于强化食用盐，防治缺碘性甲状腺肿大。碘化钾可应用于食盐，添加量为30～70mg/kg；婴幼儿食品，添加量为0.3～0.6mg/kg。

（2）碘酸钾（KIO_3）　碘酸钾为白色结晶性粉末，无异味，一般不溶于乙醇，1g碘化钾可溶于约15mL水中，水溶液的pH值为5～8。碘化钾可用于固体饮料，最大添加量为0.26～0.4mg/kg。

5．硒

硒强化剂除化学合成的硒酸钠和亚硒酸钠外，我国尚许可使用富硒酵母、硒化卡拉胶、亚硒酸钠和硒蛋白，主要在缺硒地区使用。

一般而言，有机硒化合物毒性较无机硒化合物毒性低、活性高，能更有效地在体内同化。富硒酵母中含有20%～50%的硒蛋氨酸，营养价值高，安全无毒，而且对重金属有显著的拮抗解毒作用，对工矿企业职工有特殊保健作用。

（1）硒化卡拉胶　硒化卡拉胶是一种有机硒化合物，为微黄色至土黄色粉末，有微臭，溶于水且能在水中形成均匀水溶胶，水溶胶呈酸性，几乎不溶于乙醇。硒化卡拉胶可用于饮液，添加量（以硒计）为300μg/10mL；用于片、粒及胶囊，添加量为每片、粒或胶囊20μg。

（2）亚硒酸钠（Na_2SeO_3）　亚硒酸钠为白色晶体，有剧毒，易溶于水，不溶于乙醇。在空气中稳定，五水合物极易在空气中风化失去水分，加热至红热时会分解。亚硒酸钠可用于谷类及其制品、乳制品，添加量为300～600μg/kg；饮液及乳饮料，添加量为110～440μg/kg；食盐，添加量为7～11mg/kg；饼干，最大添加量为240μg/kg。

6．铜

我国目前批准许可使用的铜强化剂为硫酸铜和葡萄糖酸铜。

(1) 硫酸铜($CuSO_4 \cdot 5H_2O$) 硫酸铜为蓝色结晶或颗粒或深蓝色结晶粉末，有金属味，易溶于水，溶于稀乙醇，不溶于无水乙醇。硫酸铜可用于饮液，其添加量(以元素铜计)为4～5mg/kg；乳制品，添加量为12～16mg/kg；婴幼儿食品，添加量为7.5～10mg/kg。

(2) 葡萄糖酸铜($CuC_{12}H_{22}O_4$) 葡萄糖酸铜为淡蓝色粉末，易溶于水，难溶于乙醇。葡萄糖酸铜可用于乳制品，添加量(以元素铜计)为5.7～7.5mg/kg；婴幼儿配方食品，添加量为7.5～10mg/kg。

7. 镁

我国目前批准许可使用的镁强化剂为硫酸镁，分子式为$MgSO_4$，无色柱状或针状结晶，有咸味及苦味，干燥品为白色结晶或粉末。主要应用于乳制品、饮料及婴幼儿食品。

8. 其他

我国尚可使用硫酸锰、葡萄糖酸钾、氯化钾及氟化钠等营养强化剂，其中氟化钠仅在缺氟地区的食盐中使用，但在公共用水和瓶装水中被限制使用。

二、生物强化

生物强化(biofortification)是21世纪初才被提出来的一个概念。所谓生物强化，就是指利用农艺干预和基因选择等手段提高作物可食部分中能被人体吸收利用的必需元素含量的过程，从而达到减少和预防全球性的尤其是发展中国家普遍存在的矿物质缺乏问题。生物强化技术旨在从源头上提高作物中的矿物质营养质量，包括提高作物可食部分中矿物质含量和增加矿物质的生物利用率的过程两部分。

生物强化具有许多优点。首先，生物强化充分利用了所有家庭日常摄入的大量且含量稳定的主食，如稻米、小麦和玉米等，因此营养强化过程中不会改变人群的饮食习惯，而且由于主食是许多贫困家庭饮食的主体，这项策略也同样使许多低收入家庭得到了实在的利益。其次，除了用于强化种子的开发所需要的一次性投资外，后续经营性成本很低，而且种质资源可以共享。第三，一旦到位，生物强化作物系统具有高度的可持续性。第四，生物强化为相对偏远的农村地区及获得商业强化食品途径有限的人群提供了一条可行的提高营养的途径，这样使食品强化和生物强化可以互补。最后，通过植物育种提高种子中矿物质含量并不会降低作物的产量。

生物强化的主要手段包括农艺干预、作物育种和基因工程。通过农艺干预、作物育种和基因工程等手段均可以显著提高作物中的矿物质含量，而提高矿物质的生物利用率只能通过作物育种和基因工程手段实现。与传统的方法不同的是，基因工程和作物育种都是十分经济且环境友好型的手段，它们最主要的优势就在于只在研究和发展阶段需要投资。尽管现在还没有经过作物育种和基因工程方法获得的营养强化的作物，但还是可以预计这些方法在未来的几十年间将对人类社会产生重大影响。

1. 农艺干预

农艺干预(agronomic intervention)主要是以食物营养为目的，通过施用矿物肥料提高作物中的矿物质含量。这种方法仅当作物的可食部分如谷粒发生的矿物质不足现象能反映出土壤中该元素的含量同样不足，而且当矿物肥料中所含的矿物质能被快速且较易地转移时，才可能达到预期的效果。因为即使作物能高效地从土壤中吸收各种矿物质成分，但这些矿物质可能被储存在叶片而不是果实或种子中，同样它们还可能使矿物质以一种不能被利用的形式累积在作物中，因而对其营养并无影响。

在芬兰和新西兰等发达国家，这种方法已成功应用于增加国民食物中的硒含量。但是这种方法不能应用于其他矿物质元素，如铁元素，因为当铁元素以$FeSO_4$的形式作为一种矿物肥料使用时，它能与土粒快速结合，导致Fe^{2+}转变成Fe^{3+}，从而不能被植物吸收利用。锌在土壤中的流动性很好，较易被吸收，特别是在微酸性的条件下，锌肥如$ZnSO_4$能使谷物和豆类增产，也能提高谷粒中的锌含量。在土耳其，富含锌的氮磷钾肥已应用在种植业中。

农艺干预的缺点就是矿物肥料的成本问题。使用昂贵的矿物肥料会增加食物的成本，从而会降低这种方法在贫困人群中的实用性。此外，大量矿物化肥的使用对环境也可能产生一些不利影响。

2. 作物育种

作物育种（plant breeding）主要是利用农作物自身的基因变异提高农作物中矿物质的含量和生物利用率。尽管作物育种与传统的干预方法相比有一些优势，如可持续性，但是到现在为止还没有一个高矿物质含量的品种成功地被市场推广。尽管育种者开始利用分子生物技术如数量性状遗传位点等加速鉴定高矿物质含量的品种，但是还必须考虑一些可能干扰矿物质吸收和积累的土壤因素，如pH值、有机成分等，例如植物根系在较低含量有机成分的干燥、碱性土壤中对矿物质的吸收利用率较低。

3. 基因工程

基因工程（genetic engineering）就是利用先进的生物技术将具有某种或某些特定功能的基因直接转入到育成品系中，从而达到提高农作物中矿物质的含量或提高矿物质的生物利用率的目的。这些特定功能包括：①提高矿物质在土壤中的输运效率；②提高植物根部吸收土壤中的矿物质的效率；③提高矿物质从根部到存贮组织如谷粒的转运效率；④增强存贮组织以某种特定的矿物质存在形式积累矿物质的能力，这种形式的矿物质既不影响农作物本身的生长发育又能保留人体对其的生物可利用性；⑤降低某些营养拮抗剂的含量，如植酸盐，它会抑制矿物质在消化道中的吸收；⑥提高某些营养增强物的含量，如菊粉，它能增强矿物质在消化道中的吸收。

利用转基因技术达到矿物质强化目的的研究主要集中于铁元素，主要包括提高植物对根围土壤中铁的吸收、提高铁在植物体内的积累和提高铁的生物利用率三方面。

大部分矿物质铁在土壤中是以3价铁的形式存在，而3价铁对绝大多数植物来说是不被吸收的，因此可以通过两种途径增强植物对铁的吸收：一种途径是通过转基因表达3价铁还原酶，通过3价铁还原酶将3价铁还原为2价铁，从而增强植物体对土壤中铁的吸收；另一种途径是使3价铁以植物体自身分泌的植物铁载体和3价铁形成的植物铁载体-Fe^{3+}复合物形式被吸收。以上两种途径都可以使用基因工程技术实现，即通过转基因技术使植物体能够编码产生3价铁还原酶、转运体或者某些参与植物铁载体合成的酶类，从而达到提高植物体对其根围土壤中铁的吸收的目的。

与提高铁的吸收一样，基因工程同样可以用于提高谷物中矿物质铁的积累。最成功的两个典型就是通过转基因技术在植物内成功表达产生出铁蛋白和乳铁传递蛋白。铁蛋白是一种含铁的贮藏蛋白，能将铁以一种生物可利用的形式储存，目前重组大豆铁蛋白已成功地在谷类作物上得到表达，豌豆铁蛋白在稻米上的表达也已获得成功。通过这种方式可以提高植物可食组织中铁的含量，最高可达35mg/kg。而乳铁传递蛋白则是一种存在于乳中且同时还具有抗菌活性的人类铁结合蛋白。目前，重组人体乳铁传递蛋白已成功地在诸如土豆、稻米等作物上得到表达。在转基因稻米作物中，乳铁传递蛋白在去皮谷物中的含量可达0.5%。这种富含乳铁传递蛋白的转基因大米可以直接用于婴儿配方乳，同时也可以从转基因作物中分离提取出纯乳铁传递蛋白用于矿物质增补，通过这种生物强化与食品强化或增补的结合满足人体对矿物质的需求。

此外，利用基因工程的手段同样可以提高食物中矿物质的生物利用率，主要是通过降低食物中的营养拮抗物的含量、提高食物中的营养增强物的含量或者使矿物质以一种生物利用性高的形式出现在食物中实现的。肌醇六磷酸是一种在植物组织中广泛存在且主要集中在种子中的营养拮抗物，食物中的肌醇六磷酸可以降低铁、锌和钙在肠道中的吸收，从而降低这些矿物质元素的生物利用率。利用基因工程的手段可以通过破坏肌醇六磷酸生物合成途径中的酶或者过表达产生肌醇六磷酸酶来降低食物中的肌醇六磷酸含量，从而提高食物中矿物质元素的生物可利用性。目前，许多研究成功利用基因工程技术在大豆、大米和小麦等作物中过表达肌醇六磷酸，显著减低了作物种子中的肌醇六磷酸含量。此外，利用转基因技术也已成功应用于增加某些作物中的营养增强物的含量，如抗坏血酸、β-胡萝卜素、赖氨酸等。

本章总结

○ 矿物质的分类：
① 常量元素（如钙、钾）-人体每日需求量大于50mg。
② 微量元素（如铁、锌）-人体每日需求量小于50mg。
③ 超微量元素（如铝、硼）-需求量更少。

○ 矿物质的功能：
① 构成生物体的重要组成成分。
② 维持机体的渗透压和酸碱平衡。
③ 参与体内生物化学反应。
④ 保持肌肉及神经的兴奋性。
⑤ 对食品感官品质的作用。

○ 矿物质的基本性质：
① 溶解性-影响生物利用率。
② 酸碱性-重要的阴离子包括氟化物、碘化物和磷酸盐。
③ 氧化还原性-不同价态的元素对生物利用性有影响。
④ 螯合效应-金属离子与配位体结合形成螯合物，影响生物利用率。

○ 矿物质在食品加工和贮藏中的变化：
① 碾磨过程是导致矿物质损失的重要因素。
② 矿物质的存在形式、螯合效应和相互作用影响其吸收利用率。

○ 食品营养强化：
① 通过添加营养素或富含营养素的原料来提高食品营养价值。
② 加碘盐等成功案例表明食品强化是预防矿物质缺乏的有效手段。

○ 生物强化：
① 通过改良作物中矿物质含量来提高人类的矿物质摄入量。
② 适用于一些矿物质（比如硒），但不适用于所有元素（比如铁）。

参考文献

[1] Damodaran S, Parkin L K. Fennema's Food Chemistry. 5th ed. Leiden: CRC Press, 2017.
[2] Melton L, Shahidi F, Varelis P. Encyclopedia of Food Chemistry. Amsterdam: Elsevier, 2019.
[3] 李红，张华．食品化学．北京：中国纺织出版社，2022.
[4] 江波，杨瑞金．食品化学．北京：中国轻工业出版社，2018.
[5] 李云捷，黄升谋．食品营养学．成都：西南交通大学出版社，2018.
[6] 黄泽元，迟玉杰．食品化学．北京：中国轻工业出版社，2017.
[7] 张忠，李凤林，罗晓妙．食品生物化学．北京：中国纺织出版社，2021.
[8] 孙平主．食品添加剂．北京：中国轻工业出版社，2020.
[9] 彭珊珊．食品添加剂．北京：中国轻工业出版社，2017.
[10] 郑秋闿．食品添加剂及其应用．长春：吉林人民出版社，2018.
[11] 魏强华．食品生物化学与应用．重庆：重庆大学出版社，2021.

［12］ 赵新淮．食品化学．北京：化学工业出版社，2006.

［13］ 孙琛，周凤盈，王殿奎，等．原子吸收光谱法在食品重金属检测中的应用分析．中国食品工业，2023，（8）：75-76+86.

［14］ Singh P，Prasad S. A review on iron，zinc and calcium biological significance and factors affecting their absorption and bioavailability. Journal of Food Composition and Analysis，2023，123：105529.

［15］ Kiczorowski P，Kiczorowska B，Samolińska W，et al. Effect of fermentation of chosen vegetables on the nutrient，mineral，and biocomponent profile in human and animal nutrition. Scientific Reports，2022，12（1）.

［16］ Adebo J A. A review on the potential food application of lima beans（*Phaseolus lunatus* L.），an underutilized crop. Applied Sciences，2023，13（3）：1996.

［17］ Underwood B A. Scientific research：Essential，but is it enough to combat world food insecurities? The Journal of Nutrition，2003，133（5）：1434S-1437S.

［18］ Seregin I V，Kozhevnikova A D. Nicotianamine：A key player in metal homeostasis and hyperaccumulation in plants. International Journal of Molecular Sciences，2023，24（13）：10822.

［19］ Kumari M，Platel K. Influence of addition of β-carotene rich vegetables and acidulants on the bioaccessibility of trace minerals from selected cereals and pulses. Journal of Food Measurement and Characterization，2020，14（6）：2970-2980.

［20］ Ali Z，Hakeem S，Wiehle M，et al. Prioritizing strategies for wheat biofortification：Inspiration from underutilized species. Heliyon，2023，9（10）：e20208.

［21］ Rakotondramanana M，Wissuwa M，Ramanankaja L，et al. Stability of grain zinc concentrations across lowland rice environments favors zinc biofortification breeding. Frontiers in Plant Science，2024，15：1293831.

［22］ Agrawal S，Kumar A，Gupta Y，et al. Potato biofortification：A systematic literature review on biotechnological innovations of potato for enhanced nutrition. Horticulturae，2024，10（3）：292.

思考与练习

1. 阐述食品中矿物质的基本性质及它们在机体中的作用。
2. 阐述常见矿物质包括常量元素和微量元素的基本理化性质。
3. 为什么谷物和豆类食品中的钙吸收利用率低？如何提高其吸收利用率？
4. 阐述矿物质在食品加工、贮藏过程中发生的变化及对利用率的影响。
5. 试述铁在食物中的存在形式及对吸收率的影响因素。
6. 什么是食品营养强化剂？在选择合适的强化剂时应注意哪些因素？
7. 常用的矿物质强化剂有哪些？各自有何作用？
8. 食品强化和生物强化有什么区别？各有什么优缺点？

二维码 7-3

附表 7-1 常量和微量元素的 RNI 或 AI

年龄/岁	钙(Ca) AI/mg	磷(P) AI/mg	钾(K) AI/mg	钠(Na) AI/mg	镁(Mg) AI/mg	铁(Fe) AI/mg	碘(I) RNI/μg	锌(Zn) RNI/mg	硒(Se) RNI/μg	铜(Cu) AI/mg	氟(F) AI/μg	铬(Cr) AI/μg	锰(Mn) AI/mg	钼(Mo) AI/μg
0～	300	150	500	200	30	0.3	50	1.5	15(AI)	0.4	0.1	10		
0.5～	400	300	700	500	70	10	50	8.0	20(AI)	0.6	0.4	15		
1～	600	450	1000	650	100	12	50	9.0	20	0.8	0.6	20		15
4～	800	500	1500	900	150	12	90	12.0	25	1.0	0.8	30		20
7～	800	700	1500	1000	250	12	90	13.5	35	1.2	1.0	30		30
						男 女		男 女						
11～	1000	1000	1500	1200	350	16 18	120	18.0 15.0	45	1.8	1.2	40		50

续表

年龄/岁	钙(Ca) AI /mg	磷(P) AI /mg	钾(K) AI /mg	钠(Na) AI /mg	镁(Mg) AI /mg	铁(Fe) AI /mg	碘(I) RNI /μg	锌(Zn) RNI /mg	硒(Se) RNI /μg	铜(Cu) AI /mg	氟(F) AI /μg	铬(Cr) AI /μg	锰(Mn) AI /mg	钼(Mo) AI /μg
14～	1000	1000	2000	1800	350	20　25	150	19.0 15.5	50	2.0	1.4	40		50
18～	800	700	2000	2200	350	15　20	150	15.0 11.5	50	2.0	1.5	50	3.5	60
50～	1000	700	2000	2200	350	15	150	11.5	50	2.0	1.5	20	3.5	60
孕妇（早期）	800	700	2500	2200	400	15	200	11.5	50					
孕妇（中期）	1000	700	2500	2200	400	25	200	16.5	50					
孕妇（晚期）	1200	700	2500	2200	400	35	200	15.6	50					
乳母	1200	700	2500	2200	400	25	200	21.5	65					

注：1. RNI（recommended nutrient intake）：推荐摄入量。AI（adequate intake）：适当摄入量。

2. 凡表中数字缺如之处表示未制定该参考值。

摘自中国营养学会网站（www. cnsoc. org）。

附表 7-2 某些微量营养素的 UL

年龄/岁	钙(Ca) /mg	磷(P) /mg	镁(Mg) /mg	铁(Fe) /mg	碘(I) /μg	锌(Zn) /mg	硒(Se) /μg	铜(Cu) /mg	氟(F) /mg	铬(Cr) /μg	锰(Mn) /mg	钼(Mo) /μg
0～				10			55		0.4			
0.5～				30		13	80		0.8			
1～	2000	3000	200	30		23	120	1.5	1.2	200		80
4～	2000	3000	300	30		23	180	2.0	1.6	300		110
7～	2000	3000	500	30	800	28	240	3.5	2.0	300		160
						男　女						
11～	2000	3500	700	50	800	37　34	300	5.0	2.4	400		280
14～	2000	3500	700	50	800	42　35	360	7.0	2.8	400		280
18～	2000	3500	700	50	1000	45　37	400	8.0	3.0	500	10	350
50～	2000	3500	700	50	1000	37　37	400	8.0	3.0	500	10	350
孕妇	2000	3000	700	60	1000	35	400					
乳母	2000	3500	700	50	1000	35	100					

注：1. UL（tolerable upper intake lever）：可耐受最高摄入量。

2. 凡表中数字缺如之处表示未制定该参考值。60 岁以上磷的 UL 为 3000mg。

摘自中国营养学会网站（www. cnsoc. org）.

第七章

第八章　酶

○○ —— ○○ ○ ○○ ——

兴趣引导

吃馒头时，我们会感觉馒头越咀嚼越甜，为什么？

视频 8-1
知识点讲解

二维码 8-1

为什么学习本章内容？

○ 酶的系统命名和习惯命名各有什么特点？
○ 为什么酶催化作用具有高效性？
○ 固定化酶与游离酶相比有何特点？
○ 酶在食品中的应用有哪些？
○ 酶促褐变的抑制措施有哪些？

学习目标

○ 了解酶的化学本质、分类与命名，以及酶在食品科学中的重要性。
○ 熟知酶的性质和结构、酶对食品品质的影响，以及酶在食品工业中的应用。
○ 掌握酶催化反应动力学、酶促褐变机理、酶固定化方法，以及固定化酶的应用。

第一节　概述

一、酶的化学本质

酶（enzyme）是由活生命机体产生的具有催化活性的蛋白质，只要不是处于变性状态，无论是在细胞内还是在细胞外，酶都可发挥其催化作用。关于酶是否是蛋白质的问题，在 20 世纪初曾有过争论。1926 年萨姆纳（Sumner）首次从刀豆提取液中分离纯化得到脲酶结晶，并证明它具有蛋白质的性质，提出酶的本质是蛋白质的观点。在 20 世纪 80 年代之前，酶的化学结构和立体结构以及人工合成酶的成功实践，一致认为酶的化学本质是蛋白质。

20 世纪 80 年代，酶学领域的最大突破之一是 1982 年 Cech 在研究四膜虫 26S rRNA 时，发现了一种具有催化功能的 RNA 分子，即通常所说的核酶（ribozyme）。近年来又陆续发现不少 RNA 具有催化活性，还发现了一些与其催化活性相关的结构，如锤头结构。至此，人们对酶的本质又有了新的认识，酶的本质也发生了变化，即酶是由活生命机体产生的具有催化活性的生物大分子物质。1995 年，Cuenoud 等还发现有些 DNA 分子也具有催化活性。在生物体内，除少数几种酶为核酸分子外，大多数酶类都是蛋白质。

从上述可知酶是生物大分子。有许多实验证明，酶在催化反应中并不是整个酶分子在起作用，起作用的只是其中的某一部分。例如，溶菌酶肽链的第一至三十四个氨基酸残基切除后，其催化活性并不受影响，这说明了酶催化底物发生反应时确实只有酶的某一特定部位在起作用。因此，把酶分子中能与底物直接起作用的特殊部分称为酶的活性中心。

在蛋白质酶中，常见的酶活性中心的基团有 Ser-OH、Cys-SH、His-咪唑基、Asp-COOH、Gly-COOH、Lys-NH_3 等。根据它们与底物作用时的功能分为两类：①与反应底物结合的称为结合基团，一般由一个或几个氨基酸残基组成；②促进底物发生化学变化的称为催化基团，一般由 2～3 个氨基酸残基组成。不同酶的活性中心是由于不同酶的完整的空间结构所致，如果酶蛋白变性，其立体结构被破坏，活性中心的构象相应也会受到破坏，酶则失去活力。

二、酶的命名和分类

（一）酶的命名

1. 习惯命名法

习惯命名（recommended name）是把底物的名字、底物发生的反应以及该酶的生物来源等加在“酶”字的前面组合而成。如淀粉酶、蛋白酶、脲酶是由它们各自作用的底物是淀粉、蛋白质、尿素命名的，水解酶、转氨基酶、脱氢酶是根据它们各自催化底物发生水解、氨基转移、脱氢反应命名的，而像胃蛋白酶、细菌淀粉酶、牛胰核糖核酸酶则是根据酶的来源不同命名的。20 世纪 50 年代以前，所有的酶名都是根据酶作用的底物、酶催化的反应性质和酶的来源这种习惯命名法由发现者各自拟定的。

随着生物化学的发展，这种简单的命名方法就显露出它的不足之处：一是“一酶多名”，如分解淀粉的酶，若按习惯命名法则有 3 个名字，分别为淀粉酶、水解酶、细菌淀粉酶；二是“一名数酶”，如脱氢酶，该酶的辅因子是 NAD^+ 或 FAD，作为底物脱下来的氢载体，像乳酸脱氢酶、琥珀酸脱氢酶。为此，国际生物化学协会酶学委员会（Eenzyme Commission，EC）于 1961 年提出了一个新的系统命名和系统分类原则。

2. 系统命名法

系统命名（systematic name）要求能确切地表明酶的底物及酶催化的反应的性质，即酶的系统名包括酶作用的底物名称和该酶的分类名称。若底物是两个或多个则通常用“：”号把它们分开，作为供体的底物名字在前，受体的名字在后。如乳酸脱氢酶的系统名称是：L-乳酸：NAD^+ 氧化还原酶。

按照严格的规则对酶进行系统命名后，获得的新名过于冗长而使用不便，因此在绝大多数情况下使用的都是简便明了的习惯名称。20 世纪 60 年代以前发现的酶的名称多是过去长期沿用的俗名；20 世纪 60 年代以后发现的酶，其名称则是按酶学委员会制定的命名规则拟定的。总之，按照国际系统命名法原则，每一种酶有一个习惯名称和系统名称。例如：

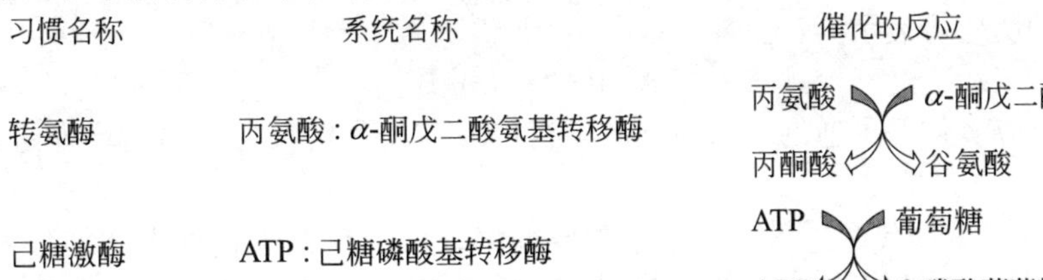

习惯名称
系统名称
催化的反应
转氨酶
丙氨酸：α-酮戊二酸氨基转移酶
丙氨酸
α-酮戊二酸
丙酮酸
谷氨酸
己糖激酶
ATP：己糖磷酸基转移酶
ATP
葡萄糖
ADP
6-磷酸葡萄糖

（二）酶的分类

根据酶所催化的反应类型，可将酶分为六大类。

1. 氧化还原酶类

凡能催化底物发生氧化还原反应的酶，称为氧化还原酶（oxido-reductase）。在有机反应中，通常把脱氢加氧视为氧化、加氢脱氧视为还原。此类酶中包括有脱氢酶（dehydrogenase）、加氧酶（oxygenase）、氧化酶（oxidase）、还原酶（reductase）、过氧化物酶（peroxidase）等。其中种数最多的是脱氢酶。

脱氢酶催化的反应可用通式表示为：

$$AH_2 + B \longrightarrow A + BH_2$$

AH_2 表示底物，B 为原初受氢体。在脱氢反应中，直接从底物上获得氢原子的都是辅酶（基）。辅酶（基）从底物上得到氢原子后，再经过一定的传递过程，最后使之与氧结合成水。

氧化酶催化的反应可表示为：

$$AH_2 + \frac{1}{2}O_2 \longrightarrow A + H_2O$$

此类反应中，从底物分子中脱下来的氢原子不经传递直接与氧反应生成水。由氧化酶催化的反应多数是不可逆的。

2. 转移酶类

凡能催化底物发生基团转移或交换的酶，称为转移酶（transferase）。根据所转移基团的种类不同，转移酶包括氨基转移酶（aminotransferase）、甲基转移酶（transmethylase）、酰基转移酶（acyltransferase）、激酶（kinase）及磷酸化酶（phosphorylase）。

由转移酶催化的反应可表示为：

$$A—R + B \longrightarrow A + B—R$$

R为被转移的基团。被转移的基团首先与辅酶结合，而后再转移给另一受体。例如，氨基转移酶的辅酶是磷酸吡哆醛，在转氨过程中被转移的氨基首先与磷酸吡哆醛结合生成磷酸吡哆胺，然后磷酸吡哆胺再把该氨基转移到另一物质上。

3. 水解酶类

凡能催化底物发生水解反应的酶，均称为水解酶（hydrolase）。常见的水解酶有淀粉酶（amylase）、麦芽糖酶（maltase）、蛋白酶（protease）、肽酶（peptidase）、酯酶（esterase）及磷酸酯酶（phosphatase）等。

这类酶所催化的反应可表示为：

$$A—B + H_2O \longrightarrow AH + B—OH$$

水解酶所催化的反应多数是不可逆的。

4. 裂解酶类

凡能催化底物分子中C—C(或C—O，C—N等）化学键断裂，断裂后一分子底物转变为两分子产物的酶，均称为裂解酶（lyases）。

此类酶所催化的反应可表示为：

$$A—B \longrightarrow A + B$$

这类酶催化的反应多数是可逆的，从左向右进行的反应是裂解反应，由右向左进行的是合成反应，所以又称为裂合酶。

醛缩酶（aldolase）是糖代谢过程中一个很重要的酶，广泛存在于各种生物细胞内，是一个较常见的裂合酶，它催化1,6-二磷酸果糖裂解为磷酸甘油醛与磷酸二羟丙酮。此外，常见的裂解酶还有脱羧酶（decarboxylase）、异柠檬酸裂解酶（citrate lyase）、脱水酶（dehydratase）、脱氨酶（deaminase）等。

5. 异构酶类

异构酶（isomerase）能催化底物分子发生几何学或结构学的同分异构变化，几何学上的变化有顺反异构、差向异构（表异构）和分子构型的改变，结构学上的变化有分子内的基团转移（变位）和分子内的氧化还原。常见的异构酶有顺反异构酶（cistransisomerase）、表异构酶（epimerase）、变位酶（mutase）和消旋酶（racemase）。

此类酶所催化的反应可表示为：

$$A \longleftrightarrow B$$

异构酶所催化的反应都是可逆的。糖酵解中的异构酶有磷酸葡萄糖变位酶、磷酸丙糖异构酶及磷酸甘油酸变位酶。

6. 合成酶类

合成酶（ligase）是催化两个分子连接在一起并伴随有ATP分子中的高能磷酸键断裂的一类酶，又称连接酶。

此类酶所催化的反应可表示为：

$$A + B + ATP \longrightarrow A—B + ADP + Pi$$

或

$$A + B + ATP \longrightarrow A—B + AMP + PPi$$

此类反应多数不可逆。反应式中的 Pi、PPi 分别代表无机磷酸与焦磷酸。反应中必须有 ATP（或 GTP）参与。常见的合成酶如丙酮酸羧化酶（pyruvate carboxylase）、谷氨酰胺合成酶（glutamine synthetase）、谷胱甘肽合成酶（glutathione synthetase）等。

三、酶在食品科学中的重要性

酶的应用已有几千年的历史，尽管当时人们并没有任何有关催化剂和化学反应本质方面的知识，但在食品的加工过程中人们已经开始利用微生物细胞产生的各种酶的催化作用。例如，在酿造中利用发芽的大麦转化淀粉、用破碎的木瓜树叶包裹肉以使肉嫩化，都是古代食品制备中应用酶的例子。

酶学和食品科学的关系是非常密切的。食品科学家们对酶在食品中的各种作用尤其是导致食品腐败变质的酶的作用进行了细致研究。近几十年来，随着酶研究的不断深入和酶生产的快速发展，酶在食品科学中的重要性日益凸现。

1. 酶对食品加工和贮藏的重要性

植物采摘或动物屠宰后，体内的酶催化作用仍然在继续进行，直至酶系的底物耗尽或不再适合反应进行时才终止。在动植物死亡后，水解酶如蛋白酶、酯酶、磷酸化酶和糖苷酶等还可以长时间作用于体内细胞。这是由于动植物死亡后体内合成代谢停止而分解代谢加速，细胞组织遭到破坏，蛋白质变性，致使这些酶的活性增强引起的。因此，可以通过控制食品原料中的酶活力有效改善食品原料的风味和质地结构。控制酶活力的方法主要是热处理法和冷冻法。在不损害食品原料品质的前提下适当地对其进行热处理，能够在一定程度上降低原料中微生物产生的酶的活力。通过冷冻法使食品处于低温环境下也能够降低酶活力、延长食品贮藏期，但在冷冻前必须预先将原料热处理，否则解冻后酶活力将会显著回升。

酶作为一种反应的催化剂应用于食品加工及贮藏，有着其他物理或化学手段无法比拟的优越性：首先，它不会带来任何有害残留物质；其次，由于酶催化反应有着高度的专一性和高效性，酶制剂用量小，成本较低；第三，酶催化反应条件温和，食品营养成分损失少，易于操作，能耗较低。因此，酶制剂在食品工业中的应用成效显著。

例如，葡萄糖氧化酶是一种对氧非常专一的除氧剂，普遍应用于食品保鲜及包装，能够有效防止食品变质，延长食品保质期。对于已经发生的氧化变质作用，它也可以阻止其进一步发展。另外，葡萄糖氧化酶又具有酶的催化专一性，在除氧的同时不会与食品中其他物质发生作用。溶菌酶能够水解细菌细胞壁肽聚糖的β-1,4-糖苷键，导致细菌自溶死亡。溶菌酶在食盐、蔗糖等溶液中稳定，而且耐酸耐热性强，因此非常适宜于各种食品的防腐。溶菌酶对多种细菌有抗菌作用，还能杀死肠道腐败菌，增加抗感染力，同时还能促进婴儿肠道双歧杆菌增殖，促进乳酪蛋白凝乳，利于消化。溶菌酶对人体完全无毒副作用，是安全的食品防腐剂。

2. 酶对食品安全的重要性

酶的作用会使食品品质特性发生改变，甚至产生毒素和其他不利于健康的有害物质。在生物材料中，酶和底物处在细胞的不同部位，故仅当生物材料破碎时酶和底物的相互作用才有可能发生。此外，酶与底物作用也受到环境条件的影响。有时本身无毒的底物会在酶催化降解下转变成有害物质。例如，木薯含有生氰糖苷，虽然它本身无毒，但是在内源糖苷酶的作用下产生氢氰酸。

虽然有些酶的作用会产生毒素和有害物质，另一方面也可以利用酶的作用去除食品中的毒素或妨碍营养的因素。例如，利用乳糖酶处理乳制品，可以有效缓解或消除人体因消化乳糖困难引起的胃胀气、腹痛、呕吐或腹泻等症状。另外，由于人体内缺乏α-D-半乳糖苷酶和β-D-果糖苷酶，不能水解豆类中的一些寡糖，这不但减少了人体对一些单糖的吸收，而且这些寡糖在肠道中发酵产生的气体还会引起人体不适。利用植酸酶作用即可显著改善这种情况。另有研究发现，α-葡萄糖基转移酶用于甜叶菊加工可以脱除苦涩味，黄曲霉毒素 B_1 经黄曲霉毒素脱毒酶处理后毒性、致畸性极大降低。这些都证明酶法是一种安全、高效的解毒方法，对食品无污染，有高度的选择性，而且不影响食品的营养物质。

3. 酶对食品营养的重要性

酶的作用有可能导致食品中营养组分的损失。虽然在食品加工中营养组分的损失大多是由于非酶作用引起的，但是食品材料中酶的作用也是不容忽视的。例如，脂肪氧合酶催化胡萝卜素降解，使面粉漂白，在一些蔬菜的加工过程中脂肪氧合酶也参与了胡萝卜素的破坏过程。另外，酶也参与了维生素 B_1 的破坏过程。例如，在一些用发酵方法加工的鱼制品中，由于鱼和细菌中的硫胺素酶作用，使这些食品缺少维生素 B_1。抗坏血酸是一种不稳定的维生素，在食品加工和贮藏中常由于酶或非酶的因素被氧化破坏。

另一方面，也可以利用酶的作用去除食品中的抗营养因素，使食品中的营养元素更利于人体的吸收利用，提高食品的营养价值。例如，豆类和谷类中的植酸易与膳食中的铁、锌和其他金属离子形成难溶的络合物而影响人体对这些元素的吸收，植酸还能与蛋白质形成稳定的复合物而降低豆类蛋白质的生理价值。植酸酶能催化植酸水解成磷酸和肌醇，显著降低植酸的含量。由于豆类和谷类中植酸酶的活力通常是较低的，可以外源添加植酸酶或富含植酸酶的小麦芽，以促进植酸的分解。植酸酶还可以用于酿造，以改善原料中磷的利用，以及用于去钾大豆蛋白食物的生产。

4. 酶对食品分析的重要性

酶法分析具有准确、快速、专一性和灵敏性强等特点，其中最大的优点就是酶的催化专一性强。当待测样品中含有结构和性质与待测物十分相似（如同分异构体）的共存物时，要发现待测物特性或要分离纯化待测物往往十分困难。而利用仅作用于待测物的酶，不需要分离就能辨识待测组分，即可对待测物质进行定性和定量分析。所以，酶法分析的样品一般不需要进行很复杂的预处理，尤其适合食品这一复杂体系。此外，由于酶催化的高效性，酶法分析的速度大多比较快。

目前，酶在食品分析中的应用涉及食品组分的酶法测定、食品质量的酶法评价及食品卫生与安全检测等多个方面。近年来，食品酶法分析由于其方便快捷和技术的不断发展，已逐渐成为食品分析检测中的一个重要分支和一种非常有效的分析手段。

5. 酶与食品生物技术

食品生物技术主要研究基因工程、细胞工程、酶工程、发酵工程在食品工业中的应用。酶工程的主要研究内容是把游离酶固定化，或者把经过培养发酵产生目的酶活力高峰时的整个微生物细胞固定化，然后直接应用于食品生产过程中物质的转化。

酶也可作为重要的研究工具。例如，以内切酶和连接酶作为工具酶将外源 DNA 或目的基因连接到载体上，获得 DNA 重组体，以欲改造的动植物作为受体，使重组 DNA 进入受体细胞，实现外源 DNA 的转化，从而生产出具有特定优良性状的转基因食品。

第二节　酶的性质和结构

一、酶的催化特性

酶和化学催化剂一样，仅能改变化学反应的速度，并不能改变化学反应的平衡点；酶在反应前后本身不发生变化；在细胞中相对含量很低的酶在短时间内能催化大量的底物发生转化，体现酶催化的高效性。酶可降低反应的活化能，但不改变反应过程中自由能的变化，因而使反应速度加快，缩短反应到达平衡的时间，但不改变平衡常数。

酶的催化作用与化学催化剂相比，又表现出特有的特征。

1. 酶催化的高效性

酶的催化活性比化学催化剂高出很多。例如，过氧化氢酶（catalase）和无机铁离子都能催化过氧化氢发生分解反应，过氧化氢酶的催化效率大约是铁离子的 10 倍。

酶催化效率的高低可用转换数（turnover number）表示。转换数是指底物浓度足够大时每分钟每个酶分子能转换底物的分子数，即催化底物发生化学变化的分子数。

2. 酶催化的高度专一性

一种酶只能作用于某一类或某一种特定的物质，这就是酶作用的专一性（specificity）。例如，糖苷键、酯键、肽键等都能被酸碱催化水解，但水解这些化学键的酶却各不相同，分别为相应的糖苷酶、酯酶、肽酶，即它们分别被具有专一性的酶作用才能水解。

3. 酶催化的反应条件温和

酶催化反应一般要求在常温、常压、中性酸碱度等温和的条件下进行。这是因为酶是蛋白质，在高温、强酸、强碱等环境中容易失去活性。由于酶对外界环境的变化比较敏感，在应用时必须严格控制反应条件。

4. 酶活性的可调控性

与化学催化剂相比，酶催化作用的另一个特征是其催化活性可以调控。底物浓度、产物浓度以及环境条件的改变都可能影响酶催化活性，从而控制生化反应协调有序地进行。酶的调控方式很多，包括抑制剂调节、反馈调节、共价修饰调节、酶原激活及激素控制等。

5. 酶催化的活性与辅酶、辅基和金属离子有关

有些酶是复合蛋白质，其中的辅酶（coenzyme）、辅基（cofactor）及金属离子与酶的催化活性密切相关。若将它们除去，酶就失去活性。

二、酶的辅助因子

从酶的组成来看，有些酶仅由蛋白质或核糖核酸组成，这种酶称为单成分酶；有些酶除了蛋白质或核糖核酸以外还需要有其他非生物大分子成分，这种酶称为双成分酶。蛋白类酶中的纯蛋白质部分称为酶蛋白。核酸类酶中的核糖核酸部分称为酶 RNA。其他非生物大分子部分称为酶的辅助因子。

双成分酶需要有辅助因子存在才具有催化功能。单纯的酶蛋白或酶 RNA 不呈现酶活力，单纯的辅助因子也不呈现酶活力，只有两者结合在一起形成全酶（holoenzyme）才能显示出酶活力。辅助因子可以是无机金属离子，也可以是小分子有机化合物。

1. 无机辅助因子

无机辅助因子主要指各种金属离子，尤其是各种 2 价金属离子。

（1）镁离子　镁离子是多种酶的辅助因子，在酶的催化中起重要作用。例如，激酶、柠檬酸裂合酶、异柠檬酸脱氢酶、碱性磷酸酶、酸性磷酸酶、自我剪接的核酸类酶等都需要镁离子作为辅助因子。

（2）锌离子　锌离子是木瓜蛋白酶、菠萝蛋白酶、中性蛋白酶等的辅助因子，也是铜锌-超氧化物歧化酶（Cu,Zn-SOD）、碳酸酐酶、羧肽酶、醇脱氢酶、胶原酶等的辅助因子。

（3）铁离子　铁离子与卟啉环结合成铁卟啉，是过氧化物酶、过氧化氢酶、色氨酸双加氧酶等的辅助因子。铁离子也是铁-超氧化物歧化酶（Fe-SOD）、固氮酶、黄嘌呤氧化酶、琥珀酸脱氢酶、脯氨酸羧化酶的辅助因子。

（4）铜离子　铜离子是铜锌-超氧化物歧化酶、抗坏血酸氧化酶、细胞色素氧化酶、赖氨酸氧化酶、酪氨酸酶等的辅助因子。

（5）锰离子　锰离子是锰-超氧化物歧化酶（Mn-SOD）、丙酮酸羧化酶、精氨酸酶等的辅助因子。

（6）钙离子　钙离子是α-淀粉酶、脂肪酶、胰蛋白酶、胰凝乳蛋白酶等的辅助因子。

2. 有机辅助因子

有机辅助因子指双成分酶中分子量较小的有机化合物。它们在酶催化过程中起传递电子、原子或基团的作用。

（1）烟酰胺核苷酸（NAD^+和$NADP^+$）　烟酰胺是一种B族维生素。烟酰胺核苷酸是许多脱氢酶的辅助因子，如乳酸脱氢酶、醇脱氢酶、谷氨酸脱氢酶、异柠檬酸脱氢酶等。起辅助因子作用的烟酰胺核苷酸主要有烟酰胺腺嘌呤二核苷酸（NAD^+，辅酶Ⅰ）和烟酰胺腺嘌呤二核苷酸磷酸（$NADP^+$，辅酶Ⅱ）。

NAD^+和$NADP^+$在脱氢酶的催化过程中参与传递氢（$2H^+ + 2e^-$）的作用。例如，醇脱氢酶催化伯醇脱氢生成醛，需要NAD^+参与氢的传递。

$$RCH_2OH + NAD^+ \longrightarrow RCHO + NADH + H^+$$

NAD^+和$NADP^+$属于氧化型，NADH和NADPH属于还原型。其氧化还原作用体现在烟酰胺第4位碳原子上的加氢和脱氢。

（2）黄素核苷酸（FMN和FAD）　黄素核苷酸是维生素B_2（核黄素）的衍生物，是各种黄素酶（氨基酸氧化酶、琥珀酸脱氢酶等）的辅助因子。起辅助因子作用的黄素核苷酸主要有黄素单核苷酸（FMN）和黄素腺嘌呤二核苷酸（FAD）。

在酶的催化过程中，FMN和FAD的主要作用是传递氢。其氧化还原体系主要体现在异咯嗪基团的第1位和第10位N原子的加氢和脱氧。

（3）铁卟啉　铁卟啉是一些氧化酶如过氧化氢酶、过氧化物酶等的辅助因子。它通过共价键与酶蛋白牢固结合。

（4）硫辛酸（6,8-二硫辛酸）　硫辛酸全称为6,8-二硫辛酸。它在氧化还原酶的催化作用过程中通过氧化型和还原型的互相转变起传递氢的作用。此外，硫辛酸在酮酸的氧化脱羧反应中也作为辅酶起酰基传递作用。

（5）核苷三磷酸（NTP）　核苷三磷酸主要包括腺嘌呤核苷三磷酸（ATP）、鸟苷三磷酸（GTP）、胞苷三磷酸（CTP）、尿苷三磷酸（UTP）等。它们是磷酸转移酶的辅助因子。

在酶的催化过程中，核苷三磷酸的磷酸基或焦磷酸被转移到底物分子上，同时生成核苷二磷酸（NDP）或核苷酸（NMP）。

（6）鸟苷　鸟苷是含Ⅰ型居间序列（IVS）的自我剪接酶的辅助因子。

（7）辅酶Q　辅酶Q是一系列苯醌衍生物，是一些氧化还原酶的辅助因子。

（8）谷胱甘肽（G-SH）　谷胱甘肽是由L-谷氨酸、半胱氨酸和甘氨酸组成的三肽，是L-谷氨酰-L-半胱氨酰甘氨酸的简称。

（9）辅酶A　辅酶A由腺苷二磷酸、泛酸和巯基乙胺组成，是各种酰基化酶的辅酶。

（10）生物素　生物素是B族维生素的一种，是羧化酶的辅助因子。在酶催化反应中，生物素起CO_2的掺入作用。

（11）硫胺素焦磷酸　硫胺素又称为维生素B_1。硫胺素焦磷酸是酮酸脱羧酶的辅助因子。

（12）磷酸吡哆醛和磷酸吡哆胺　磷酸吡哆醛和磷酸吡哆胺又称为维生素B_6，是各种转氨酶的辅助因子。在酶催化氨基酸和酮酸的转氨过程中，维生素B_6通过磷酸吡哆醛和磷酸吡哆胺的互相转变起氨基转移作用。

三、酶的纯化和活力

（一）酶的纯化

由于从微生物和其他来源得到的粗酶提取物中含有许多组分，将它们完全分离是非常困难的，因此在食品加工过程中使用的酶应尽可能地避免“纯化”。虽然食品级酶制剂不要求是纯酶，可以含有其他杂酶以及各种非酶组分，但是必须符合食品法规。

在酶纯化中采用的分离技术包括使用高浓度盐或有机溶剂的选择性沉淀技术、根据分子大小的凝胶过滤色谱、根据电荷密度的离子交换色谱、根据对某特定化合物或基团的亲和力设计的亲和色谱技术以及膜分离技术等。

（二）酶活力

在酶学研究和酶的生产中需要进行酶活力的测定，以确定酶量的多少以及变化情况。酶活力测定是在一定条件下测定酶所催化的反应速度。反应速度越大，意味着酶的活力越高。

1. 酶活力测定的方法

酶活力测定的方法很多，如化学测定法、光学测定法、气体测定法等。酶活力测定包括两个阶段：首先是在一定条件下酶与底物反应一段时间，然后测定反应体系中底物或产物的变化量。

酶活力测定的步骤如下：

① 根据酶催化的专一性选择适宜的底物，配制成一定浓度的底物溶液。所用的底物必须均匀一致，达到酶催化反应所要求的纯度。

② 根据酶的动力学性质确定酶催化反应的 pH 值、温度、底物浓度、激活剂浓度等反应条件。

③ 在一定条件下将一定量的酶液和底物溶液混合均匀，记录反应开始的时间。

④ 反应到一定的时间，取出适量的反应液，运用各种检测技术测定产物的生成量或底物的减少量。

2. 酶活力的单位

酶活力的高低是以酶活力的单位数表示的。

（1）国际单位　在特定条件下 1min 内能转化 1μmol 底物的酶量定义为 1 个酶活力单位（U，active unit）。

（2）比活力　比活力是衡量酶纯度的一个指标，是指 1mg 蛋白质所具有的酶活力单位数。对于同一种酶来说，比活力越大，酶的纯度越高。

检查与拓展 1

二维码 8-2

称取 50mg 的蛋白酶粉配制成 100mL 酶液，从中取出 0.1mL，以酪蛋白为底物用 Folin-酚比色法测定酶活力，结果表明每小时产生 3000μg 酪氨酸。另取 2mL 酶液，用凯氏定氮法测得蛋白含量为 0.625mg/mL。若以每分钟产生 1μg 酪氨酸的量为 1 个活力单位计算，根据以上数据，求 1mL 酶液中的酶活力单位，以及每毫克蛋白所具有的酶比活力。

第三节　酶催化反应动力学

一、酶催化作用机制

一个化学反应发生时，并不是所有的反应物分子都能进行反应，因为每个分子所含有的能量高低不同，只有所含能量达到或超过某一定限度（称为能阈）成为活化状态的分子才能在碰撞中发生化学反应，这些分子称做活化分子。使一般分子变为活化分子所需的能量称为活化能。

在一个化学体系中，活化分子越多，反应就越快。增加活化分子的数目，就能加快反应的速率。增加活化分子数目的途径有两条：一是加热或光照，使分子所含的能量增高，从而增加活化分子的数目；二是降低活化能，使本来不够活化水平的分子也成为活化分子，从而增加活化分子的数目。

催化剂的作用就是降低活化能。活化能越低，活化分子的数目就越多，反应进行得就越快（图 8-1）。

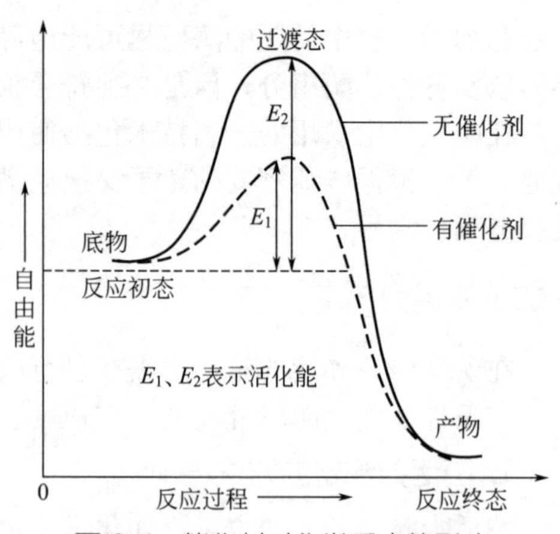

图 8-1 催化剂对化学反应的影响

1. 酶催化作用的中间络合物学说

酶降低活化能的原因是酶参加了反应，即酶先与底物结合形成不稳定的中间产物——中间络合物。这种中间络合物具有较高的活性，它不仅容易生成，而且容易变成产物，并释放出酶。此过程可用下式表示：

$$E + S \rightleftharpoons ES \longrightarrow E + P$$

E 表示酶，S 表示底物，ES 表示中间产物，P 表示产物。这样就把原来能阈较高的一步反应变成能阈较低的两步反应。

2. 酶的活性中心

酶蛋白中只有少数特定的氨基酸残基的侧链基团和酶的催化活性直接有关，这些官能团称为酶的必需基团。由少数必需基团组成的能与底物分子结合并完成特定催化反应的空间小区域称为酶的活性中心。构成酶的活性中心的必需基团可分为两种：一种与底物分子结合，称为结合基团；另一种完成催化反应，称为催化基团。在酶的活性中心中，结合基团和催化基团并非都有严格的分工，通常是两种功能兼而有之。

研究发现，在酶的活性中心出现频率最高的氨基酸残基有丝氨酸、组氨酸、半胱氨酸、酪氨酸、天冬氨酸、谷氨酸和赖氨酸，它们的极性侧链基团常是酶的活性中心的必需基团。不同酶的活性中心是由于不同酶的完整的空间结构所致。如果酶蛋白变性，其立体结构被破坏，活性中心的构象相应也会受到破坏，酶则失去活性。

二、酶催化反应动力学

酶催化反应动力学研究酶催化反应速率以及决定反应速率的各种因素。这些因素主要包括酶浓度、底物浓度、pH 值、温度、抑制剂、活化剂等。

1. 酶浓度对酶催化反应的影响

在底物足够，并且酶催化反应过程不受其他因素影响的情况下，酶催化反应速率 v 与酶浓度［E］成正比。即 $v=K[E]$，式中 K 为反应速率常数。酶浓度对酶催化反应速率的影响如图 8-2 所示。

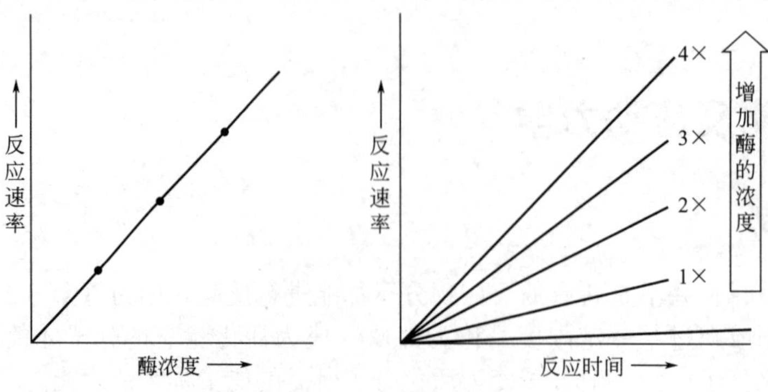

图 8-2 酶浓度对反应速率的影响

2. 底物浓度对酶催化反应的影响

当酶浓度、温度和 pH 值稳定不变时，在较低的底物浓度［S］下，酶催化反应速率与底物浓度成正比，表现为一级反应。随着［S］的增加，v 不再按正比关系增加，表现为混合级反应。当［S］达到一定值后，若再增加［S］，v 将趋于恒定，不再受［S］影响，表现为零级反应。底物浓度对酶催化反应速度的影响如图 8-3 所示。

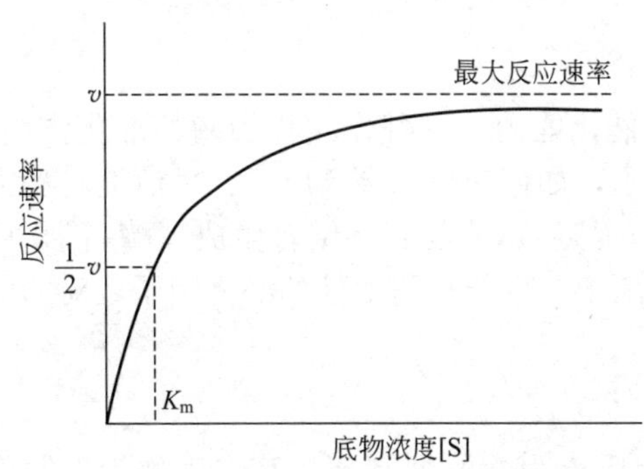

图 8-3 底物浓度对酶催化反应速率的影响

对［S］-v 的这种特征性关系，归纳出能合理解释底物浓度与反应速率间的定量关系的数学式，称为米氏方程：

$$v=\frac{v_{max}[S]}{K_m+[S]}$$

式中，v 为反应速率，v_{max} 为最大反应速率，［S］为底物浓度，K_m 称为米氏常数。

K_m 值是酶的特征性常数，只与酶的结构、酶所催化的底物和反应环境有关，与酶的浓度无关。K_m 等于酶催化反应速率为最大反应速率一半时的底物浓度。K_m 值可用来反映酶与底物亲和力的大小，K_m 值越小，酶与底物的亲和力越大。当酶有几种不同的底物存在时，K_m 值最小者是该酶的最适底物。

3. 温度对酶催化反应的影响

在一定温度范围内，酶活性随温度升高而升高。当温度升高到一定程度时，温度再升高，酶活性不再提高，反而降低，甚至酶变性失活。酶催化反应速率达到最大值时的温度称为酶催化反应的最适温度。不同酶的最适温度不同。植物体内的酶最适温度一般为 45～50℃，动物组织酶的最适温度一般为 37～40℃。低温保存食品，就是使微生物或食品自身的酶活性下降，代谢减慢，从而延长食品的贮藏期。温度对酶催化反应速率的影响如图 8-4 所示。当温度升高到一定值以后，酶会逐渐变性，导致酶催化反应停止。大多数酶在 70～80℃时会变性失活。食品生产中的巴氏消毒、煮沸、高压蒸汽灭菌等就是利用高温使食品和微生物中的酶变性，从而防止食品腐败变质。

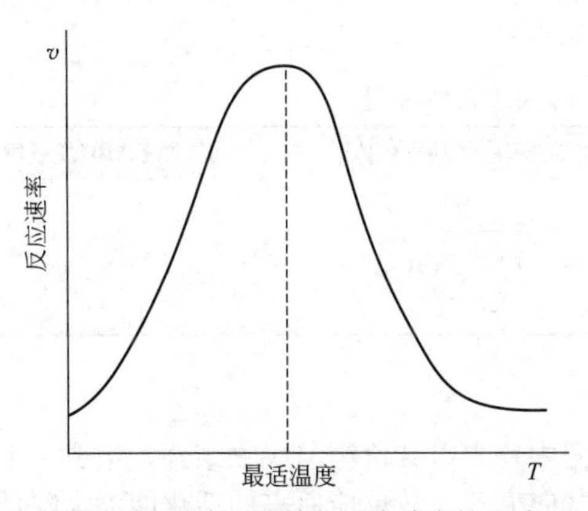

图 8-4 温度对酶催化反应速率的影响

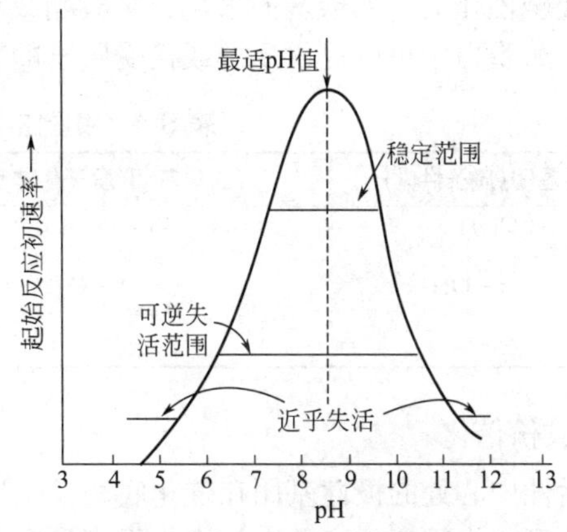

图 8-5 pH 值对酶催化反应速率的影响

4. pH 值对酶催化反应的影响

酶在某一 pH 值范围内活性最高，称为该酶的最适 pH 值。在最适 pH 值的两侧酶活性都骤然下降，所以一般酶催化反应速率的 pH 值曲线呈钟形（图 8-5）。由于食品成分多且复杂，进行加工时对 pH 值的控制很重要。如果某种酶的作用是必需的，则可将 pH 值调至其最适 pH 值处，使其活性达到最高；

反之，如果要避免某种酶的作用，可以通过改变 pH 值抑制此酶的活性。例如，酚酶能导致酶促褐变，其最适 pH 值为 6.5，若将 pH 值降低到 3.0 就可防止褐变产生，故在水果加工时常添加酸化剂，如柠檬酸、苹果酸和磷酸等。

5. 活化剂对酶催化反应的影响

许多酶催化反应必须有其他适当的物质存在才能增强酶的催化能力，这种作用称为酶的活化作用，能引起活化作用的物质称活化剂。酶的活化剂常是一些无机离子，如糖激酶需要 Mg^{2+}、唾液淀粉酶需要 Cl^- 等。金属离子的活化作用可能是由于金属离子与酶结合，然后迅速与底物结合生成“酶-金属-底物”复合物，也就是金属离子促进了酶与底物的结合；至于阴离子，可能是酶活性的必需因子或对酶的热稳定性起着保护作用。

6. 抑制剂对酶催化反应的影响

某些物质可以减弱、抑制甚至破坏酶的催化作用，这种物质称为酶的抑制剂，其作用称为抑制作用。抑制剂的种类很多，如重金属离子、强酸、强碱等小分子物质，某些生物碱、染料、乙二胺四乙酸等大分子物质，还包括酶催化反应的自身产物。

三、影响酶催化反应的因素

1. 邻近与定向效应

邻近是指底物和酶活性部位的邻近，对于双分子反应来说也包含酶活性部位上底物分子之间的靠近，互相靠近的底物分子之间以及底物分子与酶活性部位的基团之间还要有严格的定向，这样就大大提高了活性部位上底物的有效浓度，使分子间反应近似于分子内反应，从而增大了反应速率。

2. 底物分子敏感键扭曲变形

底物结合可以诱导酶分子构象的变化，变化的酶分子又使底物分子的敏感键产生“张力”甚至“形变”，促进酶-底物中间产物进入过渡态，降低了反应活化能，从而加速了酶催化反应。

3. 酸碱催化

酶活性中心的某些基团可以作为质子供体或受体对底物进行酸碱催化。发生在细胞内的许多有机反应都是酸碱催化的，如羰基的水化、羧酸酯或磷酸酯的水解、各种分子的重排以及许多取代反应都属此种类型。酶蛋白中可以提供质子或接受质子的功能基团见表 8-1。

表 8-1 酶蛋白中可作为广义酸碱的功能基团

广义酸基团(质子供体)	广义碱基团(质子供体)	广义酸基团(质子供体)	广义碱基团(质子供体)
$-COOH$	$-COO^-$	$-NH_3^+$	$-NH_2$
$-C_6H_4-OH$	$-C_6H_4-O^-$	HN N$^+$H	HN N
$-SH$	$-S^-$		

4. 共价催化

酶活性中心处的极性基团在催化底物发生反应的过程中首先以共价键与底物结合，生成一个活性很高的共价型的中间产物，此中间产物很容易向最终产物方向变化，故反应所需的活化能大大降低，反应速率明显加大。

5. 活性中心低介电微环境

酶活性中心内是一个疏水的非极性环境，其催化基团被低介电环境包围。某些反应在低介电常数的介质中比在高介电常数的水中快得多。这可能是由于低介电环境有利于电荷相互作用，而极性的水对电荷往往有屏蔽作用。

四、酶的抑制作用和抑制剂

酶的抑制作用分为可逆抑制作用和不可逆抑制作用两类。

（一）不可逆抑制作用

抑制剂与酶的结合是不可逆的，不能用透析、超滤、稀释等方法除去抑制剂而恢复酶的活性，这类抑制作用叫作不可逆抑制作用。不可逆抑制作用是由于抑制剂与酶的活性中心的必需基团结合，使必需基团功能改变或构象改变，导致酶的催化活性受到抑制。例如，常用的有机磷农药能与乙酰胆碱酯酶活性中心的丝氨酸残基上的—OH 结合，而使酶的活性完全丧失。

（二）可逆抑制作用

抑制剂与酶的结合是可逆的，能用透析、超滤、稀释等方法除去抑制剂而恢复酶的活性，这类抑制作用叫作可逆抑制作用。依照动力学原理，这类抑制又可分为竞争性抑制和非竞争性抑制两种类型。不同抑制类型对酶催化反应的影响见表 8-2。

表 8-2 不同抑制类型对酶催化反应的影响

抑制类型	米氏方程	v_{max}	K_m
竞争性抑制	$v=\frac{v_{max}[S]}{K_m(1+[I]/K_I)+[S]}$	不变	增大
非竞争性抑制	$v=\frac{v_{max}[S]}{(K_m+[S])(1+[I]/K_I)}$	减小	不变
反竞争性抑制	$v=\frac{\frac{v_{max}[S]}{1+[I]/K_I}}{\frac{K_m}{1+[K][K_I]}+[S]}$	减小	减小

1. 竞争性抑制作用

这类抑制剂在分子结构上与底物非常相似。在酶催化反应中，抑制剂（I）和底物（S）同时与酶的活性中心结合，减少了底物与酶结合的机会，因而抑制了酶的活性。

在酶反应中，酶与底物形成酶-底物复合物 ES，再由 ES 分解生成产物与酶。

$$E + S \rightleftharpoons ES \longrightarrow E + P$$

抑制剂则与酶结合成酶-抑制剂复合物（EI）：

$$E + I \rightleftharpoons EI$$

酶-抑制剂复合物不能与底物反应生成 EIS。这是因为 EI 的形成是可逆的，并且底物和抑制剂不断竞争酶分子上的活性中心，这类抑制作用称为竞争性抑制作用（competitive inhibition）。

竞争性抑制作用的典型例子为琥珀酸脱氢酶（succinate dehydrogenase）的催化作用。当有适当的氢受体（A）时，此酶催化下列反应：

琥珀酸 + 受体 ⇌ 反丁烯二酸 + 还原性受体

许多与琥珀酸结构相似的化合物都能与琥珀酸脱氢酶的活性中心结合，但不脱氢，因而抑制正常反应的进行。抑制琥珀脱氢酶的化合物有乙二酸、丙二酸、戊二酸等，其中最强的是丙二酸，当抑制剂和底物的浓度比为 1∶50 时酶被抑制 50%。

2. 非竞争性抑制作用

抑制剂与底物都可以与酶结合，既不互相排斥也不互相促进，但所形成的酶-底物-抑制剂三元复合物较稳定，从而抑制了酶的活力，这类抑制作用称为非竞争性抑制作用。在这类抑制中，抑制剂与酶结合的位置可能不是底物与酶结合的位置，而是酶活性中心的催化基团或维持酶构象的必需基团，形成酶-抑制剂复合物，也可能与酶-底物复合物结合，形成酶-底物-抑制剂三元复合物。可表示为：

$$E + I \longrightarrow EI \qquad ES + I \longrightarrow ESI$$

例如，氰化物能与 Fe^{2+} 或 Fe^{3+} 结合，形成铁氰化物或高铁氰化物的无活性复合物，故其能抑制细胞色素氧化酶的活性。所谓氰化物的毒性，就是因为它抑制了呼吸链上的细胞色素氧化酶，阻断了呼吸作用的进行。

3. 反竞争性抑制作用

反竞争性抑制剂不能与酶直接结合，只能与 ES 可逆结合成 EIS，其抑制原因是 EIS 不能分解成产物。反竞争性抑制剂对酶催化反应的抑制程度随底物浓度的增加而增加。

反竞争性抑制剂不是一种完全意义上的抑制剂，它之所以对酶催化反应有抑制作用，完全是因为它使反应的 v_{max} 降低。

检查与拓展 2

二维码 8-3

对于竞争性抑制剂，酶的米氏方程中，v_{max} 不变，K_m 增大，是如何得出的？

第四节　固定化酶

所谓固定化酶（immobilized enzyme），是指在一定的空间范围内起催化作用，并能反复和连续使用的酶。固定化酶是用物理的或化学的方法使酶与水不溶性大分子载体结合，或者把酶包埋在水不溶性凝胶或半透膜的微囊体中制成的。与游离酶相比，固定化酶在保持其高效专一及温和的酶催化反应特性的同时又克服了游离酶的不足之处，呈现贮存稳定性高、分离回收容易、可多次重复使用、操作连续可控、工艺简便等一系列优点。

一、固定化酶的特点

1. 固定化酶的形状

固定化酶有颗粒、线条、薄膜和酶管等形状。其中颗粒占绝大多数，它和线条主要用于工业发酵生产；薄膜主要用于酶电极，应用于分析化学；酶管机械强度较大，也适于工业生产。

2. 固定化酶的活力

固定化酶的活力在多数情况下比天然酶的活力低，其原因可能是：酶活性中心的重要氨基酸残基与水不溶性载体相结合；酶与载体结合时，它的高级结构发生变化，其构象的改变导致酶与底物结合能力或催化底物转化能力的改变；酶被固定化后，虽不失活，但酶与底物间的相互作用受到空间位阻的影响。

也有在个别情况下酶经固定化后其活力升高。这可能是由于固定化后酶的抗抑制能力提高，使得它反而比游离酶的活力高。

3. 固定化酶的稳定性

游离酶的一个突出缺点是稳定性差，而固定化酶的稳定性一般比游离酶提高，这对于酶的应用是非常有利的。

（1）操作稳定性　酶的固定化方法不同，所得的固定化酶的操作稳定性也有差异。固定化酶在操作中可以长时间保留活力，一般情况下半衰期在1个月以上即有工业应用价值。

（2）贮藏稳定性　固定化可提高酶的贮藏稳定性。例如，固定化胰蛋白酶在0.0025mol/L磷酸缓冲液中于20℃保存数月，活力尚不损失。

（3）热稳定性　热稳定性对工业应用非常重要。大多数酶在固定化之后其热稳定性有所提高，但也有一些酶的耐热性下降。采用吸附法进行酶的固定化时，有时会导致酶热稳定性的降低。

（4）对蛋白酶的稳定性　酶经固定化后对蛋白酶的抵抗力提高。这可能是因为蛋白酶是大分子，由于受到空间位阻的影响，不能有效接触固定化酶。

（5）酸碱稳定性　多数固定化酶的酸碱稳定性高于游离酶，稳定pH值范围变宽。极少数酶固定化后稳定性下降，可能是由于固定化过程使酶活性构象的敏感区受到牵连而导致的。

4. 固定化酶的反应特性

固定化酶的反应特性，如底物特异性、酶反应的最适pH值、酶反应的最适温度、动力学常数、最大反应速率等，均与游离酶有所不同。

（1）底物特异性　固定化酶的底物特异性与底物分子量的大小有一定关系。一般来说，当酶的底物为小分子化合物时，固定化酶的底物特异性大多数情况下不发生变化，如氨基酰化酶、葡萄糖氧化酶、葡萄糖异构酶等固定化前后的底物特异性没有变化。当酶的底物为大分子化合物时，如蛋白酶、α-淀粉酶、磷酸二酯酶等，固定化酶的底物特异性往往会发生变化。这是由于载体引起的空间位阻作用使大分子底物难以与酶分子接近而无法进行催化反应，催化活性大大下降；而分子量较小的底物受到空间位阻作用的影响较小，与游离酶没有显著区别。

酶底物为大分子化合物时，底物分子量不同，对固定化酶底物特异性的影响也不同。一般随着底物分子量的增大，固定化酶的活力下降。例如，糖化酶用CMC叠氮衍生物固定化时，对分子量为8000的直链淀粉的活性为游离酶的77％，而对分子量为500000的直链淀粉的活性只有15％～17％。

（2）反应的最适pH值　酶被固定后，其最适pH值和pH曲线常会发生偏移，原因可能有以下3个方面：一是酶本身的电荷在固定化前后发生变化；二是由于载体电荷性质的影响致使固定化酶分子内外扩散层的氢离子浓度产生差异；三是由于酶催化反应产物导致固定化酶分子内部形成带电荷微环境。

载体的电荷性质对固定化酶的最适pH值有明显的影响。一般来说，用带负电荷载体制备的固定化酶的最适pH值较游离酶偏高，即向碱性偏移；用带正电荷载体制备的固定化酶的最适pH值较游离酶偏低，即向酸性偏移。这是由于使用带负电荷的载体时，由于载体的聚阴离子效应，会吸引反应液中的阳离子（H^+）到其表面，从而造成固定化酶反应区域的pH值比外部溶液的pH值偏酸性，酶的反应是在比反应液的pH值偏酸性一侧进行，外部溶液的pH值只有向碱性偏移才能抵消微环境作用。反之，用带正电荷的载体制备的固定化酶的最适pH值比游离酶的最适pH值低一些。

产物性质对固定化酶的最适pH值也有影响。一般来说，产物为酸性时，固定化酶的最适pH值与游离酶相比升高；产物为碱性时，固定化酶的最适pH值与游离酶相比降低。这是由于酶经固定化后产物的扩散受到一定的限制造成的。当产物为酸性时，由于扩散限制，固定化酶所处微环境的pH值与周围环境相比较低，需提高周围反应液的pH值才能使酶分子所处的催化微环境达到酶反应的最适pH值，因而固定化酶的最适pH值比游离酶的最适pH值高一些。反之，产物为碱性时，固定化酶的最适pH值比游离酶的pH值低。

（3）反应的最适温度　固定化酶的最适反应温度多数较游离酶高，如色氨酸酶经共价结合后最适温度比固定前提高5～15℃。但也有不变甚至降低的。固定化酶的作用最适温度会受固定化方法以及固定化载体的影响。

（4）米氏常数　米氏常数K_m反映了酶与底物的亲和力。酶经固定化后，酶蛋白分子高级结构的变化以及载体电荷的影响可导致底物和酶的亲和力发生变化。使用载体结合法制成的固定化酶的 K_m 变动的原因主要是载体与底物间的静电相互作用的缘故。当两者所带电荷相反时，载体和底物之间的吸引力增加，使固定化酶周围的底物浓度增大，从而使酶的 K_m 值减小。当两者电荷相反时，载体与底物之间相互排斥，固定化酶的 K_m 值比游离酶的 K_m 值增大。另外，K_m 值还与载体颗粒大小有关，一般而言，载体的颗粒越小，K_m 值在固定化前后的变化越小。

（5）最大反应速率　固定化酶的最大反应速率与游离酶大多数是相同的。有些酶的最大反应速率会因固定化方法的不同而有所差异。

二、酶固定化的方法

酶固定化的方法可分为吸附法、包埋法、共价键结合法和交联法等，如图 8-6 所示。

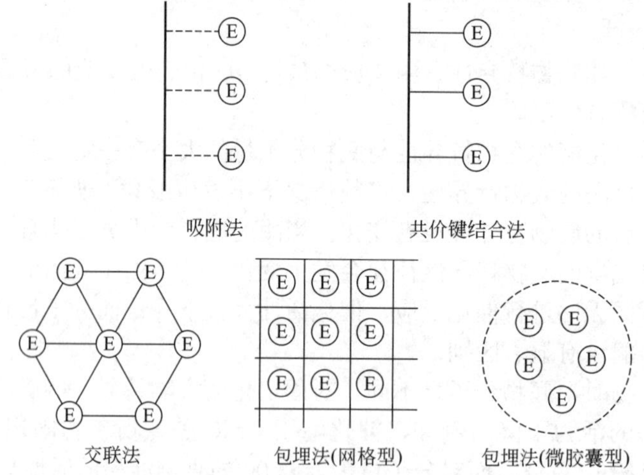

图 8-6　酶固定化的方法示意图

1. 酶固定化的原则

对于特定的目标酶，要根据酶自身的性质、应用目的、应用环境选择固定化载体和方法。在具体选择时，一般应遵循以下原则：

① 必须注意维持酶的构象，特别是活性中心的构象。酶在固定化状态下发挥催化作用时，既需要保证其高级结构，又要使构成活性中心的氨基酸残基不发生变化。这就要求酶与载体的结合部位不应当是酶的活性部位。另外，由于酶蛋白的高级结构是凭借疏水键、氢键等维持的，所以固定化时应采取温和的条件，避免高温、强酸、强碱、有机溶剂等处理。

② 酶与载体必须有一定的结合程度。酶的固定化既不能影响酶的构象，又要使固定化酶能有效回收贮藏，反复使用。

③ 固定化应有利于自动化、机械化操作。这要求用于固定化的载体必须有一定的机械强度，才能使之在制备过程中不易破坏或受损。

④ 固定化酶应有最小的空间位阻。固定化应尽可能不妨碍酶与底物的接近，以提高催化效率和产物的量。

⑤ 固定化酶应有最大的稳定性。在应用过程中，所选载体应不和底物、产物或反应液发生化学反应。

⑥ 固定化酶的成本应适中。工业生产必须要考虑成本，要求固定化酶应是廉价的，以利于工业使用。

2. 酶固定化的方法

(1) 吸附法　吸附法（adsorption）是通过载体表面和酶分子表面间的次级键相互作用达到固定目的的方法。酶与载体之间的亲和力是范德瓦耳斯力、疏水相互作用、离子键和氢键等。

吸附法又可分为物理吸附法和离子吸附法。物理吸附法是通过物理方法将酶直接吸附在水不溶性载体表面上而使酶固定化的方法。离子吸附法是将酶与含有离子交换基团的水不溶性载体以静电作用力相结合的固定化方法。吸附法制备固定化酶操作简便，条件温和，不会引起酶的变性失活，载体价廉易得，而且可反复使用，但由于是靠物理吸附作用，结合力较弱，酶与载体结合不太牢固而易脱落。

(2) 包埋法　包埋法（entrapment）是将酶包埋在高聚物的细微凝胶网格中或高分子半透膜内的固定化方法。前者又称为凝胶包埋法，酶被包埋成网格型；后者又称为微胶囊包埋法，酶被包埋成微胶囊型。

包埋法制备的固定化酶结构可防止酶渗出，底物需要渗入格子内或半透膜内与酶接触。此法较为简便，固定化时一般不需要与酶蛋白的氨基酸残基起结合反应，酶分子本身不参加水不溶性格子或半透膜的形成，因而从原理上而言，由于酶分子本身不发生物理化学变化，酶的高级结构较少改变，故酶的回收率较高，适合于固定各种类型的酶。但也有局限性，由于只有小分子的底物和产物可以通过高聚物网格扩散，包埋法只适用于小分子底物和产物的酶，对底物和产物是大分子的酶不适合。而且高聚物网格或半透性膜对小分子物质扩散的阻力有可能会导致固定化酶的动力学行为改变和活力的降低。

(3) 共价键结合法　共价键结合法（covalent binding）是将酶与聚合物载体以共价键结合的固定化方法。常用的载体有天然高分子衍生物，如纤维素、葡聚糖凝胶、琼脂糖等；合成高聚物，如聚丙烯酰胺、多聚氨基酸等；无机载体，如多孔玻璃、金属氧化物等。

用共价键结合法制备的固定化酶，酶和载体之间通过化学反应以共价键偶联。由于共价键的键能高，酶和载体之间的结合相当牢固，具有酶稳定性好、可连续使用较长时间的优点。但是采用该方法时载体活化的难度较大，操作复杂，反应条件较剧烈，制备过程中酶直接参与化学反应，易引起酶蛋白空间构象变化，往往需要严格控制操作条件才能获得活力较高的固定化酶。

(4) 交联法　交联法（cross-linking）是使用双功能或多功能试剂使酶分子之间相互交联呈网状结构的固定化方法。由于酶蛋白的功能团参与反应，酶的活性中心可能受到影响。降低交联剂浓度和缩短反应时间将有利于固定化酶活力的提高。

交联法制备的固定化酶结合牢固，但由于反应条件较剧烈，酶活力损失较大。由于交联法制备的固定化酶颗粒较细，而且交联剂一般价格昂贵，此法很少单独使用，一般与其他方法联合使用，如将酶用角叉菜胶包埋后用戊二醛交联，或先用硅胶吸附再用戊二醛交联等。这种采用两个或多个方法进行固定化的技术称为双重或多重固定化法。

4 种固定化方法的比较见表 8-3。在实际应用时，常将两种或数种固定化方法并用，以取长补短。

表 8-3　各种固定化方法的比较

项目	吸附法		包埋法	共价键结合法	交联法
	物理吸附法	离子吸附法			
制备	易	易	较难	难	较难
结合程度	弱	中等	强	强	强
活力回收率	高，但酶易流失	高	高	低	中等
再生	可能	可能	不可能	不可能	不可能
固定化成本	低	低	低	高	中等
底物专一性	不变	不变	不变	可变	可变

三、固定化酶在食品中的应用

自 1953 年 N. Grubhofer 用共价偶联法在载体聚氨基聚苯乙烯树脂上连接淀粉酶、羧肽酶、胃蛋白酶与核糖核酸酶，获得首批固定化酶之后，现已制备出数百种固定化酶。目前已商业化生产的固定化酶有葡萄糖异构酶、氨基酰化酶、天冬氨酸酶、α-半乳糖苷酶、β-半乳糖苷酶、葡萄糖淀粉酶等。

1. 固定化酶在淀粉和糖工业中的应用

许多酶可被固定化用于淀粉的水解，如细菌和真菌的α-淀粉酶、β-淀粉酶、葡萄糖淀粉酶、支链酶和异淀粉酶等，都可用来使淀粉转化为小分子量的糖类。在食品工业中应用最广、规模最大的是利用固定化葡萄糖异构酶（glucose isomerase）生产果葡糖浆。早期生产果葡糖浆是采用游离的葡萄糖异构酶或含有此酶的微生物菌体分批进行生产。随着果葡糖浆需求量的日渐增大，世界各国都进行了固定化葡萄糖异构酶的应用研究，并成功地实现了工业化生产。采用固定化葡萄糖异构酶将葡萄糖转化为果糖，制成含葡萄糖、果糖的混合糖浆，其甜度等于或高于蔗糖。目前工业使用的葡萄糖异构酶有两种形式：一种是固定化酶形式，一种是固定化细胞形式。

工业上还利用固定化蔗糖酶由蔗糖生产转化糖以及利用固定化α-半乳糖苷酶水解甜菜糖蜜中的棉子糖。另外，用固定化酶生产功能性低聚糖也有报道。

2. 固定化酶在乳制品中的应用

牛奶中含有 4.3%～4.5%的乳糖，患乳糖缺乏症的人饮用牛奶后常发生腹泻、腹胀等不良后果，利用固定化β-半乳糖苷酶分解牛奶中的乳糖，生成葡萄糖和半乳糖，适合婴儿和病人食用。此外，利用固定化黑曲霉乳糖酶处理牛奶生产脱乳糖牛奶，还利用固定化乳糖酶制造具有葡萄糖和半乳糖甜味的糖浆。乳糖在温度较低时易结晶，用固定化乳糖酶处理后可以防止其在炼乳、冰淇淋类产品中结晶，改善口感，增加甜度。

3. 固定化酶在啤酒和果汁生产中的应用

在啤酒生产中，天然的淀粉酶不足以使淀粉完全水解，因此可将发酵液连续通过固定化淀粉酶反应器，从而解决其天然淀粉酶不足的问题。此外，由于啤酒中含有一定量的蛋白质，它与啤酒中的多酚、单宁等结合产生不溶性胶体或沉淀，造成啤酒混浊，从而严重影响啤酒的质量。为防止出现混浊，将木瓜蛋白酶固定化制成反应柱，啤酒在长期贮存中可保持稳定。

柑橘类加工产品出现过度苦味是柑橘加工业中较严重的问题。造成苦味的物质主要有两类：一类为柠檬苦素的二萜烯二内酯化合物；另一类为果实中的黄酮苷，其中柚皮苷为柑橘类果汁中的主要黄酮苷。脱去苦味的方法是利用不同的固定化酶分别作用于柠檬苦素和柚皮苷，生成不含苦味的物质。

在果汁加工中，果胶的存在会使压榨与澄清困难。榨汁之前的果浆中和压榨后的果汁中都要加入果胶酶进行澄清，如果用固定化酶处理，将会大大节约成本并减少工序。

4. 固定化酶在油脂改性中的应用

脂肪酶可以催化酯交换、酯转移和水解等反应，所以在油脂工业中有广泛应用。固定化脂肪酶催化棕榈油中熔点分提物与硬脂酸之间的酯交换反应，由棕榈油改性生产代可可脂。代可可脂是生产巧克力的原料，价格很高，而棕榈油价廉，因此这一工艺受到重视。

5. 固定化酶在食品添加剂生产中的应用

固定化技术在食品添加剂生产中获得了显著的经济效益和社会效益。在酸味剂生产中，采用固定化富马酸酶生产 L-苹果酸。富马酸酶是胞内酶，当对细胞进行固定化处理时酶的稳定性得到提高。也可采用固定化酶以廉价的无水马来酸为原料生产酒石酸，具有操作简单、速度快、产品纯度高等优点。可用固定化酶和细胞生产的有机酸还有乳酸、醋酸、柠檬酸、曲酸、葡萄糖酸等。

在氨基酸生产中，用在 DEAE-葡聚糖凝胶上固定的氨基酸酰化酶可以水解 *N*-酰基-L-氨基酸中的酰胺键，对于 *N*-酰基-D-氨基酸无作用，故可用来拆分 DL-氨基酸，制备 L-氨基酸，可实现连续式生产，并可实现自动控制。目前可用固定化酶和细胞生产的氨基酸有 L-天门冬氨酸、L-谷氨酸、L-异亮氨酸、L-赖氨酸、L-色氨酸、L-精氨酸等。

在甜味剂生产中，固定化酶可用于生产阿斯巴甜。另外，固定化酶还可直接作为食品抗氧化剂使用。在食品贮藏中，利用葡萄糖氧化酶、过氧化氢酶加配葡萄糖、琼脂制成凝胶，放入食品容器中，可以除去残留氧，防止食品褐变。

6. 固定化酶在食品分析与检测中的应用

将固定化酶用于组装生物传感器，并应用于食品的快速、低成本、高选择性分析检测。例如，由固定化蔗糖转化酶、葡萄糖变旋酶及葡萄糖氧化酶的复合酶膜组成的过氧化氢双电极系统可同时测定样品中蔗糖和葡萄糖的含量，具有操作简单、测定快速、结果准确可靠、仪器稳定性好、酶膜使用寿命长等特点，而且样品无需特别处理，适用于食品发酵液中蔗糖和葡萄糖的测定。在酿酒过程中，将乙醇酶和葡萄糖氧化酶固定成酶膜，与电极连接，制成的生物传感器可监控葡萄糖和乙醇的浓度。

酶传感器也可以用于食品卫生检测。例如，用乙酰胆碱酯酶、胆碱氧化酶和氧电极组成的生物传感器可用于海产品中沙蚕毒素的检测，用单胺氧化酶膜和氧电极组成的酶传感器可用于测定猪肉新鲜度。

第五节 酶对食品品质的影响

食品原料多为动植物组织或微生物。在生物体中存在多种多样的内源酶，活体中的酶因分工不同而定位于细胞的不同场所，而且酶与底物多呈区域化分布。在食品的加工、贮藏中，原料中的酶只要未变性失活，就可能发生酶的催化效应，而且由于加工处理导致组织破坏，引起酶移位、提前与底物接触而发挥催化效力。例如，肉品在加工、贮藏中发生组织自溶作用，即为溶酶体中释放出的蛋白水解酶催化组织蛋白分解导致的。

另外，食品在加工、贮藏过程中也会引入外源酶，一类是为了达到保鲜效果或者加工工艺的需要添加到食品中的商品酶制剂，另一类是污染微生物产生的能引起食品品质变化的酶。外源酶和内源酶一样起着重要的催化作用。因此，控制这些酶的活力有利于提高食品的品质和延长货架期。

一、酶对食品颜色的影响

食品的颜色是消费者首先关注的感官指标。有多种原因可导致食品颜色的变化，其中酶是一个敏感的因素。例如，新鲜的瘦肉应该是红色的，而不是紫色或褐色的。这种红色是由于其中的氧合肌红蛋白所致。若肌肉中的酶催化竞争氧的反应，使之改变氧合肌红蛋白的氧化-还原状态和水分含量，就会使肉的颜色由原来的红色转变为脱氧肌红蛋白的紫色和高铁血红蛋白的褐色。莲藕由白色变为粉红色是由于其中的多酚氧化酶和过氧化物酶催化氧化了莲藕中的多酚类物质。绿色是许多新鲜蔬菜和水果的质量指标，有些水果成熟时绿色减少而代之以红色、橙色、黄色和紫色等。

这些食品材料颜色的变化都与酶的作用有关，其中最主要的是脂肪氧合酶（lipoxygenase）和多酚氧化酶（polyphenol oxidase）。

1. 脂肪氧合酶

脂肪氧合酶在动植物组织中均存在，能催化多不饱和脂肪酸的氧化，可能破坏必需脂肪酸，或产生不良风味。由于氢过氧化物的生成，还会引起其他食品成分的变化。豆科植物中存在较多的脂肪氧合酶，不经热烫的豌豆在冷冻贮藏中该酶活性仍较强，导致脂肪氧化而产生异味。

脂肪氧合酶在焙烤工业中起着重要作用。在面粉中添加 1%含脂肪氧合酶的大豆粉，可使面粉中的少量不饱和脂肪酸氧化分解，产生氢过氧化物，对胡萝卜素具有漂白作用，因而能改善面粉的颜色。氢过氧化物起着氧化剂的作用，可促进蛋白质中的—SH 氧化成—S—S—，强化面筋蛋白质的三维网状结构，从而改进面粉的焙烤质量。

脂肪氧合酶对不饱和脂肪酸（包括游离的或结合的）的氧化作用形成自由基中间产物。自由基和氢过氧化物会破坏叶绿素和胡萝卜素，从而使色素降解，发生褪色；或者产生具有青草味的不良异味；破坏食品中的维生素和蛋白质类化合物；食品中的亚油酸、亚麻酸等必需脂肪酸遭受氧化性破坏。一些抗氧化剂如维生素 E、没食子酸丙酯、去甲二氢愈创木酸等能有效阻止自由基和氢过氧化物引起的食品损伤。

2. 多酚氧化酶

多酚氧化酶是许多酶的总称，通常又称为酪氨酸酶（tyrosinase）、多酚酶（polyphenolase）、酚酶（phenolase）、儿茶酚氧化酶（catechol oxidase）、甲酚酶（cresolase）或儿茶酚酶（catecholase）。这些名称的使用是由测定酶活力时使用的底物以及酶在生物体中的最高浓度决定的。多酚氧化酶存在于植物、动物和一些微生物中，能催化两类完全不同的反应：一类是羟基化反应，另一类是氧化反应。

多酚氧化酶是引起果蔬酶促褐变的主要酶类，催化果蔬原料中的内源性多酚物质氧化生成不稳定的邻苯醌类化合物，再通过非酶催化的氧化反应聚合成为黑色素，导致香蕉、苹果、桃、马铃薯、蘑菇、虾等食品褐变。邻苯醌与蛋白质中赖氨酸残基的ε-氨基反应，不仅引起蛋白质溶解度和营养价值的下降，也会造成食品的质地和风味的变化。

多酚氧化酶能使茶多酚氧化，聚合成茶黄素、茶红素和茶褐素等。茶叶加工就是利用技术手段钝化或激发酶的活性而获得各类茶特有的色香味。例如，绿茶加工过程中的杀青就是利用高温钝化酶的活性，在短时间内阻止由酶引起的一系列化学变化，形成绿叶绿汤的品质特点。红茶加工过程中的发酵就是激发酶的活性，促使茶多酚在多酚氧化酶的催化下发生氧化聚合反应，生成茶黄素、茶红素等氧化产物，形成红叶红汤的品质特点。

通过物理、化学等方法可以控制果蔬加工和贮藏过程中的酶促褐变。例如，低温（3℃）贮藏荔枝能有效降低多酚氧化酶活性，延缓呼吸高峰的出现，控制褐变和延长货架期。气调贮藏也能减轻褐变，保持果蔬采后品质。添加抗坏血酸及其衍生物能将初始产物邻苯醌还原为原来的底物，从而阻止黑色素的生成；另一方面，抗坏血酸能够破坏酶活性位点上的组氨酸残基而引起酶失活，从而抑制酶促褐变。

二、酶对食品风味的影响

对食品的风味做出贡献的化合物不知其数，风味成分的分析也是有难度的，正确地鉴定哪些酶在食品风味物质的生物合成和不良风味物质的形成中起重要作用同样是非常困难的。

食品在加工和贮藏过程中，由于酶的作用可能使原有的风味减弱或失去，甚至产生异味。例如，青刀豆、玉米、花椰菜等食品原料因热烫处理条件不适当，在随后的贮藏期间会形成显著的不良风味。脂肪氧合酶的作用是青刀豆和玉米产生不良风味的主要原因，胱氨酸裂解酶的作用是花椰菜产生不良风味的主要原因。

下面介绍两种影响食品风味的酶。

1. 葡萄糖硫苷酶

硫代葡萄糖苷是一种含硫的次级代谢产物，广泛分布于花椰菜、西兰花、甘兰、萝卜、芥菜等十字花科植物中。在完整的植物中，硫代葡萄糖苷存在于细胞的液泡中，葡萄糖硫苷酶存在于特定的蛋白体中，两者相互分离。当组织和细胞受到损伤时，葡萄糖硫苷酶就会被释放出来，将硫代葡萄糖苷水解，产生异硫氰酸酯等降解产物。异硫氰酸酯是十字花科植物独特风味的主要来源，十字花科植物刺激性的、辛辣的、催泪的、大蒜似的或辣根似的风味都与这类物质有关。辛辣味主要由挥发性的异硫氰酸

2-丙烯、3-丁烯以及 4-甲硫基-3-丁烯酯引起。

2. 过氧化物酶

过氧化物酶广泛存在于所有高等植物中，其中对辣根的过氧化物酶研究得最为清楚。如果不采取适当的措施使食品原料中的过氧化物酶失活，在随后的加工和贮藏过程中过氧化物酶的活力会损害食品的质量。过氧化物酶是一种非常耐热的酶，即使经过热处理，当在常温下保存时酶活力仍能部分恢复。通常将过氧化物酶作为一种控制食品热处理的温度指示剂。从对食品的风味、颜色和营养价值的影响来看，过氧化物酶也是重要的。过氧化物酶能导致维生素 C 的氧化降解，能催化胡萝卜素和花色苷失去颜色；还能促进不饱和脂肪酸的过氧化物降解，产生挥发性的风味化合物。此外，过氧化物酶在催化过氧化物分解的过程中同时产生自由基，自由基能引起食品许多组分的破坏。

可以看出，食品原料中一些内源酶的作用除了影响食品的风味外，同时还影响食品的其他质量，如脂肪氧合酶的作用就同时影响食品的颜色、风味、质构和营养价值。

三、酶对食品质地的影响

质地是决定食品质量的一个非常重要的指标。水果和蔬菜的质地主要与所含有的复杂的糖类化合物有关，如果胶物质、纤维素、半纤维素、淀粉和木质素。自然界存在着能作用于这些糖类化合物的酶，酶的作用显然会影响果蔬的质地。对于动物组织和高蛋白质植物性食品，蛋白酶作用会导致质地的软化。

1. 果胶酶

果胶酶有 3 种类型：果胶甲酯酶、聚半乳糖醛酸酶，存在于高等植物和微生物中；果胶酸裂解酶，仅在微生物中发现。果胶甲酯酶水解果胶物质生成果胶酸，当有 2 价金属离子如 Ca^{2+} 存在时，Ca^{2+} 与果胶酸的羧基发生交联，从而提高食品的质地强度。聚半乳糖醛酸酶水解果胶酸，将引起某些食品原料的质地变软。

2. 纤维素酶

纤维素在细胞结构中起着重要的作用，水果和蔬菜中含有少量纤维素。纤维素酶是否在植物性食品原料（例如青刀豆）软化过程中起重要作用仍有争议，但是在果蔬汁加工中却常利用纤维素酶改善其品质。在微生物纤维素酶方面已做了很多的研究工作，主要是由于它在转化不溶性纤维素成葡萄糖方面的潜在能力。

3. 淀粉酶

淀粉酶存在于动物、高等植物和微生物中，能够水解淀粉，食品原料在成熟、贮藏和加工过程中淀粉被降解。由于淀粉是决定食品的黏度和质构的一个主要成分，如果在食品加工和贮藏中淀粉被淀粉酶水解，将显著影响食品的品质。

淀粉酶包括 α-淀粉酶、β-淀粉酶和葡萄糖淀粉酶 3 种主要类型。

α-淀粉酶存在于所有的生物体中，能水解淀粉、糖原和环糊精分子内的 α-1,4-糖苷键，水解产物中异头碳的构型保持不变。α-淀粉酶是内切酶，因此能显著地降低含淀粉食品的黏度，同时也影响其稳定性，如布丁、奶油沙司等。唾液和胰 α-淀粉酶对于食品中淀粉的消化是非常重要的。

β-淀粉酶主要存在于高等植物中，它从淀粉分子的非还原性末端水解 α-1,4-糖苷键，生成 β-麦芽糖。因为 β-淀粉酶是外切酶，只有淀粉中的许多糖苷键被水解时才能观察到黏度降低。β-淀粉酶能将直链淀粉完全水解，聚合度 10 左右的麦芽糖浆在食品工业中应用十分广泛。β-淀粉酶不能水解 α-1,6-糖苷键，因此对支链淀粉的水解程度是有限的。β-淀粉酶是一种巯基酶，能被许多巯基试剂抑制。在麦芽中，β-淀粉酶常通过二硫键与另外的巯基以共价键连接，因此用巯基化合物如半胱氨酸处理可以提高麦芽中 β-淀粉酶的活力。

葡萄糖淀粉酶又称为糖化酶，能从淀粉的非还原末端水解 α-1,4-糖苷键生成葡萄糖，也能缓慢水解

α-1,6-糖苷键。糖化酶在食品和酿造工业上有着广泛的用途，应用于淀粉糖、酒精、味精、柠檬酸、啤酒等工业生产中。

4. 蛋白酶

对于动物性食品原料，决定其质构的生物大分子主要是蛋白质。蛋白质在天然存在的蛋白酶作用下产生的结构上的改变会导致这些食品原料质构上的变化。

动物性食品原料中的蛋白酶能分解结缔组织中的胶原蛋白，促进肌肉嫩化。动物屠宰后肌肉变得僵硬，在成熟期间组织蛋白酶和钙活化中性蛋白酶等内源酶作用于肌球蛋白-肌动蛋白复合体，肌肉将变得多汁。组织蛋白酶存在于动物组织细胞的溶酶体内，在酸性 pH 值下具有活性，当宰后动物组织的 pH 值下降时释放出来，导致肌肉细胞中的肌原纤维及胞外结缔组织分解。肌肉钙活化中性蛋白酶可能通过分裂特定的肌原纤维蛋白质影响肉的嫩化。与其他组织相比，肌肉组织中蛋白酶的活力是很低的，因此，僵直的肌肉以有节制和有控制的方式松弛，才使成熟后的肌肉具有良好的质构。

牛乳中主要的蛋白酶是碱性丝氨酸蛋白酶，它的专一性类似于胰蛋白酶，此酶水解 β-酪蛋白产生疏水性更强的 γ-酪蛋白。在奶酪成熟过程中乳蛋白酶参与蛋白质的水解作用。乳蛋白酶对热较稳定，因此它对于经超高温处理的乳的胶凝作用也有贡献。

四、酶对营养价值的影响

脂肪氧合酶氧化不饱和脂肪酸，会引起亚油酸、α-亚麻酸等必需脂肪酸含量降低。脂肪氧合酶催化多不饱和脂肪酸氧化过程中产生的自由基，能降低类胡萝卜素、维生素 E、维生素 C 和叶酸的含量。自由基也会破坏蛋白质中的半胱氨酸、酪氨酸、色氨酸和组氨酸残基，或者引起蛋白质交联。

在一些蔬菜中抗坏血酸氧化酶会导致抗坏血酸的破坏。硫胺素酶会破坏硫胺素，后者是氨基酸代谢中必需的辅助因子。存在于一些维生素中的核黄素水解酶能降解核黄素。多酚氧化酶不仅引起褐变，使食品产生不良的颜色和风味，而且还会降低蛋白质中的赖氨酸含量，造成营养价值的损失。

植酸酶催化植酸分解为肌醇和磷酸，同时能释放出与植酸结合的金属离子，可在一定程度上消除植酸的抗营养作用。

第六节　酶促褐变

褐变是食品中比较普遍的变色现象，尤其是天然食品在加工、贮藏中或受到机械损伤时都会使食品变褐或比原来的色泽变深，这种变化统称为褐变。褐变在食品中是广泛存在的。其中有些褐变是人们所需要的，如酿造酱油的棕褐色、红茶和啤酒的红褐色、面包的金黄色等。但有的褐变不受人们欢迎，如苹果、土豆去皮后暴露在空气中变成的褐色。

褐变根据其反应的原理不同分成两类：一类是在酶作用下发生的生化反应引起的褐变，称为酶促褐变；一类是在无酶情况下由化学反应引起的褐变，称为非酶促褐变。

酶促褐变多发生在新鲜的水果和蔬菜中。例如香蕉、苹果、梨、茄子、马铃薯等，当它们受到机械性的损伤（如削皮、切开、压伤、磨浆等）及处于异常环境（如受冷、受热等）时，在酶促下氧化呈褐色。

一、酶促褐变的机理

植物组织中含有酚类物质，在完整的细胞中作为呼吸传递物质，在酚-醌之间保持着动态平衡。当细胞组织被破坏以后，氧就大量侵入，造成醌的形成，平衡受到破坏，于是发生醌的积累，醌再进一步聚合形成褐色色素，称为黑色素或类黑精。

酚酶作用的底物主要是单酚、邻二酚、花青素、黄酮类和单宁类物质。在水果蔬菜中酚酶底物以邻二酚类和单酚类最丰富。在酚酶的作用下，反应最快的是邻羟基结构的酚类。而单酚类在氧化为相应的醌之前羟化作用进行得较慢，因此单酚的褐变速度不如二元酚快。马铃薯褐变的主要底物为酪氨酸；香蕉中主要的褐变底物为3,4-二羟基苯乙胺；苹果、桃等褐变的主要底物是绿原酸。

单酚类底物以酪氨酸为代表，多酚氧化酶能催化单酚类化合物选择性地羟基化生成邻苯二酚，邻苯二酚又继续氧化脱氢生成邻苯醌，再进一步聚合形成黑色素。邻二酚类底物以儿茶酚、咖啡酸、绿原酸为代表，它们在多酚氧化酶的作用下非常容易氧化成醌，然后邻醌或没有起反应的邻二酚经二次羟基化生成三羟基化合物。邻醌具有较强的氧化能力，可以把三羟基化合物氧化生成羟基醌。羟基醌极易聚合生成黑色素。醌的形成需要酶促催化和氧气，当醌形成以后，反应不需要有酚酶和氧就能自动进行。

氨基酸及类似的含氮化合物与邻二酚作用可产生深色的复合物。其机理是酚类物质先经酶促氧化形成相应的醌，醌再和氨基酸发生非酶缩合反应。这就是白洋葱、大蒜、大葱等在加工中出现粉红色的原因。

可作为酚酶底物的还有其他一些结构比较复杂的酚类衍生物，如花青素、黄酮类、儿茶素等。在加工红茶时新鲜叶片中的儿茶素经过酶促氧化缩合生成茶黄素和茶红素等有色物质，它们是构成红茶色泽的主要成分。

食品中酶促褐变的发生必须具备3个条件，即适当的酚类底物、酚酶和氧。柠檬、橘子、西瓜等瓜果中不含多酚氧化酶，所以它们不会发生酶促褐变。酶促褐变的程度主要取决于多酚类物质的含量，而酚酶活性的强弱似乎没有明显的影响。

二、酶促褐变的控制

酶促褐变必须具备3个条件，缺一不可。除去底物来防止褐变是十分困难的，所以主要采取控制酶或阻止食物与氧气接触的方法。

1. 热处理法

在适当的温度和时间条件下加热新鲜果蔬，使酚酶及其他相关的酶都失活，是最广泛使用的控制酶促褐变的方法。加热处理的关键是在最短时间内达到钝化酶的要求，否则过度加热会影响质量；相反，如果热处理不彻底，热烫虽破坏了细胞结构，但未钝化酶，反而会加强酶和底物的接触而促进褐变。水煮和蒸汽处理仍是目前使用最广泛的热烫方法。微波的应用为钝化酶活性提供了新的有力手段，对食品原料质地和风味的保持极为有利。

2. 酸处理法

利用酸的作用控制酶促褐变也是广泛使用的方法。常用的酸有柠檬酸、苹果酸、磷酸以及抗坏血酸等。一般来说，它们的作用是降低pH值以控制酚酶的活力，因为酚酶的最适pH值在6～7之间，pH值低于3.0时已无活性。

柠檬酸是使用最广泛的食用酸，对酚酶有降低pH值和螯合酚酶的Cu辅基的作用，但作为褐变抑制剂来说单独使用的效果不大，通常需与抗坏血酸或亚硫酸联用，切开后的水果常浸在这类酸的稀溶液中，对于碱法去皮的水果还有中和残碱的作用。苹果酸是苹果汁中的主要有机酸，在苹果汁中对酚酶的抑制作用比柠檬酸强得多。抗坏血酸是更加有效的酚酶抑制剂，即使浓度较大也无异味，对金属无腐蚀作用，而且作为一种维生素其营养价值也是人所共知的。也有人认为抗坏血酸能使酚酶本身失活。抗坏血酸在果汁中的抗褐变作用还可能是作为抗坏血酸氧化酶的底物，在酶的催化下消耗了溶解在果汁中的氧。

3. 二氧化硫及亚硫酸盐处理

二氧化硫（SO_2）及常用的亚硫酸盐如亚硫酸钠（Na_2SO_3）、亚硫酸氢钠（$NaHSO_3$）、焦亚硫酸钠（$Na_2S_2O_5$）、连二亚硫酸钠即低亚硫酸钠（$Na_2S_2O_4$）等都作为酚酶抑制剂，应用于蘑菇、马铃薯、桃、苹果等食品的加工中。二氧化硫对酶促褐变的控制机制现在尚无定论，有的学者认为是抑制了酶活性，有人则认为是由于二氧化硫把醌还原为酚，还有人认为是二氧化硫和醌加合而防止了醌的聚合作用，很可能这 3 种机制都是存在的。

二氧化硫法的优点是使用方便、效力可靠、成本低、有利于维生素 C 的保存，残存的二氧化硫可用抽真空或使用过氧化氢等方法除去。缺点是使食品失去原色而被漂白（花青素破坏），腐蚀铁罐的内壁，有不愉快的嗅感与味感，残留浓度超过 0.064%即可感觉出来，并且破坏维生素 B_1。

4. 驱除或隔绝氧气

采用驱除或隔绝氧气的方法可以有效地控制酶促褐变。具体措施有：将去皮切开的水果蔬菜浸没在清水、糖水或盐水中；浸涂抗坏血酸液，使在表面上生成一层氧化态抗坏血酸隔离层；用真空渗入法把糖水或盐水渗入组织内部，驱出空气。苹果、梨等果肉组织间隙中具有较多气体的水果最适宜选择真空渗入法。一般在 1.028×10^5Pa 真空度下保持 5～15min，突然破除真空，即可将汤汁强行渗入组织内部，从而驱出细胞间隙中的气体。

5. 加酚酶底物类似物

用酚酶底物类似物如肉桂酸、对位香豆酸及阿魏酸等酚酸可以有效地控制苹果汁的酶促褐变。在这 3 种同系物中，以肉桂酸的效率最高，浓度大于 0.5mmol/L 时即可有效地控制苹果汁褐变达 7h 之久。这 3 种酸都是水果蔬菜中天然存在的芳香族有机酸，故无安全性问题。肉桂酸钠盐控制褐变的时间长，溶解性好，价格也便宜。

第七节 酶在食品工业中的应用

目前已有几十种酶制剂成功地用于食品工业，如葡萄糖、麦芽糖、果葡糖浆等甜味剂的生产，蛋白质制品和果蔬的加工，食品保鲜以及食品品质和风味的改善等。食品工业中应用的主要酶制剂见表 8-4。

表 8-4 食品工业中应用的酶制剂

酶	来源	主要用途
α-淀粉酶	枯草杆菌、米曲霉、地衣芽孢杆菌	淀粉糖浆生产，低聚糖生产，啤酒发酵曲霉，烘焙食品
β-淀粉酶	麦芽、巨大芽孢杆菌	麦芽糖生产，啤酒生产，焙烤食品
糖化酶	根霉、黑曲霉	酒精和啤酒发酵，淀粉糖、味精和柠檬酸生产
蛋白酶	胰脏、木瓜、菠萝、无花果、枯草杆菌、霉菌	肉软化，奶酪生产，啤酒去浊，香肠和蛋白胨及鱼胨加工
纤维素酶	木霉、青霉、曲霉	酒精发酵
果胶酶	黑曲霉	果蔬汁和果酒澄清
葡萄糖异构酶	链霉菌	果葡糖浆生产
葡萄糖氧化酶	黑曲霉、青霉	食品风味和颜色保持
橙皮苷酶	黑曲霉、青霉	防止柑橘罐头和橘汁浑浊
脂肪氧化酶	大豆	焙烤中的漂白剂
氨基酰化酶	霉菌、细菌	L-氨基酸生产
乳糖酶	真菌、酵母	乳糖水解
脂肪酶	真菌、细菌、胰脏	油脂加工，奶酪后熟
溶菌酶	蛋清	防腐剂

一、制糖工业

淀粉转化制糖已经有许多成功的产品，采用α-淀粉酶、糖化酶和葡萄糖异构酶催化淀粉生产不同聚合度的糖浆、葡萄糖、果糖以及麦芽糖等。

1. 葡萄糖

用于生产葡萄糖的酶是α-淀粉酶和糖化酶。α-淀粉酶可从淀粉分子内部任意水解α-1,4-糖苷键，使黏度降低，水解终产物为麦芽糖、低聚糖等；糖化酶从淀粉的非还原末端水解α-1,4-糖苷键生成葡萄糖，也可水解α-1,6-糖苷键。工艺过程如图 8-7 所示。

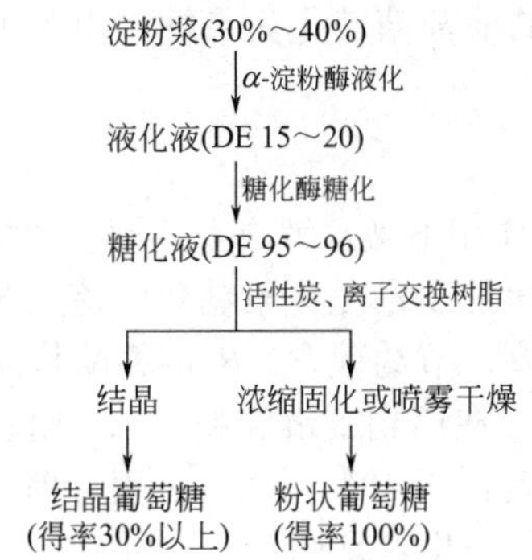

图 8-7 淀粉糖化生产葡萄糖的工艺流程

制造葡萄糖的第一步是淀粉的液化。淀粉先加水配制成含量为 30%～40%的淀粉浆，加热淀粉浆，使淀粉颗粒破裂、分散并糊化。添加一定量的α-淀粉酶之后，在 105～115℃温度下液化。淀粉的液化程度以控制淀粉液的 DE（葡萄糖值）在 15～20 范围内为宜。将枯草杆菌α-淀粉酶固定在羧甲基纤维素上，在搅拌反应器中水解淀粉，可用于多次连续批式反应。虽然固定化酶的反应活力比可溶酶低，但因为可溶酶在加热条件下易失活，发生钝化现象，因而从总的反应效果上看固定化酶的产率较高。

液化完成后，将液化液冷却至 55～60℃，pH 值调至 4.5～5.0 后，加入适量的糖化酶。保温糖化 48h 左右，糊精转化为葡萄糖。生产糖化酶的菌种主要是黑曲霉和根酶。黑曲霉糖化酶的最适温度在 55℃左右，如果能提高糖化酶的最适反应温度，则淀粉液化和糖化过程就可以在同一个反应器中进行，既节省设备费用，降低冷却过程的能量消耗，也可避免微生物的污染。因此耐热性糖化酶的研制得到了极大的关注。

在淀粉糖化过程中，所采用的α-淀粉酶和糖化酶都要求达到一定的纯度。尤其是糖化酶中应不含或尽量少含葡萄糖苷转移酶，因为葡萄糖苷转移酶生成异麦芽糖等杂质，会严重影响葡萄糖的得率。若糖化酶中含有葡萄糖苷转移酶，则要在使用前进行处理以除去。将糖化酶配成酶液后，加酸调节 pH 值至 2.0～2.5，室温下静置一段时间，可以选择性地破坏葡萄糖苷转移酶。

2. 果葡糖浆

果葡糖浆是由葡萄糖异构酶催化葡萄糖异构化生成部分果糖得到的葡萄糖与果糖的混合糖浆。葡萄糖的甜度只有蔗糖的 70%，而果糖的甜度是蔗糖的 1.5～1.7 倍，因此当糖浆中的果糖含量达 42%时其甜度与蔗糖相同。由于甜度提高，糖使用量减少，而且摄取果糖后血糖不易升高，因此很受人们的欢迎。

果葡糖浆生产所使用的葡萄糖，一般是由淀粉浆经α-淀粉酶液化，再经糖化酶糖化得到的葡萄糖，要求 DE 大于 96。将精制的葡萄糖溶液的 pH 值调至 6.5～7.0，在 60～70℃温度条件下由葡萄糖异构酶催化生成果葡糖浆，异构化率一般为 42%～45%。Ca^{2+} 对α-淀粉酶有保护作用，在淀粉液化时需要添加，但它对葡萄糖异构酶却有抑制作用，所以葡萄糖溶液需用色谱等方法精制，以除去其中所含的 Ca^{2+}。葡萄糖异构酶的最适 pH 值根据其来源不同而有所差别。放线菌产生的葡萄糖异构酶，其最适 pH 值为 6.5～8.5。但在碱性条件下，葡萄糖容易分解而使糖浆的色泽加深，因此 pH 值一般控制在 6.5～7.0 之间。

葡萄糖转化为果糖的异构化反应是吸热反应。随着反应温度的升高，反应平衡向有利于生成果糖的方向变化。异构化反应的温度越高，平衡时混合糖液中果糖的含量也越高（表 8-5），但当温度超过 70℃时葡萄糖异构酶容易变性失活，所以异构化反应的温度以 60～70℃为宜。异构化反应平衡时的果糖含量可以达到 53.5%～56.5%。

表 8-5 不同温度下反应平衡时果葡糖浆的组成

反应温度/℃	葡萄糖/%	果糖/%	反应温度/℃	葡萄糖/%	果糖/%
25	57.5	42.5	70	43.5	56.5
40	52.1	47.9	80	41.2	58.8
60	46.5	53.5			

异构化完成后，混合糖液经脱色、精制、浓缩，至固形物含量达 71%左右，即为果葡糖浆。其中含果糖 42%左右，葡萄糖 52%左右，另外 6%左右为低聚糖。若将异构化后混合糖液中的葡萄糖与果糖分离，再将分离出的葡萄糖进行异构化，如此反复进行，可使更多的葡萄糖转化为果糖，由此可得到果糖含量达 70%、90%甚至更高的糖浆，即高果糖浆。

3. 饴糖、麦芽糖

发芽的谷子内含丰富的 α-淀粉酶和 β-淀粉酶，米淀粉在这两种酶的作用下被水解成麦芽糖、糊精与低聚糖等，即饴糖。饴糖的生产以碎米粉为原料，先用细菌淀粉酶液化，再加少量麦芽浆糖化。该工艺使麦芽用量由 10%减到 1%，而且也可以实现机械化和管道化生产，提高效率，节约粮食。β-淀粉酶作用于淀粉时，是从淀粉分子的非还原性末端水解 α-1,4-糖苷键切下麦芽糖单位，在遇到支链淀粉 α-1,6-糖苷键时作用停顿而留下 β-极限糊精，因此用麦芽浆水解淀粉时麦芽糖的含量通常低于 40%～50%。麦芽糖在缺少胰岛素的情况下也可被肝脏吸收，不致引起血糖水平升值，所以可供糖尿病患者食用。

将淀粉用 α-淀粉酶轻度液化，加热使 α-淀粉酶失活，再加入 β-淀粉酶与脱枝酶，在 pH 值 5.0～6.0、40～60℃反应 24～48h，淀粉几乎完全水解。当水解液浓缩到 90%以上时，可析出纯度 98%以上的结晶麦芽糖。将麦芽糖加氢还原便可制成麦芽糖醇，其甜度为蔗糖的 90%，是一种发热量低的甜味剂，可供糖尿病、高血压、肥胖病人食用。制造麦芽糖时，淀粉液化的 DE 值以 2 为宜，以免大量生成聚合度为奇数的糊精，导致麦芽糖的收得率降低。但 DE 值这样低的淀粉浆黏度较高，因此宜用 10%～20%的淀粉乳进行生产。

4. 麦芽糊精

麦芽糊精是 DE 值小于 20 的淀粉水解产物，一般为多种 DE 值的混合物，因其无臭、无味、无色、吸湿性低、溶解时分散性好，广泛用于食品工业。糖果工业用它调节甜度，并阻止蔗糖析晶和吸湿；饮料中用它作为增稠剂、泡沫稳定剂，还用于制造粉末饮料；因不易吸湿结块，制造固体酱油时用它增稠并延长保质期；在酶制剂工业中也可用来作为填料。

麦芽糊精是以淀粉为原料，加 α-淀粉酶高温液化，脱色、过滤、离子交换、真空浓缩及喷雾干燥而成。不同 DE 值的麦芽糊精具有不同的功能和性质，可以增稠、胶凝、降低产品甜度、改变体系冰点、抑制冰晶生长、改善质构及用作干燥载体等。

5. 偶联糖

芽孢杆菌产生的环糊精葡萄糖基转移酶（CGTase）可水解 α-1,4-糖苷键，形成由 6～8 个葡萄糖残基构成的环状糊精。在发生这种水解时，若有适当的糖类作为受体，就发生分子间的转移反应，先将环糊精裂开，然后转移到受体分子而形成新的 α-1,4-糖苷键，这叫做偶联反应。在蔗糖与淀粉共存下，经 CGTase 的作用，便生成一种具有果糖末端的甜味糊精，叫偶联糖。偶联糖甜度只及蔗糖的 40%，作为食品添加剂用于乳化、稳定发泡、保香脱苦等。

6. 制糖工业的其他应用

甜菜中含有 0.05%～0.15%的棉子糖，妨碍蔗糖结晶，致使废糖蜜中残留大量蔗糖不能回收。利用 α-半乳糖苷酶可将棉子糖分解成蔗糖与半乳糖，提高蔗糖的收得率，改善结晶浓缩条件，节约燃料和辅料。α-半乳糖苷酶主要由被孢霉或梨头霉生产。将微生物在特定条件下培养后收集细胞装入反应柱中，废糖蜜通过反应柱后 65%的棉子糖转变为蔗糖。

在甘蔗制糖厂的糖液中常因肠膜状明串珠菌存在而将蔗糖转变成右旋糖酐，堵塞管路，妨碍设备清洗及蔗糖的结晶。将糖液用青霉产生的右旋糖酐酶处理，可使右旋糖酐分解为异麦芽糖与异麦芽三糖，黏度迅速下降，生产时间大为缩短。

二、啤酒酿造

啤酒酿造是利用麦芽自身酶或外加酶使其原辅料中的高分子不溶性物质分解成可溶性低分子物质，经添加酵母发酵得到含有少量酒精、二氧化碳和多种营养成分的饮料酒的过程。在啤酒行业中应用酶制剂，可以提高辅料比例，提高发酵度，降低啤酒双乙酰含量，提高设备利用率，对于提高产品质量、降低成本起到重要的作用。

在辅料大米的液化中主要应用α-淀粉酶，酶水解淀粉、可溶性糊精以及低聚糖中的α-1,4-糖苷键，使糊化淀粉变成液化淀粉，黏度迅速下降。α-淀粉酶可将辅料比提高至30%～40%。

酶制剂能提高原料的利用率和发酵度。在啤酒酿造的糖化工序添加中性蛋白酶，能显著提高麦汁中α-氨基氮和肽的含量，加速啤酒的成熟；在糖化锅中添加β-葡聚糖酶，能有效分解葡聚糖，降低麦汁黏度，加快过滤速度，同时提高麦汁的转化率，消除由葡聚糖引起的成品“冷混浊”现象。

啤酒混浊是由多酚化合物氧化引起的，氧是反应的必备条件。多酚氧化导致啤酒风味老化，可加深啤酒色泽或使之变为暗红色。在啤酒中加入葡萄糖氧化酶可除去啤酒中的溶解氧和瓶颈氧，防止啤酒的氧化变质，起抗氧化、保鲜、防褐变作用，同时改善啤酒口味，提高啤酒澄清度与风味稳定性，延长保存期。

三、水果蔬菜加工

水果加工中最重要的酶是果胶酶。果胶在植物中作为一种细胞间隙充填物质存在，它是由半乳糖醛酸以α-1,4-糖苷键连接而成的链状聚合物，其羧基大部分被甲酯化。果胶的一个重要特性是可以形成凝胶，这一性质是制造果冻、果酱等食品的基础。但在果汁加工中果胶却导致压榨和澄清困难。用果胶酶处理溃碎果实，可加速果汁过滤，促进澄清。

果胶酶可以分为5类：原果胶酶，可使未成熟果实中的果胶由不溶性变成可溶性；果胶酯酶，水解果胶甲酯成为果胶酸并生成甲醇；聚半乳糖醛酸酶，水解聚半乳糖醛酸的α-1,4-糖苷键；果胶酸裂解酶，从果胶酸内部或非还原性末端切开半乳糖醛酸的α-1,4-糖苷键，生成果胶酸或不饱和低聚半乳糖醛酸；果胶裂解酶，从内部切开高度酯化的果胶的α-1,4-糖苷键，生成果胶酸甲酯及不饱和低聚半乳糖醛酸。果胶酶广泛存在于各类微生物中，各种微生物产生的果胶酶的组成不同，工业上使用黑曲霉、文氏曲霉或根霉等生产。

葡萄糖氧化酶可除去果汁、饮料、罐头食品和干燥果蔬制品中的氧气，防止产品氧化变质，防止微生物生长，以延长食品保存期。如果食品本身不含葡萄糖，则可将葡萄糖和酶一起加入，利用酶的作用使葡萄糖氧化为葡萄糖酸，同时将食品中残存的氧除去。水果冷冻保藏时，由于果实自身酶的作用容易导致发酵变质，也可用葡萄糖氧化酶保鲜。

酶在橘子罐头加工中有着广泛的用途。黑曲霉产生的半纤维素酶、果胶酶和纤维素酶的混合物可用于橘瓣去除囊衣，以代替耗水量大且费时的碱处理。橘子中的柠檬苦素是引起橘汁产生苦味的原因，利用球形节杆菌固定化细胞的柠碱酶处理可消除苦味。黑曲霉生产的柚苷酶有脱苦作用，是由β-鼠李糖苷酶与β-葡萄糖苷酶组成，将这种酶加在橘汁中，经30～40℃作用1h，便能脱苦。也可选用耐热性酶加入罐头中，在60℃巴氏杀菌后，在罐头中继续发挥脱苦作用。橘子罐头的橘片上常产生白点，这是由橘肉中的橙皮苷造成的，黑曲霉也可以在底物诱导下产生橙皮苷酶，这种酶可相继将橙皮苷分子中的鼠李糖与葡萄糖切下，成为水溶性橙皮素，从而消除白点。

花青素是果实色素的主要来源。桃子中含有红色花青素，罐藏时与金属作用呈紫褐色，故仅限于白桃、黄桃等色素少的品种适于罐藏。红桃产量虽高，却不能用于罐藏加工。从黑曲霉中提取的花青色素酶可水解花青色素变为无色物质，从而增加罐藏原料的品种。

四、乳品加工

酶制剂在乳品工业中用途广泛。例如，凝乳酶用于制造干酪，过氧化氢酶用于牛乳消毒，乳糖酶用于分解乳糖，脂肪酶用于黄油增香。其中以干酪生产与分解乳糖最为重要。

干酪生产的第一步是将牛乳用乳酸菌发酵制成酸奶，再加凝乳酶水解酪蛋白，在酸性环境下 Ca^{2+} 使酪蛋白凝固，再经切块加热压榨熟化而成。

牛乳中含 4.5%乳糖，有些人饮用牛乳后出现乳糖不耐受症。乳糖难溶于水，常在炼乳、冰淇淋中呈砂样结晶析出，影响风味。若将牛乳用乳糖酶处理，乳糖酶可水解乳糖成为半乳糖与葡萄糖，上述问题得以解决。

乳制品的特有香味主要是加工时产生的挥发性物质（如脂肪酸、醇、醛、酮、脂以及胺类等），乳品加工时添加适量脂肪酶可增加干酪和黄油的香味，可将增香黄油用于奶糖、糕点等食品中。

过氧化氢是一种有效的杀菌剂，牛乳在缺乏巴氏杀菌或冷藏设备的情况下可用过氧化氢杀菌，其优点是不会大量损害牛乳中的酶和有益细菌，而过剩的过氧化氢又可以用过氧化氢酶分解。

五、肉类和鱼类加工

在肉类和鱼类加工中，酶制剂主要用于改善组织、嫩化肉类以及转化废弃蛋白质。蛋白酶嫩化肉类的主要作用是分解肌肉结缔组织的胶原蛋白。胶原蛋白是由次级键连接而成的纤维蛋白，这种交联键分为耐热的和不耐热的两种。幼龄动物中的胶原蛋白不耐热交联键多，一经加热即行破裂，肉就软化；老龄动物中耐热交联键多，烹煮时软化较难。蛋白酶的主要作用是水解胶原，促进嫩化。工业上嫩化肉的方法有两种：一种是将酶涂抹在肉的表面或用酶液浸肉；另一种较好的方法为动物宰前用酶肌内注射。

用酶水解杂鱼、动物血、碎肉等废弃蛋白质作为饲料，是增加人类蛋白质资源的有效措施。海洋中许多鱼类因色泽、外观、味道欠佳而不宜食用，用蛋白酶或自溶方法使其中部分蛋白质溶解，经浓缩干燥，可制成含氮量高、富含各种水溶性维生素的饲料。

生产食用可溶性鱼蛋白质的关键是产品的脱腥和苦味的防止。苦味是酶水解蛋白质时产生的苦味肽引起的，使用羧肽酶或不生成苦味肽的蛋白酶，或用几种蛋白酶共同水解，使苦味肽进一步分解，可去除苦味。蛋白酶还可用于生产牛肉汁、鸡汁等，提高产品收率。此外用酸性蛋白酶处理解冻鱼类可以脱腥。

六、蛋品加工

用葡萄糖氧化酶去除禽蛋中的微量葡萄糖，是酶在蛋品加工中的一项重要用途。葡萄糖的醛基具有活泼的化学反应性，容易同蛋白质、氨基酸等的氨基发生美拉德反应，使蛋白质在干燥及贮藏过程中发生褐变，损害外观和风味。干蛋白是食品工业常用的发泡剂，若蛋白质发生褐变，溶解度减小，起泡力和泡沫稳定性下降。为了防止这种劣变，必须将葡萄糖除去。用葡萄糖氧化酶处理，除糖效率高，周期短，产品质量与收率高，并改善环境卫生。

工业上葡萄糖氧化酶从黑曲霉、青霉等提取。使用时将适量的酶与过氧化氢加入蛋白质中，在 35～40℃保温数小时，葡萄糖即被分解而去除。此外，蛋白质中残留的脂肪因影响发泡力，可用固定化脂肪酶处理去除。

七、焙烤加工

在面团发酵中，酵母依靠面粉本身的淀粉酶和蛋白酶的作用生成麦芽糖和氨基酸来提供营养。用酶活力高的面粉发酵制成的面包气孔细而分布均匀、体积大、弹性好、色泽佳，因此把淀粉酶活力作为面粉的质量指标之一。在面粉中添加 α-淀粉酶，可以调节麦芽糖的生成量。蛋白酶可促进面筋软化，增加延伸性，减少揉面时间，改善发酵效果。用于软化面粉的酶制剂以霉菌产生的为佳，因耐热性低，在焙烤温度下迅速失活而不致过度水解。

用蛋白酶处理的面粉制成通心面条，延伸性好，风味佳。糕点馅心常用淀粉为填料，添加 β-淀粉酶可改善馅心风味。糕点制造加入转化酶，使蔗糖水解为转化糖，可防止糖浆中的蔗糖析晶。用 β-淀粉酶作用于面粉，可防止糕点老化。

制造面包时还广泛使用脂肪氧化酶，使面粉中的不饱和脂肪和胡萝卜素被氧化而将面粉漂白，并生成羰基化合物，从而增加面包风味，改善面团结构。乳糖酶也用于添加脱脂奶粉的面包制造，乳糖酶分解乳糖生成发酵性糖，促进酵母发酵，改善面包色泽。

本章总结

○ 概述：了解酶的化学本质、命名和分类方法，理解酶在食品科学中的重要性。

○ 酶的性质和结构：熟悉酶的催化特性、酶的辅助因子，以及酶活力的测定方法。

○ 酶催化反应动力学：掌握酶催化作用机制、酶催化反应动力学、影响酶催化反应的因素、以及酶的抑制作用和抑制剂。

○ 固定化酶：熟悉固定化酶的特点，掌握酶固定化的方法，了解固定化酶在食品中的应用。

○ 酶对食品品质的影响：熟知酶对食品颜色、风味、质地、营养的影响，以及酶在食品工业中的应用领域。

○ 酶促褐变：掌握酶促褐变的机理及控制方法。

参考文献

[1] 阚建全．食品化学．4 版．北京：中国农业大学出版社，2021.

[2] 彭志英．食品酶学导论．3 版．北京：中国轻工业出版社，2020.

[3] 林松毅，孙娜．食品酶学．北京：科学出版社，2023.

[4] 谢笔钧．食品化学．4 版．北京：科学出版社，2023.

[5] 潘宁，杜克生．食品生物化学．3 版．北京：化学工业出版社，2018.

思考与练习

1. 根据酶所催化的反应类型，可将酶分为哪些种类？
2. 影响酶催化反应速率的因素有哪些？
3. 酶的催化特性是什么？
4. 什么是固定化酶？酶固定化的方法有哪些？
5. 固定化技术的研究现状与趋势如何？
6. 酶促褐变的条件是什么？如何控制酶促褐变？
7. 食品工业中利用酶法生产果葡糖浆时，需要用到哪些酶？各自的作用是什么？

二维码 8-4

第八章

第九章　色素

视频 9-1
知识点讲解

兴趣引导

○ 五彩的糖果、诱人的蛋糕、鲜红的糖葫芦，莫不让人垂涎三尺，这些缤纷的颜色都是什么呢？

○ 为什么大多数蔬菜是绿色的？

○ 很多食物会掉色，这是为什么呢？是被染色了吗？

二维码 9-1

为什么学习本章内容?

为什么要学习“色素”？一般食品中都含有色素，食品中的色素来源有哪些？色素的重要性？食品的呈色机理是什么？

学习目标

○ 了解食品的呈色机理。
○ 熟知色素的种类及性质。
○ 掌握影响色素稳定性的主要因素。

第一节 概述

一、食品色素的概念及作用

物质的颜色（color）是因为其能够选择性地吸收和反射不同波长的可见光（visible light），被反射的光作用在人的视觉器官上产生的感觉。食品中能够吸收或反射可见光进而使食品呈现各种颜色的物质统称为食品色素（food pigment），包括食品原料中固有的天然色素、食品加工中形成的有色物质和外加的食品着色剂（food colorant）。食品着色剂是经严格的安全性评估试验并经准许可以用于食品着色的天然色素或人工合成的化学物质。

食品的颜色是食品主要的感官质量指标之一，是决定食品品质和可接受性的重要因素。人们在接受食品的其他信息之前往往首先通过食品的颜色判断食品的优劣，从而决定对某一种食品的“取舍”。这是因为食品的颜色直接影响人们对食品品质、新鲜度和成熟度的判断。例如，水果的颜色与成熟度有关，鲜肉的颜色与其新鲜度密不可分。因此，如何提高食品的颜色特征是食品生产和加工者必须考虑的问题。符合人们心理要求的食品颜色能给人以美的享受，提高人们的食欲和购买欲望。

食品的颜色可以刺激消费者的感觉器官，并引起人们对味道的联想。例如红色能给人味浓成熟和好吃的感觉，而且红色比较鲜艳，引人注目，是人们普遍喜欢的一种色泽。很多糖果、糕点和饮料都采用这种颜色，以提高产品的销售量。

颜色可影响人们对食品风味的感受。例如，人们认为红色饮料具有草莓、黑莓和樱桃的风味，黄色饮料具有柠檬的风味，绿色饮料具有酸橙的风味。因此，在饮料生产过程中常把不同风味的饮料赋予不同的符合人们心理要求的颜色。

颜色鲜艳的食品可以增加食欲。美国人曾经对颜色和食欲之间的关系做过调查研究，结果表明，最能引起食欲的颜色是红色到橙色之间的颜色，淡绿色和青绿色也能使人的食欲增加，而黄绿色是能使人倒胃口的一种颜色，紫色能使人的食欲降低。这些颜色对人的食欲引起的心理感觉实际上与长期以来人们对食品的喜好有关。例如，红色的苹果、橙色的蜜橘、黄色的蛋糕和嫩绿色的蔬菜都能给人以好的感觉，而一些腐败变质的食品颜色会使人产生厌烦的感觉，因此一些不太鲜亮的颜色一般给人不好的印象。即使同一种颜色用于不同的食品上，也会产生不同的感觉，如紫色的葡萄汁很受人们欢迎，但是恐怕没有人喜欢紫色的牛奶。

食品的色泽主要由其所含的色素决定，如肉及肉制品的色泽主要由肌红蛋白及其衍生物决定，绿叶蔬菜的色泽主要由叶绿素及其衍生物决定。在食品的加工、贮藏过程中常常遇到食品色泽变化的情况，有时向好的方向变化，如水果成熟时颜色变得更加美丽、烤好的面包具有褐黄色色泽，但更多的时候是向不好的方向变化，如苹果切开后切面发生褐变、绿色蔬菜经烹调后变为褐绿色、生肉在存放中失去新鲜的红色而变褐。食品色泽的变化大多数是由于食品色素的化学变化所致，因此认识不同的食品色素对于控制食品色泽具有重要的意义。

在食品加工中，食品色泽的控制通常采用护色（color preservation）和染色（dye）两种方法。从影响色素稳定性的内、外因素出发，护色就是选择具有适当成熟度的原料，力求有效、温和、快速地加工食品，尽量在加工和贮藏中保证色素少流失、少接触氧气、避光、避免强酸强碱条件、避免过热、避免与金属设备直接接触及利用适当的护色剂处理等，使食品尽可能保持原有的色泽。染色是获得和保持食品理想色泽的另一类常用的方法。食品着色剂可通过组合调色产生各种美丽的颜色，而且其稳定性比食品固有色素好，因此在食品加工中应用起来十分方便。然而，从营养和安全的角度考虑，食品染色并无必要，因为某些食品着色剂的使用会产生毒副作用。因此，必须遵照食品卫生法规和食品添加剂使用标准，严防滥用着色剂。

二、食品色素的分类

食品色素按来源的不同可分为天然色素（natural pigment）和人工合成色素（synthetic dye）两大类。

依据不同的标准又可将天然色素进行不同的分类。

（1）根据来源分类

① 植物色素，如叶绿素、类胡萝卜素、花青素、栀子黄色素、葡萄皮色素、辣椒红色素等。植物色素是天然色素中来源最丰富、应用最多的一类。

② 动物色素，如血红素、卵黄和虾壳中的类胡萝卜素等。

③ 微生物色素，如红曲色素、核黄素等。

（2）根据色泽分类

① 红紫色系列，如甜菜红色素、高粱红色素、红曲色素、紫苏色素、可可色素等。

② 黄橙色系列，如胡萝卜素、姜黄素、玉米黄素、藏红花素、核黄素等。

③ 蓝绿色系列，如叶绿素、藻蓝素、栀子蓝色素等。

（3）根据化学结构分类

① 四吡咯衍生物类色素，如叶绿素、血红素、胆红素等。

② 异戊二烯衍生物类色素，如类胡萝卜素、辣椒红色素、叶黄素等。

③ 多酚类色素，如花青素类、花黄素等。

④ 酮类衍生物类色素，如红曲色素、姜黄素等。

⑤ 醌类衍生物类色素，如虫胶色素、胭脂虫红素、紫草色素等。

目前对色素多采用化学结构法进行分类。其中四吡咯衍生物类色素、异戊二烯衍生物类色素、多酚类色素在自然界中数量多，存在广泛。

人工合成色素根据其分子中是否含有—N═N—发色团结构，可分为偶氮类色素和非偶氮类色素。如胭脂红和柠檬黄等属于偶氮类色素，赤藓红和亮蓝属于非偶氮类色素。

（4）其他分类

此外，根据溶解性质的不同，还可将色素分为水溶性和脂溶性两类。合成色素大多是水溶性色素，天然色素多数是脂溶性的。

第二节　色素的发色机理

不同的物质能吸收不同波长的光。如果某物质吸收的光的波长在可见光区以外，这种物质就呈现出无色；如果某物质吸收的光的波长在可见光区域（400～800nm），该物质就会呈现一定的颜色，其颜色与反射出的没有被吸收的光的波长有关。例如，如果物体只吸收不可见光而反射全部可见光，它就呈现无色；如果物体吸收全部可见光，它就呈现黑色或近黑色；如果物体选择性地吸收部分可见光，则其呈现的颜色是由未被吸收的可见光组成的综合色（也称为被吸收光波组成颜色的互补色）。

各种色素都是由发色团和助色基团组成的。在紫外和可见光区（200～800nm）具有吸收峰的基团称为发色团或生色团。常见的发色团是具有多个双键的共轭体系，有的是含有多个—C═C—键的共轭体系，有的还可能会有几个—C═O、—N═N—、—N═O或—C═S等含有杂原子的双键。当这些含有发色团的化合物吸收可见光时，该化合物便呈现与被吸收光互补的颜色。不同波长光的颜色及其互补色见表9-1。

表9-1　不同波长光的颜色及其互补色

光波长/nm	颜　色	互补色	光波长/nm	颜　色	互补色
400	紫色	黄绿色	530	黄绿色	紫色
425	蓝青色	黄色	550	黄色	蓝青色
450	青色	橙黄色	590	橙黄色	青色
490	青绿色	红色	640	红色	青绿色
510	绿色	紫色	730	紫色	绿色

某物质是否能够产生色泽，与其分子中的发色团的结构、数量等有关。在物质的分子结构中，当分子中含有一个发色团时，其吸收波长为200～400nm，此物质是无色的；当分子中含有2个或多个共轭基团时，激发共轭双键所需的能量降低，电子所吸收光的波长由短波长向长波长移动，该物质显色，共轭体系越大该结构吸收的波长越长。

有些基团的吸收波段在紫外区，本身并不产生颜色，但当它们与发色团相连时可使整个分子对光的吸收向长波方向移动而产生颜色，这类基团称为助色团或助色基，如—OH、—OR、—NH_2、—NHR、—NR_2、—SR、—Cl、—Br等。不同色素的颜色差异和变化主要是由发色团和助色团的差异和变化引起的，由于助色团的孤对电子与发色团的π电子形成p-π共轭体系，电子离域扩大，从而使其吸收光的波长向长波方向移动。如花青素类色素，2-苯基苯并呋喃母环上取代了多个—OH和—OCH_3，这些助色基的位置和个数的变化就形成了各种不同的花青素的颜色。

食品着色剂的结构中都含有发色团和助色团，了解它们的结构和性质对于着色剂的研究、开发、利用有着重要的意义。

第三节　食品中的天然色素

一、四吡咯类色素

四吡咯衍生物类色素（tetrapyrrole compound）具有的共同特点是结构中包含4个吡咯构成的卟啉环，吡咯环上有不同的取代基，4个吡咯可与金属元素以共价键和配位键结合，因而造成了这些化合物的吸收光谱不相同。

主要的四吡咯衍生物类色素有叶绿素、血红素和胆红素。

（一）叶绿素

1. 存在状态和结构

叶绿素（chlorophyll）是高等植物和其他所有能进行光合作用的生物体含有的一类绿色色素，广泛存在于植物组织尤其是叶片的叶绿体（chloroplast）中，另外在海洋藻类、光合细菌中也存在，是深绿色光合色素的总称。

叶绿素有多种，包括叶绿素 a、b、c、d，以及细菌叶绿素和绿菌属叶绿素等，其中叶绿素 a、b 在自然界含量较高，高等植物中叶绿素 a 和叶绿素 b 的含量比约为 3∶1，它们与食品的色泽关系密切。叶绿素的化学结构如图 9-1 所示。

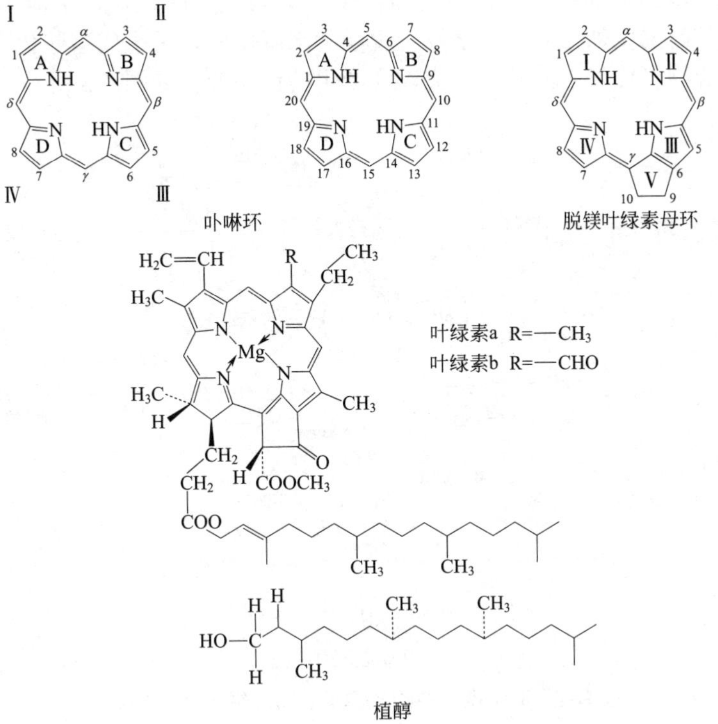

卟啉环　　脱镁叶绿素母环

叶绿素a R=—CH_3
叶绿素b R=—CHO

植醇

图 9-1 叶绿素的化学结构

叶绿素是含镁的四吡咯衍生物，由 4 个吡咯环经亚甲基桥连接而成的完全共轭的闭合环——卟啉环（头部）构成母环，由脱镁叶绿素母环、叶绿醇（尾部）、含羰基副环、2 价镁离子等组成叶绿素。

叶绿素 a 和叶绿素 b 在结构上的区别仅在于 3 位上的取代基不同，叶绿素 a 含有一个甲基，叶绿素 b 含有一个甲醛基。

2. 物理性质

叶绿素 a 纯品是具有金属光泽的蓝黑色粉末状物质，熔点 117～120℃，其乙醇溶液呈蓝绿色，并有深红色荧光。叶绿素 b 为深绿色粉末，熔点 120～130℃，其乙醇溶液呈绿色或黄绿色，有红色荧光。叶绿素 a 和叶绿素 b 都具有旋光活性，二者都不溶于水，而溶于丙酮、乙醇、乙酸乙酯等有机溶剂，常用有机溶剂从植物匀浆中萃取分离叶绿素。叶绿素 a 与叶绿素 b 及衍生物的可见光谱在 600～700nm（红区）及 400～500nm（蓝区）有尖锐的吸收峰，因此叶绿素及衍生物可借助可见光谱进行鉴定。叶绿素一般存在于植物细胞的叶绿体中，与类胡萝卜素、类脂物质及蛋白质一起分布在叶绿体内碟形体的片层膜上。

3. 化学性质

叶绿素对热、光、酸、碱等均不稳定。在食品加工中最重要的变化是叶绿素的脱镁反应，即在酸性条件下叶绿素分子的中心镁原子被 H^+ 取代，生成橄榄色或暗褐色的脱镁产物——脱镁叶绿素。

加热可促使叶绿素脱镁反应进行，所以过度烹饪的绿色蔬菜一般为黄绿色（橄榄色）或褐色。但叶绿素在稀碱溶液中发生水解反应，除去分子中的叶绿醇部分，生成的叶绿酸仍然呈绿色、易溶于水。叶绿酸比叶绿素更不稳定，因为叶绿素分子中存在的叶绿醇对 H^+ 取代镁离子具有空间位阻作用，并且叶绿酸溶解性能的改善有利于 H^+ 取代镁离子。叶绿酸脱去镁离子变为脱镁叶绿酸后色泽也呈褐色。叶绿酸的脱镁反应速度也与它的结构有关，在 10 位上的酯基对 H^+ 的进攻具有空间位阻作用，阻碍反应的进行，因此脱镁反应速度随酯基链长度的增加而降低。

叶绿素除可以被碱催化水解以外，在酶的作用下也可发生脱镁、脱植醇反应。如脱镁酶可使叶绿素变为脱镁叶绿素；在叶绿素酶的作用下可发生脱植醇反应，生成脱植基叶绿素。

此外，叶绿素进一步的降解产物还有 10 位的—$COOCH_3$ 被 H 取代，生成焦脱镁叶绿素和焦脱镁叶绿酸。绿色蔬菜在较高温度加工时叶绿素发生脱镁和水解反应，可生成这些化合物。

叶绿素及系列化合物可能发生的各种反应以及产生的色泽变化如图 9-2 所示。

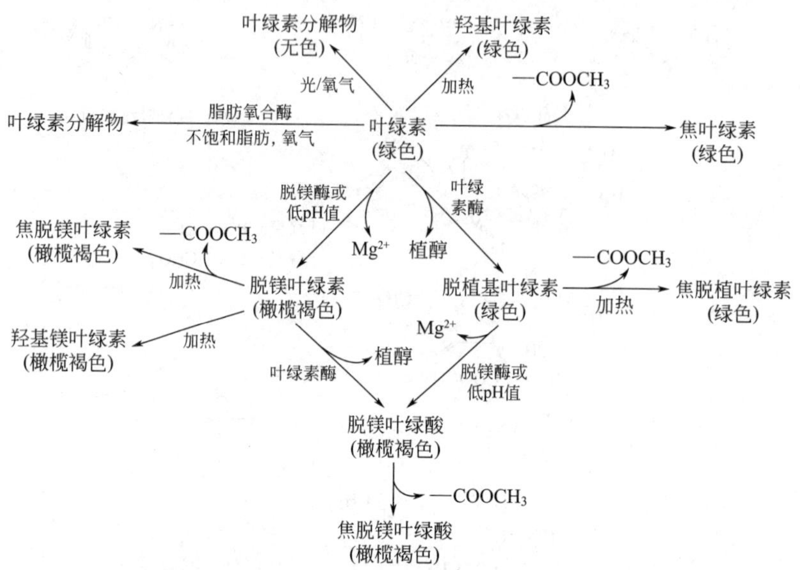

图 9-2 叶绿素发生的各种反应及产生的色泽变化

4. 在食品加工和贮藏中的变化

（1）酶促变化　引起叶绿素被破坏的酶促变化有两类：一类是直接作用，另一类是间接作用。

直接以叶绿素为底物的酶只有叶绿素酶，它是一种酯酶。该酶在水、乙醇或丙酮类溶液中具有活性，可催化植醇从叶绿素及从脱镁叶绿素上解离，分别形成脱植醇叶绿素和脱镁脱植醇叶绿素。叶绿素酶被激活的适宜温度范围是 60～82.2℃，温度超过 80℃时酶的活性降低，温度超过 100℃时叶绿素酶就被灭活。叶绿素酶对底物的要求比较严格，只有在底物分子的卟啉环的 10 位上有—$COOCH_3$，在 7 位、8 位上有 H 才产生活性。

间接作用的酶有脂酶、蛋白酶、果胶酯酶、脂氧合酶和过氧化物酶等。脂酶、蛋白酶的作用是破坏叶绿素-脂蛋白复合体，使叶绿素失去脂蛋白的保护而更易遭受破坏；果胶酯酶的作用是将果胶水解为果胶酸，从而降低体系的 pH 值，使叶绿素更易脱镁；脂氧合酶、过氧化物酶的作用是催化其底物氧化，产生的过氧化物会引起叶绿素的氧化分解。

（2）热处理和 pH 值的影响　食品加工中，热处理对叶绿素脱镁反应影响最大。绿色蔬菜的热处理很快使镁离子被 H^+ 取代，叶绿素含量降低 80%～100%，色泽转变为黄绿色甚至暗褐色。即使是进行简单的漂烫处理，叶绿素也有明显的脱镁反应发生，这个变化过程在水介质中是不可逆的。脱镁叶绿素的极性比叶绿素低。研究还表明，叶绿素 a 的脱镁反应速度比叶绿素 b 更快，即叶绿素 b 的热稳定性更好。这种稳定性差异是由 3 位上的—CH_3、—CHO 造成的，由于—CHO 是一个吸电子基，导致在卟啉环共轭体系中电子的转移，第四个吡咯环的氮带有较多的正电荷，这样使脱镁反应形成中间体的平衡常数减小，脱镁反应速度降低。

pH 值是决定叶绿素脱镁反应速度的一个重要因素。在 pH 值为 9 时叶绿素对热非常稳定，而在 pH 值为 3 时叶绿素很不稳定。在加热前将蔬菜用钙、镁的氧化物或氢氧化物处理，其目的是提高 pH 值，防止叶绿素脱镁而保持绿色，但这样处理的缺点是碱性条件可破坏蔬菜的质地、风味和其中的一些维生素。蔬菜组织经热处理后有机酸释放，pH 值可降低一个单位，因而对叶绿素的脱镁反应产生极大影响。根据电子显微镜对植物组织膜结构的观察，认为由于热处理导致 H^+ 的细胞膜通透性增加，发生叶绿素脱镁反应，反应的临界温度与膜结构变化情况相吻合。

食品在发酵过程中（例如橄榄或绿甘蓝的发酵）pH 值逐渐降低，叶绿素的降解主要是生成叶绿酸和脱镁叶绿酸。由叶绿素生成叶绿酸和由脱镁叶绿素生成脱镁叶绿酸是叶绿素酶作用的结果，而由叶绿素生成脱镁叶绿素和由叶绿酸生成脱镁叶绿酸则是 pH 值降低的结果。对于不同有机酸对叶绿素作用的一些研究结果表明，亲水性的有机酸（如柠檬酸、乙酸、苹果酸）比疏水的具有苯环的有机酸（如苯甲酸）对绿色蔬菜有更好的绿色保留作用，这被认为是与有机酸的极性有关。具有非极性苯环的有机酸扩散进入色质体时更容易通过脂肪膜，然后在细胞内离解出 H^+ 并产生作用，因此叶绿素的降解速度更快。

(3) 其他金属离子的影响　叶绿素脱镁衍生物中，中心的 H^+ 很容易被 Cu^{2+}、Zn^{2+} 等取代，形成绿色、稳定性好的叶绿素衍生物，它们的吸收光谱与叶绿素相似，其中以叶绿酸与 Cu^{2+} 形成的叶绿素铜盐的色泽最为明亮，如叶绿素铜钠盐是食品中可使用的水溶性着色剂。虽然在一些国家不允许食品中使用叶绿素铜钠盐作为着色剂，但在罐藏蔬菜的加工中有使用锌衍生物来改善产品的色泽。

从已有的研究结果来看，叶绿素及其衍生物的色泽与四吡咯环中心离子的存在与种类有关，当卟啉环的中心离子为 Mg^{2+} 或 Zn^{2+}、Cu^{2+} 时叶绿素或其衍生物的颜色是绿色的，无中心离子存在时所有的叶绿素衍生物是黄绿色或褐色的。在稳定性方面，铜或锌的衍生物在酸性条件下比较稳定，在碱性条件下稳定性较差。叶绿素在酸性条件下很容易脱除镁离子，而锌的衍生物在 pH 值为 2 时还是稳定的。要想从铜衍生物中除去 Cu^{2+}，其所需要的 pH 值条件已经可以使卟啉环分解。

卟啉环同金属离子反应时，金属离子首先结合在吡咯环的氮原子上形成中间体，同时脱去两个 H^+。叶绿素 a 形成金属离子衍生物的速度比叶绿素 b 快，这是由于—CHO 的吸电子作用导致卟啉环带较多的正电荷，不利于卟啉环与带正电荷的金属离子结合。同样，卟啉环上存在的一些基团具有空间位阻作用，如叶绿醇的存在妨碍衍生物的形成，所以脱镁叶绿酸 a 与 Cu^{2+} 的反应速度是脱镁叶绿素 a 与 Cu^{2+} 反应速度的 4 倍；焦脱镁叶绿素 a 与 Zn^{2+} 的反应比脱镁叶绿素 a 快，是由于 10 位上酯基的阻碍作用。叶绿素化合物与 Zn^{2+} 生成叶绿素衍生物的反应速度大小顺序依次是：焦脱镁叶绿酸 a＞脱镁叶绿酸 a＞脱镁叶绿酸 a 甲酯＞脱镁叶绿酸 a 乙酯＞焦脱镁叶绿素 a＞脱镁叶绿素 a。

(4) 光降解　叶绿素受光照射会发生光敏氧化，光可使卟吩环在亚甲基处断裂，导致四吡咯大环打开并降解，主要的降解产物为甲基乙基马来酰亚胺、甘油、乳酸、柠檬酸、琥珀酸、丙二酸和少量的丙氨酸。在鲜活植物中，叶绿素与蛋白质结合，以复合体的形式存在，因此受到良好的保护，既可发挥光合作用又不发生光分解；当植物衰老、色素从植物中萃取出来或在加工和贮藏中细胞受到破坏，其保护作用丧失，就会发生光分解，此时若有氧气存在就会导致叶绿素的不可逆褪色。在有氧的条件下，叶绿素或卟啉遇光可产生单线态氧和羟自由基，它们可与四吡咯进一步反应生成过氧化物以及更多的自由基，最终导致卟啉的破坏和颜色的完全丧失。

5. 果蔬的护绿技术

绿色果蔬在加工和贮藏中都会引起叶绿素不同程度的变化。如何保护叶绿素的正常绿色、减小其损失是十分重要的，但目前尚无非常有效的方法。通常可采用如下的护绿技术加以保护。

(1) 酸碱中和　在罐装绿色蔬菜加工中，碱性物质的加入可提高叶绿素的保留率，如采用碱性钙盐或氢氧化镁可使叶绿素分子中的镁离子不被氢原子置换的处理方法。虽然在加工后产品可以保持绿色，但经过贮藏后（两个月）仍然可变成褐色，主要原因是碱性物质很难对蔬菜内部的酸性物质进行中和。

然而，添加碱性物质于产品中是有副作用的。在碱性条件下加工、贮藏蔬菜，会导致多个不良反应的发生，维生素在碱性条件下的降解增加就是其中之一。其他的不良影响还包括天冬酰胺、谷酰胺水解产生令人不喜欢的氨味；脂肪水解产生游离脂肪酸，脂肪酸氧化产生酸败味；钙、镁离子同蛋白质衍生出的氨作用生成鸟粪石沉淀，影响蔬菜口感等。

(2) 高温瞬时杀菌　高温瞬时杀菌不仅能使维生素和风味更好地保留，也能显著减少植物性食品在商业杀菌中发生的绿色破坏，蔬菜受到的化学破坏比普通加工方法小。但是由于在贮藏过程中 pH 值降低，会导致叶绿素降解，因此在食品贮藏两个月后效果不再明显。而将高温瞬时杀菌技术与碱处理技术相结合，虽然在早期能更好地保留叶绿素，但贮藏过程中叶绿素的损失还是不可避免。

(3) 利用金属离子衍生物　将锌或铜离子添加到蔬菜的热烫中是一种有效的护绿方法，因为脱镁叶绿素衍生物可与锌或铜形成绿色络合物。铜代叶绿素的色泽最鲜亮，对光和热较稳定，是理想的食品着色剂。

(4) 将叶绿素转化为脱植基叶绿素　实验证明，罐装菠菜在 54～76℃下，热烫 20min 具有较好的颜色保存率，这是因为叶绿素酶将叶绿素转化为脱植基叶绿素，脱植基叶绿素比叶绿素更稳定。

(5) 多种技术联合应用　目前，保持叶绿素稳定性最好的方法是挑选品质良好的原料，尽快进行加工，采用高温瞬时灭菌，辅以碱式盐、脱植醇的方法，并在低温下贮藏。

(6) 其他护绿方法　气调保鲜技术可使绿色得以保护，属于生理护色。当水分活度较低时，H^+ 转移受到限制，难以置换叶绿素中的 Mg^{2+}，同时水分活度较低时微生物的生长和酶的活性也受到抑制，所以脱水蔬菜能长期保持绿色。在贮藏绿色植物性食品时，避光、除氧可防止叶绿素的光氧化褪色。因此，正确选择包装材料和护绿方法与适当使用抗氧化剂相结合，能长期保持食品的绿色。

（二）血红素

1. 存在状态和结构

血红素（heme）是高等动物血液、肌肉中的主要红色色素，是呼吸过程中 O_2、CO_2 载体血红蛋白的辅基。动物肌肉的色泽主要是由于存在的肌红蛋白和血红蛋白所致。肌红蛋白和血红蛋白都是血红素与球状蛋白结合而成的结合蛋白。

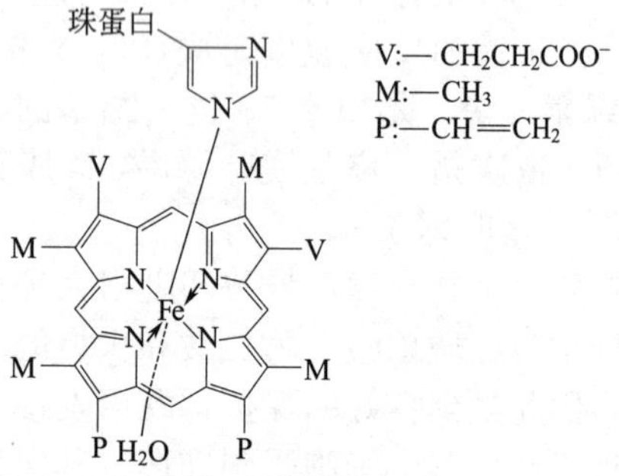

图 9-3 肌红蛋白的化学结构

肌红蛋白（图 9-3）是由 1 条多肽链（约含 153 个氨基酸残基）和 1 分子血红素结合而成，分子量为 1.7×10^4。肌红蛋白是动物肌肉中最重要的色素物质，肌肉中近 90% 的色素是肌红蛋白，其他物质（细胞色素、过氧化氢酶、黄素等）的含量则很低。动物肌肉的色泽深浅与肌红蛋白的含量相关，而肌红蛋白的量又与肌肉的部位、动物性别、年龄、体力活动等有关。

血红蛋白是由 4 条多肽链和 4 分子血红素结合而成，分子量为 6.7×10^4，约为肌红蛋白的 4 倍。血红蛋白在动物屠宰时随血液放出，所以它对肉类色泽的重要性不如肌红蛋白，只是血液中最重要的色素物质。

肌肉组织中还含有少量其他色素，如细胞色素、黄酮蛋白和维生素 B_{12} 等。这些色素含量很少，新鲜肌肉的颜色主要由肌红蛋白决定，呈紫红色。而虾、蟹及昆虫体内的血色素是含铜的血蓝色素。

肌红蛋白的中心铁是以配合物（确切地说是螯合物）形式存在，共有 6 个配位键。铁的配位键由 5 个氮原子提供，其中 4 个来自卟啉环部分，1 个来自球蛋白中的组氨酸残基；第六个配位键可以同任何能提供一对电子的原子形成。在卟啉环的 4 个配位键中，有两个是配位共价键，另外的两个是配位键。

2. 性质与变化

血红素卟啉环内的中心铁可以 Fe^{2+} 或 Fe^{3+} 状态存在。中心铁原子化合态的变化以及带负电荷的基团不同，会导致血红素化合物呈现不同的颜色。

(1) 肌红蛋白、氧合肌红蛋白和高铁肌红蛋白的相互转化　在新鲜肉中存在 3 种状态的血红素化合物，即亚铁离子的第六个配位键结合水的肌红蛋白（myoglobin，Mb）、第六个配位键结合氧原子形成的氧合肌红蛋白（oxymyoglobin，MbO_2）和中心 Fe^{2+} 被氧化为 Fe^{3+} 的高铁肌红蛋白（metmyoglo-

bin，MMb），它们能够互相转化，使新鲜肉呈现不同的色泽，相互转化方式如图 9-4 所示。肌红蛋白和分子氧之间形成共价键结合为氧合肌红蛋白的过程称为氧合作用，肌红蛋白氧化（Fe^{2+} 转变为 Fe^{3+}）形成高铁肌红蛋白的过程称为氧化反应。已被氧化的色素或 3 价铁形式的褐色高铁肌红蛋白不再和氧结合。

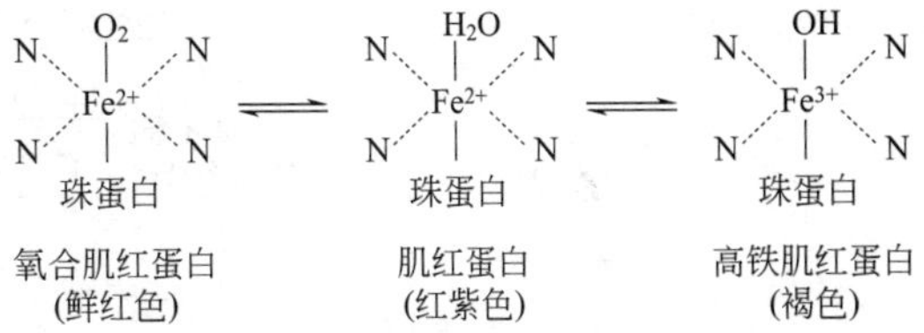

氧合肌红蛋白（鲜红色） ⇌ 肌红蛋白（红紫色） ⇌ 高铁肌红蛋白（褐色）

图 9-4 肌红蛋白、氧合肌红蛋白和高铁肌红蛋白的相互转化

对于动物性食品来讲，新鲜肉的色泽是由于血红素以氧合肌红蛋白形式存在而呈现鲜红色，它可以通过两个阶段变为褐色。如动物屠宰放血以后，肌肉组织的氧气供给停止，肌肉组织所处的环境条件发生变化，此时肌肉中的色素为肌红蛋白，动物的肌肉组织呈紫红色的色泽。鲜肉放置于空气中时，表面的肌红蛋白与氧气结合形成氧合肌红蛋白，氧合肌红蛋白的稳定性比肌红蛋白高，肌肉组织呈鲜红色；其内部仍处于还原状态，因而在表面下的肉呈紫红色。在有氧或氧化剂存在时，氧合肌红蛋白可被氧化为高铁肌红蛋白，形成棕褐色，此时它不能够结合氧分子，第六个位置的配位键由水分子占据。有人发现在肉表面的氧合肌红蛋白红色层数纳米以下、肌红蛋白紫色层以上的一个薄层有可见的棕色，就是氧化生成的高铁肌红蛋白所致。所以，肉中只要有还原性物质存在，肌红蛋白就会使肉保持红色；当还原性物质耗尽时，高铁肌红蛋白的褐色就会成为主要色泽。

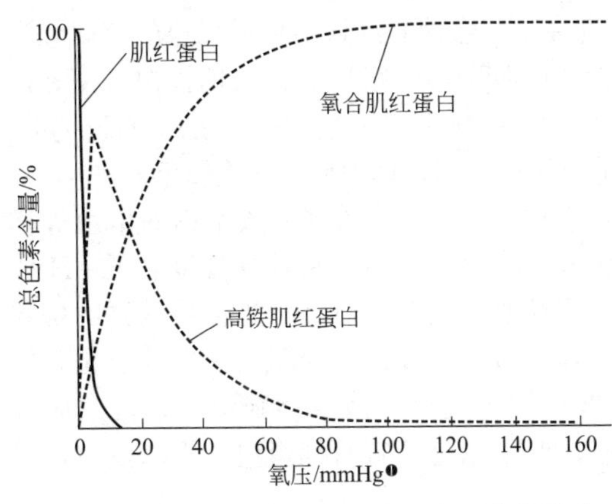

图 9-5 氧气分压对肌红蛋白化学形态的影响

氧气分压较高有利于形成氧合肌红蛋白，低氧分压开始时有利于保持肌红蛋白（也称脱氧肌红蛋白），持续低氧气分压下，肌红蛋白被氧化变成高铁肌红蛋白，为了保证氧合肌红蛋白的形成通常使用饱和氧分压。如果在体系中完全排除氧，也可以降低肌红蛋白氧化为高铁肌红蛋白的速度。因此，氧的分压不同，其各种色素物质的分布情况也不同（图 9-5）。

球蛋白的存在也能降低亚铁离子被氧化为铁离子的程度，而低 pH 值和痕量金属（例如铜）则可促进血红素的氧化。另外氧合肌红蛋白的氧化速度也较肌红蛋白低，所以形成氧合肌红蛋白对肉品的色泽在整体上是有利的。

肉的色泽还会受到其他因素影响。例如，当有还原性巯基（—SH）存在时，肌红蛋白会形成绿色的硫肌红蛋白（SMb）；当有其他还原剂如抗坏血酸时，可生成胆肌红蛋白（ChMb），并很快被氧化生成球蛋白、铁和四吡咯环，这个反应在 pH 值 5～7 范围内发生。氧化剂如过氧化氢也能氧化肌红蛋白的 2 价铁，生成胆绿蛋白（choleglobin）。在加热时肌红蛋白中的球蛋白发生变性，Fe^{2+} 变为 Fe^{3+}，肉的色泽变为褐色，此时生成被称为高铁血色原（hemichrome）的色素。但是，若煮过的肉的内部还有还原剂存在，铁可能被还原成 Fe^{2+}，生成粉红色的还原性血色原（hemochrome）。脂肪发生氧化反应生成的过氧化物对肌肉色泽也有影响，其原因是血色素中的 Fe^{2+} 发生氧化转变为 Fe^{3+}。

（2）腌肉色素　对肉进行腌制处理时，肌红蛋白等会与亚硝酸盐的分解产物 NO 等发生反应，生成不太稳定的亚硝酰基肌红蛋白（NO-Mb），加热后可以形成稳定的亚硝酰基血色原（nitrosyl-hemochrome），这是腌肉中的主要色素。但是，过量的亚硝酸盐可以导致产生绿色的亚硝基氯高铁血红素。亚硝酸具有氧化性，在与肌红蛋白反应时可将 2 价铁氧化为 3 价铁并形成高铁肌红蛋白，但在还原剂的存在下可将 Fe^{3+} 还原成 Fe^{2+}，因此还原剂在肉的腌制过程中具有非常重要的作用。肉类腌制时添加的还原剂包括抗坏血酸、异抗坏血酸，它们的使用还有助于防止腌制过程中亚硝酸与胺类化合物作用，生成具有致癌作用的亚硝胺类化合物，提高腌制肉的安全性。硝酸盐、一氧化氮和还原剂同时存在时形成腌肉色素的反应途径如图 9-6 所示。

❶ 1mmHg=133.3Pa。

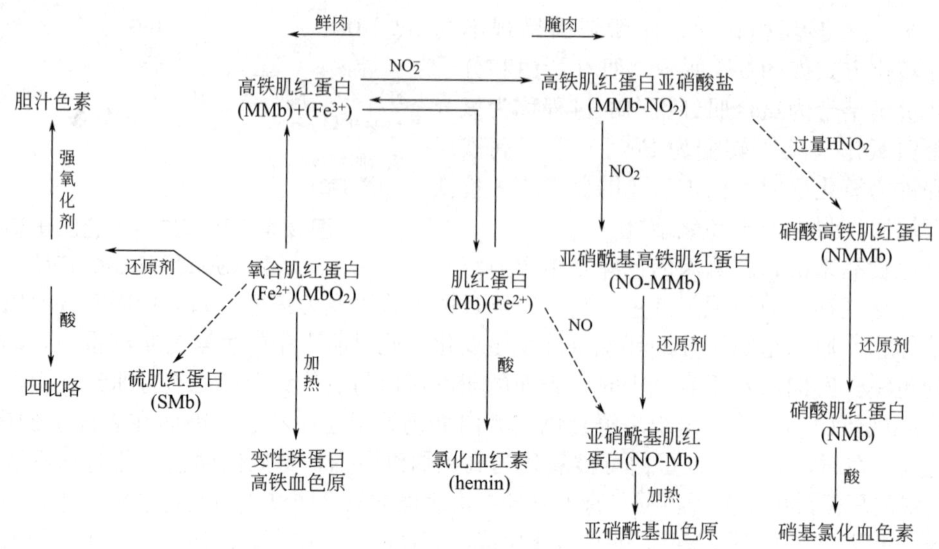

图 9-6 鲜肉和腌肉制品中血红素的反应

（3）其他不利色素的产生　细菌繁殖产生的硫化氢在有氧存在下，会使肌红蛋白生成绿色的硫肌红蛋白（SMb），当有还原剂如抗坏血酸存在时可以生成胆肌红蛋白（ChMb），并很快氧化成球蛋白、铁和四吡咯环；当有氧化剂如过氧化氢存在时，与血红素中的 Fe^{2+} 和 Fe^{3+} 反应生成绿色的胆绿蛋白（choleglobin）。这些色素化合物严重影响肉的色泽和品质。表 9-2 列出了肉类加工和贮藏中产生的主要色素。

影响肉类色素稳定性的因素除上述一些条件外，光、温度、pH 值、水分活度、微生物的繁殖等均可以影响其稳定性。较高的温度、低的 pH 值有利于高铁肌红蛋白的形成，因为在较高温度和低 pH 值时球蛋白的变性导致卟啉环失去保护，血色素更快地被氧化为高铁肌红蛋白。例如，当包装的鲜肉暴露在白炽灯或荧光灯下时，都会发生颜色的变化；当有金属离子存在时，会促进氧合肌红蛋白的氧化并使肉的颜色改变，其中以铜离子的作用最为明显，其次是铁、锌、铝等离子。微生物繁殖导致蛋白质分解，产生硫化氢、过氧化氢等物质，它们可以与肌红蛋白反应，产生绿色的硫肌红蛋白、胆绿蛋白，严重影响肉的色泽品质，这一点是鉴别肉类腐败的直观方法之一。

表 9-2 鲜肉、腌肉和熟肉中存在的色素

色素	形成方式	铁的价态	羟高铁血红素环的状态	珠蛋白状态	颜　色
肌红蛋白	高铁肌红蛋白还原，氧合肌红蛋白脱氧合作用	Fe^{2+}	完整	天然	略带紫红色
氧合肌红蛋白	肌红蛋白氧合作用	Fe^{2+}	完整	天然	鲜红色
高铁肌红蛋白	肌红蛋白和氧合肌红蛋白的氧化作用	Fe^{3+}	完整	天然	褐色
亚硝酰基肌红蛋白	肌红蛋白和一氧化氮结合	Fe^{2+}	完整	天然	鲜红色（粉红）
高铁肌红蛋白亚硝酸盐	高铁肌红蛋白和过量的亚硝酸盐结合	Fe^{3+}	完整	天然	红色
珠蛋白血色原	加热、变性剂对肌红蛋白、氧合肌红蛋白、高铁血色原的辐照	Fe^{2+}	完整	变性	暗红色
珠蛋白血色原	加热、变性剂对肌红蛋白、氧合肌红蛋白、高铁肌红蛋白、血色原的作用	Fe^{2+}	完整	变性	棕色
亚硝酰基血色原	加热、盐对亚硝基肌红蛋白的作用	Fe^{2+}	完整	变性	鲜红色（粉红）
硫肌红蛋白	硫化氢和氧对肌红蛋白的作用	Fe^{2+}	完整但被还原	变性	绿色

续表

色素	形成方式	铁的价态	羟高铁血红素环的状态	珠蛋白状态	颜色
胆绿蛋白	过氧化氢对肌红蛋白或氧合肌红蛋白的作用，抗坏血酸或其他还原剂对氧合肌红蛋白的作用	Fe^{2+}	完整但被还原	变性	绿色
氯铁胆绿素	过量试剂对硫肌红蛋白的作用	Fe^{3+}	卟啉环开环	变性	绿色
胆汁色素	大大过量的试剂对硫肌红蛋白的作用	不含铁	卟啉环开环被破坏；卟啉链	不存在	黄色或无色

在实际生产中，抗氧化剂的存在、采用真空包装或气调包装均有利于提高血红素的稳定性，延长肉类正常色泽的保留时间。

腌肉制品的护色一般采用避光、除氧方法。在选择包装方法时，必须考虑要避免微生物生长和产品失水。因为选择合适的包装方法不但可以保证此类产品的安全和减少失重，而且也是重要的护色措施之一。

二、类胡萝卜素

类胡萝卜素（carotenoids）又称多烯色素，是一类广泛存在于自然界中的脂溶性色素，已被鉴定出来的类胡萝卜素化合物有 700 种以上（不包括存在的顺反异构体），它们使动物、植物食品呈现红色或黄色的色泽。在植物组织中，类胡萝卜素化合物存在于叶绿体（伴随叶绿素）和色质体中。自然界中每年约能生成 10^8 吨的类胡萝卜素，所以它是自然界中资源最丰富的天然色素，其中大部分由海洋中的海藻合成。类胡萝卜素是第二个可以吸收光能的色素，在植物组织中既具有光合作用又具有光氧化保护作用。植物组织中类胡萝卜素化合物的黄色色泽被叶绿素掩蔽，当秋季来临，叶片中的叶绿素合成停止或叶绿素发生分解时，类胡萝卜素化合物的颜色才会显示出来。类胡萝卜素化合物在人类膳食中具有重要作用，除可以提供食品色泽和维生素 A 原以外，流行病学调查结果还发现类胡萝卜素的摄入与降低一些癌症发病率、疾病预防等有一定的相关性，导致了现在对类胡萝卜素研究的深入进行。类胡萝卜素还存在于许多微生物（如光合细菌）和动物（如鸟纲动物的毛、蛋黄）体内，但目前为止没有证据证明动物体自身可合成类胡萝卜素，所有动物体内的类胡萝卜素均是通过食物链来源于植物和微生物。

类胡萝卜素按其化学组成特征可以分为两大类：一类为纯碳氢化合物，称为胡萝卜素类；另一类为结构中含有羟基、环氧基、醛基、酮基等含氧基团，称为叶黄素类。

1. 胡萝卜素类

胡萝卜素类（carotenes）化合物是由 C、H 两种元素构成的共轭多烯烃，包括番茄红素（lycopene）、α-胡萝卜素（α-carotene）、β-胡萝卜素（β-carotene）和 γ-胡萝卜素（γ-carotene）4 种化合物。它们都是含有 40 个碳原子的多烯四萜，由异戊二烯经头尾相连或尾尾相连构成（图 9-7）。

番茄红素

α-胡萝卜素

β-胡萝卜素

γ-胡萝卜素

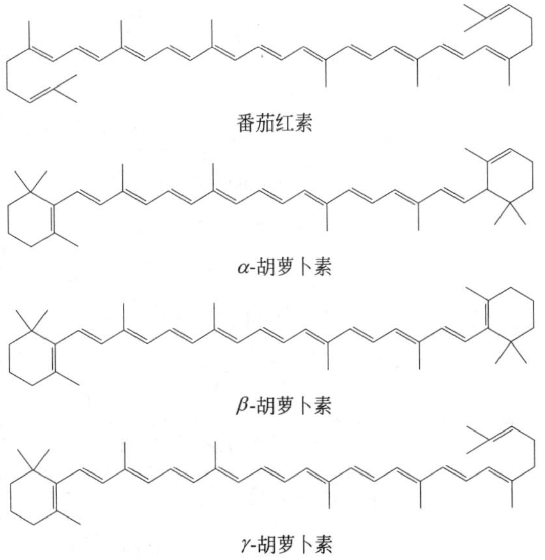

图 9-7　胡萝卜素类化合物的化学结构

胡萝卜素类化合物是结构相近的化合物，其化学性质也很相近，但它们的营养属性不同。如 α-胡萝卜素、β-胡萝卜素、γ-胡萝卜素是维生素 A 原，在体内可以转化为维生素 A，其中 1 分子 α-胡萝卜素、γ-胡萝卜素断裂后可形成 1 分子维生素 A，而 1 分子 β-胡萝卜素裂解后可形成 2 分子维生素 A。而番茄红素不是维生素 A 原，即在体内不能转化为维生素 A。

自然界中存在的胡萝卜素中β-胡萝卜素含量最多、分布最广。胡萝卜素类化合物中，番茄红素呈现红色，是番茄的主要色素，也存在于西瓜、桃、柑橘、辣椒等一些水果、蔬菜中。胡萝卜中则主要存在β-胡萝卜素和α-胡萝卜素及少量的番茄红素。

胡萝卜素类色素为脂溶性，易溶于石油醚、乙醚等有机溶剂，难溶于乙醇和水。

胡萝卜素类结构中具有许多共轭双键，因此极易发生氧化反应而褪色，而且生成的产物非常复杂。当植物组织受到损伤时，胡萝卜素受氧化的敏感性增加；在有机溶剂中的胡萝卜素会加速分解；脂肪氧合酶、多酚氧化酶、过氧化物酶可促进胡萝卜素的间接氧化降解。因此，在食品加工中，热烫等适当的酶钝化处理措施可保护胡萝卜素。

天然胡萝卜素的共轭双键多为全反式结构，只有极少数以顺式异构体形式存在。在热、酸、有机溶剂或溶液经光照（尤其是有碘存在时）的条件下，胡萝卜素极易发生异构化反应，使生物活性大大降低。

胡萝卜素由于易被氧化而具有一定的抗氧化活性。能抑制脂肪的过氧化反应；淬灭单线态氧，防止细胞的氧化损伤；具有抗衰老、抗白内障、防止动脉硬化、抗癌的作用。

2. 叶黄素类

叶黄素类（xanthophylls）色素广泛存在于生物材料中，含胡萝卜素的组织往往富含叶黄素类。叶黄素类比胡萝卜素类的种类更多。从化学结构特征上看，叶黄素类色素是共轭多烯烃的加氧衍生物，即在它们的分子中含有羟基、甲氧基、羧基、酮基或环氧基（可简单地认为是胡萝卜素类的衍生物）。叶黄素类色素的色泽多呈浅黄、黄、橙等，在绿叶中它们的含量一般比叶绿素多1倍。常见叶黄素类化合物的化学结构如图9-8所示。

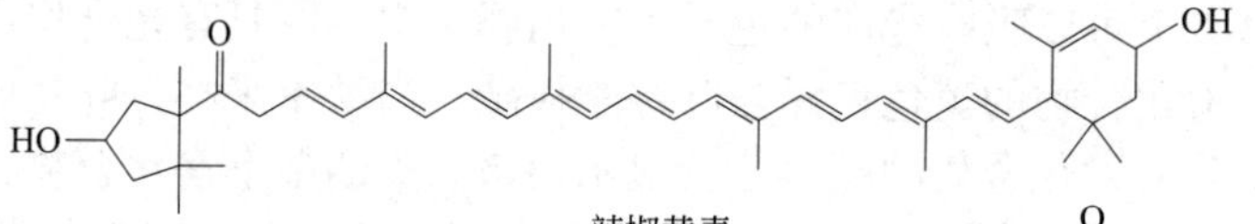

O OH HO

辣椒黄素

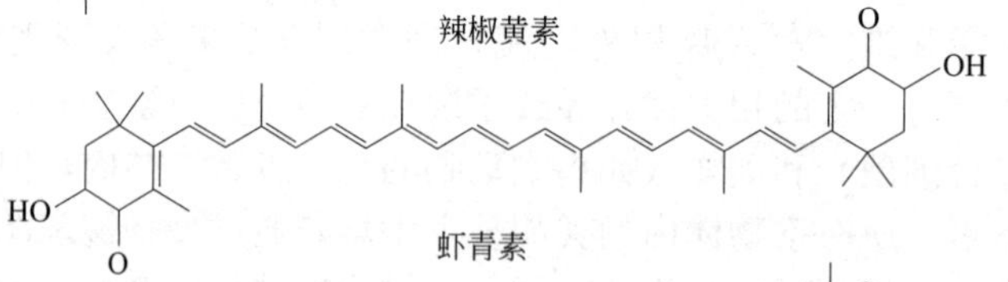

O OH HO O

虾青素

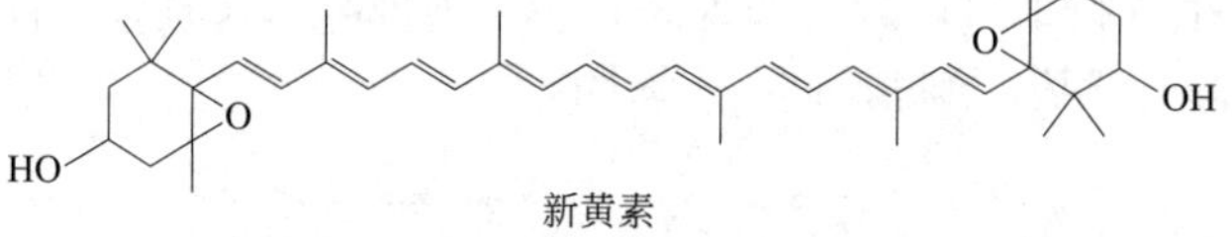

O HO O OH

新黄素

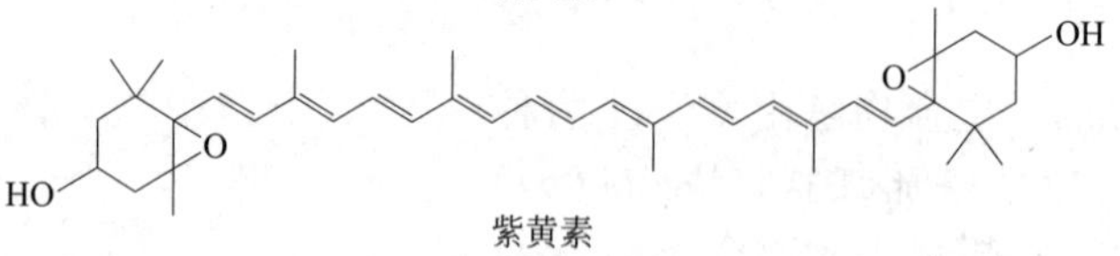

OH O HO O

紫黄素

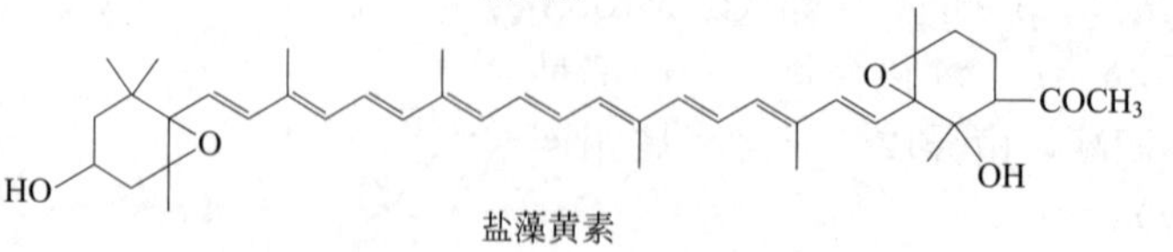

O COCH₃ HO O OH

盐藻黄素

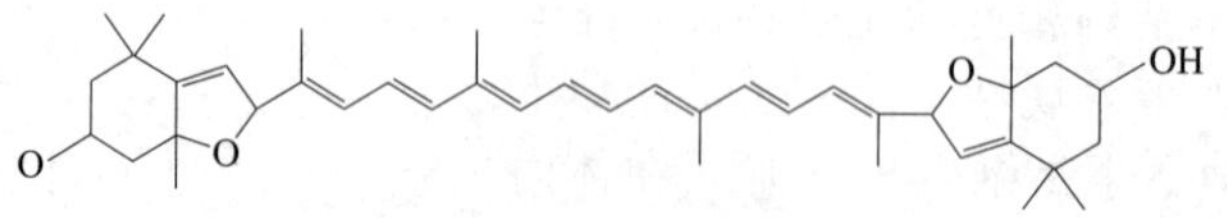

O OH O O

玉米黄二呋喃素

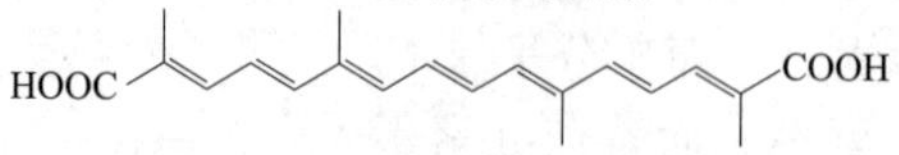

HOOC COOH

藏红花酸

图9-8

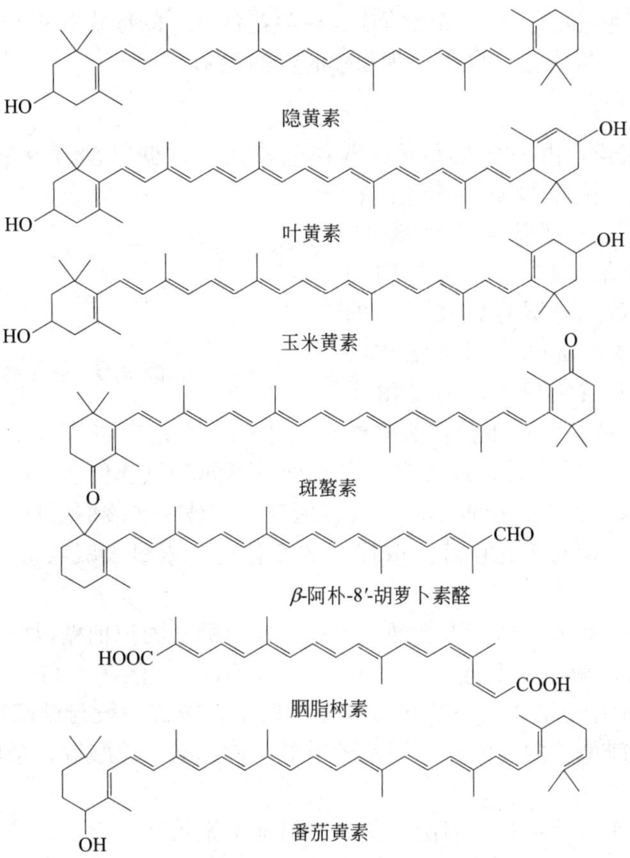

隐黄素

叶黄素

玉米黄素

斑蝥素

β-阿朴-8′-胡萝卜素醛

胭脂树素

番茄黄素

图 9-8 几种常见叶黄素类化合物的化学结构

叶黄素是胡萝卜素类的含氧衍生物，随含氧量的增加脂溶性降低，因此叶黄素类易溶于甲醇或乙醇，难溶于乙醚和石油醚，个别甚至亲水。

叶黄素的颜色常为黄色或橙黄色，也有少数为红色（如辣椒红素）。叶黄素如以脂肪酸酯的形式存在则保持原色，如与蛋白质结合则颜色发生改变。如虾黄素在鲜龙虾壳中与蛋白质结合形成蓝色，煮熟后蛋白质与虾黄素的结合被破坏，虾黄素转化为砖红色的虾红素。

叶黄素在热、光、酸作用下易发生顺反异构化，但引起的颜色变化不明显。叶黄素类受氧化和光氧化降解，强热下分解为小分子，这些变化有时会明显改变食品的颜色。

也有一部分叶黄素类为维生素 A 原，如隐黄素、柑橘黄素等。多数叶黄素类也具有抗氧化作用。

三、多酚类色素

多酚类色素（polyphenols）是自然界中存在广泛的一类化合物，以花青素和类黄酮化合物为代表，其基本母核为 α-苯基苯并吡喃。由于分子结构中含有苯环，而且苯环上连有 2 个或 2 个以上的羟基，所以统称为多酚类色素。结构都是由 2 个苯环（A 和 B）通过 1 个三碳链连接而成，具有 C_6-C_3-C_6 骨架结构，其中 C_3 部分可以是酯链，也可以是与 C_6 部分形成的五元或六元氧杂环。

多酚类色素是植物中存在的主要水溶性色素，包括花青素、类黄酮色素、儿茶素和单宁等。这类色素呈现黄色、橙色、红色、紫色和蓝色。

（一）花青素

1835 年，Marquart 首先从矢车菊花中提取出一种蓝色色素，称为花青素（anthocyan）。花青素是多酚类化合物中一个最富色彩的子类，多以糖苷（称为花色苷）的形式存在于植物细胞液中，是植物中最主要的水溶性色素之一，构成花、果实、茎和叶的美丽色彩。

1. 结构和存在状态

花色苷是花青素的糖苷，由一个花青素（即花色苷元）与糖以糖苷键的形式相连。糖基可以是葡萄糖、半乳糖、木糖、鼠李糖或阿拉伯糖，花青素分子上可以连接一个糖基或几个糖基，连接的可以是单糖、低聚糖（均匀或不均匀的）。花青素由于具有类黄酮典型的 C_6-C_3-C_6 的碳骨架结构，是 α-苯基苯并吡喃阳离子结构的衍生物，过去也归类于类黄酮色素，但是由于色泽明显不同，目前一般将花色苷单独作为多酚色素中的一类色素看待（图 9-9）。

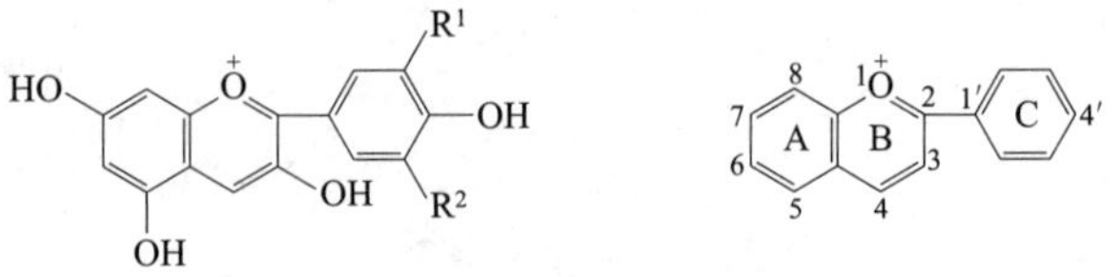

HO, OH, OH, OH, R^1, R^2, A, B, C, 1, 2, 3, 4, 5, 6, 7, 8, 1′, 4′

图 9-9　花青素的化学结构

自然界存在的花色苷有 20 多种，最重要的有 6 种。不同花色苷色素的区别在于：①C 环上的 R^1、R^2 基不同；②所连接的糖基种类、位置不同，或者糖基是否被一些羧酸酰化。R^1、R^2 基的区别可以造成花色苷色素的色泽不同。但对于花色苷，取代基的变化对色素最大吸收波长的影响变化不是那么有规律。

与花青素成苷的糖主要有葡萄糖、半乳糖、木糖、鼠李糖和阿拉伯糖以由这些单糖构成的双糖或三糖。花青素形成花色苷时，糖基一般连接在 3 位—OH，有一些存在 5 位—OH 糖苷，也有少数在 7 位—OH。此外，花色苷中还可能含有一些羧酸或金属离子。羧酸一般与糖基部分结合，常见的有机酸包括阿魏酸、苹果酸、咖啡酸、丙二酸、对羟基苯甲酸、琥珀酸、乙酸等；金属离子的存在对色泽会产生重大影响。

花青素和花色苷都是水溶性色素，但由于花色苷增加了亲水性的糖基，其水溶性更大。

目前已经从自然界中分离出 250 种以上的花色苷化合物，天然食品中存在的花色苷一般是多种共同存在的，也有少数食品中主要存在一种花色苷。食品中花色苷的含量变化范围很大，以鲜重计，从 200mg/kg 至 6000mg/kg。黑穗醋栗、紫葡萄等水果，由于其果皮中色素的含量高，是提取花色苷色素的良好原料。

2. 色泽与稳定性

花青素和花色苷的稳定性均不高，它们在食品加工和贮藏中常因化学反应而变色。影响其稳定性的因素包括 pH 值、温度、金属离子、氧化剂、酶等。花色苷的 2 位碳原子受到相邻带正电荷的氧原子影响，易受到各种基团的作用发生反应，还易在此处开环，因此 2 位是花色苷化合物的敏感部位。

不同花色苷和花青素的结构与其稳定性之间的关系有一定规律性。花色苷和花青素结构中羟基多的稳定性不如甲氧基多的，花青素不如花色苷稳定，糖基不同稳定性也不同。如食品中天竺葵色素、矢车菊色素或飞燕草色素羟基较多，颜色不稳定；富含牵牛花色素或锦葵色素配基多的食品的颜色较稳定；蔓越橘中含半乳糖基的花色苷比含阿拉伯糖基的花色苷在贮藏期间更稳定。

（1）pH 值的影响　花色苷在不同 pH 值条件下化学结构会发生变化，导致其色泽变化。图 9-10 所示的是花色苷的化学结构、色泽随 pH 值条件所发生的变化情况。

在较低的 pH 值（pH=1）溶液中，花色苷盐离子（红色）是主要形式。在介质的 pH 值升高时（pH 4～6），花色苷以假碱（无色）的形式或者以脱水碱（淡紫红色）的形式存在。在较高的 pH 值时（pH 8～10），花色苷与碱作用形成相应的酚盐，从而呈现出蓝色。虽然这些变化均是可逆的，但经过较长的时间，假碱结构开环生成浅色的查耳酮，花色苷的色泽变化将是不可逆的。所以，要维持花色苷正常的红色，必须使其保持在酸性条件下。这一点在对花色苷色素分析时十分重要，由于在强酸性条件下色素的吸光值最大，一般采用 pH=1 的介质分析色素含量。如采用 pH>3 的介质，色素的吸光值将

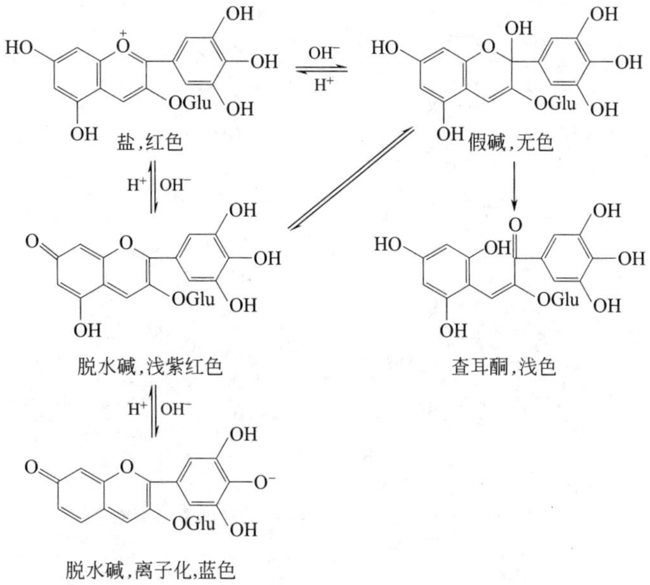

盐,红色 假碱,无色 脱水碱,浅紫红色 查耳酮,浅色 脱水碱,离子化,蓝色

图 9-10 花色苷的化学结构、色泽随 pH 值的变化情况

不到 pH<1 时的吸光值的 1/2，会影响结果的准确性。

有人对矢车菊-3-鼠李糖苷在 pH 值为 0.71～4.02 范围内的缓冲溶液的吸收光谱进行了研究，结果表明，在该范围内最大吸收波长为 510nm，吸光度随 pH 值的增加而降低。又有人对蔓越橘（含有多种花色苷）鸡尾酒的光吸收进行了类似研究，结果相同。这些研究表明花色苷在酸性溶液中呈色效果最好。

（2）温度的影响　花色苷色素的稳定性受温度影响非常大，在高温条件下其降解速率极大增加。这种影响程度还受环境氧含量、花色苷种类以及 pH 值等影响。一般含羟基多的花青素和花色苷热稳定性不如含甲氧基或糖苷基多的花青素和花色苷。

已知花色苷的热降解反应是一级反应，具体机制尚不清楚，但降解过程可能与假碱、查耳酮等中间物有关。虽然花色苷降解的确切机理尚未确定，不过已经提出了 3 种机理（图 9-11）。在机理（a）中，3,5-二糖苷基香豆素是许多花色苷色素（矢车菊色素、芍药色素、飞燕草色素、牵牛花色素、锦葵色素等）的共同降解产物，在降解反应中阳离子首先转化为醌式碱，然后生成一系列中间体，最后裂解生成香豆素衍生物（来自 A 环）和一个苯酚化合物（来自 C 环）。在机理（b）中，花色苷阳离子首先转化为假碱形式，然后转化为查耳酮，最后生成棕色的降解产物。而在机理（c）中，花色苷色素的降解过程与机理（b）大致相同，不过发生糖苷的水解反应，因此降解产物为裂解产物。可以看出，花色苷的热降解反应不仅与它的化学结构（取代基、糖苷）有关，而且与降解的温度有关。

（3）金属离子的影响　花色苷一般具有多个酚羟基，其中相邻羟基可与一些多价金属离子形成配合物（螯合物），色泽为蓝色，这也是自然界中的一些花色苷以蓝色形式出现的原因。能与花色苷形成蓝色化合物的金属离子有 Sn^{2+}、Fe^{2+}、Cu^{2+}、Al^{3+} 等。一些金属罐装食品的罐壁如果没有涂膜，就会导致内壁腐蚀，释放的金属离子与花色苷结合，造成食品色泽的异常。果蔬食品的加工设备若是易腐蚀金属的，也会出现同样的问题。某些金属离子也会造成果汁变色。尤其是处理梨、桃、荔枝等水果时产生的粉红色螯合物稳定性较高，一旦形成很难恢复，但柠檬酸有络合金属离子的能力，可减少花色苷金属离子络合物的生成，并可使它们部分逆转为花色苷，因此可加入柠檬酸等螯合剂减少变色的发生。

$AlCl_3$ 与花色苷的反应曾被用于区分不同的花青素，因为 C 环上只有一个—OH 的花青素不与 Al^{3+} 反应。花色苷与铝离子的反应如图 9-12 所示。

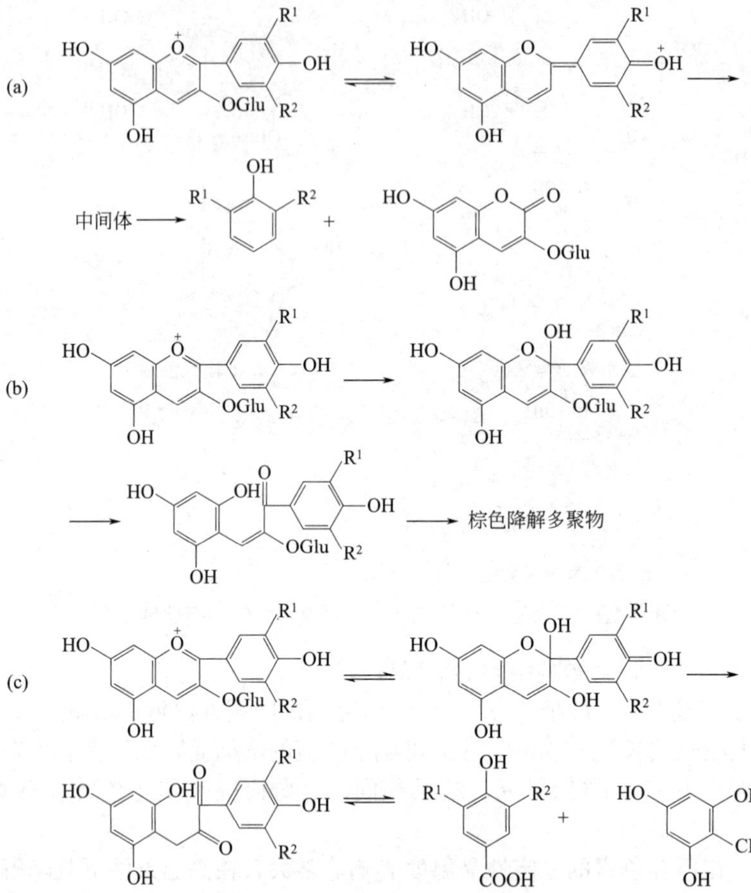

中间体 —→ ……　　棕色降解多聚物

图 9-11 花色苷降解的可能机理

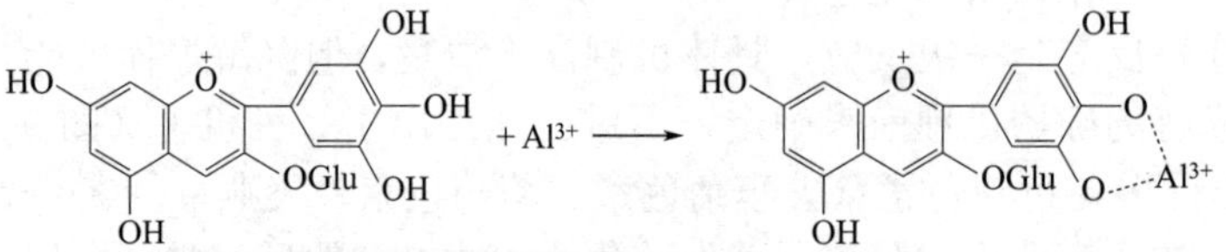

图 9-12 花色苷与铝离子的反应

金属离子 Fe^{3+}、Cu^{2+} 对花色苷的降解催化作用明显，尤其是 Cu^{2+}。其原因可能是它们以不同的氧化态充当色素氧化反应的电子给予体或接受体，结果使色素稳定性大大下降。

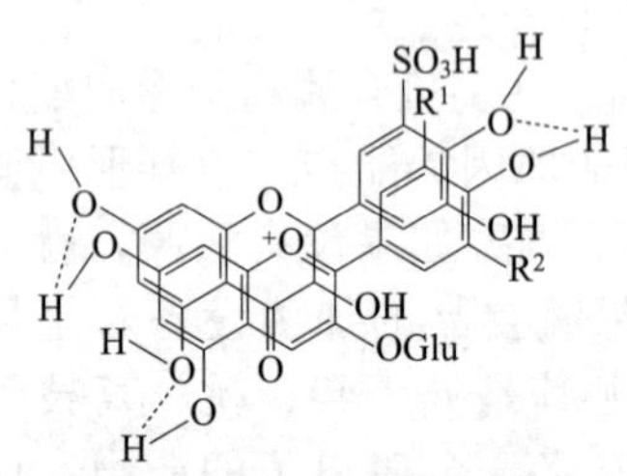

图 9-13 花色苷与多酚磺酸盐形成的络合物

（4）光照的影响　光会促进花色苷的降解，这个作用在一些果汁和葡萄酒中已被证实。对葡萄酒的研究表明，光对花色苷的催化降解作用与花色苷含有的糖基数、脂肪酸数目有关，酰化和甲基化的二糖苷比非酰化的二糖苷稳定，二糖苷又比单糖苷稳定。一些化合物对花色苷的光降解具有影响作用，如共存的色素物质（如花色苷的共聚物）可以加速或减缓花色苷的光降解，确切作用如何取决于条件。多羟基黄酮、异黄酮等对花色苷光氧化具有保护作用，可以归结于它们的芳香环之间相互作用形成的中间物。花色苷与多酚磺酸盐形成的分子络合物如图 9-13 所示。

其他辐照也能引起花色苷降解。如用电离辐射保藏果蔬时，就有花色苷的光降解。

（5）水分活度和氧化剂的影响　分析不同水分活度下花色苷溶液热降解时的吸光度变化表明在水分

活度为 0.63～0.79 范围内花色苷的稳定性较好。

花色苷色素是一个多酚化合物，具有不饱和的共轭体系，因此它对氧化剂非常敏感，会降解生成无色或褐色的物质。在葡萄汁加工中已经发现，整个容器充满果汁会减缓果汁形成暗棕色的速率，这是排除氧气降低花色苷氧化速率的结果，如果用氮灌装或真空灌装，变色速率将更慢，花色苷的稳定性会大幅度提高。

对含有抗坏血酸的果汁中的花色苷的研究表明存在的花色苷和抗坏血酸会同时减少，这意味着二者之间存在相互作用。抗坏血酸氧化生成的过氧化氢间接地对花色苷降解反应产生作用，过氧化氢对花色苷 2 位的亲核进攻导致其裂解，最终形成降解产物或多聚物，色泽也由紫红色或红色转变为棕色。因此，凡不利于抗坏血酸氧化生成过氧化氢的条件均有利于花色苷色素的稳定性，如类黄酮化合物就存在此作用。

（6）糖及糖降解产物的影响　糖类加热可促进花色苷的褪色，这与它们的降解产物呋喃甲醛类的生成有关。呋喃衍生物可以直接与花色苷缩合生成褐色物质，并且这些物质对花色苷降解的促进作用在有氧气存在或温度升高时更明显。糖含量很高时水分活度降低，抑制水分子对花色苷 2 位的亲核反应，可减少假碱化合物的生成，使花色苷稳定。

（7）聚合反应的影响　花色苷不仅可发生自聚合反应，也可与其他有机物发生聚合反应。并可与蛋白质、单宁、多糖类物质或其他黄酮形成较弱的络合物，虽然这一类络合物本身并不显色，但它们可通过红移作用增强花色苷的颜色，并能增加最大吸收波长处的吸光强度，而且聚合后色素稳定性增加，色泽对 pH 值变化的敏感性降低。对于葡萄酒来讲，自聚合是有利的，因为聚合后色素的稳定性提高。花色苷同其他物质的结合既可造成色泽加深、稳定性提高，也可造成花色苷褪色，如花色苷同蛋白质、淀粉、果胶等的结合就可稳定色素，而同一些小分子化合物的结合则生成 4 位取代的无色化合物（图 9-14）。

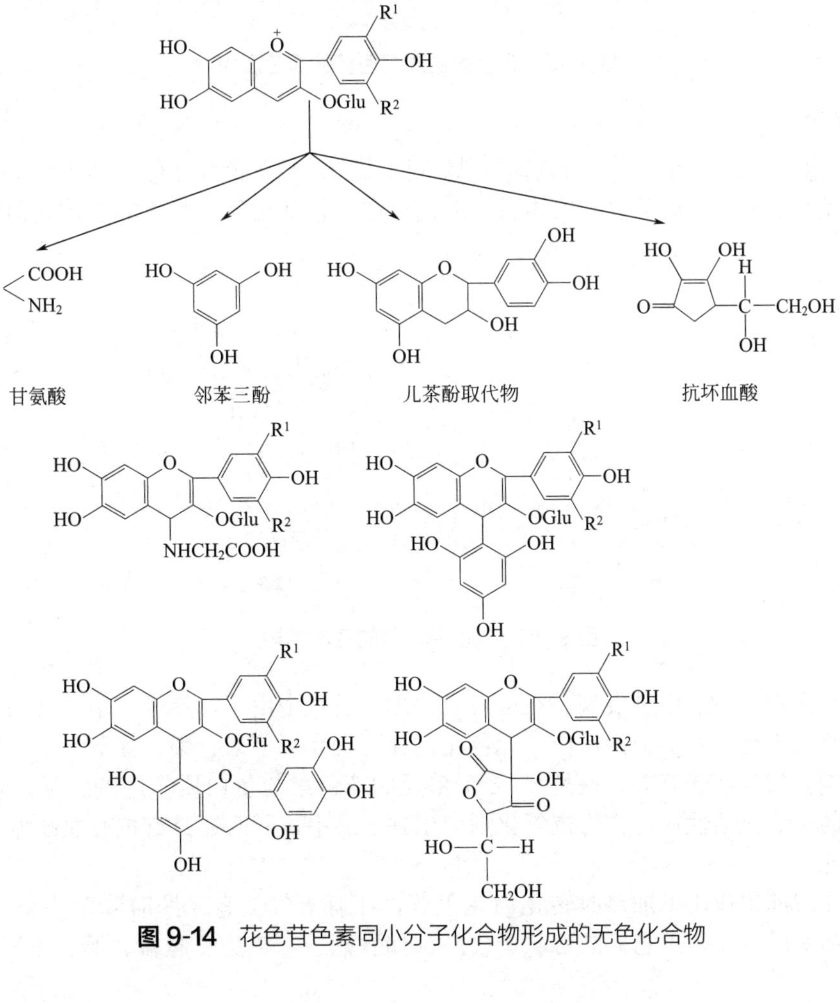

甘氨酸　邻苯三酚　儿茶酚取代物　抗坏血酸

图 9-14　花色苷色素同小分子化合物形成的无色化合物

（8）酶类的影响 影响花色苷稳定性的酶类是糖苷酶和多酚氧化酶。糖苷酶将花色苷的糖基水解后，因为花青素的稳定性低于花色苷，所以花青素酶降低花色苷的稳定性。多酚及多酚氧化酶的存在促进花色苷降解反应，这与多酚氧化酶对多酚的催化氧化有关。多酚氧化生成的邻二醌与花色苷作用，生成氧化花色苷和降解产物。一些水果的适当热烫漂处理会对这些酶类进行灭活，因此有利于产品色泽的保持。

（9）其他影响 常用的漂白剂亚硫酸盐类、二氧化硫不仅可以对其他一些色素进行漂白，也可以使花色苷褪色。对花色苷漂白作用的机制是，花色苷与亚硫酸盐发生加成反应生成 2 位取代或 4 位取代的磺酸化合物，由于破坏了原先的共轭体系，产物是无色的。但是，该漂白反应又是一个可逆反应，通过加热或酸化处理可去掉已结合的亚硫酸根，花色苷得以再生，重新恢复原来的红色，所以漂白反应不是永久性的漂白。亚硫酸盐对花色苷的漂白反应如图 9-15 所示。

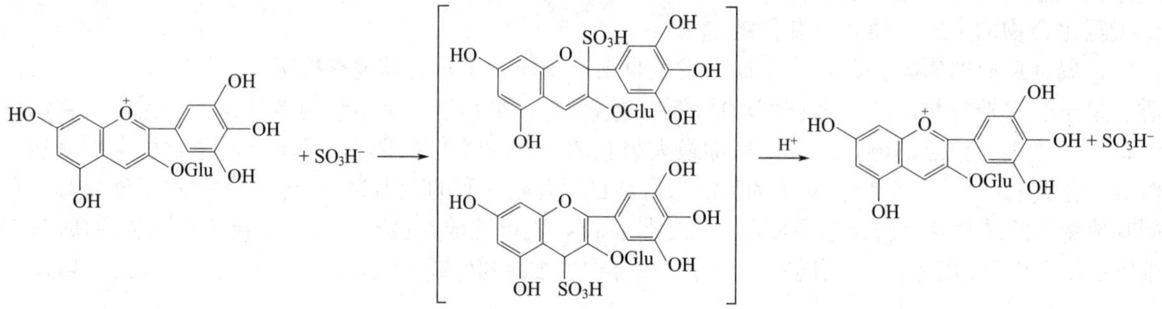

图 9-15 亚硫酸盐对花色苷的漂白反应

3. 无色花色苷

无色花色苷（leucoanthocyanins）的基本结构（图 9-16）与花色苷相似，它是由黄烷-3,4-二醇通过 4→8 或 4→6 形成的多聚体，通常以三聚体以上形式存在。它是花色苷色素的前体，但无颜色，因此也称为原花色素（proanthocyandin）。

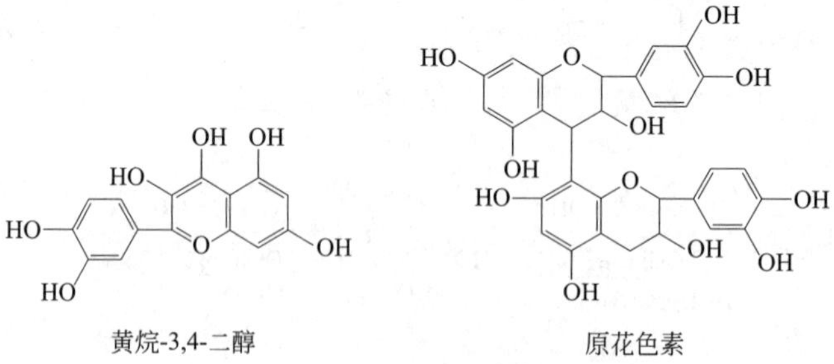

黄烷-3,4-二醇　原花色素

图 9-16 无色花色苷的基本结构

无色花色苷首次在可可豆中被发现，在可可豆的加工过程中由于加热等作用水解为矢车菊色素和表儿茶素，在其他食品中也存在类似的反应。无色花色苷还存在于苹果、梨、葡萄、山楂等水果中，对它们的品质产生影响，如与涩味有关，这是 2～8 个单元的花色素与蛋白质作用的结果。现已证实，无色花色苷具有很强的抗氧化活性，已作为抗氧化剂应用到食品中，同时还具有抗心肌缺血、调节血脂和保护皮肤等多种功能。

无色花色苷在酸催化作用下加热时转化为花色苷，在有氧气或者光照时降解为稳定的红棕色化合物，可参加酶促褐变反应，所以它们既可赋予食品（如香蕉、巧克力、越橘、酒、茶）以特殊的风味，也可影响食品的色泽或品质，如使水果罐头的果肉变红、变褐，或者在啤酒中形成浑浊物。无色花色苷的酸水解机理如图 9-17 所示。

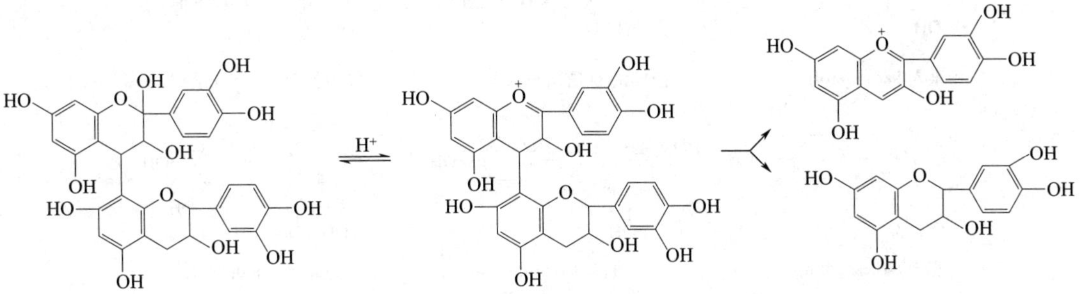

图 9-17 无色花色苷的酸水解机理

（二）类黄酮类

1. 结构与存在状态

类黄酮化合物（flavonoids）包括类黄酮苷和游离的类黄酮苷元，是存在广泛、无色至黄色的水溶性色素。在植物的花、叶、果中多以苷的形式存在，而在木质部多以游离苷元的形式存在。结构上也具有苯并吡喃结构［但查耳酮、噢哢（aurone）化合物等则不符合此结构特点］，与花色苷不同的是类黄酮是 4 位皆为酮基的结构。5 种重要的类黄酮化合物的化学结构如图 9-18 所示。

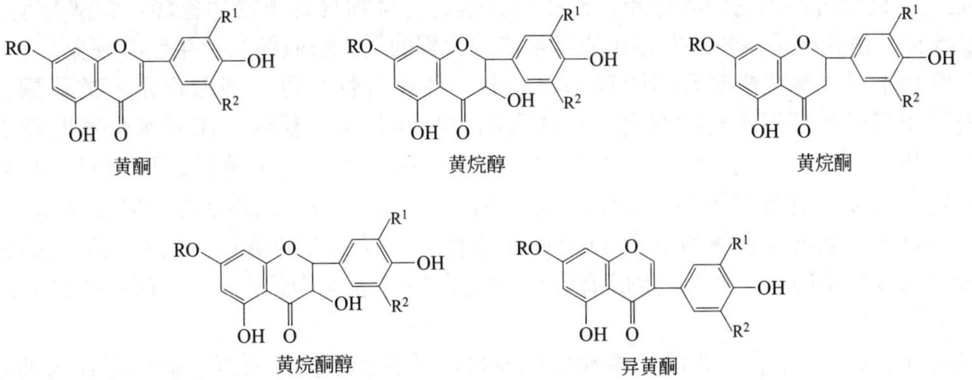

黄酮　黄烷醇　黄烷酮

黄烷酮醇　异黄酮

图 9-18 5种重要的类黄酮化合物的化学结构

天然黄酮类化合物从结构上可分为许多类型，主要有 6 类：①黄酮和黄酮醇类，如芹菜素、槲皮素、圣草素，其中槲皮素及其苷类是植物界分布最广的黄酮类化合物；②二氢黄酮（黄烷酮）和二氢黄酮醇（黄烷酮醇），存在于精炼玉米油中；③黄烷醇类，茶叶中茶多酚的主要成分儿茶素属黄烷酮醇；④异黄酮和二氢异黄酮，如大豆异黄酮；⑤双黄酮类，如银杏黄酮；⑥其他黄酮类化合物，如查耳酮。

游离的类黄酮类化合物难溶于水，易溶于有机溶剂和稀碱液。天然类黄酮多以苷的形式存在，类黄酮苷易溶于水、甲醇和乙醇溶液，难溶于有机溶剂。类黄酮苷的糖基主要有葡萄糖、半乳糖、阿拉伯糖、鼠李糖、木糖、芹菜糖和葡萄糖醛酸等，糖基的结合位置常在 7 位上，也有 5 位和 3′、4′、5′位上的结合。自然界中被鉴别出的类黄酮化合物已经有 1000 种以上，多呈淡黄色，少数为橙黄色。比较重要的类黄酮化合物如图 9-19 所示。

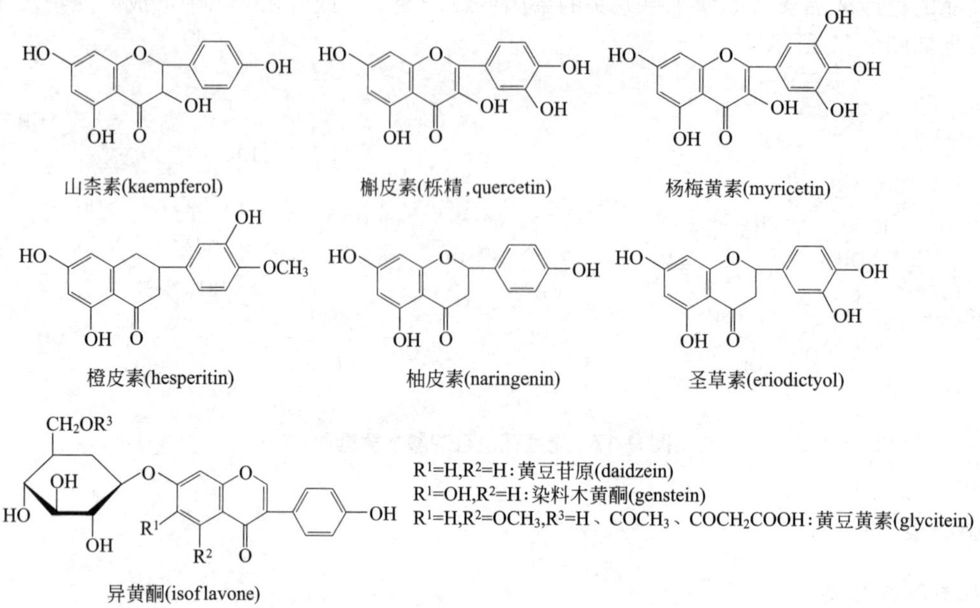

山柰素(kaempferol)　槲皮素(栎精，quercetin)　杨梅黄素(myricetin)

橙皮素(hesperitin)　柚皮素(naringenin)　圣草素(eriodictyol)

R^1=H,R^2=H：黄豆苷原(daidzein)
R^1=OH,R^2=H：染料木黄酮(genstein)
R^1=H,R^2=OCH_3,R^3=H、$COCH_3$、$COCH_2COOH$：黄豆黄素(glycitein)

异黄酮(isoflavone)

图 9-19 自然界中比较重要的类黄酮化合物

2．一般性质

类黄酮在可见光区的吸收情况变化较大。如果苯并吡喃环与苯环结构共轭，最大吸收波长产生红移，一般在 400nm 附近，肉眼可以观察到黄色；如果苯并吡喃环与苯环间不存在共轭，最大吸收波长在 280nm 附近，肉眼看不出它们的色泽。天然的黄酮类化合物具有丰富的色泽，大部分呈黄色，这主要与酚羟基数目及位置相关。各环上存在的羟基使类黄酮的最大吸收波长产生红移现象。

从化学结构上看，类黄酮都含有酚羟基，是弱酸性化合物，可与强碱作用。类黄酮在碱性条件下转化为查耳酮形式，呈现明亮的黄色，一些食品（如马铃薯、稻米）用碱水烧煮时就发生这种现象。类黄酮的热稳定性比花色苷好，所以热加工对它们破坏不大。类黄酮也可以同一些金属离子形成深色化合物。大多数类黄酮同 Fe^{3+} 形成颜色很深的配合物，这往往会造成加工食品的色泽异常。但是也有一些例外，毛地黄黄酮与 Al^{3+} 就形成在感官上很吸引人的黄色。此外，类黄酮被氧化剂氧化（包括酶促褐变的中间物多醌），生成有颜色的化合物（通常为褐色），这在一些食品的发酵过程中是比较常见的。

类黄酮能与金属离子结合，并属于多酚类化合物，具有还原性，所以它们可以作为油脂的抗氧化剂，如茶叶的提取物就是天然抗氧化剂。另外，类黄酮物质又被称为维生素 P，与维生素 C 共同使用时具有降低血管渗透性的作用，芦丁还具有降血压作用。柚皮苷可以用于合成甜味剂，其甜度为蔗糖的 2000 倍。

研究表明，类黄酮类具有抗氧化、植物雌激素作用、清除自由基、降血脂、降胆固醇、免疫促进作用、防治冠心病、口腔卫生等功能。含有类黄酮的一些食品，如红茶、绿茶、黑巧克力、洋葱、红葡萄酒或红葡萄饮料等，显示出较强的心脏保护作用。

而关于类黄酮的有益作用，目前提出了两个机制。

① 类黄酮不仅在体外具有很好的抗氧化性，研究结果表明在生物体内它们也是有效的抗氧化剂。类黄酮可以有效地抑制低密度脂蛋白（LDL）的氧化，而动脉粥样硬化的发病就与 LDL 氧化有关。儿茶素等类黄酮在此方面具有很强的抗氧化作用。

② 类黄酮化合物可以抑制血小板凝聚，这对预防冠心病具有积极意义。栎精在此方面的作用很强，而儿茶素在此方面的作用很小。

（三）儿茶素

儿茶素（catechin）也称茶多酚，是一种多酚类化合物。茶是一种世界性饮料，一般有红茶、绿茶两类主要产品。从其化学组成上看，茶叶中含氨基酸、维生素、矿物质以及茶多酚、茶多糖等多种植物化学成分，茶叶中的干物质30%以上是茶多酚。茶叶中的儿茶素主要有4种：儿茶素（C）、棓儿茶素（GC）、表儿茶素（EC）、表棓儿茶素（EGC）。它们的差别是取代基数量、位置的不同。它们可与没食子酸（棓酸）作用形成相应的酯。表棓儿茶素没食子酸酯是茶叶中含量最高的儿茶素，含量为茶叶干质的9%～13%。

常见的儿茶素化合物的化学结构如图9-20所示。

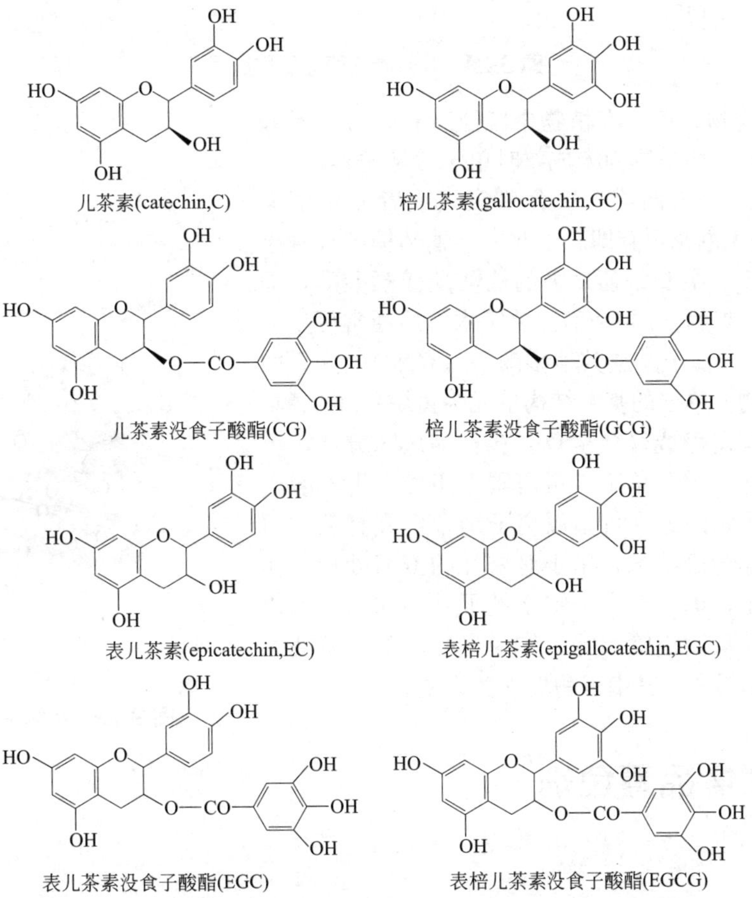

儿茶素(catechin,C)　　棓儿茶素(gallocatechin,GC)

儿茶素没食子酸酯(CG)　　棓儿茶素没食子酸酯(GCG)

表儿茶素(epicatechin,EC)　　表棓儿茶素(epigallocatechin,EGC)

表儿茶素没食子酸酯(EGC)　　表棓儿茶素没食子酸酯(EGCG)

图9-20 常见的儿茶素化合物的化学结构

儿茶素本身无色，具有较轻的涩味。有还原性，可与蛋白质生成沉淀，与金属离子生成有色的沉淀。由于具有还原性，儿茶素很容易被空气中的氧气氧化为褐色物质（高温更易反应）。植物中存在的多酚氧化酶和氧化物酶也能催化儿茶素氧化为各种产物，这在茶叶加工中非常重要，如红茶中存在茶黄素与茶红素，茶黄素色亮，茶红素色深，红茶的色泽就是二者适当配比的结果。高温、潮湿条件下遇氧，儿茶素也可自动氧化。儿茶素的酶促氧化过程如图9-21所示。

（四）单宁

单宁（tannin）也称鞣质，是具有沉淀生物碱、明胶和其他蛋白质的能力且分子量在500～3000之

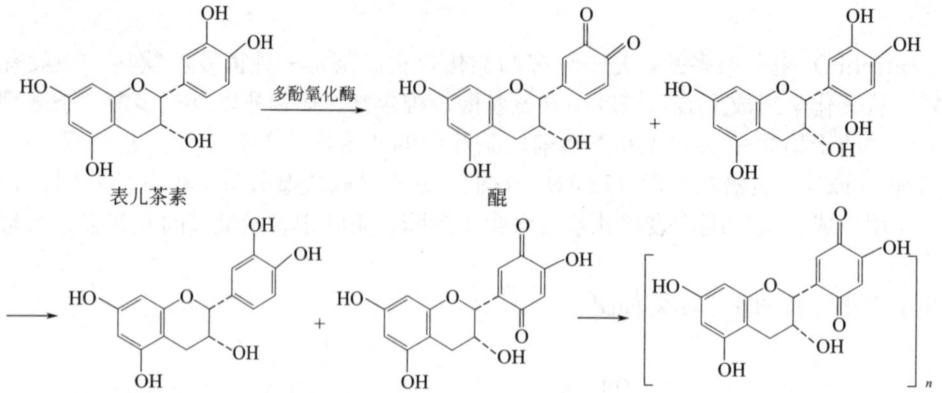

图 9-21　儿茶素的酶促氧化过程

间的水溶性多酚化合物。单宁在植物中广泛存在，五倍子和柿子中含量较高，在这些植物尚未成熟时单宁含量尤其高。

单宁在植物中可分为两类：聚合单宁（或者非水解单宁），如前面所说的无色花色苷即属于此类；葡萄糖的没食子酸多酯，即水解单宁，主要是葡萄糖的槲酸酯或鞣酸酯，而鞣酸是棓酸的内酯二聚物（图 9-22）。单宁水解后通常可生成3类物质：葡萄糖、没食子酸或其他多酚酸（鞣酸）。这说明它们也是糖苷化合物。单宁的基本结构单元为黄烷-3,4-二醇。

单宁的颜色为黄白色或轻微褐色。在食品风味方面，单宁与一些食品的涩味有关。单宁与蛋白质作用可产生不溶于水的沉淀，与多种生物碱或多价金属离子结合生成有色的不溶性沉淀，因而可作为澄清剂，用于对果汁的澄清处理。在食品的加工、贮藏中，单宁会在一定条件下（如加热、氧化或遇到醛类）缩合，从而消除涩味。作为多酚，单宁易被氧化，发生酶促和非酶褐变，其中以酶促褐变为主。

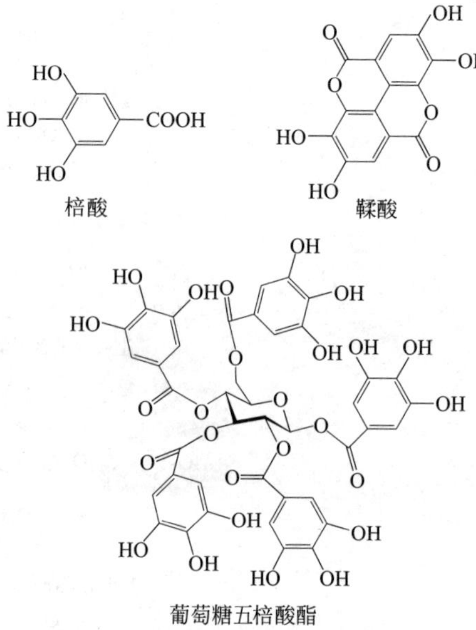

图 9-22　水解单宁的组成部分

第四节　天然食品着色剂

一、焦糖色素

焦糖色素（caramel）又称酱色，是糖质原料（如玉米糖浆或糖蜜）在加热过程中脱水缩合形成的红褐色或黑褐色的胶状物或块状物，是应用比较广泛的食品着色剂。根据其加工条件不同，焦糖色素可分为不同的类型（表 9-3），以铵盐法生产的焦糖色素色泽好、加工方便、收率高。焦糖色素的化学组成还不清楚，但它的形成可能涉及美拉德反应和焦糖化反应。焦糖色素的组成和着色力等与原料、加工方式有关。

表 9-3　焦糖色素的类型

性质	类型Ⅰ 普通焦糖色素	类型Ⅱ 亚硫酸盐焦糖色素	类型Ⅲ 氨法焦糖色素	类型Ⅳ 亚硫酸铵法焦糖色素
所带电荷	负	负	正	负
是否含硫	否	是	否	是
是否含氨	否	否	是	是

用糖类化合物生产焦糖色素时，以铵盐法生产的焦糖色素为电负性，用氨法生产的则为电正性，并且此类型的焦糖色素生产量、使用量最大。稍带电负性的焦糖色素溶于乙醇，可用于饮料之中。在全球范围内来看，以类型Ⅲ和类型Ⅳ焦糖色素的使用量最大。

焦糖色素为黑褐色的胶状物或块状物，有特殊的甜香气和愉快的焦苦味，但在通常的使用量下很少能表现出来。焦糖色素易溶于水，对光和热的稳定性好。焦糖色素中的环化物4-甲基咪唑有致惊厥作用，对此有限量标准。

二、红曲色素

红曲色素（monascin）来源于微生物，是存在于红曲米中的一类色素的总称。红曲米是用水将大米蒸熟后接种红曲霉（*Monascus* sp.）、紫红曲菌（*Monascus purpureus*）、安卡红曲霉（*Monascus anka*）、巴克红曲霉（*Monascus barkeri*）进行发酵制成的。红曲米又称为红米、丹曲、赤曲等，经过粉碎后可直接用于食品着色，也可用乙醇提取、浓缩、精制得到色素再用于食品的着色。

红曲色素中有6种不同成分，分别属于黄色、橙色和紫色红曲色素，其化学结构和名称如图9-23所示。

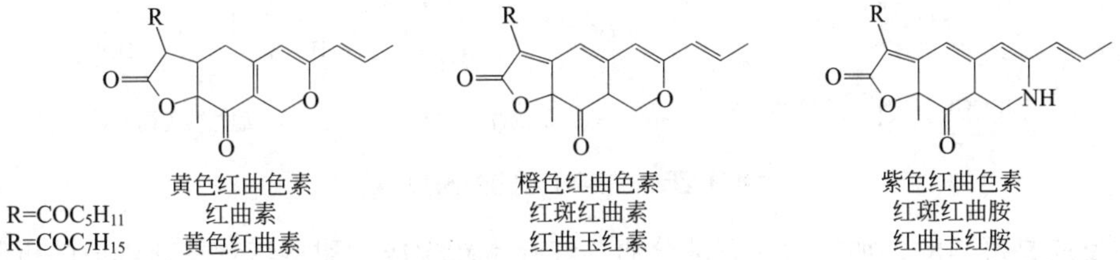

图9-23 红曲色素的化学结构和名称

不同菌种培养的红曲米中各色素的含量是不同的，如从红曲霉培养的红曲米中获得的主要是红曲素和黄色红曲素，从紫红曲霉培养的红曲米中获得的是红曲素和红斑红曲素。对食品加工有价值的是醇溶性的红色色素，目前已经从红曲霉的深层发酵培养液中制备红曲素。

红曲色素是红色或暗红色的粉末或液体状或糊状物，熔点约60℃，溶于乙醇、乙醚和乙酸，色调不随pH值变化。红曲色素具有强的耐光、耐热及耐碱性，在pH值高达11时色泽还稳定，对紫外线稳定。它不与金属离子发生作用，也不和氧化剂、还原剂作用，对蛋白质的染色能力强，现已广泛用于肉制品、饮料、糖果等食品的着色。需注意的是，次氯酸盐对红曲色素有强的漂白能力，所以在使用过程中应注意。

三、甜菜红色素

甜菜红（betalain）是从食用红甜菜的根中提取出的水溶性色素，也存在于花和果实中。其主要成分有红色的甜菜红色素和黄色的甜菜黄色素两大类，以糖苷的形式存在。从化学结构（图9-24）上看，它们的基本结构是吡啶衍生物甜菜醛氨酸与仲胺的缩合产物，分子中具有不同的取代基，并存在正负电

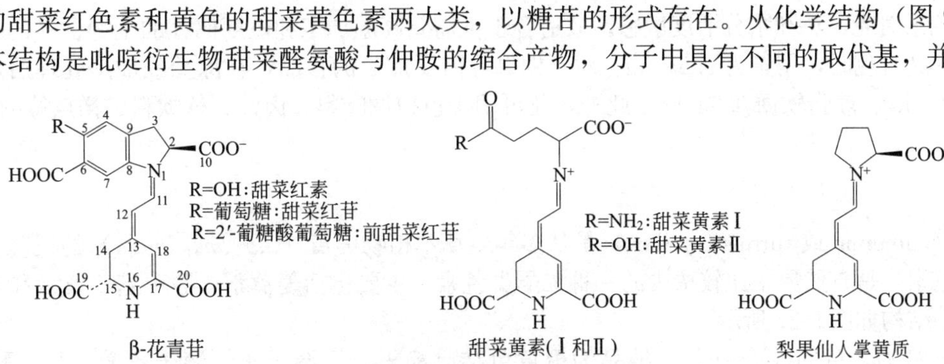

图9-24 甜菜红色素和甜菜黄色素的化学结构

荷，是一种具有内盐结构的天然色素。

甜菜红对可见光有强吸收，色泽很深。甜菜红苷的吸收光谱在介质 pH 值条件变化时（如 pH 值在 4～7 之间），最大吸收峰为 538nm，色调无变化，在 pH 值低于 4 时最大吸收波长稍降低，而在 pH 值为 9 时最大吸收峰的波长稍增加，所以甜菜红色泽对酸的稳定性好。

甜菜红的稳定性受不同因素影响，包括热降解、氧化、光降解、水解等。甜菜红的水溶液一般呈红紫色，染色力较强，pH 值为 4～5 范围内色泽稳定，在碱性溶液中变黄。甜菜红的耐热性较差，光、氧气都能使其降解，金属离子和水分活度均对稳定性有影响。在热加工中虽有大量甜菜红被破坏，但由于体系中尚有足够残留量，仍能使产品产生吸引人的深红色。

在较温和的碱性条件下，甜菜红苷在 1 位氮原子处发生化学反应（图 9-25），可以被水解为环多巴-5-*O*-葡萄糖苷（CDG）和甜菜醛氨酸。对甜菜红苷的酸性溶液加热或者对含甜菜红的食品进行热处理均能发生次反应，但反应速率却慢得多。甜菜红中的其他色素由于具有与甜菜红苷相似的化学结构，认为它们的降解反应类似。

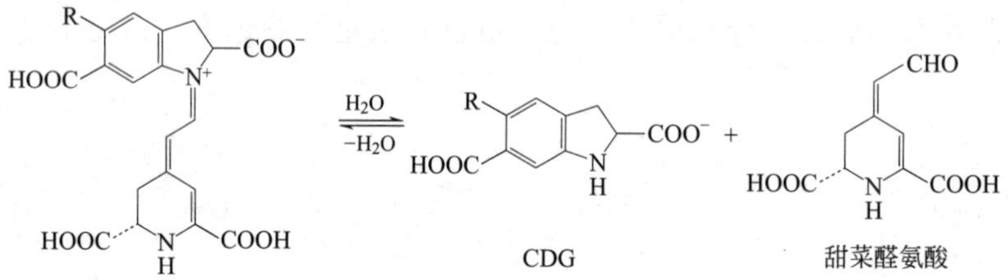

图 9-25 甜菜红苷的降解反应

这个降解反应是可逆的，加热后又有部分甜菜红苷重新生成。甜菜红苷重新生成的机制认为是甜菜醛氨酸的醛基与环多巴-5-葡萄糖的胺基间发生亲核反应，生成相应的席夫碱。在 pH 值为 4～5 时反应速率最大，这一点与甜菜红苷的热降解速率在 pH 值为 4～5 时最小是一致的。

甜菜红苷在酸性条件或加热处理时还可以发生异构化作用（确切地说是发生差向异构作用），在 C-15 的手性中心可形成两种差向异构体，随温度的升高异甜菜红苷的比例增高，导致褪色。此外甜菜红苷在加热时可发生脱羧反应，而且反应是随介质 pH 值的增加而增快。甜菜红苷在酸性条件下或加热时的降解反应如图 9-26 所示。甜菜黄色素的稳定性也与 pH 值有关，并且比甜菜红苷的稳定性更差。

影响甜菜红色素的另一个因素就是氧气的氧化作用，如罐藏甜菜中氧气的存在会加快色素降解。氧气对甜菜红苷降解反应的影响还与介质的 pH 值有关。甜菜红苷的氧化降解涉及氧分子，活性氧如单线态氧、过氧化阴离子等不涉及此反应。有光存在时可加速甜菜红苷的氧化，但抗氧化剂（抗坏血酸、异抗坏血酸）的存在可增加甜菜红苷的稳定性。若有铜离子、铁离子存在，抗坏血酸被催化氧化，就会降低抗坏血酸对甜菜红苷的保护作用。在有金属离子螯合剂（例如 EDTA）存在时，由于螯合了铜离子或铁离子，可提高抗氧化剂的保护效率。

甜菜红色素对光、热和水分活度敏感，故适合于不需要高温加工和短期储存的干燥食品的着色。用于冰棍等冷饮食品着色时，用量为 0.5g/kg。对于糖果等需要加工的食品，在凉糖或加热处理后加入，用量为水果硬糖 1g/kg、琼脂软糖 0.5g/kg。此外，还可用于色拉调味料、卤汁、软饮料、糕点等的生产中。

四、姜黄素

姜黄素（curcumin 或 turmeric yellow）是从多年生草本植物姜黄（*Curcuma longa*）的根茎中提取得到的一种黄色色素，是自然界中比较稀少的一种二酮类色素。主要包括姜黄素、脱甲基姜黄素和双脱甲基姜黄素。其核心结构如图 9-27 所示。

姜黄素含量为姜黄的 3%～6%。纯品为橙黄色结晶粉末，不溶于水，溶于乙醇、酸、醚或稀碱溶液，具有特殊的风味和芳香。在中性溶液和酸性溶液中呈黄色，在碱性溶液中呈褐红色。它的耐热性、

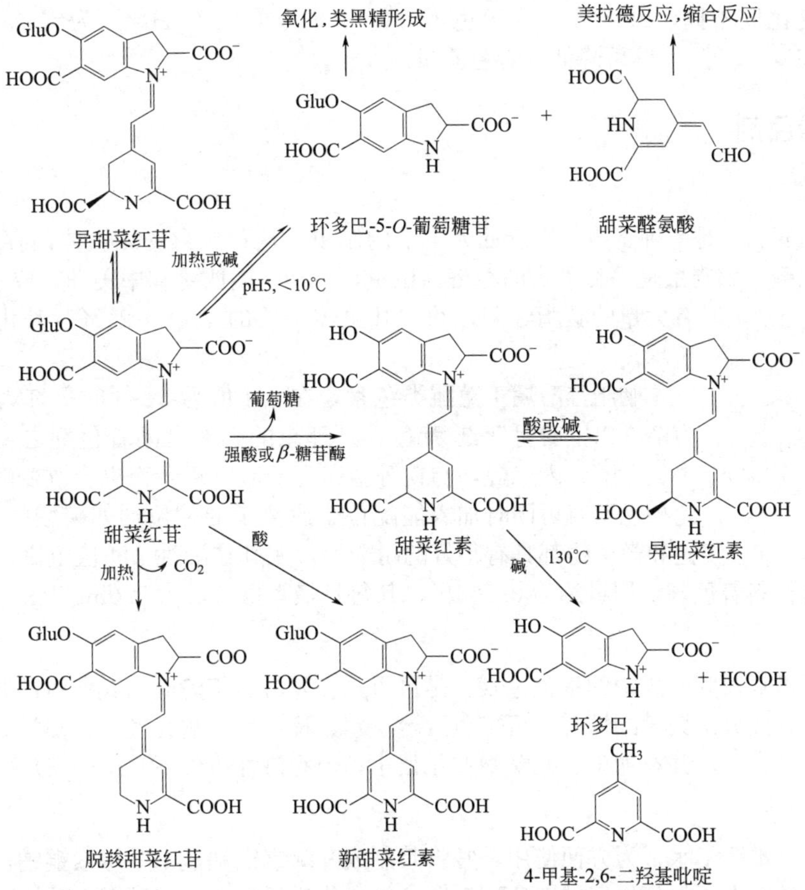

图 9-26 加热或酸性条件下甜菜红苷的降解

耐光性较差，但耐还原性好，对食品的着色力较好，尤其是对蛋白质的着色力强。由于具有相邻的羟基和甲氧基，姜黄素易与 Fe^{3+} 结合而变色。

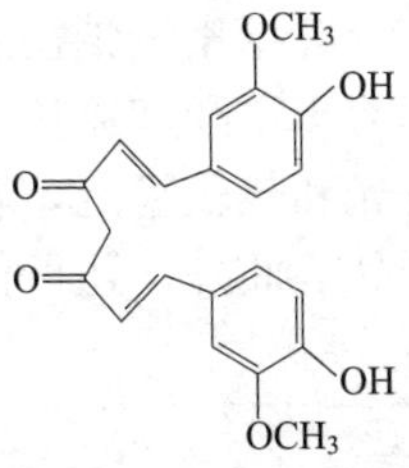

姜黄素一般用于咖喱粉和蔬菜加工产品等的着色和增香，其每日最大允许摄入量为 0.1mg/kg。在国外，姜黄素也用于恢复各种油脂加工时损失的颜色。

图 9-27 姜黄素的化学结构

五、虫胶色素

虫胶色素又称紫胶虫色素、紫草茸色素。紫胶虫是一种寄生于梧桐科、豆科、桑科等植物上的一种寄生虫，它吸食树液分泌的物质即为虫胶（紫胶），在中医上可以作为中药（紫草茸），并含有 6%左右的色素。虫胶色素有水溶性和水不溶性两大部分，它们都是蒽醌衍生物。溶于水的称为虫胶红酸，有 A、B、C、D、E 5 种（图 9-28），其中虫胶红酸 A 为主要组分，含量约为 85%。

虫胶红酸易溶于稀碱溶液；容易与金属离子形成沉淀；在酸性时虫胶红酸对光、热稳定。虫胶红酸

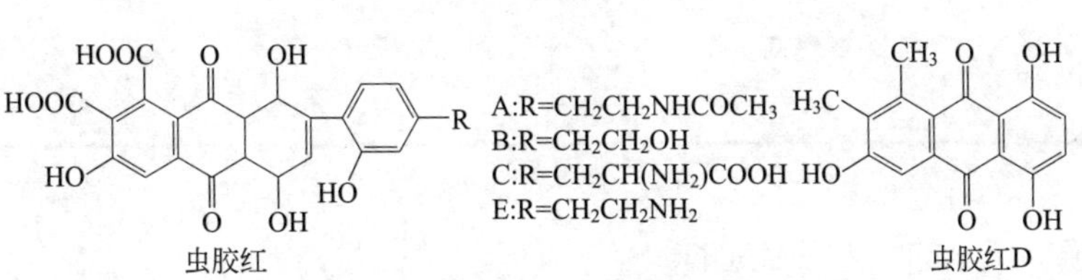

图 9-28 虫胶红酸的化学结构

色泽随 pH 值的变化而不同，pH＜4.0 为黄色，pH＝4.5 为橙色，pH＝6 为红色，pH＝8 为紫色，pH＞12 则褪色。Fe^{3+}、Cu^{2+} 等可降低其着色质量。

六、其他天然着色剂

1. 胭脂虫色素

胭脂虫（cochineal）是一种寄生在胭脂仙人掌上的昆虫，这种昆虫的雌虫体内存在一种蒽醌色素，名为胭脂（虫）红酸。胭脂虫是一类珍贵的经济性昆虫，原产于墨西哥和中美洲，成熟的雌性虫体内含有大量的胭脂红酸，约占其虫体干质的 19%～24%。其化学结构如图 9-29 所示。

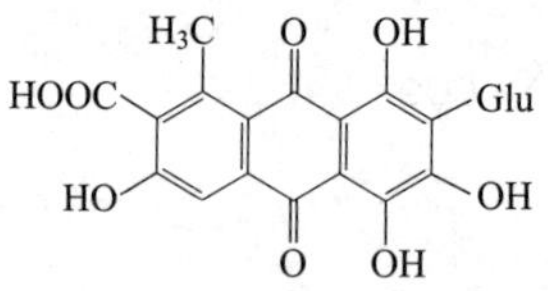

图 9-29 胭脂红酸的分子结构

胭脂红酸属于蒽醌类色素，在 pH 值为 5～6 时呈红-紫红色，在 pH 值为 7.0 以上时呈紫红-紫色，是理想的天然食品着色剂之一。胭脂红酸溶于水、乙醇、丙二醇，与铁等金属离子形成复合物也会改变颜色，因此在添加此种色素时可同时加入能配位金属离子的配位剂如磷酸盐。胭脂红酸对热、光和微生物都具有很好的耐受性，尤其在酸性 pH 值范围。但胭脂红酸染着力很弱，一般作为饮料着色剂，用量约为 0.005%，其每日最大摄入量为 5.0mg/kg。

2. 可可色素

可可色素是可可豆及其外皮中的褐色色素，是可可豆在发酵、焙烤时由其所含的儿茶素、花白素等氧化缩合而成，主要成分是聚黄酮糖苷。可可色素溶于水、稀乙醇，耐光性、耐热性、耐还原性好，对蛋白质、淀粉的染色力强，并在加工、贮藏中变化很小，但在碱性条件下（pH＞8）可产生沉淀。

3. 叶绿素铜钠盐

叶绿素不稳定且难溶于水，为方便使用，常将其制成叶绿素铜钠盐。叶绿素铜钠盐是以竹叶、三叶草、低档绿茶及蚕砂等为原料，先用碱性乙醇提取，经皂化后添加适量硫酸铜，叶绿素卟啉环中镁原子被铜置换，即生成叶绿素铜钠盐。

叶绿素铜钠盐是墨绿色粉末，略带金属光泽，无臭或微有特殊的氨样气味，有吸湿性。易溶于水，稍溶于乙醇和氯仿，微溶于乙醚和石油醚。水溶液为蓝绿色澄清透明液，钙离子存在时则有沉淀析出。对光和热较稳定，着色力强，色彩鲜艳。可用于果味水、汽水、配制酒、糖果、罐头、糕点、红绿丝等产品。此外，还可作为化妆品的基础色素和牙膏的着色剂广泛应用。

检查与拓展

食品色素的定义是什么？
天然食品着色剂的大致分类有什么？
红曲色素的分类有哪些？
有哪些因素会影响花青素的稳定性？

二维码 9-2

本章总结

○ **食品色素：**

① 色素的来源：天然的、人工合成的。

② 根据其结构可分为：四吡咯衍生物类、异戊二烯衍生物类、多酚类、酮类和醌类。

③ 色素是由发色基团和助色基团组成的。发色基团产生颜色，助色基团改变颜色。

○ 四吡咯衍生物类：

① 结构中共同特点是包含 4 个吡咯构成的卟啉环，主要的有叶绿素、血红素和胆红素。

② 叶绿素是绿色植物、藻类和光合细菌的主要色素，其中叶绿素 a 和叶绿素 b 与食品的色泽关系密切，对光、热、酸碱等均不稳定；采用适当的护绿技术可以长期保持食品的绿色。

③ 血红素是动物肌肉和血液中的主要红色色素，其卟啉环内中心铁的价态对色泽影响较大。

○ 类胡萝卜素：

① 按其结构可分为：胡萝卜素类和叶黄素类。其结构中的共轭双键发色团和—OH 等助色团使其产生不同的颜色。

② 高温、氧、氧化剂和光均能使之分解褪色和异构化。

○ 多酚类色素：

① 是植物中存在的主要水溶性色素，包括花青素、类黄酮色素、儿茶素和单宁等。

② pH、金属离子、相关酶活、水分活度、氧化剂、还原剂等因素会影响其稳定性。

○ 天然食品着色剂：

① 主要包括：红曲色素、甜菜红色素、姜黄素、虫胶色素等。

② pH、光、氧、金属离子等对其稳定性有很大影响。

参考文献

[1] 江波 . 食品化学 . 2 版 . 北京：中国轻工业出版社，2018.

[2] 汪东风 . 食品化学 . 3 版 . 北京：化学工业出版社，2019.

[3] 刘邻渭 . 食品化学 . 2 版 . 郑州：郑州大学出版社，2017.

[4] 谢笔钧 . 食品化学 . 3 版 . 北京：科学出版社，2017.

[5] 黄泽元 . 食品化学 . 北京 . 中国轻工业出版社，2017.

[6] 阚建全 . 食品化学 . 4 版，北京：中国农业大学出版社，2021.

[7] 夏延斌 . 食品化学 . 2 版，北京：中国农业出版社，2015.

[8] 李春美 . 食品化学 . 北京：化学化工出版社，2021.

[9] 赵国华 . 食品化学 . 北京：科学出版社，2016.

[10] 王文君 . 食品化学 . 武汉：华中科技大学出版社，2014.

思考与练习

1. 简要说明叶绿素的理化性质，以及在果蔬中如何护绿。
2. 简述香肠、火腿等腌制品中红色的来源。
3. 简述肉有时变成绿色的原因。
4. 简述影响花色苷稳定性的因素。
5. 简要说明人工合成色素和天然色素优缺点。
6. 简述几种人工合成色素的名称、性质以及在食品加工中的应用。

二维码 9-3

第十章　风味物质

兴趣引导

○ 为什么俗话说“想要甜，先加盐”？

○ 为什么人工催熟的水果不及自然成熟的水果香气浓郁？

○ 为什么人总是先感觉出甜味，其次是酸味，最后才是苦味？

视频 10-1
知识点讲解

二维码 10-1

为什么学习本章内容?

○ 味觉是怎样产生的?
○ 风味物质的相互作用有哪些现象?
○ 食品中常见的风味物质都有哪些?（至少举例3个）
○ 天然物质的滋味一般分为几种?

学习目标

○ 掌握食品中的呈味物质及其产生途径。
○ 掌握食品中的嗅感物质及其产生途径。
○ 熟知食品呈味物质的呈味机理。
○ 熟知食品嗅感物质的产生机理。
○ 熟知食品影响呈味物质风味强度的因素。
○ 了解风味物质在食品加工过程中的生成机理及影响因素。

第一节　概述

一、基本的概念

食品的风味是食品质量的一个重要方面。狭义的香气、滋味和入口获得的香味统称为食品的风味，广义上的风味概念指摄入的食品使人的所有感觉器官，包括嗅觉、味觉、触觉、痛觉、视觉和听觉等，在大脑中留下的综合印象。食品风味一般包括两个方面：一个是滋味，另一个是气味。由于食品风味是一种观感觉，所以对风味的理解和评价往往会带有强烈的个人、地区或民族的特殊倾向性和习惯性。

味感是食物在人的口腔内对味觉器官刺激产生的一种感觉。这种刺激有时是单一性的，但多数情况下是复合性的。

目前世界各国对味感的分类并不一致。例如日本将味感分成甜、苦、酸、咸、辣5类；欧美各国共分为6类，即甜、苦、酸、咸、辣、金属味；印度的分类中除有日本5种外，还有淡味、涩味、不正常味，共分8类；我国通常将味感物质分为甜、苦、酸、咸、辣、鲜、涩共7类。此外，有些国家或地区对味感的分类中还有凉味、碱味等。但从生理学的角度看，只有甜、苦、酸、咸4种基本味感。辣味仅是刺激口腔黏膜、鼻腔黏膜、皮肤引起的一种痛觉，涩味则是舌头黏膜受到刺激产生的一种收敛的感觉。这两种味感与上述4种刺激味蕾的基本味感有所不同，但就食品的调味而言，也可看作是两种独立的味感。鲜味由于其呈味物质与其他呈味物质相配合时能使食品的整个风味更为鲜美，所以欧洲各国都将鲜味物质列为风味增效剂或风味强化剂，并不把鲜味列为独立的味感。但我国在食品调味的长期实践中鲜味已形成了一种独特的风味，在我国仍作为一种单独味感列出。至于其他几种味感如碱味、金属味和清凉味等，一般认为也不是通过直接刺激味蕾细胞产生的。

二、风味物质的特点

食品中体现风味的化合物称为风味物质。食品的风味物质一般有多种并相互作用，其中几种风味物质起主导作用，其他则为辅助作用。如果以食品中的一个或几个化合物代表其特定的食品风味，那么这一个或几个化合物称为食品的特征效应化合物。

风味物质一般具有以下特点。

① 食品风味物质由多种不同类别的化合物组成，通常根据味感与嗅感特点分类，如酸味物质、香味物质。但是同类风味物质不一定有相同的结构特点，如酸味物质具有相同的结构特点，但香味物质结构差异很大。

② 浓度很小，作用效果显著。除少数几种味感物质作用浓度较高以外，大多数风味物质作用浓度都很低。很多嗅感物质的作用浓度在 ppm、ppb、ppt（分别代表 10^{-6}、10^{-9}、10^{-12}）数量级。

③ 风味物质的稳定性较差，很多能产生嗅觉的物质易挥发、易热解、易与其他物质发生作用，因而在食品加工中哪怕是工艺过程很微小的差别也将导致食品风味很大的变化。食品贮藏期的长短对食品风味也有极显著的影响。

④ 食品的风味由多种风味物质组合而成，如目前已分离鉴定茶叶中的香气成分达 500 多种，咖啡中的风味物质有 600 多种，白酒中的风味物质也有 300 多种。一般食品中风味物质越多，食品的风味越好。

⑤ 呈味物质之间的相互作用会对食品风味产生不同的影响。

三、风味物质的研究意义

风味物质对食品品质影响很大，研究食品风味不仅具有理论意义，而且还有重要的实际意义。其理论意义在于：①探明或发现食品中新的风味物质，为食品开发提供科学依据；②对食品风味进行调整和控制；③研究风味物质产生的过程和机理，避免产生不良风味；④提高和控制食品的风味质量；⑤为遗传学家培育出更好风味的原料品种提供反馈信息。研究风味物质的实际意义在于：①利用成熟技术合成食品风味物质，增强或改进食品风味；②稳定易失风味，复原在加工过程中失去或部分失去的风味。

总之，食品风味化学在食品科学发展中的作用越来越大，其未来发展趋势是：食品风味物质的分离、鉴定方法研究；食品风味物质的构效关系研究；食品风味物质的作用机制及表征方法。

第二节　食品味感

一、味感生理

食物的滋味虽然多种多样，但它使人们产生味感的基本途径却很相似，首先是呈味物质溶液刺激口腔内的味觉感受器（taste receptor），再通过一个收集和传递信息的味神经感觉系统传导到大脑的味觉中枢，最后通过大脑的综合神经中枢系统进行分析，从而产生味感（gustation），或叫味觉。

口腔内的味感受器主要是味蕾（taste bud），其次是自由神经末梢。味蕾是分布在口腔黏膜中极微小的结构。不同年龄的人味蕾数目差别较大，婴儿约有 10000 个味蕾，而一般成年人只有数千个。这说明人的味蕾数目随年龄的增长而减少，对味的敏感也随之降低。人的味蕾除小部分分布在软腭、咽喉和会咽等处外，大部分分布在舌头表面的乳突中，尤其在舌黏膜皱褶处的乳突侧面更为稠密。当用舌头向硬腭上研磨食物时，味蕾最易受到刺激而兴奋起来。自由神经末梢是一种囊包着的末梢，分布在整个口腔内，也是一种能识别不同化学物质的微接受器。

味觉的形成一般认为是呈味物质作用于舌面上的味蕾产生的。味蕾由 30～100 个变长的舌表皮细胞组成。味蕾大约10～14天更新一次，大致深度为50～60μm，宽30～70μm，嵌入舌面的乳突中，顶部有味觉孔，敏感细胞连接着神经末梢，呈味物质刺激敏感细胞产生兴奋作用，由味觉神经传入神经中枢，进入大脑皮质，产生味觉。味觉一般在1.5～4.0ms内完成。人的味蕾结构如图10-1所示。

舌部的不同部位味蕾结构有差异，因此不同部位对不同的味感物质灵敏度不同，舌前部对甜味最敏感，舌尖和边缘对咸味较为敏感，靠腮两边对酸敏感，舌根部则对苦味最敏感。但这些感觉也不是绝对的，会因人而异。通常把人能感受到的某种物质的最低浓度称为阈值。表10-1列出了几种基本味感物质的阈值。物质的阈值越小，表示其敏感性越强。除上述情况外，人的味觉还受很多因素影响，如心情、环境、饥饿程度等。

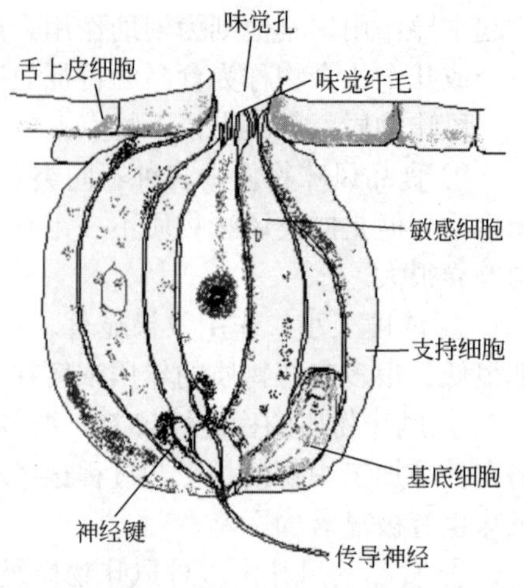

图10-1 味蕾的解剖图

表10-1 几种基本味感物质的阈值

呈味物质	味感	阈值/%		呈味物质	味感	阈值/%	
		25℃	0℃			25℃	0℃
蔗糖	甜	0.1	0.4	柠檬酸	酸	2.5×10^{-3}	3.0×10^{-3}
食盐	咸	0.05	0.25	硫酸奎宁	苦	1.0×10^{-4}	3.0×10^{-4}

二、影响味感的主要因素

影响味感的主要因素包括如下几个。

（1）呈味物质的结构　呈味物质的结构是影响味感的内因。一般来说，糖类如葡萄糖、蔗糖等多呈甜味，羧酸如醋酸、柠檬酸等多呈酸味，盐类如氯化钠、氯化钾等多呈咸味，生物碱、重金属盐则多呈苦味。但也有许多例外，如糖精、乙酸铅等非糖有机盐也有甜味，草酸并无酸味而有涩味，碘化钾呈苦味而不显咸味等。总之，物质结构与其味感间的关系非常复杂，有时分子结构上的微小改变也会使其味感发生极大的变化。

（2）温度　温度对味感有影响。最能刺激味感的温度在10～40℃之间，其中以30℃时最为敏锐，低于或高于30℃时各种味觉都稍有减弱，50℃时各种味觉大多变得迟钝。各种味感阈值会随温度的变化而变化，这种变化在一定温度范围内是有规律的。不同的味感受温度影响的程度也不相同，对糖精的甜度影响最大，对盐酸影响最小。

（3）浓度和溶解度　味感物质在适当浓度时通常会使人有愉快感，而不适当的浓度则会使人产生不愉快的感觉。浓度对不同味感的影响差别很大。一般来说，甜味在任何被感觉到的浓度下都会给人带来愉快的感受；单纯的苦味差不多总是令人不快的；酸味和咸味在低浓度时使人有愉快感，在高浓度时则会使人感到不愉快。

呈味物质只有溶解后才能刺激味蕾，因此其溶解度大小及溶解速度快慢也会使味感产生的时间有快有慢，维持时间有长有短。例如蔗糖易溶解，故产生甜味快，甜味消失也快；糖精较难溶，则味觉产生较慢，维持时间也较长。味觉也会受到呈味物质所在的介质影响，介质的黏度会影响可溶性呈味物质向味感受体的扩散，介质性质会降低呈味物质的可溶性或者抑制呈味物质有效成分的释放。

（4）年龄、性别与生理状况　年龄能影响味觉敏感性，60岁以下人的味觉敏感性没有明显变化，而超过60岁则对咸、酸、苦、甜4种原味的敏感性会显著降低。造成这种情况的原因，一方面是年龄增长到一定程度后舌乳头上的味蕾数目会减少，另一方面是老年人自身所患的疾病也会阻碍对味觉感觉的敏感性。

关于性别对味觉的影响有两种不同看法。一些研究者认为在感觉基本味觉的敏感性上无性别差别。另一些研究者则指出性别对苦味敏感性没有影响，而对咸味和甜味女性比男性敏感，对酸味则是男性比女性敏感。

三、呈味物质的相互作用

味的形成，除了生理现象外，还与呈味物质的化学结构和物理性质有关，同一种物质由于光学性质不同味觉可以不完全一样，不同的物质有时可以呈现相同的味觉。

食品的成分千差万别，成分之间会相互影响，因此各种食品虽然可以具体分析出组分，却不能将各个组分的味感简单加和，而必须考虑多种相关因素。

呈味物质之间的相互作用如下。

（1）相乘作用　两种具有相同味感的物质共同作用，其味感强度几倍于两者分别使用时的味感强度，叫相乘作用，也称协同作用。如味精与5′-肌苷酸（5′-IMP）共同使用，能相互增强鲜味；甘草苷的甜度为蔗糖的50倍，当与蔗糖共同使用时甜度为蔗糖的100倍。麦芽酚几乎对任何风味都能协同，在饮料、果汁中加入麦芽酚能增强甜味。

（2）对比作用　两种或两种以上的呈味物质适当调配，使其中一种呈味物质的味觉变得更协调可口，称为对比作用。如10%的蔗糖水溶液中加入1.5%的食盐，可使蔗糖的甜味更甜爽；味精中加入少量的食盐，可使鲜味更饱满；在西瓜上撒上少量的食盐，会感到甜度提高了；粗砂糖中由于杂质的存在，会觉得比纯砂糖更甜。

（3）消杀作用　一种呈味物质能抑制或减弱另一种物质的味感叫消杀作用。例如，砂糖、柠檬酸、食盐和奎宁之间，将任何两种物质以适当比例混合时，都会使其中的一种味感比单独存在时减弱，如在1%～2%的食盐水溶液中添加7%～10%的蔗糖溶液，则咸味的强度会减弱，甚至消失。

（4）变调作用　如刚吃过中药，接着喝白开水，会感到水有些甜味，这种现象就称为变调作用或阻碍作用。先吃甜食，接着饮酒，会感到酒似乎有点苦味，所以宴席在安排菜肴的顺序上，总是先清淡，再味道稍重，最后安排甜食。这样可使人能充分感受美味佳肴的味道。变调作用是味质本身的变化，而对比作用是味的强度发生变化。

（5）疲劳作用　当较长时间受到某味感物的刺激后，再吃相同的味感物质时，往往会感到味感强度下降，这种现象称为味的疲劳作用。味的疲劳现象涉及心理因素，例如吃第二块糖感觉不如吃第一块糖甜。

各种呈味物质之间或呈味物质与其味感之间的相互影响以及它们所引起的心理作用都是非常微妙的，机理也十分复杂，许多至今尚不清楚，还需深入研究。

第三节　呈味物质

一、甜味和甜味物质

甜味（sweet）是普遍受人们欢迎的一种基本味感，它可以改进食品的可口性和某些食品的食用性。甜味剂按来源可分为两类。一类是天然甜味剂，主要是几种单糖和低聚糖、糖醇等，俗称为糖，是食品工业中主要的甜味剂，也是日常生活中的调味品，以蔗糖为典型代表物。另一类是合成甜味剂，合成甜味剂较少，只有几种人工合成甜味剂允许在食品加工中使用，在日常生活中则很少应用合成甜味剂。甜味剂按其生理代谢特性还可分为营养性甜味剂和非营养性甜味剂。

（一）甜味理论

早期人类对甜味的认识有很大的局限性，在提出甜味学说以前一般认为糖分子中含有多个羟基则可产生甜味。可是这种观点不久就被否定，因为多羟基化合物的甜味相差很大，很多物质中并不含羟基也具有甜味，如糖精、某些氨基酸甚至氯仿分子也具有甜味，显然在甜味物质之间存在着某些共同的特性。加之从营养健康角度上人们对低能量糖兴趣与日俱增，都期望能找到比现有的低热量甜味剂更好的代用品。所以，人们已经将更大的注意力集中在甜味与物质结构的关系上来。多年来逐渐发展成一种从物质的分子结构方面阐明物质与甜味相关的学说，以便解释一些化合物呈现甜味的原因。

1967 年，Shallenberger 等首先提出关于甜味产生的 AH/B 理论。该理论认为，甜味化合物的分子结构特点是：化合物中具有一个电负性原子 A（通常是 N、O）并以共价连接氢，如—OH、$—NH_2$ 或 ═NH 基团等，它们为质子供给基；同时还具有另外一个电负性原子 B(如 N、O)，它与 AH 基团的距离大约为 0.25～0.4nm，为质子接受体。而在人体的甜味感受器内也存在着类似的 AH/B 结构单元，甜味物质的这两类基团必须满足立体化学要求，才能与人体的甜味感受器的相应部位匹配。这两类基团的距离约为 0.3nm，当两者接触时彼此能以氢键结合，产生甜味味感（图 10-2）。甜味强度与形成的氢键强弱有关，氯仿、糖精、葡萄糖、环已胺磺酸、丙氨酸等结构不同的化合物的 AH—B 结构如图 10-3 所示。

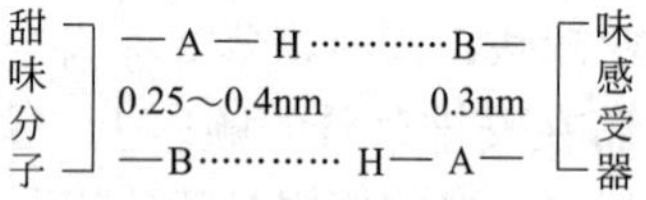

甜味分子 —A—H············B— 味感受器
0.25～0.4nm 0.3nm
—B············H—A—

图 10-2 甜味的 AH/B 模型

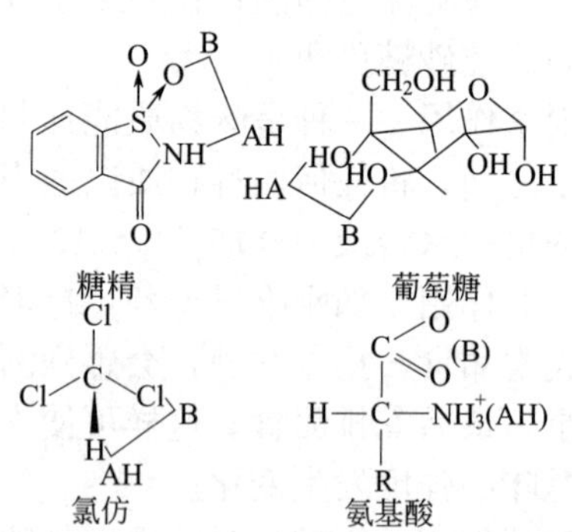

图 10-3 几种甜味物质的 AH/B 位点

尽管如此，AH/B 生甜团学说仍存在有不能解释的矛盾。主要有以下几点。

① 该学说仅注意到甜味分子中 AH 和 B 两类基团，忽视了其他疏水基团和亲水基团的作用，因而不能解释为何具有相同 AH/B结构的各种单糖（如半乳糖与果糖）之间或各种 D-氨基酸（如苯丙氨酸与丙氨酸）之间甜度会相差很大甚至会差别上千倍的现象。

② 该学说以单一的受体机制解释味感，将不同味感看作是不同刺激物与受体通过不同方式作用的结果，因而不能解释为什么有些同样具有 AH/B 结构的分子不仅无甜味反而有苦味。例如，根据该学说的观点，在 D 型和 L 型分子间应无味感上的差别，但许多分子往往会因构型的改变而由甜变苦，如 D-缬氨酸有甜味，而 L-缬氨酸则呈苦味。

③ 该学说没有考虑到分子经过卷曲折叠后跨越空间的影响。例如氨基酸中最甜的 D-色氨酸，其比甜度仅为 35，而与它的结构有类似基团的一些化合物甜度却达 1000。一些能形成六、七、八元环的螯合物显然也能产生甜味。

④ 该学说将氯仿和硝基苯、苯甲醇等也列入甜分子范围，这很难解释更易形成氢键的氟仿为何不甜，而难以形成氢键的溴仿、碘仿却有甜味的事实，等等。

Shallenberger 和 Acree 等人提出的学说虽然从分子化学结构的特征上可以解释一个物质是否具有

甜味，但是却解释不了同样具有 AH/B 结构的化合物甜味的强度相差许多倍的内在原因，所以该理论还是不完全的。Kier（科尔）等对 AH/B 学说进行了补充和发展。他们认为在强甜味化合物中除存在 AH/B 结构以外，分子还具有第三个性征，即分子中具有一个适当的亲脂区域 γ，即在距 AH 基团质子约 0.35nm 和距 B 基团约 0.55nm 的地方有一个疏水基团 γ（如 CH_3、CH_2CH_3、C_6H_5 等疏水性基团）时，它能与甜味感受器的亲油部位通过疏水键结合，使两者产生第三接触点，形成一个三角形的接触面。因此，γ 部位是强甜味分子的一个极为重要的特性，它或许是甜味物间甜味质量差别的一个重要原因。这些基团之间的相互关系如图 10-4 所示。

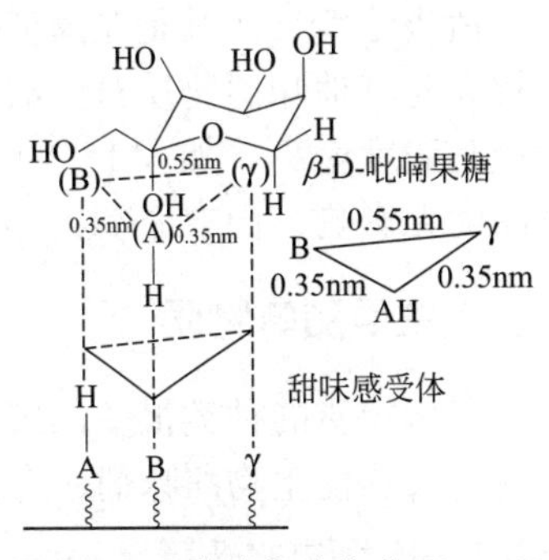

图 10-4 甜味化合物分子 AH/B 和 γ 结构之间的关系

（二）影响甜味物质甜度的因素

甜味的强弱可用甜度（sweetness）表示。甜度只能靠人的感官品尝进行评定，通常是以 5%或 10%的蔗糖水溶液在 20℃时的甜度为 1.0（或 100），其他甜味剂在同温度同浓度下与它比较，根据浓度关系确定甜度，这样得到的甜度称为相对甜度（relative sweetness，RS）。这种比较测定法人为的主观因素很大，所得的结果也往往不一致，在不同的文献中有时差别很大。

评定甜度的方法有极限法和相对法。前者是品尝出各种物质的阈值浓度，与蔗糖的阈值浓度相比较得出相对甜度；后者是选择蔗糖的适当浓度（10%），品尝出其他甜味剂在该相同甜味下的浓度，根据浓度大小求出相对甜度。

（1）糖的结构对甜度的影响

① 聚合度的影响。单糖和低聚糖都具有甜味，其甜度顺序是：葡萄糖＞麦芽糖＞麦芽三糖。淀粉和纤维素虽然基本构成单位都是葡萄糖，但无甜味。

② 糖异构体的影响。异构体之间的甜度不同，如 α-D-葡萄糖＞β-D-葡萄糖。

③ 糖环大小的影响。如结晶的 β-D-吡喃果糖（五元环）的甜度是蔗糖的 2 倍，溶于水后转化为 β-D-呋喃（六元环）果糖，甜度降低。

④ 糖苷键的影响。如麦芽糖是由两个葡萄糖通过 α-1,4-糖苷键形成的，有甜味；同样由两个葡萄糖组成而以 β-1,6-糖苷键形成的龙胆二糖不但无甜味，而且还有苦味。

（2）结晶颗粒对甜度的影响　商品蔗糖结晶颗粒大小不同，可分成细砂糖、粗砂糖，还有绵白糖。一般认为绵白糖的甜度比白砂糖甜，细砂糖又比粗砂糖甜。实际上这些糖的化学组成相同，产生甜度的差异是结晶颗粒大小对溶解速度的影响造成的。糖与唾液接触，晶体越小，表面积越大，与舌的接触面积越大，溶解速度越快，能很快达到甜度高峰。

（3）温度对甜度的影响　在较低的温度范围内，温度对大多数糖的甜度影响不大，尤其对蔗糖和葡萄糖影响很小。但果糖的甜度随温度的变化较大，在浓度相同的情况下，当温度低于 40℃时果糖的甜度较蔗糖大，而在温度大于 50℃时其甜度反比蔗糖小。这主要是由于高甜味的果糖分子向低甜味的异构体转化的结果。甜度随温度变化而变化，一般温度越高甜度越低。

（4）浓度的影响　总的说来，糖类的甜度一般随糖浓度的增加而提高，但各种甜味物质甜度提高的程度不同，大多数糖的甜度随浓度增高的程度都比蔗糖大，尤其以葡萄糖最为明显。如蔗糖与葡萄糖的含量小于 40%时蔗糖的甜度大，但当两者的含量大于 40%时其甜度却几无差别。在相等的甜度下，几种糖的浓度从小到大的顺序是：果糖、蔗糖、葡萄糖、乳糖、麦芽糖。

（5）味感物质的相互作用　各种糖类混合使用时，表现有相乘现象。若将 26.7%的蔗糖溶液和 13.3%的 DE（葡萄糖值）为 42 的淀粉糖浆组成混合糖溶液，尽管糖浆的甜度远低于相同浓度的蔗糖溶液，但混合糖溶液的甜度与 40%的蔗糖溶液相当。在糖液中加入少量多糖增稠剂，如在 1%～10%的蔗糖溶液中加入 2%的淀粉或少量树胶，也能使其甜度和黏度都稍有提高。

适当浓度（尤其是在阈值以下）的蔗糖与咸、酸、苦味物质共用时，往往有改善风味的效果，但浓度较大时其他味感物质对糖甜度的影响却没有一定规律。例如，在5%～7%的蔗糖溶液中加入0.5%的食盐其甜度增高，加入1%的食盐其甜度下降；在1%～5%的蔗糖溶液中加入0.04%～0.06%的盐酸对甜度无影响，而在6%以上的蔗糖溶液中加入相同浓度的醋酸其甜度则降低。

（三）主要甜味物质

甜味物质的种类很多，按来源可分成天然的和人工合成的，按种类可分成糖类甜味剂、非糖天然甜味剂、天然衍生物甜味剂、人工合成甜味剂。

1. 糖类甜味剂

糖类甜味剂包括糖、糖浆、糖醇。该类物质是否甜取决于分子中碳数与羟基数之比，碳数比羟基数小于2时为甜味，为2～7时产生苦味或甜而苦，大于7时则味淡。

（1）单双糖　在自然界，只有少数几种能形成结晶的单糖和寡糖具有甜味，其他糖类的甜度一般随聚合度的增大而降低以至丧失，如淀粉、纤维素等。在单糖中，葡萄糖的甜度仅为蔗糖的65%～75%，其甜味带凉爽感，适合食用，可用于静脉注射，能被多种微生物发酵；果糖的吸湿性特别强，很难从水溶液中结晶，容易被消化，不需胰岛素就能直接在人体中代谢，适于幼儿和糖尿病患者食用，并且果糖是糖类中最甜的；木糖吸湿性小，在人体内不易被吸收，是不产生热能的甜味剂，可供糖尿病和高血压患者食用，也不能被微生物发酵。在双糖中，蔗糖甜味纯正，甜度大，是用量最多的甜味剂；麦芽糖在糖类中营养价值最高，甜味较爽口柔和，不像蔗糖那样会刺激胃黏膜，甜度约为蔗糖的1/5；乳糖的甜度约为蔗糖的1/3，有助于人体对钙的吸收，对气体和有色物质的吸附性较强，可用作肉类食品风味和颜色的保护剂，添加于烘烤食品中易形成诱人的金黄色，乳糖不能被酵母发酵，但在乳酸菌作用下能引起乳酸发酵。

（2）淀粉糖浆　淀粉糖浆（corn syrup）由淀粉经不完全水解而得，也称转化糖浆。淀粉糖浆由葡萄糖、麦芽糖、低聚糖及糊精等组成。工业上常用葡萄糖值（DE）表示淀粉转化的程度，这是指淀粉转化液中所含转化糖（以葡萄糖计）干物质的百分率。DE＜20的称为低转化糖浆；DE＝38～42的称为中转化糖浆；DE＞60的称为高转化糖浆。中转化糖浆也称普通糖浆或标准糖浆，为淀粉糖浆主要产品。DE值不同的糖浆在甜度、黏度、增稠性、吸湿性、渗透性、耐贮性等方面均不同。异构糖浆是葡萄糖在异构酶作用下一部分异构化为果糖而得，也称果葡糖浆。目前生产的异构糖浆果糖转化率一般达42%，甜度相当于蔗糖。异构糖浆甜味纯正，结晶性、发酵性、渗透性、保湿性、耐贮性均较好，近年来发展很快。

（3）糖醇　目前投入实际使用的糖醇类甜味剂主要有D-木糖醇、D-山梨醇、D-甘露醇和麦芽糖醇4种。它们在人体内的吸收和代谢不受胰岛素影响，也不妨碍糖原的合成，是一类不使人血糖值升高的甜味剂，为糖尿病、心脏病、肝脏病人的理想甜味剂。它们都有保湿性，能使食品维持一定水分，防止干燥。此外，山梨醇还有防止糖、盐从食品内析出结晶，保持甜、酸、苦味平衡，维持食品风味，阻止淀粉老化的功效。木糖醇和甘露醇带有清凉味和香气，也能改善食品风味。木糖醇和麦芽糖醇还不易被微生物利用和发酵，是良好的防龋齿的甜味剂。

2. 非糖天然甜味剂

这是一类天然的、化学结构差别很大的甜味物质。主要有甘草苷（glycyrrhizin）、甜叶菊苷（stevioside）、甘茶素（phyllodulcin）等（图10-5），其中甜叶菊苷的甜味最接近蔗糖。

（1）甘草苷　甘草苷是甘草中的甜味成分，由甘草酸与两个葡萄糖醛酸构成，相对甜度为100～300，常用的是其二钠盐或三钠盐。具有较好的增香效果，可以缓和食盐的咸味，不被微生物发酵，并有解毒、保肝等疗效。但其甜味产生缓慢，保留时间较长，很少单独使用。将它与蔗糖共用有助于甜味的发挥可节省蔗糖20%左右，若按甘草苷：糖精钠＝(3～4)：1的比例再加入适当的蔗糖及柠檬酸甜味

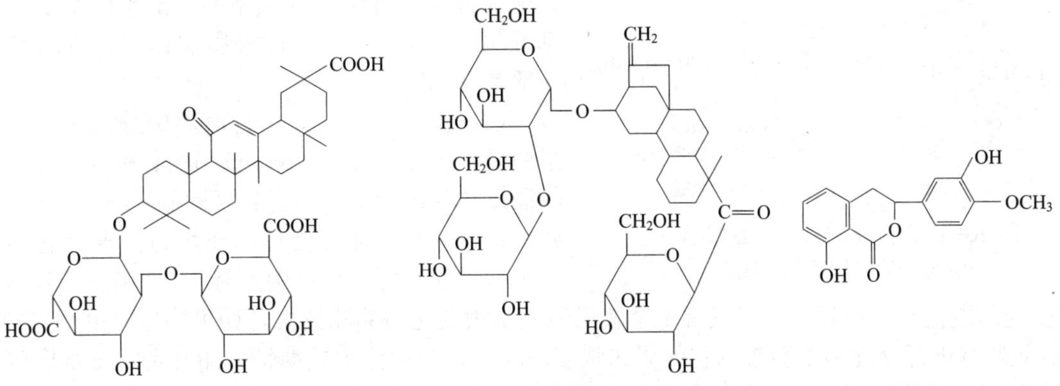

图 10-5 甘草苷、甜叶菊苷和甘茶素

更佳。可用于乳制品、可可制品、蛋制品、饮料、酱油等的调味。

（2）甜叶菊苷 甜菊苷存在于甜叶菊的茎、叶内，糖基为槐糖和葡萄糖，配基是二萜类的甜菊醇，它的相对甜度为 200～300，是最甜的天然甜味剂之一。其甜味纯正，残留时间长，后味可口，有一种轻快的甜感，其品质最接近蔗糖。它对热、酸、碱都稳定，溶解性好，没有苦味和发泡性。不产生热能，而且有降血压、促代谢、治疗胃酸过多等方面的疗效，因此适用于糖尿病人甜味剂及低能食品。

（3）甘茶素 甘茶素又名甜茶素，是虎耳草科植物叶中的甜味成分，相对甜度为 400。它对热、酸都较稳定。分子中有酚羟基存在，故有微弱的防腐性。若在蔗糖液中加入 1%的甘茶素，能使蔗糖甜度提高 3 倍。

3. 天然衍生物甜味剂

天然物的衍生物甜味剂是指某些本来不甜的非糖天然物质经过改性加工而成的安全甜味剂，主要有氨基酸和二肽衍生物、二氢查耳酮衍生物、紫苏醛及其衍生物等。

（1）氨基酸 常见氨基酸中数种具有甜味，如 D-甘氨酸、丙氨酸、丝氨酸、苏氨酸、色氨酸、脯氨酸、羟脯氨酸、谷氨酸等，其中前 4 种氨基酸的 L-异构体也有甜味。此外，近年来还发现某些氨基酸的衍生物也有甜味。例如 6-甲基-D-色氨酸，其比甜度约为 1000，有可能成为新型的甜味剂。常见氨基酸的味觉见表 10-2。

表 10-2 不同氨基酸的味觉

名 称	L 型	D 型	名 称	L 型	D 型
丙氨酸	甜	强甜	蛋氨酸	苦	甜
丝氨酸	微甜	强甜	组氨酸	苦	甜
α-氨基丁酸	微甜	甜	鸟氨酸	苦	微甜
苏氨酸	微甜	微甜	赖氨酸	苦	微甜
α-氨基正戊酸	苦	甜	精氨酸	微苦	微甜
α-氨基异戊酸	苦	强甜	天冬酰胺	无味	甜
异缬氨酸	微甜	甜	苯丙氨酸	微苦	甜
亮氨酸	苦	强甜	色氨酸	苦	强甜
异亮氨酸	苦	甜	酪氨酸	微苦	甜

D 型和 L 型氨基酸之所以产生不同的味觉，可以根据它们与甜味感受器位点的立体相互作用情况进行解释，如图 10-6 所示的异亮氨酸的作用情况。由于 L-氨基酸中的 R 基很大（但是甘氨酸、丙氨酸除外，此时 R 基分别为 H、CH_3），影响它们与味觉感受器位点的作用，因此具有大的 R 基的 L-氨基酸

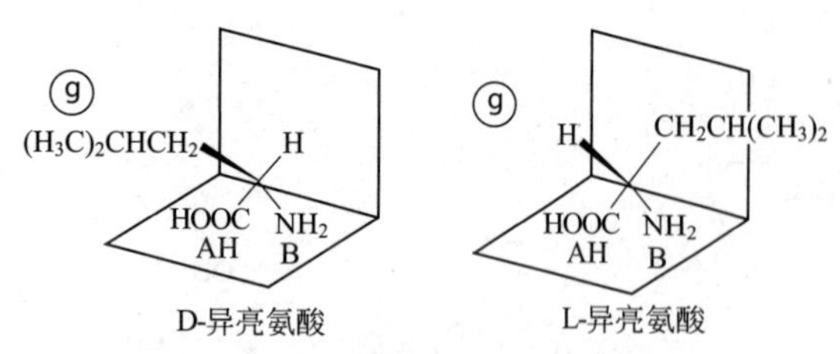

图 10-6 D-氨基酸和 L-氨基酸与甜味受体的作用示意图

一般为苦味；而对于 D-氨基酸，由于构型正好与 L-氨基酸相反，R 基不存在此种影响作用，所以 D-氨基酸一般具有甜味。

（2）蛋白质　已经从自然界中分离出具有甜味的蛋白质，如沙马汀（Thaumatin）Ⅰ和沙马汀Ⅱ，它们的甜度约为蔗糖的 2000 倍。沙马汀Ⅰ由 207 个氨基酸残基构成，其与甜味受体的作用位点通过化学反应已经确认。沙马汀Ⅰ肽链中含有 11 个赖氨酸残基，当这些残基被全部酰化时甜味降低，当只有 4 个赖氨酸残基被酰化时甜味消失，如果用还原甲基化的方法对 7 个赖氨酸残基进行处理则不会影响它的甜味强度。此外，沙马汀Ⅰ同糖精、甜叶菊、安赛蜜等其他甜味剂具有很好的协同作用，由于它的安全性，目前在口香糖、乳制品中应用。

莫内林（Monellin）也是从自然界中分离出的一种甜味蛋白质，它由非共价连接的两个肽链组成，分子量约为 11.5kD，甜度约为蔗糖的 3000 倍。莫内林与甜味受体的作用位点也已确认，甜味的产生与肽链的构象相关，因为肽链的分离会导致甜度的变化。莫内林的稳定性较差，但是通过在两个肽链间形成氨基酸残基的共价链节（A 链的 2 和 B 链的 50）会提高它的稳定性。不过由于莫内林的甜味产生缓慢，甜味的消褪也很慢，所以一般不适用于作为商业化的甜味剂。

（3）其他天然物的衍生物　提取唇形科植物紫苏叶子中的紫苏醛，经过肟化可得紫苏肟，如：

$$—CHO + H_2N—OH \longrightarrow \quad C{=}N—OH \ (H)$$

反式紫苏肟

反式紫苏肟也叫紫苏甜素，比甜度为 2000。目前只用于卷烟增甜，未见用于食品。

4. 人工合成甜味剂

人工合成甜味剂的化学结构符合 AH/B-γ 学说，其甜度均比蔗糖大许多倍，在食品中的使用具有良好的经济效益和其他重要作用，如不升高血糖、不会导致龋齿、一般不提供能量。目前允许在食品中使用的人工合成甜味剂主要有糖精、甜蜜素、安赛蜜等一些有机化合物。

二、苦味和苦味物质

苦味（bitter taste）是食物中很普遍的味感，许多无机物和有机物都具苦味，对苦味的感觉是机体对外界的一种防御反应。单纯的苦味人们是不喜欢的，但它在调味和生理上都有重要意义。当它与甜、酸或其他味感调配得当时，能形成一种特殊风味，起到丰富或改进食品风味的特殊作用，如苦瓜、白果、茶、啤酒、咖啡等的苦味广泛受到人们喜爱。同时苦味物质大多具有药理作用，当消化道活动发生障碍时，味觉的感受能力会减退，需要对味觉受体进行强烈刺激，由于苦味阈值最小，因此用苦味能起到提高和恢复味觉正常功能的作用。但是很多有苦味的物质有较强的毒性，主要为低价态的氮硫化合物、胺类、核苷酸降解产物、毒肽（蛇毒、虫毒、蘑菇毒）等。

（一）苦味产生机理

目前，许多学者提出了多种“苦味”分子的鉴别理论，试图从分子水平上揭示“苦”物质与分子结构之间的内在联系，阐明“苦”的形成机制。

苦味产生的机理主要有以下几种理论。

1. 空间位阻学说

Shallenberger 等认为，苦味与甜味一样，也取决于刺激物分子的立体化学结构，这两种味感都可由类似的分子激发，有些分子既可产生甜味又可产生苦味。某些氨基酸和糖之所以会产生苦味，是由于其分子在味觉受体上遇到了空间障碍。但这种理论将甜、苦两种受体认为没有区别，与实验事实不符。

2. 内氢键学说

Kubota 在研究延命草二萜分子结构时发现，凡有相距 0.15nm 内氢键的分子均有苦味。内氢键能增加分子的疏水性，而且易和过渡金属离子形成螯合物，合乎一般苦味分子的结构规律。但他假定羰基、羧基、脂基的 α-H 和烷氧基的 C—H 都是形成氢键的供体，是否正确值得怀疑。

3. 三点接触学说

Lehmann 发现，有几种 D-氨基酸的甜味强度与其 L-异构体的苦味强度之间有相对应的线性关系，因而他认为苦味分子与苦味受体之间和甜味分子一样也是通过三点接触产生苦味，只是苦味剂第三点的空间方向与甜味剂相反（图 10-7）。但如果甜、苦两种受体不同，甜剂和苦剂则无需有相同或相似的功能团，这样苦味的产生是否需三点接触也值得怀疑。很多事实表明甜、苦强度之间也不都存在对应关系，如邻、间、对硝基苯甲酸的甜味阈值依次增加，而苦味阈值却依次下降。

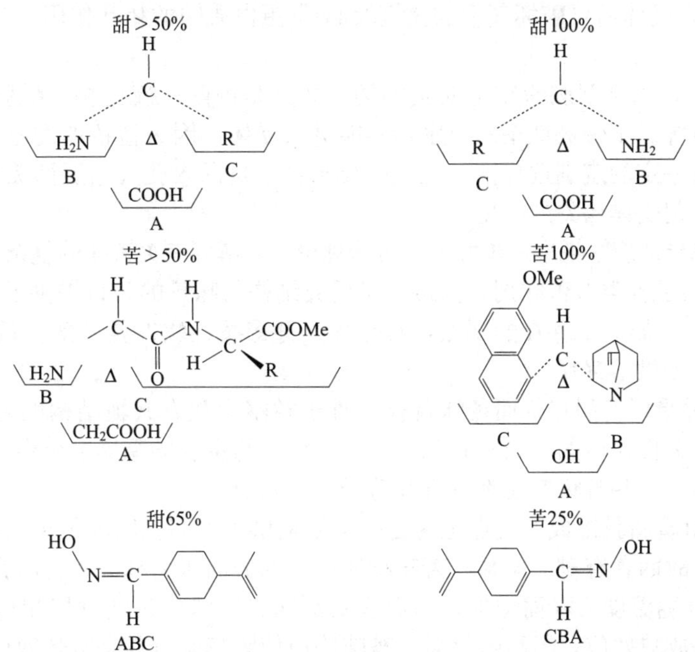

图 10-7　Lehmann 受体模型与甜味分子和苦味分子的对应关系

上述几种苦味学说虽都能一定程度上解释苦味的产生，但大都脱离了味细胞膜结构，只着眼于刺激物分子结构，而且完全没有考虑一些苦味无机盐的存在。

4. 诱导适应学说

（1）主要内容　曾广植根据味细胞膜诱导适应模型提出了苦味分子识别理论，其要点如下。

① 苦味受体是多烯磷脂在黏膜表面形成的“水穴”，它为苦味剂和蛋白质之间的偶联提供了一个巢穴。同时肌醇磷脂（PI）能通过磷酰化生成 PI-4-PO_4 和 PI-4,5-$(PO_4)_2$ 后，再与 Cu^{2+}、Zn^{2+}、Ni^{2+} 结合，形成穴位的“盖子”。苦味分子必须首先推开盖子，才能进入穴内与受体作用。

② 由卷曲的多烯磷脂组成的受体穴可以组成各种不同的多极结构而与不同的苦味剂作用。试验表明，人在品尝了硫酸奎宁后并不影响继续品出尿素或硫酸镁的苦味，反之亦然。若将奎宁和尿素共同品尝，则会产生协同效应，苦感增强。这证明奎宁和尿素在味受体上有不同的作用部位或有不同的水穴。但若在品尝奎宁后再喝咖啡，则会感到咖啡的苦味减弱。这说明两者在受体上有相同的作用部位或水

穴，它们会产生竞争性抑制。

③ 多烯磷脂组成的受体穴有与蛋白粘贴的一面，还有与脂质块接触的更广方面。与甜味剂的专一性要求相比，对苦味剂的极性基位置分布、立体方向次序等的要求并不很严格。凡能进入苦味受体任何部位的刺激物都会引起“洞隙弥合”，通过下列作用方式改变其磷脂的构象，产生苦味信息。

a. 盐桥转换。Cs^+、Rb^+、K^+、Ag^+、Hg^{2+}、R_3S^+、R_4N^+、$RNHNH_3^+$ 等属于结构破坏离子，它们能破坏烃链周围的冰晶结构，增加有机物的水溶性，可以自由地出入生物膜。当它们打开盐桥进入苦味受体后，能诱发构象的转变。Ca^{2+}、Mg^{2+} 虽和 Li^+、Na^+ 一样属结构制造离子，对有机物有盐析作用，但 Ca^{2+}、Mg^{2+} 在一些负离子的配合下能使磷脂凝集，便于结构破坏离子进入受体，也能产生苦味。

b. 氢键的破坏。$(H_2N)_2C=X$（X 为 O、NH、S，下同）、$RC(NH_2)=X$、$RC=NOH$、RNHCN 等可作为氢键供体，O_2N—⟨苯环（邻位 NO_2）⟩—OR、O_2N—⟨苯环（两个邻位 NO_2）⟩—X 等可作为氢键受体。由于苦味受体为卷曲的多烯磷脂穴，无明显的空间选择性，使具有多级结构的刺激物也能打开盖子盐桥进入受体（大的苦肽只能有一部分侧链进入）。它们进入受体后可破坏其中的氢键及脂质-蛋白质间的相互作用，对受体构象的改变产生很大推动力。

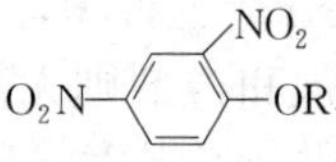

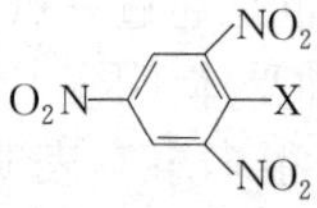

c. 疏水键的生成。疏水键型刺激物主要是酯类，尤其是内酯、硫代物、酰胺、腈和氮杂环、生物碱、抗生素、萜类、胺等。不带极性基的疏水物不能进入受体。因为盐桥的配基和磷脂头部均有手性，使受体表层对疏水物有一定的辨别选择性。但这些疏水物一旦深入孔穴脂层即无任何空间专一性要求，可通过疏水相互作用引起受体构象的改变。

（2）理论贡献　诱导适应学说进一步发展了苦味理论，对解释有关苦味的复杂现象做出了很大贡献。

① 它更广泛地概括了各类型苦味剂，为进一步研究结构与味感的关系提供了方便。

② 在受体上有过渡金属离子存在的观点，对硫醇、青霉胺、酸性氨基酸、低聚肽等能抑制苦味及某些金属离子影响苦味提供了解释。

③ 对甜味盲不能感受任何甜味剂而苦味盲仅是难于觉察少数有共轭结构的苦味物质的现象做了可能的解释。苦味盲是先天性遗传的，当 Cu^{2+}、Zn^{2+}、Ni^{2+} 与患者的受体上蛋白质产生很强的络合，在受体表层作监护离子时，一些苦味剂便难以打开盖子进入穴位。

④ 苦味受体主要由磷脂膜组成的观点也为苦味强度提供了说明。因为苦味物质对脂膜有凝聚作用，增加了脂膜表面张力，故两者有对应关系，苦味物质产生的表面张力越大其苦味强度也越大。

⑤ 解释了苦味强度随温度下降而增加，与温度对甜味、辣味的影响刚好相反的现象。因为苦味物质使脂膜凝聚的过程是放热效应，与甜味物质、辣味物质使膜膨胀过程是吸热效应相反。

⑥ 它还说明了麻醉剂对各种味感受体的作用为何以苦味消失最快、恢复最慢的现象。这是由于多烯磷脂对麻醉剂有较大的溶解度，受体为其膨胀后失去了改变构象的规律，变得杂乱无章，不再具有引发苦味信息的能力等。

（二）主要苦味物质

奎宁是评价苦味物质的苦味强度的代表性物质（强度为 100，阈值约 0.0016%）。苦味在食品风味中有时是需要的。由于遗传的差异，个体对某种苦味物质的感觉能力是不一样的，而且与温度有关。一种化合物是苦味还是苦甜味，要依个体而定。有些人对糖精感觉是纯甜味，但另一些人会认为它有微苦味或甜苦，甚至非常苦或非常甜。对许多其他化合物，也显示出个体感觉上的明显差异。苯基硫脲（PTC）是这一类苦味化合物中最明显的例子，不同的人对它的感觉就有很大差异。

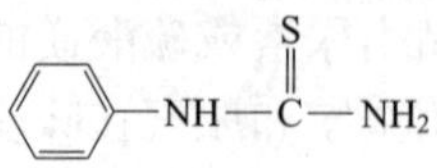

$$C_6H_5-NH-\overset{\displaystyle S}{\overset{\|}{C}}-NH_2$$

苯基硫脲

植物性食品中常见的苦味物质是生物碱类、糖苷类、萜类、苦味肽等。动物性食品中常见的苦味物质是胆汁和蛋白质的水解产物等。其他苦味物质有无机盐（钙、镁离子）、含氮有机物等。

1. 咖啡碱、可可碱和茶碱

咖啡碱（caffeine）、可可碱（theobromine）和茶碱（theophylline）是食品中主要的生物碱类苦味物质，属于嘌呤类的衍生物（图 10-8）。

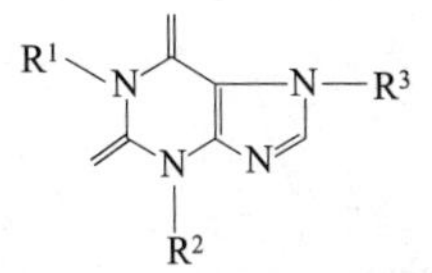

咖啡碱：$R^1=R^2=R^3=CH_3$；可可碱：$R^1=H$，$R^2=R^3=CH_3$；茶碱：$R^1=R^2=CH_3$，$R^3=H$

图 10-8 生物碱类苦味物质结构

咖啡碱存在于咖啡、茶叶和可拉坚果中。纯品为白色具有丝绢光泽的结晶，熔点 235～238℃，120℃升华。溶于水、乙醇、乙醚、氯仿，易溶于热水。咖啡碱在水中含量为 150～200mg/kg 时显中等苦味。较稳定，在茶叶加工中损失较少。

可可碱（3,7-二甲基黄嘌呤）类似咖啡因，在可可中含量最高，是可可产生苦味的原因。纯品为白色粉末结晶，熔点 342～343℃，290℃升华。溶于热水，难溶于冷水、乙醇，不溶于醚。咖啡碱和可可碱都有兴奋中枢神经的作用。

茶碱主要存在于茶叶中，含量极微，在茶叶中的含量约 0.002%左右。与可可碱是同分异构体，具有丝光的针状结晶，熔点 273℃。易溶于热水，微溶于冷水。

2. 苦杏仁苷

苦杏仁苷（amygdalin）是由氰苯甲醇与龙胆二糖所成的苷，存在于许多蔷薇科（rosaceae）植物如桃、李、杏、樱桃、苦扁桃、苹果等的果核、种仁及叶子中，尤以苦扁桃（*Prunus amygdalus var. amara*）中最多。种仁中同时含有分解苦杏仁苷的酶。苦杏仁苷本身无毒，具镇咳作用，生食杏仁、桃仁过多引起中毒的原因是在摄入的苦杏仁苷在体内转化成的苦杏仁酶（emulsin）作用下分解为葡萄糖、苯甲醛及氢氰酸之故。苦杏仁酶实际上是两种酶即扁桃酶（mendelonitrilase）和洋李酶（prunase）的复合物。

3. 柚皮苷和新橙皮苷

柚皮苷（naringin）和新橙皮苷（neoesperidin）是柑橘类果实中的主要苦味物质，它们的结构如图 10-9 所示。

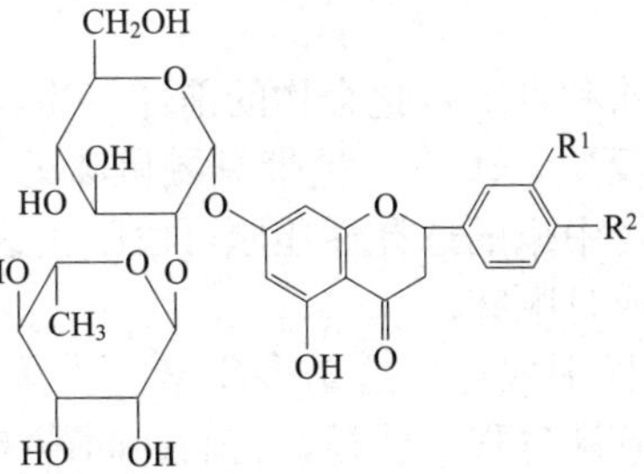

$R^1=H,R^2=OH$: 柚皮苷
$R^1=OH,R^2=OCH_3$: 新橙皮苷

图 10-9 柚皮苷和新橙皮苷

柚皮苷纯品的苦味比奎宁还要强，检出阈值可低达 0.002%。黄酮苷类的苦味与分子中糖苷基的种类有关。芸香糖与新橙皮糖都是鼠李糖葡萄糖苷，但前者是鼠李糖（1→6）葡萄糖，后者是鼠李糖（1→2）葡萄糖。凡与芸香糖成苷的黄酮类都没有苦味，而以新橙皮糖为糖苷基的都有苦味。当新橙皮糖苷基水解后，苦味消失。根据这一发现，可利用酶制剂分解柚皮苷与新橙皮苷，以脱去橙汁的苦味。

4. 奎宁

奎宁（quinine）是一种广泛作为苦味标准的物质，盐酸奎宁的阈值大约是 10mg/kg。一般来说，苦味物质比其他呈味物质的味觉阈值低，比其他味觉活性物质难溶于水。食品卫生法允许奎宁作为饮料添加剂，如在有酸甜味特性的软饮料中苦味能同其他味感调合，使这类饮料具有清凉兴奋作用。

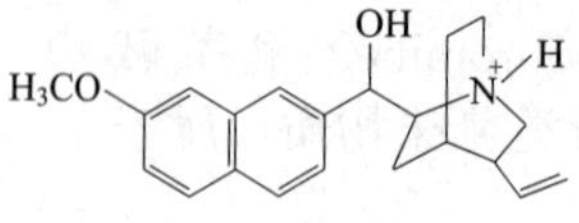

奎宁

5. 苦味酒花

酒花大量用于啤酒工业，使啤酒具有特征风味。酒花的苦味物质是 α 酸和异 α 酸。

α 酸又名甲种苦味酸，是葎草酮（humulone）或蛇麻酮（lupulone）的衍生物，在新鲜啤酒花中含量约 2%～8%，有很强的苦味和防腐能力，在啤酒的苦味物质中约占 85%。啤酒中葎草酮最丰富，在麦芽汁煮沸时它通过异构化反应转变为异葎草酮，如图 10-10 所示。

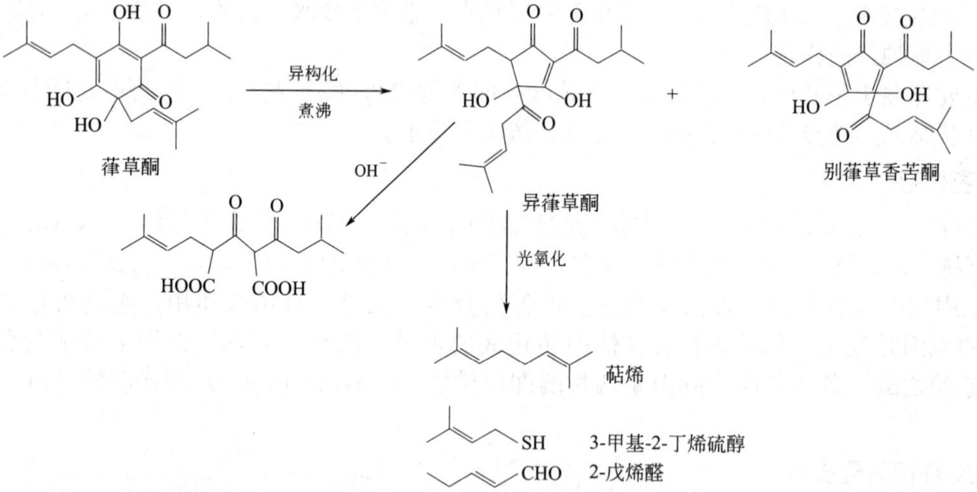

图 10-10 葎草酮的异构化反应

异 α 酸是啤酒花与麦芽在煮沸过程中由 40%～60%的 α 酸异构化形成的。在啤酒中异 α 酸是重要的苦味物质。

异葎草酮是啤酒在光照射下产生的鼬鼠臭味和日晒味化合物的前体，当有酵母发酵产生的硫化氢存在时异己烯链上的酮基邻位碳原子发生光催化反应，生成一种带臭鼬鼠味的 3-甲基-2-丁烯-1-硫醇（异戊二烯硫醇）化合物。在预异构化的酒花提取物中酮的选择性还原可以阻止这种反应的发生，并且采用清洁的棕色玻璃瓶包装啤酒不会产生臭鼬鼠味或日晒味。

挥发性酒花香味化合物是否在麦芽煮沸过程中残存，这是多年来一直争论的问题。现在已完全证明，影响啤酒风味的化合物确实在麦芽汁充分煮沸过程中残存，它们连同苦味酒花物质形成的其他化合物一起使啤酒具有香味。

6. 蛋白质水解物和干酪

一部分氨基酸如亮氨酸、异亮氨酸、苯丙氨酸、酪氨酸、色氨酸、组氨酸、赖氨酸和精氨酸都有苦味。蛋白质水解物和干酪有明显的苦味，这是由于蛋白质水解产生苦味的短链多肽和氨基酸的缘故。氨基酸苦味的强弱与分子中的疏水基团有关；小肽的苦味与分子量有关，相对分子质量低于 6000 的肽才可能有苦味。

7. 盐类

盐类的苦味与盐类阴离子和阳离子的离子半径的和有关。随着两离子半径之和的增加，其咸味减小，苦味加强。阴阳离子半径的和小于 0.65nm 的盐显示纯咸味（LiCl＝0.498nm，NaCl＝0.556nm，KCl＝0.628nm），因此 KCl 稍有苦味。随着阴阳离子直径的和的增大（CsCl＝0.696nm，CsI＝0.774nm），盐的苦味逐渐增强，因此氯化镁（0.850nm）是相当苦的盐。

8. 胆汁

胆汁（bile）是动物肝脏分泌并贮存于胆囊中的一种液体，味极苦。初分泌的胆汁是清澈而略具黏性的金黄色液体，pH 值在 7.8～8.5 之间。在胆囊中由于脱水、氧化等原因，色泽变绿，pH 值下降至 5.50。胆汁中的主要成分是胆酸、鹅胆酸及脱氧胆酸。在畜、禽、水产品加工中稍不注意，胆囊破损，即可导致无法洗净的苦味。

三、酸味和酸味物质

酸味（sour taste）是动物进化最早的一种化学味感，许多动物对酸味刺激很敏感，适当的酸味能给人以爽快的感觉。酸味物质是食品和饮料中的重要成分或调味料，能促进消化，防止腐败，增加食欲，改良风味。

（一）呈酸机理

酸味是由质子（H^+）与存在于味蕾中的磷脂头部相互作用产生的味感。因此，凡是在溶液中能离解出氢离子的化合物都具有酸味。质子 H^+ 是酸味剂 HA 的定味基，负离子 A^- 是助味基。定味基 H^+ 在受体的磷脂头部相互发生交换反应，从而引起酸味感。在 pH 值相同时有机酸的酸味之所以一般大于无机酸，是由于有机酸的助味基 A^- 在磷脂受体表面有较强的吸附性，能减少膜表面正电荷的密度，亦即减少了对 H^+ 的排斥力。二元酸的酸味随碳链延长而增强，主要是由于其负离子 A^- 能形成吸附于脂膜的内氢键环状螯合物或金属螯合物，减少了膜表面的正电荷密度。若在 A^- 结构上增加羧基或羟基，将减弱 A^- 的亲脂性，使酸味减弱；相反，若在 A^- 结构上加入疏水性基团，则有利于 A^- 在脂膜上的吸附，使膜增加对 H^+ 的引力。

有人认为，品尝法和测唾液流速法得出的酸强度次序并不完全一致，表明这两种反应出自不同部位的刺激。也有人证明结合在酸味受体膜上的质子多数是无效的，不能引起膜上局部构象的改变。鉴于膜结构中的不饱和烃链易与水结合，酸中的质子还有隧道效应，因此，曾广植认为酸味受体有可能不是在磷脂的头部，而是在磷脂烃链的双键上。因为双键质子化后形成的 π 络合物之间有强的静电斥力，才能引起局部脂膜有较大的构象改变。

上述酸味模式虽说明了不少酸味现象，但目前所得到的研究数据尚不足以说明究竟是 H^+、A^-、还是 HA 对酸感最有影响，酸味剂分子的许多性质如分子量、分子的空间结构和极性对酸味的影响亦未弄清，有关酸味的学说还有待于进一步发展。

（二）影响酸味的主要因素

不同的酸具有不同的味感，酸的浓度与酸味之间并不是一种简单的相互关系。酸的味感是与酸性基团的特性、pH 值、滴定酸度、缓冲效应及其他化合物尤其是糖的存在与否有关。影响酸味的主要因素如下。

1. 氢离子浓度

所有的酸味剂均能离解出氢离子，可见其酸味与氢离子的浓度有关。当溶液中氢离子浓度太低、pH＞5.0～6.5 时，不易感觉到酸味；当溶液的氢离子浓度过大、pH＜3.0 时，酸味强度过大，使人难以忍受。一般来说，在相同条件下氢离子浓度大的酸味剂其酸味也强，但两者之间没有函数关系，如酸味强度接近的苹果酸和醋酸相比，醋酸的氢离子浓度要低很多。

2. 总酸度和缓冲作用

总酸度是指包括已离解和未离解的酸的浓度。缓冲作用是指由弱酸（碱）和弱酸（碱）盐组成的体系在外加少量碱（酸）时对 pH 值变化的抵制作用。通常情况下，pH 值相同而总酸度（或缓冲作用）较大的酸味剂溶液，其酸味也更强，如丁二酸比 pH 值相同的丙二酸的总酸度大，丁二酸比丙二酸酸味强。这除了两者负离子的性质不同外，还因为丁二酸中的氢离子与酸受体作用后，原来尚未离解的分子还可以继续离解出比丙二酸更多的氢离子，使其酸味维持较为长久。

3. 酸味剂负离子的性质

酸味剂的负离子对酸味强度和酸感品质都有很大影响。在 pH 值相同或相近的情况下，有机酸均比无机酸的酸味强度大。对于有机酸，若按唾液流速法评价，在其氢离子浓度相同时一元酸的酸味强度随其烃链的增长而减小（这与品尝法的结果不一致，按品尝法，其酸味强度顺序为丁酸＞丙酸＞乙酸＞甲酸，更长链的则对酸味产生抑制性），C_{10} 以上的羧酸无酸味；二元酸在一定限度内随其烃链的增长酸性强度增大，但不及相应的一元酸。若在负离子结构上增加疏水性的不饱和键，酸性比相同碳数的羧酸强；若在负离子结构上增加亲水的羟基，酸性则比相应的羧酸弱。

当酸味剂的结构上具备其他味感物的条件时，它还可能被其他味受体竞争吸附而产生另一种味感，若另一种味感较弱，通常也叫副味。如图 10-11 所示。

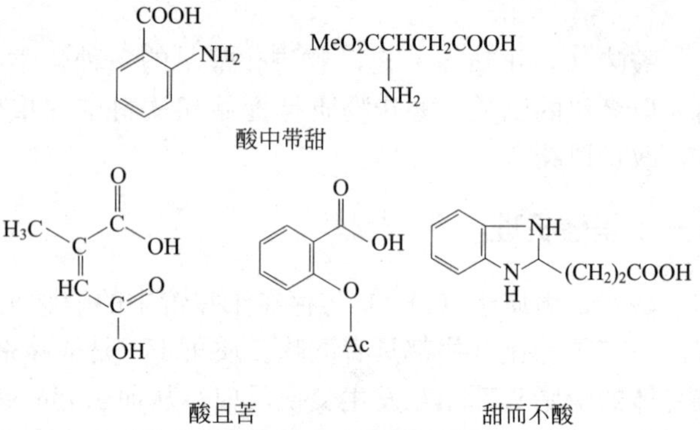

COOH, NH_2; MeO_2CCHCH_2COOH, NH_2

酸中带甜

H_3C, C, OH, HC, C, O, OH; O, OH, O, Ac; NH, N, H, $(CH_2)_2COOH$

酸且苦　　甜而不酸

图 10-11　酸味与副味

4. 其他因素的影响

在酸味剂溶液中加入糖、食盐或乙醇，均会降低其酸味。例如，一般无机酸的阈值约为 pH 值 4.2～4.6，若加入 3%砂糖（或等甜度的糖精），其 pH 值不变，而酸的强度降低 15%。酸味和甜味的适当混合，是构成水果和饮料风味的重要因素。咸酸适宜是食醋的风味特征。若在酸中加入适量的苦味剂，也能形成食品的特殊风味。

（三）主要酸味物质

主要酸味物质如图 10-12 所示。

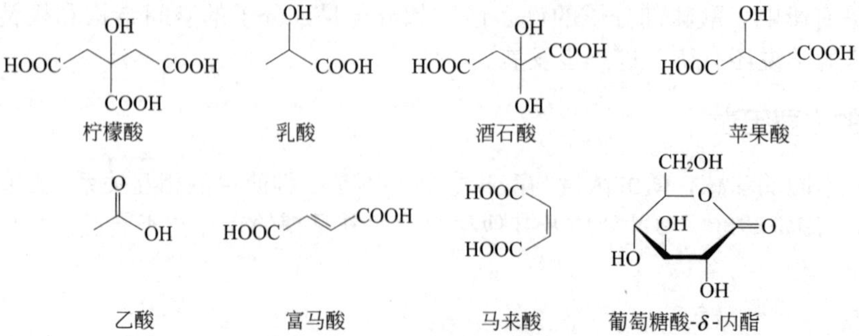

OH, HOOC, COOH, COOH　柠檬酸
OH, COOH　乳酸
OH, HOOC, COOH, OH　酒石酸
OH, HOOC, COOH　苹果酸
O, OH　乙酸
HOOC, COOH　富马酸
HOOC, HOOC　马来酸
CH_2OH, O, OH, HO, O, OH　葡萄糖酸-δ-内酯

图 10-12　主要酸味物质

1. 食醋

食醋（vinegar）是我国最常用的酸味料，是采用淀粉或饴糖为原料经发酵制成。其成分除含 3%～

5%的醋酸外，还含有少量其他有机酸、氨基酸、糖、醇、酯等。它的酸味温和，在烹调中除用作调味外，还有防腐败、去腥臭等作用。醋酸挥发性高、酸味强，由工业生产的醋酸为无色的刺激性液体，能与水任意混合，可用于调配合成醋，但缺乏食醋风味。

2. 柠檬酸

柠檬酸（citric acid）是酸味的代表物质，是在果蔬中分布最广的一种有机酸，为斜方晶系三棱晶体，难溶于乙醚，在 20℃可完全溶于水及乙醇，在冷水中比在热水中易溶。它可形成 3 种形式的盐，但除碱金属盐外其他柠檬酸盐大多不溶或难溶于水。它的酸味圆润、滋美、爽快可口，入口即达最高酸感，后味延续时间短。广泛用于清凉饮料、水果罐头、果冻、糖果等中，通常用量为 0.1%～1.0%。它还具有良好的防腐性能及抗氧化增效功能。柠檬酸安全性高，我国允许按生产正常需要量添加。

3. 苹果酸

苹果酸（malic acid）多与柠檬酸共存，为无色或白色针状结晶，易溶于水及乙醇，吸湿性强，保存中易受潮。其酸味为柠檬酸的 1.2 倍，酸味爽口，略带刺激性，稍有苦涩感，呈味速度较缓慢，酸感维持时间长于柠檬酸，与柠檬酸合用时有强化酸味的效果。常用于调配饮料等，尤其适用于果冻。苹果酸安全性高，我国允许按生产正常需要量添加，通常使用量为 0.05%～0.5%。其钠盐有咸味，可供病人作咸味剂。

4. 酒石酸

酒石酸（tartaric acid）为无色或白色晶体，易溶于水及乙醇。其酸味比柠檬酸和苹果酸都强，约为柠檬酸的 1.3 倍，但稍有涩感。其用途与柠檬酸同，多与其他酸合用。酒石酸安全性高，我国允许按生产正常需要量添加，一般使用量为 0.1%～0.2%。但它不适合于配制起泡的饮料或用作食品膨胀剂。

5. 乳酸

乳酸（lactic acid）来自乳酸发酵，在水果、蔬菜中很少存在，在发酵乳制品和泡制蔬菜中含量较高，现多用人工合成品。纯品乳酸为无色液体或浅黄色液体，溶于水及乙醇，有防腐作用，酸味稍强于柠檬酸。可用作 pH 值调节剂，也可用于清凉饮料、合成酒、合成醋、辣酱油等。用其制泡菜或酸菜，不仅调味，还可防止杂菌繁殖。

6. 抗坏血酸

抗坏血酸（ascorbic acid）为白色结晶，易溶于水，有爽快的酸味，但易被氧化。在食品中可作为酸味剂和维生素 C 添加剂，还有防氧化和褐变作用，可作为辅助酸味剂使用。

7. 葡萄糖酸

葡萄糖酸（gluconic acid）由葡萄糖氧化制得，为无色固体，易溶于水，酸味爽快。干燥时易脱水生成 γ-或 δ-葡萄糖内酯，此反应可逆。利用这一特性可将其用于某些最初不能有酸性而在水中受热后又需要酸性的食品。例如将葡萄糖内酯加入豆浆内，遇热即会生成葡糖酸而使大豆蛋白凝固，得到内酯豆腐。此外，将其内酯加入饼干中，烘烤时即成为缓释膨胀剂。葡萄糖酸也可直接用于调配清凉饮料、食醋等，可作方便面的防腐调味剂，或在营养食品中代替乳酸。

8. 磷酸

磷酸（phosphoric acid）的酸味强度为柠檬酸的 2.3～2.5 倍，酸味爽快温和，略带涩味。在饮料业中用来代替柠檬酸和苹果酸，可用于清凉饮料，但用量过多会影响人体对钙的吸收。

9. 琥珀酸及延胡索酸

在未成熟的水果中存在较多的琥珀酸（succinic acid）及延胡索酸（fumaric acid），也可用作酸味剂，但不普遍。因不溶于水，很少单独使用，多与柠檬酸、酒石酸并用生成水果似的酸味。又可利用其难溶性，可用作缓释膨胀剂，还可用作粉状果汁的持续性发泡剂。

四、咸味和咸味物质

咸味（salty）是许多中性盐具有的味感之一，是人类的最基本味感，没有咸味就没有美味佳肴。咸味化合物中具有代表性的是 NaCl，它作用于味觉感受器产生纯正的咸味。其他一些化合物（主要是无机物）也具有咸味，但没有任何一个的咸味像 NaCl 那样纯正。具有咸味的化合物主要是一些碱金属的化合物，如 LiCl、KCl、NH_4Cl 等，此外苹果酸、新近发现的一些肽类分子也具有苦味；而 KBr、NH_4I 等无机物虽然也有咸味，但是呈现的是咸苦味（表 10-3）。

表 10-3　一些盐类的味觉特征

味觉	盐类
咸味	氯化锂，溴化锂，碘化锂，硝酸钠，氯化钠，溴化钠，碘化钠，氯化钾，硝酸钾
咸味带苦	溴化钾，碘化铵
苦味	氯化铯，溴化铯，碘化钾，硫酸镁
甜味	醋酸铅①，醋酸铍①

① 有剧毒。

（一）咸味产生机理

咸味是由离解后的离子决定的。正、负离子都会影响咸味的形成。咸味的产生虽与阳离子和阴离子互相依存有关，但阳离子易被味觉感受器的蛋白质羧基或磷酸基吸附而呈咸味，因此咸味与盐离解出的阳离子关系更为密切，而阴离子影响咸味的强弱和副味，也就是说正离子是盐的定味基，主要是碱金属和铵离子，其次是碱金属离子；负离子是助味基。咸味强弱与味神经对各种阴离子感应的相对大小有关，正、负离子半径都小的盐有咸味，半径都大的盐呈苦味；介于中间的盐咸苦。若从 1 价离子的理化性质考察，可认为凡是离子半径小、极化率低、水合度高、由硬酸和硬碱组成的盐是咸的，离子半径大、极化率高、水合度低、由软酸和软碱组成的盐则呈苦味。2 价离子盐和高价盐可咸、可苦，或不咸、不苦，很难预测。

在稀水溶液中，Li^+、Na^+、K^+，NH_4^+ 等水合程度高，其盐可能只生成单配位氢键与甜受体结合，都带甜味；铍盐如 $BeCl_2$、$Be(OAc)_2$，铅盐如 $Pb(OAc)_2$、$Pb(OCOEt)_2$、$Pb(OCOPr)_2$ 等，与水生成正式配位键，产生更强的甜味，这可能与甜受体形成双配位螯合氢键而更为稳定有关。此外，酸性盐如 KH_2PO_4 有酸味，碱性盐如 $NaHCO_3$ 有涩味。

（二）主要咸味物质

在所有中性盐中，NaCl 的咸味最纯正，未精制的粗食盐中因含有 KCl、$MgCl_2$ 和 $MgSO_4$，而略带苦味。所以食盐需经精制，以除去这些有苦味的盐类，使咸味纯正，但微量的存在对加工或直接食用均有利于呈味作用。

由于食盐的过量摄入会对身体造成不良影响，这便引起人们对食盐替代物的兴趣。KCl 也是一种咸味较纯正的咸味物，食品工业中利用它在运动员饮料中和低钠食品中部分代替 NaCl 以提供咸味和补充体内的钾。近年来，食盐替代物的品种较多。苹果酸钠和葡萄糖酸钠也具有纯正的食盐一样的咸味，是为数有限的几个具有纯正咸味的物质，可用于无盐酱油和肾脏病人的特殊需要。

五、鲜味和鲜味物质

鲜味（delicious taste）是一种复杂的综合味感，能使食品风味呈更为柔和、协调的特殊味感。鲜味物质与其他味感物质相配合时有强化其他风味的作用，当鲜味剂的用量高于其单独检测阈值时会使食品鲜味增加，但用量少于阈值时则仅是增强风味。所以食品加工中使用的鲜味剂也被称为呈味剂、风味增强剂（flavor enhancer），它被定义为能增强食品的风味、使之呈现鲜味感的一些物质。欧美常将鲜味剂作为风味添加剂。

（一）鲜味机理

鲜味的通用结构式：$^{-}O(C)_nO^{-}$（$n=3\sim9$）。就是说，鲜味分子需要一条相当于3～9个碳原子长的脂链，而且两端都带有负电荷，当$n=4\sim6$时鲜味最强。脂链可以是直链，也可为脂环的一部分。其中的C可被O、N、S、P等取代。分子两端的负电荷对鲜味至关重要，若将羧基经过酯化、酰胺化或加热脱水形成内酯、内酰胺，均可降低鲜味。但其中一端的负电荷也可用一个负偶极替代，如口蘑氨酸和鹅膏蕈氨酸等，其鲜味比味精强5～30倍。这个通式能将具有鲜味的多肽和核苷酸都概括进去。目前出于经济效益、副作用和安全性等方面的原因，作为商品的鲜味剂主要是谷氨酸型和核苷酸型。

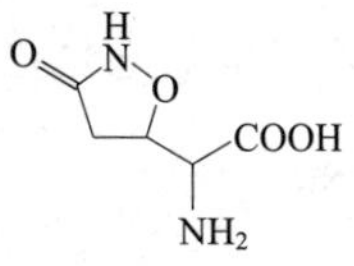

H O N O COOH NH_2 口蘑氨酸　　NH_2 COOH O N O H 鹅膏蕈氨酸

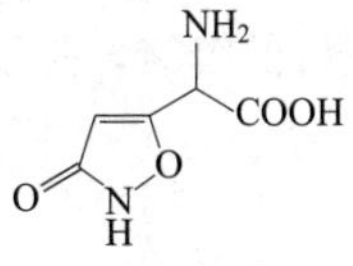

谷氨酸型鲜味剂属于脂肪族化合物，在结构上有空间专一性要求，若超出其专一性范围将改变或失去鲜味感。它们的定味基是两端带负电的功能团，如—COOH、—SO_3H、—SH、$>$C═O等；助味基是具有一定亲水性的基团，如—NH_2、—OH等；凡与谷氨酸羧基端连接有亲水性氨基酸的二肽、三肽也有鲜味，若与疏水性氨基酸相接则产生苦味。

肌苷酸型鲜味剂属于芳香杂环化合物，结构也有空间专一性要求，其定位基是亲水的核糖磷酸，助味基是芳香杂环上的疏水取代基。琥珀酸及其钠盐均有鲜味，它在鸟、兽、禽、畜等动物中均有存在，而以贝类中含量最多。

（二）主要鲜味物质

鲜味是食品的一种能引起强烈食欲、可口的滋味。呈味成分有氨基酸、核苷酸、肽、有机酸等类物质。当鲜味物质使用量高于阈值时表现出鲜味，低于阈值时增强其他物质的风味。

1. 氨基酸

在天然氨基酸中，L-谷氨酸和L-天冬氨酸的钠盐及其酰胺都具有鲜味。L-谷氨酸钠（MSG）俗称味精，具有强烈的肉类鲜味。味精的鲜味是由α-NH_3^+和γ-COO^-两个基团静电吸引产生的，因此在pH值为3.2(等电点）时鲜味最低，在pH值为6时几乎全部解离而鲜味最高，在pH值为7以上时由于形成二钠盐而鲜味消失。

食盐是味精的助鲜剂。味精有缓和咸、酸、苦的作用，使食品具有自然的风味。

L-天冬氨酸的钠盐和酰胺亦具有鲜味，是竹笋等植物性食物中的主要鲜味物质。L-谷氨酸的二肽也有类似味精的鲜味。

2. 核苷酸

在核苷酸（nucleotide）中能够呈鲜味的有5′-肌苷酸（IMP）、5′-鸟苷酸（GMP）和5′-黄苷酸（XMP），前两者鲜味最强，分别代表着鱼类、香菇类食品的鲜味（图10-13）。此外，5′-脱氧肌苷酸及5′-脱氧鸟苷酸也有鲜味。这些5′-核苷酸单独在纯水中并无鲜味，但与味精共存时则味精鲜味增强，并对酸、苦味有抑制作用，即有味感缓冲作用。5′-肌苷酸与

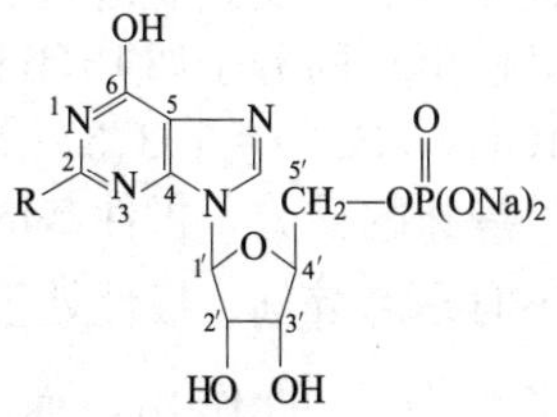

OH 6 1 N 5 N O 2 5′ R N 3 4 N CH_2—OP(ONa)$_2$ O 1′ 4′ 2′ 3′ HO OH

R=H：5′-肌苷酸(5′-IMP)
R=NH_2：5′-鸟苷酸(5′-GMP)
R=OH：5′-黄苷酸(5′-XMP)

图10-13　5′-肌苷酸、5′-鸟苷酸和5′-黄苷酸

L-谷氨酸钠的混合比例一般为 1∶(5～20)。

5′-肌苷酸广泛存在于肉类中，使肉具有良好的鲜味。肉中 5′-肌苷酸来自动物屠宰后 ATP 的降解。动物屠宰后需要放置一段时间味道方能变得更加鲜美，这是因为 ATP 转变成 5′-肌苷酸需要时间。但肉类存放时间过长，5′-肌苷酸会继续降解为无味的肌苷，最后分解成有苦味的次黄嘌呤，使鲜味降低。

3. 琥珀酸及其钠盐

琥珀酸（*Capsicum*）及其钠盐也有鲜味，是各种贝类鲜味的主要成分。用微生物发酵的食品如酿造酱油、酱、黄酒等的鲜味都与琥珀酸有关。琥珀酸用于果酒、清凉饮料、糖果等的调味，其钠盐可用于酿造品及肉类食品的加工。如与其他鲜味剂合用，有助鲜的效果。

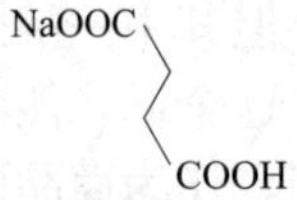

NaOOC

COOH

琥珀酸一钠

天冬氨酸及其一钠盐也显示出较好的鲜味，强度较 MSG 弱。它是竹笋等植物性食物中的主要鲜味物质。

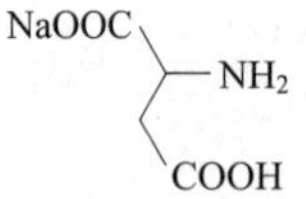

NaOOC

NH_2

COOH

L-天冬氨酸一钠

目前有关琥珀酸和天冬氨酸结构-性质关系的资料报道很少。

另外要指出的是，化合物所具有的鲜味可以随结构的改变而变化。例如谷氨酸一钠虽然具有鲜味，但是谷氨酸、谷氨酸的二钠盐均没有鲜味。

六、辣味和辣味物质

辣味（piquancy）是辛香料和蔬菜中一些成分所引起的尖利的刺痛感和特殊的烧感总和，它不是食品的基本味觉，属于一种尖利的刺痛感和特殊的灼烧感的总和。它是刺激口腔黏膜、鼻腔黏膜、皮肤、三叉神经引起的一种痛觉。适当的辣味可增进食欲，促进消化液的分泌，在食品烹调中经常使用辣味物质作调味品。

（一）呈辣机理

辣椒素、胡椒碱、花椒碱、生姜素、丁香、大蒜素、芥子油等都是双亲性分子，其极性头部是定味基，非极性尾部是助味基。大量研究资料表明，分子的辣味随其非极性尾链的增长而加剧，以 C_9 左右达到最高峰，然后陡然下降，称之为 C_9 最辣规律。上面几种物质的辣味符合 C_9 最辣规律。

一般脂肪醇、醛、酮、酸的烃链长度增长也有类似的辣味变化。上述辣味分子尾链如无顺式双键或支链时，n-C_{12} 以上将丧失辣味；若链长虽超过 n-C_{12} 但在 ω 位邻近有顺式双键，则还有辣味。顺式双键越多越辣，反式双键影响不大；双键在 C_9 位上影响最大；苯环的影响相当于一个 C_4 顺式双键。一些极性更小的分子如 $BrCH{=}CHCH_2Br$、$CH_2{=}CHCH_2X$（$X{=}NCS$，$OCOR$，NO_2，ONO）、$(CH_2{=}CHCH_2)_2S_n$（$n=1,2,3$）等也有辣味。

辣味物质分子极性基的极性大小及其位置与味感关系也很大。极性头的极性大时是表面活性剂；极性小时是麻醉剂。极性处于中央的对称分子，如 RCO—N　N—COR、RCOO—⟨苯环⟩—NHCOR，其辣味只相当于半个分子的作用，而且因其水溶性降低而辣味大减；极性基处于两端的对称分子，如 CH_3O/HO—⟨苯环⟩—$(CH_2)_2\overset{O}{\overset{\|}{C}}(CH_2)_2$—⟨苯环⟩—OH/$OCH_3$、$CH_3O$/HO—⟨苯环⟩—$(CH_2)_2\overset{O}{\overset{\|}{C}}NHCH_2$—⟨苯环⟩—OH/$OCH_3$，辣味变淡。增加或减少极性头部的亲水性，如将 CH_3O/HO—⟨苯环⟩— 改变为 HO/HO—⟨苯环⟩—、CH_3O/CH_3O—⟨苯环⟩—、⟨亚甲二氧基苯环⟩—，辣味均降低；甚至调换

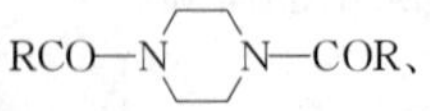

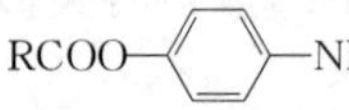

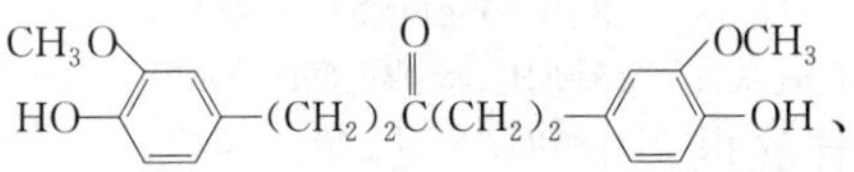

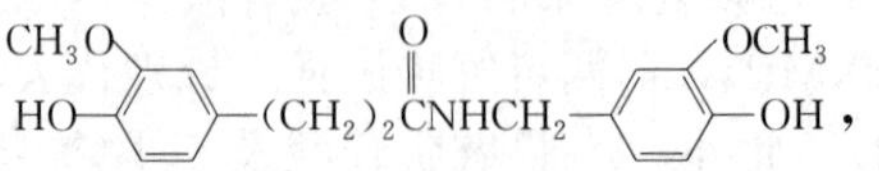

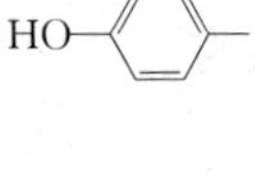

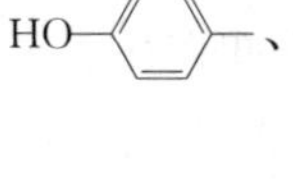

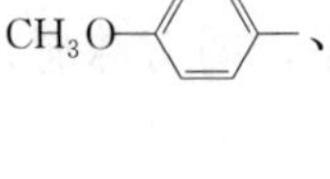

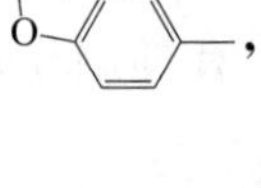

羟基位置也可能失去辣味，产生甜味或苦味。

许多具有辛辣味的药物可以治疗伤风感冒与药物对生物膜的作用有关。例如在红糖姜汤这一单方中姜酚有 C_8 酰基链，能迅速引发味细胞膜的扰动。由于味刺激的条件反射，许多汗腺细胞和味细胞一样产生杂质引起的相变。进入体内的姜酚也会起同样反应，膜面脂质将以声子导热方式散热，并使水分蒸发，待体温下降后脂膜由无序恢复有序，故姜汤不仅是速效退热剂，而且能促使细胞膜排出杂质，使膜组织由大乱达到大治。红糖是速效供热剂，能在 4min 内进入血液循环，供热保暖，比葡萄糖快 5 倍。中药细辛的主要成分是对甲基丁香醚，为非极性分子，可全部进入脂膜，相当于 1 个 C_9 链杂质，主治风寒感冒，可作局部麻醉剂。绝大部分治伤风感冒的中草药主要成分都具有类似的结构。

（二）主要辣味物质

天然食用辣味物质按其味感的不同大致可分成下列三大类：第一类为无芳香的辣味物，即热辣（火辣）味物质，为一些食品原料所固有，性质很稳定；第二类为具有芳香性的辣味物，即辛辣味物质，也为一些原料所固有；第三类为刺激辣味物质，在食品原料中只存在其前体物，当组织被破碎后前体物受酶的作用才产生这类风味物，它们的性质很不稳定，遇热将分解。

1. 热辣（火辣）味物质

热辣味物质是一种无芳香的辣味，在口中能引起灼烧感觉。主要有辣椒、胡椒和花椒中的辣味成分。它们的结构较相似，共同的结构特点是含有不饱和疏水烃基酚胺，而且分子的一头为极性基，另一头为非极性基。一些研究资料表明这些辣味物的辣味随非极性基碳链长度的增加而加剧。例如辣椒素中 R 基的碳数为 8 时最辣，但碳链长度再增加时辣味迅速降低。

（1）辣椒（Capsicum）　辣椒主要辣味成分为类辣椒素，是一类碳链长度不等（C_6～C_{11}）的不饱和单羧酸香草基酰胺，同时还含有少量含饱和直链羧酸的二氢辣椒素，后者已有人工合成（图 10-14）。不同辣椒的辣椒素含量差别很大，甜椒通常含量极低，红辣椒约含 0.06%，牛角红椒含 0.2%，印度萨姆椒含 0.3%，乌干达辣椒可高达 0.85%。

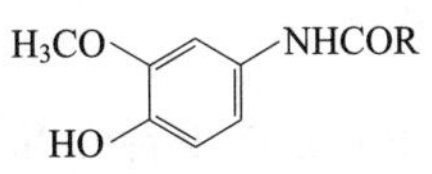

H_3CO，HO，NHCOR

结构	名称	相对强度
$R=(CH_2)_4CH{=}CHCH(CH_3)_2$	辣椒素	100
$R=(CH_2)_6CH(CH_3)_2$	二氢辣椒素	100
$R=(CH_2)_5CH(CH_3)_2$	去二甲二氢辣椒素	57
$R=(CH_2)_5CH{=}CHCH(CH_3)_2$	同辣椒素	43
$R=(CH_2)_2CH(CH_3)_2$	同二氢辣椒素	50

图 10-14　辣椒素分子结构和相对辣味强度

几种辣椒素的辣味强度各不相同，以侧链为 C_9～C_{10} 时最辣，双键并非是辣味所必需的。在辣椒中前两种同系物占绝对多数。辣椒素的结构较为简单，二氢辣椒素已经可以人工合成。

（2）胡椒（pepper）　常见的有黑胡椒和白胡椒两种，由果实加工而成，尚未成熟的绿色果实可制得黑胡椒，用色泽由绿变黄而未变红时收获的成熟果实可制取白胡椒。它们的辣味成分除少量类辣椒素外主要是胡椒碱。胡椒碱是一种酰胺化合物，其不饱和烃基有顺反异构体，其中全反式结构也叫黑椒素（图 10-15）。胡椒经光照或贮存后辣味会降低，这是顺式胡椒碱异构化为反式结构所致，合成的胡椒碱已在食品中使用。

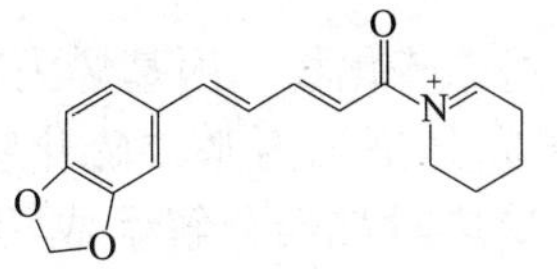

胡椒碱：　(2*E*)和(4*E*)构型，辣味最强
异胡椒碱：　(2*Z*)和(4*E*)构型，辣味较弱
异黑椒素：　(2*E*)和(4*Z*)构型，辣味较强
黑椒素：　(2*Z*)和(4*Z*)构型，辣味仅次于胡椒碱

图 10-15　胡椒中的主要辣味化合物及强度

(3) 花椒（xanthoxylum） 花椒主要辣味成分为花椒素，也是酰胺类化合物，此外还有少量异硫氰酸烯丙酯等。它与胡椒、辣椒一样，除辣味成分外，还含有一些挥发性香味成分。

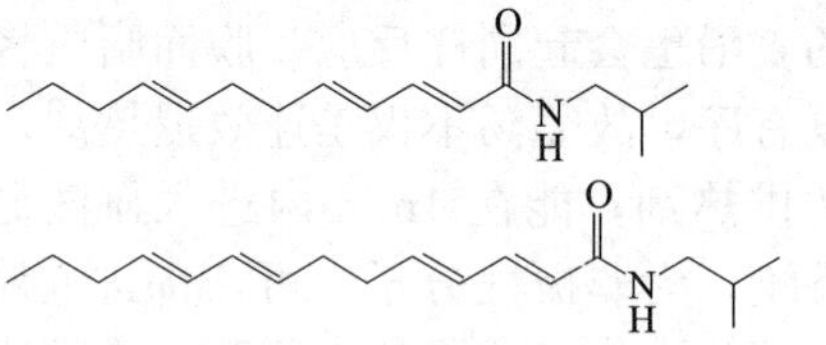

花椒素

2. 辛辣（芳香辣）味物质

辛辣味物质是一类除辣味外还伴随有较强烈的挥发性的芳香味物质，如生姜、丁香和其他香辛料中的辣味成分。它们是一些芳香族化合物，许多为邻甲基酚或邻甲氧基酚类，是具有味感和嗅感双重作用的成分。

(1) 姜 新鲜姜的辛辣成分是一类邻甲氧基酚基烷基酮（图 10-16），其中最具活性的为 6-姜醇。它们的分子中环侧链上羟基外侧的碳链长度各不相同（C_5～C_9）。鲜姜经干燥贮存，姜醇会脱水生成姜酚类化合物，后者较姜醇更为辛辣。当姜受热时，环上侧链断裂生成姜酮，辛辣味较为缓和。姜醇和姜烯酚中以 $n=4$ 时辣味最强。

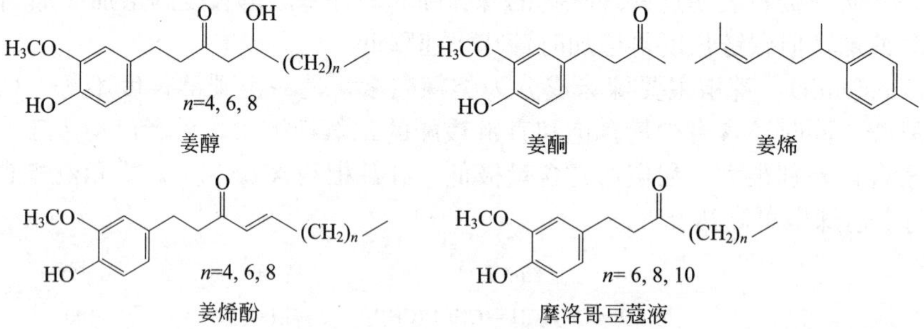

姜醇 (n=4, 6, 8)　姜酮　姜烯

姜烯酚 (n=4, 6, 8)　摩洛哥豆蔻液 (n= 6, 8, 10)

图 10-16 姜中的辣味成分

(2) 肉豆蔻（nutmeg）和丁香（clove） 肉豆蔻和丁香辛辣成分主要是丁香酚和异丁香酚，这类化合物也含有邻甲氧基苯酚基团。

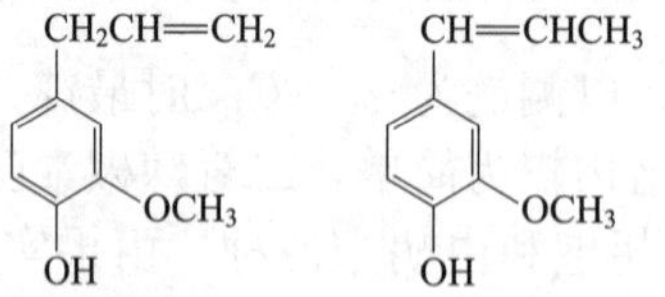

丁香酚　异丁香酚

3. 刺激辣味物质

刺激辣味物质是一类除能刺激舌和口腔黏膜外还能刺激鼻腔和眼睛，具有味感、嗅感和催泪性的物质，属于异硫氰酸酯类或二硫化合物。主要有以下几种。

(1) 蒜、葱、韭菜 蒜的主要辣味成分为蒜素、二烯丙基二硫化物、丙基烯丙基二硫化物 3 种，其中蒜素的生理活性最大（图 10-17）。大葱、洋葱的主要辣味成分是二丙基二硫化物、甲基丙基二硫化物等。韭菜中也含有少量上述二硫化合物。这些二硫化物在受热时都会分解生成相应的硫醇，所以蒜、葱等在煮熟后不仅辛辣味减弱。而且还产生甜味，影响食品的风味。

$$CH_2{=}CHCH_2{-}S{-}S({=}O){-}CH_2CH{=}CH_2$$

蒜素

$$CH_2{=}CHCH_2{-}S{-}S{-}CH_2CH{=}CH_2$$

二烯丙基二硫化物

$$CH_2{=}CHCH_2{-}S{-}S{-}CH_2CH_2CH_3$$

丙基烯丙基二硫化物

$$CH_3CH_2CH_2{-}S{-}S{-}CH_2CH_2CH_3$$

二丙基二硫化物

$$CH_3{-}S{-}S{-}CH_2CH_2CH_3$$

甲基丙基二硫化物

图 10-17 蒜、葱、韭菜中的辣味成分

（2）芥末、萝卜　芥末的辣味主要成分是芥子酶分解异硫氰酸丙酯糖苷产生的，白芥子中的辣味主要是异硫氰酸对羟基苄酯，其他的一般是异硫氰酸丙酯。在萝卜、山嵛菜等中的辣味物质也是异硫氰酸酯类化合物。异硫氰酸丙酯也叫芥子油，刺激性辣味较为强烈。它们在受热时会水解为异硫氰酸，辣味减弱（图 10-18）。

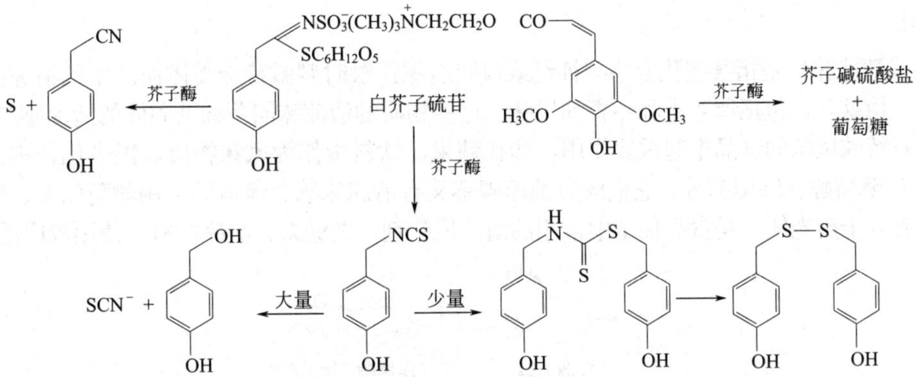

白芥子硫苷　芥子酶　芥子碱硫酸盐 + 葡萄糖　大量　少量

图 10-18 芥子酶对芥子硫苷的作用

七、其他味感

1. 涩味

当口腔黏膜的蛋白质凝固时，所产生的收敛结果就会使人感到涩味，口腔感觉为发干、粗糙，故此涩味也不是食品的基本味觉，而是物质刺激神经末梢造成的结果。涩味与苦味有时会相互混淆，因为一些能够产生涩味的物质同时也会产生苦味。食品中广泛存在的多酚化合物是主要的涩味化合物（图 10-19），典型例子就是未成熟的柿子、水果中大量存在的单宁、无色花青苷以及茶叶中的茶多酚等，其次是一些盐类（如铝盐），还有一些有机酸也具有涩味（如草酸、奎宁酸），此外明矾、醛类等也会产生涩感。单宁分子具有很大的横截面，易于同蛋白质发生疏水结合，同时它还含有许多能转变为醌式结构的苯酚基团，也能与蛋白质发生交联反应，这种疏水作用和交联反应都可能是形成涩感的原因。柿子、茶叶、香蕉、石榴等果实中都含有涩味物质。茶叶、葡萄酒中的涩味人们能接受，但未成熟的柿子、香蕉的涩味必须脱除。随着果实的成熟，单宁类物质会形成聚合物而失去水溶性，涩味也随之消失。

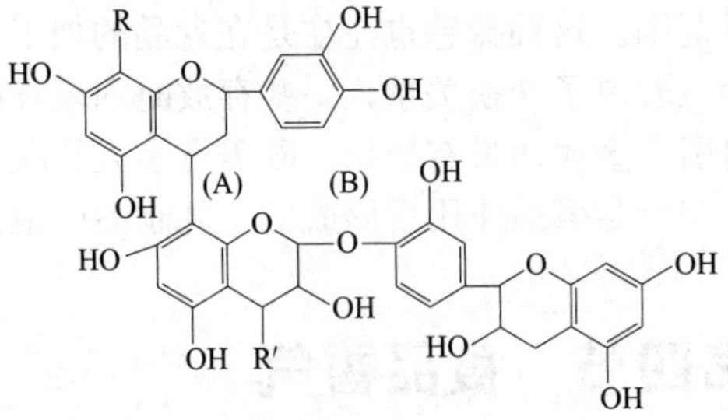

图 10-19 一种原花色苷单宁的结构

（A）缩合单宁的化学键；

（B）可水解单宁的化学键

食物中的涩味物质常对食品风味产生不良影响。未成熟柿子的涩味是典型的涩味。涩柿的涩味成分是以原花色素为基本结构的糖苷，属多酚类化合物，易溶于水。当未成熟柿子的细胞膜破裂时，它从中渗出并溶于水而呈涩味。在柿子成熟过程中，多酚化合物在酶的催化下氧化并聚合成不溶性物质，故涩味消失。常用的生柿人工脱涩法有：水浸法（在40℃温水中浸10～15h）；酒浸法（用40%酒精喷撒后密置5～10天）；干燥法（剥皮后在空气中自然干燥，制成“柿饼”）；二氧化碳法（放入含50%二氧化碳的容器内数天）；乙烯法（在密封容器中通入乙烯，放置数天）；以及冷冻法、射线照射法等。这些方法的原理可能都是促使可溶性多酚物反应生成不溶性物质。生香蕉的涩味成分主要也是原花色素，香蕉成熟或催熟后其涩味也减弱。橄榄果的涩味物质主要是橄榄苦苷，用稀酸或稀碱加热，由于糖苷水解而脱涩。

茶叶中亦含有较多的多酚类物质，由于加工方法不同，制成的各种茶所含的多酚类各不相同，因而它们的涩味程度也不相同。一般绿茶中多酚类含量多。而红茶经过发酵后多酚类被氧化，其含量减少，涩味也就不及绿茶浓烈。

有时涩味的存在对形成食品风味也是有益的。茶水的涩感是茶的风味特征之一，主要由可溶性单宁形成。红葡萄酒是同时具有涩、苦和甜味的酒精饮料，其涩味和苦味都是由多酚类物质产生的。人们通常不希望葡萄酒的涩味太强，因而在生产过程中也要设法降低涩味物的含量。

2. 清凉味

清凉感（或清凉味）是指某些化合物与神经或口腔组织接触时刺激特殊受体而产生的清凉感觉，典型代表物有薄荷醇、樟脑等，包括留兰香和冬青油风味。这些物质的清凉味同葡萄糖固体的清凉感是完全不同的，它们在一些具有特殊风味的食品中起重要作用，如在糖果、饮料中作为风味物质。很多化合物都能产生清凉感，常见的有L-薄荷醇、D-樟脑等，它们既有清凉嗅感又有清凉味感。薄荷醇可用薄荷的茎、叶进行水蒸气蒸馏而得，它有8个旋光体，是食品加工中常用的清凉风味剂，在糖果、清凉饮料中使用较广泛。

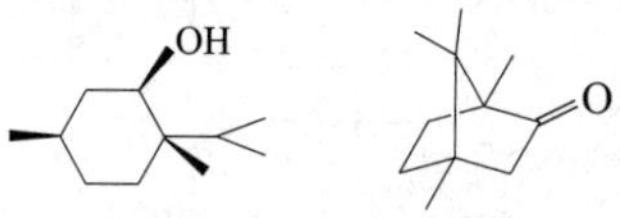

OH　　O

L-薄荷醇　　D-樟脑

葡萄糖、山梨醇、木糖醇固体在进入口腔后也能够产生清凉感，但这是由于固体在唾液中溶解时吸收口腔接触部位的热量所致。由于后二者的溶解热分别为94J/g、110J/g，明显地较蔗糖的溶解热（18J/g）大，所以其清凉感比蔗糖明显。

3. 碱味和金属味

碱味往往是在加工过程中形成的。例如，为了防止蛋白饮料沉淀，就需加入$NaHCO_3$使其维持pH>4.0，从而呈现碱味。它是羟基负离子的呈味属性，溶液中只要含有0.01%浓度的OH^-即会被感知。目前普遍认为碱味没有确定的感知区域，可能是刺激口腔神经末梢引起的。

与碱味不同，在舌和口腔表面可能存在一个能感知金属味的区域，其阈值在20～30mg/kg离子含量范围。这种味感也往往是在食品的加工和贮藏过程中形成的。由于与食品接触的金属与食品之间可能存在着离子交换关系，一些存放时间较长的罐头食品常有这种令人不快的金属味感，有些食品也会因原料引入金属而带有异味。欧美许多人喜吃芦笋罐头而不讨厌金属味，芦笋罐头中的金属味可能是Sn离子与天冬氨酸作用后形成的。乳制品中也发现有一种非金属物质1-辛烯-3-酮能带来金属味。

第四节　食品香气

一、嗅觉生理

嗅感（olfaction）是指挥发性物质刺激鼻腔嗅觉神经而在中枢神经中引起的综合感觉，比味感更复杂、更敏感。在人的鼻腔前庭部分有一块嗅感上皮区域叫嗅黏膜，膜上密集排列着许多嗅细胞，由嗅纤毛、嗅小胞、嗅细胞树突和嗅细胞体等组成。人类鼻腔每侧约有 2000 万个嗅细胞，嗅觉细胞和其周围的支持细胞、分泌粒并列形成嗅黏膜。支持细胞上面的分泌粒分泌出的嗅黏液覆盖在嗅黏膜表面，液层厚约 100μm，具有保护嗅纤毛、嗅觉细胞组织以及溶解 Na^+、K^+、Cl^- 等功能。嗅觉细胞就其本质而言也是神经细胞，集合起来形成嗅觉神经，一端伸向大脑的中枢神经，一端伸入鼻腔，构成嗅觉感受器。吸入到鼻腔的挥发性风味成分刺激嗅细胞一端的嗅纤毛，产生神经冲动，通过神经纤维将信息传到大脑，就产生对气味的印象。嗅觉比味觉更复杂、更敏感。一般从闻到香味物质开始到产生嗅觉仅需 0.2～0.3s。

1. 嗅觉的主要特点

（1）敏锐性　人的嗅觉非常敏锐，某些风味化合物即使在很低的浓度下也会被感觉到。某些动物的嗅觉更为敏锐，如犬类嗅觉的灵敏性，鳝鱼的嗅觉也几乎能与犬相匹敌，它们比普通人的嗅觉约灵敏 100 万倍。

（2）易疲劳、适应和习惯性　嗅觉细胞容易产生疲劳，而对特定的气味处于不敏感的状态。在某些气味的长期刺激下，嗅觉中枢神经能处于负反馈状态，嗅觉便受到抑制，产生适应性。当嗅觉细胞长时间处于某种气味刺激下，便对该气味形成习惯而感觉不到该气味的存在。疲劳、适应和习惯这 3 种现象会共同发挥作用，很难区别。

（3）个性差异性大　人的嗅觉差别很大，嗅觉敏锐的人对不同气味的感觉也不同。对气味不敏感的极端情况便形成嗅盲。女性的嗅觉一般比男性敏锐。

（4）受身体状态影响　处于身体疲劳或营养不良时，能引起嗅觉功能降低；生病时，对风味物质的灵敏性会降低；女性在月经期、妊娠期或更年期可能会发生嗅觉减退或过敏现象等。

2. 气味对身体的影响

嗅觉神经通过前梨状皮质和扁桃核，在视床下部与支配呼吸、循环、消化等功能的植物神经相连，因此气味对身体各部分都会带来一定的影响。

（1）对呼吸器官的影响　能改变呼吸类型。如闻到香气时人会不自觉地深呼吸；闻到未知气味时呼吸短促，以便鉴别气味；闻到刺激性气味或臭味时则会屏住呼吸；闻到辛辣气味时会刺激咳嗽等。

（2）对消化器官的影响　令人愉快的食品香气会促进消化器官运动和胃液分泌，使人产生腹鸣或饥饿感；不良的腐败臭气则能抑制肠胃活动，降低食欲，甚至引起恶心。

（3）对循环器官的影响　良好的气味能使人血管扩张、血压下降、精神放松。

（4）对生殖器官的影响　动物试验研究表明气味能影响生殖器官，如许多动物是通过信息素的气味来寻找配偶的。有些气味能促进子宫运动，有的则抑制。

（5）对精神活动的影响　美好气味能让人身心愉快、神清气爽、消除紧张和疲劳，不良气味让人心烦、焦躁、丧失活动欲望。

3. 嗅感强度的衡量

某种物质的嗅感强度常用香气值（flavor unit）衡量：

$$FU(\text{香气值})=\text{嗅感物质的浓度}/\text{阈值}$$

FU<1，不能产生嗅感，FU 越大。说明是该体系的特征嗅感成分。

二、嗅觉理论

嗅觉产生的理论很多，可归纳为立体化学理论、膜刺激理论、振动理论 3 方面。

（一）立体化学理论

Amoore 提出不同呈香物质分子的大小、形状和电荷不同，人的嗅觉受体的空间位置也是多种多样的，如果某种香气成分的分子像钥匙开锁一样地嵌入受体的空间，人就能感觉到这种物质的特征气味。他提出基本气味的设想，认为呈香物质可分为 4 种基本气味。

1. 麝香香气

麝是一种动物，又名香獐。麝香是从香獐的香中腺分泌的，干燥后呈棕红色或暗红色，具有极好的香气，是各种名贵香精和一些中药的原料。具有麝香气味的化合物有百种以上，化学结构差别很大，按结构可分为大环化合物、芳香族化合物、少量的其他结构形式。

（1）大环化合物　有 15～17 个碳的环状分子，长椭圆形构象，结构通式如下所示，凡具有类似结构的大环化合物都具有麝香气味：

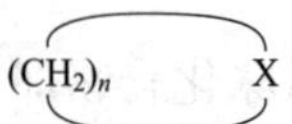

麝香大环化合物的嗅感强度与成环的碳原子数有关，碳原子数为 14～16 的麝香气味强，11～13 个碳只有不纯的麝香气味，17～18 个碳麝香气味弱，19 个碳以上无麝香气味。其嗅感变化规律见表 10-4。

表 10-4　大环化合物的嗅感与成环的碳原子数 *n* 值的关系

n 值	4～6	7～10	11～13	14～16	17～18	≥19
嗅感	杏仁、薄荷气味	樟脑气味	不纯的麝香气味	麝香气味	弱麝香气味	无嗅感

麝香结构通式中的 X 可以代表许多不同的官能团或这些官能团的组合，主要有酮基（>CO）、内酯基（—COO—）、碳酸酯基（—OCOO—）、草酰酯基（—OCOCOO—）、杂原子（—O—，—S—，>NH）等，如图 10-20 所示。

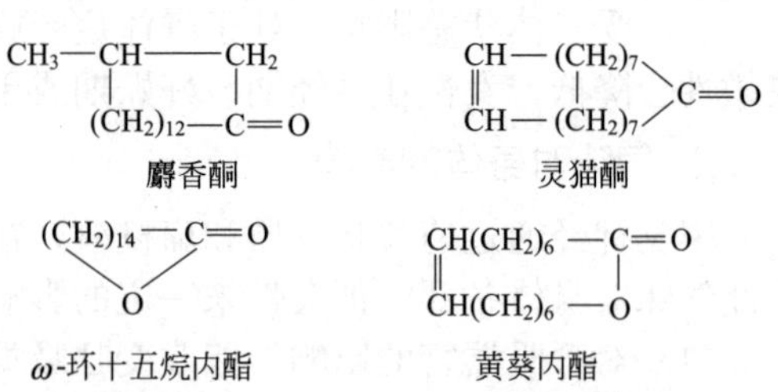

图 10-20　具有麝香气味的大环化合物

呈香分子的整体结构外形影响麝香的气味，其官能团仅是次要因素。含 15～17 个碳原子的大环分子具有相当大的柔韧性，它可能存在两个主要构象：一是类似球形，二是呈长椭圆形。后者的舒展构象在产生麝香的信息模式中起着主要作用。8～10 个碳原子环是刚性球，其外形与产生樟脑气味的分子相似。柔性分子草酸香茅基乙酯能通过构象变化模仿大环分子的外形，因此具有明显可辨的麝香气味。

草酸香茅基乙酯

（2）芳香族化合物　具有苯环结构及适当取代基的一类化合物也具有麝香气味，该类化合物根据取代基不同分为非硝基芳香族化合物和硝基芳香族化合物。

苯环上取代基为季碳烷基称为非硝基芳香化合物，又根据季碳烷基在苯环上的取代位置分为间麝香和邻麝香。

间麝香结构通式如下：

R 为季碳烷基，相互处在苯环的间位；X 为酰基。图 10-21 中的（a）分子有强烈的麝香气味。间麝香的气味与其分子结构间有一定的规律性，其基本规律有 3 方面：一是随分子酰基上 R′基碳数的增加麝香气味减弱，R′基为 H 原子时嗅感相当强，若为丙基便十分微弱甚至无嗅感；二是苯环上的两个季碳烷基是嗅感强度的基本要求，如图 10-21 中的（b）、(c）分子也都有较强的麝香气味，（e）分子中当一个季碳基被一个叔碳基取代后仅有微弱的麝香气味，当两个季碳基皆为叔碳基时［如（f）分子］嗅感几乎丧失；三是苯环上的酰基应没有空间位阻效应，即分子具有可接近的极性基团，例如图 10-21 中的（d）分子只有微弱的麝香气味，这是因为酰基的两个邻位基团阻碍了它的空间可接近性，也可能还妨碍了它与苯环的共平面性。由此预测，图 10-21 中的（g）分子在结构上都符合间麝香的上述 3 条规律要求，应具有较强烈的麝香气味，与实际相符合。

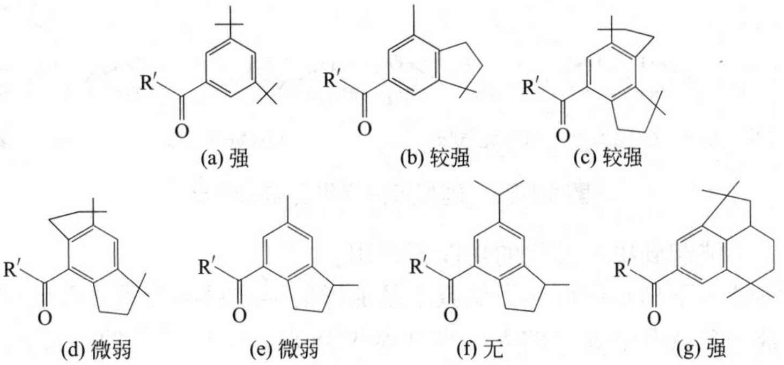

(a) 强　(b) 较强　(c) 较强

(d) 微弱　(e) 微弱　(f) 无　(g) 强

图 10-21　间麝香的嗅感

邻麝香在呈香规律上遵循间麝香的嗅感规律，其结构通式如下：

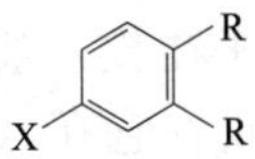

两个季碳烷基互为邻位，X 为酰基。例如图 10-22 中的（a）、（b）、（c）、（d）分子都有强烈的麝香气味。

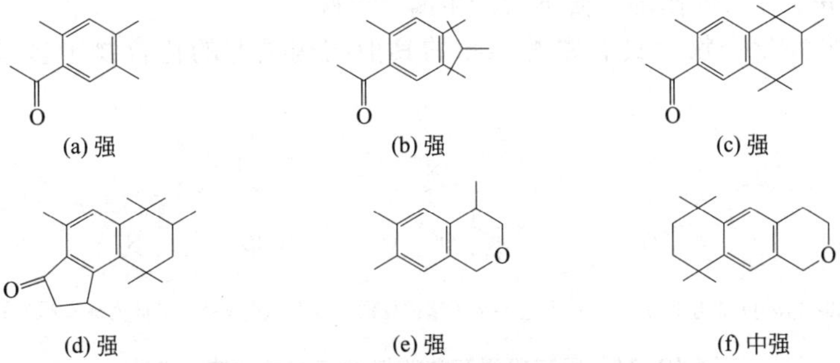

(a) 强　(b) 强　(c) 强

(d) 强　(e) 强　(f) 中强

图 10-22　邻麝香的嗅感

如果在酰基的两个邻位中任何一个位置再引入一个甲基，会妨碍极性基团的空间可接近性，而导致嗅感丧失；若苯环上的两个季碳基都被叔碳基取代，也不再呈现麝香气味。图 10-22 中的（e）、（f）分子中，酰基被醚键取代后嗅感的性质没有变化，但当酰基被亚氨基（>NH）取代后，随基团的极性减弱其嗅感强度也降低。

苯环上取代基为硝基的称为硝基芳香族化合物。该类化合物也具有麝香气味，常被称为假麝香，根据取代位置不同分为假间麝香和假邻麝香两类，如图 10-23 所示。

综上所述，在嗅感分子结构中硝基起双重作用。

首先，在一个允许硝基与苯环共平面的无空间阻碍的位置中，它能起到类似于乙酰基的极性官能团作用。例如图 10-23 中的（b）、(c）分子可看作是间麝香，（e）、（f）分子可看作是邻麝香，它们都产生强烈的麝香气味。这种情况在其他一些含有两个极性基团的芳香分子中也存在，根据这两个极性基团

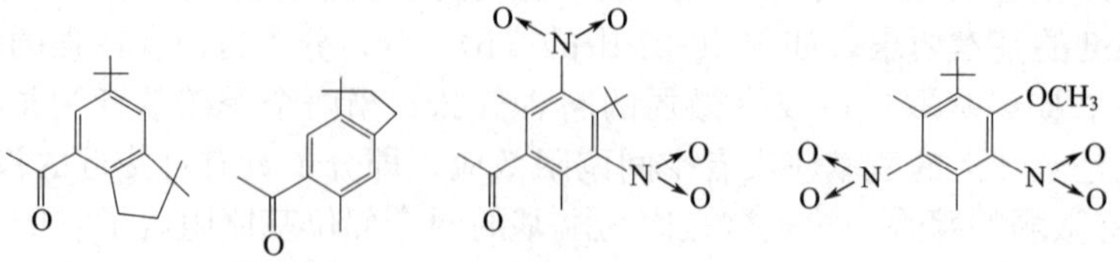

间麝香　邻麝香　(a) 酮麝香　(b) 黄葵麝香

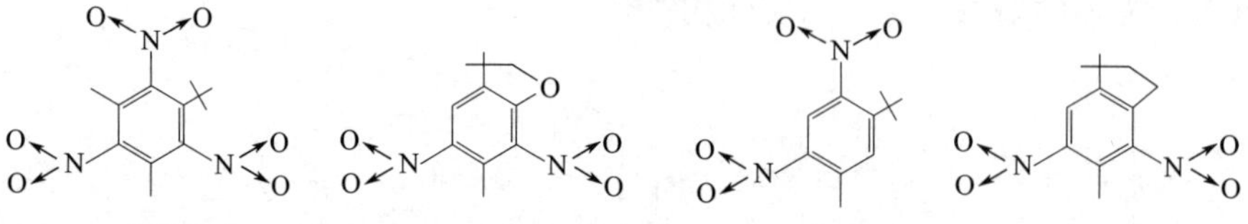

(c) 二甲苯麝香　(d) 无气味　(e) (麝香气味)　(f) 伞花麝香

图 10-23 硝基芳香族化合物的嗅感

的空间距离，其中一个可能起到决定方位的功能团作用。

其次，在下列两种情况下硝基均可起类似叔丁基那样的形成局部分子外形的作用：一种情况是：当硝基与苯环的共平面被一个或两个邻位的庞大取代基所妨碍，即叔丁基的邻位上存在一个或两个硝基时；另一种是当叔丁基的间位存在一个硝基，而且两个基团间具有一个能向硝基传递叔丁基空间影响的适当取代基（如甲氧基）占据时。这两种情况都会将硝基上的氧原子挤出苯环平面，使硝基的氮原子类似于季碳原子。例如，图 10-23 中的（e）分子在叔丁基的邻位有一个硝基，(a)、(c）分子在叔丁基的邻位有两个硝基，都属于第一种情况。(b）分子在叔丁基的间位有硝基，而且两者间存在一个甲氧基。甲氧基在无空间位阻时本来是能自由旋转的，现在它在（b）分子中被庞大的叔丁基挤向一边，并将这种空间影响传递给硝基，迫使硝基不能与苯环共平面，属于第二种情况。但如果甲氧基一旦不能自由旋转来传递相邻的叔丁基的空间影响时，如（d）分子那样，这时其邻位上的硝基便可与苯环共平面，起不到叔丁基那样形成分子外形的作用，便不会产生麝香气味。

（3）其他结构类型的化合物　具有麝香气味的其他结构类型的化合物不多见，主要的如图 10-24 所示。

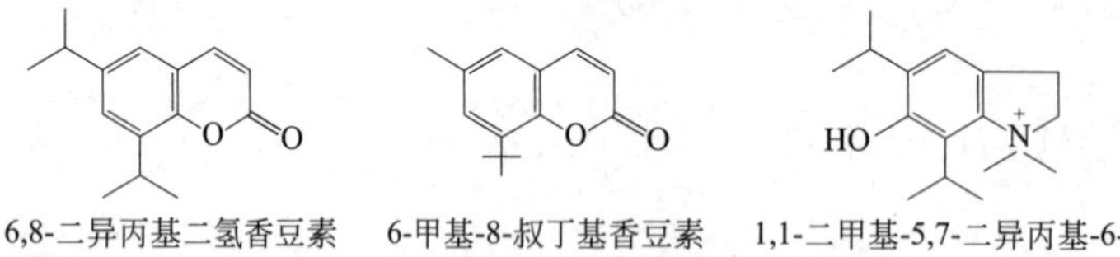

6,8-二异丙基二氢香豆素　6-甲基-8-叔丁基香豆素　1,1-二甲基-5,7-二异丙基-6-哚吲酚

图 10-24 具有麝香气味的其他结构类型的化合物

这些具有麝香气味的化合物结构类型不同，但它们具有一些共同的结构特征：这类分子结构较密实，相当坚硬，呈椭圆形，其大小为 9nm×1.15nm，在分子中存在一个在空间上可接近的极性功能团。

2. 薄荷香

主要是单环萜类和小环酮类化合物，如图 10-25 所示。

但是，薄荷气味的嗅感分子的结构特征还没有完全研究清楚。

3. 麦芽香

主要是 4～5 个碳的醛类化合物。

4. 樟脑香

大多数是具有刚性结构的球状分子和卵状分子，如图 10-26 所示。

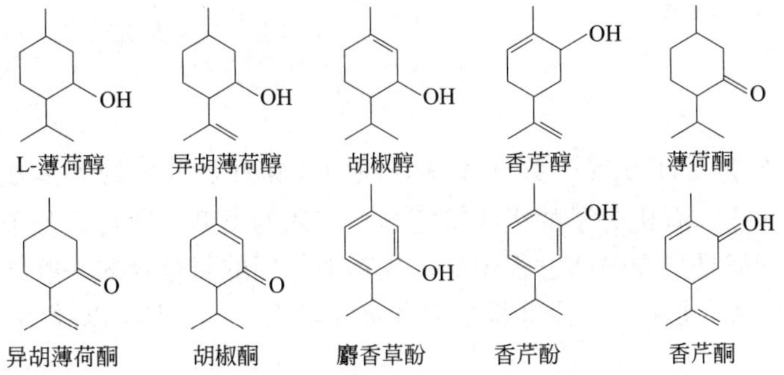

图 10-25 具有薄荷气味的化合物

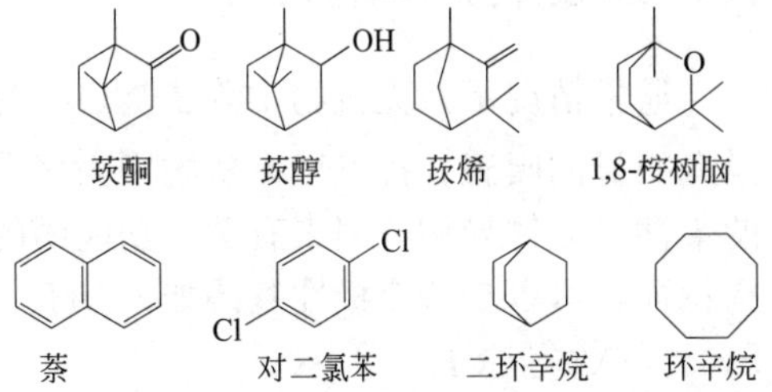

图 10-26 具有樟脑气味的化合物

这些化合物既有含极性基团的分子，也有不含极性基团的分子，其中饱和烃分子的嗅感十分微弱。可见，极性功能团对樟脑气味的性质影响不大，决定嗅感性质的主要结构因素是分子外形。Amoore 提出，形成樟脑气味的嗅感分子的结构特征为：具有高堆积密度和刚性、直径约为 0.75nm 的球形或卵形分子。当分子含有极性功能团时，对其嗅感强度可能有一定影响。

（二）膜刺激理论

Davis(1967) 认为气味分子被吸附在受体柱状神经的脂膜界面上，神经周围有水存在，气味分子的亲水基朝向水并推动水形成空穴，离子进入空穴后刺激神经产生信号。Davis 推导了气味分子功能基团横切面与吸附自由能的热力学关系，确定了分子大小、形状、功能基团位置与吸附自由能之间的关系。

（三）振动理论

该理论认为：嗅觉受体分子能与气味分子发生共振。在口腔温度范围内，气味分子振动能级是在红外或拉曼光谱区，振动频率大约是 100～700cm^{-1}。人的嗅觉受体能感受到分子的振动能，从而产生信号。这一假说能较好地解释气体分子光谱数据与气味特征的相关性，并能预测一些化合物的气味特性。

三、嗅感信息分类

食品风味的化学组成非常复杂，一般有几百种以上。根据物理、化学分类法，按气味与基本化学结构，可把 600 多种气味物质分为 44 类，如花味、甜味、汗味等；根据心理分类法，由 180 人对 30 种物质进行嗅感评价，可分为 9 类，如辛香、香味、醚味等。要测定嗅感分子结构中所包含的所有信息以及嗅感中各种复杂信息之间的关系非常困难，只能采用一些简化的方法进行研究。

假定基本嗅感所代表的信息是占优势的信息模式，其他气味的信息模式不占优势，将气味分成 3 类：基本特征类、综合特征类、本底特征类。

（1）基本特征类　在食品风味中占优势的嗅感，即该嗅感物能用一种基本模式代表其主要气味信息，并且嗅感通常是强烈的。这类气味可以借助一些关键词描述，如“樟脑气味”、“尿气味”、“麝香气味”等。据估计人类嗅感信息中的基本模式可能有 30 多种，但大部分还没弄清楚，目前可以包括按嗅觉缺失研究确定的 8 种原臭。

（2）综合特征类　由多个互不占优势的信息模式组成。如果其中包含的基本模式数目较少，属于简单综合特征型；若包含的模式数目很多，便为复杂综合特征型。这类嗅感常用一些表示复合气味总体特征的词汇如“草莓型”、“玫瑰型”、“丁香型”等描述，或用一些表示气味所属种类范围的词汇如“水果型”、“花香型”、“香辣型”等描述。

（3）本底特征类　由许多低强度的信息模式组成，信息图形非常复杂，信息结构与“噪音本底”的概念类似，其嗅感性质是非特征性的，常与“杂气味”相联系，对食品风味只有较小的作用。其嗅感强度是许多微小作用结果的总和，饱和烃的气味属于这类。

四、功能团的风味特征

通常情况下，无机物中除了 NO_2、NH_3、SO_2、H_2S 等少数气体具有强烈气味外，其余的大多数没有明显的嗅感；挥发性有机物则大多数具有气味。有机分子的风味特征与功能团的类型、数目，分子的柔性、立体异构等因素有关。功能团的风味特征是指在嗅感过程中能产生功能作用的复合物的一些结构特征，可以是一个极性基团如—OH、—COOH，也可是一个非极性基团如$—CH_2—$、—R，以及 N、S、P、As 等原子。

常见的功能团有羟基、醛基、酮基、羧基、酯基、内酯基、亚甲基、烃基、苯基、氨基、硝基、亚硝酸基、酰胺基、巯基、硫醚基、二硫基、杂环化合物等，但只有当化合物的分子量较小、功能团在整个分子中所占的比重较大时功能团对嗅感的影响才会显现，有时甚至可根据某功能团的存在预计其嗅感类型。

1. 脂肪烃含氧衍生物

醇、醛、酮、酸、酯等链状化合物，低分子量时挥发性强，功能团占的比重大，功能团特有的气味也较强烈。一般情况下，随着分子碳链的增长，化合物的气味也由果实香型→清香型→脂肪臭型的方向变化，而且气味的持续性也随着加强。例如，含有上述功能团的中等长度碳链的化合物很多呈现果香或清香；碳链再长时脂肪臭气味加大，但当分子碳链增到 $C_{15}\sim C_{20}$ 以上时则变成无嗅感，这是因为随分子量的增大功能团在整个分子中的影响大为减弱。

各类化合物的具体表现如下。

（1）醇类　在饱和醇中，$C_1\sim C_3$ 范围有轻快的香气，如甲醇虽有毒性，但香气味清爽；$C_4\sim C_6$ 的醇类有近似麻醉性的气味，如丁醇、戊醇都有醉人的香气；$C_7\sim C_{10}$ 范围则显示出芳香气味、如庚醇有葡萄香味、壬醇有蔷薇香味；碳数再多的饱和醇，其气味逐步减弱以至无嗅感。

不饱和醇的嗅感往往比饱和醇更强烈，如：

$CH_3CH_2CH{=}CHCH_2CH_2CH$
青叶醇，青草气味

$HO(CH_2)_2CH(CH_3)(CH_2)_2CH{=}C(CH_3)_2$
香茅醇，玫瑰香气

$HOCH_2(CH{=}CHCH_2CH_2)_2CH_3$
黄瓜醇，黄瓜香气

$HOCH_2CH{=}C(CH_3)(CH_2)_2CH{=}C(CH_3)_2$
橙花醇，玫瑰香气

$CH_2{=}CHC(OH)(CH_3)(CH_2)_2CH{=}C(CH_3)_2$
芳樟醇，百合花香气

（2）醛类　低级饱和脂肪醛，如甲醛，有强烈的刺激性气味。随着分子量增加，刺激性气味减弱，并逐渐出现令人愉快的气味。$C_8\sim C_{12}$ 的饱和醛在很稀浓度下有良好的香气，如壬醛有玫瑰香和杏仁香、十二醛（月桂醛）呈花香，碳数再增多则嗅感减弱。

不饱和醛大多具有令人愉快的香气，其嗅感一般也较强烈，如：

$CH_3CH{=}C(CH_3)CHO$
惕各醛，强烈的清香——醚香

$CH_3(CH_2)_2CH{=}CHCHO$
叶醛，青叶子气味

$(CH_3)_2C{=}CH(CH_2)_2CH(CH_3)CHO$
甜瓜醛，甜瓜香气

$CH_3(CH_2)_2(CH{=}CH)_2CHO$
2,4-辛二烯醛，水果清香

（3）酮类　酮类通常具有较强的特殊嗅感，低级饱和酮往往有特殊的香气，如丙酮有类似薄荷的芳香、2-庚酮有香蕉和梨的气味，但 C_{15} 以上的脂肪甲基酮常会带有油脂腐败的臭气。饱和二酮（双乙酰）是许多食品的嗅感成分，其中低分子量时会有较强的刺激性气味。随着碳数增加，低浓度时大多呈现奶油类的香气，高浓度时有的会出现油脂的酸馊气味。

低级不饱和酮具有一定的刺激性，分子量较大的不饱和酮通常都有良好的气味，很多花香都与羰基化合物有关，如：

$CH_2{=}CH\overset{O}{\overset{\|}{C}}CH_2CH_3$　　$CH_3\overset{O}{\overset{\|}{C}}CH{=}CH(CH_2)_2CH_3$　　$CH_3\overset{O}{\overset{\|}{C}}CH{=}CHCH{=}\underset{CH_3}{\underset{|}{C}}CH_3$

刺激性气味　　尖锐的青草气味　　椰子肉桂香气

H_3C—（环戊烯）—$CH_2CH{=}CHCH_2CH_3$

茉莉酮，茉莉花香

（4）羧酸类　低级的饱和羧酸一般有不愉快的嗅感，如甲酸有强烈的刺激性气味、丁酸有酸败臭气、己酸有汗臭味，碳数再多的饱和羧酸带有脂肪气味，到 C_{15} 以上时则无明显嗅感。

很多不饱和脂肪酸都具有愉快的香气，如：

$CH_3(CH_2)_2CH{=}CHCOOH$　　$(CH_3)_2C{=}CH(CH_2)_2CH(CH_3)CH_2COOH$

愉快的油脂香　　香茅酸，青草气味

（5）酯类　由低级饱和单羧酸或多数不饱和单羧酸与低级饱和醇或不饱和醇形成的酯类都具有愉快的水果香气，如：

$HCOO(CH_2)_2CH(CH_3)_2$　　$HCOO(CH_2)_2CH{=}CHC_2H_5$

梅、李子香气　　蔬菜香气

$CH_3COO(CH_2)_2CH_3$　　$CH_3COO(CH_2)_2CH{=}CHCH_2CH_3$

梨、李子香气　　香蕉香气

$CH_3CH{=}C(CH_3)COOCH_2CH(CH_3)_2$

菊花香气

研究表明，表现出共同香气的分子量相同的酯类气味与分子中酯基的位置并无多大关系。内酯与酯一样具有特殊的水果香气，尤其是 γ-或 δ-内酯，大量存在于各种水果中，如：

$CH_3(CH_2)_4$—（γ-内酯环，O，O）　　$CH_3(CH_2)_3$—（δ-内酯环，O，O）

椰子香气　　坚果香气

$CH_3(CH_2)_6$—（γ-内酯环，O，O）　　（苯并内酯环）—$(CH_2)_3CH_3$，O，O

桃醛，桃子香气　　芹菜内酯，芹菜香气

2. 芳香族化合物

芳香族化合物有特殊的嗅感。苯的气味一般不受欢迎，但当苯环上引入烃基后嗅感会发生改变，如对甲基异丙苯具有胡萝卜气味。邻位和对位的芳香衍生物因分子形状不同，其嗅感也会稍有差别。当苯环侧链上取代基的碳数逐步增多时，其气味也像脂肪烃那样由果香→清香→脂肪臭方向转变，最后嗅感完全消失，如：

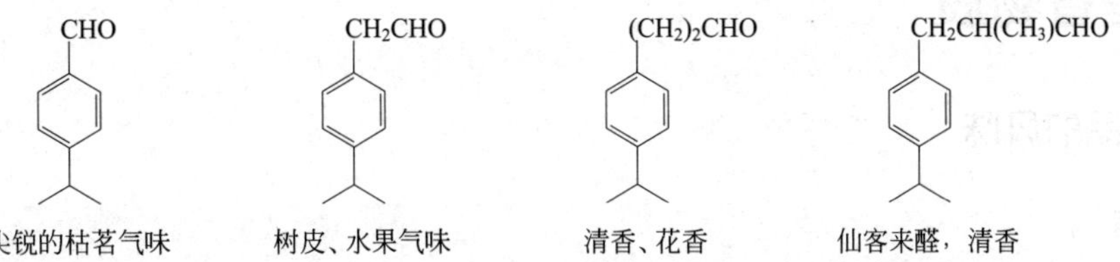

尖锐的枯茗气味　　树皮、水果气味　　清香、花香　　仙客来醛，清香

仙客来醛侧链上的 α-甲基被乙基或丙基取代时，气味会由清香转为脂肪臭；若 α-甲基被叔丁基取代，则原有的嗅感完全丧失。当苯环上直接连接极性官能团时，产生的嗅感比较复杂，有的是官能团仍起主要作用，有的是分子整体起主要作用并常因基团位置的不同改变嗅感，如：

OH　　OH　　OH　　OH

苯酚,酚臭　对苯甲酚,酚臭　百里香酚,辛香气味　香芹酚,辛香气味

OH　　O O　　OCH_3

$CH_2CH{=}CH_2$　CH_2Cl　$CH{=}CHCH_3$

丁香酚,丁香气味　黄樟脑,香草醛气味　茴香脑,茴香气味

当分子中存在两个或更多相互独立的功能团时，它所产生的嗅感并不是各功能团气味相加的关系。

3. 氮化合物

低分子胺类大多数具有不愉快的嗅感，许多化合物还有一定的毒性，如：

$CH_3CH_2NH_2$　$(CH_3)_3N$　$C_6H_5CH_2CH_2NH_2$　$H_2N(CH_2)_4NH_2$

刺鼻氨臭　鱼腥臭　鱼腥臭　腐败臭

某些氨基酸能产生明显的味感，但一般不具有明显的嗅感，酰胺类化合物也类似。易挥发的亚硝酸酯通常呈现特有的醚气味。芳香族的硝基化合物、芳香腈类化合物大部分有明显的嗅感，气味差别较大，其中有的呈现出良好的麝香气味。

含氮杂环化合物的嗅感相当复杂，这既与其功能团有关，也与其分子形状等结构参数有关，如：

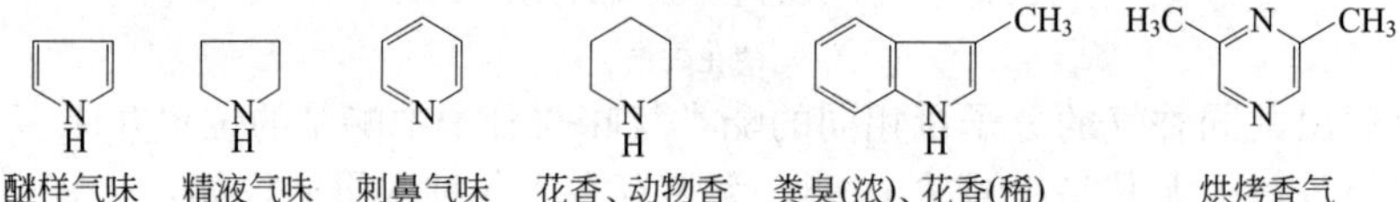

醚样气味　精液气味　刺鼻气味　花香、动物香　粪臭(浓)、花香(稀)　烘烤香气

4. 含硫化合物

低级硫醇和硫醚大都具有难闻的臭气或令人不快的嗅感，如：

CH_3SH　$(CH_3)_2CH(CH_2)_2SH$　$C_6H_5CH_2SH$　C_6H_5SH

恶臭　臭气　蒜臭　蒜臭

易挥发的二硫或三硫化合物大多数能产生有刺激性的葱蒜气味，如：

$CH_3{-}S{-}S{-}C_3H_7$　$CH_2{=}CHCH_2{-}S{-}S{-}CH_2CH{=}CH_2$　$CH_2{-}S{-}S{-}S{-}CH_2CH_2CH_3$

洋葱气味　大蒜气味　辛香气味

异硫氰酸酯类一般具有催泪性刺激辛香气味，如：

$CH_2{=}CHCH_2NCS$　$CH_3S(CH_2)_2NCS$　$C_6H_5CH_2NCS$

催泪辛辣味　萝卜辣味　辛辣气味

含硫杂环化合物与含氮杂环化合物类似，嗅感复杂多样。其中噻唑类化合物大多数有较强烈的嗅感。

第五节　呈香物质

一、植物性食品的风味

（一）蔬菜类香气

一般来说，蔬菜的气味较弱，但多种多样。新鲜蔬菜具有较清香的泥土气味，主要是由甲氧烷基吡嗪化合物产生的，如新鲜土豆和豌豆中的2-甲氧基-3-异丙基吡嗪、青椒中的2-甲氧基-3-异丁基吡嗪、红甜菜根中的2-甲氧基-3-仲丁基吡嗪等。这些风味物质一般是以亮氨酸等为前体生物合成的，途径如图10-27所示。

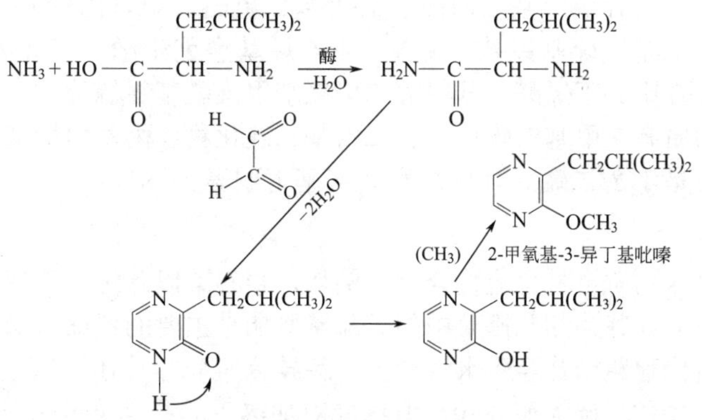

$$NH_3 + HO-\underset{\underset{O}{\|}}{C}-\overset{\overset{CH_2CH(CH_3)_2}{|}}{CH}-NH_2 \xrightarrow[-H_2O]{酶} H_2N-\underset{\underset{O}{\|}}{C}-\overset{\overset{CH_2CH(CH_3)_2}{|}}{CH}-NH_2$$

2-甲氧基-3-异丁基吡嗪

图 10-27 甲氧烷基吡嗪的生成途径

1. 百合科蔬菜

百合科蔬菜主要包括大葱、洋葱、蒜、韭菜、芦笋等，其中有些蔬菜具有特殊的香辣气味，其最重要的风味物质是含硫化合物，如二丙烯基二硫醚（洋葱气味）、二烯丙基二硫醚（大蒜气味）、2-丙烯基亚砜（催泪而刺激的气味）和硫醇（韭菜的特征气味之一），此外还有硫代丙醛类、硫氰酸和硫氰酸酯类、二甲基噻吩化合物、硫代亚磺酸酯类等。这些风味化合物必须由其前体物质经过酶的作用才能产生。

洋葱在组织破损后能迅速产生具有极强穿透力、刺激性的挥发性含硫化合物 S-氧化硫代丙醛。洋葱中的蒜氨酸酶在细胞破损之后被激活，水解风味前体物质 S-(1-丙烯基)-L-半胱氨酸亚砜，生成丙烯基次磺酸和丙酮酸中间体。氨与丙酮酸、次磺酸能进一步重排产生 S-氧化硫代丙醛，还有硫醇、二硫化合物、三硫化合物及噻吩类化合物，共同形成洋葱的风味（图 10-28）。

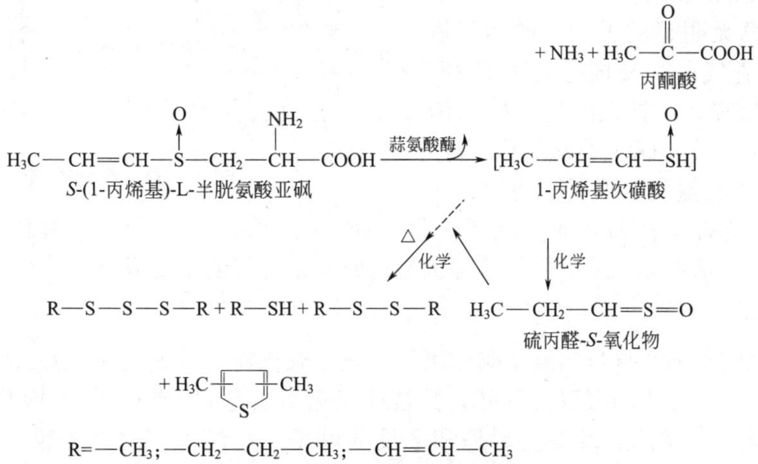

$$H_3C-CH{=}CH-\overset{\overset{O}{\uparrow}}{S}-CH_2-\overset{\overset{NH_2}{|}}{CH}-COOH \xrightarrow{蒜氨酸酶} [H_3C-CH{=}CH-\overset{\overset{O}{\uparrow}}{S}H] + NH_3 + H_3C-\overset{\overset{O}{\|}}{C}-COOH$$

S-(1-丙烯基)-L-半胱氨酸亚砜　1-丙烯基次磺酸　丙酮酸

△ 化学　化学

$$R-S-S-S-R + R-SH + R-S-S-R \quad H_3C-CH_2-CH{=}S{=}O$$

硫丙醛-S-氧化物

+ 二甲基噻吩

$$R{=}-CH_3;\ -CH_2-CH_2-CH_3;\ -CH{=}CH-CH_3$$

图 10-28 洋葱气味的形成

大蒜风味产生机制与洋葱相似，其风味前体物质是蒜氨酸，即 S-(2-丙烯基)-l-半胱氨酸亚砜，在酶作用下生成二烯丙基硫代亚磺酸盐（蒜素）和二烯丙基二硫化物（蒜油）、甲基烯丙基二硫化物，共同形成大蒜的特征香气（图 10-29）。反应过程中生成的蒜素具有强烈的刺激性气味。

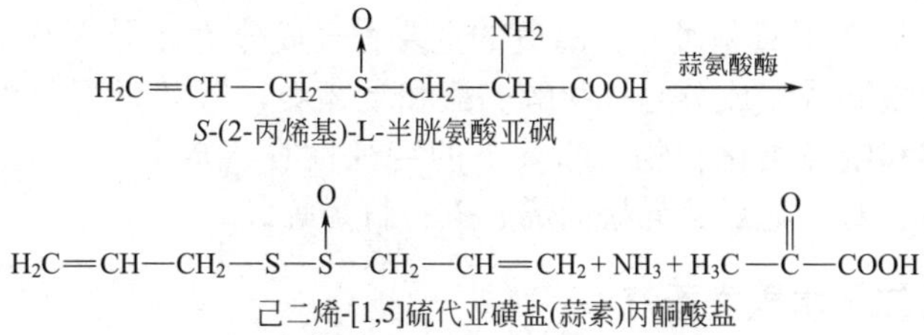

$$H_2C{=}CH-CH_2-\overset{\overset{O}{\uparrow}}{S}-CH_2-\overset{\overset{NH_2}{|}}{CH}-COOH \xrightarrow{蒜氨酸酶}$$

S-(2-丙烯基)-L-半胱氨酸亚砜

$$H_2C{=}CH-CH_2-S-\overset{\overset{O}{\uparrow}}{S}-CH_2-CH{=}CH_2 + NH_3 + H_3C-\overset{\overset{O}{\|}}{C}-COOH$$

己二烯-[1,5]硫代亚磺盐(蒜素)丙酮酸盐

图 10-29 大蒜风味物质的生成

韭菜的特征风味物质主要有二甲基三硫醚、二甲基二硫醚、甲基丙烯基二硫醚、甲基烯丙基三硫醚、甲基烯丙基二硫醚、甲基甲硫基甲基二硫醚、4-乙烯基愈创木酚、二烯丙基二硫醚、二甲基四硫醚、3-羟基-2-丁酮、2-乙烯基-2-丁烯醛、苯甲醇和甲硫基甲磺酰基甲烷等。

细香葱的特征风味物质有二甲基二硫化物、二丙基二硫化物、丙基丙烯基二硫化物等。

芦笋的特征风味物质是1,2-二硫-3-环戊烯和3-羟基丁酮等。

2. 十字花科蔬菜

此类蔬菜最重要的风味物质也是含硫化合物。例如，卷心菜以硫醚、硫醇和异硫氰酸酯及不饱和醇与醛为主体风味物质，萝卜、芥菜和花椰菜中的异硫氰酸酯是主要的特征风味物质，有强烈的辛辣芳香气味。异硫氰酸酯是由硫代葡萄糖苷经酶水解产生，除异硫氰酸酯外还可以生成硫氰酸酯（RSCN）和氰类（图10-30）。花椰菜中的异硫氰酸3-甲硫基丙酯对加热后的花椰菜风味起决定作用。

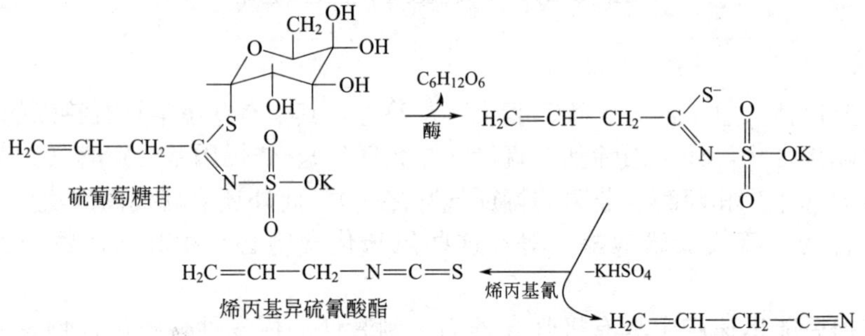

图10-30 十字花科植物中异硫氰酸酯的形成

3. 菌类

鲜蘑菇中最重要的风味物质是3-辛烯-1-醇或庚烯醇。新鲜香菇无明显的香味，但经干燥加工后产生特征性香气，主要成分是香菇精。鲜香菇加工时组织破损，γ-谷氨酰转肽酶被激活，使肽分解为半胱氨酸亚砜（香菇酸），香菇酸再受到S-烷基-L-半胱氨酸亚砜断裂酶等的作用，经一系列反应生成香菇精和其他多硫环烷化合物（图10-31）。此外，肉桂酸甲酯、1-辛烯-3-醇、异硫氰酸苄酯、硫氰酸苯乙酯、苯甲醛氰醇等也是构成蘑菇香气的重要成分。

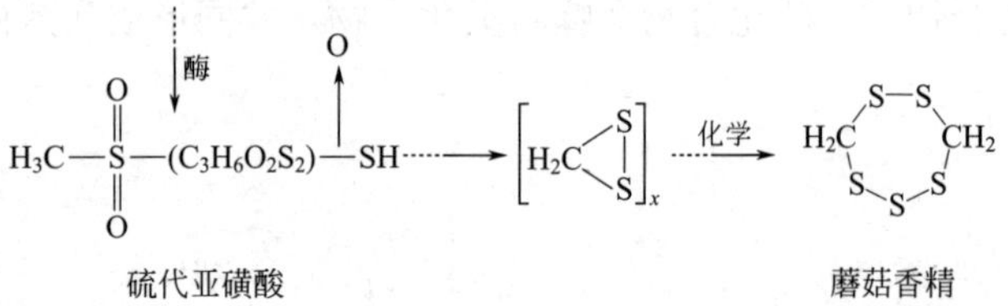

图10-31 蘑菇香精的形成

4. 其他常见蔬菜

蔬菜中的不饱和脂肪酸在自身脂氧化酶作用下生成过氧化物，过氧化物分解后生成的醛、酮、醇等化合物具有清香味。黄瓜和番茄有青鲜气味，其特征风味物质是C_6或C_9的不饱和醇和醛，如特征香味化合物有2-反-6-顺壬二烯醛、反-2-壬烯醛和2-反-6-顺壬二烯醇等，此外3-顺己烯醛、2-反己烯醛、2-反壬烯醛等也对黄瓜的香气产生影响。青椒、莴苣（菊科）和马铃薯也具有青鲜气味，特征风味物质包括吡嗪类，如青椒的特征风味物质主要是2-甲氧基-3-异丁基吡嗪、马铃薯的特征风味物质之一是3-乙基-2-甲氧基吡嗪、莴苣的主要香气成分为2-异丙基-3-甲氧基吡嗪和2-仲丁基-3-甲氧基吡嗪。青豌豆的主要香气成分是一些醇、醛和吡嗪类，罐装青刀豆的主要香气成分是2-甲基四氢呋喃、邻甲基茴香醚和吡嗪类化合物。胡萝卜的特征性香气成分主要是甲硫醚、α-蒎烯、β-月桂烯、β-柠檬烯、α-松油烯、对伞花烃、异松油烯、β-石竹烯等。

（二）水果类香气

水果中的香气成分比较单纯，以有机酸酯类、醛类、萜类和挥发性酚类为主。其次是醇类、酮类及挥发性酸等。水果的香气清爽宜人，与其成熟度密切相关。香蕉、苹果、梨、杏、芒果、菠萝和桃子充分成熟时芳香气味浓郁；草莓、葡萄、荔枝、樱桃在果实保持完整时特征气味不明显，但打浆后香气浓郁。人工催熟的果实则不及自然成熟水果的香气浓郁。

1. 柑橘

柑橘的特征风味物质主要是萜烯类和醛类，此外还有醇和酯类。例如，锦橙的主要香气成分主要有1-癸醇、香芹醇、3,7,11,15-四甲基-2,6,10,14-十六碳四烯-1-醇乙酸酯、邻苯二甲酸二异丁酯、圆柚酮、β-甜橙醛等。

甜橙中的巴伦西亚橘烯、金合欢烯及桉叶-2-烯-4-醇，红橘中的麝香草酚（百里香酚）、长叶烯、薄荷二烯酮，柠檬中的β-甜没药烯、石竹烯和α-萜品烯等，如图 10-32 所示。

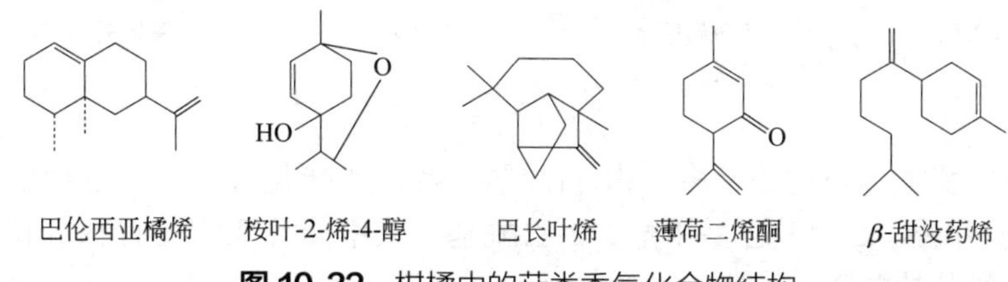

图 10-32　柑橘中的萜类香气化合物结构

2. 苹果

苹果中的主要香气成分包括醇、醛和酯类。异戊酸乙酯、乙醛和反-2-己烯醛为苹果的特征香气成分。富士苹果果实主要香气成分为丁酸乙酯、1-丁醇、乙酸 3-甲基丁酯、乙酸乙酯和 2-甲基丁酸乙酯。苹果的不同部位香气成分也不同，果皮中含有的香气成分比果肉多。

3. 柠檬

柠檬中已知的香气成分有 130 多种，主要包括柠檬醛、α-蒎烯、β-蒎烯、α-芹子烯、α-甜没药烯、γ-松油烯、石竹烯、α-香柠檬烯、橙花醇、香叶醇、壬醛、甲基庚烯酮、十一醛、香茅醛、乙酸芳樟酯和乙酸香叶酯等。清凉气主要由蒎烯、γ-松油烯和γ-松油醇引起。

4. 桃

桃类中已知的香气成分有 70 多种，主要香气成分是酯、醇、醛和萜烯化合物，其内酯含量较高，主要以 C_6～C_{11} 的γ-内酯及 D-内酯为特征，γ-10 内酯含量较多，桃醛和苯甲醛风味特征明显。桃的香气成分中 6-戊基-α-吡喃酮具有椰子香气，目前尚未发现其他水果中含有该成分。

5. 葡萄

葡萄的香气成分主要是萜烯类、C_6 醇、醛和羟基化合物等，其特征性的芳香化合物是邻氨基苯甲酸甲酯，醇、醛和酯类是各种葡萄中的共有香气物类别。

6. 草莓

草莓的香气成分已知的有 300 多种，特征香气成分至少有 8 种，包括丁酸乙酯、己酸乙酯、沉香醇、呋喃酮、丁酸甲酯、己酸甲酯、2-庚酮和橙花叔醇。

7. 西瓜

西瓜、甜瓜等葫芦科果实的气味主要有两大类风味物质：一是顺式烯醇和烯醛，如顺,顺-3,6-壬二烯醇、2,6-壬二烯醇、2,6-壬二烯醛等；二是酯类。西瓜的主要香气成分是醛类、醇类、酮类物质等，含量比较多的成分是己醛、反-2-己烯醛、反-2-壬烯醛、反,顺-2,6-壬二烯醛、乙酸乙酯、环戊醇等。

8. 哈密瓜

在哈密瓜中有 7 种化合物是瓜类水果中首次发现的，它们是 3-庚烯醇、芳樟醇、α-萜品醇、香芹酚、3-羟基-β-大马酮、3-羟基-7,8-二氢-β-紫罗酮和3-氧化-α-紫罗醇。

9. 香蕉

香蕉的主要风味物质包括酯、醇、芳香族化合物及羰基化合物，特征风味化合物是以乙酸异戊酯为代表的乙、丙、丁酸与C_4～C_6醇构成的酯。芳香族化合物如丁香酚、丁香酚甲醚、榄香素和黄樟脑。

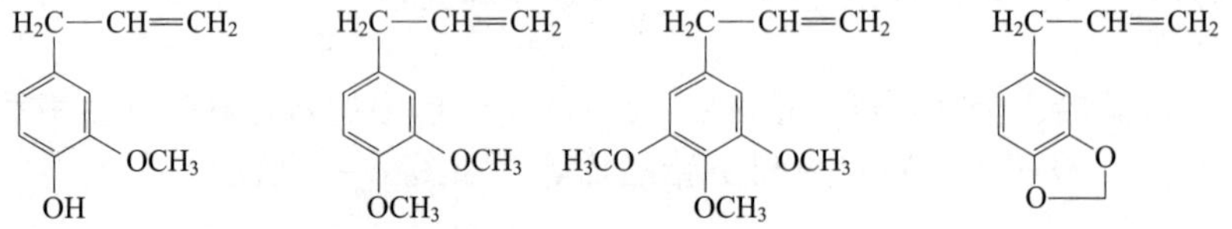

丁香酚　丁香酚甲醚　榄香素　黄樟素

10. 菠萝

菠萝的风味物质中酯类化合物非常多，占44.9%，特征风味化合物是己酸甲酯和乙酸乙酯，此外还有3-(或4-)辛烯酸甲酯、3-羟基己酸甲酯、5-乙酰基己酸甲酯等双键位置在3位和4位的不饱和酯类，以及有羟基或乙酰基的酯类。

11. 芒果

芒果的特征香气成分是萜烯类物质，包括α-藻烯、Δ3-蒈烯、柠檬烯、α-葎草烯、β-瑟林烯、苯乙酮、苯甲醛、二甲基苯乙烯、顺式β-罗勒烯、α-松油醇。

（三）茶叶香气

茶主要可分为非发酵茶（绿茶）、发酵茶（红茶）和半发酵茶（乌龙茶）。茶的香型和特征香气与茶树品种、采摘季节、叶龄、加工方法、温度、炒制时间、发酵过程等多种因素有关，是决定茶叶品质的重要因素。鲜茶叶中原有的芳香物质只有80多种，而茶叶香气化合物多达600种以上。

1. 绿茶

绿茶香气相对简单，以清香为主。绿茶的制作较简单，鲜叶采摘后即在锅中翻炒，在此过程中茶叶中的酶失活，高温下叶绿素、蛋白质、淀粉、果胶、苷类及酯型儿茶素等物质发生不同程度的水解及氧化。茶叶清香气味的主体化合物是反式青叶醇（醛），其他主要香气成分包括芳樟醇及其氧化物、水杨酸甲酯、香叶醇（顺-3-己烯醇、顺-2-己烯醇）、己酸顺-3-己烯酯、丁香烯、法呢烯、橙花叔醇、茉莉酮酸甲酯、6,10,14-三甲基十五烷酮及邻苯二甲酸二丁酯等。高沸点的芳香物质如芳樟醇、苯甲醇、苯乙醇、苯乙酮具有良好的香气，是构成绿茶香气的重要成分。

2. 半发酵茶

半发酵茶的香气成分是在茶叶加工过程中萜烯类、芳香醇类配糖体水解，脂肪酸氧化裂解、胡萝卜素类的氧化降解产物。

乌龙茶已知的香气成分有300多种，按照结构可以分为4类。

① 脂类衍生物：青叶醇、青叶醛、顺-3-己烯酸、正己醛、正己酸，其中青叶醇占60%，另外还有茉莉酮、紫罗酮、茶螺烯酮、二氢海葵内酯等。

② 菇烯类衍生物：芳樟醇、香叶醇、橙花醇、芳香醇等以及它们的乙酸酯类，其中芳樟醇和香叶醇是主要香气成分。

③ 芳香族衍生物：苯乙醛、苯甲醛、2-苯基乙醇、苯甲酸甲酯、乙酸苯甲酯、邻苯二甲酸二丁酯、茉莉酮酸甲酯等。

④ 其他化合物：如吡嗪类、吡喃、吡啶类及其衍生物。

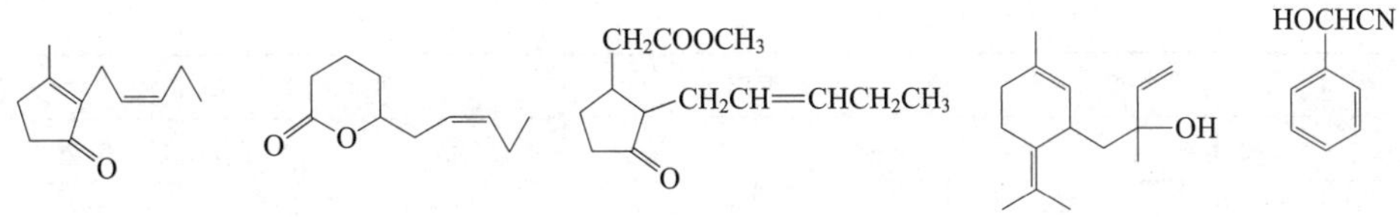

顺式茉莉酮 茉莉内酯 茉莉酮酸甲酯 橙花叔醇 氰基苯甲醇

3. 红茶

红茶的制作工艺主要由萎凋、揉捻、发酵、干燥四道构成，其茶香浓郁，主要的香气化合物中醇、醛、酸、酯的含量较高。香气的前体物质主要有多酚类、类胡萝卜素、氨基酸、不饱和脂肪酸等。红茶的加工中，β-胡萝卜素氧化降解产生紫罗酮等化合物（图 10-33），再进一步氧化生成二氢海葵内酯和茶螺烯酮，后两者是红茶香气的特征成分。

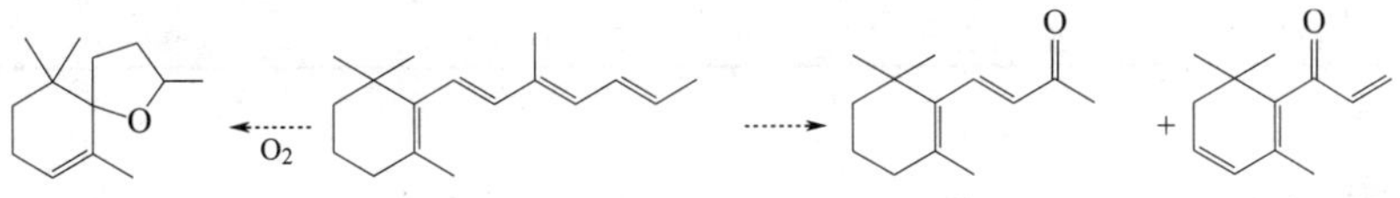

顺式茶螺烷 β-胡萝卜素 β-紫罗酮 β-大马酮

图 10-33 茶叶 β -胡萝卜素的氧化分解

二、肉类香气

新鲜生肉有清淡的腥膻气味，风味物质包括硫化氢、硫醇（CH_3SH，CH_3CH_2SH）、醛类（CH_3CHO，CH_3COCH_3，$CH_3CH_2COCH_3$）、甲（乙）醇和氨等挥发性化合物。鲜肉经过加工后产生浓郁的香气，肉的香味主要是肉中的香气前体在烧烤过程中通过美拉德褐变反应而形成的许多挥发性和非挥发性化合物的综合。对各种熟肉风味起重要作用的有三大风味成分——硫化物、呋喃类和含氮化合物，另外还有羰基化合物、脂肪酸、脂肪醇、内酯、芳香族化合物等。

牛肉加热时产生的挥发性化合物中主要有脂肪酸、醛、酮、醇、硫化合物（噻唑、噻吩、硫烷、硫醚、二硫化合物）、呋喃、吡咯、醚、芳香族烃、内酯和含氮化合物（噁唑、吡嗪）等。牛肉香气的特征成分主要包括硫化物（以噻吩为主）、吡嗪类、呋喃类和吡啶化合物。

猪肉加热时产生的特征香气成分是γ-或δ-内酯，此外还有 2-甲基-3-巯基呋喃、2-甲基-3-四氢呋喃酮、2-乙酰基呋喃、2-乙酰基噻吩、庚醛、5-甲基糠醛、2-羟基-2-环戊烯-1-酮、辛酸、2-乙酰基吡咯、甲基吡嗪、甲苯、3,5-二甲基-1,2,4-三硫杂戊烷、4-甲基-5-羟乙基噻唑、4-甲基噻唑等。

羊肉风味物质中 3,5-二甲基-1,2,4-三硫杂环戊烷、2,4,6-三甲基全氢-1,3,5-二噻嗪的含量较高。羊肉中脂肪、游离脂肪酸的不饱和度很低，一些特殊的带支链脂肪酸（如 4-甲基辛酸、4-甲基壬酸和 4-甲基癸酸）形成羊肉的特殊风味。羊脂肪中的挥发性的烷基酚如甲基酚类、异丙基酚类对羊肉风味影响很大，这些酚类与支链脂肪酸的混合物产生羊肉特征性风味。

鸡肉香气成分中有较多中等碳链长度的不饱和羰基化合物。其特征性风味物质是反,顺-2,4-癸二烯醛和反,顺-2,5-十一碳二烯醛等。从鸡肉汁中鉴定的芳香组分主要有 2-甲基-3-呋喃硫醇、3-甲硫基丙醛、2-甲酰基-5-甲基噻吩、2,4,5-三甲基噻唑、2-糠基硫醇、壬醛、反,反-2-壬醛、反-2,4-壬二烯醛、反,反-2,4-癸二烯醛、2-十一碳烯醛、γ-癸内酯等。表 10-5 列出了常见肉类的风味化合物。

表 10-5 常见肉类中的风味化合物

化合物类别	牛肉		鸡肉		猪肉		羊肉	
	数量	%	数量	%	数量	%	数量	%
酯类	33	4.8	7	2.0	20	6.4	5	2.2
酚类	3	0.4	4	1.2	9	2.9	3	1.3
内酯类	33	4.8	2	0.6	2	0.6	14	6.2

续表

化合物类别	牛肉		鸡肉		猪肉		羊肉	
	数量	%	数量	%	数量	%	数量	%
呋喃类	40	5.9	13	2.8	29	9.2	6	2.7
醛类	66	9.7	73	21.0	35	11.2	41	18.1
醇类	61	9.0	28	8.1	24	7.6	11	4.9
酮类	59	8.7	31	8.9	38	12.1	23	10.2
嘧啶类	10	1.5	10	2.9	5	1.6	16	7.1
酸类	20	2.9	9	2.6	5	1.6	46	20.4
烃类	123	18.1	71	20.5	45	14.3	26	11.5
吡嗪类	48	7.0	21	6.1	36	11.5	15	6.6
其他含氮化合物	37	5.4	33	9.5	24	7.6	8	3.5
含硫化合物	126	18.6	33	9.5	31	9.9	12	5.3

三、焙烤食品香气

焙烤食品具有令人愉快的香气，这些香气成分形成于加热过程中发生的糖类热解、羰氨反应（美拉德反应）、油脂分解和含硫化合物（硫胺素、含硫氨基酸）分解的产物，综合而成各类食品特有的焙烤香气。呈味化合物主要包括吡嗪类、吡咯类、呋喃类和噻唑类等，它们的结构特征有明显的共性，如图10-34所示。

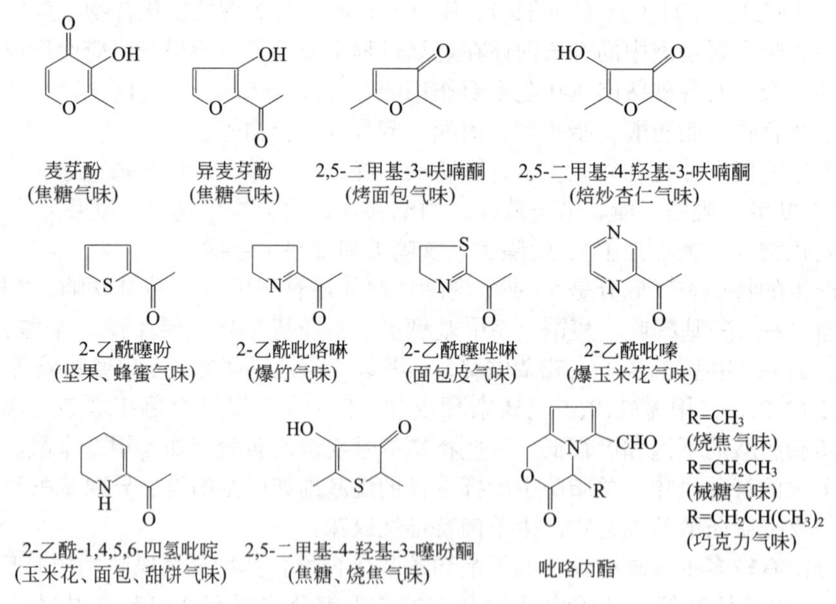

图10-34 具有焙烤香气的化合物

部分焙烤食品已知的香气成分中，焙烤可可有380多种，烘烤咖啡豆有580多种，炒花生有280多种，炒杏仁有80多种，烤面包有70多种羰基化合物和25种呋喃类化合物及许多其他挥发性物质。

四、水产品香气

水产品香气所涉及的范围比畜禽肉类食品更为广泛。这一方面是因为水产品的品种更多，不仅包括动物种类的鳍鱼类、贝壳、甲壳类等不同种属，而且还包括某些水产植物。另一方面，水产品香气随新鲜度而变化的性质也比其他食品更为明显，水产品的气味大致可以分为生鲜品的气味和加工品的气味。

前者随着产品在储藏过程中新鲜度的降低而逐渐发生变化，而后者因加工方法的不同，其气味有很大的差别。新鲜鱼和海产品有很淡的清鲜气味，这些气味是鱼的多不饱和脂肪酸受内源酶作用产生的C_6、C_8、C_9不饱和羰基化合物（醛、酮、醇类化合物）产生的，如顺-1,5-辛二烯-3-酮、2-壬烯醇、1-辛烯-3-酮、1-辛烯-3-醇、1-壬烯-3-醇、2-辛烯醇、反-2-壬烯醛等。其中1-辛烯-3-醇是由亚油酸的一种氢过氧化物的降解产物，具有类似蘑菇的气味，普遍存在于淡水鱼及海水鱼的挥发性香味物质中。

鱼的腥气是因为鱼死后在腐败菌和酶的作用下体内固有的氧化三甲胺转变为三甲胺，ω-3不饱和脂肪酸转化为2,4-癸二烯醛和2,4,7-癸三烯醛，赖氨酸和鸟氨酸转化为六氢吡啶、δ-氨基戊醛、δ-氨基戊酸的结果。δ-氨基戊醛和δ-氨基戊酸具有强烈的腥味，鱼类血液中因含有δ-氨基戊醛也有强烈的腥臭味，三甲胺常被用作未冷冻鱼的腐败指标。淡水鱼的土腥味是由于一些淡水浮游生物如颤藻、微囊藻、念珠藻、放线菌等分泌的一种带有泥土味的化合物排入水中，通过腮和皮肤渗透进入鱼体，使鱼产生泥土味。

$H_2N(CH_2)_4CHO$　　$H_2N(CH_2)_4COOH$　　（六氢吡啶环，N-H）

δ-氨基戊醛　　δ-氨基戊酸　　六氢吡啶

烹饪和加工鱼的特征香味成分主要是一些低分子量的醛类化合物，尤其是一些烯醛类及二烯醛类化合物，如2,4-二庚烯醛、2-辛烯醛、2-壬烯醛、2,4-二癸烯醛等。劣变水产品的腐臭气味化合物主要有氨、二甲胺（DMA）、三甲胺（TMA）、吲哚、粪臭素、二甲（基）硫［甲硫醚,$(CH_3)_2S$］、二乙（基）硫［乙硫醚,$(C_2H_5)_2S$］、甲硫醇（CH_3SH）及脂肪酸氧化产物等。

第六节　风味物质的形成途径

一、酶催化反应

1. 脂肪氧化酶对脂肪酸的作用

植物组织中的脂肪氧化酶可以催化其组织中的多不饱和脂肪酸发生氧化反应（多为亚油酸和亚麻酸），生成过氧化物，再经过裂解酶作用生成醛、酮、醇等挥发性化合物。如苹果、菠萝、草莓、香蕉等水果中的亚油酸在脂肪氧化酶作用下生成香气成分——己醛（图10-35）。

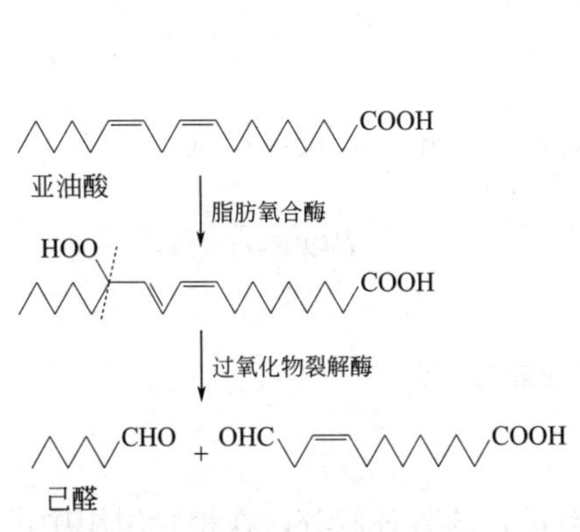

图10-35　脂肪氧合酶催化亚油酸氧化

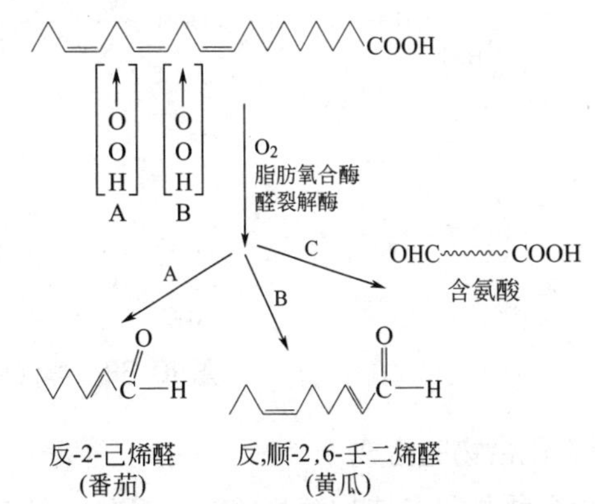

图10-36　脂肪氧化酶催化亚麻酸氧化

在黄瓜和番茄的香气物质中，包括有C_6和C_9的饱和及不饱和醛、醇。这些物质除了可以亚油酸为前体合成外，还可以以亚麻酸为前体进行生物合成，产物反-2-己烯醛是番茄的特征香气物质，而顺-2,6-壬二烯醛则是黄瓜的特征香气物质。这两种物质是以亚麻酸为前体物质在脂肪氧合酶和醛裂解酶作用下生成的（图10-36）。

梨、桃、杏等水果的香气成分是长链脂肪酸的β-氧化产物。如梨的特征香气化合物是亚油酸通过β-氧化生成的反,顺-2,4-癸二烯酸乙酯（图 10-37）。

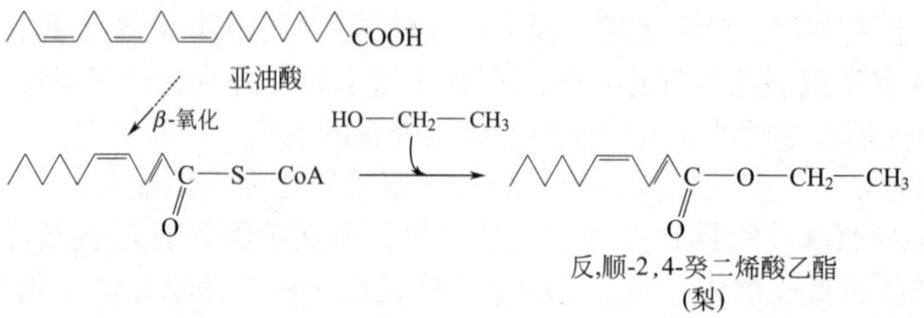

COOH
亚油酸
β-氧化
HO—CH_2—CH_3
C—S—CoA
O
C—O—CH_2—CH_3
O
反,顺-2,4-癸二烯酸乙酯
(梨)

图 10-37　亚油酸的 β -氧化

2. 支链氨基酸的酶催化降解

支链羧酸酯是水果香气的重要化合物，其风味前体物质是支链氨基酸。香蕉、猕猴桃、苹果、洋梨等水果在后熟过程中生成特征性支链羧酸酯，如乙酸异戊酯、3-甲基丁酸乙酯等，产生过程如图 10-38 所示。

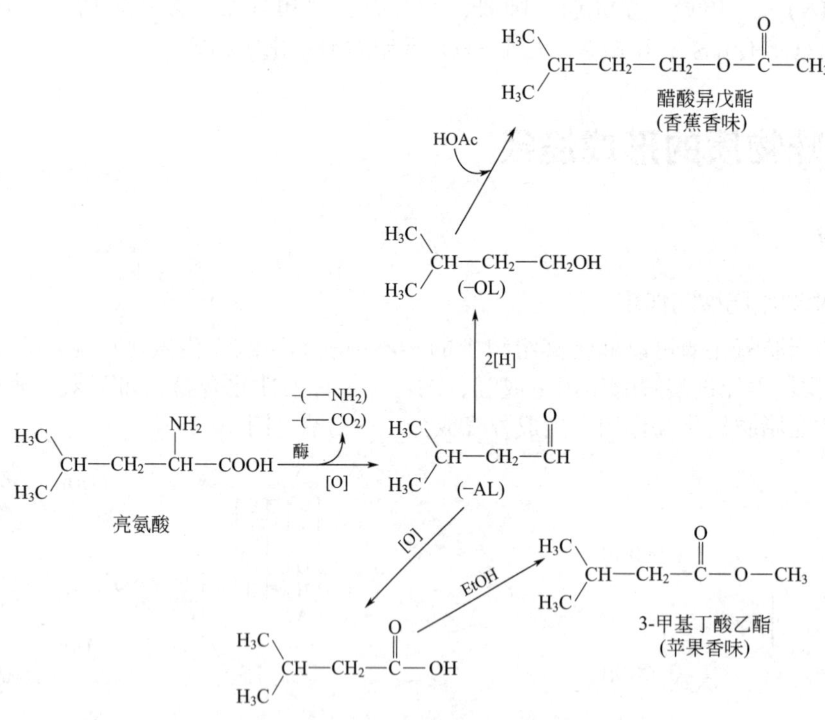

图 10-38　酶催化亮氨酸生成香气成分

3. 萜类化合物的合成

萜类化合物是很多植物精油的重要组分，是柑橘类水果重要的芳香成分，在植物组织中由异戊二烯途径合成（图 10-39）。

倍半萜中甜橙醛是橙的特征性香气成分，努卡酮是葡萄柚的特征性香气成分；单萜中的柠檬醛和苧烯分别具有柠檬和酸橙特有的香味。萜烯对映异构物具有很不同的气味特征，L-香芹酮［(4*R*)-(−)-香芹酮］具有强烈的留兰香味，而 D-香芹酮［(4*S*)-(+)-香芹酮］具有黄蒿的特征香味（图 10-40）。

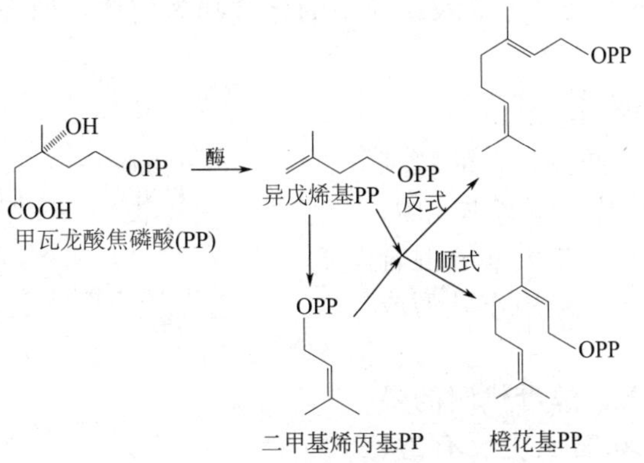

图 10-39 萜类的生物合成

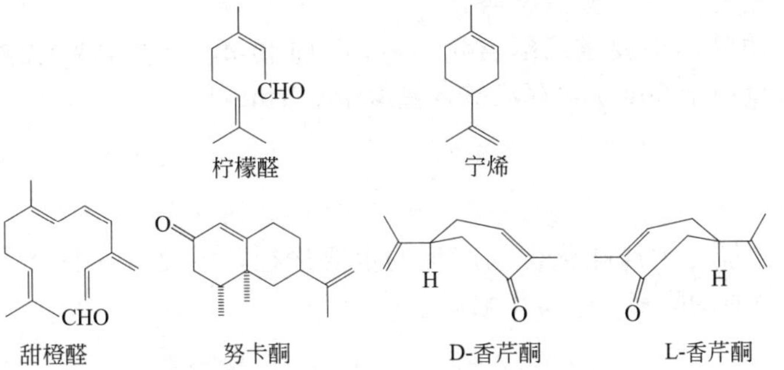

图 10-40 几种重要的萜类化合物

4. 莽草酸途径

在植物体及微生物中，莽草酸是苯丙氨酸、酪氨酸及色氨酸生物合成的中间产物，是各种芳香族化合物的来源，也是一些次生代谢产物的重要原料。除了芳香氨基酸产生风味化合物外，莽草酸还产生其他挥发性化合物（图 10-41）。

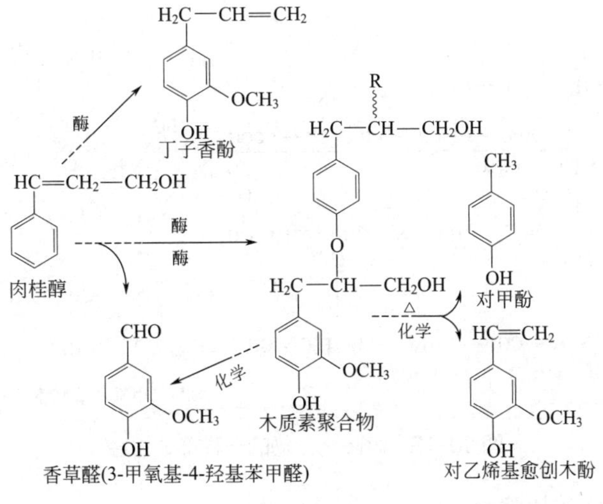

图 10-41 莽草酸合成途径中生成的一些风味化合物

食品的烟熏香气很大程度上是以莽草酸途径中的化合物为前体，如香草醛可通过莽草酸途径天然生成。

5. 乳酸-乙醇发酵产生的风味

酸奶是一种同型发酵加工产品，它的特征风味化合物是乙醛。尽管 3-羟基丁酮基本无嗅，但它可以氧化为双乙酰。双乙酰是大部分混合乳酸发酵的特征芳香化合物，广泛用作乳型或奶油型风味剂（图 10-42）。

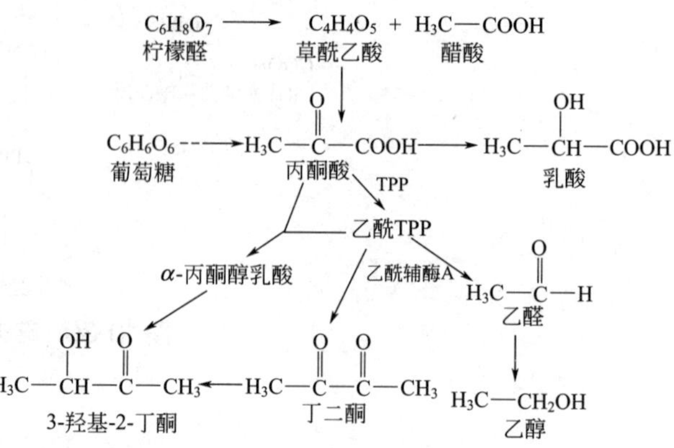

图 10-42 乳酸菌异型发酵生成的气味成分

乳酸菌只产生少量的乙醇，酵母代谢的最终产物主要是乙醇。啤酒风味物质主要有醇、醛、酯、酮、硫化物等。啤酒香气的主要成分是异戊醇、α-苯乙醇、乙酸乙酯、乙酸苯乙酯、乙酸异戊酯。双乙酰、乙醛、硫化氢是嫩啤酒生青味的主要成分。优质啤酒中要求乙醛含量低于 8mg/L，硫化氢含量低于 5μg/L，双乙酰含量低于 0.1mg/L。

二、热分解

热降解反应是食品在加工中风味化合物产生的重要途径，主要有 3 种：①美拉德（Maillard）反应；②糖类化合物和蛋白质的降解；③维生素降解。

1. 美拉德反应

很多食品在加热焙烤时能生成杂环化合物，如咖啡、茶、熟肉、面包等在加热过程中产生诱人的香气。食品中的游离氨基酸、还原糖、肽类和脂肪的衍生物等是很多杂环风味化合物的前体物质。食品体系的美拉德反应极其复杂，既和参与反应的氨基酸及单糖的种类有关，也与受热的温度、时间、水分、体系的 pH 值等因素有关，当加热时间较短、温度较低时，反应主要产物有 Strecker 醛类、内酯类、吡喃类和呋喃类化合物；当加热时间较长、温度较高时，生成的香气物质种类有所增加，如焙烤香气的吡嗪类、吡咯类、吡啶类化合物。吡嗪类化合物是形成焙烤食品风味的主要成分，其反应过程如图 10-43 所示，其中烷基吡嗪、呋喃吡嗪等有明显的烤肉香气。

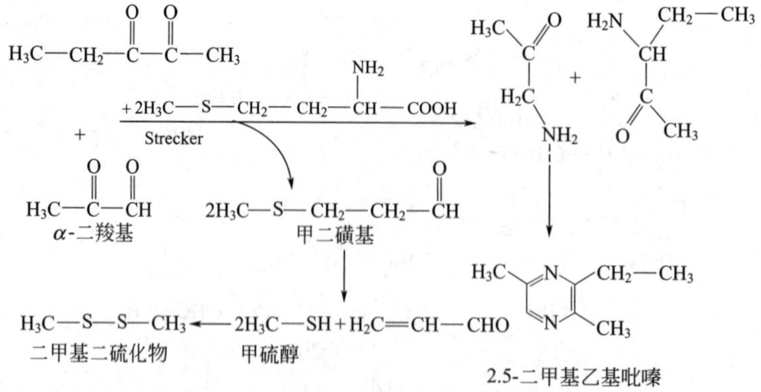

图 10-43 吡嗪化合物的一种形成途径

2. 糖类、蛋白质和脂肪的热降解

糖在高温下加热会发生焦糖化反应，戊糖生成糠醛，己糖生成羟甲基糠醛，持续加热会生成呋喃衍生物、羰基化合物、醇类、脂肪烃和芳香烃类等风味化合物。单糖和双糖在高温加热下热分解生成呋喃类化合物和少量的内酯类、环二酮类等成分，持续加热会生成丙酮醛、甘油醛、乙二醛等低分子挥发性化合物，但不同的单糖热降解所形成的香气成分差异却不明显。淀粉、纤维素等多糖在高温下加热发生分解，生成呋喃、糠醛、麦芽酚、环甘素、有机酸等挥发性化合物。

蛋白质在高温下发生脱氨、脱羧形成醛、胺、烃等化合物，产生的羰基化合物会继续发生分解等反应，生成噻唑类、硫化氢、吡啶类、吡咯、噻吩、氨等化合物，它们多数具有强烈的气味。脂肪在高温下发生氧化反应，能产生刺激性气味在无氧的条件下即使受热到220℃，也没有明显的降解现象。但食品的贮存和加工，通常都是在有氧的大气条件下进行的，此时脂肪最易被氧化生成食品的香气物质。在烹调的肉制品中发现的由脂肪降解形成的香气物质，包括脂肪烃、醛类、酮类、醇类、羧酸类和酯类。

3. 维生素的热降解

肉香味的主要来源是维生素 B_1 加热分解产生，主要有含硫化合物、呋喃和噻吩等，如2-甲基-3-呋喃基硫醇、双(2-甲基-3-呋喃基)二硫化物、3-甲基-4-氧基二噻烷等。维生素C极不稳定，其热氧化降解产物主要有糠醛、乙二醛、甘油醛等低分子醛类，其中糠醛类化合物是茶叶、花生、牛肉等食品香气的重要成分。

第七节 风味物质与其他成分的作用

一、风味物质的稳定性

食品中的多数挥发性风味化合物，其分子结构通常含有不饱和双键，容易发生氧化反应或分解反应，稳定性较差。如茶叶的风味物质在分离后就极易被氧化；油脂的风味成分在分离后马上就会转变成人工效应物；油脂腐败时形成的鱼腥味组分也极难捕集；肉类的一种风味成分即使保存在0℃的四氯化碳中，也会很快分解成12种组分。

食品香气成分的挥发能影响食品的品质，可采用适当的稳定技术防止挥发。在一定条件下使食品各种香气成分挥发性降低的作用称为稳定作用。稳定作用必须是可逆的，否则会因稳定作用造成香气物质的损失。风味物质的稳定性是由食品本身的结构和特性决定的，完整无损的细胞比经过研磨、均质等加工后的细胞能更好地结合风味物质，加入软木脂或角质后也会使香气成分的渗透性减低而易于保存。一般来讲，对食品风味物质的稳定作用有两种主要方式：一是在食品表面形成包合物，即在食品微粒表面形成一层膜，使水分子能通过而香气成分不能通过；二是物理吸附，对不能形成包合物的香气成分可以通过物理吸附（如溶解或吸收）与食品成分结合。所以，在实际的生产和加工中采取对这些易分解易被氧化的风味物质的保护措施尤为重要。

二、油质与风味物质的作用

纯净的油脂是无气味的，是一些风味化合物的前体物质。脂类在加工和贮藏过程中能发生很多反应，生成多种中间产物和最终产物，这些化合物的理化性质差别很大甚至完全不同，因此它们所表现的风味效应也不一样，其中有些具有使人产生愉快感觉的香味，像水果和蔬菜的香气，而另一些则有令人厌恶的异味。

食品加工和贮藏中油脂产生异味的途径主要有以下几个。

(1) 酸败 脂类在酶作用下释放出游离脂肪酸，其中短链脂肪酸有令人不愉快的气味，如牛乳和乳制品中常常会遇到这种情况。另外，油脂的自动氧化会产生油漆、金属、纸、蜡等不同的异味，在食品加工过程中这些风味物质的浓度适宜时对食品整体风味有益。酸败产生的异味因食品种类不同而异，即使是同一种食品氧化产生的气味在性质上也有明显的不同，如肉、核桃或奶油的脂肪氧化产生完全不同的酸败味。

（2）风味回复　风味回复（或生油味）是豆油和其他含亚油酸酯油脂所有的豆腥味或草味，一般在低过氧化值时出现。有几种化合物是产生风味回复的成分，如2-正戊基呋喃，它是亚油酸酯自动氧化的产物。若将此化合物以2mg/kg含量添加在其他油脂中也会产生同样的生油味。亚麻酸具有催化亚油酸自动氧化生成2-正戊基呋喃的作用。亚油酸酯自动氧化反应中形成的氢过氧化物中间体是10-氧过氧化物，它并不具有亚油酸酯自动氧化的特征，但单线态氧可以使它产生这种反应。

（3）硬化风味　氧化豆油和海鱼油在贮藏过程中会产生异味（臭味），这种异味是由于油脂中形成了6-顺和6-反壬烯醛、反,反-2,6-十八碳二烯醛、酮、醇和内酯等化合物。这些化合物可能是氢化过程中形成的异构二烯自动氧化产生的。

三、糖类化合物与风味物质的作用

对于由不同工艺制得的食品，特别是喷雾或冷冻干燥脱水的食品，糖类化合物在脱水过程中有利于保持食品的色泽和挥发性风味成分，它可以使糖-水的相互作用转变成糖-风味剂的相互作用：

$$\text{糖-水}+\text{风味剂}\rightleftharpoons\text{糖-风味剂}+\text{水}$$

食品中的双糖比单糖能更有效地保留挥发性风味成分，这些风味成分包括多种羰基化合物（醛和酮）和羧酸衍生物（主要是酯类）。双糖和低聚糖是有效的风味结合剂，环状糊精因能形成包合结构而能有效地截留风味剂和其他小分子化合物。大分子糖类化合物是一类很好的风味固定剂，应用最普通和最广泛的是阿拉伯树胶，阿拉伯树胶在风味物质颗粒的周围形成一层厚膜，防止因水分吸收、蒸发和化学氧化造成损失。阿拉伯树胶和明胶的混合物可用于微胶囊技术固定食品风味，此外阿拉伯树胶还用作柠檬、莱姆、橙和可乐等乳浊液的风味乳化剂。

非氧化褐变反应除了产生深颜色类黑精色素外，还生成多种挥发性风味物质，如花生、咖啡豆在焙烤过程中产生的褐变风味。此外，它本身可能具有特殊的风味或者能增强其他的风味，具有这种双重作用的焦糖化产物是麦芽酚和乙基麦芽酚。

四、蛋白质与风味物质的作用

蛋白质可以作为风味载体产生或保存食品风味，如织构化植物蛋白可产生肉的风味。

1. 挥发性物质和蛋白质之间的作用

食品的香味是由食品中的低浓度挥发物产生的，挥发物的浓度取决于食品和其表层空隙之间的分配平衡。在水-风味模拟体系中添加蛋白质，可降低表层空隙挥发性化合物的浓度。风味结合包括食品的表面吸附或经扩散向食品内部渗透。固体食品的吸附分为两种类型：一是范德瓦尔斯力相互作用引起的可逆物理吸附，二是共价键或静电力的化学吸附。前一种反应释放的热能低于20kJ/mol，第二种至少为40kJ/mol。吸附性风味结合除涉及上述机理外还有氢和疏水相互作用，极性分子如醇通过氢键结合，但非极性氨基酸残基靠疏水相互作用可优先结合低分子量挥发性化合物。

挥发性物质以共价键与蛋白质结合，通常是不可逆的，如醛或酮与氨基的结合、胺类与羧基的结合都是不可逆的结合。虽然羰基挥发物同蛋白质和氨基酸的ε-或α-氨基之间能形成可逆的席夫碱，但分子量较大的挥发性物质可能发生不可逆固定（在同浓度下，2-十二醛同大豆蛋白不可逆结合是50%，而辛醛为10%）。这种性质可以用来消除食品中原有挥发性化合物的气味。

2. 影响蛋白质与风味物质结合的因素

任何能改变蛋白质构象的因素都会影响它对挥发性化合物的结合。水可以提高蛋白质对极性挥发性化合物的结合，但对非极性化合物的结合几乎没有影响。在干燥的蛋白质成分中挥发性化合物的扩散是有限度的，稍微提高水的活性就能增加极性挥发物的迁移和提高它获得结合位点的能力。在水合作用较强的介质或溶液中，极性或非极性氨基酸残基结合挥发性物质的有效性受到许多因素影响。酪蛋白在中性或碱性溶液中时比在酸性溶液中结合的羧基、醇或脂类挥发性物质更多。氯化物、硫酸盐通常能稳定球蛋白的天然结构，但在高浓度时由于改变了水的结构致使疏水相互作用减弱，导致蛋白质伸展，从而提高对羰基化合物的结合。凡容易使蛋白质解离或二硫键裂开的试剂均能提高对挥发物的结合。然而低聚物解离成为亚单位可降低非极性挥发物的结合，因为原来分子间的疏水区随单体构象的改变易变成被埋藏的结构。

蛋白质彻底水解将会降低它对挥发性物质的结合能力。例如每千克大豆蛋白质能结合 6.7mg 正己醛，可是用一种酸性细菌蛋白酶水解后的产物只能结合 1mg 的正己醛，因此蛋白质水解可减轻大豆蛋白质的豆腥味。此外，用醛脱氢酶使被结合的正己醛转变成己酸也能减少异味。相反，蛋白质热变性一般导致对挥发性物质的结合增强。例如 10%的大豆分离蛋白溶液在有正己醛存在时于 90℃加热 1h 或 24h，然后冷冻干燥，发现其对己醛的结合量比未加热的对照组分别大 3 倍和 6 倍。

脱水处理、冷冻干燥通常使最初被蛋白质结合的挥发物质降低 50%以上，如酪蛋白对蒸汽压低的低浓度挥发性物质具有较好的保留作用。脂类的存在能促进各种羰基挥发性物质的结合和保留，包括脂类氧化形成的挥发性物质。

五、包装材料与食品风味物质

食品包装材料给食品带来的异味可能是由一种物质或几种物质的混合物引起的，异味混合物组成的微小变化都会导致气味细微的差别。导致异味的包装原料可以分为不同的残余单体，如苯乙烯、乙酸乙烯酯、丙烯酸酯、残余溶剂（如乙酸乙酯）。在对这些异味化合物进行定量定性测定时，可以依据包装材料的组成推断。

预测由包装材料引起的异味的种类非常困难，主要是因为它们可能是包装成分（或者这些成分与食品成分）通过氧化、缩聚、脱水等众多反应形成的产物，在大多数情况下这些反应无法预料。一般情况下芳香化合物的气味阈值非常低，因此对它们进行识别、测定需要消耗大量的时间和费用。

大部分异味问题有以下几个共同的典型特征。

① 异味的发生一般是零星的。特别是采用新的包装生产方法、生产工艺，或者是采用新的包装材料引起。

② 采用了更为环保的新材料，但是由于技术上不够成熟而导致异味化合物的产生。

③ 由于包装材料受到了污染而产生异味物质，因此在实际生产中必须保证包装材料的来源可靠。

④ 缺乏食品及其包装材料组成成分的相关研究。

⑤ 由于缺乏异味物质标准样品，在分析测定这些化合物时就更加困难。

⑥ 许多挥发性化合物具有相同的气味。

⑦ 不同浓度条件下同一物质会表现出不同的气味。

⑧ 不同的挥发性物质的气味叠加，能形成难以名状的混合气味。这种叠加的混合物的气味阈值差别非常大，有时气味阈值还很低。

本章总结

○ 食品风味物质:

狭义上说，食品的香气、滋味和入口获得的香味统称为食品的风味；广义上说，食品的风味概念指摄入的食品使人的所有感觉器官，包括嗅觉、味觉、触觉、痛觉、视觉和听觉等，在大脑中留下的综合印象。食品风味一般包括两个方面：一个是滋味，另一个是气味。

○ 味觉：

呈味物质溶液刺激口腔内的味觉感受器，再通过一个收集和传递信息的味神经感觉系统传导到大脑的味觉中枢，最后通过大脑的综合神经中枢系统进行分析，从而产生味觉。

○ 嗅觉：

挥发性物质刺激鼻腔嗅觉神经而在中枢神经中引起的综合感觉。

○ 呈味物质：

我国将呈味物质划分为酸、甜、苦、辣、咸、鲜、涩七类。

○ 呈味物质的相互作用：

① 相乘作用
② 对比作用
③ 消杀作用
④ 变调作用
⑤ 疲劳作用

○ 嗅感物质：

嗅感物质种类甚多，它们所引起的感觉也千差万别，与味觉相比更为复杂，这不仅体现在嗅感产生的机理复杂，更为重要的是对食品香气做出贡献的化合物的数量很难确定。

○ 风味物质的形成途径：

① 酶催化反应：

a. 脂肪氧化酶对脂肪酸的作用；
b. 支链氨基酸的酶催化降解；
c. 萜类化合物的合成；
d. 莽草酸途径；
e. 乳酸-乙醇发酵产生的风味。

② 热分解：

a. 美拉德反应；
b. 糖类化合物和蛋白质的降解；
c. 维生素降解。

参考文献

［1］ 康明丽，白宝清，卢涵，等．食品化学与实验．北京师范大学出版社，2021.

［2］ 江波，杨瑞金．食品化学．中国轻工业出版社，2018.

［3］ 郭世鑫，姚孟琦，马文瑞，等．酱香型白酒的研究现状．中国酿造，2021，40（11）：1-6.

［4］ 张雅卿，叶书建，周睿，等．发酵食品风味物质及其相关微生物．酿酒科技，2021（02）：85-96.

［5］ 施莉婷，江和源，张建勇，等．茶叶香气成分及其检测技术研究进展．食品工业科技，2018，39（12）：347-351.

［6］ 王翠莲．发酵过程中腐乳鲜味物质快速定量检测方法及其品质分析．长春：吉林大学，2023.

［7］ 曾艳，裴雯雯，朱玥明，等．3 种天然甜味剂的风味、生理功能及应用研究进展．食品安全质量检测学报，2019，10（15）：4840-4847.

［8］ 葛金鑫，李永凯，曾斌．酱油的风味物质．中国酿造，2019，38（10）：16-20.

［9］ 肖智超，葛长荣，周光宏，等．肉的风味物质及其检测技术研究进展．食品工业科技，2019，40（04）：325-330.

［10］ 朱莉，许长华．酱油关键风味物质及其功能与发酵工艺研究进展．食品与发酵工业，2018，44（06）：287-292.

思考与练习

二维码 10-2

1. 味感物质的代表物质及呈味机理是什么？
2. 说明啤酒特征性风味的形成过程。
3. 什么是风味、味觉阈值、香气值？
4. 风味物质具有哪些特点？
5. 风味物质的形成途径是什么？
6. 说明蛋白质与风味物质之间的相互作用。
7. 简述植物性食品和动物性食品香气及其主要成分。
8. 简述食品香气的控制方法。

第十一章　食品添加剂

视频 11-1
知识点讲解

兴趣引导

○ 食品添加剂对人体健康有害吗？

○ 没有食品添加剂就没有现代食品工业吗？

二维码 11-1

为什么学习本章内容?

○ 为什么要学习“食品添加剂”？

○ 什么是食品添加剂?

○ 常用的食品添加剂分为几大类？各有什么作用?

○ 食品添加剂对人体健康是否有害?

○ 如何正确认识食品添加剂的安全性?

学习目标

○ 了解食品添加剂的概念、定义。

○ 熟知常用食品添加剂的分类、具体作用及使用注意事项。

○ 掌握《食品安全国家标准　食品添加剂使用标准》（GB 2760—2024）的主要内容，规范使用食品添加剂。

第一节　概述

一、基本概念

我国《食品安全国家标准　食品添加剂使用标准》（GB 2760—2024）中指出：食品添加剂是为改善食品品质和色、香、味，以及为防腐、保鲜和加工工艺的需要而加入食品中的人工合成或者天然物质。食品用香料、胶基糖果、营养强化剂中基础剂物质、食品工业用加工助剂也包括在内。从这个定义可以看出，食品添加剂是有目的地加入食品中的物质，这区别于食品中的污染物。使用食品添加剂的目的是保持食品质量，增加食品营养价值，保持或改善食品的功能性质、感官性质和简化加工过程等。

二、食品添加剂的分类和作用

1. 食品添加剂的分类

食品添加剂按其来源可分为天然食品添加剂和化学合成食品添加剂。

另一种更为常用和实用的分类方法是按其功能和用途分类，最新颁布的我国《食品安全国家标准　食品添加剂使用标准》（GB 2760—2024）将食品添加剂按功能分为 23 类，该标准附录 D 表中这样规定：

D.1　酸度调节剂　用以维持或改变食品酸碱度的物质。

D.2　抗结剂　用于防止颗粒或粉状食品聚集结块，保持其松散或自由流动的物质。

D.3　消泡剂　在食品加工过程中降低表面张力，消除泡沫的物质。

D.4　抗氧化剂　能防止或延缓油脂或食品成分氧化分解、变质，提高食品稳定性的物质。

D.5　漂白剂　能够破坏、抑制食品的发色因素，使其褪色或使食品免于褐变的物质。

D.6　膨松剂　在食品加工过程中加入的，能使产品发起形成致密多孔组织，从而使制品具有膨松、柔软或酥脆的物质。

D.7　胶基糖果中基础剂物质　赋予胶基糖果起泡、增塑、耐咀嚼等作用的物质。

D.8　着色剂　使食品赋予色泽和改善食品色泽的物质。

D.9　护色剂　能与肉及肉制品中呈色物质作用，使之在食品加工、保藏等过程中不致分解、破坏，呈现良好色泽的物质。

D.10　乳化剂　能改善乳化体中各种构成相之间的表面张力，形成均匀分散体或乳化体的物质。

D.11　酶制剂　由动物或植物的可食或非可食部分直接提取，或由传统或通过基因修饰的微生物（包括但不限于细菌、放线菌、真菌菌种）发酵、提取制得，用于食品加工，具有特殊催化功能的生物制品。

D.12　增味剂　补充或增强食品原有风味的物质。

D.13　面粉处理剂　促进面粉的熟化和提高制品质量的物质。

D.14　被膜剂　涂抹于食品外表，起保质、保鲜、上光、防止水分蒸发等作用的物质。

D.15　水分保持剂　有助于保持食品中水分而加入的物质。

D.16　营养强化剂　为了增加食品的营养成分（价值）而加入到食品中的天然或人工合成的营养素和其他营养成分。

D.17　防腐剂　防止食品腐败变质、延长食品储存期的物质。

D.18　稳定剂和凝固剂　使食品结构稳定或使食品组织结构不变，增强黏性固形物的物质。

D.19　甜味剂　赋予食品甜味的物质。

D.20　增稠剂　可以提高食品的黏稠度或形成凝胶，从而改变食品的物理性状、赋予食品黏润、适宜的口感，并兼有乳化、稳定或使呈悬浮状态作用的物质。

D.21　食品用香料　添加到食品产品中以产生香味、修饰香味或提高香味的特质。

D.22　食品工业用加工助剂　有助于食品加工能顺利进行的各种物质，与食品本身无关。如助滤、澄清、吸附、脱模、脱色、脱皮、提取溶剂等。

D.23　其他　上述功能类别中不能涵盖的其他功能。

我国《食品安全国家标准　食品添加剂使用标准》（GB 2760—2024）中每个食品添加剂还对应有两个编号，用于代替复杂的化学结构名称表述，一个是国际编码（international number system，INS），一个是中国编码（Chinese number system，CNS），由食品添加剂的主要功能类别代码和在本功能类别中的顺序号组成。

2. 食品添加剂的作用

食品添加剂的作用很多，基本可以归结为以下几个方面。

① 增加食品的保藏性能，延长保质期，防止微生物引起的腐败和由氧化引起的变质。就目前而言防腐剂的使用仍具有重要意义，但随着天然防腐剂技术的发展，未来可能会逐步减少化学合成防腐剂的使用。

② 改善食品的色香味和食品的质构如色素、香精、各种调味品、增稠剂和乳化剂等，这些添加剂是开发各种风味方便食品所必不可少的。

③ 有利于食品的加工操作，适应机械化、连续化大生产。如用葡萄糖酸内酯作为豆腐凝固剂，就可以大规模生产安全、卫生的盒装豆腐。

④ 保持和提高食品的营养和保健价值。如营养强化剂、食品功能因子。

三、食品添加剂在食品中的应用及趋势

没有食品添加剂就没有现代食品工业，现代食品工业的发展已离不开食品添加剂，近97%的食品中使用了各类添加剂。食品添加剂不仅已经进入到粮油、肉禽、果蔬贮运加工等各个领域，也进入到了烹饪行业，并越来越多地走进百姓的一日三餐。

目前全球食品添加剂品种有25000多种，常用的添加剂品种有5000多种。美国是目前世界上食品添加剂产值最高、食品添加剂使用品种最多的国家，美国食品药品管理局（FDA）公布的食品添加剂名单有4000种。我国《食品安全国家标准　食品添加剂使用标准》（GB 2760—2024）中有2075种，其中大多数是香料，常用的食品添加剂不到300种。

世界食品添加剂工业正朝着天然、健康、复合化等方向发展。天然防腐剂、天然抗氧化剂、天然色素和天然香料等天然抽取物受到国际市场的青睐。复合食品添加剂使用方便、效果好、功能全，近十几年来逐渐成为全球食品添加剂的主流。

本章主要讨论食品添加剂的一般原理及部分常见食品添加剂的应用原理。

第二节　防腐剂

自从人类食物有了剩余，就有了食品保藏的问题。自古以来人们就常采用一些传统的食品保藏方法保存食物，如晒干、盐渍、糖渍、酒泡、发酵保藏等。现代食品工业更是有了多种工业化和高科技的方法，如罐藏、脱水、真空干燥、喷雾干燥、冷冻干燥、速冻冷藏、真空包装、无菌包装、高压杀菌、电阻热杀菌、辐照杀菌、电子束杀菌等，但有时采用上述工业化手段时效果并不理想，如影响口感或成本太高。而化学防腐剂使用方便、成本低、对食品风味质构影响较少，因此对某些食品采用化学防腐剂保藏保鲜具有现实意义。

防腐剂定义为具有杀死微生物或抑制其增殖作用的物质。或者说是一类能防止食品由微生物引起的腐败变质作用，从而延长食品保存期的食品添加剂。GB 2760—2024《食品安全国家标准　食品添加剂使用标准》规定了约40种防腐剂使用标准，允许添加防腐剂的食品种类有葡萄酒、果酒、碳酸饮料、果汁饮料、酱类和酱腌菜、果酱、蜜饯、软糖、酱油、食醋、肉鱼蛋禽制品、豆制品、糕点面包类、腐乳等几十类食品。

防腐剂可分为化学合成食品防腐剂和天然食品防腐剂。化学合成食品防腐剂主要使用的是一类叫酸性防腐剂的有机弱酸及其酯和盐，如苯甲酸及其钠盐、山梨酸及其钾盐、丙酸及其钠盐或钙盐等，酯型防腐剂有对羟基苯甲酸甲酯和乙酯等。另外无机化合物二氧化硫及亚硫酸盐类、亚硝酸盐等也具有很好的防腐作用，但还有其他功能，因而归类在漂白剂和护色剂中。天然食品防腐剂根据来源可分为动物源天然防腐剂、植物源天然防腐剂、微生物源天然防腐剂，动物源的防腐剂常用的主要包括蜂胶、鱼精蛋白、壳聚糖等，植物源的防腐剂有茶多酚、香辛料提取物等，微生物源的防腐剂有尼生素和纳他霉素等。

理想的食品防腐剂应该对人体安全，不影响人体胃肠道正常的微生物菌群，不影响食品的品质和感官性状，具有防腐作用强、成本低、在食品中易于测定等优点。

一、常用防腐剂

目前常用的主要防腐剂有苯甲酸类、山梨酸类、丙酸类、尼泊金酯类、脱氢醋酸和双乙酸钠等。

1. 苯甲酸及其钠盐

苯甲酸（benzoic acid）及其钠盐（sodium benzoate）编号：CNS 17.001，17.002；INS 210，211。苯甲酸又称为安息香酸，天然存在于蔓越橘、洋李和丁香等植物中。纯品为白色有丝光的鳞片或针状结晶，质轻，无臭或微带安息香气味。相对密度1.2659，沸点249.2℃，熔点121～123℃，100℃开始升华，在酸性条件下容易随同水蒸气挥发。微溶于水，易溶于乙醇。由于苯甲酸水溶性较差，实际应用时一般用苯甲酸钠，在酸性条件下苯甲酸钠转变成具有防腐作用的苯甲酸。苯甲酸及苯甲酸钠的溶解度见表11-1。

表 11-1　苯甲酸及苯甲酸钠的溶解度

溶　剂	温度/℃	苯甲酸溶解度/(g/100mL 溶剂)	苯甲酸钠溶解度/(g/100mL 溶剂)
水	25	0.34	50
水	50	0.95	54
水	95	6.8	76.3
乙醇	25	46.1	1.3

苯甲酸作为食品防腐剂广泛使用，在 pH 值 3 时抑菌作用最强，在 pH 值 5.5 以上时对很多霉菌和酵母菌没有什么效果，抗微生物活性的最适 pH 值范围是 2.5～4.0。因此，它最适合用于碳酸饮料、果汁、果酒、腌菜和酸泡菜等食品。在 pH 值 4.5 时对一般微生物完全抑制的最小用量为 0.05%～0.1%。苯甲酸对酵母和细菌很有效，对霉菌活性稍差。

防腐剂浓度越大防腐作用越强，但从安全角度考虑用量越少越好。苯甲酸可用于酱油、醋、果汁，规定最大用量为 1.0g/kg；用于蜜饯，最大使用量为 0.5g/kg；用于碳酸饮料，最大使用量为 0.2g/kg（以苯甲酸计）。具体使用时要查对我国《食品安全国家标准　食品添加剂使用标准》（GB 2760—2024），必须依规定的食品范围和最大使用量正确使用。

苯甲酸钠大白鼠经口 LD_{50}（半数致死量）为 2700mg/kg，ADI（每日允许摄入量）为 0～5mg/kg（以苯甲酸计）。苯甲酸进入机体后，大部分在 9～15h 内与甘氨酸化合成马尿酸，剩余部分与葡萄糖醛酸结合形成葡萄糖苷酸，并全部从尿中排出。

$$C_6H_5COOH + NH_2-CH_2-COOH \longrightarrow C_6H_5CO-NH-CH_2-COOH$$

苯甲酸　　甘氨酸　　马尿酸

示踪 ^{14}C 试验证明苯甲酸不会在人体内蓄积。但由于解毒过程在肝脏中进行，苯甲酸对肝功能衰弱的人可能是不适宜的。

2. 山梨酸及其钾盐

山梨酸（sorbic acid）及其钾盐（potassium sorbate）编号：CNS 17.003，17.004；INS 200，202。山梨酸的化学名称为 2,4-己二烯酸，又名花楸酸。1859 年从花楸浆果树（rowanberry tree）的果实中首次分离出山梨酸，它的抗微生物活性是在 1939～1949 年发现的。山梨酸为无色针状结晶，无嗅或稍带刺激性气味，耐光，耐热，但在空气中长期放置易被氧化变色而降低防腐效果。熔点 133～135℃，沸点 228℃（分解）。微溶于冷水，易溶于乙醇和冰醋酸，其钾盐易溶于水。山梨酸及山梨酸钾的溶解度见表 11-2。

表 11-2　山梨酸及山梨酸钾的溶解度

溶　剂	温度/℃	山梨酸溶解度/(g/100mL 溶剂)	山梨酸钾溶解度/(g/100mL 溶剂)
水	20	0.16	138
水	100	3.8	
乙醇(95%)	20	14.8	6.2
丙二醇	20	5.5	5.8
乙醚	20	6.2	0.1
植物油	20	0.52～0.95	

山梨酸对霉菌、酵母菌和好气性菌均有抑制作用，但对嫌气性芽孢形成菌与嗜酸杆菌几乎无效。其防腐效果随 pH 值升高而降低。山梨酸能与微生物酶系统中的巯基结合，从而破坏许多重要酶系，达到抑制微生物增殖及防腐的目的。

山梨酸阈值较大，在使用量（最高可达2000mg/kg）范围内对风味几乎无影响。

山梨酸大白鼠经口 LD_{50} 为10500mg/kg，ADI为0～25mg/kg（以山梨酸计）。山梨酸及其钾盐被世界各国作为食品添加剂使用。

使用时山梨酸可直接混入食品中，也可涂布于食品表面。山梨酸安全性比苯甲酸高，是我国目前主要使用的防腐剂。可用于酱油、醋、果酱、酱菜、酱类、蜜饯、果冻、果蔬、碳酸饮料、糕点、肉、鱼、蛋、禽类制品等，具体使用时须查对新版《食品安全国家标准　食品添加剂使用标准》（GB 2760—2024）。

3. 对羟基苯甲酸酯类

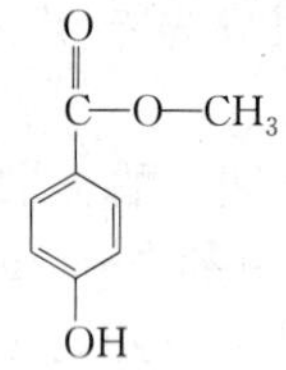

对羟基苯甲酸甲酯

对羟基苯甲酸甲酯钠（sodium methyl *p*-hydroxy benzoate）编号：CNS 17.032；INS 219。对羟基苯甲酸乙酯（ethyl *p*-hydroxy benzoate），及其钠盐（sodium ethyl *p*-hydroxy benzoate）编号：CNS 17.007，CNS 17.036；INS 214，215。

对羟基苯甲酸酯类也叫尼泊金酯类，是食品、药品和化妆品中广泛使用的抗微生物剂。我国允许使用的是对羟基苯甲酸甲酯和乙酯。对羟基苯甲酸酯为无色结晶或白色结晶粉末，几乎无嗅，稍有涩味。难溶于水，溶于氢氧化钠溶液及乙醇、乙醚、丙酮、冰醋酸、丙二醇等溶剂。溶解度及熔点见表11-3。

表11-3 对羟基苯甲酸酯类的物理性质

对羟基苯甲酸酯	熔点/℃	溶解度/(g/100mL溶剂)	
		乙醇中	水中
对羟基苯甲酸乙酯	116～118	75	0.17
对羟基苯甲酸丙酯	95～98	95	0.05
对羟基苯甲酸丁酯	69～72	210	0.02

对羟基苯甲酸酯类对霉菌、酵母和细菌有广泛的抗菌作用。对霉菌、酵母的作用较强，但对细菌特别是对革兰阴性杆菌及乳酸菌的作用较差。对羟基苯甲酸酯在烘焙食品、软饮料、食醋、果酱和酱油中广泛使用。它们对风味几乎无影响，但能有效地抑制霉菌和酵母（0.05%～0.1%，按质量计）。随着对羟基苯甲酸酯的碳链的增长，其抗微生物活性增加，但水溶性下降，碳链较短的对羟基苯甲酸酯因溶解度较高而广泛使用。由于对羟基苯甲酸酯溶解度较小，常用酯钠盐形式。对羟基苯甲酸乙酯小白鼠经口 LD_{50} 为8000mg/kg，ADI为0～10mg/kg。

4. 丙酸及其钠盐、钙盐

丙酸（propionic acid）及其钠盐（sodium propionate）、钙盐（calcium propionate）编号：CNS 17.029，17.006，17.005；INS 280，281，282。丙酸的抑菌作用较弱，但对霉菌、需氧芽孢杆菌或革兰阴性杆菌有效，其抑菌最小用量在pH值5.0时为0.01%，在pH值6.5时为0.5%。丙酸防腐剂对酵母菌不起作用，所以主要用于面包和糕点的防霉。

丙酸和丙酸盐具有轻微的似干酪风味，能与许多食品的风味相容。丙酸盐易溶于水，钠盐（150g/100mL H_2O，100℃）的溶解度大于钙盐（55.8g/100mL H_2O，100℃）。

丙酸钙为白色颗粒或粉末，有轻微的丙酸气味，对光热稳定。160℃以下很少破坏，有吸湿性。易溶于水，20℃时可达40%。在酸性条件下具有抗菌性，pH<5.5时抑制霉菌能力较强，但比山梨酸弱。

丙酸盐常用于防止面包和其他烘焙食品中霉菌的生长，也可作为抗霉菌剂用于食醋和酱油。丙酸类防腐剂安全性相对较高，在哺乳动物中丙酸的代谢类似于其他脂肪酸，按照目前的使用量未发现任何有毒效应。丙酸的大白鼠 LD_{50} 为5160 mg/kg，属于相对无毒。

我国《食品安全国家标准　食品添加剂使用标准》（GB 2760—2024）规定：丙酸类防腐剂可用于

面包、糕点、豆制品等，最大使用量 2.5g/kg。

5. 脱氢乙酸及其钠盐

脱氢乙酸（dehydroacetic acid）编号：CNS 17.009(i)；INS 265。脱氢乙酸钠（sodium dehydroacetate）编号：CNS 17.009 (ii)；INS 266。脱氢乙酸系统命名是 3-乙酰基-6-甲基二氢吡喃-2,4（3H)-二酮，无色到白色结晶状粉末，有弱酸味，饱和溶液 pH 值 4，极难溶于水（＜ 0.1 %)，但其钠盐水溶性较好。脱氢乙酸对细菌、霉菌、酵母菌均有一定作用，在中性食品中基本无效，pH 值 5 时抑制霉菌能力是苯甲酸的 2 倍。在水中逐渐降解为醋酸。LD_{50} 为 1000～1200 mg/kg(小白鼠)。GB 2760—2024 中规定：可用于腌渍蔬菜、腌渍的食用菌和藻类、发酵豆制品，最大用量 0.3 g/kg；熟肉制品、复合调味料，最大用量 0.5g/kg。

6. 双乙酸钠

双乙酸钠（sodium diacetate）编号：CNS 17.013；INS 262(ii)。双乙酸钠是乙酸钠和乙酸的分子化合物，其抗菌作用来源于单分子乙酸。不离解的乙酸比离子化的乙酸能更有效地渗透霉菌组织的细胞壁，干扰细胞间酶的相互作用。在 pH 值 5.0 或更低时，乙酸能抑制大多数细菌，其中包括沙门菌和葡萄球菌等在食品中生长的病原体。乙酸抑制酵母和霉菌的先决条件是较低的 pH 值。比起许多其他有机酸，乙酸能更有效地抑制大多数细菌。GB 2760—2024 中规定可用于豆干及制品、原粮、糕点、熟肉制品、调味品等，最大用量各类食品规定不同，具体使用时须查对我国《食品添加剂使用标准》(GB 2760—2024)。

天然防腐剂是指从植物、动物、微生物代谢产物中提取的物质，也称作生物防腐剂。如微生物源的乳酸链球菌素，动物源的溶菌酶、壳聚糖、鱼精蛋白、蜂胶，植物源的琼脂低聚糖、辛香料提取物等。这些物质安全性相对较高，有很好的发展前景。目前天然防腐剂的主要问题是多数抗菌性能不强，抗菌性不广，由于纯度不够高而产生异味和杂色，一般成本较高。

7. 乳酸链球菌素

乳酸链球菌素（Nisin）编号：CNS 17.019；INS 234。1944 年从乳酸链球菌（*Lactic streptococci*）分离得到，它是一种对大多数革兰阳性菌有强大杀灭作用的细菌素（bacteriocin)。20 世纪 50 年代初，Aplin Barett 公司生产出商品，名为 Nisin（尼生素)，目前已被 50 多个国家使用。尼生素是一种共有 34 个氨基酸的多肽，分子量约为 3500。尼生素的溶解度随 pH 值上升而下降，pH 值 2.5 时为 12%，pH 值 5.0 时为 4%，中性、碱性时几乎不溶解。尼生素在酸性介质中具有较好的热稳定性，但热稳定性随 pH 值上升而下降，如 pH 值 2 时 121℃下 30min 仍有活性，pH＞4 时迅速分解。尼生素的抑菌 pH 值为 6.5～6.8。抑菌范围包括大多数革兰氏阳性细菌和芽孢菌、乳杆菌、金黄色葡萄球菌、肉毒梭菌、芽孢杆菌等。

乳酸链球菌素对人体基本无毒性，也不与医用抗菌素产生交叉抗药性，并能在肠道中无害地降解。可用于一些乳制品、面包、熟肉制品等的防腐，具体使用时须查对我国《食品安全国家标准　食品添加剂使用标准》(GB 2760—2024)。

8. 纳他霉素

纳他霉素（Natamycin）编号：CNS 17.030；INS 235。纳他霉素也称游链霉素（Pimaricin)，商品名为霉克，是由纳塔尔链霉菌产生的一种多烯烃大环内酯化合物。纳他霉素是一种很强的抗真菌剂，能有效地抑制酵母菌和霉菌的生长，阻止黄曲霉毒素的形成。由于纳他霉素的溶解度低，可用于食品表面处理却不影响食品的风味和口感。纳他霉素作为一种天然的食品防腐剂已应用于乳制品、肉类、糕点等许多食品工业中。纳他霉素对哺乳动物细胞的毒性极低，美国 FDA 将其归类为 GRAS（总体安全)。我国也已批准使用。我国 GB 2760—2024 规定：可用于干酪、糕点、肉制品等防腐保鲜，最大使用量 0.3g/kg。食物中最大残留量＜10mg/kg。

二、防腐剂的使用

防腐剂的使用首先必须严格按照我国 GB 2760—2024 中规定的使用剂量和使用范围。为使食品防腐剂达到最佳的使用效果，还要注意影响食品防腐剂使用的各种因素。

（1）pH 值　苯甲酸、山梨酸、丙酸、脱氢乙酸等均属于酸性防腐剂，即食品的 pH 值对防腐效果有很大的影响，pH 值越低防腐效果越好。这是因为起作用的是未解离的有机弱酸分子。一般来说，使用苯甲酸及苯甲酸钠适用于 pH 值 4.5～5 以下，山梨酸及山梨酸钾在 pH 值 5～6 以下。

（2）溶解与分散　防腐剂要充分溶解并均匀分布于整个食品中，如果分散不均匀就达不到较好的防腐效果。但有时并不一定要求完全溶解和均匀分布于整个食品，如食品表面防霉处理。

（3）热处理　一般情况下加热可增强防腐剂的防腐效果，防腐剂的加入可减轻食品热杀菌的强度。例如在 56℃时，使酵母营养细胞数减少到 1/10 需要 180min，若加入 0.01%对羟基苯甲酸丁酯则缩短为 48min，若加入量为 0.5%则只需要 4min。

（4）并用　各种防腐剂都有各自的作用范围，在某些情况下两种以上的防腐剂并用往往具有协同作用，而比单独作用更为有效。例如饮料中并用苯甲酸钠与二氧化硫，有的果汁中并用苯甲酸钠与山梨酸，可达到扩大抑菌范围的效果。

在食品的防腐中，要正确选择使用防腐剂，因为每种防腐剂往往只对一类或某几种微生物有较强的抑制作用（表 11-4）。如醋酸抗酵母菌和细菌比真菌强，常用于蛋黄酱、醋泡蔬菜、面包和焙烤食品中；苯甲酸抗酵母和真菌能力较强，常用于酸性食品饮料以及水果制品；丙酸抗真菌、细菌活力很低，对酵母菌基本无效，所以主要用于焙烤食品。

表 11-4　一些常用食品防腐剂对微生物的作用

防腐剂	细菌	真菌	酵母菌
二氧化硫	++	+	+
丙酸	+	++	++
山梨酸	+	+++	+++
苯甲酸	++	+++	+++
尼泊金酯	++	+++	+++
联苯	−	++	++
甲酸	+	++	++
亚硝酸钠	++	−	−

注：“−”无作用；“+”有作用；“++”作用较强；“+++”作用很强。

第三节　抗氧化剂

一、抗氧化剂概述

抗氧化剂是能阻止或推迟食品氧化以提高食品质量的稳定性和延长贮存期的食品添加剂。抗氧化剂按来源可分为天然的和人工合成的。按溶解性可分为油溶性的和水溶性的。油溶性的抗氧化剂主要是酚型抗氧化剂，一般用于油脂的抗氧化。食品中常用的酚型抗氧化剂大多是人工合成品，包括丁基羟基茴香醚（BHA）、丁基羟基甲苯（BHT）、没食子酸丙酯（PG）以及叔丁基氢醌（TBHQ）等。有些天然酚类物质如 α-生育酚也是很好的酚型抗氧化剂。水溶性抗氧化剂主要用于食品的防氧化、防变色和防变味等。水溶性抗氧化剂的抗氧化剂机制有多种，有的起供氢作用，有的起耗氧作用，有的起螯合金属离子的作用等。

二、常用油溶性抗氧化剂

1. 丁基羟基茴香醚

丁基羟基茴香醚（butylated hydroxyanisole）编号：CNS 04.001；INS 320。简称为BHA。为白色或微黄色蜡样结晶状粉末。商品BHA通常是3-BHA和2-BHA两种异构体的混合物，3-BHA含量一般大于90%。熔点57℃～65℃，随混合比例而异。BHA在几种溶剂和油中的溶解度见表11-5。

OCH_3 $C(CH_3)_3$ OH 3-BHA　　OCH_3 $C(CH_3)_3$ OH 2-BHA

表11-5 BHA在几种溶剂和油中的溶解度（25℃）

溶 剂	溶解度/(g/100mL)	溶 剂	溶解度/(g/100mL)
丙二醇	50	花生油	40
丙酮	60	棉籽油	42
乙醇	25	猪油	30

BHA对热相当稳定，在弱碱性条件下不容易破坏，遇金属离子不着色。3-BHA的抗氧化效果比2-BHA强1.5～2倍，两者混合后有一定的协同作用，因此含有高比例的3-BHA的混合物效力几乎与纯3-BHA相仿。

实验证明BHA的抗氧化效果在低于0.02%时随含量增高而增大，而超过0.02%时其抗氧化效果反而下降。

大白鼠经口LD_{50}为2200mg/kg，ADI暂定为0～0.5mg/kg。我国GB 2760—2024中规定：BHA可以用于油脂及制品、坚果罐头、方便米面制品、饼干、腌腊肉制品、膨化食品等，最大使用量为0.2g/kg。

BHA除了具有抗氧化作用外，还具有相当强的抗菌作用。研究报道，用150mg/kg的BHA可抑制金黄色葡萄球菌，用280mg/kg可阻止寄生曲霉孢子的生长，能阻碍黄曲霉毒素的生成，效果大于防腐剂对羟基苯甲酸酯。

2. 二丁基羟基甲苯

二丁基羟基甲苯（butylated hydroxytoluene）编号：CNS 04.002；INS 321。又称2,6-二叔丁基对甲酚，简称为BHT。为白色结晶或结晶性粉末，无味，无臭，熔点69.5～70.5℃，沸点265℃，不溶于水及甘油，溶于有机溶剂。BHT在一些油脂中的溶解度见表11-6。

OH $(CH_3)_3C$ $C(CH_3)_3$ CH_3

$C_{15}H_{24}O$(220.36)

BHT

表11-6 BHT在一些油脂中的溶解度

溶剂	温度/℃	溶解性/(g/100mL)	溶剂	温度/℃	溶解性/(g/100mL)
乙醇	120	25	棉籽油	25	20
豆油	25	30	猪油	40	40

BHT性质类似BHA，抗氧化作用较强，耐热性较好，普通烹调温度对其影响不大。用于长期保存的食品与焙烤食品效果较好。价格只有BHA的1/8～1/5，为我国主要使用的合成抗氧化剂品种。BHT大白鼠经口LD_{50}为1.04g/kg。我国GB 2760—2024规定使用范围和最大使用量与BHA相似。

3. 没食子酸丙酯

没食子酸丙酯（propyl gallate）编号：CNS 04.003；INS 310。又称棓酸丙酯，简称PG。纯品为白色至淡褐色的针状结晶，无臭，稍有苦味，易溶于乙醇、丙酮、乙醚，难溶于水、脂肪、氯仿。没食子酸丙酯在几种溶剂

HO HO HO $COOCH_2CH_2CH_3$

PG

中的溶解度见表 11-7。

表 11-7 没食子酸丙酯在几种溶剂中的溶解度

溶剂	温度/℃	溶解度/(g/100mL)	溶剂	温度/℃	溶解度/(g/100mL)
水	20	0.35	棉籽油	30	1.2
花生油	20	0.5	乙醇	25	103

PG 水溶液微苦，pH 值约为 5.5，对热比较稳定，无水物熔点为 146～150℃。易与铜、铁离子反应，显紫色或暗绿色。潮湿和光照均能促进其分解。

PG 对猪油抗氧化作用较 BHA 和 BHT 强。PG 加增效剂柠檬酸后抗氧化作用增强，如 PG、BHA、BHT 混合使用再添加增效剂柠檬酸则抗氧化作用最强。PG 在含油面制品中抗氧化效果不如 BHA 和 BHT。

虽然 PG 在防止脂肪氧化上是非常有效的，然而它难溶于脂肪给它的使用带来了麻烦。如果食品体系中存在水相，PG 将分配至水相，使它的效力下降。此外，如果体系含有水溶性铁盐，加入 PG 会产生蓝黑色。因此，食品工业已很少使用 PG，而优先使用 BHA、BHT 和 TBHQ（叔丁基对苯二酚）。

PG 大白鼠经口 LD_{50} 为 3600mg/kg，ADI 暂定为 0～0.2mg/kg。我国 GB 2760—2024 规定的使用范围与 BHA 类似，最大使用量 0.1g/kg。当 BHA 和 BHT 混合使用时，两者总量必须小于 0.2 g/kg。当 BHA、BHT 和 PG 三者混合使用时，BHA 和 BHT 总量小于等于 0.1g/kg，PG 小于等于 0.05g/kg。

4．叔丁基对苯二酚

叔丁基对苯二酚（tertiary butyl hydroquinone）编号：CNS 04.007；INS 319。简称 TBHQ。为白色结晶，较易溶于油，微溶于水，溶于乙醇、乙醚等有机溶剂，热稳定性较好，熔点 126～128℃，抗氧化性强。虽然 BHA 或 BHT 对防止动物脂肪的氧化是有效的，但是对于防止植物油的氧化几乎是无效的，这是因为植物油脂常含有相当数量的天然生育酚。然而 TBHQ 似乎是这个规则的一个例外，在植物油中试验比 BHA、BHT 强 3～6 倍。它在植物油脂的抗氧化上比 PG 更好，在存在铁离子时也不会产生不良颜色。在油炸马铃薯片中使用时能保持良好的持久性。TBHQ 还具有抑菌作用，500mg/kg 用量可明显抑制黄曲霉毒素的产生。

OH, CH_3, C—CH_3, CH_3, OH

TBHQ

1972 年美国批准使用 TBHQ，1992 年我国批准使用。我国 GB 2760—2024 规定的 TBHQ 使用范围与 BHA 相似，最大使用量 0.2g/kg。

5．生育酚混合物

生育酚是自然界分布最广的一种天然抗氧化剂。生育酚有 8 种结构，都是母生育酚的甲基取代物。

R^3, R^2, O, CH_3, $(CH_2)_3CH(CH_2)_3CH(CH_2)_3CHCH_3$, HO, R^1, CH_3, CH_3, CH_3

α-生育酚：$R^1,R^2,R^3=CH_3$

β-生育酚：$R^1,R^3=CH_3$；$R^2=H$

γ-生育酚：$R^2,R^3=CH_3$；$R^1=H$

δ-生育酚：$R^1,R^2=H$；$R^3=CH_3$

生育酚

已知的天然生育酚有 α、β、γ、δ 等 7 种同分异构体，作为抗氧化剂使用的是它们的混合浓缩物。生育酚存在于小麦胚芽油、大豆油、米糠油等的不可皂化物中，工业上用冷苯处理再除去沉淀，再加乙醇除去沉淀，然后经真空蒸馏制得。

生育酚混合物为黄至褐色、几乎无臭的透明黏稠液体，相对密度 0.932～0.955，溶于乙醇，不溶于水，可与油脂任意混合，对热稳定。因所用原料油与加工方法不同，成品中生育酚总浓度和组成也不一样，较纯的生育酚浓缩物含生育酚的总量可达 80%以上。以大豆油为原料的产品，其生育酚组成比大致为 α 型 10%～20%、γ 型 40%～60%、δ 型 25%～40%。不同组分抗氧化强弱的顺序为 α 型、β 型、γ 型、δ 型依次增强。但作为维生素 E 的生理作用则以 D-α-生育酚为最强。

维生素 E(DL-α-生育酚）编号：CNS 04.016；INS 307。为我国允许使用的抗氧化剂。可以用于油脂、即食谷物、固体汤料、油炸小食品等，最大用量一般不做规定。使用时须查看最新的 GB 2760—2024 标准。

三、常用水溶性抗氧化剂

1. 抗坏血酸

抗坏血酸（ascorbic acid）有 4 种异构体，其中 L-抗坏血酸又称为维生素 C。抗坏血酸不稳定，它的水溶液受热、遇光后易破坏，一些金属离子如铜、铁等起催化作用。抗坏血酸由于其还原供氢作用和螯合金属离子作用及耗氧作用而起抗氧化作用，抗坏血酸的 4 种异构体及其盐均有抗氧化作用。有时考虑到食品避免酸性而用 L-抗坏血酸钠，有时由于成本更低而用 D-异抗坏血酸钠，为降低水油性和适于油脂抗氧化可用抗坏血酸酯。我国 GB 2760—2024 规定抗坏血酸（维生素 C）（编号：CNS 04.014；INS 300）可作为抗氧化剂用于去皮或预切的鲜水果、小麦粉、饮料等食品。

抗坏血酸棕榈酸酯（ascorbyl palmitate）（编号：CNS 04.011；INS 304）是由抗坏血酸的第六位伯醇羟基和棕榈酸酯化而成的抗氧化剂，酯化后增加了稳定性，又未破坏其二烯醇结构，抗氧化活性更高，L-抗坏血酸棕榈酸酯可作为油脂的抗氧化剂和营养强化剂。L-抗坏血酸棕榈酸酯难溶于水和植物油，外观为白色或黄白色粉末，有轻微的柑橘香味。我国 GB 2760—2024 规定抗坏血酸棕榈酸酯可以应用于乳制品、脂肪制品、方便米面制品和婴幼儿配方食品。

2. 植酸（肌醇六磷酸）

植酸（phytic acid）编号：CNS 04.006；INS 391。植酸大量存在于米糠、麸皮以及很多植物种子皮层中。它是肌醇的六磷酸酯，在植物中与镁、钙或钾形成盐。植酸作为一种天然抗氧化剂，其抗氧化机理主要是其较强的金属螯合作用，此外还有 pH 值调节和缓冲作用。植酸为淡黄色或淡褐色的黏稠液体，易溶于水、乙醇和丙酮，几乎不溶于无水乙醚、苯、氯仿，对热比较稳定。50%植酸水溶液小白鼠经口 LD_{50} 为 4.192g/kg。植酸对植物油的抗氧化效果见表 11-8。

表 11-8 植酸对植物油的抗氧化效果

植物油种类	添加 0.01%植酸的 POV	对照组的 POV
大豆油	13	64
棉籽油	14	40
花生油	0.8	270

注：POV—过氧化值。

四、天然抗氧化剂

由于安全性的考虑，天然抗氧化剂的开发研究一直为人们关注。人们发现许多天然产物的提取物具有抗氧化作用，如茶叶中茶多酚、蜂胶提取物、葡萄籽提取物、香辛料提取物等。从这些提取物的化学成分来看，都含有较丰富的酚类物质，如茶叶中含有大量酚类物质、儿茶素类（即黄烷醇类）、黄酮、黄酮醇、花色素、酚酸、多酚缩合物，其中儿茶素是主体成分，占茶多酚总量的 60%～80%。从茶叶中提取的茶多酚按脂肪量的 0.2%用于人造奶油、植物油和烘焙食品时，抗氧化效率相当于 0.02% BHT 所达到的水平。

虽然天然抗氧化成分不断被发现，但要实际应用于食品工业中还有许多技术问题需要解决，如原料的易得性、提取技术改进、产品性能优化、成本进一步降低等。

五、抗氧化剂的作用机理

抗氧化剂的作用方式有提供氢原子、降低氧化还原电势、抑制一些氧化酶类活性和终止脂肪自动氧化自由基链的传递等。

丁基羟基茴香醚（BHA）、二丁基羟基甲苯（BHT）和没食子酸丁酯，这 3 种合成抗氧化剂都是一些酚类化合物，通常称为酚型抗氧化剂。它们与脂质的过氧化自由基反应，是氢的提供者（或自由基的承受者）。以 BHA 为例，BHA 失去氢原子后形成的自由基是比较稳定的，因而不会引发新的脂质自由基，起到终止自由基链传递的作用。

酚型抗氧化剂的抗氧化模式如下。

设 AH 为抗氧化剂，则

$$AH + ROO\cdot \longrightarrow ROOH + A\cdot$$

或

$$AH + R\cdot \longrightarrow RH + A\cdot$$

A· 比较稳定，不能引起脂质氢过氧化物的形成，却可参与自由基终止反应，例如

$$A\cdot + A\cdot \longrightarrow AA$$

$$A\cdot + ROO\cdot \longrightarrow ROOA$$

当有另外的供氢体（BH）存在时，抗氧化剂还可以再生，如抗坏血酸可以使生育酚再生：

$$A\cdot + BH \longrightarrow AH + B\cdot$$

酚型抗氧化剂形成的自由基比较稳定，一般认为是因为氧原子上的未成对电子（自由基电子）能与苯环中的大 π 电子云相互作用，形成离域或称其为具有多种共振形式，这样能量就有所下降，另外 BHA、BHT、TBHQ 中的叔丁基由于可引起空间障碍作用也使其稳定性增加，因而酚型抗氧化剂的自由基比较稳定。例如氢醌与氢过氧化自由基反应生成稳定的半醌共振杂化物：

ROO· + (OH/OH) ⟶ ROOH + (O·/OH) ⟷ (O/·OH) ⟷ (O/OH)

半醌自由基可形成稳定的二聚体或通过歧化反应产生醌的同时重新生成原有的抗氧化剂分子：

(O·/OH) + (O·/OH) ⟶ (OH/OH) + (O/O)

抗氧化剂自由基或者与另一个 ROO· 反应，产生非自由基：

(O/·OH) + ROO· ⟶ (O/HO OOR)

总之酚型抗氧化剂形成自由基后比较稳定，不再引发新的脂质自由基，而抗氧化剂自由基自身二聚或和其他抗氧化剂作用使自由基链的传递终止。

六、抗氧化剂的使用和注意事项

（一）抗氧化剂的选择

各种抗氧化剂在不同食品体系中应用其抗氧化效果可能有很大的不同，因此需要根据经验和试验做

出正确选择，为了充分发挥抗氧化剂的协同作用也要仔细确定抗氧化剂种类和合理的组合。如在植物油的抗氧化中，TBHQ 的效果优于 PG，而 TBHQ 在棉子油、大豆油、红花油中的抗氧化效果是不相同的。BHA 在油炸过程中显示较佳的耐加工性能，而 PG、TBHQ 和 BHT 在油炸过程中可能被水蒸气蒸馏或分解，因此它们的耐加工性能不如 BHA。

各种抗氧化剂的亲水-亲油性同它们在不同食品中应用有很大关系。一般可分两种情况，一种是具有小的比表面积，例如体相油，这时使用亲水亲油平衡值较大的抗氧化剂（如 PG 或 TBHQ）最为有效，这是因为抗氧化剂可集中在油的表面，而脂肪与分子氧主要作用在表面。另一种情况是具有大的比表面积，例如存在于食品组织中的极性脂膜或 O/W 乳状液等，这类多相体系水的浓度较高，脂肪常呈介晶态，因而宜用亲油性抗氧化剂如 BHA、BHT、高烷基棓酸盐以及生育酚。

（二）抗氧化剂的使用注意事项

1. 掌握添加抗氧化剂的时机

从脂肪自动氧化和抗氧化剂作用机理可以看出，抗氧化剂只能延缓氧化开始的时间，而不能改变油脂已经氧化劣变的后果，因此必须注意要在氧化开始之前尽早加入，如对于动物脂肪，在油脂熬出后应立即将抗氧化剂加入。事实上，已有报道在熬油过程中加入脂溶性抗氧化剂（BHA 和 BHT）更为有效。酚类抗氧化剂在油脂脱臭的条件下是挥发的，因此必须在脱臭加工后及时加入抗氧化剂。

2. 适当的使用量

与防腐剂不同，添加抗氧化剂的量和抗氧化效果并不总是正相关，当超过一定浓度后，非但不再增强抗氧化作用，反而具有促进氧化的效果。例如作为抗氧化剂的生育酚在较低的浓度时能起抗氧化剂的作用，浓度较高时反而起助氧化的作用。如当 α-生育酚（TH_2）浓度较高时，根据下列反应形成自由基，产生助氧化作用：

$$ROOH + TH_2 \longrightarrow RO\cdot + TH\cdot + H_2O$$

3. 抗氧化剂的协同作用

两种或两种以上抗氧化剂混合使用，其抗氧化效果大于单一使用之和，这种现象称为抗氧化剂的协同作用。一般认为，这是由于不同的抗氧化剂可以分别在不同的阶段终止油脂氧化的链锁反应。另一种协同作用是酚型抗氧化剂同其他抗氧化剂和金属离子螯合剂复合使用，如抗坏血酸可以作为酚型抗氧化剂的再生剂、氧的清除剂、金属离子螯合剂等而起协同作用。上述两种协同作用已被实践证明，并在食品脂肪抗氧化中普遍采用。

4. 溶解与分散

抗氧化剂在油中的溶解性影响抗氧化效果，如水溶性的抗坏血酸可以用其棕榈酸酯的形式用于油脂的抗氧化。抗氧化剂用量一般很少，所以必须充分分散在食品中才能发挥其作用。油溶性的抗氧化剂要先溶于油相中，水溶性的抗氧化剂则要先溶于水相中，然后要混合均匀。由于 PG 和柠檬酸在脂肪中的溶解度有限，常使用溶剂载体将它们并入油脂或含脂食品，这些溶剂是丙二醇或丙二醇与甘油一油酸酯（GMO）的混合物。为了能以一个均匀的混合物形式使用 BHA、BHT 和柠檬酸，市售的抗氧化剂混合物含有作为溶剂的丙二醇、甘油一油酸酯、乙醇和乙酰化单甘酯等。

5. 金属助氧化剂和抗氧化剂的增效剂

过渡元素金属，特别是具有合适的氧化还原电位的 3 价或多价的过渡金属（Co，Cu，Fe，Mn，Ni），具有很强的促进脂肪氧化的作用，被称为助氧化剂。所以必须尽量避免这些离子的混入，然而由于土壤中存在或加工容器的污染等原因，食品中常含有这些离子。

通常在植物油中添加抗氧化剂时同时添加某些酸性物质，如柠檬酸、植酸、抗坏血酸等，可显著提高抗氧化效果，这些酸性物质叫作抗氧化剂的增效剂。一般认为这些酸性物质可以和金属离子生成螯合物，从而钝化金属离子的催化作用。

6. 避免光、氧、热的影响

使用抗氧化剂只是控制食品油脂氧化的一项措施，使用抗氧化剂的同时还应注意控制存在的一些促进脂肪氧化的因素，如光照尤其是紫外线极易引起脂肪的氧化，可采用避光的包装材料如铝复合塑料包装袋保存含脂食品。

加工和贮藏中的高温一方面促进食品中脂肪的氧化，另一方面加大抗氧化剂的挥发。例如，BHT在大豆油中经加热至 170℃，90min，就完全分解或挥发。

大量氧气的存在会加速氧化的进行。实际上，只要暴露于空气中，油脂就会自动氧化。避免与氧气接触极为重要，尤其对于具有很大比表面积的含油粉末状食品。一般可以采用充氮包装或真空密封包装等措施，也可采用吸氧剂或称脱氧剂，否则任凭食品与氧气直接接触，即使大量添加抗氧化剂也难以达到预期效果。

第四节　食用合成色素

一、食用合成色素概述

为了改善食品的感官性质，增进人们的食欲，常需对食品进行着色。用于食品着色的染料叫作食用色素，食用色素可以分为天然的食用色素和合成的食用色素。天然色素虽然来源丰富、品种众多、安全性比较好，但除少数色素外一般稳定性差、色泽不艳、纯度不高（色价较低），目前成本高于合成色素。而人工合成色素一般较天然色素色彩鲜艳、性质稳定、着色力强，并可任意调色、使用方便、成本低廉，仍是目前最常用的食用色素。但化学合成色素不是食品的成分，在合成中还可能有副产物等污染，特别是发现早期使用的一些合成色素具有致癌性，所以世界各国对食用合成色素的使用都有严格的控制。

目前使用的食用合成色素大多为偶氮类色素，带有磺酸基，属酸性水溶性色素。我国 GB 2760—2024 允许使用的合成食用色素为 9 种，它们是：苋菜红、胭脂红、诱惑红、赤藓红、新红、柠檬黄、日落黄、靛蓝、亮蓝以及相应的铝色淀。可以用于糖果包衣、冰淇淋、炸鸡调料、果汁（味）型饮料、碳酸饮料、固体饮料、冷饮、糖果、糕点彩装、染色樱桃罐头、红肠肠衣、配制酒、固体饮料、即食早餐谷类食品、膨化食品、油炸小食品、肉灌肠、果冻、饼干夹心、西式火腿、调味糖浆、半固体复合调味料等。

二、常用食用合成色素

1. 苋菜红

苋菜红（amaranth）编号：CNS 08.001；INS 123。系统命名是 1-(4′-磺基-1′-萘偶氮)-2-萘酚-3,6-二磺酸三钠盐。属于单偶氮类色素。

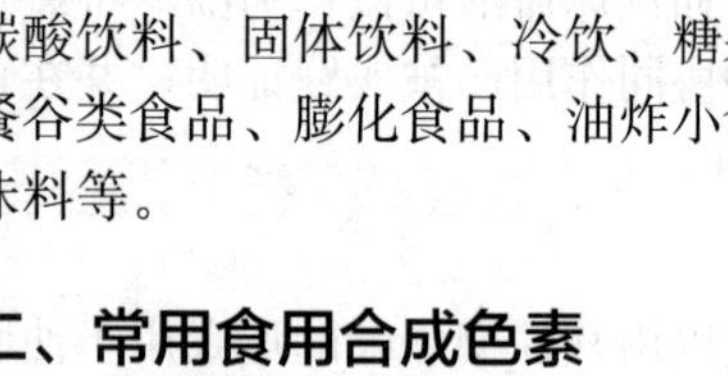

苋菜红

苋菜红含羟基和磺酸盐结构，为水溶性色素。苋菜红为紫红色粉末，无臭，0.01% 水溶液呈玫瑰红色。不溶于油脂。耐光、耐热、耐盐、耐酸性良好，但在碱性条件下呈暗红色。对氧化还原作用敏感，所以不适用于发酵食品。小鼠经口 $LD_{50}>10g/kg$，ADI 为 0～0.75mg/kg。1968 年有报道苋菜红可引起大白鼠致癌，但也有报道认为苋菜红无致癌性和致畸性，至今尚无最后定论。美国 1976 年禁用。

2. 胭脂红

胭脂红（ponceau 4R）编号：CNS 08.002；INS 124。又名丽春红 4R。属单偶氮类色素。

胭脂红为红色至深红色粉末，无臭，溶于水呈红色。不溶于油脂。耐光性、耐酸性尚好，但耐热性、耐还原性相当弱，耐细菌性亦较差，遇碱会变成褐色。小白鼠经口 LD_{50} 为 1930mg/kg，ADI 为 0～5mg/kg。

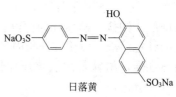

胭脂红

3. 柠檬黄

柠檬黄（tartrazine）编号：CNS 08.005；INS 102。系统命名是 3-羧基-5-羟基-1-对磺苯基-4-(对磺苯基偶氮)邻氮茂三钠盐。亦属于单偶氮色素。

柠檬黄

柠檬黄为橙黄色均匀粉末，无臭，0.1%水溶液呈黄色。不溶于油脂。耐酸性、耐光性、耐盐性均好，耐氧化性较差，遇碱稍微变红，还原时褪色。

4. 日落黄

日落黄（sunset yellow）编号：CNS 08.006；INS 110。又名橘黄、晚霞黄。系统命名是 1-对磺苯基偶氮-2-萘酚-6-磺酸二钠盐。属单偶氮色素。

日落黄

日落黄为橙色颗粒或粉末，无臭。易溶于水，0.1%水溶液呈橙黄色。不溶于油脂。耐光、耐热、耐酸性非常强，耐碱性尚好，遇碱呈红褐色，还原时褪色。大鼠经口 LD_{50} 为 2000mg/kg，ADI 为 0～25mg/kg。

5. 靛蓝

靛蓝（indigo carmine）编号：CNS 08.008；INS 132。又名酸性靛蓝、磺化靛蓝、食品蓝。是 5,5′-靛蓝二磺酸的二钠盐。属于靛类色素。

靛蓝

靛蓝为蓝色均匀粉末，无臭，0.05%水溶液为深蓝色。溶解度较低，21℃水中溶解度为 1.1%。不溶于油脂。稳定性较差，对热、光、酸、碱、氧化、还原都很敏感，还原时褪色，但染着力好。大白鼠经口 LD_{50} 为 2000mg/kg，ADI 为 0～5mg/kg。很少单独使用，多与其他色素混合使用。

6. 赤藓红

赤藓红（erythrosine BS）编号：CNS 08.003；INS 127。又名樱桃红，或 2,4,5,7-四碘荧光素。由荧光素经碘化而成，属氧蒽类色素。

赤藓红为红到红褐色颗粒或粉末，无臭。易溶于水，0.1%水溶液为微带蓝色的红色。不溶于油脂。染着性、耐热性、耐碱性、耐氧化还原及耐细菌性均好，但耐酸性与耐光性差，因而不宜用于酸性强的清凉饮料和水果糖着色，比较适合于需高温烘烤的糕点类等的着色，一般用量为 1/100000～1/50000。大白鼠经口 LD_{50} 为 1900mg/kg，ADI 为 0～1.25mg/kg。

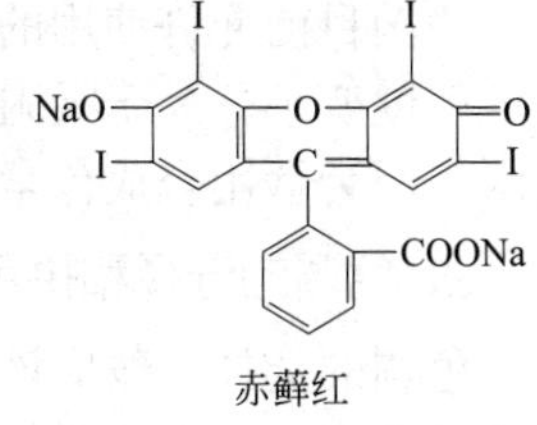

赤藓红

7. 亮蓝

亮蓝（brilliant blue）编号：CNS 08.007；INS 133。又名酸性蓝。属于三苯甲烷类色素。

亮蓝

亮蓝为具有金属光泽的红紫色粉末，溶于水呈蓝色。溶于甘油及乙醇，21℃时在水中的溶解度为

18.7%。耐光性、耐酸性均好。适用于糕点、糖果、清凉饮料及豆酱等的着色，用量 5～10mg/kg 左右，使用时可以单独或与其他色素配合成黑色、小豆色、巧克力色等应用。本品安全性较高，大鼠经口 LD_{50}＞2000mg/kg，ADI 为 0～12.5mg/kg。

8. 新红

新红（new red）编号：CNS 08.004。属于单偶氮类色素，系上海市染料研究所新近研制的食用合成色素。

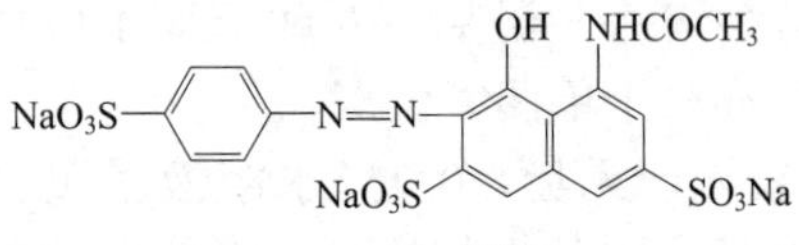

新红

新红为红色粉末。易溶于水，呈红色澄清溶液。具有酸性染料特性。适用于糖果、糕点、饮料等的着色。小鼠经口 LD_{50}＞1000mg/kg，ADI 为 0～0.1mg/kg（上海市卫生防疫站，1982）。

9. 诱惑红

诱惑红（allura red AC）编号：CNS 08.012；INS 129。又名食用红色 17 号。系统命名是 1-(4′-磺基-3′-甲基-6′-甲氧基苯偶氮)-2-萘酚二磺酸二钠盐。诱惑红为深红色均匀粉末，无臭。溶于水，呈微带黄色的红色溶液。溶于甘油与丙二醇，易溶于乙醇，不溶于油脂。耐光、耐热性强，耐碱及耐氧化还原性差。小鼠经口 LD_{50} 为 10g/kg，ADI 为 0～7mg/kg。

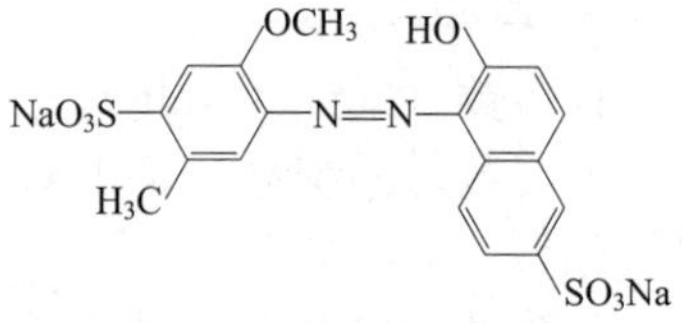

诱惑红

10. 色淀

色淀（aluminum lake）是指将水溶性色素吸附到不溶性基质上得到的一种水不溶性色素。常用的基质有氧化铝、二氧化钛、硫酸钡、氧化钾、滑石、碳酸钙，目前主要使用的是铝色淀。色淀的优点是可以代替油溶性色素，主要用于油基性食品，它可在油相中均匀分散，可在干燥下并入食品。色素的稳定性提高。

我国 1988 年批准使用。我国允许使用的 9 种合成色素均有其相应的铝色淀形式，可用于各类粉状食品、糖果、糕点、甜点包衣、油脂食品、口香糖（不染口腔）等，也可用于药片、化妆品、玩具等的着色。

三、食用合成色素使用注意事项

1. 色素溶液的配制

我国目前允许使用的食用合成色素多为酸性染料，溶液的 pH 值影响色素的溶解性能，在酸性条件下溶解度变小，易于吸附，而在碱性条件下易于解析。配制水溶液所用的水须除去多价金属离子，即用软水，因为食用合成色素在硬水中溶解度变小。使用时一般配成 1%～10%的溶液，过浓则难于调色。

2. 色调的选择和拼色

色调的选择一般应该选择与食品原有色彩相似的或与食品的名称相一致的色调。由于可以使用的色素品种不多，可以将它们按不同比例拼色。从理论上讲，由红、黄、蓝 3 种基本色就可拼出各种不同的色谱，如草莓色（苋莱红 73%，日落黄 27%）、西红柿色（胭脂红 93%，日落黄 7%）、鸡蛋色（苋莱红 2%，柠檬黄 93%，日落黄 5%）。但各种色素性能不同，如褪色快慢不同以及许多影响色调的因素存在，在具体应用时必须通过试验灵活掌握。

第五节　护色剂

护色剂（color fixatives）是能与肉及肉制品中的呈色物质作用，使之在食品加工、贮藏等过程中不致分解、破坏，呈现良好色泽的物质。护色剂本身并无着色作用而区别于色素。能促进护色剂作用的物质称为护色助剂。

在肉类腌制中使用的护色剂是硝酸盐及亚硝酸盐，护色助剂为D-抗坏血酸和D-抗坏血酸钠等。

一、护色剂和护色助剂

肉制品中使用的护色剂即亚硝酸钠（$NaNO_2$）（编号：CNS 09.002；INS 250），小鼠经口 LD_{50} 为220mg/kg，是一种有毒物质，由于外观和氯化钠不易区分，常有误食而中毒的报道。常和氯化钠等配成腌制混合盐使用。硝酸钠（$NaNO_3$）和硝酸钾（KNO_3）也是常用的护色剂，在肉的腌制过程中可还原成亚硝酸盐而起护色作用。D-抗坏血酸和D-异抗坏血酸钠也是常用的发色助剂。

二、发色机理

硝酸盐在细菌（亚硝酸菌）作用下被还原成亚硝酸盐。亚硝酸盐在酸性条件下会生成亚硝酸。一般屠宰后成熟的肉因含乳酸，pH值约在5.6～5.8范围内，所以不需要加酸就可以生成亚硝酸。其反应为：

$$NaNO_2 + CH_3CH(OH)COOH \longrightarrow HNO_2 + CH_3CH(OH)COONa$$

亚硝酸很不稳定，即使在常温下也可分解，产生NO。

$$3HNO_2 \longrightarrow HNO_3 + 2NO + H_2O$$

生成的NO会很快与肌红蛋白（Mb）反应，生成鲜艳的亮红色的亚硝基肌红蛋白。

$$Mb + NO \longrightarrow MbNO$$

生成的NO可被氧化生成硝酸和亚硝酸，所以在肉的护色过程中常常添加具有还原作用的L-抗坏血酸或D-异抗坏血酸钠。当肉加热蛋白变性时亚硝基肌红蛋白变成红色的血色原，因此使熟肉制品带上特有的粉红色。

三、发色剂在肉制品加工中的作用

发色剂可使熟肉制品具有诱人的均一的红色。而如果用色素染色，则往往不易染着均匀，肉的内部常不易染上。亚硝酸钠除了发色外还是很好的防腐剂，特别是对于肉毒梭状芽孢杆菌在pH值6时具有显著的抑制作用。另外亚硝酸盐的使用还可增强肉制品的风味。气相色谱分析显示，发色处理后肉中的一些挥发性风味物质明显增多。亚硝酸盐发色还具有抗脂肪氧化的作用，机理还不太清楚，可能是和卟啉铁结合后降低了铁的催化脂肪氧化的作用。

四、关于致癌问题

亚硝酸盐除了急性毒性外最令人担心的问题是致癌性。动物试验确证亚硝酸钠有致癌性，其机制是和动物体内的仲胺反应生成亚硝胺，亚硝胺在体内可进一步生成重氮链烷，使DNA中的鸟苷酸甲基化，最终引起基因突变。

虽然尚无直接证据证实由于肉类腌制中的亚硝酸盐而引起人类癌症，但应予以高度重视。最好不用这类发色剂，但由于它们对肉制品有多种有益作用，目前还没有理想的替代品。为保障人民身体健康，在肉制品加工中应严格控制亚硝酸盐及硝酸盐的使用量。《食品安全国家标准　食品添加剂使用标准》（GB 2760—2024）中规定：硝酸钠在肉制品中最大使用量为0.50g/kg，亚硝酸钠在肉制品、罐头中最大使用量为0.15g/kg。其残留以亚硝酸钠计，西式火腿小于70mg/kg，肉类罐头小于50mg/kg，肉类制品小于30mg/kg。

实际上亚硝酸盐在人们生活中普遍存在，许多植物材料中存在多量的硝态氮化合物，在细菌及其他还原条件下形成亚硝酸盐，这是由于过度施肥和不当加工造成。另外是由于环境污染，如水源被硝态氮污染。

第六节　漂白剂

一、漂白剂概述

漂白剂（bleaching agents）在 GB 2760—2024 中属 D.5 类，指能够破坏、抑制食品的发色因素，使其褪色或使食品免于褐变的物质。漂白剂可分为氧化型和还原型两类，氧化型漂白剂有过氧化苯甲酰、过氧化钙等，还原型漂白剂有硫磺、二氧化硫、亚硫酸氢钠、亚硫酸钠、低亚硫酸钠、焦亚硫酸钠、焦亚硫酸钾等。以还原型漂白剂的应用较为广泛，这是因为它们在食品中除了具有漂白作用外还具有防腐、防氧化等多种作用。

二、几种还原型漂白剂

二氧化硫（SO_2）编号：CNS 05.001；INS 220。无色气体，具有强烈刺激性气味，溶于水而成亚硫酸，加热则又挥发出二氧化硫。二氧化硫对食品有漂白和防腐作用，是食品加工中常用的漂白剂和防腐剂。

无水亚硫酸钠（Na_2SO_3）编号：CNS 05.004；INS 221。白色粉末，在空气中徐徐氧化成硫酸盐，高温分解成硫化钠和硫酸钠。1%水溶液 pH 值 8.4～9.4，遇酸释放出二氧化硫。亚硫酸钠即结晶亚硫酸钠（$Na_2SO_3 \cdot 7H_2O$），比无水亚硫酸钠更不稳定，在 150℃失去结晶水而成为无水亚硫酸钠。

低亚硫酸钠（$Na_2S_2O_4$）编号：CNS 05.006；INS 222。即保险粉、连二亚硫酸钠、次亚硫酸钠。白色结晶性粉末，有强还原性，极不稳定，易氧化分解，受潮或露置空气中会失效，并可能燃烧。加热至 190℃时可发生爆炸。本品是亚硫酸盐漂白剂中还原、漂白力最强者，可作为漂白剂、防腐剂、抗氧化剂使用。

焦亚硫酸钠（$Na_2S_2O_5$）编号：CNS 05.003。又叫偏重亚硫酸钠、偏二亚硫酸钠。一般市售品中含有少量亚硫酸氢钠。焦亚硫酸钠为白色或黄色结晶性粉末或小结晶，带有强烈的二氧化硫气味，水溶液呈酸性，与强酸接触放出二氧化硫，久置空气中则氧化成连二硫酸钠，故该产品不能久存。

硫磺（S）编号：CNS 05.007。略带沙性的粉状或块状固体，有特异的硫磺味，几乎不溶于水。熔点 115℃。燃烧生成蓝色火焰，伴随燃烧产生二氧化硫气体。

三、漂白剂使用注意事项

按食品添加剂标准使用二氧化硫类漂白剂是安全的。媒体报道的一些不法分子用“吊白块”处理米粉、笋等造成对消费者健康的伤害事件并不是食品添加剂造成的，“吊白块”是含有甲醛和次硫酸氢钠等的工业用化工品，不是食品添加剂，其主要毒性成分是甲醛和其他有毒杂质。因此只能使用国家规定的食品用漂白剂，绝对禁止使用“吊白块”类非法化学品。

亚硫酸盐类的溶液在酸性条件下很不稳定，易于挥发、分解而失效，所以要临用现配，不可久贮。金属离子能促进亚硫酸的氧化而使还原的色素氧化变色，所以在生产时要避免混入铁、铜、锡及其他重金属离子，当食品中含有这些离子时可使用金属螯合剂如 EDTA 等。由于二氧化硫可破坏维生素 B_1，必要时可添加硫胺素。亚硫酸类制剂只适合植物性食品，不允许用于鱼、肉等动物性食品。含二氧化硫量高的食品会对铁罐腐蚀，并产生硫化氢，影响产品质量。

二氧化硫和亚硫酸盐经代谢成硫酸盐后从尿液排出体外，并无任何明显的病理后果。但由于有人报告某些哮喘病人对亚硫酸或亚硫酸盐有反应，以及二氧化硫及其衍生物潜在的诱变性，人们正在对它们进行再检查。二氧化硫具有明显的刺激性气味，如果残留量过高会产生可察觉的异味。

第七节 调味剂

调味剂指主要为改善口味、促进消化液分泌、增进食欲的一类添加剂，主要包括鲜味剂、酸味剂、甜味剂等，在 GB 2760—2024 中分别归类于 D. 12 增味剂、D. 1 酸度调节剂、D. 19 甜味剂。

一、增味剂

GB 2760—2024 中 D. 12 增味剂是指补充或增强食品原有风味的物质，即鲜味剂，国外叫风味增强剂。常用的鲜味剂有谷氨酸钠、5′-呈味核苷酸、蛋白质水解物、酵母提取物、肉类抽提物等。

1. 谷氨酸钠

$$\mathrm{HOOC{-}\underset{\displaystyle NH_2}{\underset{|}{C}H}{-}CH_2{-}CH_2{-}COONa \cdot H_2O}$$

谷氨酸钠

谷氨酸钠（monosodium L-glutaminate，MSG）（编号：CNS 12.001；INS 621）即通常所说的味精，1866 年首次分离，1908 年日本东京大学池田教授指出是鲜味成分，1909 年开始上市出售。谷氨酸广泛存在于蛋白质中，某些蛋白质中谷氨酸含量见表 11-9。早期味精以面粉为原料提取生产，目前由微生物发酵生产。目前全球味精市场规模超过 500 亿美元，中国是最大的生产国和消费国，年产量超过 200 万吨。

表 11-9 某些蛋白质中谷氨酸含量

蛋白质来源	谷氨酸含量/%	蛋白质来源	谷氨酸含量/%
小麦谷蛋白	36.0	大豆(饼)	21.0
玉米谷蛋白	24.5	酪蛋白	22.0
玉米醇溶蛋白	36.0	水稻	24.1
花生粉	19.5	鸡蛋清蛋白	16.0
棉子粉	17.6	酵母	18.5

谷氨酸钠在 150℃失水，在 210℃发生吡咯烷酮化生成焦谷氨酸，在 270℃分解。pH＜5 时呈酸的形式，易生成焦谷氨酸，鲜味下降。pH＞7 时以二钠盐形式存在，鲜味也下降，碱性下加热易消旋化。一般 pH 值 6～8 时味感效应最强。味精的阈值为 0.012%。氯化钠是谷氨酸钠的助鲜剂，因此味精通常与氯化钠同时使用。味精与呈味核苷酸混合使用可使鲜味大大增强。味精除具有鲜味外，还具有改善食品风味和纠味作用。

关于味精的安全性，1968 年有人提出“中国餐馆综合症”（CRS），即饭后有瞬时不舒服、脸发热、胸口胀的感觉，怀疑是中国菜中的味精引起的。有人提出，大量摄入的味精可能超过人体的代谢能力，可能影响 2 价离子的吸收利用。日常食物蛋白质中谷氨酸含量约有 10%～35%，实验证明在日常使用量范围内并无不良影响。1996 年 8 月 31 日美国 FDA 宣布：中国菜中常用的味精对人体无害，可以安全食用。该机构只要求食品中较多使用时有所说明，以防个别人对味精有不良反应。我国 GB 2760—2024 中将谷氨酸钠归为一般食品中可按生产需要适量使用的添加剂。

2. 5′-呈味核苷酸二钠

呈味核苷酸主要是指 5′-肌苷酸（5′-IMP）二钠（编号：CNS 12.003；INS 631）、5′-鸟苷酸（5′-GMP）二钠（编号：CNS 12.002；INS 627）。20 世纪初，日本学者发现谷氨酸、核苷酸是食品鲜味的关键成分，如分析发现牛肉鲜味的主要成分是苏氨酸、赖氨酸、谷氨酸、肌苷酸。总之，食品中的鲜味成分总离不开核苷酸和氨基酸。

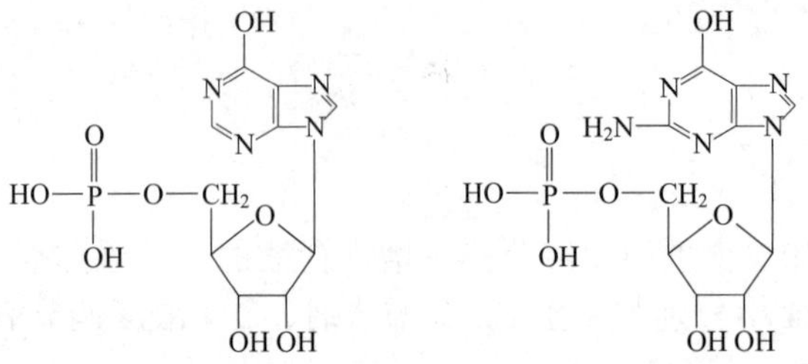

5′-IMP　　5′-GMP

5′-GMP 的鲜味感强度大于 5′-IMP，2′-、3′-核苷酸没有鲜味感。另外 5′-磷酸酯键被磷酸酯酶水解后形成核苷，也无鲜味。但磷酸酯酶对热不稳定，在 30℃以上就可失活。

呈味核苷酸与谷氨酸钠共同应用时具有增效作用，即鲜味感大大加强。这种增效作用可以通过对单独化合物或混合物的呈味阈值的测定看出（表 11-10）。

表 11-10　单独和混合水溶液中风味增强剂的呈味阈值

溶　剂	呈味阈值/%		
	5′-肌苷酸二钠盐	5′-鸟苷酸二钠盐	谷氨酸钠
水	0.012	0.0035	0.03
0.1% 谷氨酸钠	0.0001	0.00003	—
0.01% 肌苷酸	—	—	0.002

呈味核苷酸鲜味剂常与谷氨酸钠一起使用。另外，呈味核苷酸具有加强肉类风味的作用，对牛肉、鸡汤、肉类罐头最为有效。呈味核苷酸也可使食品中各种味道更加柔和，抑制食品中的不良气味如淀粉味、硫磺味、罐头中的铁腥味等。

将核酸水解即可生成 5′-核苷酸，问题是大多数磷酸酯酶只能将分子的 3′-磷酸酯键水解，生成没有鲜味的 3′-核苷酸。目前已在青霉菌（*Penicillium*）和链霉菌（*Streptomyces*）的菌株中发现 5′-磷酸酯键水解酶，可以用这些酶工业化地从酵母核酸中生产 5-核苷酸。另一方法是用发酵法生产肌苷，然后再磷酸化，产生 5′-肌苷酸。日本生产风味核苷酸能力较强，如味之素株式会社的 I+G(即 50% IMP 和 50% GMP 的混合物）在市场中是比较常见的产品。

3. 其他鲜味剂

水解动物蛋白（hydrolyzed animal protein，HAP）：一般以酶法生产为主，广泛应用，并可和其他化学调味剂并用，形成多种独特风味。其产品中氨基酸占 70%以上。

水解植物蛋白（hydrolyzed vegetable protein，HVP）：以大豆蛋白、小麦蛋白、玉米蛋白等为原料，水解度在一定范围内（如相对分子质量小于 500）其水解产物不会有苦味，含 N 比 HAP 低。

酵母提取物（yeast extract）：有自溶法和酶法生产，产品富含 B 族维生素，含 19 种氨基酸，另含风味核苷酸，而后者味更好。酵母提取物不仅是鲜味剂，也是增香剂，在方便面调料和火腿肠等肉制品中都有广泛的应用。

由于各种鲜味剂之间有协同增效作用，适当混合使用可以使风味更好、成本更低，如市场上的各类鸡精就属于混合鲜味剂。

二、酸味剂

酸味剂是以赋予食品酸味为主要目的的食品添加剂。它能给予爽快的酸味刺激，增进食欲。酸味剂还有 pH 值调节、防腐、防褐变、软化纤维素、溶解钙和磷等、促进消化吸收的功能。在我国 GB

2760—2024中酸味剂归类于D.1类酸度调节剂，酸度调节剂是指用以维持或改变食品酸碱度的物质。目前世界上用量最大的酸味剂是柠檬酸，富马酸和苹果酸的需求也有很大发展。

酸味是H^{+}的性质，但酸味感除受pH值影响外还与酸味剂的种类、缓冲程度、温度、其他味感的存在等有关。食品中pH值为5～6时一般无酸味感；pH值为3以下时酸味较强，一般难以适口。无机酸的酸度范围为pH值3.4～3.5，有机酸的酸度范围为pH值3.7～3.9。一些有机酸的阈值见表11-11。

表11-11　一些有机酸的阈值　　单位：%

柠檬酸	苹果酸	乳酸	酒石酸	延胡索酸	琥珀酸	醋酸
0.0019	0.0027	0.0018	0.0015	0.0013	0.0024	0.0012

酸味的强度一般以结晶柠檬酸（一个结晶水）为基准定为100，其他有机酸相比较得相对强度。如无水柠檬酸为110，苹果酸为125，酒石酸为130，乳酸（50%）为60，富马酸为165。

一般无机酸由于酸味不纯正，很少作为酸味剂使用。有机酸的种类不同，其酸味特性一般也不相同。柠檬酸、L-抗坏血酸、葡萄糖酸具有令人愉快的酸味。其他有机酸除酸味外常伴有其他杂味，称为副味，如DL-苹果酸伴有苦味，乳酸、D-酒石酸、DL-酒石酸、延胡索酸伴有涩味，琥珀酸、谷氨酸伴有鲜味，醋酸伴有特殊异味。

常用的酸味物质如下。

（1）冰乙酸（acetic acid）（编号：CNS 01.107；INS 260）　又名冰醋酸。食醋是我国使用最广泛的调味品。一般食醋中含醋酸3%～5%，还含有多种有机酸、氨基酸、糖类和酯类等，因此经发酵制作的优质食醋具有绵甜酸香的味感。在烹调中除作为调味料外，还有去腥臭的作用。

（2）柠檬酸（citric acid）（编号：CNS 01.101；INS 330）　又名枸橼酸，因在柠檬、枸橼和柑橘中含量较多而得名。化学名称为3-羟基-3-羧基戊二酸。柠檬酸酸味纯正，滋美爽口，入口即可达到酸味高峰，余味较短。广泛用于清凉饮料、水果罐头、糖果、果酱、合成酒等，通常用量为0.1%～1.0%。它还可用于配制果汁，作为油脂抗氧剂的增强剂，防止酶促褐变等。

（3）L-苹果酸（L-malic acid）（编号：CNS 01.104）　苹果酸学名α-羟基丁二酸。在苹果及其他仁果类果实中含量较多。天然苹果酸为L型，可参与人体正常代谢。苹果酸为白色针状结晶，无臭，有略带辣味的酸味，在口中呈味时间长，有抑制不良异味的作用。与柠檬酸合用，有强化酸味的作用。多用于果汁、果冻、果酱、清凉饮料及糖果等。

（4）酒石酸（tartaric acid）（编号：CNS 01.111；INS 334）　酒石酸化学名称为2,3-二羟基丁二酸。存在于多种水果中，以葡萄中含量最多。酒石酸是由酒石（酿造葡萄酒时形成的沉淀物，成分是酒石酸氢钾）经硫酸溶液处理，再经精制而成。酒石酸为透明棱柱状结晶或粉末，易溶于水，它的酸味是柠檬酸的1.3倍，稍有涩感，葡萄酒的酸味与酒石酸的酸味有关。除可用作酸味剂外，还适用于作发泡饮料和复合膨松剂中的酸性剂。

（5）乳酸（lactic acid）（编号：CNS 01.102；INS 276）　乳酸最早是在酸奶中发现的，故而得名。化学名称为α-羟基丙酸。乳酸有3种异构体：在酸奶中获得的是外消旋体，熔点18℃；肌肉中的糖原在缺氧条件下代谢形成右旋乳酸，熔点26℃；糖经乳酸杆菌发酵制得的为左旋乳酸，熔点26℃。乳酸可用于乳酸饮料和配制酒，也用于果汁露等，多与柠檬酸混合使用。

（6）抗坏血酸（ascorbic acid）（编号：CNS 04.014；INS 300）　抗坏血酸为白色结晶，易溶于水，有爽快的酸味，但易被氧化。在食品中主要作为抗氧化剂使用，但也能提供酸味。

（7）磷酸（phosphoric acid）（编号：CNS 01.106）　磷酸是唯一作为酸味剂的无机酸。磷酸的酸味强，但有较强的涩味，单独使用风味较差。常用于可乐饮料，作酸味剂。

食品工业中两种或两种以上有机酸并用，一般并不一定是为了酸味感强度相加，而是为了有效利用其呈味上的特性，掩盖或修饰不同呈酸物质的不适风味。如在以酸味为特征的食品中用维生素C作为酸味剂的一部分，可增强天然新鲜感觉。

三、甜味剂

甜味剂在 GB 2760—2024 中归为 D. 19 类，指赋予食品以甜味的物质。

蔗糖是最重要的甜味剂，但近来发现许多疾病可能与过量摄入蔗糖有关，如龋齿、肥胖、高血压和糖尿病。龋齿是由于存在于牙齿表面并能使珐琅质溶解的酸性物引起的。变形链球菌（*Streptococcus mutans*）是引起龋齿的主要的微生物，它们代谢蔗糖，消耗果糖成分，通过葡萄糖苷转移酶形成葡聚糖，这种物质黏附于珐琅质上，保护了牙细菌，提供了一个低氧、缺氧的条件，细菌代谢产生的酸引起珐琅质局部性剧烈溶解。蔗糖是最易引起龋齿的糖，黏性的含糖食品最易引起龋齿，人们正在努力寻求蔗糖的替代品。

甜味剂种类较多，可以分为合成甜味剂和天然甜味剂，或营养型甜味剂和非营养型甜味剂，或高强度甜味剂和低甜度甜味剂。营养型甜味剂是指与蔗糖甜度相同时热值在蔗糖热值的 2%以上的甜味剂；非营养型甜味剂是指与蔗糖甜度相同时热值低于蔗糖热值的 2%的甜味剂。

甜度的基准物质是蔗糖，这是因为它甜味纯正、呈味速度快，而且是非还原糖。一般以蔗糖的甜度定为 1 而得到其他甜味剂的相对甜度。一些甜味剂的相对甜度见表 11-12。

表 11-12 一些甜味剂的相对甜度（以蔗糖甜度为 1）

甜味剂	相对甜度	甜味剂	相对甜度
蔗糖	1	阿斯巴甜	200
木糖醇	1～1.4	甘草酸苷	200～250
果糖	1.14～1.75	糖精	200～700
D-色氨酸	35	橙皮二氢查耳酮	1500～2000
甜蜜素	30～50	氯代蔗糖	2000
柚苷二氢查耳酮	100	紫苏糖	2000

高强度甜味剂甜度较高，在食品中应用时用量小，因而不能给予食品以体积、黏度和质地等特性，所以它们常常要和营养型甜味剂或增量剂混合使用。

天然非营养型甜味剂日益受到重视，是甜味剂的发展趋势。WHO（世界卫生组织）指出，全球糖尿病患者已达到千亿以上，2000 年至 2019 年期间，糖尿病导致的死亡率增加了 3%。我国现有 1.41 亿糖尿病患者，已经超过印度，成为世界上糖尿病患者最多的国家。在蔗糖替代品中，美国主要是阿斯巴甜，占 90%以上；日本以甜菊糖为主；欧洲人对安赛蜜比较感兴趣。这 3 种非营养型甜味剂在我国均可使用。

（一）几种高甜度甜味剂

1. 糖精钠（saccharin sodium）（编号：CNS 19. 001；INS 954（iv））

糖精即邻磺酰苯甲酰亚胺，作为一种非营养甜味剂于 1897 年合成成功，自 1900 年起开始商业使用。糖精味极甜，水中溶解度极低，水溶液呈酸性。糖精钠是邻磺酰苯甲酰亚胺的钠盐，甜度为蔗糖的 200～500 倍，易溶于水，稳定性好，于 100℃加热 2h 无变化，将水溶液长时间放置甜味慢慢降低。糖精钠小鼠经口 LD_{50} 为 17.5g/kg，小鼠经口 NOEL（无明显作用剂量）为 500mg/kg。糖精自 1897 年应用以来一直广泛使用并认为安全性高，但 20 世纪 70 年代初发现其对鼠有致癌性问题后，美国即从其 GRAS（总体安全）名单中删除，并宣布禁用，而后又延期禁用。1977 年、1984 年和 1993 年多次对其进行再评价，认为糖精钠对人类无生理危险，并制定 ADI（每日允许摄入量）为 0～5mg/kg。

N—Na·2H₂O　NH

糖精钠　糖精

我国有糖精钠的生产且出口外销。糖精钠稳定性较高而成本极低（约 50 元/kg），是较易滥用的食品添加剂。我国 GB 2760—2024 对其应用有严格规定，禁止其在面包、糕点、饼干、饮料等食品中使用。

2. 甜蜜素（sodium cyclamate）（编号：CNS 19.002；INS 952（iv））

甜蜜素又叫环己基氨基磺酸钠，甜度约为蔗糖的 30 倍。优点是甜味好，后苦味比糖精低，成本较低（15 元/kg）。缺点是甜度不高，用量大，易超标使用。1950 年问世后，它的使用量逐渐增加，自 1955 年起甜蜜素和糖精结合在一起用于食品的量逐渐增加。

1966 年有研究发现甜蜜素可在肠菌作用下分解为可能有慢性毒性的环己胺。

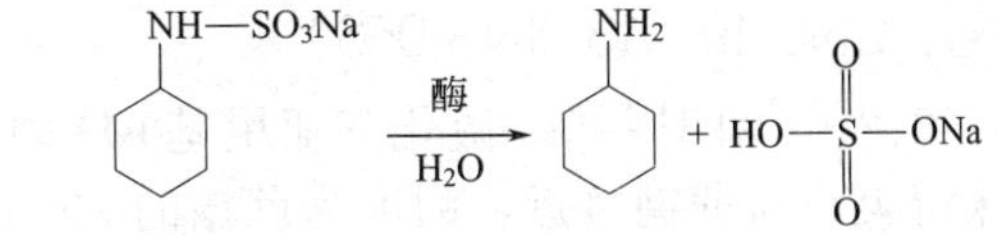

环己基氨基磺酸钠（$NH—SO_3Na$）$\xrightarrow[H_2O]{酶}$ 环己胺（NH_2）+ $HO—SO_2—ONa$

1969 年美国国家科学院研究委员会收到有关甜蜜素和糖精的 10∶1 混合物可致膀胱癌的动物实验证据，不久后美国 FDA 即发出了全面禁止使用的命令。英、日、加拿大等国随后也禁用。美国 FDA 认为，现有证据虽然无法证明甜蜜素在大鼠和小鼠中的致癌作用，而且一些国际组织也发表评论表示甜蜜素是安全物质，但他们目前不会考虑推翻现有的禁令，也不会对甜蜜素进行系统性的安全评估。目前承认甜蜜素甜味剂地位的国家超过 55 个，包括我国（大陆和台湾）在内。

3. 安赛蜜（acesulfame potassium）（编号：CNS 19.011；INS 950）

安赛蜜又叫乙酰磺胺酸钾，即 6-甲基-2,2-二氧代-1,2,3-氧硫氮杂-4-环乙烯酮钾盐。这个甜味剂的化学名称极为复杂，通俗的商品名称为 Acesulfame K，市场上也叫 AK 糖。

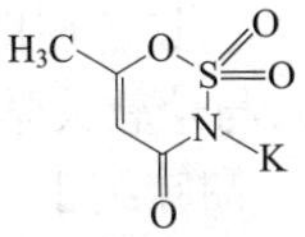

双氧噁噻嗪
(Acesulfame K)

安赛蜜为白色无气味的结晶状物质，1967 年由德国人 Karl Clauss 博士无意间发现。本品甜味比较纯正，以 3%蔗糖溶液为比较标准时甜度约为蔗糖的 200 倍，无明显后味。易溶于水。稳定性高，不吸湿，耐 225℃高温，耐 pH 值 2～10，光照无影响。与蔗糖、甜蜜素等合用有明显的增效作用。非代谢性，零热量，完全排出体外，所以安全性高。经过多个国家 20 年的独立毒理学试验，我国于 1991 年 12 月批准使用。

4. 甜菊糖苷（steviol glycoside）（编号：CNS 19.008；INS 960a）

甜菊糖苷是从南美巴拉圭、巴西等地的菊科植物甜叶菊的干燥叶中抽提出的具有甜味的萜烯类配糖体，叶片中含有 6%～12%甜叶菊苷，当地人以其作茶。我国 1977 年引种成功。

甜叶菊苷为白色粉末，甜度约为蔗糖的 300 倍，水中溶解速度较慢，残味存留时间较蔗糖长，热稳定性强，日本和我国应用较普遍。我国 GB 2760—2024 规定可以用于蜜饯、熟制坚果、糖果、糕点、调味品、饮料等，根据食品分类不同有最大使用量规定。

与甜菊糖苷甜味相似的还有从甘草中提取出的非营养甜味剂甘草酸盐，包括甘草酸铵、甘草酸一钾及三钾均可作为甜味剂按生产需要适量使用。

5. 阿斯巴甜（Aspartame）（编号：CNS 19.004）

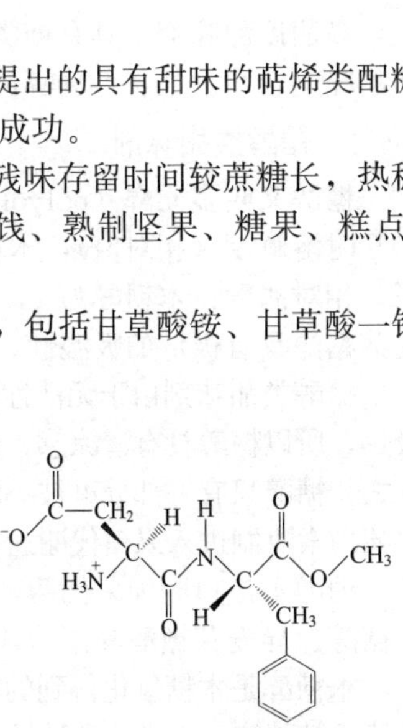

阿斯巴甜，即 L-天冬氨酰-L-苯丙氨酸甲酯，属二肽甜味剂，由美国 Searle 公司 1965 年在肽类药剂的研究中偶然发现。Aspartame 是商品名，国内市场上有的不正确地称其为蛋白糖。

阿斯巴甜

阿斯巴甜的甜度为蔗糖的 200 倍，甜味和蔗糖接近，无苦后味，与糖、糖醇、糖精等合用有协同作用。阿斯巴甜为白色结晶状粉末，常温下稳定，20℃时溶解度为 1%，其钠钾盐风味更好，溶解度更大。阿斯巴甜易于水解，易于被微生物降解，因而将它用于水相体系时食品的货架寿命要受到限制。其水溶液受pH值和温度影响，最适pH值是4.2。室温下放置1个月，甜度下降严重。

1981年美国批准使用，法国、比利时、瑞士、加拿大和我国等许多国家相继批准使用。用阿斯巴甜作为甜味剂的食品在包装上必须有适当的警告，以提醒苯丙酮尿症患者忌用。GB 2760—2024中还新增规定：若食品类别中同时允许使用阿斯巴甜或安赛蜜，混合使用时最大使用量不能超过标准规定的阿斯巴甜或安赛蜜的最大使用量。

阿斯巴甜可用于饮料、冷饮、果冻、蜜饯、医药、保健食品、日用化妆品等，在美国是主导地位的低热值甜味剂。

6. 阿力甜（Alitame）（编号：CNS 19.013；INS 956）

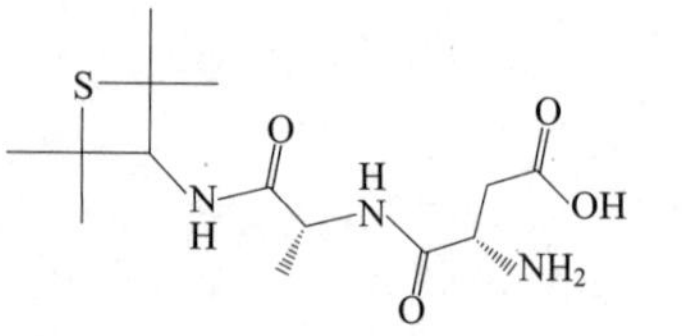

阿力甜即L-*α*-天冬氨酰-*N*-(2,2,4,4-四甲基-3-硫化三亚甲基)-D-丙氨酰胺为白色结晶性粉末，甜味清爽，与蔗糖接近，甜度为蔗糖的2000倍。不吸湿，耐热耐酸耐碱，稳定性高，易溶于水，5%水溶液的pH值约为5.6。室温下pH值5～8的溶液贮存半衰期为5年。0.01%水溶液于pH值7～8加热100℃，30min甜度不变。阿力甜是由美国辉瑞（Pfizer）研究所于1979年研制出的第二代二肽甜味剂，1986年获得美国FDA的许可批准使用。我国已于1994年批准使用。1996年联合国粮农组织与世界卫生组织食品添加剂联合专家委员会（JECFA）确定的ADI值为1mg/kg。

阿力甜

阿力甜不含苯丙氨酸，无“苯丙酮尿症患者不宜使用”的限制。阿力甜甜度高，直接使用时不易控制，要适当稀释，因分子结构中含有硫原子而稍带硫味。

7. 三氯蔗糖（sucralose）（编号：CNS 19.016；INS 955）

三氯蔗糖即4,1′,6′-三氯-4,1′,6′-三脱氧半乳型蔗糖，又叫蔗糖素，由英国泰莱公司（Tate & Lyie）与伦敦大学共同研制，是以蔗糖为原料的功能性甜味剂。三氯蔗糖易溶于水，甜度可达蔗糖的600倍，甜味纯正，没有任何苦味。三氯蔗糖十分稳定，室温下干燥环境中可贮藏4年，其水溶液贮存1年也不会发生变化，是目前优秀的功能性甜味剂之一。JECFA经过多次环境和安全研究，于1990年确定ADI为15mg/kg。1991年加拿大率先批准使用三氯蔗糖。我国于1997年7月1日批准使用。美国FDA 1998年3月21日批准三氯蔗糖作为食品添加剂使用。

（二）几种增体性甜味剂

高甜度甜味剂不具有糖类化合物的功能性质（水分活度、质构、褐变、口感等），所以常常和增体性甜味剂合用。如各种糖醇、果葡糖浆、淀粉糖浆、麦芽糊精等可以和高甜度甜味剂配合使用。

1. 糖醇类甜味剂

糖醇又叫多元醇（polyols），是糖氢化后的产物，一般为白色结晶。与糖一样具有较大的溶解度，20℃时溶解度（相对值）：木糖醇为168，山梨醇为222，蔗糖为200。甜度比蔗糖低，但有的和蔗糖相当，相对甜度：木糖醇为1，麦芽糖醇为0.9，麦芽糖醇糖浆为0.7，山梨糖醇为0.6，甘露醇为0.4。麦芽糖醇具有极低的吸湿性，而山梨糖醇具有很好的保湿性。

糖醇类甜味剂由于无活性羰基，化学稳定性较好，150℃以下无褐变，融化时无热分解。糖醇溶解时吸热，所以糖醇具有清凉感，粒度越细、溶解越快，感觉越凉、越甜，其中山梨糖醇清凉感最好，木糖醇次之。糖醇只有一部分可被小肠吸收，欧洲法规中将多元醇的热量定为2.4kcal/g(10.0kJ/g)。糖醇可通过非胰岛素机制进入果糖代谢途径，实验证明不会引起血糖升高，所以是糖尿病人的理想甜味剂。

糖醇不被口腔细菌代谢，具有非龋齿性。糖醇安全性好，1992年我国已批准山梨醇，麦芽糖醇、木糖醇、异麦芽糖醇等作为食品添加剂。

木糖醇是木糖氢化得到的糖醇，木糖由木聚糖水解而得。木聚糖是构成半纤维素的主要成分，存在于稻草、甘蔗渣、玉米芯和种子壳（稻壳、棉籽壳）中，经水解，用石灰中和，滤出残渣，再经浓缩、结晶、分离、精制而得。纯品为无色针状结晶性粉末，易溶于水，不溶于酒精和乙醚。木糖有似果糖的甜味，甜度为蔗糖的 0.65 倍，它不被微生物发酵，不易被人体吸收利用，可供糖尿病和高血压患者食用。

木糖经还原得木糖醇，木糖醇和蔗糖甜度相同，含热量也一样，具有清凉的甜味，人体对它的吸收不需要胰岛素参与，可以避免人体血糖升高，所以木糖醇是适宜于糖尿病患者的甜味剂。因为微生物不能利用木糖醇，还具有防龋齿的作用。

我国 GB 2760—2024 中规定可使用的糖醇有：D-甘露糖醇（CNS 19.017；INS 421）、麦芽糖醇（CNS 19.005；INS 965（i））、赤藓糖醇（CNS 19.018；INS 968）、木糖醇（CNS 19.007；INS 967）、乳糖醇（CNS 19.014；INS 966）、山梨糖醇（CNS 19.006；INS 420（i））。

2. 果葡糖浆

果葡糖浆也称高果糖浆（high fructose syrup）或异构糖浆，它是以酶法糖化淀粉所得的糖化液经葡萄糖异构酶的异构作用将其中一部分葡萄糖异构成果糖，由葡萄糖和果糖组成的一种混合糖糖浆。

果葡糖浆在饮料生产中可以部分甚至全部取代蔗糖，具有醇厚的风味，应用于饮料中可以保持果汁饮料的原果香味。果糖在人体小肠内吸收速度缓慢，而在肝脏中代谢快，代谢中对胰岛素依赖小，故不会引起血糖升高，这对糖尿病患者有利。果葡糖浆可以和其他甜味剂一起使用，可起明显的协同增效作用，可改善食品与饮料的口感，减少苦味和怪味。果葡糖浆与蔗糖结合使用，可使其甜度增加 20%～30%，而且甜味丰满、风味更好。果葡糖浆与甜蜜素、糖精等也有增效作用。

42 型果葡糖浆的甜度为 0.9～1.0。果糖的甜度与温度有很大关系，40℃以下时温度越低甜度越高，最高可达蔗糖的 1.73 倍。由于这一特性，果葡糖浆适用于清凉饮料和其他冷饮食品。果糖的溶解度是糖中最高的，果糖含量为 42%的果葡糖浆溶解度可达 77%，这有利于食品保藏。

果葡糖浆在食品工业中有广泛的应用，如碳酸饮料、果汁饮料、冰淇淋、酸牛奶、各类冷食品等，果脯、蜜饯、果酱等，蛋糕、糕点、面包等，果酒、黄酒、香槟酒等，还可用于药剂。

（三）复配甜味剂

为利用各种甜味剂之间的协同作用，为了高低甜度甜味剂的合理搭配使用，特别是弥补高甜度甜味剂的某些不足，食品工业中经常使用复配型甜味剂。复配甜味剂有如下好处：①可提高安全性，即减少了每一单独成分的量；②因为不同甜味剂之间有互增甜作用，可以节省成本；③改善口感，特别是减轻一些高甜度甜味剂的后苦味；④提高稳定性等。

第八节　增稠剂

一、增稠剂概述

增稠剂在 GB 2760—2024 中为 D.20 类，是指可以提高食品的黏稠度或形成凝胶，从而改变食品的物理性状，赋予食品黏润、适宜的口感，并兼有乳化、稳定或使呈悬浮状态作用的物质。它们都是属于亲水胶体（hydrocolloid）的大分子。食品中用的增稠剂大多属多糖类。可以把增稠剂分为天然的和合成的。合成的主要是一些化学衍生胶，即对天然的多糖结构经过一些化学或酶法改性，以得到更为理想的结构和获得更为合适的性质。天然的多糖又可按来源不同分为植物种子胶、植物分泌胶、海藻胶、微生物胶等。

增稠剂在食品中有价值的通性包括：在水中的水化和溶解，因而具有增加水相黏稠度的能力；亲水大分子之间的相互作用和与水的相互作用的结果使某些亲水大分子在一定条件下具有很强的凝胶形成能力。食品中还利用亲水胶体的某些性质改善或稳定食品的质构，抑制食品中糖和冰的结晶生成，稳定乳状液和食品泡沫，以及利用多糖作为微胶囊化的壁材。由于增稠剂有多种功能，它们常被归于众多的某某剂中，如胶凝剂、乳化剂、成膜剂、持水剂、黏着剂、悬浮剂、上光剂、晶体阻碍剂、泡沫稳定剂、润滑剂、驻香剂、崩解剂、填充剂等。

世界上通用的增稠剂有40多种，目前比较常用的增稠剂有羧甲基纤维素钠、瓜尔豆胶、明胶、琼脂、果胶、海藻酸钠、黄原胶、卡拉胶、阿拉伯胶、淀粉和变性淀粉等。虽然自然界中可作为增稠剂的多糖很多，但考虑安全评价及成本等问题，允许使用的增稠剂品种并不多，但利用不同性能胶的适当混合基本上可以满足人们在食品上对增稠剂的各种需要。

二、常用增稠剂

1. 淀粉（starch）

已经在前面的章节中讨论了天然淀粉的构成、分子大小和结构，淀粉的糊化和老化等概念。天然淀粉由于廉价，在食品工业中得到广泛应用。淀粉在糖果制造中用作填充剂，作为制造淀粉软糖的原料，也是淀粉糖浆的原料。用淀粉代替无营养价值且产品不纯时可能有害的滑石粉用于防粘。淀粉在冷饮中可作增稠稳定剂使用，在某些肉制品中作抗结剂、增稠剂。在饼干制造中可用淀粉稀释面筋浓度。

但从淀粉分子的结构上可以看出天然淀粉有许多不足之处，如不溶解、不耐冷冻、易老化、易水解等，所以目前经物理化学修饰后的变性淀粉得到了越来越广泛的应用。

2. 变性淀粉

变性淀粉的变性方法有物理法、酶法、化学法，其中化学法是主要的方法。化学法是利用淀粉中的醇羟基，进行醚化、酯化、氧化、交联等反应而制成。淀粉中有C-6、C-2、C-3这3个醇羟基，只要少数羟基被取代，就能显著改变其糊化、黏度、稳定性、成膜、凝沉等重要性质。预糊化淀粉具有冷水分散性，用冷水即可调得淀粉糊。淀粉通过醚化或交联，就能防淀粉老化，提高冷冻稳定性。

食品工业中应用的变性淀粉有氧化淀粉（CNS 20.030；INS 1404）、酸处理淀粉（CNS 20.032；INS 1401）、醋酸酯淀粉（CNS 20.039；INS 1420）、羧甲基淀粉钠（CNS 20.012）、淀粉磷酸酯钠（CNS 20.013；INS 1410）、羟丙基淀粉（CNS 20.014；INS 1440）、磷酸酯双淀粉（CNS 20.034；INS 1412）等14种。

羧甲基淀粉钠又叫CMS、羧甲基淀粉，为白色无臭无味粉末，常温下溶于水呈透明状，吸水膨胀体积为原来的200～300倍，酸性条件下黏度下降，用作增稠剂、乳化稳定剂、成膜剂、药片崩解剂、成形剂、吸水剂。羟丙基淀粉为白色粉末，无异味，糊化温度低，糊化快，黏性稳定，流动性好，透明度高，凝胶对冻融稳定，可作果冻，对酸、碱、电解质均较稳定，可用作增稠剂、稳定剂、保水剂、保型剂。交联淀粉是一类用双官能团试剂连接起来的变性淀粉，如磷酸二酯，对机械力、冻融、凝沉、酸、热处理等的抗性均有提高，常用于汤汁、调味汁的增稠。用三聚磷酸钠处理玉米淀粉，得到DS为0.002～0.004的磷酸二酯交联淀粉，可作果冻和冰淇淋等的稳定剂，具有较强的抗冻融稳定性，而价格只有明胶的1/5。

3. 明胶（gelatin）（编号：CNS 20.002；INS 428）

明胶为胶原蛋白经部分水解后得到的高分子多肽的高聚物。分子量10000～70000，有碱法和酶法两种制法。食用明胶为白色或淡黄色、半透明、微带光泽的薄片或粉粒，潮湿后易为细菌分解。明胶不溶于冷水，但加水后缓慢地吸水膨胀软化，可吸收5～10倍质量的水；在热水中溶解，溶液冷却后即凝结成胶块。不溶于乙醇、乙醚、氯仿等有机溶剂。溶于醋酸、甘油。

与琼脂相比，明胶的凝固力较弱，5%以下不能凝成胶冻，一般需15%左右。凝胶的溶解温度与凝固温度相差不大，30℃以下呈凝胶，40℃以上呈溶胶。分子量越大、分子越长、杂质越少，凝胶强度越高，溶胶黏度也越高。工业上常按黏度将明胶分级：一级品12°E，二级品8°E，三级品5°E。等电点时

(pH 值 4.7～5.0) 黏度最小，略高于凝固点温度放置黏度最大。

明胶在冰淇淋混合原料中的用量一般在 0.5%左右，如用量过多可使冻结搅打时间延长。如果从 27～38℃不加搅拌地缓慢冷却至 4℃进行老化，能使原料具有最大的黏度。在软糖生产中一般用量为 1.5%～3.5%，个别的可高达 12%。某些罐头中用明胶作为黏着剂，用量为 1.7%。火腿罐头中加入明胶，可形成透明度良好的光滑表面。

4. 琼脂 (agar) (编号: CNS 20.001; INS 406)

琼脂又叫琼胶、冻粉、洋菜，属红藻胶。为直链的半乳聚糖，其中 90%为 β-D-半乳糖、10%为 α-L-3,6-脱水半乳糖。整个多糖分子中有 10%的—OH 被硫酸酯化，并与钙、镁、钾、钠等结合。琼脂含量为 0.1%～0.6% 时就可成凝胶，42℃凝固，95℃熔化，耐酸性大于淀粉和明胶而小于果胶、藻酸丙二醇酯。pH 值 4～10 范围内凝胶强度稳定，凝胶十分坚硬，但表面粗糙、发脆，如和其他胶共聚可改善性状。糊精、蔗糖可使凝胶强度上升，而海藻胶。淀粉使凝胶强度下降。

琼脂在食品工业上用于冷饮食品，能改善冰淇淋的组织状态，并能提高凝结能力，提高冰淇淋的黏度和膨胀率，防止形成粗糙的冰结晶，使产品组织轻滑。因为吸水力强，对产品融化的抵抗力也强。在冰淇淋混合原料中一般使用量在 0.3%左右，在使用时调成 10%的溶液加入混合原料中。糖果工业中主要用琼脂制造琼脂软糖，一般用量为配方总固形物的 1%～1.5%左右。果酱加工中，可应用琼脂作为增稠剂，以增加成品的黏度。某些调味汁中常用 0.2%～0.4%的琼脂增稠，并可防止结晶析出。

5. 海藻酸钠 (编号: CNS 20.004; INS 401)

海藻酸钠又叫褐藻酸钠、藻朊酸钠、褐藻胶，是一种线型分子的酸性多糖，由 α-L-古洛糖醛酸和 β-D-甘露糖醛酸以 1,4-糖苷键相连构成。海藻酸胶可由海带的碱性溶液提取，加酸后使海藻酸析出，用碳酸钠或小苏打中和成海藻酸钠，压榨脱水干燥成海藻酸钠成品。商品海藻酸钠呈白色或灰白色粉状或条状颗粒，溶于水，有吸湿性，黏度在 pH 值 5～10 稳定，pH 值 4.5 以下黏度明显增长，pH 值 3 以下沉淀析出。加入 8%以上的氯化钠，会因盐析导致失去黏性。

海藻酸钠与钙等多价离子可形成热不可逆凝胶，凝胶具有耐冻性和干燥后可吸水膨胀复原的特性，钙浓度或胶的浓度越大凝胶强度越大，凝胶形成的速度可以通过 pH 值、钙含量（最小 1%，最大 7.2%）、螯合剂浓度有效地加以控制。可以和蛋白质、淀粉、明胶等共聚而改善性质。海藻酸钠是最常用的胶凝剂之一。海藻酸铵和海藻酸镁不能形成凝胶，而只能呈膏状物。

海藻酸钠能形成纤维状的薄膜，甘油和山梨醇可作为增塑剂。这种膜对油脂具有不渗透性，但能使水气透过，是一种潜在的食品包装材料。

海藻酸钠具有使胆固醇向体外排出的作用，具有抑制重金属在体内的吸收作用，具有降血糖和整肠等生理作用。

海藻酸钠与牛乳中的钙离子作用生成海藻酸钙，形成均一的胶冻。海藻酸钙可以很好地保持冰淇淋的形态，特别是长期保存的冰淇淋。可防止容积收缩和组织砂状化。

海藻酸钠有不同的标号，作为增稠剂采用中高黏度胶，作为分散稳定剂、胶凝剂一般采用低黏度胶。溶解胶时用 50～60℃温水为宜，80℃以上易降解。可用胶体磨搅拌。若用手工溶解，应将海藻胶撒入水中，当完全湿透时再继续搅拌至全溶，或和固体原料（面粉、白糖等）混合后再加水溶解。若配料中有油，则可先用油分散、乳化，再投入水中。用软水配制，随配随用。

6. 卡拉胶 (carrageenan) (编号: CNS 20.007; INS 407)

卡拉胶别名角叉菜胶、角叉菜聚糖、爱尔兰苔浸膏、鹿角菜胶，是由半乳糖及脱水半乳糖组成的多糖类硫酸酯的钙、钾、钠、铵盐，属红藻类胶。有 8 种类型，食品工业用的有 κ-卡拉胶、τ-卡拉胶、λ-卡拉胶。κ-、τ-卡拉胶约含 30%的 3,6-脱水糖，可以形成凝胶。而 λ-卡拉胶不含脱水糖，不能形成凝胶。卡拉胶在食品中主要用作胶凝剂和稳定剂，特别适合在肉制品和奶制品中应用。

7. 羧甲基纤维素钠（sodium carboxy methyl cellulose）（编号：CNS 20.003；INS 466）

羧甲基纤维素钠简称 CMC，是由纤维素经碱化后通过醚化接上羧甲基而制成的改性纤维素。取代度一般为 0.4～0.8，高取代度的称为耐酸型 CMC。聚合度为 100～500，高聚合度的称为高黏度 CMC。

CMC 为白色粉末，易分散于水，有吸湿性，20℃以下黏度显著上升，80℃以上加热则黏度下降，25℃存放 1 周黏度不变。CMC 属酸性多糖，pH 值 5～10 以外黏度显著降低，因此一般在 pH 值 5～10 范围内的食品中应用。CMC 价格比较便宜（约 20 元/kg），为食品中广泛应用的一种增稠剂。

8. 阿拉伯胶（arabic gum）（编号：CNS 20.008；INS 414）

阿拉伯胶是金合欢植物树皮的分泌物，是高度分枝的杂多糖，略呈酸性。化学组成为：44% D-半乳糖，14.5% D-葡萄糖醛酸，13% L-鼠李糖，24% L-阿拉伯糖。分子量 240000。溶解度极大，可高达 40%。相对黏度较小，5%水溶液是各种胶中黏度最小者。

由于上述结构上的特性，阿拉伯胶非常适合用作糖果结晶防止剂、乳化剂、乳品稳定剂、香精中的驻香剂等。

9. 瓜尔豆胶（guar gum）（编号：CNS 20.025；INS 412）

瓜尔豆胶也叫瓜尔胶，是从印度豆科植物瓜尔豆的种子中提取的一种带短支链的半乳甘露聚糖，相对分子质量 300000。具有很高的黏度，本身无胶凝能力，但对于某些胶的胶凝具有增效作用。瓜尔豆胶价格较低（约 15 元/kg），是目前使用较多的增稠剂。1%～1.2%瓜尔豆胶加入面粉，可使面团柔韧、面条爽滑可口。油炸时要防止吸入过多的油。

10. 黄原胶（xanthan gum）（编号：CNS 20.009；INS 415）

黄原胶又叫汉生胶、黄杆菌胶，是由微生物黄杆菌发酵产生的大分子多糖，是使用较多的一种微生物胶。多糖分子中含有 D-葡萄糖、D-甘露糖、D-葡萄糖醛酸，还有乙酰基等，是具有分支的杂多糖，具体结构还不十分清楚。黄原胶易溶于冷水，低浓度即可形成高黏度溶液，黏度在 60～70℃、pH 值 6～9 范围内稳定，受盐影响小于其他植物胶质。黄原胶不能单独形成凝胶，主要作增稠稳定剂。黄原胶在饮料中一般用量为 0.1g/kg，果酱中为 0.5～0.8g/kg，牛奶、豆浆等蛋白饮料中为 0.5～0.8g/kg，雪糕、冰淇淋中为 2%～3%。

11. 结冷胶（gellan gum）（编号：CNS 20.027；INS 418）

结冷胶过去称多糖 PS-60，于 1978 年首次发现，是由一种假单胞菌产生的 8 种多糖之一，其主链由葡萄糖、葡萄糖醛酸、葡萄糖、L-鼠李糖构成，第六或第三位接乙酰基，分为高低乙酰基两种类型。结冷胶是近年来最有发展前景的微生物多糖之一，是继黄原胶之后又一能广泛应用于食品工业的微生物代谢胶。结冷胶是一种线型聚合物，当有电解质存在时可形成凝胶。无论是单价阳离子如钠和钾，还是 2 价阳离子如镁和钙，都可与低酰基型结冷胶生成坚实、脆性凝胶。天然的为高乙酰基的，不透明，产生的胶软。由于结冷胶可以在极低的使用量下产生凝胶，0.25%的结冷胶使用量就可以达到 1.5%琼脂或 1%卡拉胶的凝胶强度，现已逐步代替琼脂和卡拉胶在食品工业上的应用。

以上介绍的仅是食品工业常用增稠剂中极少的例子。由于许多增稠剂具有类似的性质，常可互换使用。在特定食品中使用哪种或哪几种增稠剂，除了受性能工艺要求外，有时也受市场价格影响。

三、增稠剂使用注意事项

1. 不同来源、不同批号产品性能不同

工业产品常是混合物，其中纯度、分子大小、取代度的高低等都将影响胶的性质，如耐酸性、能否形成凝胶等。在实际应用时一定要预做试验加以确定。

2. 浓度和温度对其黏度的影响

黏度一般随胶浓度的增加而增加，随温度的增加而下降。许多亲水胶体在水中的分散性不好，容易结块，而很难配成均匀的溶液。这可以将增稠剂先和其他配料干混，再在机械搅拌下溶解。也可用胶体磨等机械方法处理。

3. pH 值的影响

如某些酸性多糖在 pH 值下降时黏度会有所增加或发生沉淀或形成凝胶。很多增稠剂在酸性下加热，多糖大分子会水解而失去胶凝和增稠作用。所以，在生产上要注意选择耐酸的品种或控制好加工工艺条件，避免酸性条件下长时间加热。

4. 胶凝速度对凝胶类产品质量的影响

用具有胶凝特性的增稠剂制作凝胶类食品时，胶凝剂溶解是否彻底与胶凝速度是否控制适当对产品质量影响极大。一般缓慢的胶凝过程可使凝胶表面光滑，持水量高。所以常常用温度、pH 值或多价离子浓度控制胶凝速度，以得到期望性能的产品。

5. 多糖之间的协同作用

两种或两种以上的多糖一起使用可能会产生很好的协同作用。例如，黄原胶在单独使用时不具有胶凝性质，但是它能与魔芋葡甘露聚糖或刺槐豆胶相互作用而产生凝胶。利用多糖的协同作用可以改善胶的性能或节省胶的用量。

许多增稠稳定剂也是很好的被膜剂，可以制作食用膜涂层。如褐藻酸钠，将食品浸入其溶液中或将溶液喷涂于食品表面，再用钙盐处理，即可形成一层膜，不仅能作水分隔绝层，还可防食品氧化。在食用膜上可涂一层脂肪，以防止蒸气迁移。果胶、卡拉胶等用于食品表面可以防止水分损失。85％直链含量的高直淀粉可以形成透明的膜，在高或低的相对湿度下都具有极低的氧气渗透度。低 DE 值糊精膜较淀粉膜隔绝水蒸气能力更强 2～3 倍，新鲜水果片浸于 DE 值为 15 的 40％的溶液形成的膜能有效地防止果肉组织的褐变。明胶溶于热水，通过乳酸或鞣质的交联处理，可形成食用膜。30％醇溶玉米蛋白乙醇溶液加 3％的甘油和防腐剂、抗氧化剂等，可形成保鲜食用膜。

总之，增稠稳定剂在食品中有许多用途，在整个食品添加剂中占有重要的地位。

第九节 乳化剂

一、乳化剂的定义和分类

乳化剂在我国 GB 2760—2024 中归类为 D. 10，指能改善乳化体中各种构成相之间的表面张力，形成均匀分散体或乳化体的物质。乳化剂在食品体系中可以控制脂肪球滴聚集，增加乳状液稳定性；在焙烤食品中可减少淀粉的老化趋势；与面筋蛋白相互作用强化面团特性；还具有控制脂肪结晶、改善以脂类为基质的产品的稠度等多种功能。

据统计，每年耗用的食品乳化剂超过 25 万吨，其中甘油酯占 2/3～3/4。我国允许使用的乳化剂有 29 种。

乳化剂能促进油水分散形成乳状液，乳状液可以分为水包油型和油包水型（O/W，W/O），在一定条件下这两种类型可以发生互变，油水两相的体积、乳化剂的类型、乳化器材的性质、温度等是影响相转化的因素。

二、乳化剂的结构和 HLB 值

乳化剂的结构特点是分子中含有一个亲油的部分和一个亲水的部分。食品乳化剂可以分类为天然的和化学合成的两类。按其在食品中实际应用目的或功能又可以将乳化剂分为许多种类型，如破乳剂、起泡剂、消泡剂、润湿剂、增溶剂等。还可以根据所带电荷性质分为阳离子型乳化剂、阴离子型乳化剂、两性离子型乳化剂和非离子型乳化剂等。

乳化剂的亲水亲油性通常用亲水亲油平衡值即 HLB 值（value of hydrophile lipophile balance）表示。对于离子型乳化剂，规定 HLB=1 时亲油性最大，HLB=40 时亲水性最大。对于非离子型乳化剂，规定 HLB=1 时亲油性最大，HLB=20 时亲水性最大。乳化剂的 HLB 值大小与其用途有一定的相关性，见表 11-13。

表 11-13　HLB 值和用途

亲水亲油平衡值(HLB)	适用性	亲水亲油平衡值(HLB)	适用性
1.5～3	消泡剂	8～18	O/W 型乳化剂
3.5～6	W/O 型乳化剂	13～15	洗涤剂(渗透剂)
7～9	湿润剂	15～18	溶化剂

对于一种结构特定的乳化剂，可以用一些公式计算出 HLB 值。

Griffin 提出下列公式计算多元醇与脂肪酸酯的 HLB：

$$\mathrm{HLB}=20\left(1-\frac{S}{A}\right)$$

式中，S 为皂化价，A 为酸价。

精确测定皂化价是比较困难的，也可采用下式进行计算：

$$\mathrm{HLB}=\frac{E+P}{5}$$

式中，E 为—CH_2CH_2O—基的质量分数，P 为多元醇的质量分数。

当—CH_2CH_2O—是唯一存在的亲水基时，上式简化为：

$$\mathrm{HLB}=\frac{E}{5}$$

一般认为 HLB 具加和性，两种以上乳化剂混合使用时混合乳剂的 HLB 值可按其组成的质量百分比计算。但这不适合离子型乳化剂。

乳化剂的 HLB 值也可由水溶性估计，表 11-14 给出了乳化剂的水溶性或水中分散性与 HLB 的关系。

表 11-14　乳化剂的水溶性或水中分散性与 HLB 的关系

乳化剂在水中的性质	HLB 范围	乳化剂在水中的性质	HLB 范围
不能溶解或分散	1～4	稳定的牛奶状分散	8～10
分散性差	3～6	半透明到透明状分散	10～13
搅拌后呈牛奶状分散	6～8	呈透明的溶液	>13

乳化剂对乳状液类型有影响，一般易溶于水的即 HLB 大的易形成 O/W 型乳状液，反之易形成 W/O 型乳状液。一般来说，HLB 为 3～6 的乳化剂有利于形成 W/O 型乳状液，而 HLB 为 8～18 的乳化剂有利于形成 O/W 型乳状液。表 11-15 中列出了一些常见的乳化剂的 HLB。

表 11-15　一些常见的食品乳化剂的 HLB

乳化剂	HLB	乳化剂	HLB
甘油单硬脂酸酯	3.8	脱水山梨醇三硬脂酸酯(Span 15)	2.1
双甘油单硬脂酸酯	5.5	脱水山梨醇单硬脂酸酯(Span 60)	4.7
四甘油单硬脂酸酯	9.1	脱水山梨醇单油酸酯(Span 80)	4.3
琥珀酰单甘油酯	5.3	聚氧乙烯脱水山梨醇单油酸酯(Tween 60)	14.9
双乙酰琥珀酰单甘油酯	9.2	丙二醇一硬脂酸酯	3.4
硬脂酸乳酰乳酸钠(SSL)	21.0	聚氧乙烯脱水山梨醇单油酸酯(Tween 80)	15.0

纯甘油一酯的 HLB 为 3.8，可以预料只能形成 W/O 型乳状液，但当乳化剂浓度达到在脂肪球粒周围形成保护性的液晶层时，纯甘油一酯有助于 O/W 型乳状液稳定，因此单甘酯在两种乳状液体系中均有作用。一般来说，用混合乳化剂制备的乳状液比单一乳化剂制备的更稳定，这是因为混合乳化剂形成的界面膜较厚。

HLB 值虽能确定适用范围，但一般并不能说明乳化能力的大小和效率的高低。

三、乳化剂-水体系中的液晶介晶相

乳化剂分子含有极性头和非极性尾，它们较易形成介晶相或液晶。乳化剂非极性部分烃链间的范德瓦尔斯引力较小而易成无序态，乳化剂极性部分存在较强的氢键作用力而易呈晶体状态，因而呈现一种由液体（熔化烃链）与晶体（极性端）组成的液晶结构，烃链熔化温度称为 Kraff 温度。

介晶相结构主要有 3 类：层状、六方型Ⅱ及立方。如图 11-1 所示。

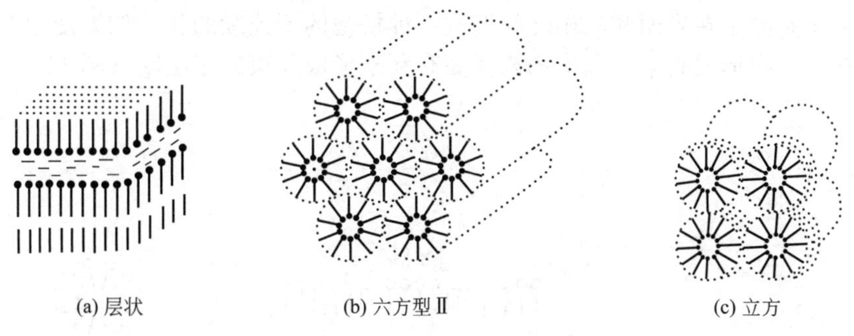

图 11-1 介晶相结构模型

层状介晶相是由双分子脂质分子中间隔一层水组成，水层厚度约为 1.60nm，如图 11-2 所示。层状介晶相是由晶体加热加水产生的，当层状介晶相冷却时就形成凝胶，结构仍呈层状。层状介晶相通过加热可转变成具有黏性的立方或反向六方型Ⅱ介晶相，在此结构中水充满在六方柱的内部，并被乳化剂分子的极性基团包围，而烃链伸向外部。也可能存在在一种六方型Ⅰ介晶相，在此结构中乳化剂分子的烃链聚集向内，极性基团定向至外面水相。六方型Ⅰ介晶相被水稀释，就形成球形胶束。立方介晶相是由极性基团聚集向内而烃链伸向外部形成的球状聚集体。

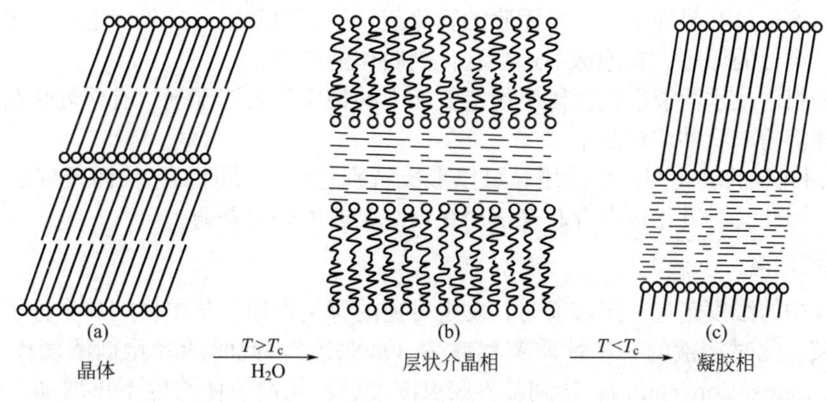

图 11-2 结构模型

含有食品乳化剂的水溶液可形成各种不同的介晶相，见表 11-16。

表 11-16　一些乳化剂在水中形成的介晶相的性质

乳化剂	介晶相形成温度/℃	介晶相形成类型
饱和的单甘酯(90%一酯)	55	层状→立方(68℃)
不饱和单甘酯	20	立方→六方型Ⅱ（55℃）
山梨醇单甘酯	55	层状
聚甘油单硬脂酸酯	60	层状
聚山梨醇	40	六方型Ⅰ或胶束
硬脂酰乳酸酯钠	45	层状

四、乳化剂的作用机理

1. 界面吸附

在乳状液中乳化剂分子定向排列于两相界面，使表面张力下降，如图 11-3 所示。被吸附的乳化剂分子可形成不同的界面层，这主要取决于乳化剂的亲水与亲油性。在 O/W 型乳状液中，如果使用亲油性强的乳化剂，分子倾向于在界面和油相之间形成一种松弛的不连续的膜。如果使用的乳化剂亲水性太强，分子倾向于在水相中形成胶束，乳化剂浓度高有利于形成胶束或多层膜（图 11-4）。

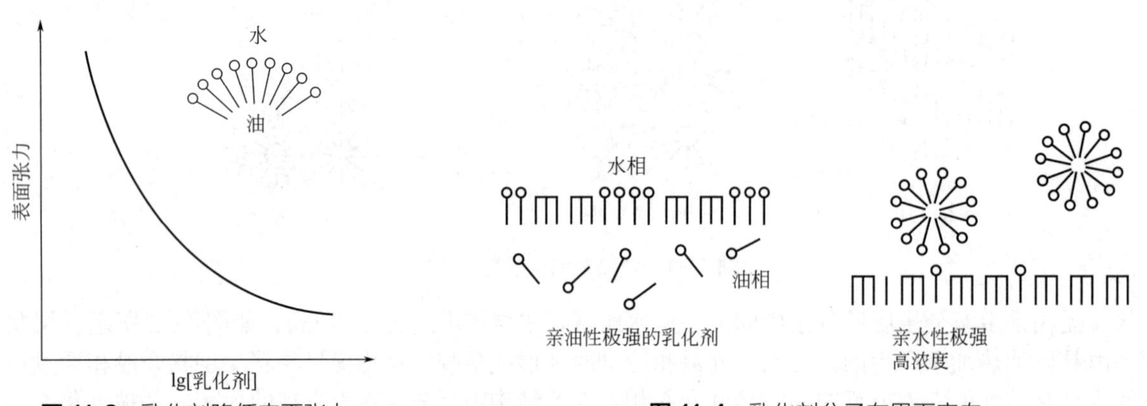

图 11-3　乳化剂降低表面张力

图 11-4　乳化剂分子在界面定向

当乳化剂的 HLB 适当，分子在界面形成紧密堆积时，得到的乳状液稳定性最好。此时极性基团面向水相，烃链与油相相互作用。由乳化剂分子紧密堆积形成的界面膜可以减小表面张力，并防止液滴间聚结。

有些乳化剂可用来破乳，这些乳化剂一般能很快地在两相界面铺展，但分子较小，不能形成较牢固的界面膜，它们将原来可在界面上形成牢固膜的乳化剂（如蛋白质类）从界面上顶替出来，结果使乳状液不稳定而破乳。类似的原理，在泡沫中这类乳化剂叫作消泡剂。

一般把具有增强水或水溶液取代固体表面空气能力的物质称为润湿剂。有些乳化剂具有很好的润湿作用，可应用于速溶粉末状冲调食品中。

高 HLB 和低 HLB 的乳化剂混合使用，可以形成特别稳定的界面膜，从而很好地防止聚结，增加乳状液的稳定性，因此几种乳化剂混合起来使用在食品工业中非常普遍。

2. 胶束形成和增溶

乳化剂在溶液中的浓度超过一定数值时，发生可逆的聚集作用，从单体（单个分子）缔合成为胶态集体，即形成胶束，此时溶液的一些性质突然改变（如黏度），此时的乳化剂浓度称为临界胶束浓度（critical micell concentration，cmc）。达到临界胶束浓度后乳化剂单体浓度不再增加，再加入的乳化剂只能形成胶束，而胶束可以看作一种新相的产生。一般亲油性大的乳化剂 cmc 较小。

一般认为，在表面活性剂浓度不大且没有其他添加剂及加溶物的溶液中（超过 cmc 不多）胶团大多呈球状，而且胶团的缔合度不变（即有固定形状和大小）。胶束的大小在 5～10nm 之间，小于可见光的波长（400～800nm），因此胶束溶液是清澈透明的。在 10 倍于 cmc 或更大的浓溶液中，胶团一般是非球状的，随浓度不断增加棒状胶团聚集成束，当浓度更大时就形成巨大的层状胶团。

若在溶液中加入极性或非极性的有机物质，这些有机物质就会溶于乳化剂分子形成的胶束或胶团中。一般会使胶团胀大，从而增加胶团聚集数，直到到达有机物的加溶极限为止，这就是乳化剂的增溶或加溶作用。如乙基苯（$C_6H_5C_2H_5$）基本不溶于水，但在 100mL 0.3mol/L 十六酸钾水溶液中可溶解达 3g 之多。

临界胶束浓度是乳化剂性能的一个重要指标。一般 cmc 越小，即形成胶团所需浓度越低，达到表面（界面）饱和吸附的浓度就越低，因而改变表面（界面）性质，起到润湿、乳化、加溶、起泡等作用所需的浓度也越低。

3. 乳化剂与淀粉作用

面包的老化与直链淀粉的回生有关。乳化剂的功能之一就是保持面包的软度，减少面包中淀粉的老化，这是由于乳化剂与直链淀粉形成了复合物（图 11-5）。分子蒸馏饱和单甘酯与淀粉形成的复合物不溶于水，因此加热时很少从淀粉颗粒中溶出，由于直链淀粉保留在淀粉颗粒内部，因而减少了直链淀粉老化的趋势。

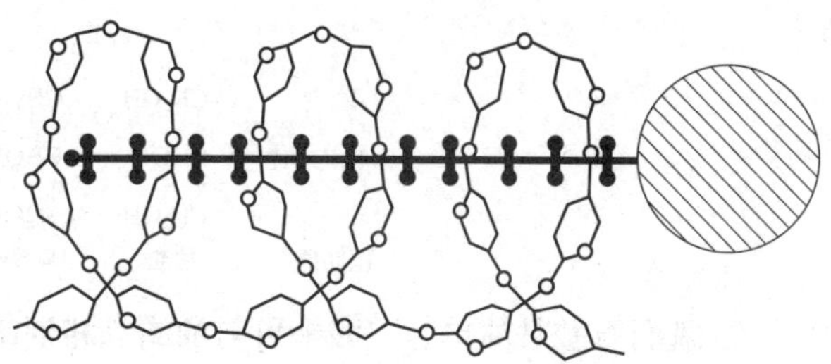

图 11-5 甘油单硬脂酸酯与直链淀粉形成复合物

4. 乳化剂与蛋白质的相互作用

硬脂酰乳酸钠、单甘酯、聚氧乙烯山梨醇酐酯等乳化剂具有强化面团的功能，但是作用的确切机理尚不清楚。一般来说，非极性酯类对面团常是不利的，而极性酯特别是糖酯能改善面团的性质。在面团混合过程中，乳化剂通过疏水与亲水相互作用同面筋结合。在焙烤过程中，随温度升高面筋蛋白质变性，因而与乳化剂的结合变弱，乳化剂分子改变为与糊化的淀粉分子结合，形成蛋白质-酯-淀粉的复合物。

5. 脂肪晶型的控制

山梨醇酯具有稳定 β′型脂肪的特殊功能，阻止 β′型脂肪转变成 β 型。如在巧克力或巧克力涂层产品的贮存期中，当 β′型转变成较稳定的 β 型时，在巧克力表面会有“白霜”产生。人造奶油贮藏期间同样产生同质多晶型转变，引起“砂质”口感。山梨醇酯可以抑制晶型转变，但机理尚不清楚。

食用乳化剂在食品中具有多种用途和功能，可以将其大致归纳为如下 3 个方面。

① 乳化剂为双亲分子，具表面活性，它们在两相界面上定向排列，形成表面（界面）膜，可以减小表面张力。乳化剂的乳化、破乳、消泡、润湿等作用均与此性质有关。

② 乳化剂分子在临界胶束浓度以上时缔合形成胶束，相当于增加了新的相。乳化剂形成的介晶相具有较高的黏度。乳化剂的增稠、增溶等作用与此性质有关。

③ 乳化剂和食品中的蛋白质、直链淀粉等成分有特殊的相互作用，乳化剂使面包体积增大、控制脂肪结晶晶型、防止淀粉老化等作用均与此性质有关。

五、常用乳化剂

1. 甘油单硬脂酸酯

又叫单甘酯、甘油一酸酯、脂肪酸单甘油酯、一酸甘油酯等。1929 年美国开始工业化生产，产品为一酯、二酯、三酯的混合物。1950 年开始生产蒸馏单甘酯，单酯率为 50%～90%。目前生产的分子蒸馏单甘酯其单酯率在 90%以上，甘油一酯是食品中使用最广泛的一种乳化剂。

单甘酯的 HLB 约 3.8，属于 W/O 型乳化剂，但也可与其他乳化剂混合用于 O/W 型乳状液中。单甘酯不溶于水，在振荡下可分散于热水中。溶于乙醇和热脂肪油，在油中达 20%以上时出现混浊。

单甘酯具有乳化、分散、稳定、起泡、消泡、抗淀粉老化等性能。通常应用于制造人造奶油、冰淇淋及其他冷冻甜食等。如冰淇淋中用量为0.2%～0.5%，人造奶油、花生酱为0.3%～0.5%，炼乳、麦乳精、速溶全脂奶粉为0.5%，含油脂、含蛋白饮料及肉制品中为0.3%～0.5%，面包为0.1%～0.3%，儿童饼干为0.5%，巧克力为0.2%～0.5%等。

使用时可将单甘酯粉与其他原料（如面粉、奶粉）直接混合。或与油脂一起加热溶解，然后加入食品中，效果最好。也可把1份单甘酯放入容器中加热熔化，然后加入3～4份温水（约70℃），高速搅拌，生成乳白色膏体，再将此膏体投入食品中。

一酰基甘油的疏水特性可以通过加入各种有机酸根以生成一酰基甘油与羟基羧酸的酯而有所增加。例如乳酰化一酰基甘油是由甘油、脂肪酸和乳酸制备而得，琥珀酸、酒石酸以及苹果酸酯可由类似方法制得。

$$
\begin{array}{ccccccc}
 & & CH_2OH & & CH_3 & & CH_2OCOR \\
 & & | & & | & & | \\
RCOOH & + & CHOH & + & CHOH & \longrightarrow & CHOH \\
 & & | & & | & & | \\
 & & CH_2OH & & COOH & & CH_2OCOCH(OH)CH_3 \\
\text{脂肪酸} & & \text{甘油} & & \text{乳酸} & & \text{乳酰化一酰基甘油}
\end{array}
$$

二乙酰酒石酸甘油单、二酸酯可与油脂互相混溶，可分散于水中，与谷蛋白发生强烈的相互作用，可以改进发酵面团的持气性能，增大烘烤食品的体积及弹性。亲油性物质转溶于胶束中形成假溶液，具有助溶、增溶作用。

2. 聚甘油脂肪酸酯（polyglycerol esters of fatty acids, PEF）（编号：CNS 10.022；INS 475）

甘油在碱性与高温条件下由α-羟基缩合形成醚键，产生聚甘油，再与脂肪酸直接酯化，生成聚甘油酯。

$$
\begin{array}{ccccc}
 & & \cdots O & & \\
 & & | & & \\
 & & CH_2 & & CH_2-O-\overset{\overset{\large O}{\|}}{C}-R \\
 & & | & & | \\
 & & CHOH & & CHOH \\
 & & | & & | \\
 & & CH_2 & & CH_2 \\
 & & | & & | \\
 & & O & & O \\
 & & | & & | \\
CH_2OH & & CH_2 & & CH_2 \\
| & & | & & | \\
CHOH & \xrightarrow[230℃]{OH^-} & CHOH & \xrightarrow{RCOOH} & CHOH \\
| & & | & & | \\
CH_2OH & & CH_2 & & CH_2 \\
\text{甘油} & & | & & | \\
 & & O & & O \\
 & & | & & | \\
 & & CH_2 & & CH_2 \\
 & & | & & | \\
 & & CHOH & & CHOH \\
 & & | & & | \\
 & & CH_2 & & CH_2 \\
 & & | & & | \\
 & & O\cdots & & O\cdots \\
 & & \text{聚甘油} & & \text{聚甘油酯}
\end{array}
$$

聚甘油酯具有较宽的HLB值范围（为3～13），国外已有20年使用历史，具有很好的热稳定性和很好的充气性、助溶性，可用于稀奶油、糖果、冷冻饮品、焙烤食品。

3. 硬脂酰乳酸钠（sodium stearoyl lactate, SSL）（编号：CNS 10.011；INS 481（i））

硬脂酰乳酸钠是一种离子型乳化剂，它是由1分子硬脂酸、2分子乳酸和1分子NaOH相互作用制得。它的亲水性极强，能在油滴与水的界面上形成稳定的液晶相，因而生成稳定的O/W型乳状液。它具有很强的复合淀粉的能力，因此通常应用于焙烤与淀粉工业。

$$
\begin{array}{cccccccc}
 & & CH_3 & & CH_3 & & & \\
 & & | & & | & & & \\
C_{17}H_{35}COOH & + & CHOH & + & CHOH & + NaOH & \longrightarrow & C_{17}H_{35}COO-\underset{}{\overset{\overset{CH_3}{|}}{CH}}-COO-\overset{\overset{CH_3}{|}}{CH}-COONa \\
 & & | & & | & & & \text{硬脂酰乳酸钠} \\
 & & COOH & & COOH & & & \\
\text{硬脂酸} & & \text{乳酸} & & \text{乳酸} & & &
\end{array}
$$

丙二醇硬脂酸一酯是通过丙二醇与硬脂酸酯化得到的亲水性较强，它也是广泛应用于焙烤工业的乳化剂。硬脂酰乳酸钙（calcium stearoyl lactylate，CSL）（CNS 10.009；INS 482（i））的作用类似。

4. 蔗糖脂肪酸酯（sucrose esters of fatty acids, SEF）（编号：CNS 10.001；INS 473）

日本1959年首次生产，1969年WHO/FAO批准使用。控制酯化度可得到HLB值为1～16的产品。蔗糖单酯的HLB值为10～16；二酯为7～10；三酯为3～7；多酯为1。市售品一般为一酸、二酸、三酸的混合物，其HLB值因单酯率不同而异（表11-17）。

表11-17 蔗糖脂肪酸酯的单酯率与HLB值

单酯率	20%	30%	40%	50%	55%	60%	70%	75%
HLB	3	5	7	9	11	13	15	16

蔗糖酯为白色至微黄色粉末，溶于乙醇，微溶于水。对热不稳定，如脂肪酸游离、蔗糖焦糖化。酸、碱、酶均可引起水解，但20℃水解作用不大。可在水中形成介晶相，具有增溶作用。具有优良的充气作用，与面粉有特殊作用，可以防淀粉老化，可降低巧克力物料的黏度。可应用于多种食品，用于乳化香精要选用HLB值高的，面包中要用HLB值大于11的，奶糖中用HLB值5～9的，冰淇淋中则要高低HLB值的产品混合使用并与单甘酯合用。

5. 山梨醇酐脂肪酸酯

又叫失水山梨醇脂肪酸酯，其商品名为司盘（Span）。山梨醇首先脱水形成已糖醇酐与已糖二酐，然后再与脂肪酸酯化生成，它一般是脂肪酸与山梨醇酐或脱水山梨醇的混合酯。因失水位置不同而产生多种异构体，结合不同的脂肪酸形成多种不同的系列产品。最著名的是美国ICI公司的Span产品，如Span 20为山梨醇酐单月桂酸酯（CNS 10.024；INS 493），Span 40为山梨醇酐单棕榈酸酯（CNS 10.008；INS 495），Span 60为山梨醇酐单硬脂酸酯（CNS 10.003；INS 491），Span 65为山梨醇酐三硬脂酸酯（CNS 10.004；INS 492），Span 80为山梨醇酐单油酸酯（CNS 10.005；INS 494）。

本品为琥珀色黏稠油状液体或蜡状固体，有特异臭味。不溶于水，但可分散在温水中，呈乳浊液。溶于大多数有机溶剂，一般在油中可溶解或分散。具有较好的热稳定性和水解稳定性，乳化力较强，但风味差，一般与其他乳化剂合并使用。

本品亲脂性强，常用作W/O型乳化剂、脂溶性差的化合物的增溶剂、脂不溶性化合物的润湿剂。本品可单独作W/O型乳化剂使用，用量一般为1%～1.5%。本品常与吐温（Tween）类配合使用，改变两者的比例可得O/W或W/O型乳化剂。具有充气和稳定油脂晶体作用。Span 60特别适合与Tween 80配合使用。用作增溶剂时，用量一般为1%～10%。用作润湿剂时，用量为0.1%～3%。

6. 聚氧乙烯山梨醇酐脂肪酸酯

聚氧乙烯链通过醚键加到羟基上去，生成的产品即聚氧乙烯脱水山梨醇脂肪酸酯，其商品名为吐温（Tween）。HLB值为16～18，亲水性强，为O/W型乳化剂，乳化力强，乳化性能不受pH值影响。用量过大时口感发苦，可用加多元醇和香精料等加以改善。胶束形成力强，可用于制备乳化香精。型号和Span系列对应，如Tween 20为聚氧乙烯山梨醇酐单月桂酸酯（CNS 10.025；INS 432）、Tween 40为聚氧乙烯山梨醇酐单棕榈酸酯（CNS 10.026）、Tween 60为聚氧乙烯山梨醇酐单硬脂酸酯（CNS 10.015；INS 435）、Tween 80为聚氧乙烯山梨醇酐单油酸酯（CNS 10.016；INS 433）。

第十节 食品添加剂安全管理

一、食品添加剂安全性问题

有些食品添加剂是完全人工合成的产品，它们不是传统食品中的成分，人们有理由对其安全性提出质疑。另外也有一些食品添加剂确实具有一定的毒性，如肉品发色剂亚硝酸钠可引起急性中毒和慢性致癌作用。还有一些早期使用的食品添加剂，如硼砂、奶油黄色素，当初认为是安全的，但后来发现对人体有害和有致癌作用。还有一些食品添加剂，如磷酸氢二钠，本身并无较高毒性，但由于产品不纯，含有毒重金属而引起食品中毒，如日本的森永奶粉事件。因此食品添加剂确实存在安全隐患。

由于食品添加剂对现代食品工业的重要作用，人们已不能离开食品添加剂，但为了确保食品安全，必须对食品添加剂的生产经营和使用进行严格的安全管理。

二、食品添加剂安全管理

为了确保食品添加剂安全使用，世界各国都对食品添加剂进行严格的卫生管理。联合国 FAO/WHO 设有食品添加剂专家委员会，对食品添加剂安全性进行评价，提出安全使用标准等多项报告，供各国参考。各国根据国情制定自己的食品添加剂法规和管理办法。

1. 新食品添加剂管理

一个新的物质是否有毒、毒性有多大、是否有致癌作用等，这些问题都需要进行科学的毒理学试验决定。中华人民共和国国家卫生和计划生育委员会发布的 GB 15193.1—2014《食品安全国家标准　食品安全性毒理学评价程序》是检验机构进行毒理学试验的主要标准依据，该标准包括 10 个内容：急性经口毒性试验、遗传毒性试验、28 天经口毒性试验、90 天经口毒性试验、致畸试验、生殖毒性试验和生殖发育毒性试验、毒物动力学试验、慢性毒性试验、致癌试验、慢性毒性和致癌合并试验。对未知的新食品添加剂必须进行全部试验。进行安全评价后，经食品添加剂专家委员会审评，再经卫生部批准，才可作为食品添加剂生产使用。具体管理文件有《食品添加剂新品种管理办法》，卫生部于 2010 年 3 月颁布实施。

2. 食品添加剂质量标准

由于不纯的食品添加剂可以带有对人体有害的杂质，我国对食品添加剂的生产实行生产许可管理。《食品生产许可管理办法》2020 年 1 月 2 日由国家市场监督管理总局颁布，并自 2020 年 3 月 1 日起实施。对食品添加剂制定相应的质量规格国家标准。食品添加剂质量标准内容一般包含外观、含量杂质、结构、理化特征、检验方法、包装、贮藏、运输等。杂质中一般包含铅、砷等重金属指标，有的还有微生物指标，黄曲霉毒素等特别指标。

3. 食品添加剂使用标准

科学家们根据动物毒理学评价结果，参考其他相关资料，制定了食品添加剂的人体每日允许摄入量（acceptable daily intake，ADI）。因此，在食品添加剂使用时，就要规定某种添加剂在食品中的使用范围和最大使用量，以确保实际每日摄入量不大于 ADI 值。

我国卫生部已颁布了《食品安全国家标准　食品添加剂使用标准》（GB 2760—2024），其内容主要包括：食品添加剂的使用原则，允许使用的食品添加剂品种，使用范围及最大使用量或残留量。本标准适用于所有的食品添加剂生产、经营和使用者。具体标准可以上卫生部网站下载。

4. 食品添加剂安全管理办法

《中华人民共和国食品安全法》自 2015 年 10 月 1 日起开始实施，对食品添加剂的规定主要包括：对食品添加剂生产实行许可制度，食品安全风险评估，使用标准，质量标准，标签，说明书，包装，检验，进出口管理，日常监管信息公布。

《中华人民共和国食品安全法》确立了分段监管的体制，即卫生部负责食品添加剂新品种许可、制定和公布标准，国家质量监督检验检疫总局负责食品添加剂生产企业、食品生产中使用食品添加剂和进出口的监管，国家工商行政管理总局负责对食品添加剂销售单位的监管，国家食品药品监管局对餐饮业使用食品添加剂进行监管，工业和信息化部负责对食品添加剂生产企业进行行业管理。卫生部承担综合协调的职责。

三、对食品添加剂安全性的正确认识

我国GB 2760—2024规定的食品添加剂都是经过严格毒理学评价的，食品添加剂的生产有质量标准，其应用有使用标准，生产许可和经营等有《食品生产许可管理办法》。因此，只要按规定生产经营使用食品添加剂，就能保证食品添加剂的相对安全。

虽然食品添加剂毒理学试验是由动物试验得来的数据，虽然对添加剂的毒理试验观察时间还不够充分、不能保证绝对安全，但要知道世界上绝对安全是不存在的，也是没有必要的。《食品安全国家标准　预包装食品标签通则》（GB 7718—2011）中规定所有食品中的食品添加剂必须在标签中明确标出，这样消费者就有知情权和选择权。

目前我国食品添加剂最大的安全问题是食品添加剂的滥用，即超范围和超量使用。因此应该关注的是：所使用的食品添加剂商品是否符合法定标准，食品添加剂的使用是否符合使用标准中规定的使用范围和最大使用量。只要真正落实对食品添加剂的安全管理，食品添加剂的使用会是相当安全的。

检查与拓展

二维码 11-2

- ○ 食品增稠剂复配使用是如何产生协同作用的?
- ○ 食品抗氧化剂应用于防止油脂自动氧化的作用机理?
- ○ 护色剂应用与肉制品护色的作用机制?
- ○ 食品添加剂在食品加工中的作用、国内发展现状和发展趋势。

本章总结

○ **食品添加剂:**

改善食品品质和色、香、味，以及为防腐、保鲜和加工工艺的需要而加入食品中的人工合成或者天然物质。

○ **食品添加剂的作用:**

增加食品的保藏性能，延长保质期；改善食品的色香味和食品的质构；有利于食品的加工和生产；保持和提高食品的营养和保健价值。

○ **食品添加剂的种类及主要功能:**

① 防腐剂：防止食品由微生物引起的腐败变质作用。
② 抗氧化剂：阻止或推迟食品氧化以提高食品质量的稳定性。
③ 食用色素：用于食品着色，改善食品的感官性质。
④ 护色剂：保护肉及肉制品中的呈色物质，抑制食品加工和贮藏造成分解和破坏。
⑤ 漂白剂：能够破坏、抑制食品的发色因素以使食品免于褐变。
⑥ 调味剂：改善口味、促进消化液分泌、增进食欲。
⑦ 增稠剂：提高黏稠度或形成凝胶，赋予食品黏润口感，兼有乳化、稳定或使呈悬浮状态作用。
⑧ 乳化剂：改善乳化体中各种构成相之间的表面张力形成均匀分散体或乳化体。

○ **食品添加剂的安全性:**

我国GB 2760—2024规定的食品添加剂都是经过严格毒理学评价的，食品添加剂的生产、应用、许可和经营均有相应的法律法规。按规定生产经营使用食品添加剂，能保证食品添加剂的相对安全。

参考文献

[1] 孙平．新编食品添加剂应用手册．北京：化学工业出版社，2017.

[2] Heo S，Lee G，Na HE. et al. Current status of the novel food ingredient safety evaluation system. Food Science and Biotechnology，2024，33：1-11.

[3] 阚建全．食品化学．北京：中国农业大学出版社，2021.

[4] Damodaran S，Parkin L K. Fennema's Food Chemistry. 5th ed. Leiden：CRC Press，2017.

[5] 于萌萌，段元良，周清涛，等．功能性甜味剂的特性及应用．精细与专用化学品，2022，30（02）：1-4.

[6] 刘立秋，谭江霞，吴佳煜，等．食品添加剂的复配使用．北京农业，2015，12：24.

[7] 国家卫生健康委员会 国家市场监督管理总局．GB 2760—2024 食品安全国家标准 食品添加剂使用标准．北京：中国标准出版社，2024.

[8] 李文博，胡海玥，汪建明，等．食品添加剂与食品安全问题分析．农产品加工，2023（13）：87-89，94.

[9] 梁克中，黄美英，方荣美，等．复配食品乳化剂在食品生产中的应用研究进展．食品与药品，2015，17（06）：455-458.

[10] 朱蝶，胡蓝，汪师帅．乳化剂分类、作用及在食品工业中应用．现代食品，2019（9）：7-1013

[11] 徐宝财，王瑞，张桂菊，等．国内外食品乳化剂研究现状与发展趋势．食品科学技术学报，2017，35（04）：1-7.

[12] 李辉．食品防腐剂在食品中应用现状分析．食品安全导刊，2021（09）：50-52.

[13] 翟赛亚，李红艳．天然食品防腐剂在食品中的应用研究进展．食品工程，2022（04）：7-11.

[14] 叶绮云，宋思园，全育集，等．天然抗氧化剂在食用油脂中抗氧化作用的研究．现代食品，2022，28（11）：177-180.

[15] 夏雪芬．国内外天然食品抗氧化剂的应用研究．现代食品，2019（22）：26-28.

[16] 张雅楠，梁鹏，谢静仪，等．天然食品抗氧化剂的研究进展．中国食物与营养，2019，25（01）：67-71.

[17] 王瑞军．浅析常见食品护色剂的护色机理．农产品加工，2021（23）：76-77＋80.

[18] 邹倩，杨思静，余秋地，等．护色剂的研究现状及未来发展趋势．农产品加工，2016（13）：62-63，66.

[19] 柳芳伟，殷军艺，聂少平．基于多糖基增稠剂产品开发现状与发展趋势．中国食品添加剂，2023，34（01）：37-45.

[20] 刘星宇，高婧宇，彭郁，等．食品增稠剂对果酱质地的影响研究进展．食品科学，2024，45（18）：272-281.

[21] 王淑梅，王佳新．增稠剂作用机制及其在食品加工中的应用．大连大学学报，2020，41（03）：63-66.

[22] 于俊丰．食品中亚硫酸盐漂白剂快速鉴定方法的研究．科技创新与应用，2012（07）：6.

[23] 郭美娟，刘晓光，史国华，等．食品中人工食用色素安全性．食品工业，2020，41（03）：332-336.

[24] 曾馨苑，周蓓，宋志秀．801 种预包装食品中甜味剂使用情况现况调查．现代预防医学，2020，47（03）：429-432.

[25] 韩仁娇，蓝航莲，王彩云，等．天然甜味剂——甜菊糖苷及其在食品中的应用．食品与发酵工业，2021，47（21）：312-319.

[26] 高玉婷，张鹏，杜刚，等．人造甜味剂对人体健康的影响．食品科学，2018，39（07）：285-290.

思考与练习

1. 食品添加剂的定义、分类和作用是什么？
2. 现行主要防腐剂有哪些？有何特点？
3. 使用防腐剂应注意哪些基本问题？
4. 现行主要抗氧化剂有哪些？有何特点？
5. 使用抗氧化剂应注意哪些基本问题？
6. 目前使用的人工合成色素有哪些？有何特点？

二维码 11-3

7. 肉制品中使用的发色剂是什么？发色机理是什么？
8. 甜味剂是如何分类的？常用甜味剂各有何特点？
9. 什么是 HLB 值？有何意义？
10. 乳化剂有哪些作用？在食品中的作用机理是什么？
11. 食品添加剂的使用标准主要内容是什么？
12. 如何正确认识食品添加剂的安全性？

第十二章　食品中的嫌忌成分

视频 12-1
知识点讲解

 兴趣引导

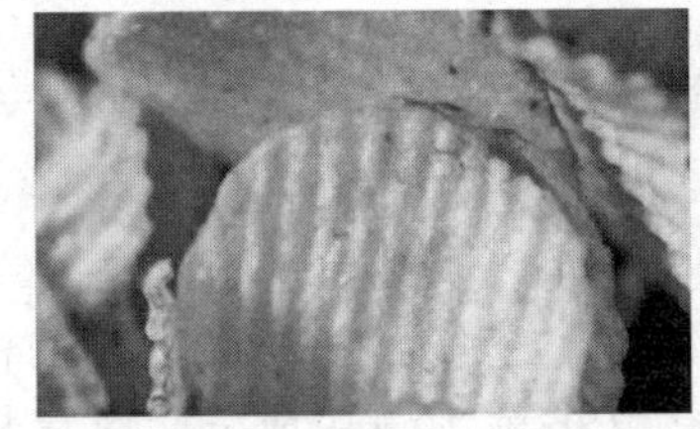  

下班后，你不饿，但是想吃点能让你感觉好一点的东西，于是你顺路去了你最喜欢的店，买了常点的小吃或甜品。这是怎么回事？为什么我们那么难以抵制不健康食物的诱惑呢？为什么不健康食物如此上瘾？

二维码 12-1

为什么学习本章内容?

1. 发了芽的马铃薯为什么不能食用?
2. 为什么“红潮”后的贝类和鱼类不能食用?
3. 为什么豆类食物不能生吃?

学习目标

1. 了解植物、动物性食品存在的毒素及其危害性。
2. 理解化学毒素的来源、污染食品的途径、危害性及其预防措施。
3. 能够认识食品中嫌忌成分的危害性，提高食品质量的安全意识。
4. 会采用有效手段减少食品加工过程中有害物质的产生。

第一节 概述

一、食品中嫌忌成分的定义

食物中的有害成分（物质）指“已经证明人和动物在摄入达到某个充分数量时可能带来相当程度危害的物质”，这类物质通常只有正常饮食摄入量的 1/25 以下，又被称为嫌忌成分、有毒物质或毒物。

食物中除了有营养成分和能够赋予食物应有的颜色、香味、味道等感官特征的成分之外，还有一些对人体有害的成分，尽管这些成分并不必然具有营养功能。有毒物质对细胞和/或组织造成损伤的能力称为毒性。毒性较高的物质，用较小剂量即可造成损害；毒性较低的物质必需用较大剂量才呈现毒性作用。同时，在探讨一种物质的毒性时，也要考虑其进入体内的量（剂量）、途径（经口、呼吸道、皮肤）和时间（单次给药或多次给药）。

以下是一些表征毒性的剂量的定义。

① 绝对致死量（LD_{100}）：指能引起一组实验动物全部死亡的最低剂量。

② 半数致死量（LD_{50}）：指能引起一组实验动物中 50%死亡的最低剂量。

③ 最小致死量（MLD）：能使一组实验动物个体死亡的最低剂量。

④ 最大耐受量（LD_0）：能使一组实验动物虽然发生严重中毒，但全部存活无一死亡的最高剂量。

⑤ 最大无作用剂量：指不能观察到某种物质对机体引起生物学变化的最高剂量。在最大无作用量的基础上，可以制定人体每日容许摄入量，在某种食品中最高允许含量或最高残留限量。

⑥ 最小有作用剂量：指能使机体开始出现毒性反应的最低剂量，即能引起机体在某项观察指标发生超出正常范围的变化所必需的最小剂量，又称效应剂量。

二、嫌忌成分的来源

食物中的嫌忌成分按由来方式可分为四大类：第一类是天然有毒物质，即食物中天然有害物质；第二类是衍生毒素，即食品在储藏和烹调过程中产生的有害物质；第三类是污染物，随着农业产品使用量增加，一些有害的化学物质残留在食物中；第四类是添加毒物，来源于食品加工、贮藏过程中一些化学添加剂、色素的使用。依据嫌忌成分来源的不同，又可以将其分类为植物源、动物源、微生物源以及由环境污染引发的。此外，还可以将嫌忌成分分类为外源性有害物质、内源性有害物质和诱发性有害物质这三大类。基于嫌忌成分化学结构可以将其划分为有机毒物和无机毒物。

三、嫌忌成分的危害

1996 年，世界卫生组织（WHO）将食品安全定义为：对食品按其特定用途进行制作和（或）食用时不会使消费者健康受到损害的一种担保。目前，食品安全性是指“在规定的使用方式和用量的条件下长期食用，对食用者不产生不良反应的实际把握”。不良反应既包括一般毒性和特异性毒性，也包括由于偶然摄入所导致的急性毒性和长期微量摄入所导致的慢性毒性。

当前的食品安全问题涉及急性食源性疾病以及具有长期效应的慢性食源性危害。急性食源性疾病包括食物中毒、肠道传染病、人畜共患传染病、肠源性病毒感染，以及经肠道感染的寄生虫病等。慢性食源性危害包括食物中有毒、有害成分引起的对代谢和生理功能的干扰、致癌、致畸和致突变等，对健康的潜在性损害。食物中有害物质的含量往往很少，短时间内摄入尚无危害，但长期摄入则会对健康产生危害。随着食品安全监测工作步入正轨并取得明显成效，急性食源性疾病逐渐减少，检测与监管重点也逐渐转向慢性食源性疾病。影响食品安全性的因素很多，包括微生物、寄生虫、生物毒素、农药残留、重金属离子、食品添加剂、包装材料释出物和放射性核素，以及食品加工和贮藏过程中的产生物。另外，食品中营养素不足或数量不够，也容易使食用者发生诸如营养不良、生长迟缓等代谢性疾病，这也属于食品中的不安全因素。

第二节　有害物质的结构和毒性的关系

一、有机化合物中官能团与毒性

二维码 12-2

1. 烃类

烃类包括烷烃、烯烃和芳烃等多种化合物。烃类的不饱和度愈高，其化学性质愈活泼，毒性愈大。在相同碳链长度的情况下，不饱和烯烃比烷烃毒性大，炔烃毒性更强，环烃的毒性通常低于其对应的烷烃。具有侧链基团的烃类通常比具有相同碳原子的直链烃类的毒性要小。芳烃的毒性较强，但主要是吸入毒性，如苯吸入后表现较强的神经与血液毒性作用。苯环上带有烷基侧链的有机物在人体内毒性较小，尤其具有慢性毒性，因为侧链易于氧化，最后形成苯甲酸，并与甘氨酸结合成为马尿酸，随同尿液排出。联苯、萘和蒽等三环以内的稠环芳烃水溶性很小，不容易被吸收，因此它们的经口毒作用很小且均无致癌性，不容易引起急性中毒，但它们均有较强的刺激性气味。食物中的烃类污染，主要以食用植物油萃取的轻汽油（己烷与庚烷）残留为主。此外，聚乙烯、聚丙烯、聚苯乙烯等作为食品包装膜的物质也有少量的释放，但这些物质经口毒性都很低。

聚乙烯的分子结构式　　聚丙烯的分子结构式

2. 卤化烃类

卤素具有很强的吸电子作用，能增强卤代烃分子的极性，使其易于与生物体内的酶结合，从而产生较大的毒性。卤代烃类化合物的毒性高低可因卤素元素不同而有差别，一般按氟、氯、溴、碘的顺序而增强；而且卤素原子数目越多，毒性也越高。各种卤代烃化合物的毒性作用也不一样，除了对皮肤、黏膜和呼吸道的刺激和腐蚀性外，大多数卤代烃还会对神经系统造成麻醉和伤害，对肝、肾等其他器官也有损害。其卤代烃类中有许多与食品污染有关的重要物质，如有机氯杀虫剂、含各种卤素的除草剂（氟乐灵、乙乐灵等）、熏蒸剂（溴甲烷等）、食品包装用塑料（聚氯乙烯、聚四氟乙烷等）、某些霉菌毒素和工业三废中有关物质如多氯联苯等。

六氯环己烷的分子结构式　　双对氯苯基三氯乙烷的分子结构式

3. 硝基和亚硝基化合物

硝基化合物是一种毒性很大的有毒物质，主要通过呼吸或皮肤吸收并作用于肝脏、肾脏和血液系统。在有机硝基化合物中引入卤基、胺基和羟基后，其毒性增强；而引入烷基、羧基、磺酸基等基团，其毒性降低。一般硝基越多，毒性越强。硝基和亚硝基化合物主要作用原理是引起高铁血红蛋白形成，具有神经毒性和强烈刺激性等。硝基苯胺类化合物具有致癌性，硝基苯酚也具有很高的毒性。这些硝基化合物很少会直接污染并存在于食品中，但作为农药及其他食品污染物的母体物仍须特别注意。

邻硝基苯酚的分子结构式　　间硝基苯酚（3-硝基苯酚）的分子结构式　　对硝基苯酚的分子结构式

4. 氨基化合物和偶氮化合物

氨基化合物具有不同的毒性，无取代基的脂肪胺和芳香胺都有毒性，特别是芳胺，如苯胺、甲苯胺、联苯胺、β-萘胺、氯苯胺、二苯胺和联苯甲胺等，导入羧基或羟基可使毒性降低。碱性孔雀绿、甲基紫、碱性品红、碱性亮绿和碱性槐黄等色素的母体物均为苯胺。脂肪族胺主要出现在食品腐败过程中，如甲胺、二甲胺、三甲胺以及碳链更长的各种胺类。

许多偶氮化合物具有致癌效应，如奶油黄（对二甲氨基偶氮苯）是一种典型的油溶性偶氮染料，可导致肝癌，被禁止使用；甲基红是一种指示物质，能导致膀胱瘤、乳房瘤等。一些偶氮类化合物虽然没有致癌性，但是其毒性与硝基化合物、芳胺类似。

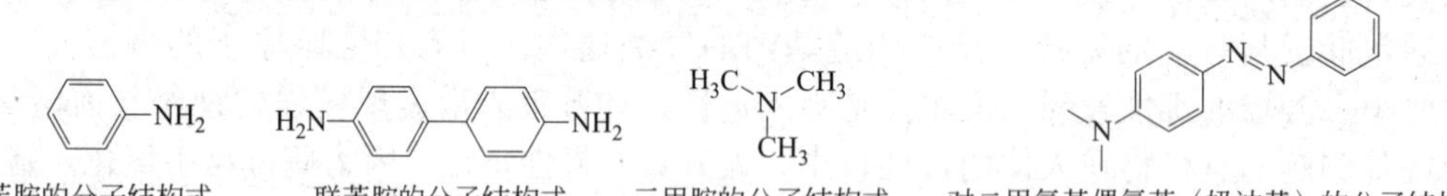

苯胺的分子结构式　　联苯胺的分子结构式　　三甲胺的分子结构式　　对二甲氨基偶氮苯（奶油黄）的分子结构式

5. 醇、酚、醚、酮和醛

在脂肪族一元醇类中，甲醇、丁醇和戊醇毒性较强，碳原子数较多或较少的其他一元醇毒性均较低。对于相同碳数的醇，异构醇的毒性小于正醇。环戊醇和环己醇等环烷醇类化合物的毒性与环烷烃类相近似。芳香族一元醇，如苯甲醇、苯乙醇等，有一定强度的经口毒性。卤代醇毒性很强。

酚类化合物的毒性强于对应的芳香烃及类似的环烷醇，且随着侧链上碳原子数的增加而逐渐减小。多元酚的毒性作用多数小于苯酚。萘酚的毒性比苯酚要小得多。卤代酚类化合物的毒性均比母体酚高，而且随卤素原子数的增加而增强。

脂肪族低级醚具有麻醉和刺激作用，麻醉效果比相应的醇要强。如果分子中含有双键和卤素，则麻醉效果会减弱，刺激会增强。芳香族醚类可作香精原料，毒性强弱不等。环醚类均有一定的毒性，其中含有双键和卤素会增强它们的刺激性。醚类物质以麻醉为主，口服毒性较小，对食品污染可能较少。

醛的毒性随着分子碳链的加长而逐渐减弱；分子中有双键或卤素时，则毒性增强。

酮与醛毒性相似，分子量增加、不饱和键存在以及卤素取代均可使毒性增强，一般脂肪族酮比芳香酮毒性大。脂肪族低级酮及其卤素取代物如，丙酮、1-氯丙酮、1-溴丙酮、1-碘丙酮的毒性按所述顺序增强。

正丁醇的分子结构式 　正戊醇的分子结构式 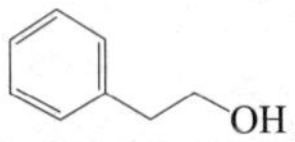　β-苯乙醇的分子结构式

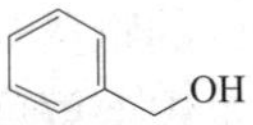

苯甲醇的分子结构式 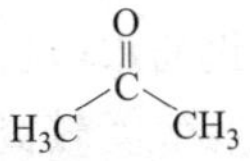　丙酮的分子结构式 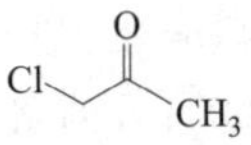　1-氯丙酮的分子结构式

6．羧酸和酯类

有机化合物引入羧基，其毒性减低或消失。多元酸中的草酸与柠檬酸能与血液及组织的钙结合，因而具有一种特殊毒性，但它们又是体内正常代谢产物，所以人体正常代谢的剂量较小。

一般来说，芳香族一元酸的毒性并不强。如苯二甲酸等苯二元酸的间位、对位异构体在口腔中的毒性很小，三元以上的芳香族酸毒性目前仍未见报道。羟基羧酸经口毒性较羧酸更低。酯类的毒性一般与酸的关系比醇更为密切，一般也较酸类更强。甲酯的毒性比高级脂肪酸酯高，其他低级脂肪酸（癸酸以下）的乙、丙、丁和戊酯，多数经口毒性不大。水杨酸酯有慢性毒性，草酸酯毒性近似草酸。内酯一般均有毒，有些具致癌或促致癌作用。

7．硫醇、硫醚和硫脲

硫醇主要是恶臭，而非毒性，虽有麻痹中枢神经作用，但主要是吸入毒性。芳香族硫醇毒性也与此类似。硫醚和二硫化物，均有麻醉性，但仅具吸入毒性。卤代硫醚的典型代表芥子气（二氯二乙硫醚）是剧毒气体，可腐蚀皮肤和黏膜，故称糜烂性毒剂。硫脲毒性较强并可致癌，硫脲的各种衍生物毒性不等。

8．磺酸和亚磺酸、砜和亚砜

有毒物质引入磺酸基后，毒性会减弱，如果是致癌物，也会失去致癌性。通常对血液、神经有毒性的烃类、酯类和含有硝基、氨基的化合物经磺化处理后，其毒性均有所降低或完全丧失。亚磺酸与磺酸相似，经口毒性一般不大。砜和亚砜本身都是无毒的，它们的毒性取决于与它们结合的其它物质。二苯砜类和二苯亚砜的毒性较小。但是，当砜或亚砜与卤素结合或还原成硫醚时，其刺激性就会增强。

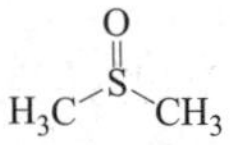

亚砜的分子结构式 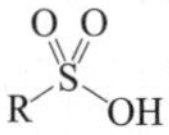　磺酸的分子结构式

二、无机化合物与毒性

1．金属毒物

无机化合物在水中的溶解性决定了其毒性。金属元素在水中不易溶解，因此其毒性较小，难溶盐的毒性也较小。一些有机金属化合物比无机化合物更容易被吸收，因而具有更高的毒性。如无机汞吸收率只有 2%，醋酸汞 50%，苯汞 50%～80%，甲基汞 100%。同一种金属往往具有不同的价态，如砷有 3 价和 5 价两种，一般情况下，化合价低者，毒性较大，但铬例外，6 价铬毒性高于 3 价铬。

2．氧化还原剂和酸碱

强氧化性物质常引起皮肤、黏膜的氧化腐蚀灼伤。酸性、碱性物质在水溶液中的解离程度决定了它们的毒性，它们在水溶液中的解离程度越高，对生物体的危害就越大。

三、食品中有害物质理化性质与毒性的关系

1. 油水分配系数

一种物质在油和水两种介质中的分配率，常为一个恒定的比值，即为该物质的油水分配裂数。油水分配系数大者，表明其易溶于油，反之则易溶于水。由于脂溶性成分更容易通过生物膜的双层脂质层进入组织细胞，较亲水性物相具有更高的毒性，因此油水分配系数较大的物质，毒性高于油水分配系数较小者。而对亲水性物质本身而言，凡相对在水中溶解度较高者比在水中溶解度较低者相对较被吸收，毒性也较高。但另一方面，水溶性较高的物质易于由体内排出，从而降低了毒性。不溶于油或水的物质，如多种金属元素，如石蜡等高阶烷烃，也具有更低的毒性。

2. 光学异构与毒性

食品中有害物质如有光学异构现象，机体组织或酶通常只能与一种光学异构体作用，而且往往是与L-异构体起作用，而D-异构体在体内生物活性甚低，甚至完全不具有生物活性。但也有例外，如尼古丁的L-异构体与D-异构体在体内毒性相等。

3. 基团的电负性与毒性

食品中有害物质如与带有负电的基团相结合，会在分子中将形成“正电中心”。这一区域的电子云密度大大降低，与受体上的负电荷互相吸引，从而产生毒性。因此，可由此预测该物质与受体结合的稳定度和毒性大小。化学物质若具有带负电的基团，如—NO_2^-、—CN、—COOR、—CHO等均可与机体中带正电荷的基团相互吸引，从而引起毒性。亲水化合物的水合离子带电荷，极性强，不易透过细胞膜脂质层，因此毒性比亲油性化合物低。

第三节　食品中的各类有害物质

在人类食物中，主要有动物性原料和植物性原料，其中一些含有对人体健康有害的成分。这些有害成分中有些是自然存在的，有些是在原料贮存、加工过程中受到微生物的污染，还有一些是因为食品加工过程中使用的各种添加剂造成的。无论在哪一种情况下，当这些有害物质的含量超过一定限度时，就会对人类健康构成威胁。

一、植物性食品中的嫌忌成分

1. 植物性食物过敏原

过敏原是指食物中含有能引起机体产生过敏反应的物质。由食品成分引起的免疫反应主要是由免疫球蛋白E（immunoglobulin E，IgE）介导的速发过敏反应。其发病机制是B淋巴细胞分泌过敏原特异的IgE抗体，敏化的IgE抗体和过敏原在肥大细胞和嗜碱性粒细胞表面交联，使肥大细胞释放组胺等过敏介质，从而产生过敏反应。

食品过敏原（除果蔬过敏源外）具有耐高温、耐酸性和耐酶解等特性，在食品加工过程中很难去除，防止食物过敏症的最好办法只能是避免摄入相应食物。至今，还有许多食物过敏源仍未能纯化和鉴定出来，已经鉴定的植物性食物过敏源按其结构特征可分为醇溶谷蛋白超家族、Cupin超家族以及BetV1家族。

（1）醇溶谷蛋白超家族

醇溶谷蛋白超家族是一类富含半胱氨酸的小分子蛋白，三维空间结构相似，α-折叠较多，热加工稳定性好，可进一步细分为三种：①2S白蛋白类，是双叶植物中的主要储藏蛋白，包括很多坚果类和种

子，如花生、胡桃、芝麻以及芥末；②非特异的磷脂转移蛋白，在植物防御真菌和细菌感染中起重要作用，广泛存在于水果、坚果种子及蔬菜中；③谷物 α-淀粉酶或胰蛋白酶抑制物，对害虫有较好的抗性，主要在小麦、大麦、水稻以及玉米中。

（2）Cupin 超家族

Cupin 超家族分为 7S 豌豆球蛋白样和 11S 豆球蛋白样，都有一个 β-桶状样的中心结构域，主要存在于植物球状贮藏蛋白中，包括豆类和坚果类，如花生、大豆、胡桃、芝麻、榛子等。然而，二者氨基酸序列同源性极低（<40），极少发生免疫交叉反应。

（3）BetV1 家族

BetV1 家族是桦树花粉的主要过敏源，也存在于蔷薇科水果（如苹果、草莓、杏、梨等）和伞状花科蔬菜（如芹菜、萝卜）中。对热和酶消化极不稳定，其氨基酸表面残基形成了于 IgE 结合的表位，因此常导致患者出现“水果-蔬菜-花粉”交叉综合症。

2. 凝集素

凝集素又称为植物血细胞凝集素，1889 年首次从蓖麻籽中发现。凝集素是存在于豆类及一些豆状种子（如蓖麻）中能使血红球细胞凝集的蛋白质。凝集素可与肠道上皮细胞表面特异位点结合，影响肠道细胞对蛋白质等营养物质的吸收，造成营养物质缺乏，造成生长发育迟缓。

凝集素大多为糖蛋白，含有 4%～10%的糖类，其分子多由 2 或 4 个亚基组成，并含有 2 价金属离子。如刀豆球蛋白为四聚体，每条肽链由 237 个氨基酸组成，亚基中有 Ca^{2+} 和 Mn^{2+} 的结合位点和糖基结合部位。生食豆类会引起恶心、呕吐等症状，重则致命。所有凝集素在湿热处理时均被破坏，在干热处理时则不被破坏，因此可采取加热处理和热水抽提等措施去除毒性。

（1）大豆凝集素

大豆凝集素是一种分子量为 110kDa，含有 5%糖分的糖蛋白，其主要成分为甘露糖和 *N*-乙酰葡萄糖胺。食生大豆比食熟大豆的动物需要更多的维生素、矿物质以及其他营养素。在常压下蒸汽处理 1h 或高压蒸汽处理 15min 可使其失活。

（2）菜豆属豆类的凝集素

在菜豆属的豆科植物中发现了凝集素，如菜豆、绿豆、芸豆、红花菜豆等。菜豆属豆类的凝集素对饲喂动物的生长具有明显的抑制作用，剂量高时可致死。用高压蒸汽处理 15min 可使其完全失活。

（3）蓖麻毒蛋白

蓖麻毒蛋白又称蓖麻毒素，其毒性极强，2 mg 就可致人死亡，是其他豆类凝集素毒性的 1000 倍。蓖麻中的有害成分是蓖麻毒蛋白，是最早被发现的植物凝集素。蓖麻籽虽非可食种子，但在民间也有将蓖麻油加热后食用的情况。人、畜生食蓖麻油，轻则中毒呕吐、腹泻，重则死亡。除凝集素作用外，蓖麻毒蛋白还容易使肝、肾等实质细胞发生损害而产生混浊、肿胀、出血及坏死等现象，蓖麻毒蛋白也可以麻醉呼吸中枢、血管运动中枢等。

3. 有毒氨基酸成分

有毒氨基酸主要存在于豆科植物中。据不完全统计，目前约有 130 种豆科植物品种含有有毒氨基酸，主要分布在寒带、热带非洲和南美洲的山区。据记载，人畜使用上述豆制品常出现神经紊乱症状，如肢腿瘫痪、神志不清等。通过对豆科中 49 种品种中种子内非蛋白质氨基酸和相关性产物分析可知，造成神经中毒的化合物是 L-高精氨酸和 β-*N*-乙酰-α,β-二氨基丙酸等非蛋白质氨基酸。目前认为有毒氨基酸的有害性主要是由于这些氨基酸的存在会干扰人体正常氨基酸的代谢，从而对人体造成损害。

（1）山黧豆毒素原

山黧豆毒素原存在于山黧豆中，主要有 2 类：一类是致神经麻痹的氨基酸毒素，包括 α,γ-二氨基丁酸、γ-*N*-草酰基-α,γ-二氨基丁酸和 β-*N*-草酰基-α,β-二氨基丙酸；另一类是致骨骼畸形的氨基酸衍生物毒素，包括β-N-(γ-谷氨酰)-氨基丙腈、γ-羟基戊氨酸及山黎豆氨酸等。人摄食山黧豆中毒的典型症状使肌肉无力、不可逆的腿脚麻痹，严重者可导致死亡。

（2）氰基丙氨酸

氰基丙氨酸即β-氰基丙氨酸，主要存在于蚕豆中的一种神经性毒素，其引起的中毒症状与山黧豆中毒类似。

（3）刀豆氨酸

刀豆氨酸是一类与精氨酸同源的豆科植物，广泛存在于豆科植物蝶形花亚科中。刀豆氨酸是人体中的一种抗精氨酸代谢物，其毒性作用也由此而来。加热或煮沸可以破坏大部分的刀豆氨酸。

（4）L-3,4-二羟基苯丙氨酸

L-3,4-二羟基苯丙氨酸又称多巴，主要存在于蚕豆等植物中，其引起的主要中毒症状是急性溶血性贫血症。一般来说，在摄食过量的青蚕豆后5～24h即开始发作，经过24～48h的急性发作期后，大多可以自愈。人过多地摄食青蚕豆（无论煮熟或是去皮与否）都可能导致中毒。

4. 蛋白酶抑制剂

植物中广泛存在能够抑制某些蛋白酶活性的物质，称为蛋白酶抑制剂，属于抗营养物质一类，对食物的营养价值具有较重要的影响。蛋白酶抑制剂主要存在于豆类种子中，如大豆、扁豆、豌豆、红豆、绿豆、黑豆、菜豆、豇豆、四棱豆、白羽扇豆和花生等。此外，薯类、谷类和一些蔬菜中也含有少量蛋白酶抑制剂。

蛋白酶抑制剂中比较重要的有胰蛋白酶抑制剂、胰凝乳蛋白酶抑制剂和α-淀粉酶抑制剂。胰蛋白酶抑制剂是一种广泛分布的蛋白质，分子量为14300～38000Da。主要存在于豆类及马铃薯块茎等食物中。据实验证明，大豆中的蛋白酶抑制剂可引起实验动物胰腺肥大、增生及胰腺瘤的发生。α-淀粉酶抑制剂主要存在于小麦、菜豆、芋头、未成熟香蕉和芒果等食物中，影响糖类的消化吸收。由于生食或烹调加热不够，当摄入较多此类食物后，酶抑制剂开始起效，使食物中所含的相关成分不能被消化并被机体吸收利用。长此以往，人体对营养物质的吸收降低，影响生长发育。采用适当的热处理、高压蒸气、浸泡后常压蒸煮、微生物发酵等方法，可以有效地消除蛋白酶抑制剂的影响。

5. 毒苷成分

常见的植物性食物中的毒苷有硫苷、氰苷和皂苷3类。

（1）硫苷

硫苷又称硫代葡萄糖苷，所有硫苷类物质均含有β-D-硫代葡萄糖作为糖苷中的糖成分。目前大约鉴定出了70种天然含硫糖苷，主要存在于甘蓝、萝卜等十字花科植物及葱、大蒜等植物中。但绝大部分储藏在这些植物的种子中，真正存在于可食性部分的很少。

硫苷类物质能够在酶的作用下发生水解，生成糖苷配基、葡萄糖和亚硫酸盐；糖苷配基可发生分子间重排，生成腈、异硫氰酸酯或硫氰酸酯等产物。硫氰酸酯能够抑制碘吸收，因此具有抗甲状腺作用，在血碘含量较低时，这种抑制作用能够使甲状腺发生代谢性肿大。因此，硫苷类物质也被称作“致甲状腺肿原”。近期动物实验也发现芥菜中硫苷水解生成的异硫氰酸烯丙酯对大鼠有致癌作用。硫苷类物质的水解酶在完整组织中无活性，它的活化需要破坏组织，如将湿的、未经加热的组织压碎、切分；在烹饪或煮熟的食物中，硫苷类物质则不会被水解。硫苷并不影响甲状腺素的合成，因此，只要食物中有足够的碘，食用十字花科植物是不会导致甲状腺肿大的。

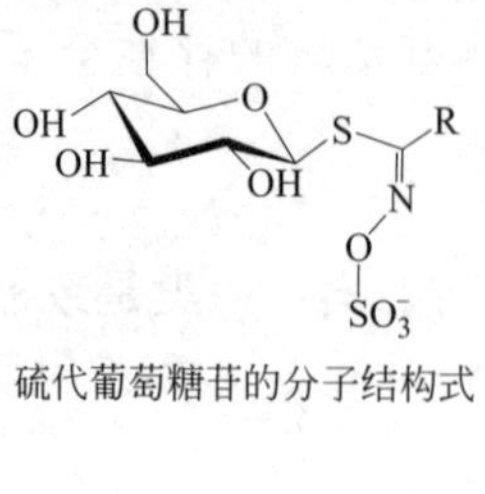

硫代葡萄糖苷的分子结构式

(2) 氰苷

氰苷是一种含 α-羟基腈的苷类物质，其糖类成分常为葡萄糖、龙胆二糖或英豆二糖，广泛存在于植物性食品中。α-羟基腈的化学性质不稳定，在胃肠中水解产生氢氰酸和醛或酮，氢氰酸被机体吸收后，其氰离子与细胞色素氧化酶中的铁结合，从而破坏细胞色素氧化酶传递氧的功能，从而影响组织的正常呼吸，最终导致窒息而死。中毒后的临床症状为意识紊乱，肌肉麻痹，呼吸困难，抽搐和昏迷。氰苷在酸的作用下也能水解生成氢氰酸，但人体胃中的酸度不足以水解氰苷而引起中毒。加热可灭活使氰苷转化为氢氰酸的酶，达到去毒的目的；由于氰苷具有较好的水溶性，因此也可通过漂洗的办法除去氰苷。

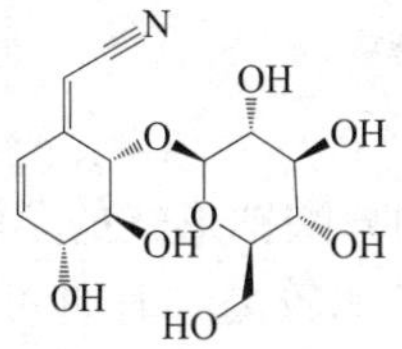

N OH OH OH OH OH HO

氰苷的分子结构式

(3) 皂苷

皂苷即皂素，溶于水后可以形成胶体溶液，搅动时能产生像肥皂一样的蜂窝状泡沫，因此常作为起泡剂或乳化剂用于啤酒、柠檬水等饮料。但是，皂苷具有破坏红细胞的溶血作用，所以当摄入过量时，即可引起中毒。一般的中毒症状为喉部发痒、噎逆、恶心、腹痛、头痛、眩晕、腹泻、体温升高、痉挛等，严重者因麻痹而致死。皂苷是一种分布很广泛的苷类物质，以大豆皂苷为典型代表。大豆中的皂苷已知有 5 种，其成苷的糖有木糖、阿拉伯糖、半乳糖、葡萄糖、鼠李糖及葡萄糖醛酸等，其配基为大豆皂苷配基醇，有 A、B、C、D、E 5 种同系物。茄苷是一种胆碱酯酶抑制剂，人畜摄入过量均会引起中毒，症状表现为舌头发痒、胃灼热、呕吐、腹泻、瞳孔扩大、耳鸣、兴奋，严重的时候会出现抽搐、意识丧失甚至死亡的症状。茄苷对热稳定，一般烹煮不会受到破坏。马铃薯中茄苷的含量一般为 30～100mg/100g，通常认为 200 mg/kg 以内食用是安全的。但发芽马铃薯芽眼四周和见光变绿部位茄苷的含量极高，可达 5g/kg。

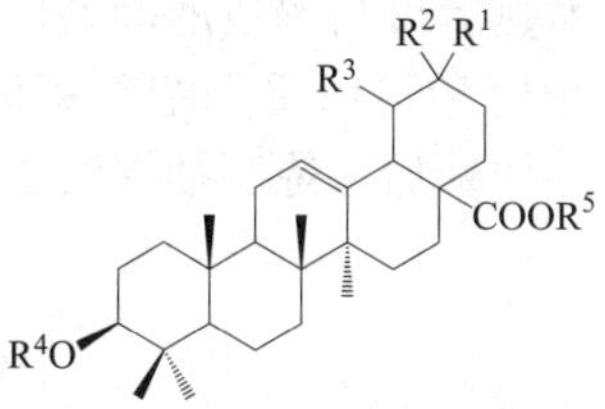

R^2 R^1 R^3 $COOR^5$ R^4O

三萜基本结构

6. 毒肽 (toxic peptides)

毒肽中最具代表性是存在于毒草中的鹅膏菌毒素和鬼笔菌毒素。鹅膏菌毒素为环八肽，又称毒伞肽，有 6 种同系物。鬼笔菌毒素为环七肽，有 5 种同系物。二者致毒机理基本一致，鹅膏毒素主要作用在肝细胞核内，结合 RNA 聚合酶Ⅱ，阻断 RNA 和蛋白质合成，对肠、肾、肝等器官造成快速损伤，造成不可逆性损伤。鬼笔菌毒素对肝细胞微粒体有明显的抑制作用。鹅膏毒素比鬼笔杆菌毒素毒性强，但作用缓慢、潜伏期长。

毒肽中毒一般可以分为六个阶段，分别是潜伏期、肠胃炎、假愈期、内脏损伤期、精神症状期、恢复期。不同毒菌所含毒素肽的比例不同，潜伏期也不同，通常在 10～24 小时之间。初期表现为恶心，呕吐，腹泻，腹部疼痛等。当胃肠炎的症状消失时，患者没有明显的症状，或者只是感到乏力、不思饮食，但此时毒肽逐渐侵害实质性脏器，称为“假愈期”。此后，轻度中毒患者的损伤并不严重，可以进入恢复期。重症患者则进入内脏损害期，对肝脏、肾脏等器官造成损伤，导致肝脏肿胀，甚至出现急性肝坏死，病死率高达 90%。一般情况下，经过积极的治疗，2～3 周左右就会进入康复期，所有的症状体征逐渐消失后就会恢复正常。

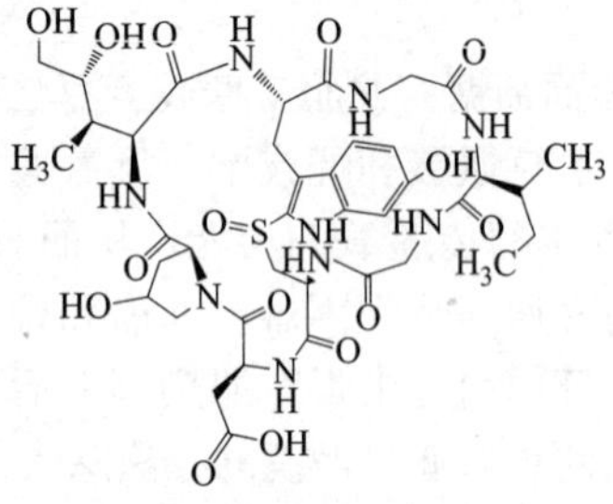

β-鹅膏菌毒素的分子结构式

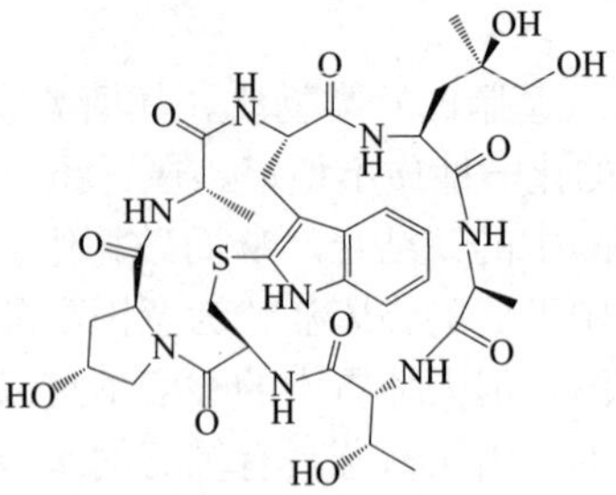

鬼笔菌毒素的分子结构式

7. 毒酸成分

植物中常见且典型的毒酸成分为草酸和草酸钠形式的草酸。草酸在菠菜、茶叶、可可中较多；草酸盐在豆类、黄瓜、食用大黄、甜菜中的含量比较高，有时可达到1%～2%。草酸是一种易于水的二羧酸，与金属离子反应生成盐，而草酸与钙离子反应形成草酸钙，在中性和酸性条件下均不溶。因此，含草酸过多的食物与含钙离子多的食物共同加工或者共食时，往往会降低食物的营养价值。过多地食用含草酸或草酸盐多的蔬菜，会产生急性草酸中毒症状，主要表现为口腔和消化道糜烂、胃出血、血尿等，严重的还会引起惊厥。但动物实验结果显示，多吃菠菜等富含草酸的食物并没有导致缺钙，而这一结论与社会普遍接受的结论相悖。同时，由于食物中含有大量的钙元素，摄入过量会导致肾结石的发生。

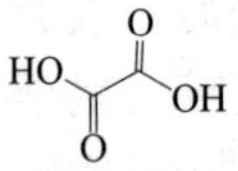

草酸的分子结构式

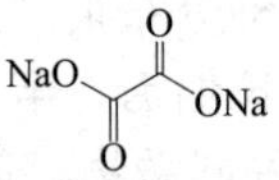

草酸钠的分子结构式

8. 毒酚

植物性食物中的酚类毒素实际上就是指棉籽酚。棉籽酚存在于棉籽中，榨油时会随着进入棉籽油中。棉籽酚能使人体组织红肿出血、精神失常、食欲不振，长期食用还会影响生育能力。棉籽酚呈酸性，易被氧化，能成酯、成醚、成盐，加热时可与赖氨酸的碱性ε-氨基结合成不溶于油脂与醚的结合棉籽酚，称为α-棉籽酚，无毒。棉籽中的棉籽酚可以采用溶剂萃取法去除，从而避免食用未经脱酚处理的食用棉籽油而中毒，粗制生棉籽油可经加碱加水炼制抽提法去除。禽畜中毒，则是由于吃了未经脱毒处理的棉籽蛋白。

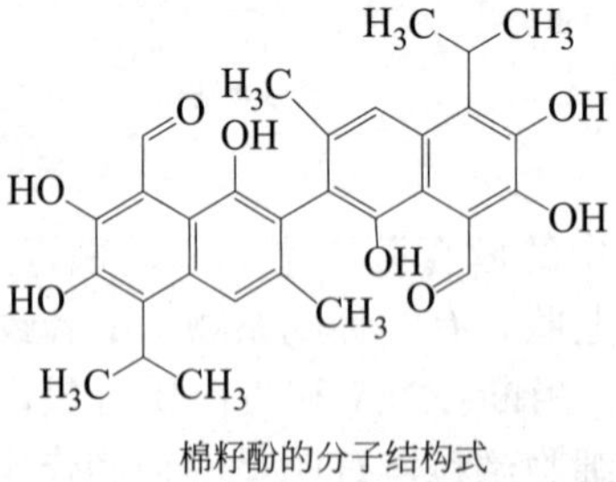

棉籽酚的分子结构式

9. 毒胺

毒胺主要是指苯乙胺类衍生物、5-羟色胺和组胺，通常为微生物代谢产物，它们具有较强的升血压作用，并可引起头痛。在许多水果和蔬菜中，也存在微量的毒胺成分。一般情况下，毒胺成分含量很少，一般不会导致中毒。毒芹碱主要存在于斑毒芹、洋芫荽（欧芹）、水毒芹菜中。毒芹碱中毒，主要是由于洋芫荽与芫荽相误用、毒芹叶与芫荽及芹菜相误认、毒芹根与萎根或莴相误认、毒芹果与八角茴香相误认等造成的。毒芹碱的致死量为0.15g，最快可以在数分钟内致人死亡。主要的中毒症状为运动失调，由下上行的麻痹，最后导致呼吸停止。

10. 有毒生物碱

（1）兴奋性生物碱

此类生物碱在食物中分布较广的是黄嘌呤生物咖啡碱（咖啡因）。咖啡碱在咖啡、茶叶及可可中都存在。这类生物碱是无害的，具有刺激中枢神纪保持兴奋的作用，常作为提神饮料的主要成分。一般咖啡碱的摄取量在每千克体重 4～6mg 时，不会出现不良反应；当摄取量在每千克体重 15～30mg 以上时候，会出现恶心、呕吐、头痛、心跳加快等急性中毒的症状，不过这些症状在 6 小时过后会逐渐消失；当摄取量继续加大可引起头疼、烦躁不安、过度兴奋、抽搐；咖啡碱的致死量大约为每千克体重 200mg。

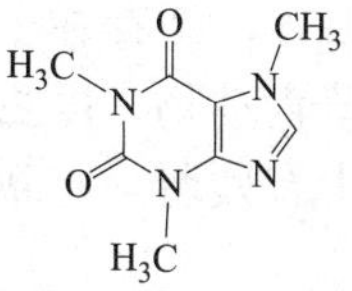

咖啡因的分子结构式

（2）镇静及致幻生物碱

此类生物碱对人体的中枢神经具有麻醉致幻作用。主要有古柯碱（可卡因）、毒蝇伞菌碱、裸盖菇素及脱磷酸裸盖菇素。古柯碱存在于古柯树叶中，适量食用时有兴奋作用，过量时对神经有强烈的镇静作用，继而产生麻醉幻觉。毒蝇伞菌碱存在于毒蝇伞茵等毒伞属蕈类中，食用后 15～30min 出现中毒症状，大量出汗，严重者发生恶心、呕吐和腹痛，并有致幻作用。裸盖菇素及脱磷酸裸盖菇素存在于墨西哥裸盖菇、花褶伞等蕈类中，误食后出现精神错乱，狂舞，大笑，产生极度的快感，有的烦躁苦闷，甚至杀人或自杀。花褶伞在我国各地方都有分布，生于粪堆上，也称粪菌、笑菌或舞菌。

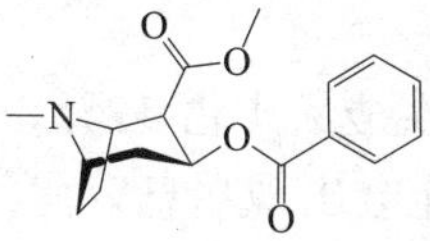

可卡因的分子结构式

（3）毒性生物碱

毒性生物碱种类繁多，在植物性和类食品中有秋水仙碱、龙葵碱、双稠吡咯啶生物碱及马鞍菌等。秋水仙碱存在于黄花菜中，本身无毒，在胃肠内吸收缓慢，但在体内被氧化成氧化秋水仙碱后则有剧毒，致死量为 3～20 mg/kg。食用较多炒鲜黄花菜后数分钟至十几小时发病，表现为恶心、呕吐、腹痛、腹泻、头痛等，但干制品无毒。如果食用新鲜的黄花菜，必须先经水浸或开水烫，然后再炒煮。

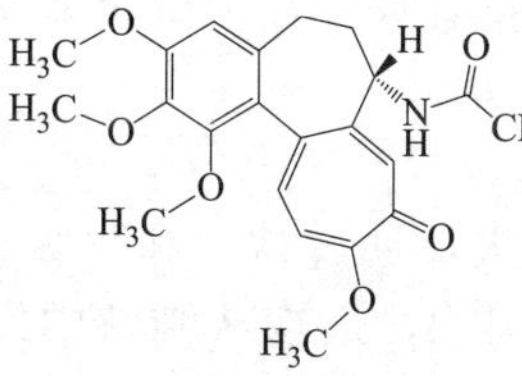

秋水仙碱的分子结构式

龙葵碱在茄科植物，如土豆、西红柿和茄子中广泛存在。马铃薯中龙葵碱的含量因品种、季节差异较大，一般在 0.005%～0.01%之间，但随着贮藏时间的推移，其含量逐渐升高，发芽后芽眼部位的龙葵碱含量可达 0.3%～0.5%。误食发芽土豆后，病人会出现呕吐、腹泻、气短等症状，严重时会导致心肺功能衰竭而死亡。预防中毒的措施包括：将马铃薯贮存在低温、无阳光直射的地方，防止发芽；不吃生芽过多，有黑绿色皮的马铃薯；轻度发芽的马铃薯在食用时彻底挖去芽和芽眼，并充分削去芽眼周围的表皮，以免食入毒素而引起中毒。

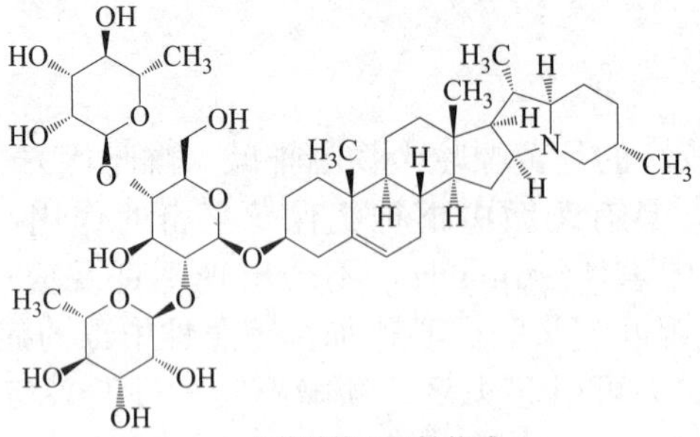

龙葵碱的分子结构式

双稠吡咯啶生物碱又称吡咯里西啶生物碱，广泛存在于多种植物中，双稠吡咯啶生物碱对植物来说具有化学防卫的功能，在一定程度上可抵御草食动物、昆虫和植物病原的侵害。然而，家畜采食后会导致中毒，并在动物产品如奶、蜂蜜和肝脏等中有残留，有致癌、致突变和致畸胎的毒性，以及抗菌、解痉和抗肿瘤活性。

马鞍菌素主要存在于某些马鞍菌属蕈类中，易溶于热水和乙醇，熔点 5℃，低温易挥发，易氧化，对碱不稳定。马鞍菌素中毒潜伏期为 8～10 h，中毒时的症状有脉搏不齐、呼吸困难、惊厥等。

二、动物性食品中的嫌忌成分

1. 动物性食物过敏源

鸡蛋、牛乳、鱼类、甲壳类等动物性食品是引起过敏的主要食物，但动物性食物过敏源目前还没有按结构与进化关系分类的方法。

（1）鸡蛋过敏源

鸡蛋过敏在婴幼儿及儿童中占 35%，在成人中占 12%，主要会出现皮疹或红斑，同时还伴有剧烈瘙痒、恶心、呕吐等症状，症状严重时可能会出现喘息等症状。鸡蛋的过敏源主要在蛋清中，包括卵类黏蛋白、卵黏蛋白、卵结合蛋白、卵清蛋白、卵运铁蛋白及溶菌酶；蛋黄中的 α-卵黄蛋白和卵黄高磷蛋白也是重要的过敏源，卵黄蛋白主要通过呼吸道吸入导致食物过敏。

（2）牛乳过敏源

牛乳过敏在儿童中的发生率为 0.1%～7.5%，且主要见于较小的婴幼儿，会引起皮肤瘙痒、丘疹、呼吸困难等症状，严重时甚至会引起过敏性休克，危及生命。牛乳过敏一般是暂时性的，随着年龄的增长会自动消失。酪蛋白、β-乳球蛋白、α-乳白蛋白被认为是主要过敏源，牛血清蛋白、免疫球蛋白、乳铁蛋白等微量蛋白也起着非常重要的作用。大约 30%～50%的牛乳过敏患者对上述这些微量蛋白过敏。牛乳、驴乳、水牛乳以及山羊乳等哺乳动物乳均存在免疫交叉反应，对牛乳过敏的患者也可能对其他乳过敏。

（3）海产过敏源

对鱼的过敏不容易随年龄的增长而消失，通过饮食和呼吸道都可致敏，婴幼儿的发病率为 0.1%，成年人为 2%。最重要的过敏源蛋白为 Gad cl，最初从鳕鱼中发现，称为过敏源 M，分子量为 12kDa，它属于肌肉蛋白组中与钙结合的小白蛋白，具有控制钙离子进出细胞的作用。另外，在鳕鱼中还分离出了其他 15 个过敏源蛋白，分子量在 150～200kDa。甲壳类水产中的主要过敏源成分是原肌球蛋白，分子量为 36kDa，因其蛋白质同源性非常高，故河虾、蟹、鱿鱼、鲍鱼等存在免疫交叉反应。

2. 贝类毒素

（1）麻痹性贝类中毒

麻痹性贝毒（paralytic shellfish poisoning，PSP）是一种神经毒素，因人们误食了含有此类毒素的贝类而产生麻痹性中毒的现象，所以称之为麻痹性贝毒。PSP 在全球范围内分布广泛，是一类对人类生命健康危害最大的海洋生物毒素。PSP 麻痹性贝毒是一类四氢嘌呤的三环化合物，其母体结构为四氢嘌呤。

麻痹性贝毒是一类四氢嘌呤的三环化合物，已发现的毒素根据取代基的不同进行分类 C 11 上存在同分异构现象，在贝类体内，β 异构体可以转化成更加稳定的 α 异构体，其摩尔比（α/β）可以用来分析贝类的染毒时间。麻痹性贝毒可分为四类：氨基甲酸酯类毒素（carbamate toxins），包括石房蛤毒素（saxitoxin，STX），新石房蛤毒素（neosaxitoxin，NEO），膝沟藻毒素（gonyautoxin），其中包括膝沟藻毒素 GTX1、GTX2、GTX3 和 GTX4；*N*-磺酰氨甲酰基类毒素（*N*-sulfocarbamoyl toxins），包括 C1，C2，C3，C4，GTX5（B1）和 GTX6（B2）；脱氨甲酰基类毒素（decarbamoyltoxins），包括 decarbamoyl saxitoxin（dcSTX），decarbamoyl neosaxitoxin（dcneoSTX），decarbamoyl gonyautoxins 1～4（dcGTX 1～4）；脱氧脱氨甲酰基类毒素（deoxydecarbamoyl toxins）。迄今为止，已确认结构的 PSP 已有 20 余种。PSP 呈碱性，在水中溶解性好，可溶于甲醇、乙醇，对酸、对热稳定，在碱性条件下易分解失活。PSP 是一类神经和肌肉麻痹剂，中毒的临床症状首先是外周麻痹，从嘴唇与四肢的轻微麻刺感和麻木直到肌肉完全丧失力量，呼吸衰竭而死。

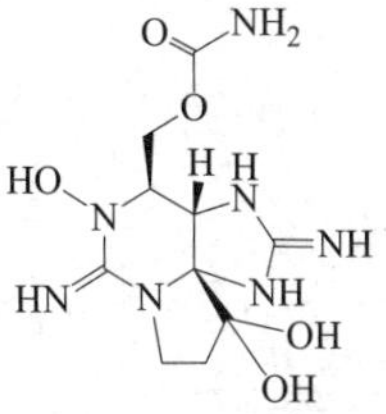

新石房蛤毒素的分子结构式

（2）腹泻性贝类毒素

腹泻性贝类毒（diarrhetic shellfish poisoning，DSP）是由有毒赤潮藻类、鳍藻属和原甲藻属的一些种类产生的脂溶性多环醚类生物活性物质。DSP 其化学结构是聚醚或大环内酯化合物。腹泻性贝毒素包括软海绵酸（okadaic acid，OA）和它的衍生物鳍藻毒素（dinophysistoxins，DTX 1～3）、扇贝毒素（pectenotoxins，PTX 1～10）、硫酸化衍生物虾夷扇贝毒素（yessotoxins，YTXs）、氮杂螺环酸毒素（azaspiracid poisoning，AZP）、螺旋形亚胺（gymnodimine，GYM）化合物等。扇贝毒素 PTXs、虾夷扇贝毒素 YTXs 和氮杂螺环酸毒素 AZP 等在结构、毒性上与 OA 有差异，但因为这几种毒素成分通常在贝中与 OA 和 DTXs 共存，一直以来也被归为腹泻性贝毒素；而 GYM 在产毒藻、结构和毒性上与其他几种组分都是不同的，但因其脂溶性，在检测腹泻性贝毒的萃取过程中会一并提取，所以一直将其归为腹泻性贝毒。

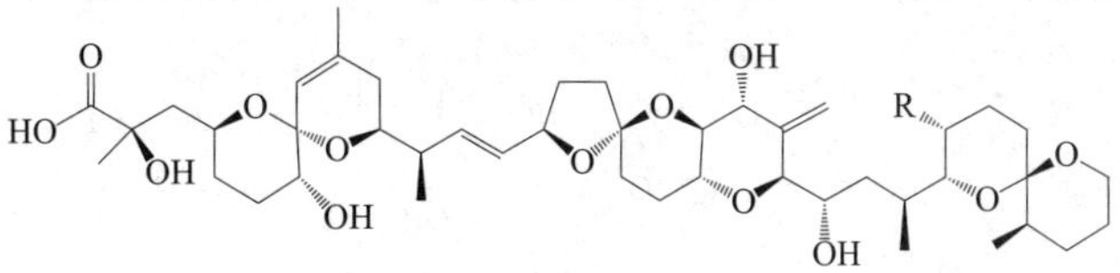

大田软海绵酸（R=H）和鳍藻毒素（R=CH_3）的分子结构式

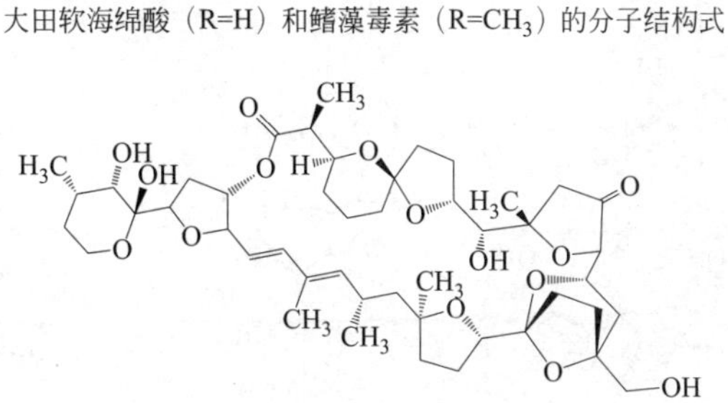

扇贝毒素的分子结构式

腹泻性贝毒可在贝等滤食性动物体内富集，危害食用者健康。腹泻性贝毒在全球沿岸海域均有分布，是世界范围内具有最严重威胁的赤潮藻毒素之一。DSP 不是一种可致命的毒素，通常只引起轻微的胃肠疾病，而症状也会很快消灭，没有强烈的急性毒性，但OA是强烈的致癌因子。腹泻性贝毒中毒症状主要有腹泻、呕吐、恶心、腹痛和头疼。发病时间可在食后30min或14h不等，一般在48h内恢复健康，一般止泻药不能医治。

（3）神经性贝类毒素

神经性贝类毒素（neurotoxic shellfish poisoning，NSP）主要是指从一种赤潮生物短裸甲藻中分离出来的一类毒素——短裸甲藻毒素（brevetoxins，PbTX）。神经性贝毒的主要成分短裸甲藻毒素是一类耐酸耐热、不含氮的脂溶性大环多醚类化合物。短裸甲藻毒素可以在贝类体内转化出新的异构体（BTX-1～10）。短裸甲藻毒素能够作用于钠离子通道，从而产生毒害作用。有毒的短裸甲藻被贝类摄食后，其毒素在体内积累，并通过食物链传递给人类，引起食物中毒。中毒的主要症状为瞳孔放大、身体冷热无常、恶心、呕吐、腹泻、运动失常，但没有麻痹感。此外，还通过形成气溶胶作用于人类呼吸系统，导致类似哮喘的症状。因此，为了与引起麻痹作用的DSP相区别，称为神经性贝类毒素。NSP中毒症状持续时间较短，一般为10min～20h。

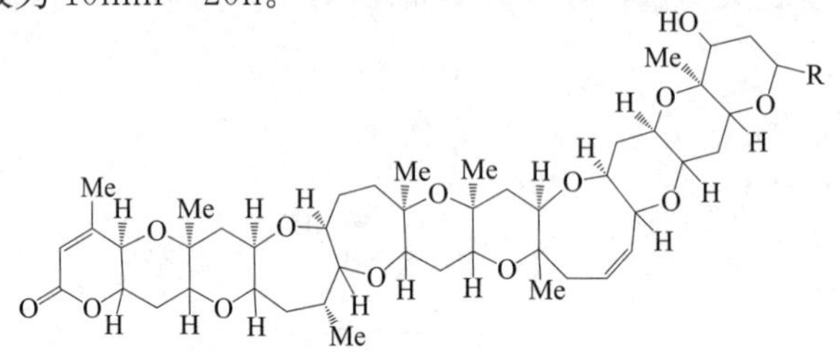

PbTX-3的分子结构式

3. 有毒活性肽

海洋生物中存在着种类众多的蛋白质、肽类毒素，这些毒素性质独特。目前研究较多的海洋肽类毒素有海葵毒素、芋螺毒素、蓝藻毒素等。

海葵为腔肠动物门珊瑚虫纲海葵目的原始多细胞动物，主要分布在热带和亚热带温暖海域中。海葵触须细胞在受到外界刺激后，会释放大量的生理活性物质来抵御外界的攻击，从而保护海葵免受伤害。这些活性物质包括丰富的神经毒素、细胞毒素，具有溶细胞作用的多肽类化合物，以及甘油酯、甾醇、倍半萜、嘧啶等小分子化合物。海葵神经毒素通常由27～59个氨基酸所组成，分子量范围在3～7kDa，该毒素能特异作用于神经和肌肉，可兴奋细胞膜上的关键靶位点即神经受体或离子通道，从而影响一系列细胞调控活动，具有广泛的神经系统活性、心血管系统活性和细胞活性。

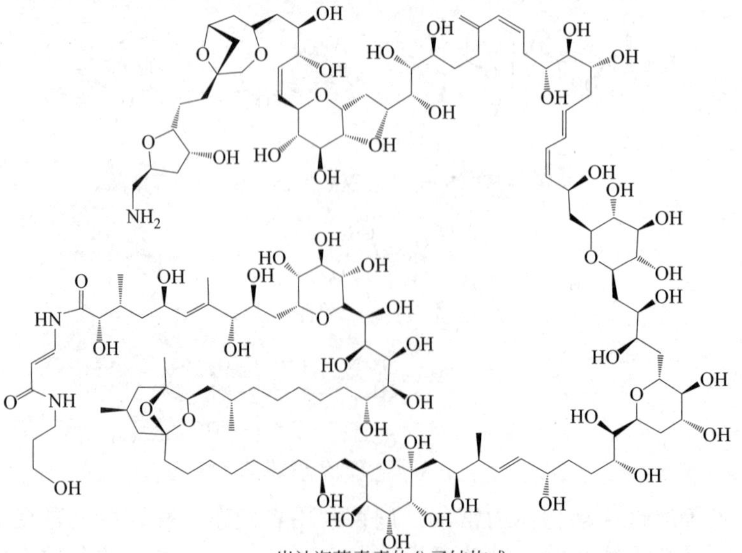

岩沙海葵毒素的分子结构式

芋螺毒素是芋螺分泌出来的用于捕食和防御的物质，能特异性作用于各种离子通道及神经递质受体。从结构上看，芋螺毒素通常是由 10～46 个氨基酸残基组成的活性多肽小分子结构多样，富含半胱氨酸，具有高度保守的二硫键骨架。芋螺毒素生物活性强，作用靶位点广且具有高度选择性，可直接用作药物，又可以作为设计新药的先导化合物，具有重要的理论和应用价值，因而受到广泛关注。

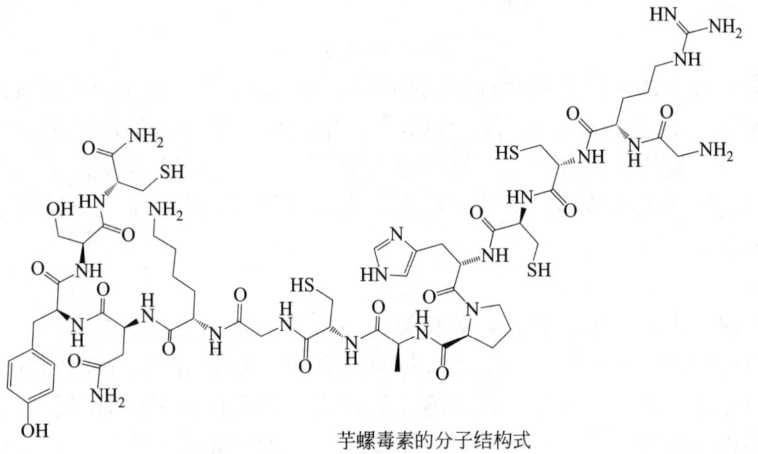

芋螺毒素的分子结构式

4. 鱼类毒素

(1) 河豚毒素

河豚毒素为氨基全氢喹唑啉型化合物，是自然界中所发现的毒性最大的神经毒素之一，曾一度被认为是自然界中毒性最强的非蛋白类毒素。河豚毒素及类似物不仅存在于各种豚科鱼中，还广泛分布于各种高等、低等生物中，如云斑裸颊虾虎鱼、织纹螺等。

河豚毒素系小分子量非蛋白质神经毒素，是典型的钠离子通道阻断剂，表现在阻遏神经和肌肉的传导，除直接作用于胃肠道引起局部刺激症状外，河豚毒素被机体吸收进入血液后，能迅速使神经末梢和神经中枢发生麻痹，继而使得各随意肌的运动神经麻痹；毒量增大时会影响呼吸，造成脉搏迟缓；严重时体温和血压下降，最后导致血管运动神经和呼吸神经中枢麻痹而迅速死亡。河豚毒素化学性质和热性质均很稳定，盐腌或日晒等一般烹调手段均不能将其破坏，只有在高温加热 30min 以上或在碱性条件下才能被分解。220℃加热 20～60min 可使毒素全部被破坏。中毒潜伏期很短，短至 10～30min，长至 3～6h 发病，死亡率高。

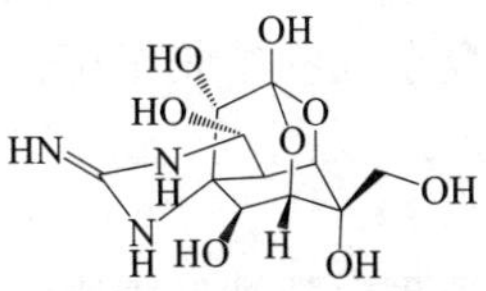

河豚毒素的分子结构式

(2) 西加鱼毒（ciguatera fish poisoning，CFP）

西加鱼毒又称雪卡毒素，是一种脂溶性高醚类物质，毒性非常强，比河豚毒素强 100 倍，是已知的危害性较严重的赤潮生物毒素之一，无色无味，脂溶性，不溶于水，耐热，不易被胃酸破坏，主要存在于珊瑚鱼的内脏、肌肉中，尤以内脏中含量为高。西加鱼毒对人体造成的危害主要是由食用含西加鱼毒的草食性鱼类和肉食性鱼类引起的。迄今为止，从含西加鱼毒的鱼类（刺尾鱼、鹦嘴鱼等和捕食这些鱼类的肉食性鱼类如海鳝、红鳍笛鲷、石斑鱼、西班牙鲭、沿岸金枪鱼等）和有毒赤潮生物中已分离出了三种西加鱼毒毒素成分：西加毒素（ciguatoxins，CTXs）、刺尾鱼毒素（maitotoxin，MTX）和鹦嘴鱼毒素（scaritoxin，STX）。

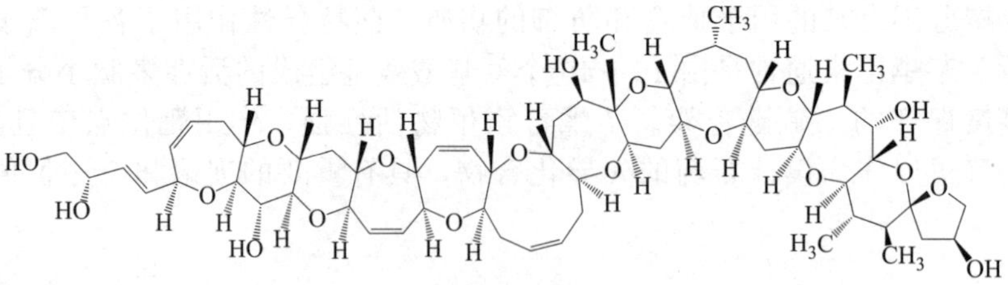

西加毒素的分子结构式

西加鱼毒的主要毒理作用是作用到神经肌肉细胞膜 Na^+ 通道上，从而选择性地增加 Na^+ 的通透性，促使 Na^+ 大量流人细胞。西加鱼毒也具有抑制 Ca^{2+} 作用，高浓度西加鱼毒则出现对心脏直接作用。西加鱼毒属神经毒素，不易被胃酸破坏，不会被高温分解，故烹煮过程并不能除去毒素。中毒后出现口唇麻木、温度感觉逆转、肌肉及关节痛、呕吐、腹泻，常伴有脉搏变慢、血压下降等循环系统障碍，严重者因呼吸肌麻痹而死亡。

（3）无鳞鱼毒素

无鳞鱼是指一些海产鱼以及龟、鳖、鳝等鱼类。在鲜活状态下进行加工烹饪，食用无鳞鱼，不会中毒。然而，在这类鱼死亡以后比较长的时间才开始烹调食用，则会出现中毒的情况。无鳞鱼体内组氨酸成分的含量很高，机体在鱼死亡后发生一系列变化后产生更多毒性较强的有机胺物质，从而使人出现恶心、呕吐、腹泻、头昏等症状。当保存不当时，鱼类的非细菌性腐败也会产生有毒成分，这种成分不会因为盐的浸泡或烹饪而被破坏。

三、微生物毒素

微生生物种类多、数量大、分布广，对自然界环境适应能力强，和人类的生语密切相关。不少微生物被利用在食品的制造方面，而且起着重要的作用，但也有些生物能使食品腐败变质。常见的有害微生物包括能使食品腐败的微生物，在生长过程中产生毒素，能引起人类中毒的微生物，能使人或动物感染面发生传染病的微生物（即病原微生物）。

1. 细菌毒素

细菌性食品中毒中最常见的有害微生物污染引起的中毒现象。细菌不但种类繁多，生理特征也各不相同，在不同的环境中均可生存。当它们在食物中生长繁殖的时候，会引起食物的腐败，产生外毒素或内毒素，还有些细菌可以产生耐热的芽孢，经过一般煮沸方法无法将其杀灭。当食物受到某种细菌的污染时，某些病原菌会在适当的环境中大量繁殖，产生大量的细菌毒素。人食用这些食物的同时也摄入了大量的毒素，从而引起细菌性食物中毒。夏季和秋季是细菌性食物中毒高发季节，这是因为这个时候的温度比较高，有利于微生物的生长和繁殖。

（1）肉毒毒素

肉毒毒素是肉毒杆菌产生的含有高分子蛋白的神经毒素，是已知在天然毒素和合成毒剂中毒性最强烈的生物毒素，主要抑制神经末梢释放乙酰胆碱，引起肌肉松弛麻痹，呼吸肌麻痹是致死的主要原因。肉毒梭菌及其毒素根据毒素抗原性的不同，将其分为 A、B、C、D、E、F 和 G 7 个型，其中 A、B、E、F 型能引起人类疾病，以 A、B 型最为常见。C、D 型为动物和家禽的中毒型别。C 型肉毒梭菌在自然界广泛分布。饮食污染有 C 型肉毒梭菌特别是 C 型肉毒毒素的水源或草料的动物有可能发生 C 型肉毒中毒。肉毒毒素不耐热，高温加热即可失活。然而，肉毒杆菌芽胞抵抗力很强，干热 180℃处理 5～15 分钟，湿热 100℃处理 5 小时，高压蒸汽 121℃处理 30 分钟，才能杀死芽胞。此外，肉毒毒素对胃酸、胃蛋白酶等有一定的抵抗力，但对碱不稳定，在 pH7 以上条件下分解。

（2）葡萄球菌

葡萄球菌广泛存在于自然界中，除了空气、水体、土壤、饲料、某些物品，人和动物的皮肤及呼吸道等器官中都有葡萄球菌的存在。根据生化反应及色素生成情况，将其划分为三大类：金黄色葡萄球菌、表皮葡萄球菌和腐生葡萄球菌三种。腐生葡萄球菌数量最多，一般不致病；表皮葡萄球菌的致病力较弱；金黄色葡萄球菌多为致病菌。

金黄色葡萄球菌可产生肠毒素、杀白血球素、溶血素等毒素，其中肠毒素是导致食物中毒的主要原因。肠毒素是一种可溶性蛋白质，耐热，经 100℃煮沸 30min 不被破坏，也不受胰蛋白酶的影响，故误食污染肠毒素的食物后，在肠道作用于内脂神经受体，传入中枢，刺激呕吐中枢，引起呕吐，并产生急性胃肠炎症状。一般潜伏期为 1～6h，出现头晕、呕吐、腹泻，发病 1～2 日可自行恢复，愈后良好。

（3）副溶血性弧菌

副溶血性弧菌是一种嗜盐性细菌。副溶血性弧菌食物中毒是进食含有该菌的食物所致，主要来自海产品，如墨鱼、海鱼、海虾、海蟹、海蜇，以及含盐分较高的腌制食品，如咸菜、腌肉等，而中毒原因主要是烹调时未烧熟煮透或熟制品被污染。由副溶血性弧菌引起的食物中毒一般表现为急发病，临床表现是恶心、呕吐、腹泻、血便、阵发性腹部绞痛，少数病人可出现意识不清、痉挛、面色苍白或发绀等现象，若抢救不及时，呈虚脱状态，可导致死亡。此菌对酸敏感，在普通食醋中 5min 即可杀死。此外，该菌对高温抵抗力也较弱，50℃ 20min、65℃ 5min 或 80℃ 1min 即可被杀死。

（4）沙门氏菌

沙门氏菌是一种常见的食源性致病菌，有的专对人类致病，有的只对动物致病，也有对人和动物都致病。其中猪霍乱沙门氏菌、鼠伤寒沙门氏菌、肠炎沙门氏菌等是引起食物中毒的常见沙门氏菌，生熟食物混放是导致中毒的主要原因。受污染的食物以肉为主，少数还有鱼类、虾类、禽类等及其制品。中毒的早期表现为头痛、恶心、食欲不振、全身无力等症状，严重时还会出现腹泻、呕吐、发热等症状，大便有黏液及脓血等症状。一般情况下，食物经 80℃加热 12min 即可杀灭病菌。

（5）其他细菌性中毒

产气荚膜杆菌（韦氏梭菌）是临床上气性坏疽病原菌中最多见的一种梭菌，因能分解肌肉和结缔组织中的糖，产生大量气体，导致组织严重气肿，继而影响血液供应，造成组织大面积坏死。蜡样芽孢杆菌是引起食物中毒的常见细菌，产生两种不同的肠毒素，一种可以导致腹泻，另一种导致呕吐。

2. 霉菌毒素

霉菌毒素主要是指霉菌在其所污染的食品中产生的有毒代谢产物，它可通过饲料或食品进入人和动物体内，引起人和动物的急性或慢性中毒，损害机体的肝脏、肾脏、神经组织、造血组织及皮肤组织等。

（1）黄曲霉毒素

黄曲霉毒素是黄曲霉和寄生曲霉等某些菌株产生的双呋喃环类毒素，其衍生物有约 20 种，分别命名为 B1、B2、G1、G2、M1、M2、GM、P1、Q1、毒醇等。黄曲霉毒素及其产生菌在自然界中分布广泛，有些菌株产生不止一种类型的黄曲霉毒素，也有不产生任何类型黄曲霉毒素的菌株。黄曲霉毒素主要污染粮油及产品，同时也可污染多种植物性和动物性食品。黄曲霉菌极易在高水分（12%以下无繁殖能力）的禾谷类作物、油料作物种子及加工副产物中寄生繁殖并产生毒素，使其发霉变质。人误食这些食物或其加工副产物，并经消化道吸收有毒物质而中毒。

黄曲霉毒素有很强的急性毒性，也有显著的慢性毒性。人体摄入大量黄曲霉毒素后，会出现急性病变，如肝实质细胞坏死、胆管上皮细胞增生、肝脂肪浸润及肝出血等。早期表现为发热、呕吐、厌食、黄疸，继而出现腹水，下肢浮肿，很快死亡。而慢性毒性主要表现为生长异常、肝脏出现亚急性或慢性损伤、体重减轻、诱发肝癌等。在黄曲霉毒素中，B1 毒性最强，其次为 G1、M1。黄曲霉毒素 B1 是一类可引起生物体遗传物质改变的致突变物，它自身并不会导致突变，只有在体内代谢激活后才具有致突变性，被称为间接诱变剂。此外，黄曲霉毒素 B1 也是一种具有高毒性的致癌物质，能诱导细胞错误修复 DNA，引起严重的 DNA 突变，抑制蛋白合成。

黄曲霉毒素B1　黄曲霉毒素B2　黄曲霉毒素B2a

黄曲霉毒素M1　黄曲霉毒素M2

（2）青霉毒素

扩展青霉在生长代谢过程中会产生一种名为“展青霉素”的物质。然而，展青霉素不仅对真菌和细菌有毒性，还对动物和高等植物，包括黄瓜、小麦、豌豆、玉米及亚麻等均表现出毒性。摄入展青霉素而引发的急性病症可能导致出现兴奋、抽搐、呼吸困难、肺肿、水肿、溃疡、充血、胃肠道胀气、肠道出血、上皮细胞恶化、肠炎、呕吐，以及其他胃肠道及肾脏损伤。摄入展青霉素引发的慢性病症可能产生神经毒性、免疫毒性、免疫抑制性、基因毒性、致畸性和致癌性作用，对人类健康存在着强烈威胁。此外，有一些青霉菌产生的毒素并不能为人类所用，例如，黄绿青霉、桔青霉和岛青霉能引起大米霉变，产生“黄变米”，它们产生的毒素如黄绿青霉素对动物神经系统有损害，桔青霉素对中枢神经和脊髓运动细胞具有抑制作用，岛青霉产生的黄天精、环氯素和岛青霉素均为肝脏毒。

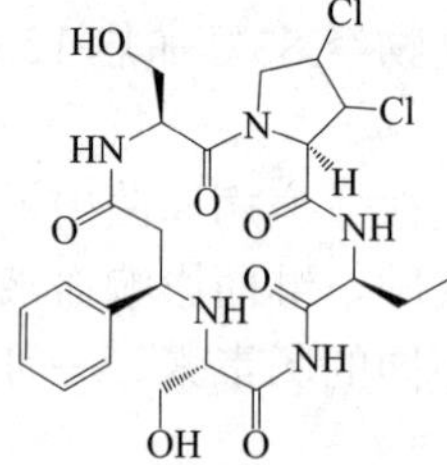

环氯素的分子结构

（3）镰刀菌毒素

镰刀菌毒素是镰刀菌属真菌产生的多种次生代谢产物的总称，在自然界中分布极为广泛，是污染粮食与饲料的常见霉菌菌属之一，对人畜健康危害十分严重。镰刀菌属产生的毒素种类很多，其中主要是玉米赤霉烯酮、单端孢霉毒素、串珠镰刀菌素和伏马菌素等。

玉米赤霉烯酮的分子结构　新茄病镰刀菌烯醇的分子结构　伏马菌素的分子结构

单端孢霉毒素分为A和B两类，单端孢霉毒素A包括T-2毒素、HT-2毒素、新茄病镰刀菌烯醇和蛇形霉素；单端孢霉毒素B包括脱氧雪腐镰刀菌烯醇和雪腐镰刀菌烯醇。

玉米赤霉烯酮又称F-2霉素，是污染玉米、大麦等粮食最常见的玉米赤霉菌产生的代谢产物。玉米赤霉烯酮具有雌激素作用，能使子宫肥大、抑制卵巢正常功能而使之萎缩，因而造成流产、不孕。食用含赤霉烯酮面粉制作的各种面食可引起中枢神经系统的中毒症状，如恶心、发冷、头痛、抑郁和共济失调等。

串珠镰孢是一种植物上寄生的细菌。2017 年世界卫生组织国际癌症研究机构公布的致癌物清单中，串珠镰刀菌及其产生的毒素（伏马毒素 B1、伏马毒素 B2 和镰刀菌素 C）被列入 2 B 级致癌物清单。马食用饲料中带有串珠镰刀菌的玉米可引起皮下出血，黄疸，心脏出血及肝脏损伤。

伏马菌素是一种霉菌毒素，是一类由不同的多氢醇和丙三羧酸组成的结构类似的双酯化合物。目前，发现的伏马菌素有 FA1、FA2、FB1、FB2、FB3、FB4、FC1、FC2、FC3、FC4 和 FP1 共 11 种，其中 FB1 是其主要组分。FB1 对食品污染的情况在世界范围内普遍存在，主要污染玉米及玉米制品。FB1 为水溶性霉菌毒素，对热稳定，不易被蒸煮破坏。伏马菌素主要污染粮食及其制品，对人、畜不仅是一种促癌物，而且完全是一种致癌物。

四、化学毒素

1. 农药残毒

农药，是指用于预防、控制危害农业、林业的病、虫、草、鼠和其他有害生物以及有目的地调节植物、昆虫生长的化学合成或者来源于生物、其他天然物质的一种物质或者几种物质的混合物及其制剂。食品中农药残留是指施用农药以后在食品表面或内部残存的农药，包括农药本身、农药的代谢物和降解物以及有毒物质等。农药残留毒性是指人体摄入含有残留农药的食物后所产生的毒性作用。农药最高残留限量是指根据国家制定的良好农业标准或安全合理使用农药规范，根据本国各类病虫害的控制需求，在严格的技术监管下，在对病虫害进行有效控制的基础上，从一系列残留数据中具有代表性的较高数值作为最高残留限量。如果最后收获的食物中残留的农药残留量超出了国家规定的最大残留限量，则为不合格产品，禁止销售和出口。因此，制定农药最高残留限量标准，既能提高本国产品的质量，又能通过技术壁垒保护国内农产品及农药制品的生产。

（1）有机氯农药

上个世纪初，有机氯农药被广泛使用，但目前大部分国家，包括中国已被禁止使用。然而，由于此类农药化学性质稳定，至今仍然时常能在环境和农作物中检测出其残留。有机农药主要分为以苯为原料和以环戊二烯为原料的两大类，前者如使用最早、应用最广的杀虫剂 DDT 和六六六，以及杀螨剂三氯杀螨砜、三氯杀螨醇等，杀菌剂五氯硝基苯、百菌清、道丰宁等；后者如作为杀虫剂的氯丹、七氯、艾氏剂等，其中对食品残留影响大的是 DDT 和六六六，现已被禁用。这两种农药在环境和食物链中能得到极大的富集，如乌贼对 DDT 的富集系数达到 200～1000000，牡蛎对 DDT 的富集系数达到 700000。有机氯农药 DDT 等有机氯农药属于神经毒素与细胞毒素，中毒者会出现头痛、眼红充血、流泪怕光、咽痛、乏力、出汗、恶心、食欲不振、失眠等；中度中毒者除有以上述症状外，还有呕吐、四肢酸痛、抽搐、呼吸困难、心动过速等；重度中毒者除上述症状明显加重外，尚有高热、多汗、肌肉收缩、癫痫样发作、昏迷，甚至死亡。此外，DDT 和六六六的蓄积量与肝癌、肠癌、肺癌等发病率有关。

（2）有机磷农药

有机磷农药是现阶段广泛应用的农药之一，多为磷酸酯类或硫代磷酸酯类。此类物质是神经毒素，可以抑制血液和组织中的胆碱酯酶，从而引起神经生理功能紊乱。有机磷农药在食品的清洗、加工过程中会减少，如果正常使用有机磷农药时一般对食用者不会产生问题。但若在农业生产中滥用此类农药，就会导致严重的残留问题。有机磷类农药对人的危害作用从剧毒到低毒不等，有机磷农药经消化道、呼吸道及完整的皮肤和黏膜进入人体后，抑制乙酰胆碱酯酶活性，导致乙酰胆碱积累，引起毒蕈碱样症状、烟碱样症状以及中枢神经系统症状，严重者出现肺水肿、脑水肿、呼吸麻痹而死亡，重度急性中毒甚至出现迟发性猝死。

（3）氨基甲酸酯类农药

氨基甲酸酯类农药是当前应用较为广泛的一种农药。因此含酒精的农作物，特别是某些食材水果白酒和威士忌往往含有低浓度的氨基甲酸酯类农药。氨基甲酸酯类农药的毒性机理和有机磷类农药相似，主要是抑制胆碱酯酶活性，使酶活性中心丝氨酸的羟基被氨基甲酰化，因而失去酶对乙酰胆碱的水解能力，造成组织内乙酰胆碱的蓄积而中毒，但其毒性作用较有机磷农药中毒为轻。氨基甲酸酯类农药并不是剧毒化合物，但具有致突变、致畸和致癌作用，中毒症状是特征性的胆碱性流泪、流涎，瞳孔缩小，惊厥和死亡。国际癌症研究机构在 2007 年把氨基甲酸酯类列为 2A 类致癌物。

（4）拟除虫菊酯类农药

拟除虫菊酯类农药是模拟天然除虫菊素由人工合成的一类杀虫剂，有效成分是天然菊素。拟除虫菊酯类农药也是当前广泛使用的一种高效低残留农药，根据化学结构和作用机制可分为含氰型和不含氰型两类。此类农药多属中低毒性农药，无致癌、致畸和致突变作用。主要通过呼吸道和皮肤吸收导致生产性中毒，中毒后 2～6h 发病，其中口服可在 10～30min 内出现中毒症状。轻度中毒有头痛、头晕、乏力、视力模糊、恶心、呕吐、流涎、多汗、食欲不振和瞳孔缩小；中度中毒除上述症状加重外，还有肌纤维颤；重度中毒可有昏迷、肺水肿、呼吸衰竭、心肌损害和肝、肾功能损害等，而在中毒 60～120min 后胆碱酯酶基本恢复正常，临床症状逐渐好转和消失。

2. 重金属污染

重金属中毒是指相对原子质量大于 65 的重金属元素或其化合物引起的中毒。重金属能够使蛋白质的结构发生不可逆的改变，从而影响组织细胞功能，进而影响人体健康。重金属主要是因工业污染而进入环境的，并经过多种途径进人食物链。人和动物体通过食物吸收和富集大量重金属，严重时可出现中毒症状，其中以汞、镉、铅最为重要。

（1）汞

汞主要来源于环境的自然释放和工业的污染。工业污染水体中的鱼类会对有机汞产生富集作用。汞作为一种杀菌剂被用来处理种子，因此也会污染农作物。环境中的汞在微生物的作用下会发生甲基化，生成毒性更大的烷基汞，如二甲基汞等。汞中毒包括急性汞中毒和慢性汞中毒。急性汞中毒表现为全身各系统症状，慢性汞中毒表现为神经系统受损症状。

（2）镉

镉是食品中最重要的重金属污染之一，主要是通过水体和水生生物污染以及含镉废水、废渣、废气被作物及牧草吸收所致。镉在人体内的半衰期是 16～31 年。长期摄入含微量镉的食品，可使体内蓄积而引起慢性中毒，主要是损害肾近曲小管上皮细胞，表现为蛋白尿、糖尿和氨基酸尿等。由于镉与磷有一定的亲和性，所以会在骨内沉积钙，造成骨质疏松和软化，表现为严重的腰背酸痛、关节痛、刺痛等症状。目前已知，镉对个体发育有害，导致胎儿畸形，影响与锌有关的酶而干扰代谢功能，改变血压状况，具有致癌作用并引起贫血。

（3）铅

人体内的铅主要来自食物，而食物中铅的来源主要有 3 个方面，一是粮食和水果中的含铅农药残留；二是汽车燃烧含铅汽油排放的氧化铅及油漆与涂料中含的铅造成的环境污染；三是含铅的食品加工、储存、运输的器具，或含铅的食品加工配料，如铅合金，搪瓷，陶瓷，马口铁，皮蛋包料等。铅在生物体内的半衰期约 4 年，在骨骼中沉积的铅半衰期为 10 年，故铅在机体内较易积蓄，达到一定量时即可呈毒性反应。铅主要损害神经系统、造血器官和肾脏，同时出现口腔金属味、齿龈铅线、胃肠道疾病、神经衰弱以及肌肉酸痛、贫血等症，严重时发生休克、死亡。

（4）砷

含砷农药的使用以及食品加工过程中使用了不合格的含砷助剂，是导致食品砷污染的重要原因。砷进入人体后，主要富集于胶质丰富的头发和指甲中，其次为骨骼和皮肤中。砷在体内排泄缓慢，可因蓄积而致慢性中毒。3 价砷在体内与细胞中含巯基的酶结合而形成稳定的络合物，使酶失去活性，阻碍细胞呼吸作用，引起细胞死亡而呈现毒性；也可使神经细胞代谢发生障碍，造成神经系统病变，如多发性神经炎等。3 价砷化合物的毒性较 5 价砷更强，其中以毒性较大的三氧化二砷（俗称砒霜）中毒多见，口服0.01～0.05g即可发生中毒，致死量为60～200mg（0.76～1.95mg/kg）。二硫化砷（雄黄）、三硫化二砷（雌黄）及砷化氢等砷中毒也较常见。

五、食品加工中产生的有害物质

1. 油脂氧化

油脂的自氧化及其热变化产物对人体危害极大。油脂在氧气作用下，容易发生游离基反应，生成各种过氧化物，继而进一步分解小分子醛、酮类物质。在过氧化物分解的同时，也可能聚合生成二聚物、多聚物。脂肪自氧化不仅降低了油脂的营养价值，口味变差，同时也会生成过氧化物、4-过氧化氢链烯醛、甘油酯聚合物和环状化合物等有毒物质。这些物质会导致人体内毒素积累，使人产生头痛、胃肠不适、呕吐等症状，食用过量还可能诱发肝脏疾病、心脏疾病等。

2. 硝酸盐和亚硝酸盐

食物中硝酸盐（nitrate）及亚硝酸盐（nitrite）的来源：一是腌肉制品中作为发色剂；二是施肥过度由土壤转移到蔬菜中。在适宜的条件下，亚硝酸盐可与肉中的氨基酸发生反应，也可在人体的胃肠道内与蛋白质的消化产物二级胺和四级胺反应，生成亚硝基化合物，尤其是生成*N*-亚硝胺和亚硝酰胺这类致癌物。亚硝酸盐的急性毒性作用是导致高铁血红蛋白症，即亚硝酸盐将血红蛋白中的亚铁离子氧化成高铁离子，严重阻碍了血液中的氧气运输。由于婴幼儿肠道酸性较低，且缺乏心肌黄酶，因此该症状在婴幼儿中尤为常见。

硝酸盐及亚硝酸盐的慢性毒性作用有3方面：①甲状腺肿，硝酸盐浓度较高时干扰正常的碘代谢，导致甲状腺代偿性增大；②维生素A缺乏，过量的亚硝酸盐会阻碍胡萝卜素转化为维生素A；③与仲胺或叔胺结合成亚硝基化合物，其中不少具有强致癌性。

3. *N*-亚硝基化合物

N-亚硝基化合物包括*N*-亚硝胺和*N*-亚硝酰胺。人和动物体内的硝酸盐或亚硝酸盐和胺发生亚硝化反应，从而形成亚硝基化合物。不同种类的亚硝基化合物，其毒性大小差别很大，其中肝损伤较多见，也有肾损伤、血管损伤等。*N*-亚硝基化合物具有致癌作用，*N*-亚硝胺相对稳定，需要在体内代谢成为活性物质才具备致癌性，称为前致癌物。而*N*-亚硝酰胺类不稳定，能够直接降解成重氮化合物，并与DNA结合从而产生致癌和突变作用，称为终末致癌物。此外，亚硝胺也具有较强的致畸性，主要使胎儿神经系统畸形，包括无眼、脑积水、脊柱裂和少趾，而*N*-亚硝胺致畸作用很弱。

4. 美拉德反应产物

美拉德反应可使面包、糕饼、咖啡等食品在焙烤过程中呈现出诱人的焦黄色，具有独特的风味。美拉德反应也是食品在加热或长期贮藏时发生褐变的主要原因。美拉德反应除形成褐色素、风味物质和多聚物外，还可形成许多杂环化合物。从美拉德反应得到的混合物表现出很多不同的化学和生物特性，其中，有促氧化物和抗氧化物、致突变物和致癌物以及抗突变物和抗致癌物。事实上，美拉德反应诱发生物体组织中氨基和羰基的反应并导致组织损伤，后来证明这是导致生物系统损害的原因之一。在食品加工过程中，美拉德反应形成的一些产物具有强致突变性，可能形成致癌物。

5. 丙烯酰胺

丙烯酰胺主要通过美拉德反应产生，可能涉及的成分包括碳水化合物、蛋白质、氨基酸、脂肪以及其他含量相对较少的食物成分。氨基酸与还原糖反应产生二羰基化合物，后者与氨基酸经过几步反应产生丙烯醛，丙醛氧化产生丙烯酸，丙烯酸和氨或氨基酸反应形成丙烯酰胺。产生途径如下所述：①氨基酸在高温下热裂解，其裂解产物与还原糖反应产生丙烯酰胺；②美拉德反应的初始反应产物，*N*-葡萄糖苷在丙烯酰胺的形成过程中起重要作用；③α-二羰基化合物与氨基酸反应释放出丙烯酰胺；④Strecker降解反应有利于丙烯酰胺形成，因为该反应释放出一些醛类；⑤自由基也可能影响丙烯酰胺的形成；

⑥以聚丙烯酰胺塑料为食品包装材料的单体迁出，食品加工用水中絮剂的单体迁移等。

丙烯酰胺单体是一种有毒的化学物质，可引起动物致畸、致癌。丙烯酰胺进入人体之后，可以转化为另一种分子环氧丙酰胺，此化合物能与细胞中 RNA 发生反应，并破坏染色体结构，从而导致细胞死亡或病变为癌细胞。丙烯酰胺可通过未破损的皮肤、黏膜、肺和消化道吸收入人体，分布于体液中。丙烯酰胺的毒性特点是在体内有一定的蓄积效应，并具有神经毒性效果，主要导致周围神经病变和小脑功能障碍，损坏神经系统。丙烯酰胺甚至还可能使人瘫痪。

6. 杂环胺

杂环胺是指在食品加工和烹饪过程中，由于蛋白质和氨基酸的热分解而形成的一种物质。从化学结构上杂环胺可分为氨基咪唑氨杂芳烃（AIA）和氨基咔啉（AC）两大类。杂环胺类化合物的主要危害之一是具有致突变性。但杂环胺是间接致突变物，在细胞色素 P450 作用下代谢活化才具有致突变性，杂环胺的活性代谢物是 *N*-羟基化合物，后经乙酰转移酶和硫转移酶作用，将 *N*-羟基代谢物转变成终致突变物。杂环胺类化合物的另一个重要危害是致癌作用。杂环胺化合物对啮齿动物均具不同程度的致癌性，致癌的主要靶器官为肝脏，其次是血管、肠道、前胃、乳腺、阴蒂腺、淋巴组织、皮肤和口腔等。杂环胺的毒性除了与其含量有关外，不同的杂环胺之间的毒性往往有相加作用。研究表明，在其他环境致癌物质或细胞增殖诱导剂的作用下，杂环胺的毒性升高。烧烤食品中的杂环胺种类繁多，其含量远高于其他加工方法，所以要给予重视。

7. 食品添加剂

食品添加剂应做到安全、有效。但是，如果使用不当，又会产生多种毒性效应，如慢性中毒，致畸，致癌，诱变等。食品添加剂产生毒性效应的主要原因是：

（1）食品添加剂在食品中的代谢转化产生有毒物质，这些物质在进入人体后，会产生一些具有毒性的代谢产物和化学转化产物，主要有四大类：①生产过程中产生的杂质，如糖精中的邻甲苯磺酰胺等；②食品加工、贮藏过程中添加剂的变化，如赤藓红色素转变为荧光素等；③与食物成分发生反应生成有毒产物，如亚硝酸盐形成亚硝基化合物等；④人体内的代谢转化产物，如糖精在体内代谢转化为环己胺等。

（2）食品添加剂中含有的杂质造成的毒性问题，通常无害的添加剂中含有的有害杂质会导致严重的中毒。

（3）添加剂过量的毒性作用：在食品加工过程中，往往会添加某些营养素，如维生素。

六、食品包装所致食品中的污染物

1. 纸包装材料

潜在的不安全性与造纸原料是否被污染、造纸中添加的助剂、纸张颜料和油墨、纸表面的微生物污染有关系。例如造纸原料的农药残留，造纸中加人的防霉剂和增白剂，油墨中的铅和二甲苯等污染。

2. 塑料包装材料

塑料包装材料对食品安全性的影响主要有四个方面：一是残留的单体、裂解物及老化后产生的毒物；二是包装表面的灰尘和微生物污染；三是包装材料中的助剂；四是回收塑料再利用时色素和附着的污染物。

3. 金属包装容器

金属包装容器主要以铁、铝材料为主，也有少量包装使用银、铜和锡等其他金属。在食品包装中，金属具有优异的阻隔性和力学性能。马口铁罐头的罐身是镀锡的薄钢板，内壁上涂有防止锡溶出的涂料，但可能会有涂料溢出；铝制品的食品安全性主要在于铸铝盒回收铝中的杂质，如砷、铅、铬等。铝可以造成对大脑、肝脏、骨骼、造血系统的毒性。

4. 其他包装

玻璃包装相对比较安全，但也可能溶出铅和铜等物质，这些物质会溶解在酒和饮料里。陶瓷是将瓷釉涂在由黏土、长石和石英混合物结成的坯胎上经过焙烧而成。瓷器皿是将瓷釉涂在金属坯胎上，经过焙烧而成；釉料上主要有铅、锌、铬、镉、钴、锑等，大多有毒。

第四节 食品安全性安全评价方法

食品安全性评价（assessment on food safety）即运用毒理学理论结合人群流行病学调查分析，阐述食品中某种特定物质的毒性及潜在危害，并根据对人体健康的影响性质和强度，预测人类接触后的安全程度，以便通过风险评估进行风险控制。食品安全性评价是食品安全质量管理的重要内容，其目的是保证食品的安全可靠性。

食品安全评估适用于食品生产、加工、保存过程中所使用的化学物质、食品添加剂、食品加工微生物等；在食品生产、加工、运输、销售和保藏等过程中，会产生和污染的有害物质和污染物，如农药、重金属和生物毒素以包装材料的溶出物、放射性物质和食品器具的洗涤消毒剂等；新食品资源及其成分；食品中其他有害物质。安全性评价的对象通常为食品成分、食品添加剂、环境污染物、农药、转移到食品中的包装成分、天然毒素、霉菌毒素及其他任何可能在食品中发现的可疑物质。

建立一套切实可行的、全面的、科学的、客观的食品安全评价指标体系，是当前食品安全研究中的一个重要问题。食品法典委员会（CAC）将风险分析分为风险评估、风险控制、风险信息交流 3 个部分，其中风险评估处于核心地位，而无效应水平（NOEL）则是食品安全评估中最重要的基础参数，用于动物毒性试验。CAC 将危害性分析过程分为以下领域：食品添加剂、化学污染物、农药残留、兽药残留、生物性因素。CAC 分设有农药残留法典委员会（CCPR），FAO/WHO 农药残留专家委员会（JM-PR），兽药残留法典委员会（CCRVDF），FAO/WHO 食品添加剂专家委员会（JECFA），负责协调和制订国际食品中农药、兽药残留物和添加剂标准和法规。

根据《食品安全国家标准　食品安全性毒理学评价程序》标准（GB 15193.1—2014）以及关于食品安全性评价方法的研究进展，我国对食品安全性进行评价包含 10 个内容。

上面介绍的是传统的评价方法，现在提出了减少或部分取代使用实验动物的“替代试验方法”（alternative testing methods）。“替代试验方法”是使用微生物、细胞、组织、基因动物（也包括虚拟数据库）等来预测外来化学物对人的毒性。目前，欧洲和北美分别有政府组织在进行这方面的工作，如欧盟的“替代方法欧洲确认中心”（ECVAM）和美国的“替代方法指标确认国际协作委员会”（ICCVAM）。毒理学试验方法的革新离不开机理认识（特别是分子水平和基因水平），而机理研究则是建立替代方法的基础。美国 ICCVAM 提出：确定外源化学物、致癌物应减少依赖动物试验，更多地采用新的分子生物学技术，更多地了解外源化学物如何损伤人的细胞和控制细胞增殖的遗传物质，以便衡量外源化学物的致癌潜力。所以，当前的发展趋势是重视研究外源化学物更早发生的、在小剂量作用下的、分子（基因）方面改变的机制，从机制出发来改进现行毒性试验方法（例如诱变性试验和致癌性试验）以及根据毒作用机制来进行安全性毒理学评价，逐步建立起国际通用的替代试验方法与评价标准。

替代试验方法的关键要点是比较毒理学。比较毒理学是指将新食品中的内源毒素浓度与存在于与新食品对应的传统食品中的毒素的浓度做比较。这与传统方法相比有不同的基本观念变化：传统方法强调在范围很广的安全限量（主观设定为 10 倍）内不存在毒性，而替代方法允许在新食品中含有内源毒素，只要其含量不超过与新食品对应的传统食品所含的毒素量（与新食品对应的传统食品是指目前还被食用的但要被新食品取代的食品）。替代方法的可信度取决于是否存在可靠的、有可比性的、天然存在于普通食物中的有毒物质数据库。

本章总结

食品中对人体有毒或是具有潜在危险性的物质，一般成为嫌忌成分。食品中的嫌忌成分主要包括食品及其原料中的有害天然成分、食品及其原料在加工和贮藏过程中由于成分的变化产生的嫌忌成分、各种性质的污染物、选用不当的食品添加剂等。

植物性食品中的嫌忌成分主要包含有毒蛋白类、有毒氨基酸类、生物碱类毒素、毒苷和毒酚等。

动物性食品中的嫌忌成分主要包含贝类毒素和鱼类毒素。

在食品加工和贮存过程中，常见的食品污染物有微生物毒素、化学毒素及食品在加工或是包装中产生的毒素。天然毒性成分与污染物都会引发食品的安全性问题。

参考文献

[1] 丁芳林．食品化学．武汉：华中科技大学出版社，2017.

[2] 杨玉红．食品化学．北京：中国轻工业出版社，2021.

[3] 黄泽元，迟玉杰．食品化学．北京：中国轻工业出版社，2024.

[4] 王文君．食品化学．武汉：华中科技大学出版社，2016.

[5] 阚建全．食品化学．北京：中国农业大学出版社，2016.

[6] 赵谋明．食品化学．北京：中国农业出版社，2012.

[7] 迟玉杰．食品化学．北京：化学工业出版社，2012.

[8] 谢明勇．食品化学．北京：化学工业出版社，2011

[9] 冯凤琴，叶立扬．食品化学．北京：化学工业出版社，2005.

[10] 夏延斌．食品化学．北京：中国农业出版社，2004.

[11] 赵新淮．食品化学．北京：化学工业出版社，2006.

[12] 汪东风．食品中有害成分化学．北京：化学工业出版社，2006.

[13] 许牡丹，毛跟年．食品安全性与分析检测．北京：化学工业出版社，2003.

[14] Fennema O R. 食品化学．王璋，许时婴，江波，等主译．北京：中国轻工业出版社，2003.

[15] Belitz H D，Grosch W，Schieberle P. Food Chemistry. New York：Spring-Verlag Berlin Heidelberg，2004.

[16] 刘邻渭．食品化学．北京：中国农业出版社，2000.

思考与练习

1. 请简述食品中有害物质的吸收，分布和排泄。
2. 请简述烧烤、油炸及烟熏等加工过程中产生的有毒有害成分的有害性。
3. 请简述食品中抗营养素的有害性。
4. 请简述列举几种包装材料对食品的污染。
5. 请简述食品中硝酸盐、亚硝酸盐、亚硝胺来源与危害。

二维码 12-3